NOUVEAUX
ÉLÉMENTS DE GÉOMÉTRIE

PAR

Ch. MÉRAY

CORRESPONDANT DE L'INSTITUT (ACADÉMIE DES SCIENCES)
PROFESSEUR À L'UNIVERSITÉ DE DIJON

NOUVELLE ÉDITION REFONDUE ET AUGMENTÉE

Honorée d'une triple souscription du Ministère de l'Instruction publique

(Directions de l'Enseignement supérieur,
de l'Enseignement secondaire, de l'Enseignement primaire).

DIJON
P. JOBARD, IMPRIMEUR-ÉDITEUR
Place Darcy, 9
—
1903
(Tous droits réservés.)

NOUVEAUX

ÉLÉMENTS DE GÉOMÉTRIE

OUVRAGES DU MÊME AUTEUR

PUBLIÉS PAR LA LIBRAIRIE GAUTHIER-VILLARS

Quai des Grands-Augustins, 55, à PARIS

Leçons nouvelles sur l'Analyse infinitésimale et ses applications géométriques. (Ouvrage honoré d'une souscription du Ministère de l'Instruction publique.) Quatre parties se vendant séparément :

Ire Partie : *Principes généraux*, 1894 . . . . 13 »
IIe Partie : *Etude monographique des principales fonctions d'une seule variable*, 1895 . . . . 14 »
IIIe Partie : *Questions analytiques classiques*, 1897 . . . . . 6 »
IVe Partie : *Applications géométriques classiques*, 1898 . . . 7 »

Exposition nouvelle de la théorie des formes linéaires et des déterminants, 1884 . . . . 3 »

Théorie élémentaire des fractions, dégagée de toute considération impliquant, soit la subdivision de l'unité abstraite, soit l'intervention des grandeurs concrètes. Son application à la spécification mathématique de ces dernières, 1889 . . . . (Épuisé.)

Sur quelques perfectionnements dont serait susceptible l'exposition de la théorie des quantités négatives, 1890 . . . . (Épuisé.)

Méthode directe, fondée sur l'emploi des séries, pour prouver l'existence des racines des équations entières à une inconnue, par la simple exécution de leur calcul numérique, 1892 . . . . » 60

Sur la discussion et la classification des surfaces du deuxième degré, 1893 . . . . 1 25

NOUVEAUX
ÉLÉMENTS DE GÉOMÉTRIE

PAR

Ch. MÉRAY

CORRESPONDANT DE L'INSTITUT (ACADÉMIE DES SCIENCES)
PROFESSEUR A L'UNIVERSITÉ DE DIJON

NOUVELLE ÉDITION REFONDUE ET AUGMENTÉE

Honorée d'une triple souscription du Ministère de l'Instruction publique

(Directions de l'Enseignement supérieur,
de l'Enseignement secondaire, de l'Enseignement primaire).

DIJON

P. JOBARD, IMPRIMEUR-ÉDITEUR

Place Darcy, 9

—

1903

(Tous droits réservés.)

PRÉFACE

La première édition de cet ouvrage a paru en 1874, et pendant vingt-six ans, des approbations chaleureuses mais isolées, se sont perdues dans le vide d'une indifférence générale mêlée de quelques railleries. Les événements ont fini cependant par apporter la certitude que je ne m'étais pas égaré tout à fait en cherchant, pour la première éducation géométrique de la jeunesse, mieux que des vues, des procédés, datant de vingt-deux siècles, dont la sécheresse repousse, dont la pauvreté actuelle éclate, dont la décrépitude a résisté à tous les expédients.

Depuis quatre ans, des professeurs pleins de hardiesse et de talent, MM. Billiet, Chancenotte, Chevallier, Tarrin, Monnot, obtiennent invariablement des résultats extraordinaires en employant mes méthodes dans les Écoles normales d'Auxerre, Dijon, Lyon, Albertville, dans l'École primaire supérieure de Dijon, devant 240 élèves environ, dont l'âge s'abaisse jusqu'à douze ans et demi pour le tiers de leur nombre [1].

D'autres écoles chaque jour plus nombreuses annoncent l'intention d'adopter aussi le nouvel enseignement géométrique à la rentrée prochaine, ces projets étant arrêtés chez plusieurs déjà, subordonnés ailleurs aux rapports attendus sur les faits de l'année courante ou à l'examen de ce volume quand il aura paru [École normale supérieure de l'enseignement primaire (Saint-Cloud), Écoles normales d'instituteurs de Nîmes, Niort, Alençon, Mâcon, Mirecourt, Grenoble, Dax, Varzy, Aurillac, Écoles primaires supérieures de Bourg-Saint-Andéol, Rennes, Orléans, Turgot (Paris), Gérardmer, Tonnerre, Chalon-sur-Saône, Lyon, Charmes, Nancy, Chambéry, cours de baccalauréat de l'École Saint-François (Dijon), École militaire des Andelys, une classe de mathématiques élémentaires du lycée Janson de Sailly (Paris), la classe de mathématiques élémentaires du lycée de Troyes]. Enfin, nos efforts à tous sont honorés par l'intérêt croissant de l'Administration supérieure de l'Instruction publique, sont excités par ses encouragements variés.

L'édition de 1874 ayant été tout à coup épuisée, j'ai dû m'occuper de la remplacer dès que ces événements ont commencé à se dessiner nettement, et c'est le fruit d'un nouveau travail de deux ans, que j'offre au

---

(1) *Revue bourguignonne*, publiée par l'Université de Dijon, t. XI, 1901, et t. XIII, 1903 (Rapports officiels de MM. Chancenotte, Billiet et Mironneau); t. XIV, 1904 (Rapport de M. Martin, directeur de l'École primaire supérieure de Dijon). — *Revue pédagogique*, du 15 juillet 1902 (*Une méthode nouvelle pour l'enseignement de la Géométrie*, par M. Mironneau, directeur de l'École normale d'instituteurs de Lyon; du 15 juillet 1903 (*L'Enseignement de la Géométrie élémentaire*, par M. J. Tannery, directeur des études scientifiques à l'École normale supérieure. — *L'Enseignement mathématique*, du 15 mars 1901 (*Une exhumation géométrique*, par M. C.-A. Laisant, examinateur d'admission à l'École polytechnique).

public, avec une certaine confiance aujourd'hui. Les innovations contenues dans l'édition originaire et leurs compléments dans celle-ci, font un total trop étendu et trop varié pour qu'il me soit possible ici de les indiquer et de les justifier en détail; je remets donc ces explications à une occasion prochaine. Je dois cependant signaler les points suivants.

Mon livre ne contient rien de plus que les faits géométriques dont la connaissance *mérite* d'être emportée du « Cours de mathématiques élémentaires » dans les lycées, écoles normales d'instituteurs, écoles primaires supérieures, écoles professionnelles, soit par leur valeur propre, soit comme préparation à l'étude de la géométrie descriptive et de la géométrie analytique ; mais je me suis efforcé de n'en oublier aucun, et leur ordonnance, leurs moyens de démonstration, m'ont été dictés par la préoccupation exclusive de réduire au minimum, *pour leur ensemble*, le temps et les efforts que leur acquisition coûte aux élèves, de donner la plus grande somme d'aisance et de netteté à la vision de *cet ensemble*, de facilité et de persistance à son souvenir, par celle encore d'harmoniser le tout avec les théories ultérieures.

Parmi les professeurs qui feront à mon livre l'honneur de l'employer, plus d'un aura donc à y opérer des coupures et des transpositions, suivant l'âge des élèves et les besoins variés des classes. Je crois n'avoir laissé qu'un peu d'attention à leur charge, car j'ai rompu soigneusement les adhérences contre nature entre les diverses théories, et partout j'ai subordonné l'accessoire au principal. Parce que le cercle est une figure *courbe*, mon exposition le place, par exemple, après toutes celles impliquant seulement des *droites et des plans*, c'est-à-dire fort loin. Mais ses premières applications *graphiques* n'exigent la connaissance que de ses propriétés les plus élémentaires, dont la masse totale est tout ce qu'il y a de plus léger. Si donc, à l'imitation de plusieurs de leurs collègues nommés tout à l'heure, des professeurs veulent mettre leurs élèves *presque de suite* aux tracés de la Géométrie descriptive, ils n'auront guère qu'un mot à leur dire sur le cercle, pour leur rendre les rabattements faciles.

Jusqu'ici, une masse de faits de la Géométrie *de position* (intérieur, extérieur d'un angle, d'un polygone plan, etc.), n'ont eu d'autre appui que l'évidence procurée par la contemplation *oculaire* de *chaque* nouvelle figure. Je crois leur avoir trouvé une base commune et très naturelle, dans une intuition unique de la dernière simplicité. Si cependant quelques-uns y voyaient des longueurs superflues, ils n'auraient, pour s'en affranchir, qu'à déclarer, comme auparavant, les faits en question évidents par la figure.

L'emploi des qualifications marquées par les signes $+$, $-$, anéantit comme par enchantement, la difficulté, parfois extrême, de manier les principaux faits de ce genre, même de les énoncer seulement, et il est grandement à souhaiter qu'il ne tarde plus à devenir courant dans l'enseignement le plus élémentaire. J'ai utilisé ce moyen dans quelques questions complémentaires où il est presque impossible de s'en passer, et qui sont imprimées en caractères plus petits ; mais je n'ai osé le faire nulle part dans le corps même de l'ouvrage.

La collection courante des exercices nécessaires à l'entraînement des élèves s'est adaptée à l'enchaînement classique, et, naturellement, elle n'en contient presque aucun sur mes premiers chapitres ; mais il sera bien facile aux professeurs de la compléter peu à peu dans ce sens. Ils y seront aidés, m'assure-t-on, par la centaine des menues questions de ce genre, qui ont déjà servi à nos cours, et dont je donne les énoncés à la fin du volume.

Pour changer, en nous suivant, l'ennui proverbial et la stérilité de la première année de Géométrie en « *une animation, un entrain, qu'elle n'a jamais connus* » (M. Chevallier, M. Monnot), pour « *faire aimer le cours de Géométrie élémentaire aux élèves, en abréger la durée totale de 42 %, avec une plus-value de même ordre sur les résultats de l'ancien enseignement* » (M. Billiet), pour « *amener les élèves en six semaines à recevoir des leçons de Géométrie descriptive* » (M. Chancenotte), pour assurer « *la victoire à une classe luttant, après trois mois de Géométrie, sur un même problème dans l'espace, avec une autre en ayant dix de plus* » (M. Tarrin, M. Chevallier), la route est toute tracée maintenant par ces maîtres consommés qui l'ont parcourue les premiers : *marcher à tout instant au pas même des élèves*, diriger sans cesse leurs regards sur *tous* objets pouvant leur procurer la *vision* des faits de *l'espace*, car, pour commencer tout au moins, ces exhibitions ne leur sont pas moins nécessaires que celle des figures tracées sur le tableau noir. Très lent au début, où le maître doit se garder de toute hâte parce qu'il s'agit de faits *primordiaux*, chacun extrêmement facile, mais *nouveaux* et fort nombreux, faits auxquels il faut laisser le temps de pénétrer dans l'esprit, de s'y classer, au point que leur maniement devienne un simple jeu, ce pas prend peu à peu de l'assurance et moins de lenteur ; l'attrait naturel de la Géométrie aidant, il s'affermit et s'accélère bientôt ; dès lors, le maître n'a plus qu'à le suivre, encore et toujours, pour marcher lui-même aussi vite qu'il le veut.

Je ne remercierai jamais assez vivement, ceux dont les approbations, les encouragements, la bienveillance, les actes, ont contrasté si précieusement pour moi avec les déboires venus d'ailleurs pendant vingt-six ans : MM. P. Bailly et Chancenotte, dès la toute première heure, M. le recteur Ch. Adam, MM. Billiet, Brémond, Mironneau, de l'Ecole normale d'Auxerre, MM. Laisant, le colonel Mannheim, de l'Ecole polytechnique, M. le général Sebert, de l'Institut et du Conseil de perfectionnement des Ecoles d'arts et métiers, à l'avant-dernière, puis au cours de la nouvelle période qui s'est ouverte, MM. les professeurs Chevallier, Tarrin, Monnot, M. le directeur Martin, MM. les recteurs Zeller, Boirac, Compayré, Joubin, Benoist, MM. Bayet, Liard, Gasquet, Rabier, directeurs au Ministère de l'Instruction publique, M. l'inspecteur général Jacoulet, M. J. Tannery, enfin M. Boudier, mon ancien élève et ami, qui a bien voulu m'assister une fois de plus dans la revision des épreuves.

Si la reconnaissance ne devait pas se proportionner à l'intention, bien plus qu'au profit réel du service rendu, je nommerais à part, dans l'ordre chronologique : M. P. Bailly, le chef des maisons sans pareilles qu'ont été entre ses mains l'Ecole normale et les écoles primaires de Dijon, le précieux ami de la dernière moitié de ma vie ; M. Chancenotte, son second, sans l'essai audacieux duquel, en 1876-77-78-79 [1], aucun

---

[1] Un ordre formel de M. J. Vieille, recteur de l'Académie de Dijon à cette époque, vin imposer brusque fin à des succès constants.

maître n'eût jamais voulu s'arrêter à ce livre; M. Ch. Adam, mon ancien chef toujours affectionné, dont l'intervention a été le premier et le plus décisif appui de l'Administration ; M. Billiet, dont les triomphes inouïs ont provoqué l'explosion du mouvement actuel, qui, en outre, a bien voulu dessiner les figures de cette édition; M. Laisant, dont les suffrages inattendus et chaleureux également ont rendu nos espérances inébranlables ; M. Mironneau, qui, après avoir présidé à l'inauguration du nouvel enseignement géométrique, a voulu se faire son avocat le plus éloquent, le plus infatigable; M. Monnot, dont le dévouement doublé d'une habileté hors pair et surexcité sans cesse par les encouragements de M. le directeur Martin, vient d'apposer la dernière signature sur son laisser-passer en fournissant la preuve surprenante, mais conforme aux prévisions de MM. Chancenotte et Billiet, qu'il ne pénètre pas avec moins de facilité et d'attrait dans l'esprit des plus jeunes enfants; M. l'inspecteur général Jacoulet, dont l'immense autorité nous fait à tous l'honneur insigne de patronner activement notre entreprise commune.

Au rebours de ses catéchismes aux vides et monotones versets, la Géométrie est la plus attrayante partie des mathématiques, la première comme formatrice de l'esprit scientifique, la première encore, après le calcul, par la sûreté et l'importance des vues qu'elle nous procure sur le monde de la matière. Ma satisfaction serait donc sans bornes si, après avoir cherché à aplanir, à élargir ses éléments, à la parer aux pieds de quelques fleurs de sa couronne moderne, il pouvait se trouver que j'eusse aidé réellement à sa diffusion, indirectement ensuite à celle de toutes les sciences, plus tard à leurs progrès vers le haut. Mais je souhaite aussi ardemment, que la reconnaissance de la jeunesse et de ses maîtres n'oublie aucun des noms que je viens d'écrire.

Dijon, juillet 1903.

NOUVEAUX
ÉLÉMENTS DE GÉOMÉTRIE[1]

CHAPITRE PREMIER

PREMIÈRES NOTIONS

Objet et nature de la Géométrie.

1. La *Géométrie* est la science des corps matériels envisagés seulement au point de vue de leurs *formes*, de leurs *étendues* et de leurs *positions relatives*. Comme la plupart des autres sciences, elle se compose de vérités ou *propositions* de deux sortes : les unes, en nombre relativement infime, ont pour origine, tantôt l'expérience directe combinée avec l'abstraction, bien plus souvent des vues générales abstraites de l'esprit, nées de l'imagination inductive, trouvant ensuite une confirmation définitive dans la concordance constante de leurs conséquences observables avec les faits de la nature. Dans leur essence et dans leur rôle, ces vues ne diffèrent pas des *hypothèses* qui dominent toute science expérimentale dès qu'elle commence à s'élever au-dessus d'un empirisme grossier. Elles sont seulement bien moins risquées qu'en Physique, en Chimie..., et plus promptes à devenir des certitudes ; elles nous deviennent bientôt si familières que nous les trouvons évidentes. Les autres propositions qui sont innombrables, se tirent de celles-ci, puis les unes des autres par le raisonnement, et forment la presque totalité de la Géométrie rationnelle.

Les vérités du premier genre se nomment des *axiomes*, celles du second, des *théorèmes*. Il règne naturellement une grande indétermination dans le choix des vérités à démontrer comme théorèmes, ou bien à prendre pour axiomes. Mais la nécessité de

---

(1) AVIS ESSENTIEL. — Il importe que le lecteur suive les démonstrations sur des figures qu'il tracera lui-même, soit d'après celles des planches, soit d'après les indications du texte.

ces derniers, dans quelque branche des connaissances humaines que ce soit, résulte de ce qu'un raisonnement est la simple liaison *déductive* d'idées *nouvelles* à des idées acquises *antérieurement*, qu'ainsi la possibilité d'établir un fait par voie déductive *exige* la connaissance *préalable d'autres* faits sur lesquels celui-ci puisse être appuyé d'une telle manière. En éliminant donc, successivement, le fait en question, puis ses appuis, puis ceux de ces derniers, et ainsi de suite, on arrivera fatalement, et ceci, parce que *le nombre des faits connus des hommes à un moment donné n'est pas illimité*, à des vérités sans appui de nature *déductive*, c'est-à-dire à des axiomes, hypothèses..., comme il plaira de les nommer.

Un *lemme* est une proposition sans saillie propre, mais nécessaire à la démonstration de quelque théorème plus ou moins important. Un *corollaire* est un théorème accessoire se déduisant très facilement de un ou plusieurs autres ayant de l'ampleur.

Dans cet ouvrage, les énoncés des théorèmes sont imprimés en lettres italiques, conformément à l'usage, et ceux des principaux axiomes en caractères plus apparents. Nous disons « principaux » parce qu'il faut appuyer les démonstrations sur quantité de menus faits en faveur desquels on ne peut alléguer que leur évidence et dont l'énonciation catégorique serait inutile et promptement fastidieuse.

Abstractions fondamentales.

2. Nous concevons les faits géométriques dans l'*espace* illimité, partout identique à lui-même, qu'il n'est pas possible de définir autrement.

A cette conception, s'adjoint fatalement celle du *repos* ou du *mouvement*, états spéciaux s'excluant l'un l'autre dans un même corps, états où nous trouvons tantôt l'un, tantôt l'autre, ou bien un même corps tour à tour, et qui sont également indéfinissables. On peut dire qu'un corps est en repos, quand *sa position dans l'espace* (**8**, *inf.*) reste la même ; en mouvement, quand il y occupe successivement des positions différentes ; mais ce sont là de simples mots n'ajoutant rien à la clarté de ces notions, telles qu'elles nous sont données par la contemplation la plus superficielle des phénomènes naturels.

Un *déplacement* est un mouvement limité faisant passer un corps d'une première position, dite *initiale*, à une autre, dite *finale*, où ce corps s'arrête.

Une *figure* est ce à quoi l'esprit réduit un corps quand il en fait l'étude au point de vue purement géométrique.

Un corps dont la substance est très résistante (pierre compacte, bois dur, métal tenace et rigide...), nous apparaît avec une forme déterminée et invariable, c'est-à-dire avec une individualité géométrique constante que nous reconnaissons très exactement et identifions fatalement à elle-même, indépendamment du temps qui a pu s'écouler entre deux observations successives de ce corps, soit demeuré en repos, soit transporté en une autre position, soit animé actuellement d'un mouvement quelconque dans l'espace. C'est ainsi, par exemple, que, le lendemain comme la veille, nous retrouvons toujours le même objet géométrique dans une table très rigide, laissée immobile ou portée ailleurs, placée debout, couchée ou renversée, cela même pendant qu'on la transporterait encore.

La constance de cette individualité géométrique n'est absolue dans aucun corps naturel, parce que tout effort imprime quelque déformation aux plus résistants. Mais l'abstraction nous permet d'éliminer les éventualités de ce genre et nous conduit à la notion d'une figure *solide* (ou *invariable*, ou *rigide*).

Le plus ordinairement, une figure solide est conçue à l'état de repos; mais, très souvent aussi, il faut, par la pensée, la mettre en mouvement dans l'espace de telle ou telle manière, la transporter d'une position à une autre (**8**, *inf*.).

A la division d'un corps fragile, opérée par des moyens mécaniques, à sa recomposition géométrique par le rapprochement et le collage de ses fragments réajustés, correspondent, faites mentalement, la décomposition d'une figure solide en plusieurs autres, sa régénération par leur remise en place, s'il y a lieu, et la considération de ses diverses *parties*, redevenue simultanée. Ces opérations se présentent à chaque instant, comme aussi celle consistant à former une nouvelle figure par la *solidarisation* idéale de plusieurs autres auparavant définies.

3. Dans la conception simultanée de plusieurs figures solides, en repos ou en mouvement, on fait abstraction complète de l'impénétrabilité mutuelle qui est plus ou moins accentuée dans tous les corps naturels, et on leur attribue ainsi la propriété de pouvoir se pénétrer indéfiniment les unes les autres, de n'opposer chacune aucun obstacle au mouvement d'une autre qui la traverserait, de ne subir de ce fait aucune déformation, etc. Une vision matérielle de cette pénétrabilité parfaite nous est fournie par les images d'objets lumineux quelconques, regardés par réflexion sur autant de glaces transparentes : le mouvement de ces miroirs peut amener ces images à se pénétrer, à se traverser indéfiniment, sans altération aucune dans leurs diverses individualités géométriques.

4. On dit que deux figures solides *coïncident*, sont *superposées*, quand elles sont appliquées l'une sur l'autre, de manière que leurs individualités géométriques soient indiscernables (autrement que par la pensée et grâce à des dissemblances non géométriques). Telles sont, par exemple, les deux *surfaces* (**10**, *inf*.) en contact intime qui limitent, l'une intérieurement un vase quelconque, l'autre de l'eau qui s'y serait congelée.

5. Deux figures solides sont dites *égales* quand elles sont de nature à pouvoir être amenées, par simple déplacement, dans cet état de coïncidence, de superposition, à plus forte raison quand elles y sont déjà placées. Telles sont la surface du vase et celle du glaçon dont nous venons de parler, après, aussi bien qu'avant la séparation de ces objets supposée matériellement réalisable. De même, une pression latérale exercée légèrement sur le globe de l'un de nos yeux fait apparaître une deuxième image de l'objet qu'ils contemplent, image donnant, quand on fait varier la pression, l'idée d'une figure solide qui se déplace dans l'espace, et cette figure est égale (très sensiblement) à celle dont l'autre œil conserve la perception, parce que le retour à la vision normale superpose les deux images de manière à les rendre indiscernables.

6. La conservation de l'individualité géométrique d'une figure solide, considérée à l'état de mouvement aussi bien qu'à celui de repos, implique celle d'une individualité *relative* aussi bien déterminée, attachée à chacune de ses parties (**2**). Quand, par exemple, la pensée s'est fixée sur quelque détail d'une table et qu'on vient à déplacer arbitrairement ce meuble, elle retrouve le détail en question identique à lui-même, cela non seulement en soi, mais dans toutes ses relations géométriques avec la table. D'où le sens précis renfermé dans les mots, *telle partie, tel élément d'une figure donnée.*

Cela posé, on dit *correspondants* ou *homologues* dans deux figures égales, deux éléments quelconques, appartenant respectivement à l'une et à l'autre, qui se superposent mutuellement quand on vient à placer les figures en état de coïncidence.

Deux figures égales ne le sont, en général, que d'une seule *manière*, mais il n'est pas rare qu'elles le soient de plusieurs, ces nouvelles manières étant quelquefois en nombre très grand ou même illimité ; cela veut dire qu'outré un mode de superposition possible, il y en a d'autres ne ramenant pas en coïncidence les éléments de ces figures qui étaient homologues pour le mode primitif. Pour indiquer plus clairement un mode d'égalité dont deux figures sont susceptibles, on affecte autant que possible des notations semblables à deux parties homologues, et on les place toujours de la même manière dans les notations complètes des figures. Dire, par exemple, que les figures ABC, A'B'C' sont égales, c'est exprimer le fait qu'on peut déplacer la première de manière à superposer simultanément ses éléments (quelconques) A, B, C avec A′, B′, C′ respectivement.

7. A la fusion de deux figures solides égales en une seule, opérée par voie de superposition, correspond inversement le dédoublement mental d'une seule figure en deux (ou plusieurs) autres confondues, mais séparables par déplacement. Cette opération se présente très souvent ; elle est matérialisée dans les deux expériences citées au n° 5.

8. Deux figures, dont chacune est égale à une même troisième, sont égales entre elles. Telles sont, par exemple, la surface (10, *inf.*) d'un modèle et celle d'un objet de métal fusible coulé d'après lui, leur égalité étant assurée par ce fait que toutes deux ont été successivement en coïncidence avec la surface (utile) du moule que le modèle a permis d'établir et d'où sa reproduction est sortie.

Il faut remarquer l'égalité deux à deux de toutes les positions (2) occupées successivement par une même figure solide que l'on déplace, chacune de ces sortes d'empreintes laissées idéalement dans l'espace par la figure considérée ayant forcément coïncidé un instant avec celle-ci. La conception de pareilles empreintes aide à celle de plusieurs figures solides égales deux à deux, quoique placées autrement qu'en coïncidence. On en trouve une matérialisation optique fort exacte et bien facile à réaliser, dans la vision d'un objet mis en mouvement dans l'obscurité, mais éclairé par une succession peu rapide d'étincelles électriques.

9. On a aussi, mais bien moins fréquemment, à considérer des figures *variables*, c'est-à-dire conservant chacune une certaine personnalité plus ou moins facilement reconnaissable, mais non cette individualité géométrique strictement déterminée qui caractérise chaque figure solide. Une masse de terre à potier s'affaissant sous son poids, un ressort que l'on plie, un fil, une étoffe, un arbre, agités par un vent faible..., donnent une première idée des figures de ce genre, que plusieurs questions nous conduiront à regarder de plus près. (Chap. XIII, *inf.*)

Dans l'étude d'une pareille figure, il y a *toujours* à faire intervenir des figures solides [*segments rectilignes* (Chap. IV, *inf.*), *angles* (Chap. V, *inf.*),...], souvent en particulier celles avec lesquelles on peut concevoir qu'elle coïnciderait si, à des moments donnés, elle venait à se solidifier, à se figer en quelque sorte, dans divers états successifs. Pour cette raison, leur théorie est dominée de très haut par celle des figures solides, et, à cause du caractère absolument fondamental de ces dernières, on se contente le plus ordinairement du simple mot *figure* pour les désigner.

10. Les figures solides les plus simples sont les *points*, les *lignes* et les *surfaces* (¹), éléments essentiels de toutes les autres et dont, par suite, la considération s'impose perpétuellement.

Un *point* correspond à l'idée abstraite que nous nous faisons d'un corps extrêmement petit dont nous ne considérons que la position dans l'espace, d'une région extrêmement peu étendue, mais nettement déterminée d'un corps quelconque : tels sont un grain de farine ou d'une autre poudre impalpable, une étoile, la marque la plus menue d'une plume, d'un crayon, d'un bâton de craie très aigus, une légère piqûre d'une aiguille très fine, la pointe même de cette aiguille, etc.

L'idée de *ligne* nous vient des corps très allongés mais extrêmement déliés autrement, comme un fil jeté par une araignée entre deux arbres, la trace lumineuse apparente d'un point brillant animé d'une très grande vitesse, celle laissée sur un corps solide par le frottement léger d'un morceau de craie très pointu, d'un pinceau très ténu chargé de couleur, etc.

Des corps extrêmement réduits en épaisseur tels qu'un vase de fer-blanc, l'enveloppe d'une bulle de savon, une pièce de gaze déployée, une très légère couche de couleur appliquée sur un corps solide..., nous donnent l'idée de *surface* ; nous la retrouvons encore dans l'enveloppe que nous imaginons séparer la matière d'un corps solide de celle du milieu (gazeux, liquide, même solide) dont ce corps est entouré.

Ce sont là de simples *images* des lignes et des surfaces, données provisoirement et *incapables de prêter la moindre assiette au raisonnement ;* pour cela, il faut des propriétés précises, définissant chacune d'elles avec l'exactitude mathématique.

11. Une marque laissée par le contact d'une pointe colorante sur un corps que nous assimilons à une ligne, à une surface, nous donne l'idée d'un point *situé sur*, ou bien *appartenant à* une ligne, à une surface. On dit aussi que la ligne, la surface, *contiennent* le point considéré, qu'elles *passent par* lui.

Et semblablement, pour la marque tracée par la même pointe, maintenant traînée, sur un corps assimilé à une surface : on a ainsi une ligne *située sur* ou *tracée sur*, ou bien encore *appartenant à* la surface ; de son côté, cette dernière est dite *contenir* ou bien *passer par* la ligne en question.

12. Une figure se présente le plus souvent comme un assemblage de quelques points, lignes, surfaces, solidarisés par la

---

(1) Au fond, toutes les notions concernant les figures *courbes* (Chap. XIII, *inf.*) dérivent de la seule théorie des *droites* et *plans* (n°ˢ 16 et suiv., *inf.*) ; c'est ce que montre fort explicitement la marche des idées en *Géométrie analytique*.

pensée en nombre limité, ou même illimité, et les explications précédentes montrent le sens à attacher aux mots *point, ligne, surface appartenant à une figure donnée*, ou bien *n'appartenant pas, étrangers à cette figure*.

Dans le langage, on distingue et on nomme des points isolés par autant de lettres différentes affectées à la désignation des uns et des autres ; on désigne toute autre figure par des lettres données ainsi comme noms à des points choisis sur elle, en positions et en nombre voulus pour la clarté.

Les axiomes suivants dominent toutes les spéculations géométriques.

Sont en nombres illimités : 1° les points distincts, lignes, surfaces distinctes, qui, dans l'espace, n'appartiennent pas à une figure donnée, quelle que soit celle-ci (sauf le cas où il s'agirait de la totalité de l'espace, si l'on voulait aller jusqu'à la considérer comme une figure) ; 2° les points différents qui appartiennent à une figure si quelque ligne en fait partie, et les lignes différentes de cette figure, si quelque surface se trouve parmi ses éléments.

13. Quand un même point appartient à plusieurs lignes (non identiques), on dit qu'elles s'y *coupent*, et on le nomme un point *d'intersection* ou de *concours* de ces lignes, très souvent encore une *trace* de l'une sur l'autre ; par exemple (*fig.* 1), m est un point d'intersection des deux lignes ABC, DEF, et le point n est une autre trace de l'une d'elles sur l'autre.

Mêmes dénominations pour un point situé à la fois, soit sur une ligne et sur une surface (ne contenant pas la ligne), soit aussi bien sur plusieurs surfaces (non identiques). De même encore, pour une ligne située à la fois sur plusieurs surfaces (non identiques). La ligne, intersection de deux surfaces, se nomme tout aussi bien la *section* de l'une de ces surfaces par l'autre.

On emploie plus volontiers le mot *concours* quand il s'agit de plus de deux lignes ou surfaces passant par un même point, de plus de deux surfaces passant par une même ligne : les trois lignes AmB, CmD, EmF (*fig.* 2), concourrent au point m.

Dans certains cas fort remarquables, dont aucun toutefois ne se présentera à nous avant le Chapitre XIII (*inf.*), des lignes ou surfaces peuvent passer par quelque même point ou lignes, en lesquels on dit, non qu'elles s'y coupent, mais qu'elles y ont des *contacts*.

Quand deux lignes ou surfaces, ou ligne et surface, ont quelque point commun, on dit qu'*en ce point chacune rencontre l'autre*. S'il s'agit de deux lignes, cas auquel, quand elles ont été prises au hasard dans l'espace, leur rencontre est l'occurrence la moins fréquente, on dit souvent encore que chacune *s'appuie sur* l'autre.

14. Quand tous les points qui jouissent d'une propriété commune donnée sont situés sur une certaine ligne ou bien sur une certaine surface, et que, réciproquement, tout point appartenant à cette ligne, ou bien à cette surface, jouit de la propriété dont il s'agit, on nomme la ligne, où la surface en question, le *lieu géométrique*, plus brièvement le *lieu* des points caractérisés par la propriété donnée.

Quand toutes les lignes qui jouissent d'une propriété commune sont situées sur une certaine surface et que, réciproquement, par tout point de la surface on peut tracer sur elle une ligne au moins qui jouisse de la propriété considérée, on dit encore, mais plus rarement, que ces lignes ont la surface pour *lieu géométrique*.

15. Un point *décrit* une ligne quand il est animé d'un mouvement le laissant constamment sur elle et l'amenant à coïncider avec tout autre choisi arbitrairement sur cette ligne (ou même seulement sur une de ses parties). La ligne en question est la *trajectoire* du point mobile et joue le plus grand rôle dans l'étude de son mouvement, à lui-même ou à telle figure dont il ferait partie.

Une ligne *engendre* une surface, quand elle se meut [en se déformant le plus souvent **(9)**] de manière à rester sans cesse sur cette surface et à venir passer par tout point que l'on aurait marqué arbitrairement sur cette dernière (ou l'une de ses parties). A ce point de vue, on dit qu'une pareille ligne mobile est la *génératrice* de la surface, et l'on pourrait dire encore que celle-ci est la *trajectoire* de la ligne ; quelquefois on nomme *directrices* des lignes fixes tracées sur la surface dans des conditions telles, que la nécessité de s'appuyer sur toutes constamment, guide et détermine le mouvement et la déformation de la génératrice.

Premières propriétés de la droite et du plan.

16. La *droite* est une ligne **(10)**, le *plan* est une surface, dont les premières propriétés (absolues et relatives) sont irréductibles par voie déductive à des faits plus simples, dont la définition, par suite, ne peut être donnée autrement que par l'affirmation de ces propriétés, accompagnée de références à quelques images matérielles. A l'égal de l'addition en Arithmétique, les mêmes propriétés sont la source de *toutes* les autres propositions de la Géométrie ; à cause de cela et de l'intimité de leur pénétration réciproque, leur exposition doit être placée tout à côté des notions générales expliquées dans le paragraphe précédent, et, en outre, se faire simultanément.

17. Voici ce qui concerne la droite considérée isolément (on dit très souvent une *ligne droite*).

I. Etant données deux droites quelconques et étant marqués arbitrairement deux points (distincts) sur l'une d'elles, on peut toujours déplacer celle-ci de manière à amener ces points, l'un à coïncider avec un point donné de l'autre droite, le second à être situé quelque part sur la même droite ; et ce simple déplacement suffit à réaliser la superposition complète de ces deux droites, c'est-à-dire à amener simultanément tout autre point de la première à être situé aussi sur la seconde, et cette première à contenir tous les points de celle-ci (*Cf.* **20**, II, *inf.*).

II. Soient A, B ces deux points, A', B' ceux de la seconde droite avec lesquels, respectivement, ils sont venus ainsi se confondre, puis $m, n...,$ d'autres points quelconques de la première droite et $m' n'...,$ ceux de la deuxième avec lesquels ils viennent simultanément coïncider ; toute nouvelle superposition des deux droites qui ramènera A en A', et B en B', se refera point sur point, c'est-à-dire ramènera aussi m en m', n en n'... Plus brièvement, l'égalité de nos deux droites sous la condition que les points A, B aient A', B' pour homologues respectifs n'existe que d'une seule manière (**6**).

Nous verrons bientôt les conditions variées dans lesquelles deux droites peuvent être superposées (**23**, IV, *inf.*).

III. Quand deux droites sont superposées, on peut faire glisser indéfiniment l'une rendue mobile sur l'autre laissée fixe dans l'espace, c'est-à-dire l'animer de mille manières d'un mouvement dans lequel la trajectoire de chacun de ses points (**15**) soit quelque partie de la seconde, qui, par suite, la laisse en application constante sur celle-ci. Incessamment nous analyserons les circonstances de ce mouvement qui a une très grande importance (**32**, *inf.*).

IV. Il existe toujours quelque droite remplissant la condition de passer à la fois par deux points donnés arbitrairement dans l'espace (*Cf.* **30**, *inf.*).

18. Ces axiomes entraînent immédiatement les propositions qui suivent.

I. *Toutes les droites sont des figures égales deux à deux,* puisque deux quelconques peuvent être appliquées l'une sur l'autre (**17**, I).

II. *Par deux points (distincts) on ne peut faire passer qu'une seule droite,* puisque, s'il en existait une autre que celle mentionnée ci-dessus (**17**, IV), elle aurait deux points sur celle-ci et se confondrait avec elle (**17**, I).

III. *Mais, par un même point quelconque de l'espace, on peut en faire passer une infinité, c'est-à-dire un nombre illimité de droites distinctes.*

Car, par un tel point A et un autre B_1 on peut faire passer une première droite (II); puis, par A et un autre point B_2 non situé sur celle-ci une seconde droite, puis une troisième par A toujours et un troisième point B_3 n'appartenant à aucune des deux premières, et ainsi de suite (12).

IV. *Quand deux droites distinctes se rencontrent, elles se coupent en un seul point*, car elles se confondraient si elles avaient commun un second point distinct du premier (II). Ex. : les droites AB, CD (*fig. 3*) se coupant en E (*Cf.* 21, VIII, IX, *inf.*)

19. On dit *rectilignes*, les figures n'ayant pour éléments que des droites (et des points), quelquefois mais plus rarement, une figure dont tous les points sont situés sur une même droite.

La droite et les figures rectilignes se présentent continuellement à nos yeux : la trace d'un rayon lumineux très ténue dans une atmosphère poudreuse et obscure, une arête (192, *inf.*) d'un beau cristal, un fil très fin, flexible et bien tendu, le bord tranchant d'une bonne règle (30, *inf.*), nous donnent autant de visions matérielles de l'idée abstraite de la droite, à cela près qu'il faut, par la pensée, rendre tous ces objets indéfinis (23, III, *inf.*).

Le jeu de la coulisse du trombone (instrument de musique) met en action, dans chacune de ses branches, la propriété essentielle d'une droite de pouvoir glisser sur elle-même (17, III).

Deux fils tendus, deux règles, fournissent bien facilement des vérifications expérimentales des principaux faits énoncés ci-dessus.

20. Nous abordons le plan.

I. La droite qui passe par deux points quelconques (mais distincts) (18, II) de tout plan donné est située tout entière sur lui.

II. Etant donnés deux plans quelconques, sur l'un desquels arbitrairement on a marqué trois points distincts non en ligne droite (c'est-à-dire non situés sur quelque même droite), on peut toujours déplacer celui-ci de manière à amener sur l'autre les trois points dont il s'agit, l'un dans une position arbitrairement choisie, et les deux plans sont alors en complète superposition (*Cf.* 17, I).

III. Sous la condition que ces trois points A, B, C reviennent respectivement en A', B', C', positions qu'ils ont occupées une première fois sur le second plan, la superposition des deux plans ne peut être recommencée que de la même manière (*Cf.* 17, II), (*Cf.* 34, *inf.*).

IV. Quand deux plans sont superposés, on peut faire glisser indéfiniment sur l'un d'eux laissé fixe dans l'espace, l'autre rendu mobile, et, avec celui-ci, par suite, toute figure située sur lui, une droite en particulier (*Cf.* 17, III). Nous approfondirons bientôt les cas particuliers les plus importants d'un pareil mouvement (35 *et suiv.*, 83 *et suiv.*, *inf.*).

V. Il existe toujours quelque plan remplissant la condition de passer à la fois par trois points donnés arbitrairement dans l'espace (*Cf.* **17**, IV).

VI. *Quand deux plans passent par un même point, ils ont nécessairement quelque autre point commun.*

21. Les propositions suivantes se déduisent facilement de tout ce qui précède.

I. *Tous les plans sont des figures égales*, puisque deux quelconques peuvent toujours être superposés (**20**, II).

II. *Quand trois points, d'ailleurs arbitraires dans l'espace, ne sont pas en ligne droite (condition excluant implicitement le cas où deux de ces points coïncideraient), le plan qu'on peut faire passer par eux* (**20**, V) *est unique.* Deux plans quelconques se confondent en effet quand ils sont placés de cette manière, puisque les trois points dont il s'agit appartiennent à l'un et sont situés sur l'autre (**20**, II).

III. *Par une droite et un point non situé sur elle, on peut faire passer quelque plan, mais un seul.*

On obtient un plan de ce genre en en faisant passer un par le point donné A et deux autres (distincts) B, C, marqués arbitrairement sur la droite donnée (**20**, V), car celle-ci ayant alors les deux points B, C sur ce plan y est située tout entière (**20**, I); et tout autre plan du même genre se confond avec celui-ci, parce que tous deux ont en commun ces trois points A, B, C qui ne sont pas en ligne droite (II).

IV. *Quand deux droites (distinctes) se coupent, on peut faire passer quelque plan par elles deux à la fois, mais un seul.*

Soient O le point d'intersection de ces droites (**18**, IV) et A, B deux autres points pris respectivement sur l'une et sur l'autre. Un seul plan peut contenir les deux droites à la fois, c'est le plan unique passant par les trois points O, A, B non en ligne droite (II). Or, il contient effectivement la première droite, parce qu'il passe par ses deux points distincts O, A (**20**, I), et la deuxième, parce qu'il passe encore par O et par B.

V. *Par deux points distincts seulement de l'espace, ou, ce qui revient au même, par la droite qui les contient tous deux* (**20**, I), *passent une infinité de plans distincts.* Raisonnement du n° **18**, III.

VI. *Les droites distinctes que l'on peut mener par un même point* (**18**, III), *sont en nombres illimités dans des groupes différents dont le nombre est lui-même illimité.*

Par ce point A, menons arbitrairement une droite D, puis par celle-ci les plans en nombre illimité dont il vient d'être fait mention (V). Sur chacun de ces plans contenant tous A, et par ce même point, le raisonnement du n° **18**, III montre aussi bien qu'on peut tracer une infinité de droites distinctes; et, à l'exception de la droite D appartenant à tous ces plans à la fois, le groupe formé par celles qui ont été tracées sur l'un d'eux n'en contient aucune qui soit aussi sur un autre. Ces groupes, en nombre illimité, sont donc distincts, et chacun d'eux contient bien des droites distinctes en nombre illimité.

VII. *Les plans distincts que l'on peut mener par un même point se distribuent numériquement en groupes tout semblables.*

Par ce point A on mènera arbitrairement un plan P, puis sur celui-ci les droites distinctes que l'on peut tracer par A. Chacun des groupes en question comprendra tous les plans que l'on peut faire passer par chacune de ces droites, car deux groupes différents n'auront jamais que le seul plan P en commun (IV).

VIII. *Quand une droite non située sur un plan le rencontre, elle ne peut avoir qu'un point commun avec lui.* (*Cf.* **72**, *inf.*)

Car, si au lieu d'un seul point d'intersection, il y en avait deux, la droite serait tout entière dans le plan (**20, I**).

IX. *Deux plans distincts qui ont un point commun se coupent toujours suivant une droite.* (*Cf.* **74**, *inf.*)

Car ils ont en commun quelque autre point distinct du premier (**20, VI**) et, par suite, tous ceux de la droite passant par ces deux points (**20, I**). Mais ils ne peuvent passer tous deux par aucun autre point, car alors ils se confondraient (III).

X. *Quand trois plans ne contenant pas une même droite ont un point commun, leur intersection se réduit à ce point.*

Car s'ils passaient encore par un autre même point, chacun d'eux contiendrait aussi la droite déterminée par ces deux points (**20, I**).

Dans ce cas, deux de ces plans se coupent suivant une droite (IX), coupant elle-même le troisième au point commun à tous trois. Et, en associant ainsi ces plans deux à deux des trois manières possibles, on obtient trois droites concourant au même point d'intersection. (*Cf.* **50**, *inf.*, *in fine.*)

22. Une figure est *plane* quand tous ses points et toutes ses lignes se trouvent dans un même plan; telle est essentiellement la ligne droite (**21, V**).

Une figure peut être dite *gauche* quand elle n'est pas plane; mais c'est aux lignes non planes que ce mot s'applique de préférence.

Pas plus que la droite, le plan n'est rare dans la nature et dans les objets créés par l'industrie humaine; sa forme nous est présentée par la surface d'une eau tranquille, par les faces des cristaux, par une glace bien polie, par un mur bien dressé, etc., toutes ces surfaces étant rendues indéfinies par la pensée (**23, III,** *inf.*).

Au moyen d'un fil bien tendu, ou d'une bonne règle, et de une ou deux glaces bien dressées, on peut vérifier physiquement la plupart des propositions formulées aux n[os] **20, 21**. Le glissement indéfini de deux plans l'un sur l'autre, celui d'une droite sur un plan (20, IV), nous sont montrés par le mouvement, sur son plateau, d'une molette à broyer les couleurs, par le raclage d'une glace plane exécuté au moyen du tranchant d'une règle, etc. Mais, comme il en est pour les premiers fondements de toutes les lois naturelles, la certitude des axiomes définissant la droite et le plan ne nous est donnée complète, quoique indirectement, que par les épreuves expérimentales, variées à l'infini, que les calculs et autres déductions, ayant ces axiomes pour base, ont toujours affrontées victorieusement.

L'égalité constante de deux droites quelconques (**18**, I), celle de deux plans (**21**, I), la parenté géométrique qui est formulée si étroite, entre la droite et le plan par l'axiome **20**, I, sont exclusives à ces figures et facilitent au plus haut degré la comparaison de toutes celles qui en sont composées, en même temps que la vérification de l'exactitude de ces figures dans les corps matériels qui doivent en affecter les formes. D'autre part, les axiomes **17**, III et **20**, IV ont des conséquences mécaniques qui placent la forme plane et la forme rectiligne parmi celles dont la naissance a lieu le plus facilement et le plus sûrement par l'usure réciproque de deux corps durs frottés l'un contre l'autre avec les précautions convenables. Ce sont ces diverses circonstances qui assignent le premier rôle, et de beaucoup, à la droite et au plan, non seulement en Géométrie pure, où *nulle proposition ne peut être affranchie de la mention explicite ou implicite de ces figures primordiales*, mais encore dans les sciences physiques et dans les arts, où des considérations géométriques interviennent presque partout.

Relativement à la totalité de l'espace, un plan constitue un *domaine* fort restreint sans doute, une droite, un domaine bien plus étroit encore. Mais, quand elles sont planes ou rectilignes, les figures solides n'en ont pas moins la liberté exclusive de se mouvoir *indéfiniment*, les premières sur une même surface [le plan (**20**, IV)], les dernières sur une même ligne [la droite (**17**, III)], et, à côté de dissemblances forcées, il en résulte pour ces figures des analogies très marquées avec celles de l'espace; la suite les révélera peu à peu.

Notion de direction et premiers faits s'y rattachant.

23. L'idée d'un mouvement *de sens constant*, animant un point qui décrit une droite, nous est fournie par celui, par exemple, d'un piéton marchant sans cesse sur un sentier rectiligne très étroit, sans pouvoir reculer ni faire volte-face.

I. **Pour les mouvements de ce genre, qui sont réalisables sur une même droite, il n'existe que deux sens possibles.**

Ces deux sens sont dits *contraires* ou *opposés*, et, sur la droite de la *fig.* 4, l'un d'eux, dit *de* A *à* B (de C à D, de D à E...), est indiqué par les flèches supérieures; l'autre, de B à A (de D à C, de E à D...), correspond aux flèches inférieures.

Plus volontiers, on nomme les sens dont il s'agit, les deux *directions* contraires ou opposées, qui sont ainsi concevables sur la droite considérée; les notations AB, CD, DE..., indifféremment, marquent l'une de ces directions; BA, DC, ED..., marquent l'autre.

II. Deux points distincts A, B étant considérés sur une droite, on spécifie leur disposition *topographique*, c'est-à-dire leurs positions relatives, en choisissant une direction sur cette droite et en disant B *placé par rapport à* A *dans cette direction* ou bien dans la direction opposée, selon que la direction AB est celle que l'on a ainsi distinguée, ou bien l'autre. Par exemple, le point B (*fig.* 4), est, par rapport à A, dans la direction CD; mais C est, par rapport à E, dans la direction opposée à CD.

III. Sur une droite, et par rapport à un quelconque de ses points, il en existe toujours une infinité d'autres placés dans une direction donnée, aussi bien que dans l'autre.

C'est en cela que consiste la propriété d'une droite d'être illimitée dans chacune de ses deux directions, celle d'un plan d'être illimité dans toutes ses directions (c'est-à-dire dans celles de toutes les droites que l'on peut tracer sur lui), et on peut dire de même, que l'espace est illimité dans toutes les directions imaginables.

IV. Soient M, N deux points distincts marqués sur une droite, P, Q deux points distincts marqués sur une autre droite, et M', N' les positions prises par M, N sur cette droite, après une application de la première sur la seconde (**17**, I). Quand N' est placé par rapport à M' dans la même direction que Q par rapport à P, on dit que l'on a *fait coïncider* la direction MN de la première droite avec la direction PQ de la seconde.

Deux droites quelconques étant données, on peut toujours, et cela d'une seule manière (6), appliquer l'une sur l'autre, de façon qu'un point et une direction choisis arbitrairement sur la première coïncident avec un point et une direction choisis à volonté aussi sur la seconde.

24. Tout point O d'une droite... Q'P'OPQ..., (*fig.* 5) la divise (quand on le dédouble par la pensée) en deux parties ou *régions*, OPQ... et OP'Q'..., encore indéfinies, mais chacune dans un seul sens (**23**, III), telles que, sur chacune, la première, par exemple, les points P, Q..., autres que O, sont tous placés, par rapport à celui-ci, dans une même direction (**23**, II) opposée à celle où se trouvent les points P', Q'... de l'autre région.

Chacune de ces deux parties est une *demi-droite*, ayant pour *origine* le point O, pour *direction* celle dont nous venons de parler allant ainsi de son origine à l'un quelconque de ses autres points. On les note l'une par deux lettres affectées, la première, à son origine, la seconde, à l'un quelconque de ses autres points.

Deux demi-droites telles que OP, OP', découpées sur une même droite par une même origine, sont *opposées*, et chacune se nomme encore le *prolongement* de l'autre.

Sur une droite que l'on a divisée en deux demi-droites opposées par quelque point O, on dit que deux autres points tombent *d'un même côté* de O, ou bien de côtés *différents* (quelquefois de *part et d'autre*), selon qu'ils sont placés tous deux sur une même de ces demi-droites, ou bien l'un sur l'une, le second sur l'autre.

Deux demi-droites quelconques sont deux figures égales, mais cela d'une seule manière (23, IV).

25. Toute droite UV (*fig.* 6), tracée sur un plan (et dédoublée par la pensée), le découpe en deux régions encore indéfinies; qui se distinguent l'une de l'autre comme il suit : la droite PQ (ou P'Q') joignant deux points P, Q (ou P', Q') pris à la fois sur une même de ces régions, ou bien ne rencontre pas UV (**68**, *inf.*), ou bien coupe cette droite en un point R (ou R') tel que les directions RP, RQ (ou R'P', R'Q') sont identiques ; mais une droite comme PP' joignant deux points P, P' pris dans des régions différentes, coupe toujours UV en quelque point S, et les directions SP, SP' sont opposées.

Deux semblables parties d'un plan sont des *demi-plans opposés*, ayant pour *arête* commune la droite UV séparant l'un de l'autre. On désigne chaque demi-plan par la notation de son arête, suivie de celle de l'un de ses autres points; notre figure montre ainsi les deux demi-plans $\overline{UV}P$, $\overline{UV}P'$.

26. Un plan quelconque UVW, dédoublé toujours mentalement, découpe l'espace en deux *demi-espaces opposés* $\overline{UVW}P$, $\overline{UVW}P'$, ayant ce plan pour *plancher* commun et se distinguant l'un de l'autre par les mêmes moyens, exactement, que ceux qui viennent de nous conduire à la notion des demi-plans (**25**) et même à celle des demi-droites (**24**); nous n'insistons pas, tant le sujet est facile.

Les dénominations expliquées à la fin du n° **24** sont immédiatement applicables à deux points placés d'une manière ou de l'autre, soit dans un même plan relativement à l'arête commune de deux demi-plans opposés, soit dans l'espace relativement au plancher commun de deux demi-espaces opposés.

27. *Une droite tracée dans le plan de deux demi-plans opposés, de manière à couper leur arête sans se confondre avec elle, ou bien*

arbitrairement dans l'espace, mais coupant le plancher commun de deux demi-espaces opposés sans être située tout entière sur lui, est divisée, soit par cette arête, soit par ce plancher, en deux demi-droites opposées, qui sont situées respectivement soit dans les deux demi-plans, soit dans les deux demi-espaces en question.

Un plan, coupant le plancher commun de deux demi-espaces opposés, sans se confondre avec lui, est divisé par l'intersection en deux demi-plans opposés, qui sont situés respectivement dans ces deux demi-espaces.

Nos définitions rendent tous ces faits évidents.

28. C'est ici qu'il faudrait placer l'étude des conditions dans lesquelles on peut faire coïncider, soit deux demi-plans quelconques, soit deux demi-espaces, si ces questions ne devaient pas être traitées plus tard d'une manière au moins implicite.

Premières applications.

29. La pratique des arts de construction exige à chaque instant le tracé de figures géométriques au moyen desquelles l'ingénieur mûrit ses idées, les fixe et les transmet exactement à l'ouvrier. L'exécution de ces figures se décompose en un certain nombre de *constructions géométriques*, tracés irréductibles à de plus simples, avec lesquels il importe d'être parfaitement familiarisé.

Les considérations de la fin du n° **22** ont fait préférer exclusivement les tracés exécutés sur des surfaces planes, auxquels la *Géométrie descriptive* montre que tous les autres peuvent être ramenés. Un semblable tracé est une *épure*, et s'opère sur une feuille de papier que l'on a tendue et collée sur une planche présentant une face bien aplanie. Les constructions planes ont donc une importance pratique bien supérieure à celle de toutes les autres, et, sauf spécification du contraire, nous supposerons toujours telles, celles dont nous aurons à parler.

30. *Construire une droite passant par deux points donnés* **(18, II).**

On emploie une *règle*, instrument fait d'une substance rigide, comme du bois ou du métal, dont le seul détail essentiel est l'existence de deux faces planes qui se coupent et dont l'intersection, nécessairement rectiligne **(21, IX)**, constitue l'*arête* de la règle.

Après avoir appliqué exactement la face large de la règle sur l'épure, plane aussi, on la fait glisser sur celle-ci **(20, IV)** jusqu'à ce que son arête passe à la fois par l'un et l'autre des points donnés. Une fois cette position trouvée, on trace la droite demandée au moyen d'un crayon bien aiguisé ou d'un tire-ligne, que l'on promène sur le papier en appuyant sa pointe, pour la guider, à la face mince de la règle et à l'épure en même temps.

Du mécanisme de cette opération viennent les locutions si fréquentes : *joindre deux points par une droite, tracer, tirer une droite.*

Il n'y a pas plus de difficulté à *tracer une demi-droite ayant pour origine un point donné et passant par un autre point donné aussi* (**24**).

31. On vérifie une règle, soit en la comparant à un fil délié bien tendu, soit, beaucoup mieux, en la visant d'un seul œil pour regarder si tous les points de son arête peuvent être amenés à s'effacer les uns derrière les autres dans un raccourci parfait. On peut encore regarder si son arête peut glisser sur celle d'une autre règle reconnue bonne (**17**, III), ou bien encore si, dans toutes les positions où cette arête passe par deux points du trait qu'elle a permis elle-même de tracer, elle se réapplique exactement sur lui (**17**, I).

Au moyen d'une bonne règle, on peut vérifier une planchette à épures, et inversement (**20**, I).

CHAPITRE II.

PARALLÉLISME DES DROITES ET DES PLANS. — CAS D'INTERSECTION.

Mouvement de translation. — Parallélisme en général.

32. Nous commencerons par étudier avec soin le mouvement d'une droite mobile glissant sur une droite fixe (**17**, III).

I. Une droite ayant été dédoublée par la pensée en deux autres, l'une, D, fixe dans l'espace, l'autre, d, appliquée sur celle-ci, on peut faire glisser la seconde sur la première, de telle sorte qu'un point a, marqué arbitrairement sur d, vienne coïncider avec l'un quelconque A des points de D.

C'est dans cette possibilité que consiste le caractère indéfini de ce glissement.

II. Si un premier glissement a conduit des points $a_1, a_2, a_3,\ldots$ de la droite mobile en $A_1, A_2, A_3\ldots$, points de la droite fixe, tout nouveau glissement de d qui ramènera un seul des premiers, a_1 par exemple, à coïncider encore avec son homologue A_1 dans la seconde suite, ramènera tous les autres, $a_2, a_3,\ldots$ simultanément, à coïncider aussi avec $A_2, A_3\ldots$, respectivement.

Plus brièvement, quand une droite glisse sur une autre, la position de toute figure conçue sur elle est complètement déterminée par celle d'un seul de ses points sur la droite fixe.

III. Si, dans un glissement de la droite d sur la droite fixe D, deux de ses points a, b ont A', B' pour positions initiales et A", B" pour positions finales (2); les directions A'B', A"B" de D sont toujours identiques (23, I).

IV. Quand la droite d glisse sur D de manière que l'un de ses points a_1 soit animé d'un mouvement de sens constant (23), tous ses autres points $a_2, a_3,\ldots$ y sont animés simultanément de mouvements dont les sens sont tous constants chacun, de plus identiques à celui du mouvement de a_1, les uns aux autres par conséquent.

Ceci permet de dire que toute la droite d glisse sur D, soit dans un sens, soit dans l'autre.

33. Quand il s'agit du glissement indéfini sur un plan fixe P (20, IV), d'un plan mobile p restant appliqué sur lui (tout aussi bien d'une figure quelconque tracée sur le plan p), on a l'axiome suivant :

La position du plan glissant est entièrement déterminée par celles sur le plan fixe, non plus de un de ses points (32, II), mais de deux (pourvu qu'ils soient distincts).

Comme tout à l'heure, ceci veut dire que si un premier glissement a amené les points $a_1, a_2, a_3, a_4,\ldots$ du plan p à coïncider avec les points $A_1, A_2, A_3, A_4,\ldots$ du plan P, et si les deux premiers, par exemple, sont distincts, tout autre glissement du plan mobile qui ramènera a_1 et a_2 seulement en A_1 et A_2, replacera simultanément $a_3, a_4,\ldots$ en $A_3, A_4\ldots$

34. Quant au mouvement libre dans l'espace, d'une figure solide quelconque [non sans analogie avec le glissement d'une figure plane sur un plan fixe, ou d'une figure rectiligne sur une droite fixe (22)], il est dominé par cet axiome :

La position de toute la figure est complètement déterminée par celles seulement, non plus de un, ou de deux, mais de trois de ses points choisis à volonté autrement qu'en ligne droite. (*Cf.* 20, III, 32, II, 33.)

35. Voici maintenant les faits qui conduisent à la notion du plus simple des mouvements dont une figure solide puisse être animée dans l'espace.

I. Un plan mobile p peut glisser sur un plan fixe P, indéfiniment encore, sous la condition spéciale que l'une de ses droites d glisse simplement sur une droite D appartenant au plan fixe (32).

Dans ce cas, *la position du plan mobile est déterminée par celle d'un point seulement de la droite d sur la droite D*. La position de ce point détermine effectivement celles de tous les autres points de la droite d (32, II), et il ne faut que celles de deux distincts pour déterminer celles de tous les points du plan p (33).

II. *Si l'on solidarise enfin avec le plan mobile une figure quelconque f de l'espace, qui alors se trouve animée d'un mouvement connexe, la position sur la droite D d'un seul point de la droite d détermine, complètement encore, celles de tous les points de cette figure.*

Les positions de tous les points du plan p se trouvent effectivement déterminées (I), et trois seulement de ces positions, non en ligne droite, sont nécessaires à la détermination complète de celles de tous les points de la figure (34).

36. Un tel mouvement d'une figure solide est dit *de transport* ou *de translation ;* il est d'une importance extrême, et présente en outre les particularités suivantes.

I. Tout point de la figure mobile a pour trajectoire (15) une certaine droite G ; et si, à un instant donné quelconque, on dédouble cette trajectoire par la pensée en deux droites, savoir, G elle-même restant fixe dans l'espace et une droite g solidarisée avec la figure mobile, le mouvement de cette droite g se réduit à un simple glissement s'effectuant sur la droite G (17, III).

Nous nommerons les droites telles que G et g des *glissières*, les premières *fixes*, les dernières *mobiles*. Par chaque point de la figure f, passe ainsi une glissière mobile (unique) à elle attachée ; par chaque point de l'espace, passe également une glissière fixe (unique aussi), sur laquelle glisse toute droite de la figure mobile qui aurait coïncidé une seule fois avec elle. En particulier, les droites d, D nommées plus haut sont des glissières, celle-ci fixe, celle-là mobile.

II. Tout plan de la figure f qui passe par une glissière (mobile), glisse simplement aussi, et cela dans les conditions du n° 35, I, sur le plan fixe de l'espace avec lequel il a coïncidé une seule fois à un instant quelconque du mouvement. C'est ainsi que le plan p, passant par la glissière mobile d et entraîné par le mouvement de f, glisse sur le plan fixe P auquel il reste appliqué.

III. *La position de la figure mobile dans l'espace est complètement déterminée par celle d'un seul de ses points ;* car ce point se meut sur quelque glissière fixe D_1 (I), et tout plan p_1 passant dans f par la glissière mobile d_1, qui glisse sur D_1, glisse sur quelque plan P_1 de l'espace dans les conditions expliquées au n° 35, I, pour la droite d et le plan p glissant sur D et P (I, II). Cela posé, il n'y a plus qu'à faire intervenir ce que nous avons dit au n° 35, II.

En d'autres termes, *quand une figure n'est susceptible que d'un mouvement de translation, tous ses points, simultanément, s'arrêtent ou se meuvent.*

37. Le mouvement de translation n'a pas un caractère moins primordial en Mécanique pure ou appliquée, qu'en Géométrie. Le jeu naturel d'un tiroir bien ajusté dans la mortaise du meuble où il se loge, en met chaque jour sous nos yeux une représentation fort nette : les 4 arêtes rectilignes de la mortaise (elles s'y trouvent au fond de sortes de gouttières) sont des glissières fixes sur lesquelles glissent les 4 arêtes rectilignes correspondantes du tiroir (où elles sont au contraire saillantes), jouant ainsi le rôle de glissières mobiles; en même temps, les faces latérales et inférieures du tiroir (quelquefois une face supérieure), qui sont planes et passent toutes par ses arêtes, glissent sur autant de faces planes fixes, appartenant à la mortaise. Nous voyons enfin l'immobilité du tiroir assurée par la fixation d'un seul de ses points, que peuvent réaliser, soit la fermeture de la serrure en engageant le pêne dans sa gâche, soit un clou traversant à la fois des faces correspondantes du tiroir et de la mortaise, soit l'interposition accidentelle de quelque gravier.

38. Une translation est un déplacement (**2**) d'une figure, opéré par un simple mouvement de transport.

I. On peut imprimer à toute figure solide une translation telle, qu'une droite H choisie arbitrairement dans l'espace, joue le rôle de glissière fixe, et qu'un point de la figure, pris sur la glissière mobile correspondante h (c'est-à-dire en application constante sur H) vienne coïncider avec un point donné quelconque de cette glissière fixe H.

II. D'où, par combinaison avec l'axiome III du n° 36 : *quand une figure peut être superposée à une autre par une translation, la coïncidence a lieu dès que quelque point de la première figure a atteint son homologue dans la seconde.*

III. Si, à partir de sa position initiale f_0, on imprime successivement à une figure mobile f, deux séries de translations consécutives l'amenant, les unes en f_1, les autres en f_2 (pouvant être identique à f_0), les figures f_1, f_2 peuvent être superposées par une seule translation (ou bien coïncidaient déjà).

Un raisonnement bien facile permettrait de déduire, du seul énoncé suivant, tous les autre cas de l'axiome en question : Si, par deux translations consécutives, f a passé de f_0 en f_1, puis de f_1 en f_2, une seule translation suffira pour amener directement f de sa position initiale f_0 à sa position finale f_2.

39. Dans son essence générale, le *parallélisme* de deux droites, ou d'une droite et d'un plan, ou de deux plans, est une position relative des plus remarquables, consistant en ce que, dans chaque cas, l'une des figures considérées peut être appliquée sur l'autre par quelque translation choisie convenablement; on dit alors que les deux figures sont *parallèles*.

Quand deux figures des genres mentionnés ci-dessus sont *déjà* appliquées l'une sur l'autre, elles se trouvent évidemment dans cet état de parallélisme, puisque leur repos seul suffit à réaliser leur application, et qu'un tel état des corps ne comporte rien de contradictoire avec la définition du mouvement de translation; d'ailleurs, de véritables translations évidentes reproduiraient autrement l'application mutuelle. Cependant, on nomme plus volontiers parallèles, deux figures rectilignes, planes, qui peuvent être appliquées l'une sur l'autre par translation, mais ne le sont pas encore.

Droites parallèles.

40. *Deux droites* D, D', *dont l'une*, D, *peut être superposée à l'autre par une translation* [*c'est-à-dire qui sont parallèles* (**39**)], *coïncident nécessairement quand elles ont quelque point commun* O.

Soit O' la position finale du point O entraîné par la translation de la droite D, qui la superpose à D' : la droite OO' coïncide 1° avec D', parce qu'elle a deux points sur elle, savoir O par hypothèse et O' évidemment; 2° avec D, après la translation de celle-ci, puisque cette dernière se trouve alors superposée à D'; en outre, la même droite $O'O$ est évidemment une glissière de la translation capable de ramener D de sa position finale D' à sa position initiale (**38, III**). Pendant ce dernier déplacement, après sa terminaison en particulier, D reste donc en coïncidence avec OO', avec D' par suite (**36, I**).

41. *Deux droites parallèles* D, D' *coïncident après toute translation qui amène quelque point de l'une à être situé sur l'autre*.

Soit D_1 la position occupée par D, après une certaine translation amenant un de ses points sur D'.

Si le parallélisme de D, D' consiste en ce que D peut être appliquée sur D' par translation, D' et D_1, positions finales de la même figure D, acquises par translations différentes, peuvent aussi être superposées par un tel déplacement (**38, III**). Mais, par hypothèse, ces droites ont un point commun; donc elles coïncident (**40**).

Si, au contraire, c'est D' qui est applicable sur D par translation, D_1 est la position finale de D' après deux translations, l'une amenant ainsi D' en D d'abord, puis de D en D_1; D_1 peut, par suite, être ramenée en D' par une seule translation (**38, III**); donc encore D' et D_1 coïncident.

42. *Deux droites parallèles distinctes sont dans un même plan et ne se rencontrent pas.*

Soient en effet AB, A′B′ (*fig.* 7) ces deux parallèles, A′ étant la position du point A après une translation qui superpose la première à la seconde. La droite AA′ est évidemment une glissière ; donc (**36**, II) le plan conduit par cette droite et par AB (**21**, IV) glisse simplement sur lui-même. Il en résulte que la droite AB reste dans ce plan pendant toute la translation et que, par suite, sa position finale A′B′ s'y trouve également.

D'autre part, si nos deux droites avaient un seul point commun, elles coïncideraient contrairement à l'hypothèse, puisqu'elles peuvent être superposées par une simple translation (**40**).

43. *Par un point donné quelconque* M (*fig.* 8), *on peut toujours mener à une droite donnée quelconque* AB, *une parallèle et une seule.* (*Cf.* 63, inf.)

Pour cela, il suffit de chercher la position MB′ que prend la droite donnée, quand un de ses points A vient coïncider avec M, après une translation ayant AM pour glissière (**38**, I).

Soit ensuite MB″ une parallèle d'origine quelconque passant aussi par M ; les droites MB′, MB″ étant, relativement à la même figure AB, deux positions finales, l'une acquise par translation, l'autre susceptible de l'être (**39**), peuvent aussi se superposer par translation (**38**, III) ; d'ailleurs elles ont le point M commun, donc elles se confondent (**40**).

Quand le point M est situé sur la droite AB, celle-ci se confond évidemment avec la parallèle cherchée.

44. *Deux droites* A′B′, A″B″, *parallèles à une même troisième* AB, *le sont aussi l'une à l'autre.* Effectivement, elles peuvent coïncider par translation, puisque ce sont deux positions de AB pouvant être atteintes par des translations (**39**), (**38**, III).

Quand des droites en nombre quelconque sont deux à deux parallèles, on dit qu'elles sont toutes *parallèles* les unes aux autres.

Droite et plan parallèles.

45. *Quand une droite et un plan ont un point commun et que l'un peut être appliqué sur l'autre par une translation* [*c'est-à-dire quand ils sont parallèles* (**39**)], *la droite est située tout entière dans le plan.* Raisonnement tout semblable à celui du n° **40**, et laissé aux soins du lecteur.

46. *Une droite et un plan parallèles s'appliquent mutuellement après toute translation amenant quelque point de l'un sur l'autre.* Raisonnement analogue à celui du n° **41**.

47. *Une droite et un plan parallèles n'ont aucun point commun, quand ce dernier ne contient pas la première.* Car, s'il en était autrement, la droite serait tout entière dans le plan (**45**), (*Cf.* **42**).

48. *Quand une droite et un plan sont parallèles, tout plan passant par la première et rencontrant le second, le coupe suivant une droite parallèle à la proposée.*

Effectivement, soient AB, la droite considérée, et A'B', la trace sur son plan parallèle, du plan sécant qui la contient.

Si l'on applique AB sur son plan parallèle par une translation amenant A en A' (**46**), la droite AA' sera une glissière, et par suite, le plan sécant qui contient AA' (**20**, I), glissera simplement sur lui-même (**36**, II). Donc, la droite AB, qui est située dans ce plan, y restera pendant tout le mouvement; et, comme à la fin, elle se trouve en outre dans le plan parallèle considéré, elle coïncide nécessairement avec A'B', intersection de celui-ci par le plan sécant. Donc, les droites AB et A'B' sont superposables par translation, c'est-à-dire parallèles.

49. *Quand deux droites sont parallèles, tout plan parallèle à l'une (ou la contenant) l'est aussi à l'autre.*

Car une translation équivalente aux deux qui, successivement, peuvent amener la seconde droite à coïncider avec la première, puis celle-ci à être située dans le plan donné (**38**, III), transportera cette seconde droite dans le plan considéré (*Cf.* **44**).

50. *Tous les plans qui sont parallèles à une même droite et passant par un même point, passent aussi par la droite parallèle à la proposée, que l'on peut mener par ce point* (**43**).

Car chacun de ces plans est parallèle à cette droite parallèle (**49**) et a en commun avec elle le point considéré (**45**).

Par suite : *L'intersection de deux plans qui sont parallèles à une même droite et se coupent mutuellement, est parallèle à cette droite.*

Car, d'après ce qui vient d'être dit, chacun de ces plans contient la parallèle à la droite donnée, menée par tout point commun à l'un et à l'autre.

51. *Par tout point donné, on peut mener un plan, et un seul, qui soit à la fois parallèle à deux droites données non parallèles.*

Si, par le point donné, on mène, en effet, des droites respectivement parallèles aux droites données, elles ne coïncident pas, car autrement les droites données seraient mutuellement parallèles (**44**); elles détermineront donc un plan (**21**, IV), qui est évidemment parallèle à l'une et à l'autre des droites données (**49**).

Mais aucun autre plan passant par le point donné ne peut jouir de la même propriété. Car il faut, pour cela, qu'il contienne à la fois les mêmes parallèles construites aux droites données (**50**), c'est-à-dire qu'il se confonde avec celui que nous venons de trouver.

Si les droites données étaient parallèles, les plans, en nombre illimité (**21**, V), qui passent par leur parallèle commune menée par le point donné (**43**), (**44**), leur seraient tous parallèles (**49**).

52. *Par toute droite donnée, on peut mener un plan parallèle à une autre droite non parallèle à la première, mais un seul.*

C'est évidemment celui qui passe par la première droite et par une parallèle menée par un point quelconque de celle-ci à l'autre (**49**).

53. Par conséquent : *Les parallèles à une même droite, menées par tous les points d'une seconde droite non parallèle à la première, ont pour lieu géométrique* (**14**) *le plan mené par la seconde parallèlement à la première.*

Plans parallèles.

54. *Deux plans, dont l'un peut être superposé à l'autre par une translation* [*c'est-à-dire qui sont parallèles* (**39**)], *coïncident nécessairement quand ils ont quelque point commun.* Raisonnement tout semblable à ceux des n⁰⁵ **40**, **45**.

55. *Deux plans parallèles sont superposés par toute translation qui amène sur l'un quelque point de l'autre.* Raisonnement des n⁰⁵ **41**, **46**.

56. *Deux plans parallèles (mais non identiques) n'ont aucun point commun.* Comme aux n⁰⁵ **42**, **47**.

57. *Les intersections de deux plans parallèles par un même plan sécant sont des droites parallèles.* Comme au n⁰ **48**, on verra facilement que la première intersection se superpose à la seconde par une translation ayant pour glissière une droite quelconque qui joint quelque point de l'une à quelque point de l'autre.

58. *Par tout point donné, on peut mener un plan parallèle à un plan donné, mais un seul.* Comme au n⁰ **43**.

59. *Quand deux plans sont parallèles, toute droite parallèle à l'un (ou située sur lui) l'est aussi à l'autre.* Comme au n⁰ **49**.

60. *Les droites menées par un même point, parallèlement à un* même plan, ont pour lieu géométrique le plan mené par le point, parallèlement au plan considéré (**58**).

En effet, chacune de ces droites est parallèle à ce plan que l'on peut mener parallèlement au plan donné par le point considéré (**59**), et a ce point en commun avec lui (**45**). D'ailleurs, toute droite située dans ce plan parallèle, en particulier celles qui passent par le point considéré, sont parallèles au plan donné (**59**).

Comme deux droites concourantes, mais distinctes, suffisent à la détermination d'un plan (**21, IV**), *un plan est certainement parallèle à un autre quand il contient deux droites de ce genre qui sont parallèles à ce dernier.*

61. *Deux plans parallèles à un même troisième, le sont l'un à l'autre.* Comme au n° **44**.

Des plans en nombre quelconque sont dits *parallèles* les uns aux autres, quand ils le sont tous deux à deux.

62. *Tous les plans qui sont parallèles à deux mêmes droites non parallèles entre elles* (**51**), *sont parallèles entre eux.* Car chacun d'eux contient une paire de droites respectivement parallèles aux proposées, et, par suite, toutes les droites de ces paires sont respectivement parallèles entre elles (**50**), (**44**), (**60**).

Applications.

63. *Une droite et un point étant donnés sur une épure, tracer par le second, une droite parallèle à la première* (**43**), (**42**).

On emploie une sorte de règle nommée *équerre*, qui sert à d'autres constructions (**201, 202,** *inf.*), mais qui, relativement au tracé proposé, n'a d'essentiel qu'une face plane assez étendue, limitée par deux arêtes rectilignes concourantes.

On applique la face de l'équerre sur le plan de l'épure, en plaçant l'une de ses arêtes en coïncidence avec la droite donnée. Ensuite, on applique sur la seconde arête, celle d'une règle ordinaire (**30**) appuyée aussi sur l'épure, puis maintenue dans cette position par une pression suffisante.

Enfin, on fait glisser l'équerre sur l'épure, en guidant sa seconde arête par celle de la règle (**35, I**), jusqu'à ce que sa première arête vienne passer par le point donné, et il n'y a plus qu'à tracer le long de celle-ci la parallèle cherchée. Il est clair, en effet, que la première arête de l'équerre s'est déplacée, à partir de la droite donnée jusqu'au point donné, en vertu d'un simple mouvement de translation ayant la seconde arête de l'équerre pour glissière mobile et celle de la règle pour glissière fixe correspondante.

64. Les arts de construction exigent très fréquemment que, par un point donné, on fasse passer *dans l'espace* une droite ou un plan parallèles à une droite ou à un plan donnés, tracés qui ne sont plus, comme le précédent, réalisables avec cette facilité directe. On emploie alors des moyens indirects variés, ayant pour base telles ou telles autres propriétés des figures parallèles, que nous rencontrerons plus loin.

Cas d'intersection des droites et des plans.

65. Un plan qui coupe une droite sans la contenir tout entière coupe aussi toutes les droites et tous les plans qui sont parallèles à celle-ci.

66. *Quand plusieurs droites parallèles sont dans un même plan, toute droite de ce plan qui coupe l'une sans se confondre avec elle, coupe aussi toutes les autres.*

Car quelque autre plan passant par cette sécante, rencontre une des parallèles et, partant, toutes les autres (**65**). Donc son intersection avec le plan des parallèles, c'est-à-dire la sécante, rencontre aussi toutes celles-ci.

Par exemple (*fig.* 9), la sécante MN qui est située dans le plan où sont tracées les trois droites parallèles AB, A'B', A"B" et qui coupe la première en p sans coïncider avec elle, coupe aussi les dernières en p' et p''.

67. *Deux droites non parallèles et situées dans un même plan se rencontrent.*

Car si, par un point quelconque A de l'une, AB (*fig.* 10), on mène la droite AE parallèle à la seconde CD, elle est située dans le plan ABCD (**42**) et ne coïncide pas avec la première; autrement AB serait parallèle à CD, contrairement à ce que nous supposons. Donc AB coupe AE (en A) et par suite (**66**) coupe aussi sa parallèle CD (en F).

68. *Deux droites situées dans un même plan et ne se rencontrant pas, sont parallèles.* Car elles se rencontreraient, si elles n'étaient pas parallèles (**67**).

69. *Deux droites non parallèles et ne se rencontrant pas ne peuvent appartenir à un même plan.* Car, en vertu des deux propositions précédentes, elles se rencontreraient ou bien seraient parallèles, si elles étaient toutes deux dans quelque même plan.

70. *Deux droites par lesquelles, à la fois, on ne peut faire passer aucun plan, ne se rencontrent pas et ne sont pas parallèles.* Car autrement, elles seraient dans un même plan (**21**, IV), (**42**).

CAS D'INTERSECTION DES DROITES ET DES PLANS.

71. *Une droite et un plan non parallèles se rencontrent.* Raisonnement du n° 67, basé directement sur l'axiome du n° 65.

72. *Une droite et un plan qui ne se rencontrent pas sont parallèles.* Car ils se rencontreraient s'ils n'étaient pas parallèles (**71**).

73. *Une droite qui coupe un plan, coupe aussi tous ceux qui sont parallèles à celui-ci.* Car n'étant pas parallèle au premier (**47**), elle ne l'est pas aux autres (**59**) et, partant, les rencontre tous (**71**).

74. *Deux plans non parallèles se rencontrent.* Car, parmi les droites parallèles au second, menées par quelque même point du premier, il y en a qui ne sont pas tout entières sur celui-ci; autrement, en effet, ces deux plans seraient parallèles (**60**, *in fine*). Il y en a donc une au moins qui le coupe (**71**); par suite, le premier plan coupant inversement cette droite, coupe aussi le second, qui est parallèle à celle-ci (**65**).

75. *Deux plans qui ne se rencontrent pas sont parallèles.* Car ils se couperaient, s'ils n'étaient pas parallèles (**74**).

76. *Un plan qui en rencontre un autre sans coïncider avec lui, coupe aussi tous les plans qui sont parallèles à ce dernier.* Car, n'étant pas parallèle au premier (**56**), il ne l'est pas aux autres (**61**), et, par suite, les rencontre tous (**74**).

77. *Dans tout mouvement de translation, les glissières sont parallèles.*

I. *Deux glissières fixes,* P, Q, *sont dans un même plan.* Car q désignant quelque point de la glissière mobile qui s'appuie sur Q, un plan mobile passant par q et par la glissière mobile p qui glisse sur P, demeure en coïncidence avec sa position initiale (**36, II**). Donc, la glissière Q, trajectoire du point q, est, comme celui-ci sans cesse, située tout entière dans cette position initiale, c'est-à-dire dans quelque plan fixe de l'espace contenant la glissière P.

II. *Deux glissières fixes distinctes ne peuvent se rencontrer.* Car, s'il en était autrement, le point de la figure mobile qui aurait leur point d'intersection pour position initiale, se déplacerait sur ces deux glissières à la fois; par suite, il arriverait certainement à une autre position appartenant encore à ces deux droites à la fois. Celles-ci se confondraient donc (**17**, I), contrairement à l'hypothèse.

III. Nos deux glissières sont donc bien parallèles (**68**).

Comme ainsi, les divers points d'une figure animée d'un mouvement de translation décrivent des droites toutes parallèles à quelque droite fixe, on dit que ce mouvement s'effectue *parallèlement* à cette droite.

78. *Un mouvement de translation exécuté parallèlement à l'arête commune UV de deux demi-plans opposés* (**77**), (**25**), *fait glisser chacun de ceux-ci sur lui-même* (c'est-à-dire sur sa position initiale).

Un point quelconque m de l'un de ces demi-plans et une autre de ses positions m_1 appartiennent effectivement à quelque même glissière fixe, et celle-ci ne peut rencontrer UV, autre glissière de même mouvement (**77**, II). Les points m, m_1 sont donc dans un même demi-plan (**25**).

Semblablement, *une translation d'un demi-espace* (**26**), *quand elle est parallèle à quelque droite de son plancher, ne fait que le déplacer à travers lui-même.* (Cf. **121**, *inf.*)

Parallélisme des demi-droites, demi-plans, demi-espaces.

79. Quand deux demi-droites ont été empruntées à des droites parallèles, la translation capable de faire coïncider leur origines et d'appliquer par suite leurs droites l'une sur l'autre (**41**), les rend soit identiques, soit opposées. Nous dirons alors que les demi-droites sont *parallèles*, de plus *directement* dans le premier cas, *inversement* dans le second.

Cette possibilité de faire coïncider par simple translation deux demi-droites directement parallèles quelconques, fait dire *identiques*, les directions de toutes demi-droites de l'espace qui sont parallèles de cette manière, et *opposées*, celles de demi-droites qui le sont de l'autre manière.

80. *Deux demi-droites parallèles à une même troisième le sont l'une à l'autre* (**44**), *et cela directement ou inversement, selon que leurs parallélismes avec celle-ci sont d'un même genre ou de genres différents.* C'est évident.

81. *Si dans le plan de deux demi-plans opposés, et de deux points de leur arête commune* O, O_1 (*fig.* 11), *on mène deux demi-droites parallèles* OA *et* O_1A_1 *ou* $O_1A'_1$, *elles tombent dans un même demi-plan, ou bien dans l'un et dans l'autre, selon que leur parallélisme est direct ou inverse.* Car la translation de glissière OO_1, qui superpose les demi-droites dans le premier cas, les rend opposées dans le second, laisse celle qui s'est déplacée, dans le demi-plan où elle était primitivement (**79**), (**78**), (**27**).

Et de même pour deux demi-droites parallèles, dont les origines sont situées sur le plancher commun à deux demi-espaces opposés (*Ibid.*).

82. Deux demi-plans sont *parallèles*, *directement* ou *inversement*, quand il existe une translation capable de les superposer ou de les rendre opposés; il faut évidemment alors, que leurs arêtes soient parallèles, ainsi que les plans auxquels ils ont été empruntés.

Les *orientations* de demi-plans parallèles sont *identiques* dans le premier cas, *opposées* dans le second.

Mais la facilité et le peu d'importance du sujet nous permettent de laisser au lecteur le soin de le développer, et aussi d'étendre aux demi-espaces toutes ces notions et dénominations.

CHAPITRE III.

PERPENDICULARITÉ DES DROITES ET DES PLANS.

Mouvement de rotation. — Perpendicularité en général.

83. La considération d'une certaine variété du glissement général d'un plan mobile sur un plan fixe (20, IV) nous a conduits à la notion du mouvement de translation (35 *et suiv.*). Dans une autre particularisation, nous allons puiser celle d'un nouveau mouvement d'une importance presque égale.

I. Une demi-droite mobile $\bar{t}$ (24) peut glisser indéfiniment sur un plan fixe $\mathcal{P}$ (20, IV) de manière que son origine o demeure en coïncidence constante avec un point fixe $\odot$ marqué arbitrairement sur ce plan; et, par un déplacement de ce genre, elle peut être superposée à une demi-droite quelconque du plan $\mathcal{P}$, ayant $\odot$ pour origine. Sa position est alors complètement déterminée (23, IV).

II. Un plan mobile p peut glisser indéfiniment aussi sur le plan fixe $\mathcal{P}$ (20, IV), sous la condition que l'une de ses demi-droites $\bar{t}$ y soit animée du mouvement défini ci-dessus (I).

III. *La position du plan mobile est complètement déterminée par celle seulement de sa demi-droite* $\bar{t}$. Car alors le sont aussi, celles de tous les points du plan qui appartiennent à cette demi-droite (33).

On caractérise ces mouvements spéciaux, en disant que la demi-droite mobile $\bar{t}$ et aussi le plan p *pivotent, tournent* sur le plan fixe, autour du *pivot* ou *centre de rotation* (85, *inf.*) $\odot$ (o tout aussi bien, puisque ces deux points demeurent confondus).

84. Une figure solide f liée au plan p est animée d'un mouvement connexe dont voici les principales circonstances.

I. *Les positions de tous les points de la figure sont déterminées complètement aussi par celle de la seule demi-droite* t̄ *dans le plan fixe*; car alors sont déterminées exactement celles de tous les points du plan p appartenant à cette figure (**83**, III), (**34**).

II. *Outre o, il existe dans la figure mobile quelque autre point o′ conservant comme celui-ci une position* O′ *fixe dans l'espace.*

Un tel point ne peut être dans le plan p, car autrement ce plan ne pouvant que glisser sur le plan $\mathfrak{P}$, y aurait ses deux points distincts o, o′ fixes en O, O′ et ne pourrait plus se mouvoir (**33**).

III. *Tous les autres points de la droite oo′ restent fixes aussi dans l'espace*, puisque la coïncidence des droites oo′, OO′, point avec point, est certainement assurée par celle seulement des deux points distincts o, o′ de la première, avec les points O, O′ de la seconde (**17**, II).

Mais tout point m, *pris en dehors de cette droite oo′ dans la figure mobile, se déplace avec celle-ci ;* car, s'il restait fixe en $\mathfrak{M}$, la figure $\mathfrak{f}$ coïnciderait sans cesse avec sa position où les trois points o, o′, m, non en ligne droite, sont appliqués sur O, O′, $\mathfrak{M}$ et, par suite, serait condamnée au repos (**34**), au lieu de se mouvoir.

IV. *Un déplacement du genre considéré peut amener tout demi-plan* $\bar{q}$ *d'arête oo′ dans la figure mobile* (**25**) *à coïncider avec un demi-plan quelconque* $\bar{\mathfrak{Q}}$ *de l'espace, ayant* OO′ *pour arête*. Il suffira effectivement d'amener la demi-droite mobile $\bar{t}$, trace du demi-plan $\bar{q}$ sur le plan $\mathfrak{P}$, en $\bar{\mathfrak{t}}$, trace de $\bar{\mathfrak{Q}}$ sur le même plan fixe (**83**, I), (**28**).

V. *En dégageant la figure mobile de la condition que son plan* p *pivote sur le plan* $\mathfrak{P}$ *autour du pivot* O (ou o); *pour l'assujettir à cette autre de conserver fixes en* O, V *dans l'espace, deux de ses points distincts* u, v *pris à volonté sur la droite oo′, on la laisse libre des mêmes mouvements exactement.* Soient $\bar{q}$ un demi-plan d'arête oo′ uv faisant partie de notre figure mobile $\mathfrak{f}$, n un point pris sur lui en dehors de cette arête, et $\bar{\mathfrak{Q}}$, $\mathfrak{F}$, $\mathfrak{N}$ des positions de tous ces objets, acquises sous la première condition.

Les mêmes positions peuvent être acquises sous la seconde, puisqu'elle ne viole jamais la première que nous savons réalisable. Si, inversement, et cela d'une manière quelconque, on conduit $\bar{q}$ en $\bar{\mathfrak{Q}}$ sous la deuxième condition, ces demi-plans ne pourront manquer d'être superposés point sur point (**33**), puisque leur application mutuelle comporte celle des deux points u, v sur O, V respectivement; n notamment reviendra en $\mathfrak{N}$, et $\mathfrak{f}$ en $\mathfrak{F}$ (**34**).

En particulier, *le mouvement de* $\mathfrak{f}$ *sous cette seule condition que deux points distincts de la droite oo′ restent fixes, assurera le pivotement du plan* p *sur* $\mathfrak{P}$ *autour du centre o*.

85. Un tel mouvement de la figure mobile $\mathfrak{f}$, comportant la fixité dans l'espace, de tous les points de l'une de ses droites oo' et un simple pivotement simultané, autour de o, de l'un de ses plans passant par ce point, a été nommé un mouvement *de rotation* de cette figure *autour de l'axe* oo'; on dit aussi que la figure *tourne autour* de cet axe. Un pareil pivotement nous est montré par les plaques tournantes qui abondent dans les grandes gares des chemins de fer. Un vagon amené sur une d'elles, pour être viré, représente la figure solide f que nous avons attachée au plan pivotant, pour la mettre en rotation.

La possibilité de réaliser le mouvement de rotation sous la deuxième condition ci-dessus (84, V), le rend extrêmement facile à faire naître, car il suffit, pour l'obtenir, de mettre en mouvement un corps solide après avoir fixé deux de ses points pris arbitrairement, mais distincts. C'est ce qui est réalisé, par exemple, dans une meule de rémouleur, suspendue par les deux pointes de sa broche; et quand les flancs de la meule ont été convenablement aplanis, chacun d'eux paraît comme immobile, parce qu'il glisse simplement sur le plan de l'espace sur lequel il a été une fois appliqué. L'axe est ici la droite joignant les pointes de la broche, ou tout aussi bien les fonds des cavités fixes où ces pointes se maintiennent enfoncées.

Le mouvement naturel de la porte d'une chambre, s'ouvrant ou se fermant, nous en fournit des exemples plus vulgaires encore: la droite des gonds constitue l'axe, et si la porte est épaisse, ayant été bien taillée et bien ajustée, sa coupe inférieure est un plan perceptible que l'on voit encore glisser sur le parquet de la chambre, plan aussi.

Ces diverses particularités donnent au mouvement de rotation, en Géométrie et en Mécanique, une importance comparable à celle du mouvement de translation (**35** *et suiv.*). Cette importance est peut-être plus considérable encore dans les arts de construction mécanique, à cause des propriétés spéciales très simples des trajectoires des points d'une figure en rotation et de certaines surfaces connexes. Mais nous n'avons pas à nous occuper de ces côtés de la question avant le Chapitre XVI (*inf.*).

Une rotation est un déplacement (**2**) produit par un mouvement de rotation.

86. Pour caractériser les positions relatives d'un plan P et d'une droite D qui se coupent en O et forment un assemblage solide, tel que celui de $\mathcal{P}$, de la droite OO' et du point O, dans les n°s **83** *et suiv.*, c'est-à-dire tel, nous le répétons, qu'en le dédoublant par la pensée en lui-même fixe et en un autre identique, mais mobile, la rotation de ce dernier autour de sa droite, qui laisse celle-ci fixe sur D point sur point, fasse simplement pivoter son plan sur P autour de O, on dit que chacun d'eux est *perpendiculaire* à ou *sur* l'autre, et on nomme leur point commun O, le *pied* de l'un sur l'autre (pour abréger, nous dirons simplement que cette rotation s'exécute autour de D et que le plan P pivote sur lui-même autour de O).

Ces dénominations viennent sans doute de la propriété mécanique d'un fil à plomb (sus*pension* en équilibre, d'un corps pesant attaché par un fil) d'être perpendiculaire au plan de surface d'une eau tranquille.

On dit *obliques* l'un à l'autre, un plan et une droite qui se coupent sans être mutuellement perpendiculaires.

I. *Par tout point* O *d'un plan quelconque* P, *on peut lui élever une perpendiculaire* D, *mais une seule.*

L'affirmation de l'existence de la perpendiculaire D n'est qu'une autre forme de l'énoncé des propositions fondamentales du n° **84**. La dernière partie résulte de ce que, si, par le même point O, on pouvait élever une deuxième perpendiculaire D', la rotation d'une figure mobile attachée au plan pivotant P laisserait en repos quelque point de D' étranger à l'axe D, ce dont nous avons reconnu l'impossibilité (*loc. cit.*).

II. *Par tout point* O *d'une droite quelconque* D, *on peut élever à à celle-ci un plan perpendiculaire* P, *mais un seul.*

En déplaçant l'assemblage solide formé par le plan $\mathcal{P}$ et sa perpendiculaire $\mathcal{O}\mathcal{O}'$, de pied $\mathcal{O}$, de manière à amener à la fois $\mathcal{O}$ sur O et $\mathcal{O}\mathcal{O}'$ sur D (**23**), la position P prise par le plan $\mathcal{P}$ est évidemment un plan perpendiculaire à la droite D en son point O.

Mais, soit P' un plan perpendiculaire sur D en O, obtenu d'une manière quelconque. L'hypothèse que P' ne se confondrait pas avec P est inadmissible; car autrement (**21**, IX), ils se couperaient suivant une droite t qu'une rotation de toute la figure autour de D amènerait dans quelque autre position t_1 appartenant à la fois aussi à P et à P', puisqu'alors (**84**, V), chacun de ces plans pivote simplement sur lui-même, et, contrairement à ce que l'on a supposé, ces plans coïncideraient comme passant tous deux par les droites distinctes t, t_1 (**21**, IV).

III. En un seul mot : *deux assemblages solides formés, l'un par une droite* D_1 *et un plan* P_1 *mutuellement perpendiculaires et se coupant en* O_1, *l'autre par des objets similaires* D_2, P_2, O_2 *jouissant des mêmes propriétés relatives, sont tout entiers superposés quand on applique simplement l'un sur l'autre, soit les plans* P_1, P_2 *en même temps que les points* O_1, O_2, *soit les droites* D_1, D_2 *en même temps que ces deux points encore.*

IV. Mais il y a plus : *si l'on amène à la fois* O_1 *en* O_2 *et* D_1 *sur le plan* P_2, *le plan* P_1 *passera par la droite* D_2, opération constituant un mode différent, mais imparfait, d'appliquer nos deux assemblages l'un sur l'autre.

Soient en effet $\overline{D}_1$ une demi-droite d'origine O_1 empruntée à la droite D_1, et $\overline{T}_2$ dans le plan P_2, la demi-droite d'origine O_2 sur laquelle le déplacement considéré du premier assemblage amène $\overline{D}_1$; soient encore $\overline{T}_1$, $\overline{D}_2$, deux demi-droites, l'une d'origine O_1 dans le plan du premier assemblage, l'autre d'origine O_2, empruntée à la droite du second. Les *angles* (**159** *et suiv., inf.*) $\overline{D}_1 O_1 \overline{T}_1$, $\overline{D}_2 O_2 \overline{T}_2$ sont égaux; car si l'on applique le premier assemblage sur le second (III), $\overline{T}_1$ située dans P_1 qui s'applique sur P_2, vient dans ce dernier plan, et une rotation autour de l'axe $\overline{D}_2$ (ou D_1, puisque ces deux droites coïncident maintenant) suffit ensuite pour appliquer cette demi-droite sur $\overline{T}_2$. Mais, à cause du second mode d'égalité des mêmes angles (**162,** *inf.*), il est encore possible de les faire coïncider en plaçant $\overline{D}_1$ sur $\overline{T}_2$ et $\overline{T}_1$ sur $\overline{D}_2$; le plan P_1, qui contient $\overline{T}_1$ coïncidant maintenant avec $\overline{D}_2$, passe alors par D_2; et il y passera après toute autre application de $\overline{D}_1$ sur $\overline{T}_2$, puisqu'il ne peut manquer de s'appliquer sur le plan unique (II) qui est perpendiculaire sur T_2 en O_2.

Plans perpendiculaires à des droites.

87. *Un plan P_1 et une droite D_1, qui sont respectivement parallèles à un plan P_2 et à une droite D_2, mutuellement perpendiculaires, le sont aussi l'un à l'autre.*

Effectivement P_1 et D_1 ne sont pas mutuellement parallèles, car autrement P_2 et D_2 le seraient aussi (**49**), (**59**), au lieu d'être perpendiculaires et de se couper; ils se coupent ainsi en un certain point O_1 (**71**). Cela posé, soit O_2 le pied de P_2 sur D_2, et imprimons au premier assemblage une translation amenant O_1 en O_2 (**38**, I); D_1 s'appliquera sur D_2, et P_1 sur P_2 en même temps (**41**), (**55**). Donc le premier assemblage est égal au second; sa droite, en d'autres termes, est perpendiculaire à son plan.

88. Si D_1 se confond avec D_2, ou bien P_1 avec P_2, on a ces deux corollaires:

Une droite perpendiculaire sur un plan l'est également à tous les autres qui sont parallèles à celui-ci.

Un plan perpendiculaire à une droite l'est aussi à toutes ses parallèles.

89. Réciproquement, *deux droites sont parallèles quand elles sont perpendiculaires sur un même plan (ou tout aussi bien sur deux plans parallèles).* Car une parallèle à la première menée par le pied de la seconde est perpendiculaire au plan (**88**); elle coïncide donc avec la seconde, puisque, par un même point d'un plan, on ne peut lui élever qu'une seule perpendiculaire (**86**, I).

90. *Deux plans perpendiculaires sur une même droite sont parallèles.* Même raisonnement.

34   PERPENDICULARITÉ DES DROITES ET DES PLANS.

91. *D'un point quelconque extérieur à un plan, on peut abaisser sur celui-ci une droite perpendiculaire, et une seule.* C'est la droite unique menée par le point, parallèlement à une perpendiculaire quelconque au plan donné (43), (88).

92. *D'un point quelconque étranger à une droite, on peut abaisser sur celle-ci un plan perpendiculaire, et un seul.* C'est le plan unique mené par le point, parallèlement à un plan quelconque perpendiculaire à la droite donnée (58), (88).

Droites perpendiculaires.

93. *Quand une droite E (fig. 12) est située dans un plan P perpendiculaire à une droite D, réciproquement celle-ci est située dans un plan perpendiculaire à la première.*

Par le pied O de D sur P, menons une droite E' parallèle à E et un plan Q perpendiculaire sur E'. Cette droite E' est située dans le plan P, parce qu'elle y a son point O et qu'elle est parallèle à une droite E du même plan (42); son plan perpendiculaire Q contient donc la perpendiculaire D au plan P (86, IV), et, en même temps, il est perpendiculaire sur E parce qu'il a été mené tel à E', droite parallèle à E (88).

94. Deux droites sont dites *orthogonales*, quand chacune d'elles est située dans un plan perpendiculaire à l'autre, offrant ainsi la disposition des droites D, E du numéro précédent.

Deux droites orthogonales sont dites *perpendiculaires l'une à l'autre* quand elles se coupent, et leur point d'intersection se nomme le *pied* de l'une sur l'autre; ex. : D et E' (*fig.* 12); le pied est le point O.

Par exemple : *Une droite perpendiculaire sur un plan est orthogonale à toutes les droites de ce plan, mais perpendiculaire à celles seulement d'entre elles qui passent par son pied.*

Deux droites sont dites *obliques* l'une sur l'autre, quand elles se coupent sans être perpendiculaires, quelquefois encore quand, sans se rencontrer, elles ne sont pas orthogonales.

95. *En tout point d'une droite, on peut lui élever une infinité de droites perpendiculaires.* Ce sont toutes les droites du plan perpendiculaire à la proposée au point donné (86, II), qui passent par ce point (94).

Mais, dans un même plan contenant la droite donnée, et au même point, on ne peut lui en élever qu'une seule. C'est l'intersection unique de ce plan et du plan perpendiculaire mentionné ci-dessus.

96. On en conclut immédiatement que *deux assemblages for-*

més chacun par deux droites perpendiculaires constituent deux figures égales. Leur superposition peut s'opérer de huit manières (**187**, *inf.*).

97. *De tout point extérieur à une droite, on peut lui abaisser une perpendiculaire, et une seule.* C'est la droite joignant le point donné au pied du plan perpendiculaire à la proposée, que l'on peut mener par le point considéré (**92**). Elle est tout aussi bien la trace de ce plan perpendiculaire, sur le plan déterminé par le point et la droite dont il s'agit (**21**, III).

98. *Deux droites* D', E' *respectivement parallèles à deux droites mutuellement orthogonales* D, E (*perpendiculaires en particulier*), *sont également orthogonales l'une à l'autre, perpendiculaires par suite si elles se rencontrent* (**94**).

Car le plan Q que, par hypothèse, on peut faire passer par E perpendiculairement à D, est perpendiculaire aussi sur D' parallèle à D (**88**), et le plan Q' mené parallèlement à Q par un point quelconque de E' jouit de la même propriété (*Ibid.*). Or ce plan Q' contient la droite E' tout entière (**59**), (**50**).

99. En particulier : *Quand deux droites sont parallèles, toute droite située dans leur plan perpendiculairement à l'une, est aussi perpendiculaire à l'autre.* Car cette troisième droite coupe la seconde puisqu'elle rencontre la première (**66**), et on peut la considérer comme étant une parallèle à elle-même (**98**).

100. Réciproquement, *toutes les perpendiculaires menées à une droite dans un même plan contenant celle-ci sont parallèles entre elles.*

Car ce sont les intersections de ce plan par des plans perpendiculaires à la droite donnée (**95**), partant tous parallèles (**90**), (**57**), Ex. : CD, EF, GH, toutes perpendiculaires à AB dans le plan de la *fig.* 13, sont parallèles.

101. *Un plan et une droite, le premier perpendiculaire, l'autre orthogonale* (**94**) *à une même droite, sont parallèles.* Car la première droite est située dans quelque plan qui est perpendiculaire sur la seconde, parallèle par suite au plan considéré (**90**), (**59**).

102. Réciproquement, *quand un plan est perpendiculaire sur une droite, toute droite parallèle au plan est orthogonale à la première.* Car la seconde droite est située dans quelque plan parallèle au proposé, partant perpendiculaire sur la première (**60**), (**88**).

103. *Quand deux droites* D, E *sont parallèles, leurs orthogonales communes sont évidemment toutes les droites de chacun des* plans [*tous parallèles entre eux* (**90**)] *qui sont perpendiculaires à toutes deux à la fois* (**88**).

Mais, quand elles ne le sont pas, elles n'ont pour orthogonales communes que les droites [*toutes parallèles entre elles* (**89**)] *qui sont perpendiculaires sur les plans parallèles aux deux proposées à la fois* (**51**), (**62**), (**88**).

Toute orthogonale commune à D, E appartient à la fois aux deux plans qu'il est possible de mener par elle perpendiculairement à ces droites (**94**); et deux plans quelconques perpendiculaires à celles-ci se coupent toujours suivant une orthogonale commune, car, s'ils étaient parallèles, D, E, qui leur sont perpendiculaires, seraient parallèles entre elles (**89**), ce qui est contraire à l'hypothèse.

Soit $\mathcal{L}$ une de ces orthogonales communes, et, par un quelconque de ses points, menons les droites D', E' parallèles à D, E respectivement. Ces droites D', E', distinctes, puisque D, E ne sont pas parallèles (**44**), déterminent un plan qui est parallèle à D, E à la fois (**51**), perpendiculaire en même temps à $\mathcal{L}$, puisque ses droites D', E' sont perpendiculaires à $\mathcal{L}$ (**98**). Toutes les droites telles que $\mathcal{L}$ sont donc perpendiculaires à tout plan parallèle à D, E à la fois, parallèles entre elles par suite (**88**).

104. *Quand deux droites D, E sont parallèles, leurs perpendiculaires communes sont évidemment les traces* [*toutes parallèles entre elles* (**88**), (**57**)] *que laissent sur leur plan tous leurs plans perpendiculaires*.

Mais quand elles ne le sont pas, elles n'ont qu'une seule perpendiculaire commune.

Les droites D, E et une de leurs orthogonales communes $\mathcal{L}$ ne sont pas parallèles à un même plan, car $\mathcal{L}$ est perpendiculaire, non parallèle en conséquence, à tout plan parallèle à D, E à la fois (**103**).

Le plan $\mathcal{D}$, mené par D parallèlement à $\mathcal{L}$ (**52**) n'est donc pas parallèle à la droite E; par suite (**71**), il la coupe en un certain point e. De même, le plan $\mathcal{E}$, mené par E parallèlement à $\mathcal{L}$, coupera D en un certain point d, et la droite de est une perpendiculaire commune à nos deux droites, puisqu'elle les rencontre toutes deux, étant parallèle à $\mathcal{L}$ comme intersection des plans $\mathcal{D}$, $\mathcal{E}$ parallèles à cette droite (**50**), orthogonale enfin à toutes deux comme parallèle à leur orthogonale commune $\mathcal{L}$ (**103**).

D'ailleurs, toute perpendiculaire commune à nos deux droites se confond avec de; car, étant parallèle à $\mathcal{L}$ (*Ibid.*) et rencontrant D, elle est forcément située dans le plan $\mathcal{D}$, puis pour la même raison dans le plan $\mathcal{E}$.

Quand D, E sont situées dans un même plan, elles se rencontrent en un certain point O, puisqu'elles ne sont pas parallèles (**67**), et alors, leur perpendiculaire commune, qui est toujours parallèle à leurs orthogonales communes, se confond évidemment avec la perpendiculaire à leur plan, élevée au point O.

105. Comme les plans ⵁ, C, du numéro précédent sont tous deux *perpendiculaires* à ceux qui sont parallèles aux droites D, E à la fois **(103)**, **(116,** *inf.***)**, on peut dire encore que *la perpendiculaire commune à deux droites non parallèles s'obtient en coupant l'un par l'autre, les plans menés par ces droites perpendiculairement sur quelque plan parallèle à toutes deux* **(109,** *inf.***)**.

Plans perpendiculaires.

106. *Quand un plan* P *contient une droite* E *perpendiculaire à un autre plan* Q, *chacun de ces plans contient entièrement toute droite menée par un de ses points perpendiculairement à l'autre.*

D'abord, la droite D menée perpendiculairement au plan P par le pied de E sur Q est située dans ce dernier plan, puisque son plan perpendiculaire P passe par la droite E perpendiculaire au plan Q **(86, IV)**. Ensuite, toute droite perpendiculaire au plan Q, par exemple, et qui contiendra un point du plan P y sera située tout entière, parce qu'elle sera parallèle à la droite E de ce plan **(89)**, **(42)**.

107. Cela posé, nous dirons que deux plans sont *perpendiculaires*, quand, ainsi, chacun d'eux contient toute droite menée par un de ses points perpendiculairement à l'autre, et on pourrait dire que leur droite d'intersection constitue le *pied* de chacun d'eux sur l'autre. (*Cf.* **93**, **94**.)

Deux plans concourants qui ne sont pas perpendiculaires, sont dits *obliques* l'un à l'autre.

108. *Un plan perpendiculaire à une droite l'est aussi à tout plan parallèle à celle-ci.*

Car ce dernier plan contient quelque droite parallèle à la proposée **(50)**, perpendiculaire par suite au premier **(88)**, **(107)**.

109. *Par toute droite non perpendiculaire sur un plan, on peut mener à celui-ci un plan perpendiculaire, mais un seul.* C'est évidemment le plan, alors unique, conduit par cette droite et par la perpendiculaire abaissée de l'un de ses points sur le plan donné **(91)**, **(21, IV)**, **(107)**.

Si la droite donnée était perpendiculaire au plan donné, tous les plans qui la contiennent seraient aussi perpendiculaires à ce plan (*Ibid.*).

Par un même point, on peut mener une infinité de plans perpendiculaires à un plan donné : ce sont tous les plans qui passent par la perpendiculaire à ce plan, menée du point dont il s'agit.

110. On en conclut immédiatement que *deux assemblages composés chacun de deux plans perpendiculaires, constituent deux figures égales.* (*Cf.* **96.**) Leur superposition complète s'opérera effectivement, en appliquant l'intersection des plans du premier assemblage et l'un d'eux, sur celle des plans du second assemblage et l'un d'eux. On constatera sans difficulté qu'elle peut être réalisée de huit manières, de chacune desquelles dérivent ensuite une infinité d'autres, par simple translation de l'un des assemblages, exécutée parallèlement à son pied (**195, 187,** *inf.*).

111. *Quand deux plans qui se coupent sont perpendiculaires sur un même troisième, leur intersection lui est perpendiculaire aussi.*

Car elle se confond nécessairement avec la droite que l'on obtient en menant, par un des points de l'intersection, une perpendiculaire au troisième plan, droite qui est située dans chacun des deux premiers (**107**).

112. *Une droite est perpendiculaire sur un plan quand elle est orthogonale à la fois à deux droites non parallèles, dont chacune est située dans ce plan ou même lui est simplement parallèle.*

Perpendiculairement à chacune de ces deux droites, on peut effectivement mener un plan qui contienne la première ; ces plans ne se confondent pas, parce que les deux premières droites ne sont pas parallèles (**89**), et chacun d'eux est perpendiculaire sur le plan proposé (**107**), (**108**), (**111**).

113. *Quand deux plans sont perpendiculaires, toute perpendiculaire à leur intersection dans l'un est perpendiculaire à l'autre.*

Car cette droite peut être considérée comme l'intersection du premier plan par un troisième qui serait perpendiculaire sur l'intersection des proposés (**95**), par suite perpendiculaire sur le second (**107**), (**111**).

114. *Des plans respectivement parallèles à deux plans perpendiculaires le sont aussi l'un à l'autre.* (*Cf.* **87, 98.**)

Pour appliquer les premiers sur les seconds, il suffit effectivement, comme au nº **87**, de leur imprimer une translation amenant un point de leur intersection sur celle des autres (**55**).

En particulier, *un plan perpendiculaire sur un autre l'est aussi sur tous les plans qui sont parallèles à celui-ci.*

115. *Une droite et un plan, tous deux perpendiculaires sur un même plan, sont parallèles.*

Car la droite est parallèle à toutes les perpendiculaires au second plan (**89**), à celles notamment qui sont situées dans le premier (**107**), (**49**).

116. Réciproquement, *tout plan parallèle à une droite qui est perpendiculaire sur un autre plan, est aussi perpendiculaire sur celui-ci.*

Car il contient certainement une droite parallèle à la proposée (**50**), c'est-à-dire quelque perpendiculaire au plan proposé (**88**), (**107**).

117. Dans les arts de construction, la réalisation de droites ou de plans perpendiculaires les uns aux autres s'impose à chaque instant et s'opère par des moyens variés qui sont tirés, suivant les circonstances, de telles ou telles propriétés de ces figures. Nous ne pouvons entrer dans ces détails ; nous signalerons cependant le plus remarquable et le plus précis de ces procédés, qui est conforme à notre définition de la perpendicularité (**86**) et qui est employé dans le façonnage de beaucoup de pièces métalliques. Il consiste à imprimer un mouvement de rotation à la pièce, en la plaçant sur un *tour*, puis à la tailler suivant un plan que ce mouvement laisse en application sur lui-même. Ce plan est alors nécessairement perpendiculaire sur l'axe de la rotation.

Nous indiquerons plus tard les procédés propres au tracé des épures. (**202**, Chap. XX, *inf.*)

Nature du mouvement d'une figure dont un plan glisse sur un plan fixe.

118. *Tout glissement d'une figure plane mobile sur un plan fixe* (**20**, IV), *peut être remplacé par une translation et une rotation exécutées toutes deux dans ce plan* (**35**), (**83**). En outre, un semblable mouvement peut amener toute demi-droite de la figure mobile sur toute demi-droite du plan fixe.

Soient m, n, deux points distincts pris arbitrairement dans la figure mobile f, et M_1, N_1 (*fig.* 14), puis M_2, N_2, leurs positions initiales et finales sur le plan fixe P ; les figures solides partielles $[mn]$, $[M_1 N_1]$, $[M_2 N_2]$, constituées par ces trois paires de points, étant ainsi égales deux à deux.

La translation de la figure f qui est capable de déplacer m de M_1 en M_2 (**38**, I), la laisse dans le plan P (**36**, II), plaçant n en un certain point N' du plan fixe, et la figure partielle $[M_2 N']$ est encore égale à $[M_2 N_2]$.

I. Si donc les demi-droites $M_2 N'$, $M_2 N_2$ coïncident, le point N' coïncidera avec N_2, car, autrement, l'application point sur point de la figure $[M_2 N']$ sur son égale $[M_2 N_2]$ fournirait une manière différente de faire coïncider ces deux demi-droites, ce qui ne peut être (**24**). Et alors f aura atteint sa position finale, puisque ses points distincts m, n ont atteint les leurs (**33**).

II. Sinon, une rotation convenable de f autour de M_2 pris pour pivot, fera passer la demi-droite mn de la position M_2N' à la position M_2N_2 (**83**), et en même temps, comme ci-dessus, amènera en leurs positions finales le point n aussi, par suite la figure f tout entière, cela sans qu'elle cesse de demeurer appliquée sur le plan fixe.

III. Soient enfin om, OM, deux demi-droites, l'une sur la figure mobile, l'autre sur le plan fixe. Une translation convenable amènera om en OM', demi-droite issue de O dans le plan fixe, et une rotation convenable la fera passer de OM' à OM.

119. *Un déplacement d'une figure quelconque f qui laisse un de ses plans p appliqué sur un plan fixe P de l'espace, équivaut à une translation parallèle à ce plan (c'est-à-dire ayant ses glissières parallèles à P), suivie d'une rotation autour d'un axe perpendiculaire au même plan.*

Car le passage des divers points du plan p à leurs positions finales peut être réalisé (**118**) par une translation dont les glissières sont parallèles au plan P et un pivotement qui équivaut à une rotation exécutée autour d'un axe élevé par ce pivot perpendiculairement au même plan (**84**, V). Or, tous les points de la figure mobile sont certainement placés dans leurs positions finales quand trois points seulement pris sur le plan p, non en ligne droite, ont atteint les leurs (**34**).

120. *Un déplacement du genre ci-dessus* (**119**) *fait simplement glisser sur lui-même* (**20**, IV) *tout plan de la figure mobile qui est parallèle au plan directeur P.*

Car ayant, l'une, des glissières dans le plan mobile (**77**), l'autre, son axe perpendiculaire au même plan (**88**), la translation et la rotation, dont la succession équivaut au déplacement considéré (**119**), n'impriment chacune au plan mobile, qu'un glissement sur lui-même (**36**, II), (**86**).

A cause de cela, on spécifie un pareil mouvement en disant qu'il s'effectue *parallèlement au plan* P.

Plus tard (*V*. Additions, *inf*.), nous verrons qu'un déplacement quelconque d'une figure solide équivaut à la combinaison d'une translation et d'une rotation, dont les glissières et l'axe sont parallèles.

121. *Le même mouvement déplace simplement à travers lui-même, tout demi-espace dont le plancher est parallèle au plan directeur.*

Car, en vertu de ce qui précède, la droite qui joint les positions initiale et finale d'un point quelconque de cette région, est parallèle à ce plancher (**59**) et, par suite, ne le rencontre pas (**47**), (**26**). (*Cf*. **78**.)

CHAPITRE IV.

COMPARAISON DES SEGMENTS RECTILIGNES.

Définitions et premières propositions.

122. Deux points distincts quelconques A, B (*fig.* 15) étant pris sur une droite, les demi-droites de directions opposées AB et BA ont une région commune [*continue* et *limitée* (Chap. VIII, *inf.*)], dont les points constituent l'*intérieur* du *segment rectiligne* AB, d'*extrémités* AB. Les deux autres régions de la droite, encore continues, mais illimitées, qui sont communes, l'une à la demi-droite AB et à l'opposée de BA, l'autre à BA et à l'opposée de AB, constituent l'*extérieur* du même segment, et se nomment aussi ses *prolongements au delà*, l'un de B, l'autre de A.

Il y a équivalence évidente entre cette définition des points intérieurs ou extérieurs au segment considéré, et celle consistant à dire que, *pour un point intérieur* I, *les directions* IA, IB (*et tout aussi bien* AI, BI) *sont opposées*, que, *pour un point extérieur* E_1 (*ou* E_2), *les directions* E_1A, E_1B, *ainsi que* AE_1, BE_1, (*ou* E_2A, E_2B, *ainsi que* AE_2, BE_2) *sont identiques*.

Quand les points A, B coïncident, il n'y a plus de segment à proprement parler, puisque les demi-droites à considérer pour le définir ne peuvent plus être distinguées ; toutefois il y a souvent commodité à dire, au figuré, que ces points sont les extrémités (confondues) d'un segment *nul*.

123. *Trois points distincts* A, B, C, *placés sur une même droite, sont, l'un intérieur, et deux extérieurs aux segments ayant respectivement pour extrémités les trois paires des deux autres.*

Si, par exemple, C est intérieur au segment AB, les directions AC, BC seront opposées ; la direction CB, opposée à celle-ci, est donc identique à AC, et aussi à AB, identique à cette dernière ; d'où pour le point B, la propriété d'être extérieur à AC, et de même pour A, relativement au segment BC. De même encore, si l'on était parti d'un point extérieur au segment déterminé par les deux autres.

124. Si deux segments rectilignes AB, A′B′ (**122**) *sont égaux*, c'est-à-dire s'il est possible d'appliquer leurs droites l'une sur l'autre, de telle sorte que les extrémités A, B, du premier, coïncident respectivement avec A′, B′ (**23, IV**), ils sont encore égaux d'une seconde manière (6), consistant en ce que l'application de leurs droites peut être recommencée, de façon que ce soit maintenant B qui coïncide avec A′, et A avec B′. Cette seconde manière se confondrait, toutefois, avec la première, s'il s'agissait de segments nuls. (*Cf.* 132, *inf.*)

125. Des segments, en nombre quelconque, étant donnés, *on peut toujours, et cela dans un ordre arbitraire, les juxtaposer extérieurement sur une même droite,* c'est-à-dire les y placer de telle sorte que les points intérieurs à chacun d'eux soient extérieurs à tous les autres, et que deux consécutifs quelconques aient une extrémité commune (**23,** IV). L'extrémité libre du premier segment et celle du dernier (celles qui n'appartiennent en même temps à aucun autre segment) découpent alors un nouveau segment auquel sont égaux tous ceux du même genre, que pourrait donner la même opération recommencée d'une autre manière.

Ce segment résultant, toujours égal à lui-même, quel que soit l'ordre de succession imposé aux proposés, se nomme leur *somme* (géométrique). Par exemple, le segment AH (*fig.* 16) est la somme des segments AB, CD, EF, GH.

126. *On peut toujours juxtaposer deux segments sur une même droite, intérieurement, tellement* c'est-à-dire, *que tous les points de quelqu'un d'entre eux soient intérieurs à l'autre* (**23,** IV). Quand ils sont inégaux, ce second segment est alors la somme du premier et d'un troisième, toujours égal à lui-même, de quelque manière que l'opération ait été recommencée, et on le nomme l'*excès* (géométrique) du second sur le premier, plus souvent leur *différence* (géométrique).

Le second segment est dit *plus grand* que le premier, celui-ci *plus petit* que le second.

Dans la *fig.* 16, par exemple, le segment AE est plus grand que AB, et CD est leur différence.

Quand les segments donnés sont égaux, leur différence est nulle.

127. Un segment quelconque étant donné, et quel que soit le nombre entier n, on peut toujours trouver sa $n^{\text{ième}}$ partie, c'est-à-dire construire un nouveau segment tel, que la somme de n segments égaux à lui reproduise le proposé. (*Cf.* 158, *inf.*)

Pour un même segment, cette $n^{\text{ième}}$ partie est toujours égale à elle-même, de quelque manière que l'opération ait pu être exécutée.

Elle diminue quand n augmente, et on peut toujours prendre ce nombre assez grand pour la rendre plus petite qu'un segment choisi à volonté.

128. On définit comme il suit le *rapport* de deux segments donnés a, b (dont le second n'est pas nul).

I. Quand il se trouve que a est égal à m fois b, c'est-à-dire à la somme de m segments égaux à b, le rapport de a à b est l'entier m.

II. Quand il arrive que a est égal à m fois la $n^{ième}$ partie de b (**127**), le même rapport est la fraction $\frac{m}{n}$.

III. Le plus souvent enfin, il n'est pas possible d'opérer ainsi, parce qu'il n'existe aucun segment, ni entiers m, n, tels que les proposés soient égaux respectivement à m fois et à n fois celui-ci ; on dit alors que ces segments n'ont pas de *commune mesure*, qu'ils sont (relativement) *incommensurables* [1], et on procède de la manière suivante :

On peut former deux segments variables a', b', qui soient commensurables entre eux (comme dans les cas I, II ci-dessus), et dont les différences avec a, b, respectivement, soient infiniment petites. (Chap. XIII, *inf.*) Dans ces conditions, le rapport variable $m' : n'$ de a' à b' défini comme ci-dessus, tend vers une certaine limite (*Ibid.*) qui est alors le rapport des segments invariables proposés a, b. (Par exemple, on pourra prendre m', n' égaux aux plus grands nombres de fois qu'un même segment infiniment petit est contenu dans a et b.)

Comme on le voit, il y a une infinité de manières d'obtenir le rapport de deux segments donnés ; mais, de quelque façon que l'on procède, le nombre ainsi trouvé est toujours le même [2] [3].

---

(1) L'incommensurabilité de deux segments (ou autres grandeurs similaires) est une vue de l'esprit, purement abstraite, qui ne se concrète dans aucun fait *physique*. Car un segment assez petit pour qu'aucun moyen d'observation ne puisse nous en faire percevoir de moindres, sera toujours, pour nos sens, une certaine partie aliquote d'un segment quelconque. Mais il serait incommode au dernier point, impossible même, de rester strictement dans la réalité des choses. Comment ferions-nous ailleurs, si, au lieu de spéculer sur les droites et les plans dont nous avons la vue idéale si nette et si simple, nous voulions, à toute force, tenir compte des rugosités des corps que nous traitons comme rectilignes et plans ? Et à quoi bon, *puisque ces abstractions ne nous font commettre aucune erreur dont nous aurions à souffrir* PRATIQUEMENT ? Dans le règlement d'un compte, on peut bien aller jusqu'aux millimes du solde, et au delà ; mais il n'est pas très sage de les calculer pour un créancier dédaigneux des centimes.

(2) On pourrait démontrer quelques points des affirmations précédentes ; mais ce seraient des longueurs dont l'embarras ne serait pas compensé par leur utilité. En particulier, elles ne déblayeraient pas le terrain de l'axiome énoncé à la fin de ce numéro, ni de quelques autres qui seraient à poser et tout au plus aussi clairs que la simple affirmation de l'existence de cette limite.

(3) Il importe de bien s'assimiler les considérations qui viennent de

129. Dans une même question où plusieurs segments interviennent, on en choisit un même, dit *unité*, auquel les rapports des autres se nomment leurs *mesures* ou leurs *longueurs*. On sait que dans la pratique on adopte pour unité de longueur (ou de segment) tantôt le *mètre*, tantôt ses premiers multiples ou sous-multiples décimaux.

Un segment incommensurable avec l'unité adoptée est dit *incommensurable* (absolument). La mesure d'un segment nul, c'est-à-dire dont les deux extrémités coïncident, est toujours 0.

Quelle que soit l'unité choisie, la somme ou la différence (géométrique) de plusieurs segments a pour mesure la somme ou la différence (arithmétique) de leurs mesures; le rapport (arithmétique) des mesures de deux segments, est indépendant du choix de l'unité ; par conséquent, *il est égal à leur rapport défini ci-dessus* (**128**), ce que l'on aperçoit immédiatement en prenant le second pour unité.

130. Ces divers axiomes permettent d'employer les mêmes signes, parlés ou écrits, pour représenter des segments donnés, leurs sommes ou différences (géométriques), leurs rapports, et aussi leurs mesures, les sommes, différences, rapports (arithmétiques) de ces mesures. Les signes a, b, $a+b$, $a-b$, $a:b$, par exemple, s'appliqueront tout aussi bien à deux segments eux-mêmes, à leur somme... qu'à leurs longueurs... et au rapport de celles-ci.

Ces conventions apportent dans le langage et dans l'écriture des simplifications considérables, qui, pour des causes semblables, s'étendent à la mesure de toutes grandeurs (géométriques ou autres) d'une même espèce quelconque (angles, aires, volumes...). Il serait oiseux de répéter chaque fois cette observation générale ; mais *il est essentiel de la retenir soigneusement*, sous peine de ne pas avoir toujours une intelligence bien nette du langage géométrique.

131. *Porter* un segment donné AB sur une droite XY (*fig.* 17), *à partir d'un point* O *de celle-ci et dans une de ses directions déterminées* (**23**), c'est l'appliquer sur cette droite de manière que la position A' prise par l'une de ses extrémités, A pour fixer

---

nous conduire à la notion du *rapport* de deux segments rectilignes, parce qu'elles se reproduisent, presque textuellement, chaque fois qu'il y a à poser les règles de la comparaison numérique d'objets quelconques. La Géométrie nous en offrira plusieurs exemples.

On notera surtout les conditions essentielles de la possibilité de cette comparaison : il faut pouvoir établir des règles précises pour constater l'égalité de tels objets, pour former l'objet égal à leur somme (physique), tout ceci exigeant, avant tout, que les objets considérés soient de même nature; il faut enfin, que chacun d'eux soit divisible en un nombre quelconque de parties égales les unes aux autres.

DIVISION D'UN SEGMENT DANS UN RAPPORT DONNÉ. 45

les idées, se confonde avec O, que l'autre vienne en un point B' rendant la direction A'B' identique à la direction choisie, puis prendre le nouveau segment A'B', qui est égal au proposé.

Cette opération ne peut se faire que d'une seule manière, car elle exige que la demi-droite AB, d'origine A, vienne s'appliquer sur la demi-droite OY, déterminée sur la droite donnée par l'origine O et la direction choisie (*Ibid.* IV), (*Cf.* **155**, *inf.*).

Si la direction n'était pas précisée, on pourrait choisir successivement l'une et l'autre des directions opposées de la droite, et *l'opération serait exécutable de deux manières*, l'une donnant le segment A'B', l'autre A'B'.

132. Comme le glissement d'un segment (non nul) sur une droite fixe y laisse invariable toute direction qu'on lui aurait assignée (**134**, *inf.*), (**32**, III), deux segments AB, PQ, entre les extrémités desquels on a établi la correspondance marquée par ces notations, et ne pouvant que glisser sur cette droite, se juxtaposeront, soit toujours intérieurement, soit toujours extérieurement, quand on amènera ainsi deux extrémités correspondantes en un même point de la droite (A et P, ou bien P et Q). Par analogie avec ce que nous verrons plus tard (**177**, Chap. X, *inf.*), on pourrait les dire *homotaxiques* dans le premier cas, *antitaxiques* dans le second.

Pour que ces segments puissent s'appliquer l'un sur l'autre par simple glissement sur la droite fixe considérée, il faut donc et il suffit, non seulement que leurs longueurs soient égales, mais encore qu'ils soient homotaxiques. Quand ils sont antitaxiques, la possibilité de leur application exige que la liberté de leurs mouvements comprenne celle de glisser sur quelque plan au moins passant par la droite en question (**118**).

133. *Un segment quelconque* (mais non nul) *étant donné*, AB (*fig.* 15), *ainsi que deux nombres arbitraires a, b* (non tous deux =0), *on peut toujours, mais cela d'une seule manière, le diviser intérieurement dans le rapport a : b, c'est-à-dire trouver un point* I *intérieur* (**122**) *et tel que le rapport* (**128**) *des segments* IA, IB, *soit égal à celui de a à b.*

Et de même, sauf le cas où a = b, quand la division dans le rapport a : b doit être extérieure, c'est-à-dire quand le point cherché E *doit être extérieur au segment, en donnant toujours* EA : EB = a : b. (*Cf.* **157**, *inf.*)

Désignons par l la longueur du segment donné et par x, y, celles des segments allant de A et de B au point cherché.

I. S'il s'agit d'une division intérieure, on a, pour déterminer x, y, les deux équations

$$\frac{x}{y} = \frac{a}{b}, \quad x+y = l,$$

puisque le point I doit être intérieur au segment (**125**).

La première donne
$$\frac{x}{x+y} = \frac{a}{a+b},$$

puis, par la combinaison de celle-ci avec la seconde,
$$\frac{x}{l} = \frac{a}{a+b},$$

d'où
$$x = \frac{a}{a+b} l, \text{ et de même } y = \frac{b}{a+b} l.$$

Pour avoir I, il suffit donc de prendre la seconde extrémité d'un segment de longueur $\frac{a}{a+b} l$, porté sur la droite AB à partir de A et dans la direction AB (**131**). Et ce point est bien intérieur, car l'inégalité évidente $a < a+b$ donne $\frac{a}{a+b} l < l$.

II. S'il s'agit d'une division extérieure, supposons $a < b$ pour fixer les idées. Alors EA sera aussi $<$ EB, et le point cherché tombera dans quelque position telle que E_1, rendant l'extrémité A intérieure au segment BE_1 (**126**). Les équations du problème seront alors
$$\frac{x}{y} = \frac{a}{b}, \qquad y - x = l$$

puisque E_1 est maintenant extérieur (*Ibid.*). Comme $b - a$ n'est pas nulle, la première donne
$$\frac{x}{y-x} = \frac{a}{b-a},$$

d'où, de même que ci-dessus (I),
$$\frac{x}{l} = \frac{a}{b-a},$$

puis
$$x = \frac{a}{b-a} l, \qquad y = \frac{b}{b-a} l.$$

Comme $b > b - a$, y est $> l$, et en portant un segment de longueur $\frac{b}{b-a} l$ sur la droite contenant le proposé, à partir de B et dans la direction BA, on trouvera bien un point E_1 dans la région voulue.

Si l'on avait au contraire $a > b$, on trouverait un point E_2 tombant dans l'autre région de l'extérieur du segment.

Quand $a=b$, il faudrait que $x-y$ fût égal à 0 au lieu d'être égal à l, et les équations du problème sont impossibles comme le problème lui-même, car, des deux segments qui vont des extrémités d'un segment donné (non nul) à un même point extérieur quelconque, l'un est forcément plus grand que l'autre, et leur rapport ne peut être égal à $a:a=1$.

Plus brièvement, *un point unique divise toujours tout segment non nul, tant intérieurement qu'extérieurement, dans un rapport donné quelconque, pourvu que celui-ci ne soit pas $=1$ dans le second cas.*

134. Dans chacune des directions opposées existant sur sa droite, un segment (non nul) peut toujours être décrit par un point animé de quelque mouvement de sens constant (23). A ces deux modes de description correspondent les deux *directions* dans chacune desquelles on peut à volonté *concevoir* le segment (**131**).

Dans le langage et dans l'écriture, ces directions se distinguent par l'ordre de succession des lettres notant les extrémités du segment. Par exemple, on écrira AB (*fig.* 4), le segment conçu dans la direction AB de la flèche supérieure, mais BA si on lui impose celle de la flèche inférieure. On peut dire qu'un tel segment a été *dirigé*.

Il est évident que la réapplication d'un segment dirigé, faite entre les mêmes extrémités par retournement (**124**), le place dans une nouvelle direction opposée à sa direction primitive.

135. Dans la plupart des questions où interviennent des segments découpés sur une même droite et *dirigés* comme nous l'avons dit ci-dessus (**134**), il est extrêmement commode de spécifier leurs directions, comme nous allons expliquer.

Sur la droite contenant tous ces segments, et dite alors *axe*, on choisit, une fois pour toutes, une direction que l'on dit *positive*, puis on introduit chaque segment dans les calculs par sa longueur *absolue* (**129**), prise positivement ou négativement, selon que la direction à lui imposée est identique ou opposée à cette direction positive de l'axe. On obtient ainsi les longueurs *algébriques* de ces divers segments dirigés. Par exemple (*fig.* 18), si la direction positive de l'axe X'X est celle indiquée par la flèche supérieure, et si p, q sont les longueurs absolues des segments AB, CD, $+p$, $-q$ seront leurs longueurs algébriques.

On nomme *négative*, l'autre direction de l'axe, opposée à la positive.

Combinée avec les considérations des nos **125**, **126**, cette convention conduit aux propositions suivantes, dont l'importance en Géométrie supérieure égale leur simplicité.

I. *Si, sur l'axe et bout à bout, dans un ordre de succession arbitraire, chacun dans la direction marquée par le signe de sa longueur algébrique, on porte* (**131**) *des segments donnés en nombre quelconque, le segment résultant, celui, c'est-à-dire, qui a pour première extrémité celle du premier des segments donnés, pour deuxième celle du dernier, a toujours pour longueur algébrique la somme (algébrique) de celles des* *segments donnés.* Du cas de deux segments où le fait est évident, on passera sans difficulté à ceux de trois, quatre...

En conséquence, ce segment résultant se nomme (en grandeur et en direction) la *somme des segments dirigés donnés.*

II. *Si, sur l'axe et bout à bout, mais le second dans une direction opposée à la sienne, on porte deux segments dirigés, le segment résultant a pour longueur algébrique la différence (algébrique) des longueurs algébriques des segments donnés;* c'est évident.

Ce segment résultant est la *différence* des segments dirigés dont il s'agit.

III. Le *rapport* de deux segments dirigés est, par définition, le rapport (algébrique) de leurs longueurs algébriques; il est ainsi égal au rapport (arithmétique) de leurs longueurs absolues (**128**), pris positivement ou négativement selon que leurs directions sont identiques ou opposées.

On remarquera que *ce rapport est tout à fait indépendant* de celle des directions de l'axe que l'on a choisie pour positive. Par exemple, le rapport $\dfrac{IA}{IB}$ (*fig.* 15) sera toujours négatif; $\dfrac{E_1A}{E_1B}$, $\dfrac{E_2A}{E_2B}$ seront, au contraire, toujours positifs.

Sous le bénéfice de ces conventions, *il n'y a plus qu'une manière de diviser un segment dans un rapport algébrique donné* ($\neq +1$), car le signe de ce rapport déterminera la nature extérieure ou intérieure de la division (**133**).

136. Un point n'est pas complètement déterminé sur une droite, quand on connaît seulement la longueur absolue du segment ayant pour extrémités ce point et un point fixe O de la droite, puisqu'il y a deux manières de porter un même segment sur une droite à partir de l'un des points de celle-ci (**131**). Mais le doute est levé dès qu'on fait de cette droite un axe (**135**), et que l'on se donne la longueur algébrique du segment; car alors est déterminée la direction de l'axe où il faut le porter à partir de l'*origine* O, pour prendre ensuite sa seconde extrémité.

A chaque point de l'axe préalablement précisé dans sa direction positive, ainsi que dans la position de l'origine O sur lui, correspond étroitement ainsi une quantité algébrique *unique*, permettant de le retrouver immédiatement et sans ambiguïté. On nomme cette quantité la *coordonnée* (souvent *abscisse*) du point (*par rapport* à l'axe, à la direction et à l'origine choisis).

Sur la *fig.* 18, X'X étant toujours la direction positive de l'axe, l'abscisse est positive pour tout point de la demi-droite OX, négative pour ceux de son opposée OX', = 0 pour l'origine O.

Cette notion des coordonnées est capitale en *Géométrie analytique.* En particulier, elle est fort utile dans la question suivante.

137. *Étant donnés sur un même axe* (**135**), *des points en nombre quelconque*

(1) $\qquad\qquad P_1, P_2, .., P_{k-1}, P_k,$

(*fig.* 19), *accompagnés de coefficients (positifs ou négatifs) correspondants*

(2) $\qquad\qquad \varpi_1, \varpi_2, ..., \varpi_{k-1}, \varpi_k,$

CENTRE DE GRAVITÉ DE POINTS EN LIGNE DROITE.   49

quelconques aussi, sous la seule restriction

(3) $\varpi_1 + \varpi_2 + \ldots + \varpi_{k-1} + \varpi_k \neq 0$

exprimant que leur somme ne se réduit pas à 0, si l'on nomme G_1 le point divisant le segment P_1P_2 dans le rapport $-\varpi_2 : \varpi_1$, puis G_2, G_3, ..., G_{k-2} et G, ceux divisant les segments G_1P_3, G_2P_4, ..., $G_{k-3}P_{k-1}$ et $G_{k-2}P_k$ dans les rapports $-\varpi_3 : (\varpi_1 + \varpi_2)$, $-\varpi_4 : (\varpi_1 + \varpi_2 + \varpi_3)$, ... et $-\varpi_k : (\varpi_1 + \varpi_2 + \ldots + \varpi_{k-1})$, respectivement, le point G ainsi obtenu est toujours le même, dans quelque ordre que l'opération ait été conduite.

En considérant en outre un point quelconque M du même axe, on aura la relation

(4) $\varpi_1 . P_1M + \varpi_2 . P_2M + \ldots + \varpi_k . P_kM = (\varpi_1 + \varpi_2 + \ldots + \varpi_k) GM,$

où P_1M, P_2M, ..., P_kM et GM *désignent les longueurs algébriques de tous ces segments dirigés* (**135**).

Soient O une origine choisie arbitrairement sur la droite considérée (**136**), puis $p_1, p_2, \ldots, p_k$ les abscisses des points (1) et $g_1, g_2, \ldots, g_{k-2}, g$ celles encore inconnues de G_1, G_2, ..., G_{k-2}, G. Les longueurs algébriques des segments G_1P_1, G_1P_2 étant évidemment $p_1 - g_1$, $p_2 - g_1$, l'équation

$$\frac{p_1 - g_1}{p_2 - g_1} = -\frac{\varpi_2}{\varpi_1}$$

exprimera que G_1 partage le segment P_1P_2 dans le rapport $-\varpi_2 : \varpi_1$, et, par des réductions faciles, précédées de l'expulsion des dénominateurs, elle deviendra

$$(\varpi_1 + \varpi_2) g_1 = \varpi_1 p_1 + \varpi_2 p_2,$$

d'où l'on tire immédiatement g_1.

Pour trouver g_2, on aura de même

$$[(\varpi_1 + \varpi_2) + \varpi_3] g_2 = (\varpi_1 + \varpi_2) g_1 + \varpi_3 p_3$$

ou, par combinaison avec la précédente

$$(\varpi_1 + \varpi_2 + \varpi_3) g_2 = \varpi_1 p_1 + \varpi_2 p_2 + \varpi_3 p_3,$$

et ainsi de suite, pour obtenir successivement g_3, ..., g_{k-2}, g, jusqu'à

(5) $(\varpi_1 + \varpi_2 + \ldots + \varpi_k) g = \varpi_1 p_1 + \varpi_2 p_2 + \ldots + \varpi_k p_k.$

Or, cette relation n'est que (4) écrite d'une autre manière, et comme sa forme reste la même quand on y permute arbitrairement les indices 1, 2, ..., k, la valeur qu'elle fournit pour g est bien indépendante de l'ordre dans lequel on a pu considérer les points (1) pour exécuter les opérations conduisant au point G.

[Nous avons supposé implicitement qu'aucune des sommes transitoires $(\varpi_1 + \varpi_2)$, $(\varpi_1 + \varpi_2 + \varpi_3)$, ... ne se réduit à 0; s'il en était autrement, l'existence de la condition (3) permettrait évidemment d'éviter cet accident par un autre ordre de succession imposé aux points (1)].

Des considérations mécaniques, dans lesquelles nous n'avons pas à nous engager, conduisent à nommer ce point G, le *centre de gravité* des points (1) chargés de masses (parfois négatives) égales (ou proportionnelles) aux coefficients (2).

La remarque suivante est utile. *Si l'on partage l'ensemble des points*

(1) en deux groupes quelconques $(P_1, P_2, \ldots, P_i)$ et $(P_{i+1}, \ldots, P_k)$ dont G′, G″ soient les centres de gravité, le centre de gravité G de leur système se confond avec celui des points G′, G″ chargés de masses égales à $(\varpi_1 + \varpi_2 + \ldots + \varpi_i)$ et $(\varpi_{i+1} + \ldots + \varpi_k)$.

Car g', g'', abscisses de G′, G″, sont déterminées par les équations

$$(\varpi_1 + \varpi_2 + \ldots + \varpi_i)\, g' = \varpi_1 p_1 + \varpi_2 p_2 + \ldots + \varpi_i p_i,$$
$$(\varpi_{i+1} + \ldots + \varpi_k)\, g'' = \varpi_{i+1} p_{i+1} + \ldots + \varpi_k p_k,$$

et celle g de leur centre de gravité, par

$$[(\varpi_1 + \varpi_2 + \ldots + \varpi_i) + (\varpi_{i+1} + \ldots + \varpi_k)]\, g = (\varpi_1 + \varpi_2 + \ldots + \varpi_i)\, g'$$
$$+ (\varpi_{i+1} + \ldots + \varpi_k)\, g'' = \varpi_1 p_1 + \varpi_2 p_2 + \ldots + \varpi_k p_k$$

donnant pour g une valeur identique à celle de g tirée de (5).

Et de même, évidemment, si l'on répartissait arbitrairement les points (1), non plus en deux groupes partiels, mais en trois, quatre,...

Si l'on prend $k = 2$, $\varpi_1 = \varpi_2 = 1$, le centre de gravité G devient le milieu O du segment $P_1 P_2$, et la relation (4) se réduit à la formule

$$MO = \frac{MP_1 + MP_2}{2}$$

qui est souvent utile.

137 bis. *Quand le premier membre de la condition (3) se réduit à 0, celui de la relation (4) prend une valeur invariable, ne dépendant plus de la position du point M.*

Car, en appelant alors Φ la somme de ceux des coefficients (2) qui sont positifs, $-\Phi$ sera celle des termes négatifs dans la même suite, et, par ce qui précède, $\Phi \cdot G'M$, $-\Phi \cdot G''M$, où G′, G″ désignent les centres de gravité des groupes des points (1) qui correspondent à ces deux sortes de coefficients, seront les parties correspondantes du premier membre de l'équation (4). Or

$$\Phi \cdot G'M - \Phi \cdot G''M = \Phi(G'M - G''M) = \Phi \cdot G'G''$$

est bien le produit de la constante Φ par $G'G''$, longueur algébrique également constante du segment limité par les points G′, G″.

La formule si vulgaire

$$MP_2 - MP_1 = P_1 P_2$$

est le cas particulier de cette observation pour $k = 2$, $\varpi_1 = -1$, $\varpi_2 = 1$.

Segments découpés sur deux droites par des droites parallèles ou des plans parallèles.

138. Si, dans les définitions du n° **122**, on remplace les points A, B par deux droites parallèles PQ, RS (*fig.* 20), les demi-droites AB, BA par les demi-plans $\overline{PQ}R$, $\overline{RS}P$, on obtient celle des points soit *intérieurs*, soit *extérieurs* à la *bande* $\overline{PQ}\,\overline{RS}$ découpée dans le plan de la figure par ses *lisières* ou *côtés* rectilignes PQ, RS.

I. *Une translation parallèle aux côtés* (**77**) *ne fait que réappli-*

quer d'une autre manière la bande sur elle-même. Car chaque côté étant alors une glissière, chacun des deux demi-plans ci-dessus ne fait que glisser sur lui-même (**78**).

II. *Les points d'une parallèle aux côtés, menée dans le plan de la bande, sont tous à la fois, soit intérieurs, soit extérieurs à celle-ci.* Car, relativement à chaque côté, cette parallèle est située tout entière dans tel ou tel des demi-plans opposés dont il est l'arête commune (**42**), (**25**).

III. *Sur toute sécante non parallèle aux côtés, ceux-ci découpent un segment rectiligne* (**66**) *auquel et à la bande chaque point de la sécante est en même temps intérieur ou extérieur.* Ceci résulte immédiatement des premières notions sur les demi-droites et demi-plans (**24**), (**25**), combinées avec la définition des points intérieurs et extérieurs à un segment (**122**) ou à une bande.

IV. *Sur deux sécantes parallèles de ce genre, la bande, c'est-à-dire ses côtés, découpent deux segments égaux en longueur et de directions identiques* (**79**).

Soient $\overline{PQ}\ \overline{RS}$ (fig. 20) la bande, et ab, $a'b'$ les sécantes parallèles considérées. La translation de toute la figure, exécutée parallèlement aux côtés, qui amène son point a en a' (**38**, I), applique la droite ab sur sa parallèle $a'b'$, amène par suite b en en b' puisque le côté bb' ne fait que glisser sur lui-même (I), (**41**).

V. *Réciproquement, les droites aa', bb' sont parallèles, si les segments ab, $a'b'$ sont égaux et directement parallèles.*

A cause de ces deux hypothèses, la translation du segment ab qui amène en a' son extrémité a, amène aussi en b' son autre extrémité b (**79**), (**131**); la droite bb' est donc, comme aa', une glissière de ce mouvement, d'où son parallélisme avec cette dernière (**77**).

VI. Soient $\overline{PQ}\ \overline{RS}$, $\overline{P_1Q_1}\ \overline{R_1S_1}$ (fig. 21), *deux bandes situées dans un même plan et à côtés tous parallèles, puis ab, a_1b_1 et $a'b'$, $a'_1b'_1$ les segments déterminés par elles sur deux sécantes quelconques non parallèles aux côtés. La relation topographique des deux derniers segments est la même que celle des deux premiers, c'est-à-dire que, sur la seconde sécante, la direction $a'b'$ est identique ou opposée à $a'_1b'_1$, selon que, sur la première, les directions ab, a_1b_1 sont identiques ou opposées.*

Supposons, comme sur notre figure, les points b, a_1 tous deux intérieurs au segment ab_1, cas auquel les directions ab, a_1b_1 sont identiques (**122**).

De cette disposition il résulte que RS, P_1Q_1, parallèles aux côtés de la bande $\overline{PQ}\ \overline{R_1S_1}$ menées dans son plan, lui sont toutes deux intérieures (III), (II), et, par suite (*loc. cit.*), que leurs traces b', a'_1 sur la sécante $a'b'a'_1b'_1$ sont intérieures au segment $a'b'_1$. Donc les directions $a'b'$, $a'_1b'_1$ sont identiques aussi. Le raisonnement est le même dans les trois autres dispositions possibles des points b, a_1 relativement au segment ab_1.

En conséquence, nous nommerons *relation topographique* de deux bandes situées dans un même plan, à côtés parallèles, celle constante des segments qu'elles déterminent sur une même sécante quelconque.

139. La théorie des bandes a une ressemblance extrême avec celle des segments rectilignes (**124** *et suiv.*); la seule différence consiste en ce que, dans les questions où il faut placer les segments sur une même droite, les bandes doivent être placées sur un même plan, et cela *parallèlement*, c'est-à-dire de manière que leurs côtés soient tous parallèles.

Une bande est *nulle* quand ses côtés se confondent.

Deux bandes sont *égales* quand elles sont superposables (**5**).

La *somme* (géométrique) de plusieurs bandes est celle, toujours identique à elle-même, qui a pour côtés ceux extrêmes des bandes proposées, juxtaposées extérieurement dans un même plan; et de même, pour la *différence* de deux bandes inégales, etc.

De là on passe, comme pour les segments, à la notion du *rapport* de deux bandes considérées au point de vue de leurs étendues ou *amplitudes*, de la *mesure* des grandeurs de cette sorte, etc.

140. *Quand deux bandes* $\overline{AA'BB'}$, $\overline{CC'DD'}$ *(fig. 22) situées dans un même plan sont parallèles, le rapport de leurs amplitudes est égal à celui des segments* ab, cd *qu'elles découpent simultanément sur une même sécante quelconque non parallèle à leurs côtés.*

Appelant un instant *cote* d'une bande quelconque parallèle aux proposées et située dans leur plan, la longueur du segment découpé par elle sur la sécante *abcd*, nous dirons *correspondantes* l'amplitude de cette bande et sa cote, puis nous raisonnerons comme il suit.

I. *Quand deux cotes sont égales, les bandes correspondantes le sont aussi, et réciproquement.*

Soient ap, cq, deux cotes égales, les notations ayant été choisies de manière à rendre identiques les directions ap, cq, puis $\overline{AA'PP'}$, $\overline{CC'QQ'}$, les bandes correspondantes. La translation capable d'amener a en c fait glisser la sécante sur elle-même et amène p en q parce que, pendant le mouvement du segment ap, sa direction reste la même (**32**, III) et qu'il est supposé égal à cq (**131**). Elle superpose donc la bande $\overline{AA'PP'}$ à $\overline{CC'QQ'}$, puisque les droites AA', PP' viennent alors s'appliquer respectivement sur leurs parallèles CC', QQ' (**41**).

La réciproque se démontre par les mêmes moyens.

II. *A la somme* (géométrique) cd *de plusieurs cotes* cq, qr, rd

juxtaposées extérieurement, correspond la somme $\overline{CC'DD'}$ des bandes qui leur correspondent. Car ces bandes, de cotés cq, qr, rd, sont aussi juxtaposées extérieurement les unes aux autres (**138**, VI), (**139**).

III. Supposons commensurables entre elles (**128**, III) les cotés ab, cd des bandes considérées, dans le rapport 2:3 pour fixer les idées, puis divisons ab en 2 parties égales ap, pb, puis cd en 3 parties égales cq, qr, rd. Ces 5 segments $ap,\ldots, cq,\ldots, rd$ étant égaux les uns aux autres, les 5 bandes correspondantes $\overline{AA'PP'},\ldots, \overline{CC'QQ},\ldots, \overline{RR'DD'}$ sont toutes égales aussi (I). Mais $\overline{AA'BB'}$ est la somme des 2 premières, et $\overline{CC'DD'}$ est celle des 3 dernières (II). Donc le rapport de ces bandes est bien 2:3 aussi.

IV. Si enfin ab et cd sont incommensurables, partageons cd en n parties égales et nommons m le plus grand nombre de ces parties qui soit contenu dans ab, c'est-à-dire dont la somme soit inférieure à ce segment. On verra comme ci-dessus (II), (III) que m est aussi le plus grand nombre de fois que la bande $\overline{AA'BB'}$ puisse contenir la $n^{\text{ième}}$ partie de $\overline{CC'DD'}$. Mais (**128**, III), (**139**), le rapport, soit de ab à cd, soit de $\overline{AA'BB'}$ à $\overline{CC'DD'}$, est la limite vers laquelle tend la même fraction $m:n$; donc ces rapports sont encore égaux [1].

141. La *largeur* d'une bande est la longueur du segment de longueur constante (**100**), (**138**, IV), qu'elle découpe sur toute perpendiculaire commune à ses deux côtés, sa *section droite* en quelque sorte. (*Cf.* **144, 194**, *inf*.).

Les amplitudes de deux bandes quelconques sont entre elles comme leurs largeurs. Car en plaçant ces bandes parallèlement dans un même plan, elles découpent leurs largeurs sur toute perpendiculaire commune à leurs côtés (**140**).

142. De l'alinéa IV du n° **138** résulte une conséquence très importante pour l'intelligence du mouvement de transport.

Toute translation d'une figure solide fait décrire à deux quelconques de ses points, des segments égaux et directement parallèles.

---

[1] Le lecteur devra bien s'approprier les deux dernières parties de cette démonstration, car on a à les reproduire textuellement dans les cas fort nombreux où il faut prouver que le rapport de deux grandeurs concrètes, d'une certaine nature, est égal à celui de deux *correspondantes* d'une autre nature, sachant : 1° que l'égalité de deux grandeurs dans une espèce entraîne celle des grandeurs correspondantes dans l'autre espèce ; 2° que la somme physique de grandeurs quelconques dans une espèce a pour correspondante la somme aussi des grandeurs correspondantes dans l'autre.

Soient effectivement a, b (*fig.* 20) et a', b', les positions initiales et finales de ces points. Les droites ab, $a'b'$ sont parallèles puisque l'une est applicable sur l'autre par simple translation. Les droites aa', bb' le sont aussi l'une à l'autre, parce qu'elles sont deux glissières de ce mouvement (77). Donc (138, IV) les premières sont les côtés d'une bande découpant sur les dernières deux segments égaux et directement parallèles.

Il s'ensuit que si m, m' sont les positions initiale et finale d'un même point quelconque de la figure, on caractérisera complètement sa translation en la disant *égale* et *parallèle* au segment dirigé mm' (134).

143. En substituant, dans la définition d'une bande, deux plans parallèles UVW, XYZ à ses côtés, les demi-espaces UVWX, XYZU aux demi-plans alors considérés, on passe à celle d'un *mur* ayant ces plans parallèles pour *parements* ou *faces*, de son *intérieur* et de son *extérieur*,... Les propositions du numéro 138 s'étendent immédiatement aux murs, moyennant ces autres modifications.

Dans l'alinéa I, on peut remplacer la translation par un déplacement quelconque, parallèle aux faces du mur (120).

Dans l'alinéa II, on peut considérer un plan parallèle aux faces, aussi bien qu'une droite parallèle.

Un simple élargissement de l'alinéa VI procure la notion de la *relation topographique* entre deux murs à faces toutes parallèles.

Si, au lieu de sécantes, on fait intervenir des plans sécants non parallèles aux faces, les propositions III, IV, V, VI, subsistent pour les bandes naissant de ces diverses sections.

144. Les considérations des n^{os} **140, 141** s'étendent avec la même facilité à la mesure des murs. On obtient encore cette proposition dont le lecteur apercevra immédiatement l'exactitude.

Le rapport des amplitudes de deux murs à faces toutes parallèles est égal à celui des segments découpés par eux sur une même sécante, et, tout aussi bien, à celui des bandes tracées par eux sur un même plan sécant (non parallèle non plus aux faces).

Les amplitudes de deux murs quelconques sont entre elles comme les épaisseurs de ceux-ci (ce sont pour chacun le segment tracé par lui sur une perpendiculaire commune à ses faces) *et encore comme leurs sections droites* (bandes tracées par eux sur des plans perpendiculaires à leurs faces).

145. Sur deux mêmes droites quelconques, coupées, soit, dans

DROITES COUPÉES PAR DES PARALLÈLES.   55

un même plan, par une droite mobile restant parallèle à une droite fixe, soit, dans l'espace, par un plan mobile restant parallèle à un plan fixe, nous dirons *correspondants* les deux points tracés simultanément sur elle par chaque position, soit de la droite mobile, soit du plan mobile, et aussi deux segments ayant chacun pour extrémités les points correspondants de celles de l'autre. On a maintenant ce théorème.

La relation topographique (**138, VI**) *et le rapport de deux segments quelconques sur l'une de ces droites sont toujours, la première identique, le second égal, à ce qu'ils sont pour les segments correspondants sur l'autre droite.*

Réciproquement, si quatre points A, B, C, D *sur une droite, correspondent respectivement à quatre points* A', B', C', D' *situés sur une autre, de telle sorte que trois paires seulement de ces points* A *et* A', B *et* B', C *et* C', *par exemple, soient situées sur trois droites parallèles ou sur trois plans parallèles, et que, pour deux paires de segments correspondants, tels que* AB *et* A'B', CD *et* C'D', *il y ait identité entre les relations topographiques, avec égalité de leurs rapports,*

$$\frac{AB}{CD} = \frac{A'B'}{C'D'},$$

les points D, D' *de la quatrième paire sont situés à la fois aussi sur une droite parallèle aux trois considérées dans le premier cas, sur un plan parallèle aux trois considérés dans le second.*

I. Le premier point est évident, car deux paires de segments correspondants AB et A'B', CD et C'D' sont tracés sur les deux droites fixes, soit par deux bandes parallèles, soit par deux murs parallèles, et nous savons alors, que les relations topographiques de AB à CD et de A'B' à C'D' sont identiques (**138, VI**), (**143**), et que chacun des rapports AB : CD, A'B' : C'D' est égal au rapport des amplitudes, soit de ces deux bandes, soit de ces deux murs (**140**), (**144**).

II. Pour établir la réciproque, supposons qu'il s'agisse des points a, b, a_1, b_1 et a', b', a'_1, b'_1 (*fig.* 21) se correspondant sur deux droites, de manière que les trois droites aa', bb', $a_1a'_1$ soient parallèles, que les relations topographiques de ab à a_1b_1 et de $a'b'$ à $a'_1b'_1$ soient identiques, et que l'on ait la proportion

(1) $$\frac{ab}{a_1b_1} = \frac{a'b'}{a'_1b'_1},$$

et nommons β'_1 la trace sur la seconde droite, d'une parallèle à aa', bb', $a_1a'_1$ menée par le point b_1 de la première.

A cause de la partie directe de notre théorème, la direction du segment $a'_1\beta'_1$ est identique à celle de $a'_1b'_1$ parce que la relation topographique de $a'_1\beta'_1$ à $a'b'$ est identique à celle de ab à a_1b_1

qui, elle-même, l'est par hypothèse à celle de $a'b'$ à $a'_1b'_1$. En outre, on a la proportion

$$\frac{ab}{a_1b_1} = \frac{a'b'}{a'_1b'_1}$$

dont la combinaison avec la proportion supposée (1) donne $a'_1\beta'_1 = a'_1b'_1$. Les points β'_1, b'_1 se confondent donc, puisqu'ils sont les extrémités de segments égaux portés tous deux dans des directions identiques sur la même droite $a'b'a'_1$, à partir du même point a'_1 (**131**).

Même raisonnement dans le cas où l'on aurait à considérer trois plans parallèles au lieu de trois droites parallèles.

146. Le théorème précédent (subsistant évidemment pour des bandes correspondantes tracées sur deux mêmes plans par des plans parallèles à un plan fixe) est de la plus haute importance dans toute la Géométrie dont les développements dérivent, tous à fort peu près, de lui et d'un autre que nous énoncerons au n° **182** (*inf.*). En voici les cas particuliers les plus fréquemment appliqués.

Quand deux droites concourantes sont coupées par deux sécantes parallèles, leur point d'intersection O (*fig. 23*) (*dédoublé par la pensée*) *et les traces de ces parallèles découpent sur elles des segments proportionnels et semblablement disposés sur chacune des deux droites.*

En particulier, on a les proportions :

(2) $\qquad \dfrac{OA}{OB} = \dfrac{OA'}{OB'}, \quad \dfrac{AB}{AO} = \dfrac{A'B'}{A'O}, \quad \dfrac{BO}{BA} = \dfrac{B'O}{B'A'}.$

Réciproquement, si une seule des proportions (2) *a lieu, la seconde pour fixer les idées, avec dispositions semblables pour les points* O, A, B *d'une part,* O, A′, B′ *d'autre part, les sécantes* AA′, BB′ *sont parallèles.*

La considération d'une parallèle à AA′, BB′ menée par le point O, puis dédoublée par la pensée, ramène immédiatement au cas général où interviennent quatre droites ou quatre plans parallèles.

147. *Si* $a, b, c, d, \ldots$ *et* $a', b', c', d', \ldots$ *sont les points, deux à deux correspondants, que des plans ou droites parallèles en nombre quelconque tracent simultanément sur deux droites, la disposition relative des premiers points sur leur droite est identique à celle des seconds sur la leur, et l'on a la suite de rapports tous égaux.*

(3) $\qquad \dfrac{a'b'}{ab} = \dfrac{a'c'}{ac} = \dfrac{a'd'}{ad} = \dfrac{b'c'}{bc} = \dfrac{b'd'}{bd} = \dfrac{c'd'}{cd} = \ldots$

PROJECTIONS SUR UNE DROITE.

Ceci résulte immédiatement du n° **145** où, en particulier, nous avons établi la proportion

$$\frac{a'b'}{a'c'} = \frac{ab}{ac}$$

donnant par la transposition des moyens (puisqu'il s'agit de grandeurs toutes d'une même espèce),

$$\frac{a'b'}{ab} = \frac{a'c'}{ac},$$

puis de même,

$$\frac{a'b'}{ab} = \frac{a'd'}{ad} = \frac{b'c'}{bc} = \ldots$$

Plus brièvement, *les segments correspondants découpés sur deux mêmes droites par des plans ou droites parallèles, sont toujours proportionnels, les premiers aux derniers.*

148. *La valeur commune des rapports* (3) *est toujours* 1, *quand les droites coupées*, abcd..., a'b'c'd'... *sont parallèles.* Car alors, deux segments correspondants sont toujours égaux, comme parallèles comprises entre parallèles (**138**, IV), (**143**).

149. Etant donnés une droite fixe, dite *axe de projection*, et un plan fixe non parallèle à cet axe, on nomme *projection* d'un point quelconque, le pied sur l'axe, c'est-à-dire la trace, d'un plan mené parallèlement au plan fixe par le point considéré, plan parallèle qui est le plan *projetant* de ce point.

La *projection* d'un segment quelconque est le segment correspondant de l'axe, ayant pour extrémités les projections de celles du segment donné. Elle est toujours nulle quand celui-ci est parallèle au plan fixe, car alors les plans projetants de ses extrémités se confondent avec le plan parallèle au plan fixe que l'on peut mener par la droite contenant le segment donné (**60**).

Le cas le plus fréquent est celui où les plans fixe et projetants sont perpendiculaires à l'axe. Les projections sont dites alors *orthogonales*. Dans les autres cas on les nomme *obliques* (**86**).

150. Quand les segments que l'on projette sont tous sur une même droite, on voit par ce qui précède (**147**) que, *sur l'axe, leurs projections ont les mêmes dispositions relatives qu'eux-mêmes sur leur droite commune, et que les longueurs de toutes ces projections, respectivement proportionnelles à celles des segments correspondants, peuvent s'obtenir en multipliant toutes ces dernières par quelque même nombre* [égal à 1 quand la droite du segment proposé est parallèle à l'axe de projection (**148**).]

Car, en considérant un segment invariable ab, sa projection

$a'b'$ invariable aussi, puis un segment indéterminé mn et sa projection $m'n'$, on aura toujours :
$$\frac{m'n'}{mn} = \frac{a'b'}{ab},$$
c'est-à-dire
$$m'n' = \rho.mn$$
en représentant par ρ le rapport invariable $a'b' : ab$.

151. Quand les points que l'on projette sont tous dans quelque même plan contenant l'axe aussi, les projections sont tout aussi bien les *pieds* sur l'axe, de droites *projetantes* toutes parallèles, comme traces, sur le plan de la figure, des plans projetants tous parallèles entre eux (**57**). Par exemple (*fig.* 23), A′,B′ sont les projections de A,B, faites par des projetantes parallèles à la droite ponctuée passant par O.

Quand les projections sont orthogonales, les projetantes sont perpendiculaires à l'axe de projection.

152. Si sur chacune des deux droites considérées au n° **145**, les segments ont été dirigés comme nous l'avons expliqué au n° **135**, le théorème s'énoncera avec plus de concision, en disant que, *sur chaque droite, le rapport algébrique de deux segments (Ibid. III) est toujours égal à celui de leurs correspondants sur l'autre droite*.

153. Quand un segment est conçu dans une direction déterminée, on impose toujours à sa projection sur un axe (**149**), celle allant de la projection de la première extrémité à celle de la seconde. Si, par exemple, on impose aux segments les directions marquées par les notations, la projection (géométrique) de ba (*fig.* 21), faite sur l'autre droite par des projetantes parallèles à PQ, RS, ..., sera $b'a'$, non $a'b'$.

Si l'on a attribué une direction déterminée à l'axe de projection (**135**), la projection *algébrique* d'un segment dirigé est la longueur algébrique de sa projection géométrique, prise avec la direction que nous venons d'indiquer. Par exemple (*fig.* 24), pour la direction de l'axe X′X marquée par ses deux flèches, et si les projections absolues A′B′, D′E′ des segments AB, DE conçus sans directions, ont les longueurs l', p' les projections algébriques des mêmes segments, pourvus des directions indiquées par leurs flèches, seront $+ l'$, $- p'$.

154. Quand des segments dirigés AB, BC, CD, DE (*fig.* 24) se succèdent dans l'espace d'une manière quelconque mais de manière que, sauf pour le premier, la première extrémité de chacun se confonde avec la dernière du précédent, formant ainsi une *ligne brisée* (**205**), on nomme leur *résultante*, le segment dirigé AE ayant pour première extrémité celle du premier, pour deuxième celle du dernier.

Cela posé, *la projection algébrique de la résultante est toujours égale à la somme algébrique des projections des segments considérés (ou composantes)*, car cette projection de la résultante est la longueur algébrique A′E′ (ici positive), quantité que l'on retrouvera en additionnant algébriquement (**135**, I) les projections géométriques A′B′, B′C′, C′D′, D′E′, pourvues des signes indiqués par les règles topographiques du n° **153**.

APPLICATIONS. 59

Dans le cas où la ligne brisée ABCDE est *fermée*, c'est-à-dire où ses deux extrémités A, E se confondent, A', E' projections de celles-ci se confondent aussi, et la projection A'E' de la résultante est nulle ; donc, faites sur un axe et parallèlement à un plan fixe quelconque, les projections de segments formant une ligne fermée donnent une somme algébrique se réduisant toujours à 0.

Ces deux propositions si simples sont parfois d'une très grande utilité.

Applications.

155. *Sur une droite donnée, à partir d'un point et dans une direction également donnés, porter un segment égal à un segment donné* (**131**).

On se sert habituellement d'un *compas*, instrument composé de deux branches de métal réunies par une articulation à frottement dur, et terminées toutes deux (du moins habituellement) par des pointes d'acier très aiguës. Moyennant certains efforts, les branches du compas peuvent s'ouvrir ou se fermer plus ou moins, après quoi la raideur de l'articulation fait de lui une figure restant invariable quand on le manie avec précaution.

En maintenant l'une des pointes du compas piquée sur une extrémité du segment donné, on ouvre l'instrument ou on le ferme jusqu'à ce que sa seconde pointe puisse coïncider avec l'autre extrémité de ce segment. Ensuite, sans déformer le compas, on place une de ses pointes sur le point donné ; puis, avec l'autre pointe, amenée sur la droite donnée et dans la direction voulue, on fait une légère piqûre sur le papier ; c'est la seconde extrémité du segment cherché.

156. *Construire le segment dont le rapport à un segment donné soit égal à celui de deux autres segments donnés.*

Sur une même droite je juxtapose (extérieurement ou intérieurement, peu importe) les segments AB, AO (*fig. 23*), au rapport desquels doit être égal celui du segment inconnu au premier segment donné. Sur une autre droite quelconque passant par O, je porte ce premier segment en OA' (direction quelconque) (**155**) ; je trace la droite AA' (**30**) ; puis, par B, je lui mène la parallèle BB' (**63**) coupant OA' en quelque point B' (**67**). Le segment A'B' est celui que l'on cherchait ; car les segments découpés par les parallèles AA', BB' sur les droites OAB, OA'B' concourant en O, donnent bien :

$$\frac{A'B'}{A'O} = \frac{AB}{AO} \qquad (146).$$

C'est une proportion dont trois termes sont les segments donnés et dont le quatrième terme est la solution du problème ; celui-ci se nomme, en conséquence, la *quatrième proportionnelle* aux trois segments donnés, ceux-ci, bien entendu, étant considérés dans l'ordre où ils ont été présentés.

Quand A'O = AB, on dit quelquefois que le segment A'B' que nous venons de construire, est la *troisième* proportionnelle aux segments donnés AB, AO.

157. *Partager un segment donné* OB (*fig.* 23), *soit intérieurement, soit extérieurement, dans un rapport donné* $m : n$ (**133**).

En multipliant par les nombres m, n la longueur d'un même segment quelconque, j'obtiendrai celles de deux autres de rapport $m : n$ que je porterai en OA' et A'B' sur une droite quelconque menée par le point O, les directions A'O, A'B' étant rendues opposées pour la division intérieure, mais identiques pour la division extérieure.

Cela posé, je joins les points B, B', et, par le point A', je mène à la droite BB', une parallèle dont la trace A sur la droite OB est le point de division cherché.

Car, de même que A' relativement au segment OB', A est intérieur dans le premier cas, extérieur dans le second, au segment correspondant OB (**146**), et l'on a bien :

$$\frac{AO}{AB} = \frac{A'O}{A'B'} = \frac{m}{n}. \qquad (Ibid.)$$

Si l'on avait $m = n$, on aurait aussi A'B' = OA', et, pour la division extérieure, le point B' se placerait en O, la droite BB' s'appliquerait sur BOA, sa parallèle menée par A' deviendrait parallèle à OB et ne rencontrerait plus cette droite (**42**); c'est une manifestation graphique de l'impossibilité que nous avions déjà reconnue autrement à ce cas de problème.

158. *Diviser en* n *parties égales* (**127**) *un segment donné* OB (*fig.* 25). C'est un simple cas particulier de la division intérieure de ce segment (**157**).

Par O, je mène une droite quelconque sur laquelle je juxtapose extérieurement n segments OB'$_1$, B'$_1$B'$_2$, B'$_2$B'$_3$, ..., B'$_{n-1}$B', tous égaux à un même segment pris arbitrairement. Je joins B'B, et des parallèles à cette droite menées par B'$_1$, B'$_2$, B'$_3$, ..., B'$_{n-1}$ traceront les points de division B$_1$, B$_2$, B$_3$, ..., B$_{n-1}$ cherchés sur OB. Car les segments OB$_1$, B$_1$B$_2$, ... sont tous aussi extérieurs les uns aux autres, et l'on aura bien, par exemple :

$$\frac{B_2 B_3}{OB} = \frac{B'_2 B'_3}{OB'} = \frac{1}{n} \qquad (\mathbf{145}).$$

CHAPITRE V.

COMPARAISON DES ANGLES.

Angles rectilignes en général.

159. En appliquant à la figure formée par deux demi-droites distinctes OA, OB (*fig.* 26), tracées à partir d'une même origine O, les considérations du n° **138** qui nous ont conduit à la notion des bandes, on obtient la définition d'un *angle rectiligne saillant*, ayant les demi-droites en question pour *côtés* et leur origine pour *sommet*.

On désigne une telle figure, soit simplement par la lettre affectée à son sommet, quand il n'y a pas de confusion à craindre, soit d'une manière plus précise par trois lettres, dont deux affectées à des points situés arbitrairement sur ses côtés, dont la troisième attribuée au sommet se prononce et s'écrit entre les deux autres. On dira ainsi l'angle O ou AOB.

I. L'*intérieur* de l'angle saillant AOB est ainsi la région commune aux deux demi-plans $\overline{OA}$B, $\overline{OB}$A dont chacun a pour arête la droite d'un côté et contient l'autre côté ; il est ombré sur notre figure.

L'*extérieur* du même angle est le surplus du plan de l'angle, non ombré.

II. *Quand une demi-droite d'origine O, a un seul de ses points soit intérieur à cet angle, soit extérieur, tous ses autres points sont aussi intérieurs à l'angle dans le premier cas, extérieurs dans le second ;* car alors ces autres points appartiennent tous ou n'appartiennent aucun, à la fois, aux demi-plans dont la région commune est l'intérieur de l'angle saillant (27).

D'où la notion d'une demi-droite *intérieure* ou *extérieure* à un angle saillant. (*Cf.* **138**, II.)

III. *Quand un segment rectiligne a ses extrémités sur les côtés d'un angle saillant, ailleurs qu'en son sommet (ou sur les prolongements de ses côtés), ses points intérieurs sont tels aussi par rapport à l'angle, et ses points extérieurs lui sont aussi extérieurs.* La définition même d'un angle saillant rend ce point évident. (*Cf.* **138**, III.)

IV. *Un tel segment* AB (*fig.* 27) *est toujours rencontré à son intérieur par une demi-droite* OI, *d'origine* O, *qui est intérieure à l'angle.*

ANGLES RECTILIGNES ET DIÈDRES.

Car si l'intérieur de ce segment était coupé par le prolongement de la demi-droite, ce prolongement serait intérieur à l'angle (III), (II), celle-ci par suite lui serait extérieure. Si la demi-droite considérée OI (*fig.* 28) était parallèle au segment, elle serait, à coup sûr, inversement parallèle à l'une BA des directions du segment, dès lors (81) non située dans le demi-plan $\overline{OBA}$, par suite extérieure à l'angle (I).

160. L'extérieur d'un angle saillant AOB (*fig.* 26) est, tout aussi bien que son intérieur, une région de son plan limitée par l'ensemble de deux demi-droites OA, OB de même origine ; cette région qui n'a pas été ombrée sur la figure se nomme l'*intérieur* de l'*angle rentrant* de mêmes *sommet* O et *côtés* OA, OB ; quant à l'*extérieur* de l'angle rentrant, c'est l'intérieur de l'angle saillant. Un angle rentrant se désigne par les mêmes notations que l'angle saillant de mêmes sommet et côtés, sauf précautions convenables pour éviter, quand il y a lieu, la confusion possible entre les deux angles.

Si l'on prolonge en O'*a*', O'*b*' (*fig.* 26) les côtés de l'angle rentrant A'O'B', l'intérieur de cet angle comprendra ainsi les trois régions du plan, respectivement communes aux demi-plans $\overline{O'A'b'}$ et $\overline{O'B'A'}$, $\overline{O'B'a'}$ et $\overline{O'A'B'}$, $\overline{O'A'b'}$ et $\overline{O'B'a'}$. (*Cf.* **171**, *inf.*)

Contrairement à ce qui se passe pour un angle saillant (**159**, III, IV), un segment ayant ses extrémités sur les côtés d'un angle rentrant a ses points intérieurs à l'extérieur de l'angle, et *vice versa* ; une demi-droite issue du sommet de l'angle, tantôt lui est parallèle, tantôt rencontre soit son extérieur par elle-même, soit son intérieur, mais alors par son prolongement.

161. Quand les demi-droites considérées coïncident ou sont opposées, ces définitions sont illusoires, en particulier parce que toutes deux tombent à la fois, non plus dans un plan déterminé, mais dans tous ceux, en nombre illimité, qui passent par leur droite commune. On choisit alors un de ces plans, et on dit que ces demi-droites y forment :

Dans le premier cas, un angle saillant *nul*, sans intérieur, et un angle rentrant *replet* ayant pour intérieur la totalité du plan considéré (*Cf.* **188**, *inf.*) ; dans le second, deux angles *neutres*, dont les intérieurs sont les demi-plans découpés dans leur plan par la droite que la réunion de leurs côtés reconstitue. (*Ibid.*)

162. L'égalité de deux angles comporte la possibilité de superposer, non seulement les lignes formées par leurs côtés, mais encore les régions de leurs plans formant leurs intérieurs ; elle exige donc que ces angles soient d'une même sorte, c'est-à-dire tous deux ou saillants ou rentrants. Celle de deux angles nuls, ou replets, ou neutres, est évidente.

Quand deux angles sont égaux, ils le sont encore d'une seconde manière (6) consistant en ce que ceux de leurs côtés qui n'étaient pas homologues dans la première, le sont dans l'autre (*Cf.* **124**). Par exemple, les angles saillants AOB, A'O'B' (fig. 26) supposés égaux peuvent être superposés, les côtés OA, OB placés respectivement en O'A', O'B'. Mais, certainement aussi, ils peuvent l'être de manière que ce soient OB, OA qui s'appliquent sur O'A', O'B'.

Le second mode d'égalité se confond toutefois avec le premier, quand il s'agit d'angles nuls ou replets, et il deviendrait impraticable si les angles considérés n'étaient libres que de glisser sur un même plan (*Cf.* **179**, *inf.*), (*Cf.* **132**).

163. La comparaison numérique des angles exige des considérations un peu moins intuitives que celle des bandes et murs.

I. Deux angles rectilignes ayant un côté commun, même sommet par suite, sont dits *contigus* ou *adjacents par ce côté*, cela principalement quand ils sont dans un même plan ; si, de plus, ils sont saillants, leur contiguïté est *extérieure* ou *intérieure*, selon que les intérieurs de ces angles n'ont aucun point commun ou bien en possèdent quelque région. *On se trouve dans le premier cas ou dans le second, suivant que les autres côtés tombent de part et d'autre ou d'un même côté du côté commun (et de son prolongement)* (**26**, *in fine*). Par exemple AOB, AOC (fig. 29) sont contigus extérieurement par le côté commun OA ; mais AOB, AOC' le sont intérieurement.

II. Des angles saillants en nombre quelconque étant donnés, on peut toujours, et cela dans un ordre de succession arbitraire, les juxtaposer extérieurement sur un même plan, c'est-à-dire les y placer de telle sorte que deux consécutifs soient toujours contigus extérieurement. Le côté libre du premier angle avec celui du dernier forment alors une figure à laquelle est égale toute figure de même genre, pour la construction de laquelle on n'aurait changé que l'ordre de succession des angles saillants considérés. (*Cf.* **125**).

Cette nouvelle figure est un angle saillant encore, ou sinon *composé*, dont l'*intérieur* comprend tous les points du plan qui sont intérieurs à l'un ou à l'autre des divers angles, *simples* dans un sens relatif, qui ont été combinés ainsi ; on la nomme la *somme* de ces angles.

Deux angles composés sont *égaux*, quand on peut les considérer comme des sommes d'angles simples respectivement égaux ; leurs côtés forment alors deux figures superposables.

La *somme* de plusieurs angles composés s'obtient en faisant celle de tous les angles simples dont les uns et les autres sont formés. Par exemple, l'angle replet (**161**) est la somme de deux angles neutres, le double de chacun (**162**), (V, *inf.*).

III. Quand deux angles (simples ou composés) sont inégaux, l'un d'entre eux est toujours la somme (II) de l'autre et d'un troisième angle non nul. On dit alors que le premier est *plus grand* que le second, que celui-ci est *plus petit* que le premier, et on nomme le troisième, l'*excès* du premier sur le second, plus souvent leur *différence* (*Cf.* **126**).

IV. Un angle quelconque étant donné, et quel que soit le nombre entier n, on peut toujours trouver sa $n^{\text{ième}}$ partie, c'est-à-dire un nouvel angle tel, que la somme de n angles égaux à lui reproduise le proposé [1]. Pour un même angle, cette $n^{\text{ième}}$ partie se reproduit toujours égale à elle-même, de quelque manière que l'opération ait pu être exécutée.

Elle diminue toujours, quand n augmente, et on peut toujours choisir ce nombre assez grand pour la rendre plus petite qu'un angle choisi à volonté (*Cf.* **127**).

V. Tout cela posé, on arrivera à la notion du *rapport* de deux angles, puis à celle de la *mesure* ou *amplitude* d'une grandeur de cette espèce, en procédant exactement comme nous l'avons fait au n° **128** pour les segments rectilignes (*Cf.* **139**). Un angle nul (**161**) a 0 pour mesure.

On voit que, de part et d'autre, les choses ont de très grandes analogies. Il y a toutefois ces dissemblances : que deux angles non tous deux saillants peuvent être égaux géométriquement sans l'être numériquement, c'est-à-dire sans avoir la même amplitude, Ex. : les angles AOB et $\overline{\text{AOB}}$ (*fig.* 30), ce dernier composé et somme des angles saillants AOB, BOC, COD, DOE, EOB ; qu'un même point du plan peut être *plusieurs fois* intérieur à un angle composé plus grand que l'angle replet, Ex : le point P est doublement intérieur à l'angle composé $\overline{\text{AOB}}$, parce qu'il l'est à chacune de ses parties simples AOB, EOB ; qu'un angle supérieur à l'angle replet est privé d'extérieur, Ex. : l'angle composé BOC + COD + DOE a bien pour extérieur, l'intérieur de l'angle simple EOB, mais aucun point n'est extérieur à l'angle $\overline{\text{AOB}}$; etc.

---

[1] La comparaison des angles, *entre eux seuls*, n'est pas une opération d'une nature moins simple que celle des bandes et murs (**138** *et suiv.*) ; mais il en est tout autrement quand on veut la ramener, comme nous l'avons fait pour ces figures, à celle de certains *segments rectilignes*. Par exemple, la division d'un angle en n parties égales, que des moyens empiriques procurent couramment dans la fabrication des instruments propres à la mesure des angles, dans la construction des roues d'engrenage, etc., devient, à cet autre point de vue, une affaire des plus compliquées, particulièrement quand le nombre n n'est pas une puissance de 2.

DIRECTION GIRATOIRE D'UN ANGLE.

La mesure *pratique* des angles s'opère au moyen d'instruments dont la théorie se rattache à celle du cercle, et dont, ainsi, nous ne pouvons pas faire connaître le principe général avant le Chapitre XVII (*inf.*).

164. L'extension aux angles d'un même sommet, des notions de *direction* et connexes, expliquées au n° **134** pour des segments rectilignes placés sur une même droite, s'opère comme il suit..

I. *Quand tous les côtés de deux angles ayant même sommet et situés dans un même plan découpent* (*par eux-mêmes*) *les deux segments* AB, CD (*fig.* 31) *sur une droite et les segments correspondants* A'B', C'D' *sur une autre, la relation topographique de ces derniers est identique à celle des premiers.* Même raisonnement qu'au n° **138** pour des segments découpés ainsi par des bandes à côtés parallèles.

II. *Quand, dans un plan fixe, une demi-droite pivote autour de son origine demeurant fixe* (**83**), *de manière à tracer sur quelque droite fixe un point* M *qui y est animé d'un mouvement de sens constant* (**23**), *elle jouit de la même propriété relativement à toute autre droite fixe qu'elle rencontrerait sans cesse aussi.* Car si M_1, M_2, M_3, d'une part, M'_1, M'_2, M'_3, d'autre part, sont des traces correspondantes laissées successivement par la demi-droite mobile sur les droites considérées, les segments M_1M_2, M_2M_3 ont des directions identiques à cause de la constance supposée au sens du mouvement de M sur la première droite fixe. Les segments $M'_1M'_2$, $M'_2M'_3$ ont donc aussi des directions identiques (I), et, par suite, le mouvement de la seconde trace mobile M' sur sa droite est également de sens constant.

En outre, on aperçoit immédiatement que *si l'on vient à imprimer à* M *un mouvement de sens contraire à celui du précédent, le sens du nouveau mouvement du point correspondant* M' *sera contraire aussi au sens de celui que nous considérions tout à l'heure.*

III. Cela posé, on dit qu'une pareille demi-droite pivote ou tourne autour de son origine *dans un sens giratoire constant*, quand sa trace sur une droite, quelconque ainsi, qu'elle rencontre sans cesse, y est animée d'un mouvement de sens constant.

Deux sens giratoires seulement sont possibles pour ces mouvements de la demi-droite considérée; ils correspondent aux deux sens contraires possibles pour les mouvements de sa trace sur une droite fixe quelconque, et on les dit également *contraires*, ou encore *opposés*.

165. Quand une demi-droite, mobile autour de son origine fixée au sommet d'un angle, pivote dans le plan de celui-ci et dans un sens giratoire constant (**164**, III) de manière à venir de l'un des côtés de cet angle à l'autre côté, en balayant successivement les intérieurs de tous les angles simples qui peuvent le composer, on dit que, dans le sens *allant du premier côté au second*, elle *décrit* cet angle *dont l'amplitude mesure alors celle de la rotation subie par la demi-droite*.

La possibilité d'un pareil pivotement résulte : pour un angle saillant, de celle de faire décrire un segment ayant ses extrémités sur les côtés de l'angle, par un point mobile animé d'un mouvement de sens constant (**159**, III, IV), (**134**); pour un angle composé, de cette possibilité existant ainsi pour chacun des angles saillants dont il est formé.

166. *Porter* un angle dans un plan donné, *à partir d'une demi-droite donnée* et *dans un sens (giratoire) donné*, c'est le placer dans ce plan de manière que l'un de ses côtés soit appliqué sur la demi-droite donnée, et que, pour le décrire en partant de ce côté (**165**), une demi-droite mobile ait à pivoter dans le sens indiqué. *Il n'y a évidemment qu'une manière d'exécuter cette opération ;* le deuxième côté de l'angle, voulons-nous dire, se replacera toujours sur la même demi-droite.

Mais il y en a deux et non davantage, quand le sens n'est pas spécifié, car on peut opérer, soit dans l'un, soit dans l'autre des deux sens possibles. (Si les côtés de l'angle étaient identiques ou opposés, chacun de ces modes replacerait cependant le deuxième côté dans la même position). (*Cf.* **131**.)

167. Un angle est *dirigé* (*Cf.* **134**), quand on a adjoint à sa désignation géométrique et numérique, l'indication du sens de description (**165**) dans lequel on veut le concevoir. L'angle saillant A'O'B' (*fig.* 26) se notera de cette manière, s'il s'agit du sens marqué par la flèche dirigée de haut en bas; mais on écrira B'OA', s'il est conçu dans le sens marqué par l'autre flèche.

On remarquera que la réapplication d'un angle dirigé, opérée sur lui-même par retournement (**162**), change sa direction primitive en la direction opposée.

168. *Deux angles de même sommet, dans un même plan,* AOB, A'OB' (*fig.* 32), *sont égaux et d'un même sens giratoire, quand les côtés de l'un font respectivement avec ceux de l'autre, des angles* AOA', BOB' *égaux entre eux et de sens identiques*.

Les angles AOA', B'OB étant égaux, mais de directions maintenant opposées, puisque AOA', BOB' sont supposés tels dans des sens identiques, la réapplication de toute la figure sur elle-même, faite par retournement de l'angle AOB' sur lui-même (**162**), c'est-à-dire plaçant OA sur OB' et OB' sur OA, amènera nécessairement OA' en OB; OB', OA' s'étant ainsi placés respectivement sur OA, OB, l'angle B'OA' dans cette nouvelle position est donc égal à AOB et de même direction. Avant son retournement, c'est-à-dire dans sa position primitive B'OA', cet angle était donc égal et de sens contraire à AOB; d'où l'égalité de A'OB' et AOB, avec identité de leurs sens.

169. *Réciproquement*, AOA', BOB' *sont égaux et d'un même sens, si* AOB, A'OB' *sont tels mutuellement.* Cette proposition ne diffère de la précédente que par les notations.

170. En associant deux à deux, indistinctement, les côtés d'un angle saillant et leurs prolongements, on forme, toujours dans son plan, trois nouveaux angles saillants, ayant avec lui d'étroites relations auxquelles il faut à chaque instant avoir égard; nous les nommerons *ses jumeaux*.

Pour un angle saillant tel que A'O'B' (*fig.* 26), nous préciserons cette dénomination générale en disant que chacun des deux angles a'O'B', A'O'b' compris entre un de ses côtés et le prolongement de l'autre lui est *opposé par* le côté commun O'B' ou O'A', que l'angle unique a'O'b' compris entre les deux prolongements des mêmes côtés lui est *opposé par le ou au sommet* commun O'. A ce sujet voici des observations à retenir.

I. *La somme d'un angle saillant* A'O'B' *et de l'un de ses opposés par un côté,* B'O'a', *est égale à l'angle neutre* A'O'a' (**161**). Car ces deux angles sont adjacents extérieurement par leur côté commun O'B', et leurs côtés libres forment l'angle neutre, parce qu'ils se prolongent l'un l'autre.

Plus brièvement, ces deux angles sont *supplémentaires*, ou bien chacun d'eux est le *supplément* de l'autre, car on qualifie ainsi deux angles dont la somme reproduit l'angle neutre.

II. *Le même angle* A'O'B' *et son opposé au sommet* a'O'b' *sont égaux entre eux.*

Leur égalité résulte de ce que les côtés O'A', O'B' de l'un forment respectivement avec ceux de l'autre, O'a', O'b', des angles (neutres) égaux, A'O'a', B'O'b', ayant même sens rotatoire (**168**).

On peut dire encore qu'ils sont les excès, différemment construits, des deux angles A'O'a', B'O'b', neutres, partant égaux entre eux, sur le même angle B'O'a'.

III. *Réciproquement, deux demi-droites* O'A', O'a' *se prolongent l'une l'autre, si, dans un même plan, elles sont les côtés libres de deux angles supplémentaires* A'O'B', B'O'a' *adjacents extérieurement, ou bien si, placées de part et d'autre d'une même droite* B'O'b' *tracée par leur origine commune, elles font des angles égaux avec les demi-droites opposées* O'B', O'b' *que le point* O' *découpe sur cette droite.*

Dans le premier cas, menons de O' la demi-droite O'a'_1 opposée à O'A'; les angles B'O'a', B'O'a'_1 sont, l'un par hypothèse, l'autre par construction (I), supplémentaires au même angle A′O′B′, c'est-à-dire qu'ils sont les excès de deux angles neutres, partant égaux, sur le même angle A′O′B′ ; ils sont donc égaux, et comme ils sont portés, à partir de la demi-droite O′B′ dans des sens rotatoires identiques, leurs autres côtés coïncident (**166**).

Le second cas se traite de la même manière, ou bien encore en un seul mot par l'intervention du théorème du n° **169**.

171. On pourrait nommer *replémentaires*, ou encore *repléments* l'un de l'autre, deux angles, l'un saillant, l'autre rentrant, ou tous deux neutres, dont la somme est égale à l'angle replet (**161**), par exemple un angle, soit saillant, soit rentrant, et son extérieur formant en quelque sorte son *moule*.

Si deux angles replémentaires sont adjacents extérieurement, leurs côtés libres se confondent. Même raisonnement que ci-dessus (**170**, III).

On remarquera que l'extérieur d'un angle saillant, son replémentaire disons-nous, n'est pas autre chose que la somme de ses trois jumeaux (**160**).

172. *Si un plan mobile pivote sur un plan fixe autour d'un pivot O (fig. 32),* (**83**, III) *de telle sorte que l'une de ses demi-droites issue de O passe de sa position initiale OA à sa position finale OA′ par un mouvement giratoire de sens constant* (**164**, III), *toute autre demi-droite issue de O dans le plan mobile passera de sa position initiale OB à sa position finale OB′ en décrivant un angle BOB′ ayant même amplitude et même sens que l'angle AOA′ décrit simultanément par la première.*

I. Les angles AOB, A′OB′, forcément égaux, sont encore de sens identiques.

Si ces angles sont saillants, et le déplacement assez faible pour qu'une même droite dans le plan fixe puisse rencontrer leurs quatre côtés (eux-mêmes), le point en question résulte immédiatement de la considération des relations topographiques entre les segments découpés par eux sur cette sécante (**164**). De là on passe ensuite au cas général par une décomposition évidente de ces angles en sommes de plusieurs autres saillants et égaux deux à deux, ainsi que du déplacement, en une succession d'autres suffisamment faibles.

II. Maintenant notre théorème se confond avec celui du n° 169.

L'angle ainsi uniforme dont tourne une droite quelconque d'origine O dans le plan mobile, se nomme en conséquence l'*amplitude* de la rotation de ce plan.

173. *Une demi-droite pivotant sur un plan fixe autour de son origine et dans un sens giratoire constant, en même temps un plan*

AMPLITUDE D'UNE ROTATION D'UN PLAN PIVOTANT.   69

mobile solidarisé avec elle (**83**, III), *reviennent à leurs positions initiales après une rotation d'amplitude égale à l'angle replet.* (*Cf.* **199**, *inf.*)

S'il s'agit d'une demi-droite partant de O'A' (*fig.* 26) et y revenant pour la première fois en tournant autour de O' dans le sens indiqué par la flèche dirigée de haut en bas, soient O'B' le second côté d'un angle saillant quelconque porté dans ce sens à partir de O'A', puis B'O'a' son opposé par le côté O'B' (**170**), a'O'b' son opposé au sommet, et b'O'A' son opposé par le côté O'A'. La demi-droite en question décrit successivement les angles A'O'B', B'O'a', a'O'b', b'O'A'. Or les sommes des deux premiers et des deux derniers étant toutes deux égales à l'angle neutre (**170**, I), leur somme totale est bien l'angle replet, double de l'angle neutre.

Une pareille rotation et son amplitude sont très remarquables en Géométrie et surtout en Cinématique; on leur a donné le nom commun de *une révolution* ou bien encore *un tour*. Il est clair que des rotations de sens quelconques et d'amplitudes égales à des nombres entiers de tours, sont capables, mais elles seules, de ramener à leurs positions initiales, la demi-droite et le plan mobiles considérés.

Un *demi-tour est une rotation d'amplitude égale à l'angle neutre*, moitié de l'angle replet. (*Cf.* **188**, *inf.*)

174. Un très grand rôle est joué dans la mesure pratique des angles par cette amplitude du tour. On l'a divisée en 360 parties égales dites *degrés* (°), le degré en 60 *minutes* ('), la minute en 60 *secondes* ("), et l'amplitude d'un angle ou d'une rotation quelconques s'indique par le nombre de degrés, minutes, secondes et fractions décimales de secondes qui y sont contenus.

Par exemple, l'amplitude de tour étant 360°, celle de l'angle neutre (un demi-tour) est $360° : 2 = 180°$.

Cet usage doit se rattacher à l'emploi du cercle pour la mesure *pratique* des angles (Chap. XVII et XX, *inf.*) et a été sans doute adopté par ce qu'il donne des nombres entiers de degrés pour mesures des angles au centre des polygones réguliers les plus intéressants (Chap. XXI, *inf.*). Il complique beaucoup la supputation des angles, à cause de son désaccord avec le système général de la numération décimale. Il est de plus en plus attaqué, et il est regrettable qu'il résiste aussi longtemps à la réforme générale des mesures physiques, opérée par l'institution du système métrique décimal.

175. De même que pour des segments rectilignes dirigés qui sont placés sur une même droite (**135** *et suiv.*), il est souvent très commode d'attribuer des *amplitudes algébriques* à des angles dirigés (**167**), quand ils sont placés dans un même plan, ayant un même point fixe de celui-ci, ou *pôle*, pour sommet commun.

A cet effet, et une fois pour toutes, on choisit l'un des deux sens de rotation autour du pôle, sens que l'on nomme *positif* (le sens opposé est dit *négatif*), et l'*amplitude algébrique* de chaque angle se forme en prenant son amplitude absolue (**163**, V), positivement, si sa direction est identique au sens positif, négativement, si elle est contraire à ce sens.

Ces conventions faites, les propositions I, II, III du n° **135** s'étendront immédiatement aux angles de ce genre, moyennant ce que nous avons dit aux n°s **163, 164**, et sauf des changements évidents à opérer dans quelques mots.

(On prend volontiers pour sens de rotation positif le sens *direct*, savoir celui qui est contraire au sens de la rotation naturelle autour de leur pivot, des aiguilles d'une montre dont le fond serait posé sur la face du plan des angles que l'on regarde. De notre hémisphère, nous voyons s'effectuer dans ce sens direct, les mouvements propres du soleil et de la lune.)

176. La position, dans un plan donné, d'une demi-droite OA (*fig.* 33), ayant pour origine un pôle O de ce plan et pouvant pivoter autour de lui, est exactement déterminée dès que l'on a choisi un sens de rotation positif autour de ce pôle et que l'on connaît l'amplitude algébrique (**175**) de l'angle dirigé XOA, ayant pour second côté cette demi-droite OA, pour premier côté OX, demi-droite du même genre, mais fixe et choisie une fois pour toutes. La demi-droite OX se nomme l'*axe polaire* ou *origine des angles*, et l'amplitude algébrique de l'angle XOA, coordonnée angulaire de son second côté OA, l'*angle polaire* de cette demi-droite. Selon que cet angle polaire augmente ou diminue (algébriquement), la demi-droite OA tourne autour du pôle O dans le sens positif ou dans le sens négatif.

A chaque angle polaire ne correspond qu'une demi-droite OA, mais à chaque demi-droite OA correspondent inversement une infinité d'angles polaires différents, savoir, l'un d'eux choisi arbitrairement et tous ceux que l'on obtient en ajoutant à celui-ci le produit de 360°, amplitude du tour, par un nombre entier positif ou négatif quelconque (**173**). Aux angles polaires ..., − 360°, 0°, + 360°, ... et ..., − 180°, + 180°, ..., correspondent l'axe polaire et la demi-droite opposée.

177. Nous allons étendre à des angles rectilignes *non nuls, ni neutres, mais saillants, situés dans un même plan et ne pouvant que se mouvoir indéfiniment sur lui*, les notions topographiques indiquées très brièvement au n° **132** pour des segments non nuls considérés sur une même droite.

I. *Si* A′O′B′, A″O″B″ (*fig.* 34) *sont les positions dans lesquelles un même angle mobile de ce genre* AOB *a été placé par l'adduction successive de quelqu'un de ses côtés* OA *dans les positions* O′A′, O″A″ *situées sur une même droite* 𝒜 *et dans une même direction de celle-ci choisie à volonté* (nous la dirons élue), *les positions correspondantes* O′B′, O″B″ *de l'autre côté* OB *sont toujours d'un même côté de* 𝒜.

De quelque manière que l'on amène la demi-droite OA en O″A″, l'angle AOB solidarisé avec elle viendra toujours en A″O″B″

(33), (24) ; nous l'amènerons donc en O'A', puis de là en O'A″ par une translation égale et parallèle à O'O″ (142), ce qui est possible à cause de l'identité supposée des directions O'A', O″A″ (32, III). Or, la translation connexe de la figure plane AOB laisse sa demi-droite OB sans cesse dans un même demi-plan fixe d'arête $\mathcal{A}$ (78). Donc O'B', sa position initiale, et O″B″, sa position finale, sont toutes deux dans ce demi-plan, c'est-à-dire d'un même côté de $\mathcal{A}$.

II. Si A‴O‴B‴ (fig. 35) est une troisième position du même angle AOB, dans laquelle a pris la direction élue sur la droite $\mathcal{A}$, non plus son côté OA, mais, en O‴B‴, l'autre OB (dont la notation se déduit de OA par la permutation des deux lettres A, B affectées aux côtés de l'angle), les autres côtés O'B', O‴A‴ de la première et de cette troisième positions sont au contraire de part et d'autre de $\mathcal{A}$.

En faisant pivoter AOB amené d'abord en A'O'B', autour de son sommet O fixé en O', d'un angle égal à l'angle dirigé A'O'B', mais en sens contraire, son côté OB vient de O'B' en O'β' confondu avec O'A' sur $\mathcal{A}$ dans la direction élue, et son côté OA vient de O'A' en O'α', ayant tourné dans le même sens de l'angle B'O'A' (172). Les angles A'O'B', β'O'α' étant portés dans des directions opposées à partir de la même demi-droite, étant de plus égaux à AOB, saillants par suite, leurs seconds côtés O'B', O'α' sont respectivement dans les demi-plans opposés d'arête commune $\mathcal{A}$. Mais O'α' est dans le même demi-plan que O‴A‴ parce que α'O'β', A‴O‴B‴ sont deux positions de l'angle AOB, dans lesquelles son côté OB occupe sur $\mathcal{A}$ les positions O'β', O″B‴ offrant la direction élue (I) ; donc O'B', de l'autre côté de $\mathcal{A}$ que O'α' placé du même côté que O‴A‴, est aussi d'un autre côté que O‴A‴.

178. De tout ce qui précède il résulte que *si entre les côtés de deux angles* $A_1O_1B_1$, $A_2O_2B_2$, *on a établi la correspondance indiquée par ces notations, et si l'on vient à placer deux côtés correspondants sur une même droite quelconque, dans des directions identiques,* [*c'est-à-dire à rendre ces côtés homotaxiques sur une même droite* **(132)**]*, leurs autres côtés se placeront toujours, soit d'un même côté de cette droite, soit de part et d'autre d'elle.*

Nous formulerons l'une ou l'autre de ces relations topographiques, en disant que les angles considérés sont *homotaxiques* dans le premier cas, *antitaxiques* dans le second.

I. Si les angles $A_1O_1B_1$, $A_2O_2B_2$ sont superposables (par glissement sur leur plan commun), ils sont homotaxiques. Car leur superposition applique O_1A_1 sur O_2A_2, c'est-à-dire dans sa direction sur la droite O_2A_2, et O_1B_1 sur O_2B_2, c'est-à-dire d'un même côté que lui par rapport à cette droite.

II. Il est évident que *deux angles sont homotaxiques ou anti-*

taxiques, selon que leurs relations à un même troisième sont identiques ou différentes.

III. *La relation des angles $A_1O_1B_1$, $A_2O_2B_2$ est toujours contraire à celle de $A_1O_1B_1$ à $B_2O_2A_2$; en d'autres termes, on change la relation de deux angles, quand, dans la notation d'un seul d'entre eux, on permute celles de ses côtés.*

Car $B_2O_2A_2$ toujours antitaxique à $A_2O_2B_2$ (**177**, II), sera antitaxique aussi à $A_1O_1B_1$, s'il y a homotaxie entre $A_1O_1B_1$ et $A_2O_2B_2$, mais homotaxique, s'il y a antitaxie entre ces derniers (II).

IV. *Si, sur une même droite, mais dans des directions opposées, on place en $O'_1A'_1$, $O'_2A'_2$ des côtés homologues de deux angles $A_1O_1B_1$, $A_2O_2B_2$, les positions simultanées $O'_1B'_1$, $O'_2B'_2$ de leurs autres côtés sont de part et d'autre de cette droite ou bien d'un même côté, selon que ces angles sont homotaxiques ou antitaxiques.*

Car le prolongement $O'_1\alpha'_1$ de $O'_1A'_1$ donne l'angle $\alpha'_1O'_1B'_1$ antitaxique à $A'_1O'_1B'_1$ (**180**, *inf.*), par suite (II) antitaxique aussi à $A'_2O'_2B'_2$ dans le premier cas, mais homotaxique dans le second. Or $O'_1\alpha'_1$ et $O'_2A'_2$ sont maintenant dans des directions identiques.

179. Comme la superposition de côtés correspondants de deux angles place leurs autres côtés, par rapport à celui devenu commun, dans des demi-plans identiques ou opposés selon que ces angles sont homotaxiques ou antitaxiques, ceux-ci prennent des directions giratoires (**166**) qui sont identiques dans le premier cas, opposées dans le second.

Pour que deux angles (dirigés) soient superposables par simple glissement sur un plan, *il faut donc non seulement que leurs amplitudes soient égales, mais encore qu'ils soient homotaxiques*.

Dans un même plan, à cause de cela encore, *on dit identiques entre elles, les directions de tous les angles saillants de sommets quelconques qui sont homotaxiques, et celles des angles quelconques ayant mêmes sommets et directions que ceux-ci; on dit opposée, celle, ainsi commune, de tous les angles saillants qui sont antitaxiques aux premiers et des angles quelconques dirigés comme ceux-ci autour des mêmes sommets*.

A ces deux directions d'angles, correspondent les deux sens giratoires opposés que l'on peut concevoir sur un même plan. (Cf. **23**, I.)

180. Les relations des angles jumeaux (**170**) sont à noter.

I. *Deux angles opposés par un côté*, tels que AOB, A_1OB (*fig.* 35 bis), *sont antitaxiques*. Ils ont effectivement deux côtés appliqués sur la même demi-droite OB, et leurs deux autres OA, OA_1 de part et d'autre de la droite de celle-ci (**178**).

II. *Deux angles opposés au sommet*, comme AOB, A_1OB_1, sont *homotaxiques*. Car l'un et l'autre sont antitaxiques à A_1OB, par exemple (I), (**178**, II).

181. A part quelques rares angles rentrants rencontrés quelquefois, les angles saillants sont ceux dont la considération est la plus fréquente en Géométrie pure, et cela de beaucoup ; sauf spécification du contraire, nous supposerons donc tous saillants, ceux auxquels nos notations s'appliqueront désormais.

L'expression *angle de deux droites* (concourantes) se rencontre à chaque instant ; elle s'applique à tel des angles saillants jumeaux (**170**) de deux demi-droites découpées sur les droites considérées par leur intersection, que les circonstances de la question auront précisé implicitement, presque jamais à un angle rentrant.

D'une observation faite antérieurement (*Ibid.* II), il résulte que *deux assemblages de droites, formés en adjoignant à deux angles égaux les prolongements de leurs côtés, peuvent être appliqués l'un sur l'autre de quatre manières différentes*. Car l'angle générateur du premier assemblage peut être appliqué de deux manières sur son égal dans le second (**162**), puis de deux manières encore sur l'opposé au sommet de celui-ci.

Angles à côtés parallèles.

182. *Quand les côtés d'un angle rectiligne* AOB *sont respectivement parallèles à ceux d'un autre* A'O'B', *ces angles sont égaux si ces parallélismes sont tous deux directs ou tous deux inverses ; mais ils sont supplémentaires, quand l'un des parallélismes est direct, l'autre inverse* (**170**, I).

Prenant la droite OO' pour glissière, nous imprimerons au premier angle une translation amenant son sommet O en O', sommet du second (**38**, I).

I. Si les côtés de AOB sont tous deux directement parallèles à ceux de A'O'B', ils coïncideront respectivement avec ceux-ci après la translation (**79**), et nos angles sont égaux.

II. S'ils le sont tous deux inversement, le premier angle s'appliquera sur l'opposé au sommet du second et sera encore égal à celui-ci (**170**, II).

III. Si deux côtés sont parallèles directement, mais les autres inversement, les angles, après la translation du premier, seront opposés par un côté, partant supplémentaires (**170**, I).

183. Cette proposition est la seconde de celles qu'au nº **146** nous disions supporter toute la Géométrie. Elle conduit à considérer comme *identiques*, les directions de toutes les demi-droites de l'espace qui sont directement parallèles, comme *opposées*, celles de deux demi-droites inversement parallèles, et à nommer *angle de deux demi-droites quelconques*, l'angle invariable formé ainsi par deux demi-droites qui leur sont directement parallèles en ayant pour origine commune un point arbitraire.

Elle conduit encore à considérer comme de directions giratoires, soit identiques, soit opposées, deux angles dont les plans sont parallèles, et qu'une translation place dans un même plan, en homotaxie dans le premier cas, en antitaxie dans le second (**178**), (**179**).

184. On en applique à chaque instant les cas particuliers que nous allons énumérer.

Deux droites parallèles AOB, A'O'B' (*fig.* 36), coupées par une sécante KOO'K', montrent huit angles que l'on dénomme et dont on spécifie les positions relatives comme il suit.

Deux angles tels que AOK' A'O'K', dont les côtés OK', O'K', sont des demi-droites de même direction prises sur la sécante à partir de ses traces O, O'; et dont les autres côtés OA, O'A' sont pris sur les parallèles à partir des mêmes traces, de manière à être parallèles directement, à tomber par suite dans un même des deux demi-plans découpés par la sécante dans le plan de la figure, sont dits *correspondants*.

Un angle tel que AOK', dont le côté OK' pris sur la sécante rencontre la parallèle à son autre côté, est dit *interne*. Quand le côté dont il s'agit ne rencontre pas la parallèle à l'autre côté, l'angle est dit *externe*; tel est l'angle AOK.

Un angle interne et l'opposé au sommet (également interne) de son correspondant sont dits *alternes-internes*; Ex : AOK'; B'O'K.

Les opposés au sommet de deux alternes-internes sont *alternes-externes* : tels sont BOK, A'O'K'.

Enfin, deux angles dont les côtés empruntés aux parallèles tombent dans un même des deux demi-plans découpés par la sécante, sont dits *intérieurs* (relativement) s'ils sont tous deux internes, comme AOK', A'O'K, *extérieurs* s'ils sont tous deux externes, comme AOK, A'O'K'.

Cela posé :

Deux angles correspondants, ou alternes-internes, ou alternes-externes, sont égaux.

Deux angles, soit intérieurs, soit extérieurs, sont supplémentaires.

On établit immédiatement ces divers points, en remarquant que les angles considérés ont toujours leurs côtés parallèles, tantôt directement, tantôt inversement, puis en appliquant le théorème général du n° **182**.

ANGLES A CÔTÉS PARALLÈLES. 75

185. Réciproquement, *deux droites* AOB, A′O′B′ *(fig. 36) sont parallèles si, combinées avec une sécante commune* KOO′K′, *elles montrent deux angles présentant en même temps, et l'une des dispositions relatives énumérées ci-dessus, et la relation de grandeur que le théorème précédent formule pour cette disposition.*

Si, par exemple, les angles AOK′, A′O′K′, présentent la disposition de correspondants, sont égaux, de l'origine O on mènera une demi-droite OA₁ directement parallèle à O′A′, puis, en s'appuyant sur le théorème précédent, on raisonnera comme au n° **170**, III ; et de même dans les autres cas.

Angle droit.

186. *Tous les angles saillants qui sont formés chacun par deux côtés perpendiculaires* (**94**) *sont égaux.*

Deux droites perpendiculaires AOA′, BOB′ *(fig. 37) découpent leur plan en quatre angles saillants tous égaux entre eux.* Car si l'on fait tourner le demi-plan $\overline{BOB'}$A autour de son arête BOB′ prise pour axe, jusqu'à ce qu'il s'applique sur son opposé $\overline{BOB'}$A′ (**84**, IV, V), OA se mouvant dans le plan que l'on peut mener par elle perpendiculairement à cet axe (**86**), viendra en une position toujours perpendiculaire à OB, partant identique à OA′, puisqu'en un même point d'une droite et dans un même plan, on ne peut lui élever qu'une seule perpendiculaire. Les angles adjacents AOB, A′OB sont donc égaux, et les deux autres A′OB′, AOB′ sont égaux à ceux-ci, entre eux par conséquent, soit pour la même raison, soit parce qu'ils sont leurs opposés au sommet (**170**).

Le surplus de notre proposition résulte du n° **96**.

On nomme *angle droit*, l'angle saillant d'amplitude invariable, qui est ainsi compris entre des côtés perpendiculaires. Chacun des quatre angles ci-dessus AOB,... est donc un angle droit.

187. *Deux assemblages formés chacun par deux droites perpendiculaires peuvent être appliqués l'un sur l'autre de huit manières.*

Car un des angles droits découpés par l'un dans son plan peut être appliqué de deux manières sur chacun des quatre que l'autre découpe semblablement dans le sien (**162**), (**186**).

Il est évident par là, que *deux angles droits sont toujours égaux à deux angles jumeaux* (**170**).

188. *L'angle droit est la moitié de l'angle neutre* (**161**), *le quart de l'angle replet* (**163**, II) ; *par suite, il est de* $180° : 2 = 360° : 4 = 90°$ (**174**). C'est ce que rend évident la décomposition d'un angle neutre AOA' (*fig.* 37) en deux angles droits, par une demi-droite OB élevée par O dans un plan quelconque, perpendiculairement à la droite AOA'.

Il y a ainsi identité entre la propriété relative de deux angles d'être supplémentaires (**170**, I) et celle de fournir une somme égale à deux droits, entre cette autre d'être replémentaires et celle de donner une somme égale à quatre droits.

D'après tout ceci, un angle saillant, évidemment inférieur à l'angle neutre, est plus petit que deux droits, et un angle rentrant, évidemment compris entre l'angle neutre et l'angle replet, est plus grand que deux droits, mais plus petit que quatre droits.

189. Un angle saillant est *aigu* quand il est inférieur à un droit, *obtus* quand il lui est supérieur.

Quand deux angles (nécessairement aigus) ont leur somme égale à un droit, on les nomme *complémentaires*, et chacun encore, le *complément* de l'autre. Tels sont ceux DOA, DOB (*fig.* 37), en lesquels un angle droit est décomposé par une demi-droite intérieure quelconque OD.

Les côtés libres OA, OB (*fig.* 37) *de deux angles complémentaires* AOD, DOB *placés en adjacence extérieure* (**163**, I) *sont perpendiculaires l'un à l'autre*. Raisonnement des nos **170**, III et **185**.

Le supplément d'un angle aigu est obtus (**188**), et inversement.

190. *Quand deux angles* (*saillants*) $A_1O_1B_1$, $A_2O_2B_2$ *sont situés dans un même plan, et que les côtés de l'un sont respectivement perpendiculaires à leurs correspondants dans l'autre* (**178**), *ils sont égaux ou supplémentaires* (**170**, I) *selon qu'il y a entre eux homotaxie ou antitaxie* (**178**).

I. S'il s'agit de pareils angles ayant un même sommet et homotaxiques, tels que A_1OB_1, $A_2OB'_2$ (*fig.* 38), nous imprimerons au premier, autour de O, la rotation d'amplitude égale à un droit, qui amène son côté OA_1 sur la demi-droite perpendiculaire OA_2. Son autre côté OB_1 qui tourne simultanément d'un angle droit aussi (**172**) viendra sur la droite $B'_2OB''_2$ perpendiculaire à sa position initiale, et cela non en OB''_2, mais en OB'_2, parce que les angles considérés sont homotaxiques. Leur complète superposition est donc réalisée.

II. S'il s'agit d'angles de ce genre, mais antitaxiques, A_1OB_1, $A_2OB''_2$, considérons l'angle $A_2OB'_2$ compris entre un côté OA_2 du second et le prolongement OB'_2 de l'autre côté. Ce nouvel angle étant antitaxique à $A_2OB''_2$ (**180**) est homotaxique à son antitaxique A_1OB_1 (**178**, II), partant égal (I), puisqu'il y a toujours perpendicularité entre les côtés correspondants. L'angle $A_2OB''_2$ supplémentaire à $A_2OB'_2$ (**170**, I) l'est donc aussi à son égal A_1OB_1.

III. Le cas général se ramène immédiatement à ce qui précède ; car, en menant par le sommet O_1 du premier angle les demi-droites $O_1A'_2, O_1B'_2$ directement parallèles aux côtés du second, on forme l'angle $A'_2O_1B'_2$ égal à $A_2O_2B_2$, en outre homotaxique, puisqu'une simple translation dans leur plan commun peut les superposer (**182**, I), (**99**).

191. La disposition étudiée dans l'alinéa II du numéro précédent se présente toujours, avec ses conséquences, quand, relativement à chaque côté d'un angle (et à son prolongement), la demi-droite perpendiculaire à ce côté et l'autre côté du même angle tombent dans un même demi-plan. Soient, en effet, OA_2, OB''_2 (*fig.* 38) perpendiculaires à OA_1, OB_1, placées en outre dès mêmes côtés que OB_1, OA_1 par rapport aux droites OA_1, OB_1, et, pour fixer les idées, supposons aigu l'angle A_1OB_1. La demi-droite OB_1 est intérieure à l'angle droit A_1OA_2 parce que, par hypothèse, elle fait avec OA_1, et du même côté que OA_2, un angle A_1OB_1 plus petit que l'angle droit ; pour des causes semblables, OA_1 est intérieure à l'autre angle droit $B_1OB''_2$. En d'autres termes, les angles A_2OB_1, B_1OA_1, $A_1OB''_2$ sont tous aigus et extérieurs les uns aux autres ; de plus, $A_2OB''_2$, somme de A_2OA_1 et de $A_1OB''_2$, l'un droit, l'autre aigu, est obtus, saillant par suite. Les demi-droites OB_1, OA_1, OB''_2 tombent, toutes ainsi, d'un même côté de la droite OA_2, et les angles A_2OB_1, A_2OA_1, $A_2OB''_2$ sont tous homotaxiques. L'angle A_1OB_1 antitaxique à A_2OB_1 évidemment, l'est donc aussi à $A_2OB''_2$ homotaxique à ce dernier. Quand l'angle A_1OB_1 est obtus, le raisonnement est tout semblable.

Angles dièdres.

192. Deux demi-plans quelconques ayant une même droite pour arête commune, composent une figure que l'on nomme un *angle dièdre*, ou plus simplement un *dièdre* ; la droite est aussi l'*arête* du dièdre, les demi-plans en sont les *faces*. On désigne un dièdre par quatre lettres affectées, les deux extrêmes aux faces, les deux autres à l'arête.

Dans les considérations du paragraphe commençant au n° **159**, il suffit de remplacer les demi-droites et leurs origines par des demi-plans et leurs arêtes, les demi-plans par des demi-espaces, le plan servant de théâtre à la comparaison des angles rectilignes par l'espace indéfini, pour acquérir immédiatement les notions concernant l'*intérieur* et l'*extérieur* d'un dièdre *saillant* ou *rentrant*, ou *nul*, ou *replet*, ou *neutre*, concernant ensuite l'*adjacence extérieure* ou *intérieure* des dièdres, l'*addition* et la *soustraction* (géométriques) de ces nouvelles grandeurs et leur *mesure*, concernant encore les dièdres *supplémentaires* (et *replé-*

mentaires), les dièdres *dirigés, opposés par une face* ou *à l'arête*, les angles de deux plans concourants, l'*homotaxie*, ou l'*antitaxie* de deux dièdres ayant des arêtes dirigées parallèles, etc., etc.

193. Cette acquisition se ferait tout aussi facilement par ce que nous allons dire, d'où nous tirerons l'extension de la suite.

I. *Une translation d'un dièdre, exécutée parallèlement à son arête, ne fait que le réappliquer autrement sur lui-même.* Car elle réapplique chaque face sur elle-même, et déplace aussi son intérieur à travers lui-même (**78**). (*Cf.* **143**.)

II. *Par conséquent, les points d'une droite parallèle à l'arête, ceux d'un demi-plan de même arête, sont, au dièdre, soit intérieurs, soit extérieurs, tous à la fois.* (*Cf.* **143**; **159**, II.)

III. *Sur tout plan sécant non parallèle à son arête, un dièdre découpe un angle rectiligne auquel et au dièdre, chaque point de ce plan est en même temps intérieur ou extérieur.* (*Cf.* **143**.)

IV. *Sur deux plans sécants de ce genre, quand ils sont parallèles, le dièdre découpe deux angles rectilignes égaux en amplitude et de directions identiques* (**183**). Car une certaine translation parallèle à l'arête, qui est évidente, superpose ces deux plans en réappliquant le dièdre sur lui-même (I). (*Cf.* **138**, IV; **143**.)

194. L'*angle plan* (ou *rectiligne*) d'un dièdre est sa *section droite*, c'est-à-dire sa trace, toujours de même amplitude (**90**), (**193**, IV), sur un plan perpendiculaire à son arête. (*Cf.* **144**.) On le construit tout aussi bien, en élevant à l'arête du dièdre, en un même point et dans chacune de ses faces, des demi-droites perpendiculaires, car le plan de celles-ci l'est nécessairement aussi à l'arête en ce point (**95**).

Le rapport de deux dièdres est égal à celui de leurs angles plans. (*Cf.* **144**.)

I. *Quand deux dièdres sont égaux, leurs angles plans le sont aussi, et réciproquement.*

Car la superposition des premiers établit le parallélisme des plans de leurs angles rectilignes, d'où l'égalité simultanée de ceux-ci (**90**), (**193**, IV).

Inversement, la superposition des angles rectilignes supposés égaux, superpose les perpendiculaires aux plans de ceux-ci, menées par leurs sommets, c'est-à-dire les arêtes des dièdres, et leurs faces par suite.

II. *L'angle plan de la somme de plusieurs dièdres est aussi la somme des angles plans de ceux-ci.*

Car si l'on juxtapose extérieurement les dièdres, ils traceront leurs rectilignes juxtaposés de la même manière (**193**, III) sur tout plan perpendiculaire à l'arête commune, et les faces extrêmes de la première somme tracent les côtés extrêmes de la seconde.

III. La démonstration s'achève ensuite comme celles des nos **140** et autres, en considérant ici comme grandeurs *correspondantes*, tout dièdre et son angle plan.

195. De cette proposition il résulte immédiatement que, *si dans la mesure des dièdres, on a pris pour unité celui dont l'angle plan est égal à l'unité choisie pour mesurer les angles rectilignes, la mesure d'un dièdre quelconque s'exprimera par le même nombre que celle de son angle plan*.

On s'arrange effectivement ainsi, et jamais on n'indique l'amplitude d'un dièdre autrement que par celle de son angle plan, exprimée en degrés, minutes et secondes (**174**).

On remarquera que les deux manières de superposer deux angles rectilignes égaux (**162**) en donnent deux aussi pour deux dièdres égaux (**194**, I) ; mais *chacun de ces modes est multiplié ensuite à l'infini* par les translations de l'un de ces dièdres superposés, que l'on peut exécuter parallèlement à leur arête (**193**, I).

196. *Quand les faces d'un dièdre sont perpendiculaires, les côtés de son angle plan le sont aussi l'un à l'autre, et réciproquement.*

Effectivement, un plan perpendiculaire à l'arête, l'est aussi à chacune des faces, puisque toutes deux contiennent cette droite (**107**). Il coupe donc une face suivant une droite perpendiculaire à l'autre face, puisque ce plan, par construction, la première face, par hypothèse, sont tous deux perpendiculaires sur la seconde face (**111**). Cette droite, dont fait partie un côté de l'angle plan, est donc perpendiculaire sur l'autre côté du même angle, puisque ce côté est situé dans la seconde face, c'est-à-dire dans un plan perpendiculaire, comme nous venons de le voir, à la droite dont il s'agit (**94**). La réciproque est évidente.

En d'autres termes, *tout dièdre dont les faces sont perpendiculaires, a pour angle plan, un angle droit* (**186**).

Par suite (*Ibid.*), *tous les dièdres de ce genre sont égaux* (**194**, I).

Un dièdre à faces perpendiculaires se nomme aussi un *dièdre droit*.

197. Les notions du n° **189** sur les angles rectilignes aigus ou obtus, complémentaires,... s'étendent d'elles-mêmes aux angles dièdres, ainsi que ce qui concerne les angles à côtés parallèles (**182**) ou perpendiculaires (**190**), (**191**).

198. *Un angle rectiligne dont les côtés sont respectivement perpendiculaires aux faces d'un dièdre, est égal ou supplémentaire à ce dièdre (c'est-à-dire à son angle plan).*

Car les côtés de l'angle rectiligne étant perpendiculaires aux faces du dièdre, leur plan est perpendiculaire à ces faces (**109**), par suite à l'arête, intersection de ces dernières (**141**) ; il trace donc sur ces faces l'angle plan du dièdre, dont les côtés sont ainsi perpendiculaires à ceux de l'angle rectiligne proposé. Comme ces angles sont tous deux dans ce plan, le théorème du n° **190** leur est applicable.

199. *Dans toute rotation d'une figure solide, deux demi-plans de cette figure qui ont l'axe pour arête commune, tournent d'angles égaux et de directions identiques.*

On peut faire un raisonnement direct, imité de celui du n° **172**, ou bien appliquer ce théorème en remarquant (**84**, V) que la rotation en question comporte le simple pivotement, dans son plan et autour de son sommet, de l'angle plan du dièdre des demi-plans considérés (**83**, III), (**194**, I).

La valeur, commune ainsi, des angles dont se déplacent tous les demi-plans de l'espèce considérée, mesure l'*amplitude de la rotation* dont il s'agit.

Le dièdre replet (de 360°) est l'amplitude du *tour*, ou *révolution*, c'est-à-dire de la moindre des rotations de sens constant qui ramènent la figure à sa position initiale (**173**).

200. L'intervention des angles plans des dièdres rend encore plus facile l'extension à de pareils angles, *dirigés* aussi, quand ils ont une même arête, à un demi-plan indéterminé mais ayant pour arête une droite fixe de l'espace, les considérations des n°s **175**, **176**, concernant les angles rectilignes dirigés dans un même plan autour d'un même pôle, la détermination de la position d'une demi-droite par son angle polaire, etc.

Applications.

201. *A partir d'une demi-droite donnée dans un plan, ou d'un demi-plan donné dans l'espace, et dans un sens donné, porter un angle égal à un angle rectiligne ou dièdre donné.*

En théorie, c'est un problème qui n'offre aucune difficulté, puisque nous savons, par la pensée, déplacer toute figure solide, appliquer, dans les conditions voulues, une de ses droites ou un de ses plans sur des figures similaires, garder l'empreinte idéale qu'elle laisse dans l'espace quand elle y a occupé telle ou telle position, etc.

Dans la pratique des arts de construction, il se pose à chaque instant, et on le résout par des procédés variés dont le plus usuel repose sur l'emploi de la *sauterelle*, qui est entre les mains de tous les menuisiers, charpentiers, etc. Cet instrument, tirant son nom de l'insecte dont les pattes postérieures rappellent sa forme, est ordinairement en bois, et se compose essentiellement de deux règles mobiles, comme les branches d'un compas, autour d'une articulation à frottement dur, dont l'axe est perpen-

APPLICATIONS.   81

diculaire à leurs faces planes secondaires; chacune de ces règles est taillée, tant à l'intérieur qu'à l'extérieur de la sauterelle, suivant deux faces planes principales, parallèles entre elles, mais perpendiculaires aux autres faces, parallèles par suite à l'axe de l'articulation. L'une des branches est traversée par une longue mortaise dans laquelle l'autre branche peut pénétrer, même se loger entièrement par la fermeture de l'instrument.

Grâce à la mobilité relative des branches de la sauterelle, on peut appliquer exactement leurs faces principales intérieures ou extérieures, sur celles de tout angle dièdre saillant ou rentrant, puis, grâce à sa rigidité relative, présenter l'instrument de pareille manière à un autre dièdre de même sorte, soit pour vérifier son égalité au précédent, soit pour porter sur un plan l'angle rectiligne de celui-ci et y tracer au crayon, dans les conditions voulues, la coupe d'une pièce à façonner.

Sur l'épure, le même problème se résout par des moyens indirects variés que nous ferons successivement connaître (**216** bis, inf.), (Chap. XX, inf.). Quand on doit faire de nombreux reports d'un même angle plan, on emploie une équerre (**63**) dont on a taillé deux arêtes suivant cet angle, établi saillant ou rentrant (équerres à 90°, utiles à tous les ouvriers; à 45°, employées par les menuisiers, etc.).

C'est ce qui arrive sur l'épure pour la construction suivante qui se présente à chaque instant.

202. *Une droite et un point étant donnés dans un plan, mener par le second une droite perpendiculaire à la première.*

Après avoir appliqué sur la droite donnée l'arête d'une règle ordinaire que l'on y maintient pressée, on applique encore sur cette arête, l'une des deux arêtes perpendiculaires d'une équerre à angle droit saillant (**201**) que l'on fait ensuite glisser sur le plan, toujours appuyée à la règle, jusqu'à ce que son autre arête vienne passer par le point donné. Ensuite on trace la perpendiculaire cherchée, le long, soit de cette arête, soit de celle (plus étendue) de la règle que l'on a déplacée pour la mettre en coïncidence avec elle. La perpendicularité des deux droites est assurée par le fait qu'elles se coupent sous un angle droit.

Ce tracé procure une vérification de l'équerre, car son angle droit doit pouvoir coïncider aussi avec l'un quelconque des jumeaux (**170**) de l'angle droit que l'on vient de construire (**186**).

203. *Construire :* I° *le supplément d'un angle saillant* $A_1O_1B_1$ (**170**, I); II *le complément d'un angle aigu* $A_2O_2B_2$ (**189**).

I. On prolonge en $O_1A'_1$ la demi-droite O_1A_1, et on prend l'angle $A'_1O_1B_1$ (*fig.* 39).

II. Par le point O_2 et dans le demi-plan $\overline{O_2A_2B_2}$, on élève à la demi-droite O_2A_2, la demi-droite perpendiculaire O_2C_2 (**202**) ; le complément cherché est l'angle $C_2O_2B_2$ (*fig.* 40).

204. *Etant donnés une droite dirigée $\mathcal{D}$ et un point I non situé sur elle (fig. 41), mener par ce point une droite IM coupant $\mathcal{D}$ sous un angle saillant donné θ, c'est-à-dire telle que l'angle formé par les directions $\mathcal{D}$ et MI soit égal à θ.*

Par I je mène une demi-droite IA parallèle à la direction $\mathcal{D}$ (**79**), (**63**)[1], puis, dans le demi-plan d'arête IA qui ne contient pas la droite $\mathcal{D}$, je porte à partir de IA un angle AI*m* égal à θ (**201**).

Si θ était un angle nul ou neutre, la demi-droite I*m*, coïncidant alors avec IA ou son prolongement, serait parallèle à $\mathcal{D}$, ne la rencontrerait pas par suite (**42**), et le problème serait impossible.

Sinon, la droite I*m* non parallèle à $\mathcal{D}$ la rencontre (**67**) au point cherché M ; car l'angle formé en M par les directions $\mathcal{D}$, MI est égal à AI*m* comme correspondant (**184**), à θ par suite.

Si l'on donnait seulement la droite $\mathcal{D}$, *sans spécifier une direction sur elle*, le problème aurait deux solutions, sauf toutefois quand l'angle donné θ est droit : alors, effectivement, les seconds côtés I*m*, I*n*' des angles droits à porter dans les sens voulus à partir de IA et de son prolongement IA', se confondraient tous deux sur la perpendiculaire élevée en I à AIA', dans le plan de la figure.

CHAPITRE VI.

PROPRIÉTÉS FONDAMENTALES DES TRIANGLES.

Polygones en général.

205. Une *ligne brisée*, ou *chemin polygonal*, est une figure formée par une suite de segments rectilignes (**122** *et suiv.*), dont deux consécutifs se soudent toujours par une extrémité commune ; Ex. : ABCDE (*fig.* 42).

Les segments considérés AB, BC, CD, DE, (moins fréquemment les droites entières auxquelles ils ont été empruntés), sont les *côtés* de la ligne brisée. Leurs extrémités A, B, C, D, E sont ses *sommets*, les extrêmes A, E, se nomment aussi ses *extrémités*.

Les angles rectilignes compris entre deux côtés consécutifs

considérés dans les directions qui partent de leur soudure sont les *angles* proprement dits, ou *intérieurs*, de la ligne brisée ; Ex. : BCD. Ceux formés par un côté contigu d'une telle direction et le prolongement de l'autre sont les angles extérieurs ; Ex. : BCD$_1$. Ces définitions comportent une ambiguïté provenant de ce que deux angles (et même davantage) sont compris entre une même paire de demi-droites soudées en une origine commune ; mais nous la lèverons quand il sera nécessaire (**209**, *inf.*), (Chap. VIII, *inf.*). *En un même sommet d'une ligne brisée, ses angles intérieurs et extérieurs, pris tous deux saillants, sont supplémentaires* (**170**, I). Un côté de la ligne brisée et un angle auquel il appartient, sont dits *adjacents*.

Il y a quelquefois à considérer les *angles dièdres* (**192**) d'une ligne brisée, savoir ceux dont chacun a pour arête quelque côté de cette ligne, et pour faces les demi-plans contenant les côtés contigus à celui-ci.

La *longueur* d'une ligne brisée est la somme de celles de ses côtés (**129**).

Une *diagonale* d'une ligne brisée est toute droite menée par deux sommets non consécutifs, assez souvent encore le segment rectiligne seulement qui a ces sommets pour extrémités.

Quand les sommets d'une ligne brisée sont tous situés dans un même plan, ses côtés et angles plans y sont aussi, ses angles dièdres sont nuls ou neutres, et elle est plane. Sinon, on la dit *gauche* (**22**).

206. Selon que deux côtés d'une ligne brisée ont commun quelque point autre que leur soudure s'ils sont contigus, ou bien que cette irrégularité ne se présente pas, il nous sera commode de la nommer *enchevêtrée* dans le premier cas, *déchevêtrée* dans le second qui est le plus intéressant.

207. Un point décrit un chemin polygonal ABCDE (*fig.* 42) *dans le sens constant* allant de A à E, quand, dans des sens toujours constants (**134**), il décrit consécutivement ses côtés de A à B, de B à C, de C à D, de D à E ; et de même pour l'autre sens constant allant de E à A, dit *opposé* au précédent.

Quand la ligne est déchevêtrée comme celle-ci, le point mobile ne revient jamais à une position précédemment occupée par lui, contrairement à ce qui se passe dans le cas d'enchevêtrement ou pour un polygone (**208**, *inf.*).

208. Une ligne brisée est *ouverte* quand ses extrémités sont des points distincts ; telle est ABCDE (*fig.* 42). Elle est *fermée*, quand ses extrémités coïncident comme pour la ligne ABCDEA (*fig.* 24) ; on la nomme plus volontiers un *polygone*, et on peut prendre alors pour extrémités de cette ligne, un quelconque de ses points, dédoublé par la pensée. La longueur de cette ligne

84 PROPRIÉTÉS FONDAMENTALES DES TRIANGLES.

fermée (205), elle-même assez souvent, se nomme le *périmètre du polygone*.

Les sommets d'un polygone sont en même nombre que ses côtés; car, en concevant le polygone comme décrit par un point animé d'un mouvement de sens constant, chaque sommet est la première extrémité d'un côté et d'un seul. A cause de cela, on classe les polygones d'après les nombres de leurs sommets (ou côtés), et on nomme *triangles, quadrilatères, pentagones, hexagones,* ...,ceux qui en ont 3, 4, 5, 6, ...

Relations entre les angles d'un même triangle.

209. Un triangle ayant ses sommets non en ligne droite, distincts par suite, appartient à la classe la plus simple des polygones déchevêtrés (208), (206), car un polygone n'ayant que deux côtés, ou bien des sommets en ligne droite, est évidemment enchevêtré. Les triangles de cette sorte jouent un rôle capital en Géométrie, et nous n'en considérons que de tels, sauf mention du contraire, en commençant par remarquer que les sommets de chacun d'eux déterminent un plan unique, nommé *plan du triangle*.

Dans un triangle, l'ambiguïté signalée au n° 205 se lève en faisant choix, pour chaque angle, de l'angle saillant que ses côtés comprennent, angle à l'intérieur duquel se trouve nécessairement le dernier côté. Cet angle et ce dernier côté sont dits *opposés l'un à l'autre* ; Ex. : l'angle A et le côté BC (*fig.* 43).

Pour angle extérieur, on prend en chaque sommet l'un ou l'autre des deux opposés à l'angle intérieur par les côtés de celui-ci, son supplément par conséquent (170, I) ; Ex. : B'AB.

Les côtés et les angles d'un triangle se nomment plus spécialement ses *éléments*.

210. *Dans tout triangle, la somme des angles extérieurs est égale à l'angle replet* (161), *c'est-à-dire à quatre droits* (188).

Après avoir choisi sur le périmètre du triangle donné ABC (*fig.* 43), un des deux sens possibles de son parcours que nous marquerons par des flèches (207), nous prolongerons chaque côté dans le sens indiqué par sa flèche, et nous considérerons les angles extérieurs dont chacun tel que B'AC' est compris entre un côté ABC' et le prolongement AB' du précédent.

Deux quelconques de ces angles sont homotaxiques (178). Car B'AC', C'BA' par exemple, ont leurs côtés non homologues AC', BC' dirigés dans le même sens sur une même droite AB, et leurs autres côtés AB', BA' placés de part et d'autre de celle-ci (*Ibid.*, II, III). Il en est donc de même pour les angles respectivement égaux et homotaxiques à ceux-ci (*Ibid.*, I),

(**182**), que forment deux à deux les trois demi-droites OA_1, OB_1, OC_1 menées par quelque même point O du plan du triangle, parallèlement aux directions BC, CA, AB. Il en résulte évidemment que ces trois angles sont juxtaposés extérieurement les uns aux autres (**163**, II), et, comme en les considérant dans un ordre choisi arbitrairement, le premier est contigu, non seulement au second, mais au dernier encore, leur somme, c'est-à-dire celle des angles extérieurs du triangle, est bien égale à l'angle replet.

211. *La somme des trois angles intérieurs est égale à l'angle neutre, c'est-à-dire à deux droits* (**188**), *et chaque angle extérieur est égal à la somme des deux angles intérieurs dont les sommets diffèrent du sien.*

I. En appelant A, B, C, comme d'usage, les trois angles intérieurs, puis α, β, γ, les angles extérieurs de mêmes sommets respectivement, et $\mathcal{N}$ l'angle neutre, on a (**170**, I):

(1) $\qquad A + \alpha = \mathcal{N}, \quad B + \beta = \mathcal{N}, \quad C + \gamma = \mathcal{N},$

d'où, en ajoutant membre à membre,

$$(A + B + C) + (\alpha + \beta + \gamma) = 3\mathcal{N}.$$

Mais on a aussi

$$\alpha + \beta + \gamma = 2\mathcal{N} \qquad (\mathbf{210});$$

l'égalité précédente conduit donc bien à

$$A + B + C = 3\mathcal{N} - (\alpha + \beta + \gamma) = 3\mathcal{N} - 2\mathcal{N} = \mathcal{N}.$$

II. La relation ci-dessus donnant par exemple

$$B + C = \mathcal{N} - A,$$

et la première des égalités (1) donnant aussi

$$\alpha = \mathcal{N} - A,$$

on a bien, puis de même,

$$\alpha = B + C, \quad \beta = C + A, \quad \gamma = A + B.$$

212. Le cas d'un triangle enchevêtré, à prendre en considération quelquefois, donne ouverture à des conventions variées qui peuvent être utiles. Si, par exemple, les trois sommets sont distincts mais en ligne droite, on peut dire que deux angles sont nuls, l'autre neutre; si deux sommets se confondent, l'autre restant distinct de ceux-ci, le triangle aura deux angles supplémentaires, le troisième nul; etc.

213. Le théorème du n° **210** subsiste pour tous les polygones plans et convexes (Chap. VIII, *inf.*), et la première partie de celui du n° **211** est renfermée dans un autre s'appliquant à tous les polygones déchevêtrés (*Ibid.*). En vertu de cette dernière, *un triangle quelconque a au plus un angle obtus ou droit, et au moins deux angles aigus* (**189**).

La présente observation a une conséquence très utile à noter :

Quand un angle saillant AOB *n'est pas droit, le pied* P *de la perpendiculaire abaissée d'un point quelconque* M *d'un côté* OB *sur la droite de l'autre côté* OA, *tombe sur ce côté* OA *lui-même, ou sur son prolongement, selon que l'angle* AOB *est aigu ou obtus*. Car le triangle OPM ayant un angle droit en P, ses deux autres angles en O et en M, le premier en particulier, sont forcément aigus.

Même chose a lieu dans un dièdre non droit, pour le pied de la perpendiculaire abaissée d'un point M d'une face sur le plan de l'autre face ; la constatation se ramène immédiatement à la précédente par l'intervention de l'angle plan résultant de la section du dièdre par un plan issu de M perpendiculairement à l'arête **(194)**, **(197)**.

Premières relations entre les triangles équiangles. — Premiers cas d'égalité des triangles.

214. Nous dirons que deux triangles sont *équiangles*, quand les trois angles de chacun sont respectivement égaux à ceux de l'autre. Dans deux triangles de ce genre, on nomme *homologues* deux angles égaux dans l'un et dans l'autre, ainsi que leurs sommets et les côtés qui sont opposés à des sommets homologues.

Quand deux triangles ont seulement deux angles égaux chacun à chacun, ils sont équiangles, et les côtés de chaque triangle sont proportionnels à leurs homologues dans l'autre.

Soient ABC, A'B'C' (*fig*. 44) les deux triangles considérés, où l'on a par hypothèse, B = B', C = C'.

I. Des égalités

$$A + B + C = 2 \text{ droits}, \quad A' + B' + C' = 2 \text{ droits} \quad \textbf{(211)},$$

on tire

$$A = 2 \text{ droits} - (B + C), \quad A' = 2 \text{ droits} - (B' + C');$$

d'où A = A' encore, puisque B + C = B' + C' à cause des égalités supposées B = B', C = C'.

II. Maintenant, nous pouvons déplacer le second triangle de manière à appliquer l'angle B'A'C' sur son égal BAC (I), ses côtés A'B', A'C' étant amenés respectivement sur les demi-droites AB, AC **(162)** ; et, dans cette nouvelle position AB_1C_1, les angles ABC, AB_1C_1 que nous savons égaux, occupent la situation relative de correspondants dans la figure que forment les droites BC, B_1C_1 coupées par la sécante BB_1A ; ces droites sont donc parallèles (**185**), et la proportionnalité des segments qu'elles et le point A découpent sur les droites AB_1B, AC_1C concourant en ce point (**146**), donne

$$\frac{CA}{C_1A} = \frac{BA}{B_1A},$$

ou bien

(1) $$\frac{CA}{C'A'} = \frac{BA}{B'A'},$$

parce que l'égalité des triangles AB_1C_1, $A'B'C'$ renferme celle de leurs côtés opposés à des angles égaux, en particulier celle de C_1A à $C'A'$ et celle de B_1A à $B'A'$.

En recommençant la même opération, mais par l'application l'un sur l'autre des angles égaux $C'B'A'$, CBA d'abord, $A'C'B'$, ACB ensuite, le même raisonnement donnera successivement

(2) $$\frac{AB}{A'B'} = \frac{CB}{C'B'},$$

(3) $$\frac{BC}{B'C'} = \frac{AC}{A'C'},$$

et les trois égalités (1), (2), (3) peuvent évidemment s'écrire

$$\frac{BC}{B'C'} = \frac{CA}{C'A'} = \frac{AB}{A'B'},$$

suite de rapports égaux exprimant la proportionnalité affirmée par notre énoncé entre les côtés homologues de nos triangles.

215. *Deux triangles* ABC, $A'B'C'$ *(fig. 44) qui ont un angle égal* $A = A'$ *compris entre des côtés respectivement proportionnels*

(4) $$\frac{AB}{A'B'} = \frac{AC}{A'C'}$$

sont équiangles ; par suite (**214**), tous les côtés de chacun sont proportionnels à leurs homologues dans l'autre.

Comme ci-dessus, appliquons le second triangle sur le premier, de manière que les côtés $A'B'$, $A'C'$ de son angle $B'A'C'$ s'appliquent respectivement sur les côtés AB, AC de l'angle BAC, son égal par hypothèse (**162**).

Dans cette nouvelle position AB_1C_1 du second triangle, on a

$$\frac{AB}{AB_1} = \frac{AC}{AC_1},$$

à cause de la proportion supposée (4) et de l'égalité de AB_1 à $A'B'$, de AC_1 à $A'C'$, assurée par celle des triangles AB_1C_1, $A'B'C'$;

de plus, les directions des segments AC, AC$_1$ sur leur droite commune sont identiques, comme celles de AB, AB$_1$ sur la droite qui les contient. Donc (146), (184), les droites BC, B$_1$C$_1$ sont parallèles, et les angles ABC, ACB sont égaux à AB$_1$C$_1$, AC$_1$B$_1$, comme respectivement correspondants dans les deux figures formées par les mêmes parallèles BC, B$_1$C$_1$, coupées tantôt par la sécante AB$_1$B, tantôt par l'autre sécante AC$_1$C. Or l'égalité des triangles AB$_1$C$_1$, A'B'C' donne en particulier B$_1$ = B', C$_1$ = C'; donc, enfin, on a non seulement A = A', mais encore B = B', C = C'.

216. *Deux triangles quelconques ABC, A'B'C' sont égaux quand ils ont égaux respectivement, soit deux angles et un côté de l'un, à deux angles et un côté offrant les mêmes dispositions relatives dans l'autre, soit deux côtés et l'angle qu'ils comprennent dans l'un à deux côtés et l'angle qu'ils comprennent dans l'autre.*

I. Dans le premier cas, nos triangles sont équiangles (**214**), et les rapports égaux

$$\frac{BC}{B'C'} = \frac{CA}{C'A'} = \frac{AB}{A'B'}$$

ont 1 pour valeur commune, parce que celui d'entre eux dont les termes sont les côtés supposés égaux a précisément cette valeur. Leur application mutuelle, faite comme celle du numéro cité, fera donc tomber B' en B, C' en C, c'est-à-dire fera coïncider leurs trois sommets simultanément, leurs côtés par suite, d'où leur égalité.

II. Pour fixer les idées, supposons que l'on ait A = A', avec AB = A'B', AC = A'C'; on a alors

$$\frac{AB}{A'B'} = 1 = \frac{BC}{B'C'},$$

et les triangles sont équiangles (**215**) comme ayant égaux leurs angles A, A' compris entre ces côtés respectivement proportionnels; par suite ils sont égaux (I), puisque, en outre, un côté de l'un, AB par exemple, est égal à A'B' son correspondant dans l'autre (I).

Applications.

216 bis. *Sur un plan donné, à partir d'une demi-droite donnée OA (fig. 45) et dans un sens rotatoire déterminé, porter un angle (rectiligne) égal à un angle donné aob* (**201**).

Prenant une équerre d'angle ω quelconque (*Ibid.*), mais inférieur au supplément de l'angle donné aob, je l'applique sur le demi-plan $\overline{oab}$, l'une de ses arêtes qui font les côtés de son angle ϖ s'appliquant sur le côté *oa* de l'angle donné dans une direction opposée à celle de ce côté, puis, le long de l'autre côté de l'angle ϖ de l'équerre, je trace la droite *pq*, rencontrant la droite *ob* en quelque point *q*, parce que les angles *opq*, *aob* ayant la position d'intérieurs relativement à la sécante *pq* ne sont pas supplémentaires (**184**), (**67**); et cette rencontre s'opère sur la demi-droite *ob* elle-même, car si c'était sur son prolongement en quelque point *q'*, on aurait formé un triangle *opq'* dont les angles *poq'* = 2 droits — *aob*, *opq'* = 2 droits — ϖ donneraient la somme 4 droits — (*aob* + ϖ), qui serait > 2 droits à cause de *aob* + ϖ < 2 droits (**211**).

Cela fait, à partir de O et dans la direction OA, je porte en OP un segment rectiligne égal à *op* (**155**); sur la demi-droite OA, dans celui des demi-plans indiqué par la direction rotatoire de l'angle à construire parmi ceux en lesquels OA prolongée découpe le plan de cet angle, j'applique la même arête de la même équerre, comme je l'avais appliquée sur *oa*, mais en plaçant en P le sommet de l'angle ϖ; le long de l'autre arête, je trace enfin la demi-droite PQ sur laquelle je porte, à partir de P, un segment PQ égal à *pq*, et je mène la demi-droite OQ.

L'angle AOQ est celui que l'on voulait construire, car il a été porté dans le sens voulu, et il est bien égal à l'angle *aob*, à cause de l'égalité des triangles OPQ, *opq* ayant leurs angles P et *p* tous deux égaux à ϖ, compris entre les côtés PO, PQ et *po*, *pq* respectivement égaux, le tout par construction (**216**, II).

Il suffirait même (**215**) que, au lieu d'être égaux à *op*, *pq*, les segments OP, PQ leur fussent simplement proportionnels.

Cette solution du problème est la plus simple en théorie; mais d'autres sont souvent plus avantageuses dans la pratique. (Chap. XX, *inf.*)

216 ter. *Construire un triangle connaissant un de ses côtés a et ses deux angles* B, C *adjacents à ce côté.*

Sur l'arête d'un demi-plan, je porte arbitrairement un segment BC égal à *a*, puis sur ce demi-plan, à partir des demi-droites BC, CB, les angles B, C (**216 bis**). Les autres côtés Bβ, Cγ de ces deux angles se couperont au troisième sommet A du triangle cherché, si toutefois celui-ci existe.

Pour cela, il faut que l'on ait:

$$B + C < 2 \text{ droits} \qquad (211),$$

et cette condition est suffisante; car alors les droites Bβ, Cγ se coupent (**184**), (**67**), cela sur les demi-droites Bβ, Cγ elles-mêmes, non sur leurs prolongements, puisqu'alors ceux-ci et BC formeraient un triangle dont les angles, comme ceux du triangle imaginaire *opq'* discuté ci-dessus (**216 bis**), donneraient une somme supérieure à deux droits.

La solution est unique, en ce sens que tous les triangles pouvant être construits de cette manière sont nécessairement égaux (**216**, I).

Si l'on avait $B + C =$ ou > 2 droits, les droites $B\beta$, $C\gamma$ seraient parallèles dans le premier cas (**185**) et ne se rencontreraient pas (**42**) ; dans le second, elles se couperaient bien, mais sur les prolongements seulement des demi-droites $B\beta$, $C\gamma$.

216 quater. *Construire un triangle connaissant un de ses angles et les deux côtés qui comprennent cet angle.*

On portera d'abord dans un plan l'angle donné (**216** *bis*), puis, à partir de son sommet et dans les directions de ses deux côtés successivement, les segments donnés comme côtés du triangle demandé (**155**).

Le problème est toujours possible évidemment, et, comme tout à l'heure, il n'a qu'une solution.

Triangles et autres figures polygonales homotaxiques ou antitaxiques dans un même plan.

217. Les considérations suivantes ne sont pas sans intérêt pour une intelligence plus approfondie des propriétés des figures planes, mais surtout elles faciliteront celle de choses analogues qui s'imposent absolument dans l'étude des figures non planes. (**347** *et suiv.*, **370** *et suiv., inf.*)

La correspondance entre les éléments de deux triangles déchevêtrés et situés dans un même plan ayant été réglée par les notations $A_1B_1C_1$, $A_2B_2C_2$, *les relations entre les angles* $B_1A_1C_1$, $C_1B_1A_1$, $A_1C_1B_1$ *du premier et les angles homologues* $B_2A_2C_2$, $C_2B_2A_2$, $A_2C_2B_2$ *du second, respectivement, sont toujours identiques* (**178**).

Dans un même triangle ABC (*fig.* 45 *bis*), deux angles quelconques dont deux côtés correspondants ont des directions opposées, ABC, ACB par exemple, sont toujours antitaxiques. Car leurs autres côtés BA, CA sont d'un même côté de la droite BC sur laquelle s'opposent leurs premiers côtés (*Ibid.*, IV).

Si donc l'angle $A_1B_1C_1$ est homotaxique à $A_2B_2C_2$, leurs antitaxiques $A_1C_1B_1$, $A_2C_2B_2$ sont homotaxiques aussi (*Ibid.*, II), et de même en cas d'antitaxie ; de même encore, pour toute autre paire d'angles homologues.

Nous dirons, en conséquence, que les triangles en question sont *homotaxiques* ou *antitaxiques*, selon qu'ainsi les relations entre leurs angles homologues seront de la première sorte ou de la seconde. Les points suivants sont évidents.

I. *La relation entre deux triangles est toujours changée par une permutation de deux lettres dans la notation d'un seul.* Car la permutation de B_2 avec C_2, par exemple, change la relation des angles $B_1A_1C_1$, $B_2A_2C_2$ (*Ibid.*, III).

II. *La relation entre les mêmes triangles n'est pas modifiée par une permutation circulaire des trois lettres affectées à la notation d'un seul d'entre eux.* Car le changement de $A_2B_2C_2$ en $B_2C_2A_2$ par exemple, peut s'opérer en permutant d'abord A_2 avec C_2 puis C_2 avec B_2, ce qui, chaque fois, change la relation des triangles (I).

III. *En déplaçant deux triangles homotaxiques dans leur plan commun, de manière à placer deux côtés homologues en homotaxie sur une même droite* (**132**), *les sommets opposés à ces côtés se placent d'un même côté de cette droite.*

Etc.

218. Deux figures, dans un même plan, étant composées de points se correspondant deux à deux, nous dirons encore qu'elles sont *homotaxiques* ou *antitaxiques*, selon qu'il y a toujours homotaxie ou toujours antitaxie entre un triangle ayant pour sommets trois points quelconques de l'une (non en ligne droite) et le triangle correspondant dans l'autre (**217**).

219. En outre, et d'une manière générale, nous dirons *isomères* deux figures quelconques de points se correspondant deux à deux, dans l'une desquelles les segments rectilignes, les angles plans, les angles dièdres (figures élémentaires pouvant chacune être superposée à elle-même d'une seconde manière), sont égaux à leurs correspondants dans l'autre.

Cela posé, et en revenant à deux figures situées dans un même plan, il ne suffit pas qu'elles soient isomères pour qu'il soit possible de les superposer par déplacement sur ce plan, *il faut évidemment encore qu'elles soient homotaxiques* (**179**); mais cette condition complémentaire est suffisante. Si, en effet, on fait glisser la première jusqu'à ce que deux de ses points (non identiques) A_1, B_1 s'appliquent à la fois sur leurs homologues A_2, B_2, ce qui est possible puisque l'isomérie supposée comporte $A_1B_1 = A_2B_2$ (**118**), et si C_1, C_2 constituent une troisième paire de points homologues, le premier C_1 s'appliquera simultanément sur le second C_2. Les seconds côtés des angles $B_1A_1C_1$, $A_1B_1C_1$, qui (supposés distincts) se coupent en C_1, s'appliqueront effectivement sur ceux de $B_2A_2C_2$, $A_2B_2C_2$ qui se coupent en C_2, à cause de l'homotaxie de ces angles et de l'égalité de leurs amplitudes (**178**). Et de même pour toute autre paire de points homologues.

Au n° **216**, nous avons conclu l'égalité de deux triangles de simples isoméries partielles concernant telles ou telles combinaisons de trois de leurs éléments, et les considérations topographiques ci-dessus discutées ne sont pas intervenues;

mais il ne faut pas oublier qu'alors, nous laissions aux mouvements de ces triangles une liberté indéfinie dans l'espace, non pas, comme ici, celle seulement de glisser sur un plan fixe.

220. *Deux triangles $A_1B_1C_1$, $A_2B_2C_2$ ayant leurs côtés homologues perpendiculaires sont homotaxiques, de plus équiangles.*

Car si les angles du premier étaient, à ceux du second, antitaxiques, par suite supplémentaires, puisque les côtés des uns sont perpendiculaires à ceux des autres (**190**), leur somme $(\mathcal{H} - A_2) + (\mathcal{H} - B_2) + (\mathcal{H} - C_2) = 3\mathcal{H} - (A_2 + B_2 + C_2) = 2\mathcal{H}$ (**211**), ne serait pas égale à l'angle neutre. Ils leur sont donc homotaxiques, égaux par suite (**190**).

Relation entre les côtés d'un triangle et la projection de l'un d'eux sur un autre.

221. Un triangle ABC (*fig.* 46) étant donné, si, par un de ses sommets A, et dans le demi-plan $\overline{ABC}$, on mène une demi-droite faisant avec ce côté AB un angle égal à l'angle C opposé à celui-ci, cette demi-droite rencontrera certainement la demi-droite BC en quelque point A' (**216** *ter*), car la somme de l'angle ainsi porté et de l'angle B est $C + B = 2$ droits $- A$ (**211**), partant < 2 droits ; en outre, l'angle BA'A et l'angle A du triangle proposé sont égaux, parce qu'ils ont pour suppléments (*Ibid.*) les sommes BAA' + B, C + B qui sont égales à cause de l'identité de leurs derniers termes et de l'égalité des premiers.

Par le même sommet A, on peut pareillement mener jusqu'en quelque point A" de la demi-droite CB, une demi-droite AA" faisant avec AC, et dans le demi-plan $\overline{ACB}$, un angle CAA" égal à l'angle B, rendant en même temps l'angle CA"A égal encore au même angle A.

Selon que l'angle considéré A est obtus, droit ou aigu, les points A', A" offrent sur le côté BC, des dispositions qu'il importe de distinguer.

Quand l'angle A est obtus, comme dans la figure, son égal BA'A l'est aussi, et le pied I de la perpendiculaire abaissée de A sur BC tombe sur la demi-droite opposée à A'B (**213**) ; par suite, A' est intérieur au segment BI, et, pour la même raison, A" se trouve entre C et I. *Les segments BA', CA" n'empiètent donc pas l'un sur l'autre* (ceci voulant dire qu'aucun point de la droite BC ne peut être intérieur à tous deux à la fois), *et les directions BC, A'A" sont identiques.*

Quand A est aigu, un raisonnement semblable montrera que

RELATION ENTRE LES CÔTÉS D'UN TRIANGLE, ETC.

les segments BA', CA" empiètent l'un sur l'autre (de la longueur du segment A'A") et que les directions BC, A'A" sont opposées.

Quand enfin cet angle est droit, les droites AA', AA" se confondent avec la perpendiculaire AI, les points A', A" avec le pied I de celle-ci, et le segment A'A" est nul.

222. Tout cela posé, on a le théorème suivant :

En représentant par a, b, c, pour abréger, les côtés BC, CA, AB respectivement opposés aux angles A, B, C du triangle considéré, on a la première des relations alternatives

(1) $\qquad a^2 = b^2 + c^2 \begin{cases} + a.A'A'', \\ - a.A'A'', \\ \pm 0, \end{cases}$

quand l'angle A est obtus, la deuxième quand il est aigu, la troisième quand il est droit.

I. Les triangles BA'A, BAC étant équiangles, puisque, des deux angles BAA', B du premier, l'un a été fait égal, l'autre est identique, aux angles C, B du second, respectivement, la proportionnalité de leurs côtés homologues donne (**214**)

$$\frac{BA}{BC} = \frac{BA'}{BA},$$

d'où

(2) $\qquad \overline{BA}^2 = BC.BA',$

et la considération des triangles CA"A, CAB conduira de la même manière à

(3) $\qquad \overline{CA}^2 = CB.CA''.$

Maintenant, l'addition membre à membre des deux dernières égalités donnera

$$\overline{CA}^2 + \overline{BA}^2 = BC(CA'' + BA'),$$

c'est-à-dire

(4) $\qquad b^2 + c^2 = a(BA' + CA'').$

II. Quand l'angle A est obtus, comme dans la figure, nous avons vu (**221**) que les segments BA', CA" n'empiètent pas l'un sur l'autre. On en conclut

$$BA' + CA'' = BC - A'A'' = a - A'A'';$$

d'où la première des relations (1), par substitution de cette somme au dernier facteur du second membre de l'égalité (4).

Si A est un angle aigu, l'empiètement mutuel des segments BA', CA" donne $BA' + CA'' = BC + A'A'' = a + A'A''$, d'où la seconde des relations alternatives considérées.

Si, enfin, l'angle A est droit, on a $A'A'' = 0$ et aussi $CA' + BA'' = BC = a$, parce que les extrémités A', A'' de nos segments se confondent ; d'où la dernière des relations (1).

223. En représentant par σ la longueur algébrique du segment $A'A'$ relativement à la direction positive BC de cet axe (**135**), les trois formules (1) s'écriront uniformément

$$a^2 = b^2 + c^2 + a\sigma.$$

224. *Dans le même triangle* ABC (*fig.* 46), *si l'on nomme* γ *la projection (orthogonale)* AJ *de l'un des côtés de l'angle* A, c *par exemple, sur l'autre côté* b (**151**), *on a les relations alternatives*

(5) $\qquad a^2 = b^2 + c^2 \begin{cases} + 2b\gamma, \\ - 2b\gamma, \\ \pm 0, \end{cases}$

selon que l'angle A *est obtus, aigu ou droit.*

Comme nous l'avons vu implicitement, le pied I de la perpendiculaire abaissée de A sur BC tombe à l'intérieur du segment $A'A''$, et les triangles AIA', AIA'' sont en outre équiangles (**214**), parce que les angles A', A''IA du premier sont respectivement égaux aux angles A'', A''IA du second (les derniers comme droits). Ils sont donc égaux, puisqu'ils ont le côté commun IA ; d'où $IA' = IA''$, puis $A'A'' = 2 IA'$. (*Cf.* **237**, *inf.*)

Si maintenant l'angle A est obtus, comme dans la figure, l'angle JAB est le supplément de l'angle A (**213**). Les triangles A'IA, AJB ayant égaux leurs angles droits en I et en J, ainsi que leurs angles IA'A, JAB, suppléments des angles égaux BA'A, BAC, sont équiangles (**214**), et la proportionnalité de leurs côtés homologues donne

$$\frac{IA'}{JA} = \frac{IA}{JB}.$$

Mais celle des côtés des triangles CIA, CJB qui sont encore équiangles comme ayant l'angle C commun et leurs angles en I et J droits, partant égaux, donne encore

$$\frac{IA}{JB} = \frac{AC}{BC}.$$

On en conclut

$$\frac{IA'}{JA} = \frac{AC}{BC},$$

c'est-à-dire

$$\frac{IA'}{\gamma} = \frac{b}{a},$$

puis
$$a.IA' = b\gamma,$$
ou bien
$$a.A'A'' = a.2IA' = 2b\gamma,$$

substitution changeant la première des relations (1) en la première du groupe (5).

Quand cet angle est aigu, la démonstration est la même, à cela près que l'égalité des angles IA'A, JAB a lieu par construction même.

Quand enfin il est droit, cas où JA = 0, la dernière relation du groupe (5) est immédiatement fournie par celle du groupe (1).

225. En faisant de la droite indéfinie AC un axe de direction positive AC (135), la longueur algébrique du segment dirigé AJ est négative, positive ou nulle, selon que l'angle A est obtus, aigu ou droit (213). Si donc on représente actuellement par γ la longueur, non plus absolue, mais algébrique de ce segment, les trois relations (5) seront renfermées dans cette seule-ci

(6) $\qquad a^2 = b^2 + c^2 - 2b\gamma.\qquad$ (*Cf.* 249, *inf.*)

Triangles rectangles.

226. Un triangle ABC (*fig.* 47) est *rectangle* en A, quand, en ce sommet, il a un angle droit.

Les deux autres angles B, C *ont donc une somme égale à un angle droit,* ou bien sont *complémentaires* (189), puisque la somme de l'angle droit et de ceux-ci est égale à deux droits (211); *chacun d'eux, ainsi, est forcément aigu.*

Le côté BC opposé à l'angle droit se nomme l'*hypoténuse ;* les deux autres AB, AC sont les *côtés de l'angle droit.*

227. *Le carré de l'hypoténuse d'un triangle rectangle est égal à la somme des carrés des côtés de l'angle droit.*

Ce théorème capital, qui porte le nom de Pythagore, se présente à nous comme le dernier cas particulier de ceux des nos **222, 224,** soit à cause de $A'A'' = 0$, soit à cause de $\gamma = AJ = 0$.

228. Les relations transitoires (2), (3) du n° **222** montrent que, *dans un triangle rectangle, chaque côté de l'angle droit est moyenne proportionnelle* (Chap. XX, *inf.*) *entre sa projection sur l'hypoténuse et cette hypoténuse elle-même.* Car si l'angle A du triangle ABC (*fig.* 46) est droit, les angles A', A'' qui lui ont été construits égaux le sont tous deux aussi; BC est l'hypoténuse du triangle rectangle, et les segments BA', CA'' deviennent les projections des côtés de l'angle droit sur cette hypoténuse.

229. *La longueur de la perpendiculaire AA′ (ou AA″) abaissée du sommet de l'angle droit sur l'hypoténuse est moyenne proportionnelle entre les deux segments en lesquels elle la découpe.* (Cf. Chap. XVI, *inf.*).

Car la proportionnalité des côtés homologues dans les triangles BA′A, AA″C (*fig.* 46) qui sont équiangles l'un à l'autre comme l'étant chacun à BAC, donne

$$\frac{AA'}{CA''} = \frac{A'B}{A''A},$$

d'où
$$AA' \cdot AA'' = A'B \cdot A''C,$$

et, pour un triangle rectangle, AA′, comme AA″, A′B, A″C deviennent la perpendiculaire et les segments dont nous avons parlé.

230. De la relation

$$a^2 = b^2 + c^2$$

existant entre l'hypoténuse a d'un triangle rectangle et les côtés b, c de son angle droit (**227**), on déduit immédiatement

$$a^2 > b^2, \quad a^2 > c^2,$$

d'où
$$a > b, \quad a > c.$$

En d'autres termes, *l'hypoténuse d'un triangle rectangle surpasse en longueur chacun des côtés de l'angle droit.*

231. *Deux triangles rectangles sont équiangles* et, par suite, ont tous leurs côtés respectivement proportionnels (**214**) : I, *s'ils ont un angle aigu égal ;* II, *ou bien si deux côtés de l'un sont proportionnels aux deux côtés de l'autre, qui sont placés de la même manière par rapport à l'angle droit.*

I. Quand un angle aigu de l'un est égal à un angle aigu de l'autre, ils ont deux angles respectivement égaux, savoir ces angles aigus et leurs angles droits ; ils sont donc équiangles (*Ibid.*).

II. 1° Si les côtés des angles droits sont proportionnels, les triangles sont équiangles comme ayant un angle égal (l'angle droit) compris entre côtés proportionnels (**215**).

2° Si enfin l'hypoténuse a et un côté de l'angle droit b dans un triangle sont proportionnels aux côtés $a′$, $b′$ de mêmes noms dans l'autre, la proportion supposée

$$\frac{a}{a'} = \frac{b}{b'}$$

donne immédiatement

$$\frac{a^2}{a'^2} = \frac{b^2}{b'^2} = \frac{a^2-b^2}{a'^2-b'^2} = \frac{c^2}{c'^2} \quad (227),$$

en représentant par c, c' les autres côtés des angles droits. On a donc en particulier

$$\frac{b}{b'} = \frac{c}{c'},$$

ce qui ramène au cas ci-dessus (1°).

232. *Deux triangles rectangles sont égaux, lorsqu'ils ont égaux et placés de la même manière dans l'un et dans l'autre, soit un côté et un angle aigu, soit deux côtés.*

I. Dans le premier cas, les triangles sont équiangles (231), égaux par suite, comme ayant certainement des angles respectivement égaux adjacents aux côtés supposés égaux (216, I).

II. Dans le second cas, les deux côtés d'un triangle supposés respectivement égaux à deux de l'autre ont avec ceux-ci des rapports tous deux égaux à 1, partant égaux entre eux. Le rapport des troisièmes côtés est donc égal à 1 aussi (231); en d'autres termes, tous les côtés d'un triangle sont respectivement égaux à ceux de l'autre. Leurs angles droits, qui sont égaux, sont donc certainement compris entre des côtés égaux, et nos triangles sont bien égaux (216, II).

Triangles à côtés proportionnels.

233. *Deux triangles dont les côtés sont proportionnels, sont équiangles.* (*Cf.* 214.)

Soient ABC, A'B'C' (*fig.* 48) ces triangles où des lettres semblables désignent leurs sommets opposés à des côtés proportionnels, et nommons a, b, c dans l'un, a', b', c' dans l'autre, les longueurs des côtés opposés à ces angles, donnant ainsi les proportions

(1) $$\frac{a'}{a} = \frac{b'}{b} = \frac{c'}{c} = r,$$

où r représente la valeur commune de ces trois rapports égaux.

De sommets de mêmes noms B et B', abaissons les perpendiculaires BJ, B'J' sur les côtés opposés, et nommons γ, γ' les projections AJ, A'J' des côtés correspondants AB, A'B'. D'après le n° 224, on a les relations

(2) $$a^2 = b^2 + c^2 \pm 2b\gamma, \quad a'^2 = b'^2 + c'^2 \pm 2b'\gamma',$$

dans la seconde desquelles, la substitution à a', b', c', des valeurs ra, rb, rc fournies pour ces côtés par les proportions (1) conduit à

$$r^2 a^2 = r^2 b^2 + r^2 c^2 \pm 2 r b \gamma',$$

ou bien, en divisant tous les termes par r^2,

$$a^2 = b^2 + c^2 \pm 2 b \frac{\gamma'}{r}.$$

La comparaison de cette égalité avec la première des relations (2) montre d'abord, que l'ambiguïté des seconds membres doit être interprétée de la même manière, c'est-à-dire que les angles A, A' de nos triangles sont en même temps obtus, aigus ou droits, par conséquent, et à la fois, soit supplémentaires, soit identiques aux angles BAJ, B'A'J' des triangles de mêmes notations, rectangles en J, J'.

Elle montre en outre que $\gamma' : r = \gamma$, c'est-à-dire que

$$\frac{\gamma'}{\gamma} = r = \frac{b'}{b} \qquad (1),$$

et, par suite, que ces triangles rectangles AJB, A'J'B' sont équiangles (**231**, II, 2°), puisque, ainsi, ils ont proportionnels des côtés placés semblablement par rapport à leurs angles droits.

Les angles A, A' des triangles proposés qui, on vient de le voir, sont respectivement, soit identiques, soit supplémentaires aux angles égaux BAJ, B'A'J' des triangles rectangles, sont donc égaux entre eux, et on prouverait de même les égalités B = B', C = C'.

234. *Deux triangles sont égaux, quand les côtés de l'un sont respectivement égaux à ceux de l'autre.*

Car ces côtés sont proportionnels en particulier, ce qui entraîne l'égalité des angles opposés (**233**) et, par suite, celle des triangles eux-mêmes (**216**).

Applications.

235. *Construire un triangle rectangle connaissant* : I, *un côté et un angle aigu* ; II, *les côtés de l'angle droit* ; III, *l'hypoténuse et un côté de l'angle droit.*

I. 1° Si l'on donne un côté BA *de l'angle droit (fig. 47) et un angle aigu adjacent* B, le problème revient à la question résolue au n° **216** ter, car l'angle droit A est un deuxième angle connu, adjacent à ce côté.

2° *Si l'on donne un côté de ce genre* BA *et l'angle aigu opposé*

C, on pourra, soit ramener le problème au précédent (1°) par la construction préalable de l'angle B, complément de l'angle donné C (**203**, II), soit opérer directement en élevant sur AB sa perpendiculaire en A (**202**), puis traçant de B une droite BC coupant cette perpendiculaire sous l'angle C (**204**).

3° *Si l'on donne l'hypoténuse* BC *et un angle aigu* B, on peut, soit ramener le problème à celui du n° **216** *ter*, par la construction préalable du complément C de l'angle donné B (**203**, II), soit porter en B, à partir de la demi-droite BC, un angle égal à l'angle donné B (**216** *bis*), puis achever le triangle en abaissant de C sur le second côté de cet angle, la perpendiculaire CA (**202**).

Pour sa possibilité, chacun de ces trois cas exige évidemment la seule condition que l'angle donné soit bien aigu (**226**).

II. Le problème n'est autre que celui du n° **216** *quater*, puisque l'angle A, compris entre les côtés donnés AB, AC, est droit, par suite donné implicitement encore.

III. Soient a, b les longueurs de l'hypoténuse et du côté de l'angle droit donné, puis x celle inconnue de l'autre côté du même angle. La relation
$$a^2 = b^2 + x^2 \qquad (227)$$
donne
$$x^2 = a^2 - b^2, \text{ d'où } x = \sqrt{a^2 - b^2},$$
et l'on est ramené au cas III, si $a > b$.

Si $a = b$, le problème n'est pas résoluble, du moins par un triangle déchevêtré (**206**); car on trouve $x = 0$, ce qui implique la coïncidence de l'hypoténuse avec l'autre côté de l'angle droit.

Si $a < b$, le problème est impossible (**230**).

[A proprement parler, ceci n'est pas une *construction* du triangle, mais seulement sa *résolution* (**243**, *inf.*) ; la construction *géométrique* exige l'intervention d'un cercle, et nous ne pourrons la donner qu'au Chapitre XX (*inf.*)].

236. *Construire un triangle* ABC (*fig.* 48) *connaissant les longueurs* a, b, c *de ses trois côtés.*

Si l'on a $a^2 > b^2 + c^2$, la première des relations (5) du n° **224** peut seule exister et donne alors; pour la projection γ du côté AB sur la droite AC, la valeur

$$(1) \qquad \gamma = \frac{a^2 - b^2 - c^2}{2b}.$$

Dans le triangle AJB, rectangle en J, on connaît donc maintenant l'hypoténuse AB $= c$ et le côté de l'angle droit JA $= \gamma$. La construction de ce triangle (**235**, III) fera connaître son angle aigu JAB, et l'angle A du triangle, qui est alors obtus, sera le supplément de celui-ci (**203**, I).

Connaissant actuellement cet angle A et les côtés b, c qui le comprennent, il ne restera plus, pour construire le triangle inconnu, qu'à procéder comme au n° **216** *quater*.

Pour que le triangle cherché existe, il faut et il suffit (**235**, III) que le triangle rectangle AJB soit possible, c'est-à-dire que la quantité γ, fournie par la formule (1), soit inférieure à c. Cette inégalité

$$\frac{a^2 - b^2 - c^2}{2b} < c$$

conduit facilement à $a^2 < b^2 + 2bc + c^2 < (b+c)^2$, puis finalement, en extrayant les racines carrées, à $a < b + c$ (*Cf.* **238**, *inf.*).

Quand on a $a^2 < b^2 + c^2$, on part de la deuxième des mêmes relations alternatives, et les choses se passent de la même manière, à cela près que l'angle JAB du triangle rectangle est l'angle même A du triangle cherché, non plus son supplément comme tout à l'heure, et que l'on doit prendre

$$\gamma = \frac{b^2 + c^2 - a^2}{2b}.$$

Pour la condition de possibilité, on trouve aussi facilement l'inégalité $a > b - c$, b désignant celui des côtés donnés b, c qui est au moins égal à l'autre.

L'observation finale du précédent numéro est textuellement applicable ici. Pour $a^2 = b^2 + c^2$, il vient $\gamma = 0$, et le triangle cherché est rectangle en A (**235**, II).

Triangle isocèle.

237. *Quand, dans un même triangle, deux angles sont mutuellement égaux, les côtés opposés à ces angles le sont aussi. Réciproquement, l'égalité de deux côtés entraîne celle aussi des angles opposés.*

Soient BAC (*fig.* 49) le triangle considéré et B'A'C' un triangle égal, obtenu, par exemple, en dédoublant BAC.

I. Si les angles B, C sont égaux entre eux, les angles B', C' qui leur sont égaux respectivement, le leur sont indistinctement aussi, et les triangles BAC, C'A'B' sont égaux de la manière indiquée par ces notations, comme ayant BC = C'B', B = C', C = B' (**216**, I); d'où AC = A'B' = AB.

II. Si ce sont les côtés AC, AB du premier triangle qui sont égaux entre eux, les côtés A'C', A'B' du second leur sont égaux indistinctement, et les triangles BAC, C'A'B' sont encore égaux, comme ayant BC = C'B', AC = A'B', AB = A'C' (**234**); d'où B = C' = C.

Un triangle ayant ainsi égaux deux angles et leurs côtés opposés est dit *isocèle*; le côté adjacent aux angles égaux se nomme volontiers sa *base*, et, par *sommet*, on désigne plus spécialement le sommet du triangle qui est opposé à sa base.

Deux triangles isoscèles égaux peuvent être superposés de deux manières, d'une seule, cependant, par simple glissement sur un plan fixe où ils seraient tous deux. Cette dernière possibilité n'existe pas toujours pour deux triangles égaux, quand ils sont *scalènes*, c'est-à-dire non isoscèles (**217** *et suiv.*).

238. *Dans un triangle isoscèle* BAC (*fig.* 49), *une même droite issue de son sommet* A, *est perpendiculaire sur la base et partage à la fois en deux parties égales cette base et l'angle opposé.*

Comme la superposition des triangles BAC, C'A'B' ci-dessus (**237**) comporte évidemment celle des milieux D, D' de leurs bases BC, C'B', le triangle ADB s'applique sur A'D'C'; par suite, il est égal à ADC égal à ce dernier. On en conclut d'abord, que les angles DAB, DAC sont égaux, puis, que les angles ADB, ADC le sont aussi ; ces derniers sont donc droits, puisque leur somme reproduit l'angle neutre BDC.

239. Du théorème du n° **237**, il résulte que *l'égalité des trois angles d'un triangle entraîne celle de ses trois côtés, et réciproquement.* Un triangle ayant ainsi égaux ses trois angles et ses trois côtés est dit *équilatéral;* c'est un polygone *régulier* de trois côtés (Chap. XXI, *inf.*). La somme des angles d'un pareil triangle étant ainsi le triple de l'un d'eux et reproduisant l'angle neutre (**211**), chacun de ces angles est égal à $\mathcal{H}$: 3, soit 60° (**174**). Tous les triangles équilatéraux sont donc équiangles.

Quand ils sont égaux, deux semblables triangles peuvent être superposés de six manières.

Rapports trigonométriques d'un angle saillant.

240. Construisons plusieurs triangles rectangles offrant un même angle aigu B (**235**, I), et soient dans l'un d'eux, b le côté opposé à l'angle B, puis a, c, l'hypoténuse et l'autre côté de l'angle droit. *Quel que soit le triangle considéré, chacun des quatre rapports* $b:a$, $c:a$, $b:c$, $c:b$ *a la même valeur.*

Car un autre triangle quelconque de cette espèce, c'est-à-dire ayant un angle aigu égal à B, est équiangle au précédent (**234**, I), et si a', b', c' désignent ses côtés homologues à ceux de celui-ci, les proportions

$$\frac{a}{a'} = \frac{b}{b'} = \frac{c}{c'}$$

donnent immédiatement

$$\frac{b'}{a'} = \frac{b}{a}, \quad \frac{c'}{a'} = \frac{c}{a}, \quad \frac{b'}{c'} = \frac{b}{c}, \quad \frac{c'}{b'} = \frac{c}{b}.$$

102   PROPRIÉTÉS FONDAMENTALES DES TRIANGLES.

Réciproquement, *deux angles aigus* B, B′, *sont égaux, si un seul de ces quatre rapports relatifs à l'un est égal à celui de même rang parmi les quatre appartenant à l'autre.*

Supposons, pour fixer les idées, que l'on ait $b : a = b' : a'$. On tire de là

$$\frac{b}{b'} = \frac{a}{a'},$$

et les triangles rectangles qui ont B, B′ pour angles aigus sont équiangles, parce qu'ils ont proportionnels, des paires de côtés placés de la même manière par rapport à leurs angles droits (**231**, II). Donc en particulier $B = B'$.

Il y a le plus haut intérêt à considérer ces quatre nombres, dont les valeurs sont liées ainsi d'une manière si étroite à l'amplitude de tout angle aigu B ; on leur a donc affecté des dénominations spéciales, en les appelant respectivement le *sinus*, le *cosinus*, la *tangente*, la *cotangente* de cet angle. Dans l'écriture, on les représente par les notations suivantes, auxquelles nous avons adjoint les rapports qu'elles désignent :

(1) $\sin B = \dfrac{b}{a}, \quad \cos B = \dfrac{c}{a}, \quad \tang B = \dfrac{b}{c}, \quad \cot B = \dfrac{c}{b}.$

On remarquera les inégalités constantes $\sin B < 1$, $\cos B < 1$ provenant de ce que, dans tout triangle rectangle, les côtés de l'angle droit sont tous deux inférieurs à l'hypoténuse (**230**).

241. Cette notion comporte une généralisation, des développements et des applications constituant la *Trigonométrie*, partie des Mathématiques dont nous n'avons pas à nous occuper ici en détail. Nous devons toutefois signaler les points suivants, à cause de leur utilité générale qui est extrême, comme leur simplicité.

I. *Quel que soit l'angle aigu* B, *on a les relations*

(2) $\sin^2 B + \cos^2 B = 1,$

(3) $\tang B = \dfrac{\sin B}{\cos B},$

(4) $\cot B = \dfrac{\cos B}{\sin B}.$

En élevant au carré tous les membres des deux premières relations (1), puis ajoutant celles-ci membre à membre, il vient effectivement

$$\sin^2 B + \cos^2 B = \frac{b^2 + c^2}{a^2} = 1,$$

SINUS, COSINUS, ETC. D'UN ANGLE AIGU.   103

puisque b, c désignent les côtés de l'angle droit d'un triangle rectangle ayant a pour hypoténuse (**227**).

Quant aux relations (3), (4), elles s'obtiennent en divisant membre à membre les deux premières formules (1), simplifiant le second membre du résultat, puis en remarquant qu'il est égal à celui soit de la troisième relation (1), soit de la quatrième.

Les deux dernières égalités (1) *donnent encore*

(5) $\qquad \operatorname{tang} B \cdot \cot B = 1.$

II. Les relations (2), (3), (4) permettent de calculer les valeurs de trois quelconques des rapports trigonométriques d'un angle quand on connaît celle du quatrième.

1° *Connaissant* $\sin B$, *calculer* $\cos B$, $\operatorname{tang} B$, $\cot B$.

La formule (2) donne immédiatement

(6) $\qquad \cos B = \sqrt{1 - \sin^2 B}.$

Au moyen de celle-ci, les relations (3), (4) donnent ensuite

(7) $\qquad \operatorname{tang} B = \dfrac{\sin B}{\sqrt{1 - \sin^2 B}},$

(8) $\qquad \cot B = \dfrac{\sqrt{1 - \sin^2 B}}{\sin B}.$

2° *Connaissant* $\cos B$, *calculer* $\sin B$, $\operatorname{tang} B$, $\cot B$.

La même marche suivie à partir de la relation (2) toujours, conduira aux formules

(9) $\qquad \sin B = \sqrt{1 - \cos^2 B},$

(10) $\qquad \operatorname{tang} B = \dfrac{\sqrt{1 - \cos^2 B}}{\cos B},$

(11) $\qquad \cot B = \dfrac{\cos B}{\sqrt{1 - \cos^2 B}}.$

3° *Connaissant* $\operatorname{tang} B$, *calculer* $\sin B$, $\cos B$, $\cot B$.

Si l'on chasse le dénominateur de la relation (7), et si l'on élève ensuite ses deux membres au carré, il vient

$$(1 - \sin^2 B) \operatorname{tang}^2 B = \sin^2 B,$$

c'est-à-dire

$$(1 + \operatorname{tang}^2 B) \sin^2 B = \operatorname{tang}^2 B,$$

d'où

(12) $\qquad \sin B = \dfrac{\operatorname{tang} B}{\sqrt{1 + \operatorname{tang}^2 B}}.$

De (10) on tirera par le même procédé

$$(13) \quad \cos B = \frac{1}{\sqrt{1 + \tang^2 B}}.$$

La relation (5) donne immédiatement enfin

$$(14) \quad \cot B = \frac{1}{\tang B}.$$

4° *Connaissant* cot B, *calculer* sin B, cos B, tang B.

Les relations (8), (11), (5) traitées exactement comme (7), (10), (5) l'ont été ci-dessus (3°), conduisent aux formules

$$(15) \quad \sin B = \frac{1}{\sqrt{1 + \cot^2 B}},$$

$$(16) \quad \cos B = \frac{\cot B}{\sqrt{1 + \cot^2 B}},$$

$$(17) \quad \tang B = \frac{1}{\cot B}.$$

III. *Quand deux angles aigus sont complémentaires, le sinus et la tangente de l'un sont respectivement égaux au cosinus et à la cotangente de l'autre.*

La considération du triangle rectangle dont nous avons parlé au commencement du n° **240**, montre immédiatement que le complément de l'angle aigu B est précisément l'autre angle aigu C de ce triangle, opposé à son côté c (**226**). Or, on a par définition

$$\sin B = \frac{b}{a}, \quad \cos C = \frac{b}{a},$$

$$\tang B = \frac{b}{c}, \quad \cot C = \frac{b}{c};$$

on a donc bien

$$\sin B = \cos C,$$

$$\tang B = \cot C.$$

IV. Quand il est nul ou droit, un angle non obtus ne peut figurer dans aucun triangle rectangle, ni par suite avoir *directement* les rapports trigonométriques dont nous nous occupons. *Mais la généralisation de ces notions conduit à considérer un angle nul comme ayant 0, 1, 0 pour sinus, cosinus et tangente respectivement, et un angle droit comme ayant les mêmes nombres pour cosinus, sinus et cotangente respectivement.* Ce qui, à notre point de vue, sera une convention justifiée par sa commodité.

V. La construction de l'angle aigu qui a pour tangente ou pour cotangente un nombre quelconque k donné, n'offre aucune difficulté. Prenons, en effet, deux segments rectilignes b, c dont le rapport soit égal à k (**157**), et construisons le triangle rectangle ayant b, c pour côtés de son angle droit (**235**, II). Son angle B ou C est évidemment l'angle cherché.

Si c'étaient le sinus ou le cosinus de l'angle inconnu qui eussent été donnés [tous deux < 1, bien entendu (**240**)], on pourrait procéder indirectement en calculant d'abord, soit la tangente de cet angle au moyen des formules (7) ou (10,) soit sa cotangente tirée de (8) ou de (11), puis en faisant la construction précédente. Mais on peut aussi opérer directement par la construction d'un triangle rectangle dont un côté de l'angle droit et l'hypoténuse sont donnés (**235**, III), (Chap. XX, *inf*.).

VI. *Quand deux angles aigus sont inégaux, le sinus et la tangente du plus grand sont respectivement supérieurs au sinus et à la tangente du plus petit ; mais le cosinus et la cotangente du plus grand sont, au contraire, inférieurs aux rapports de mêmes noms appartenant au plus petit.*

Soient $B' > B$ les angles aigus considérés que, dans un même plan, à partir d'une même demi-droite βA (*fig.* 50), nous porterons dans un même sens de rotation (**166**) ; après quoi, nous couperons toute la figure par une perpendiculaire élevée sur la demi-droite βA en un quelconque A de ses points, rencontrant en C, C' les autres côtés βC, βC' de nos angles B, B' ainsi portés ; car les sommes de l'angle droit A et de l'un ou de l'autre des angles aigus B, B' sont toutes deux inférieures à 2 droits (**216** *ter*).

En vertu de l'inégalité supposée, la demi-droite βC', second côté du plus grand angle B, tombe à l'extérieur de l'angle AβC = B ; donc (**159**, IV), sa trace C' sur la sécante perpendiculaire à βA est extérieure au segment AC, d'où

$$AC' > AC,$$

puis, en divisant les deux nombres par βA,

$$\frac{AC'}{\beta A} > \frac{AC}{\beta A},$$

c'est-à-dire (**240**)

$$\tang B' > \tang B,$$

le second des deux points à établir.

Cette inégalité combinée successivement avec les relations (13,) (14) donne immédiatement ensuite

$$\cos B' < \cos B,$$
(18) $$\cot B' < \cot B,$$

c'est-à-dire les deux derniers points de notre énoncé.

La première partie se déduit enfin de la combinaison de l'inégalité (18) et de la relation (15) conduisant bien à

(19) $\qquad \sin B' > \sin B.$

242. *Les réciproques de ces dernières propositions sont évidentes;* car si l'on a l'inégalité (19) par exemple, B' ne peut être ni $= B$, ni $< B$, puisque alors on aurait $\sin B' = \sin B$ dans le premier cas, ou $\sin B' < \sin B$ dans le second. Le raisonnement ci-dessus (**241**, VI) y conduirait encore tout aussi facilement.

243. La connaissance d'un seul côté d'un triangle rectangle et des rapports trigonométriques d'un seul de ses angles aigus permet de calculer, non seulement l'autre angle aigu, complément de l'angle donné, mais encore ses deux autres côtés.

Supposons connus les rapports trigonométriques de l'angle aigu B, puis, soit l'hypoténuse a, soit le côté b opposé à B, soit le côté c adjacent à cet angle. On aura :

dans le premier cas (**240**),

$$b = a \sin B, \quad c = a \cos B;$$

dans le second,

$$a = \frac{b}{\sin B}, \quad c = \frac{b}{\tang B} = b \cot B$$

et dans le troisième,

$$a = \frac{c}{\cos B}, \quad b = c \tang B = \frac{c}{\cot B}.$$

Il serait même possible, quoique plus incommode, d'opérer en connaissant un seul quelconque des quatre rapports trigonométriques de l'angle B, puisque alors les formules du n° **241** permettent de calculer tous les autres.

Par des procédés que nous ne pouvons indiquer ici, on a dressé des Tables numériques donnant, par simples lectures, les quatre rapports trigonométriques (par leurs logarithmes calculés avec une grande approximation) de chaque angle aigu exprimé en degrés, minutes et secondes (**174**), donnant inversement, en degrés, minutes et secondes, tout angle aigu dont un seul rapport trigonométrique serait connu. Au moyen de ces Tables, on peut *résoudre* non seulement les triangles rectangles comme nous venons de l'indiquer, mais tous les autres, c'est-à-dire calculer leurs *éléments* inconnus (angles ou côtés), dès que l'on en connaît d'autres suffisants pour déterminer ceux-ci. Les mêmes Tables rendent encore possibles, ou facilitent, mille autres calculs pratiques se présentant à chaque pas dans les

EXPRESSION DE LA PROJECTION D'UN SEGMENT. 107

Mathématiques appliquées (Astronomie et Navigation, Mécanique, Physique, etc.).
Tout ceci s'étend immédiatement aux angles dièdres (**195**).

244. Parmi les applications des notions précédentes, voici l'une des plus fréquemment utilisées.
La projection orthogonale (**149**) A'B' (*fig.* 51) *d'un segment rectiligne* AB *sur une droite quelconque* XX' *est égale au produit de sa longueur par le cosinus de l'angle aigu formé par sa droite* AB *et la droite de projection* XX' (**183**).
Les plans menés par A et B perpendiculairement à XX' découpent sur cette droite la projection A'B' du segment considéré. Par A, menons la parallèle à XX' coupant en b et perpendiculairement aussi, le second de ces plans perpendiculaires à XX', puis joignons B'b, bB.
On a A'B' = Ab comme parallèles comprises entre plans parallèles (**148**), et le triangle AbB est rectangle en b, parce que la droite Ab, perpendiculaire au plan BbB', l'est aussi à la droite bB passant par son pied dans ce plan. On a donc

$$A'B' = Ab = AB.\cos bAB \qquad (243).$$

Or ce dernier angle est bien compris entre des droites parallèles à XX' et à AB; de plus il est aigu, puisqu'il appartient à un triangle rectangle dont il n'est pas l'angle droit.
Grâce à nos conventions (**241**, IV), cette formule subsiste encore dans les cas extrêmes où l'angle bAB est nul ou droit ; car elle devient alors

$$A'B' = AB, \text{ ou } = 0,$$

ce qui est exact, puisque AB est parallèle à XX' dans le premier cas, située sur quelque plan perpendiculaire à cette droite dans le second.

245. On pourrait calculer tout aussi bien la projection $A'_1 B'_1$ du segment AB sur une droite $X_1 X'_1$ oblique (**86**) aux plans projetants. Car, en appelant V, V_1, les angles aigus formés par la droite XX' perpendiculaire aux plans projetants, avec AB d'une part, avec $X_1 X'_1$ d'autre part, A'B' est à la fois, sur XX', la projection orthogonale, tant de AB que de $A_1 B_1$. On a donc (**244**)

$$A'B' = AB.\cos V,$$

$$A'B' = A'_1 B'_1 .\cos V_1;$$

d'où, en divisant membre à membre,

$$A'_1 B'_1 = AB . \frac{\cos V}{\cos V_1}.$$

246. L'intervention des longueurs algébriques des segments dirigés qui sont conçus sur un même axe (**135**), permet d'étendre bien facilement à un angle obtus, la notion des rapports trigonométriques.

A partir d'un axe polaire (**176**) OX (fig. 52), dans un sens de rotation déterminé et adopté pour sens positif, portons un angle aigu XOA; sur OA, OX et dans les directions de ces demi-droites, portons des longueurs Oa_1, OU toutes deux égales à l'unité de longueur; sur l'axe OX, abaissons de a_1, élevons en U, les perpendiculaires a_1p_1, UH, cette dernière coupant OA en a_2.

A partir du même axe et dans la direction rotatoire positive, portons un angle droit XOY, prenons OV égal à l'unité de longueur, et en V sur OY élevons une perpendiculaire VK coupant en a_3 le second côté OA de l'angle aigu considéré; puis, de a_1 abaissons sur OY la perpendiculaire a_1q_1.

On aura

$$Oq_1 = p_1a_1 = Oa_1 \cdot \sin XOA = \sin XOA,$$

à cause des relations trigonométriques propres au triangle rectangle (**243**), et parce que Oa_1, pris égal à l'unité de longueur, a pour mesure le nombre 1.

La considération d'autres triangles évidents, combinée avec le souvenir du fait que nous avons pris OU, OV égaux à l'unité de longueur, montrera avec la même facilité que l'on a, non seulement

$$\sin XOA = Oq_1,$$

mais encore

$$\cos XOA = Op_1,$$

$$\tan XOA = Ua_2,$$

$$\cot XOA = Va_3.$$

*Ainsi donc, $\sin XOA$, $\cos XOA$ se présentent maintenant comme les abscisses (**136**) sur les axes fixes OY, OX pris dans ces directions positives, des pieds des perpendiculaires abaissées sur eux du point a_1, extrémité d'un segment de longueur 1 porté sur le second côté OA de l'angle à partir de son sommet O; $\tan XOA$, $\cot XOA$ se présentent simultanément comme les abscisses sur les autres axes fixes UH, VK directement parallèles à OY, OX, des traces a_2, a_3 laissées sur eux par ce même second côté de l'angle.*

Cela posé, *les longueurs algébriques des segments correspondants construits sur les mêmes axes OX, OY, UH, VK, pour tout angle obtus XOA', fourniront, par conventions nouvelles, les quatre rapports trigonométriques de cet angle.*

Dans le cas intéressant, par exemple, où cet angle obtus XOA' est le supplément de l'angle aigu XOA pour lequel nous avons commencé le tracé de la figure, et en remarquant que les triangles rectangles $Oq'_1a'_1$, Oq_1a_1 sont égaux, à cause de $Oa'_1 = 1 = Oa_1$ et de $q'_1Oa'_1$ = XOA' − 1 droit = 2 droits − XOA − 1 droit = 1 droit − XOA = q_1Oa_1, on trouvera

$$\sin XOA' = Oq'_1 = Oq_1 = \sin XOA,$$

$$\cos XOA' = Op'_1 = -Op_1 = -\cos XOA,$$

parce que la direction de Op'_1 est opposée à la direction positive de l'axe OX, puis aussi facilement

$$\operatorname{tang} XOA' = Ua'_2 = - Ua_2 = - \operatorname{tang} XOA,$$
$$\cot XOA' = Va'_3 = - Va_3 = - \cot XOA,$$

parce que les segments Ua'_2, Va'_3 sont dirigés dans les sens contraires aux directions positives des axes UH, VK.

On voit ainsi, que *les rapports trigonométriques d'un angle obtus ne sont pas autres choses que ceux de mêmes noms appartenant à l'angle aigu son supplément, tous pris négativement, sauf le sinus.*

Il est bon de remarquer qu'*un angle (saillant) est complètement déterminé par son cosinus, ou sa tangente, ou sa cotangente, mais qu'il y a ambiguïté quand on ne donne que son sinus*, puisque deux angles supplémentaires ont toujours des sinus égaux, leurs autres rapports trigonométriques égaux en valeur absolue, mais de signes contraires.

247. *Les mêmes considérations, exactement, fourniront avec autant de facilité les définitions des rapports trigonométriques d'un angle d'amplitude quelconque, même négative* (**175**), (**176**), *et aussi bien de tout angle dièdre* (**200**). Mais nous n'avons pas à insister sur cette matière.

248. D'après cela, *la projection orthogonale algébrique* $A'B'$ (fig. 51) *d'un segment dirigé* AB *sur un axe* $X'X$ (**153**) *est toujours égale au produit de sa longueur (absolue)* l *par le cosinus de l'angle* V (*aigu ou obtus) que sa direction fait avec la direction positive de l'axe.*

En vertu des nos **244** et **246** (*in fine*), les deux membres de la formule à établir

(20) $\qquad A'B' = l.\cos V$

ont toujours des valeurs numériques égales.

Or si V est aigu, ils sont tous deux positifs, parce que la projection algébrique $A'B'$ est positive (**213**) et que $\cos V$ est une quantité positive.

Si cet angle est obtus, comme dans la figure, ils sont tous deux négatifs, parce que ces deux quantités deviennent simultanément négatives. La formule subsiste donc dans tous les cas.

Une formule semblable est évidente pour les projections algébriques obliques (**245**).

249. De ce théorème, on déduit en particulier une forme très élégante et des plus importantes, pour la relation (6) du n° **225**. Car il donne immédiatement, à la projection γ que nous y avons considérée, la valeur algébrique

$$\gamma = c \cos A \qquad (248),$$

et la formule en question devient

$$a^2 = b^2 + c^2 - 2bc \cos A;$$

c'est une relation entre les trois côtés et un angle, qui, par exemple, et au moyen des Tables trigonométriques (**243**), permettrait de calculer l'un de ces quatre éléments, dès que les trois autres sont connus.

110 DISTANCES. — PREMIERS LIEUX RECTILIGNES OU PLANS.

CHAPITRE VII.

DÉFINITION DE DIVERSES DISTANCES.
PREMIERS LIEUX RECTILIGNES OU PLANS, SE RATTACHANT A LEUR CONSIDÉRATION.

Distance de deux points.

250. La propriété de tout segment rectiligne AB, de constituer *le plus court chemin* pouvant être tracé de l'une de ses extrémités à l'autre (Chap. XIII, *inf.*), a fait donner à sa longueur le nom de *distance* mutuelle de ces deux points A, B.

251. *Le lieu géométrique* (**14**) *des points* M *de l'espace dont les carrés des distances à deux points fixes distincts* P, Q *ont une différence constante donnée* Θ, *c'est-à-dire qui donnent*

(1) $\qquad \overline{PM}^2 - \overline{QM}^2 = \Theta,$

est un certain plan perpendiculaire sur la droite PQ. (*Cf.* Chap. XVIII, XXIV, *inf.*)

I. La relation générale suivante nous sera fort utile ici et dans d'autres circonstances encore.

Soient PQ (*fig.* 53) un segment non nul quelconque, O un point choisi arbitrairement sur la droite PQ, M un point quelconque de l'espace, H sa projection orthogonale sur la droite PQ (**149**) et p, q, deux coefficients choisis arbitrairement ; si, pour fixer les idées, on suppose O intérieur au segment PQ et la direction OH identique à OQ, on aura les deux relations qui se tirent de

(2) $\quad p.\overline{PM}^2 \pm q.\overline{QM}^2 = (p \pm q)\overline{OM}^2 + p.\overline{PO}^2 \pm q.\overline{QO}^2$
$\qquad + 2(p.PO \mp q.QO)\,OH,$

par l'adoption simultanée, d'abord des signes supérieurs, ensuite des signes inférieurs.

En vertu de nos hypothèses topographiques, les angles POM, QOM sont, le premier obtus, le second aigu (accidentellement droits tous deux), et la considération des triangles représentés par les mêmes notations conduit aux deux égalités

$$\overline{PM}^2 = \overline{OM}^2 + \overline{PO}^2 + 2.PO.OH,$$
$$\overline{QM}^2 = \overline{OM}^2 + \overline{QO}^2 - 2.QO.OH,$$

car OH est la projection orthogonale de leur côté commun OM sur la droite PQ contenant leurs côtés PO, QO (**224**). Or, en multipliant ces deux égalités par p, q respectivement, puis les ajoutant, et les retranchant membre à membre, successivement, on arrive immédiatement aux deux relations contenues sous la forme (2).

Aux autres hypothèses topographiques que l'on peut faire sur les points O, H, correspondent des relations à peine différentes de (2), que le lecteur formera facilement.

II. En prenant $p = q = 1$ dans (2), puis choisissant les signes inférieurs, il reste

(3) $\quad \overline{PM}^2 - \overline{QM}^2 = \overline{PO}^2 - \overline{QO}^2 + 2.PQ.OH,$

car on a évidemment $PO + QO = PQ$. Pour avoir (1), il faut donc et il suffit que l'on ait

(4) $\quad \overline{PO}^2 - \overline{QO}^2 + 2.PQ.OH = e.$

Si maintenant $e + \overline{QO}^2$ est $> \overline{PO}^2$, cette condition résolue par rapport à OH conduit à

(5) $\quad OH = \dfrac{e + \overline{QO}^2 - \overline{PO}^2}{2PQ},$

montrant que la projection orthogonale de M sur la droite PQ est le point fixe H, extrémité d'un segment de longueur égale au second membre de cette formule, porté à partir de O dans la direction OQ (**131**); c'est-à-dire que le lieu de M est le plan élevé en H perpendiculairement sur PQ.

Si l'on a $e + \overline{QO}^2 = \overline{PO}^2$, la formule (4) donne $OH = 0$, et le lieu est toujours un plan perpendiculaire à PQ, mais de pied O.

Si enfin $e + \overline{QO}^2$ était $< \overline{PO}^2$, aucun point M, pour lequel les directions OQ, OH ne sont pas opposées, ne pourrait appartenir au lieu. Mais alors, en écrivant la relation (3) pour le cas où les directions OH, OP sont identiques, on trouverait

$$\overline{PM}^2 - \overline{QM}^2 = \overline{PO}^2 - \overline{QO}^2 - 2PQ.OH = e,$$

d'où

(6) $\quad OH = \dfrac{\overline{PO}^2 - (e + \overline{QO}^2)}{2PQ};$

on aurait $\overline{PO}^2 > e + \overline{QO}^2$, et le lieu serait le plan perpendiculaire à PQ, dont le pied H est l'extrémité d'un segment de longueur égale au second membre de cette dernière formule, à porter à partir de O dans la direction OP.

En plaçant O au milieu du segment PQ, d'où PO = QO, la formule (5) devient

$$(7) \qquad OH = \frac{\sqrt{e}.\sqrt{e}}{2PQ},$$

valable dans tous les cas, et faisant dépendre le pied H du lieu, de la simple construction d'une troisième proportionnelle à 2PQ et à un segment de longueur $\sqrt{e}$ (**156**).

(Si le segment PQ était nul, ses extrémités P, Q se confondraient, et la condition (4) deviendrait $0 = e$, d'une satisfaction impossible ou toujours assurée, selon que e serait ou non différent de 0. Dans le premier cas, le lieu n'existe pas; dans le second, il comprend tous les points de l'espace.)

252. *Le lieu de pareils points situés sur quelque surface donnée* est évidemment, quand elle existe, la trace sur cette surface, du plan que nous venons de trouver. Si, par exemple, cette surface donnée est un plan $\mathcal{P}$ non perpendiculaire à PQ, le lieu est une certaine droite orthogonale à PQ (**94**), une perpendiculaire par suite, quand le plan $\mathcal{P}$ passe par PQ. Quand ce plan $\mathcal{P}$ est perpendiculaire sur PQ, et si son pied se confond avec H, il est encore le lieu particulier dont nous nous occupons. Mais si son pied est distinct de H, ce plan $\mathcal{P}$ n'est que parallèle à celui qui constitue le lieu général, et le lieu particulier n'existe pas.

253. Le cas où $e = 0$ est à remarquer. La condition caractéristique (1) des points du lieu du n° **251** devient alors

$$\overline{PM}^2 - \overline{QM}^2 = 0,$$

équivalente à

$$PM = QM.$$

La formule (7) donne $OH = 0$, montrant que le pied du plan constituant le lieu général se confond avec le milieu du segment PQ. En d'autres termes, *le lieu des points dont chacun est équidistant de deux points fixes, est le plan élevé perpendiculairement à leur distance par son point milieu O*; ceci d'ailleurs s'aperçoit immédiatement en remarquant qu'alors le triangle PMQ est isocèle, OM par suite perpendiculaire sur PQ (**238**).

254. Sur un plan contenant PQ, *les lieux ci-dessus se réduisent à la perpendiculaire élevée dans ce plan sur le segment PQ, soit au point H déterminé par la formule* (5) *ou* (6) (**251**), *soit au milieu du même segment* (**253**).

Distance d'un point à une droite.

255. Dans un même plan donné, nous appellerons *distance* d'un point quelconque M (*fig.* 54) à une droite donnée A_1A_2, *mesurée parallèlement à une autre droite donnée* X_1X_2 (non parallèle à A_1A_2), celle PM (**250**) de ce point à la trace P sur A_1A_2, de la parallèle menée par lui à X_1X_2. En outre, nous assignerons habituellement une direction à cette distance, savoir celle allant de son *pied* P au point M. De cette manière, l'un des demi-plans découpés par A_1A_2 dans le plan de la figure contiendra tous les points dont les distances à cette droite ont une direction commune (**79**), et l'autre demi-plan, tous ceux dont les directions des distances sont opposées à celle-ci (**81**).

Les points de A_1A_2 sont ceux dont les distances sont nulles.

256. On remarquera que, *mesurées parallèlement à deux droites fixes arbitraires* X_1X_2, $X'_1X'_2$ (*fig.* 54), *le rapport* PM : P′M *des distances d'un même point mobile* M *à toute droite fixe* A_1A_2, *demeure constant.*

I. Quand les côtés *bc*, *ca*, *ab* d'un triangle *abc* sont respectivement parallèles à ceux *b′c′*, *c′a′*, *a′b′* d'un autre triangle *a′b′c′*, ils le sont, soit directement, soit inversement (**79**) *tous à la fois* ; par suite (**182**), ces triangles sont équiangles.

Ces triangles étant d'abord supposés dans un même plan (*fig.* 55), si *ab*, *a′b′* étaient parallèles directement, et *ac*, *a′c′* inversement, les angles *bac*, *b′a′c′* seraient évidemment antitaxiques (**178**) ; mais alors seraient homotaxiques, soit les angles *abc*, *a′b′c′* si le parallélisme de *bc*, *b′c′* était direct, soit les angles *acb*, *a′c′b′* s'il était inverse, et, chose impossible, nos triangles seraient à la fois, antitaxiques pour la première cause, homotaxiques pour la deuxième (**217**).

Quand les plans des triangles sont différents, ils sont forcément parallèles, et quelque translation évidente les superposera, sans changer les directions des côtés des triangles.

II. Soient maintenant QN, Q′N (*fig.* 54) les distances d'un autre point quelconque N à A_1A_2, mesurées parallèlement aux mêmes droites X_1X_2, $X'_1X'_2$. Les triangles PMP′, QNQ′ étant équiangles (I), parce que leurs côtés PM, QN et de même P′M, Q′N sont mutuellement parallèles comme l'étant les premiers à X_1X_2, les derniers à $X'_1X'_2$ et que leurs troisièmes côtés PP′, QQ′ sont placés sur la même droite A_1A_2, la proportionnalité de leurs côtés homologues (**214**) donne

$$\frac{PM}{QN} = \frac{P'M}{Q'N},$$

ou bien, par permutation des moyens, PM : P′M = QN : Q′N.

257. *Le lieu des points* M *(fig. 56), dont les distances* PM *à une droite fixe* A_1A_2 *sont égales entre elles et directement parallèles, est une droite parallèle à* A_1A_2.

Si M_0 est un point fixe de ce genre, les droites M_0M et P_0P identique à A_1A_2, sont parallèles, comme joignant les secondes et premières extrémités des segments P_0M_0, PM égaux et directement parallèles (**138,** V). Donc M se trouve sans cesse sur la droite unique menée par M_0 parallèlement à A_1A_2 (**43**).

258. *Le lieu des points* M *(fig. 57) dont les distances* PM *à une droite fixe* A_1A_2 *sont proportionnelles aux distances* OP *de leurs pieds à un point fixe* O *de cette droite, parallèles en outre à une direction fixe donnée, cela directement ou inversement selon que ces pieds sont sur* A_1A_2 *d'un côté donné de* O *ou de l'autre, est une droite passant par ce point* O.

Si M_0 est un point fixe de ce genre, et s'il s'agit d'un point M tel que la direction OP soit identique à OP_0, la demi-droite PM est directement parallèle à P_0M_0, située par suite dans le demi-plan $\overline{OP_0M_0}$ (**81**). En outre, les angles OPM, OP_0M_0 sont égaux comme ayant leurs côtés directement parallèles (**182**), et la proportion supposée

$$\frac{PM}{P_0M_0} = \frac{OP}{OP_0}$$

montre que les triangles OPM, OP_0M_0 sont équiangles (**215**). Les seconds côtés OM, OM_0 des angles POM, P_0OM_0 coïncident donc, puisque ceux-ci sont égaux et portés dans un même sens à partir de leur côté commun OP_0P. En d'autres termes, le point M est situé sur la droite fixe OM_0.

Quand la direction de PM est opposée à celle de P_0M_0, comme en P'M', les choses se passent de la même manière, à cela près que les angles égaux P'OM', P_0OM_0 sont portés, à partir de demi-droites opposées OP', OP_0, dans des demi-plans opposés, et que la demi-droite OM' est le prolongement de OM_0, en vertu du n° **170**, III.

259. *Quand il existe, le lieu des points* M *(fig. 58), dont le rapport* PM : QM *des distances à deux droites fixes parallèles,* A_1A_2, B_1B_2, *mesurées parallèlement à deux directions fixes, est égal à un rapport donné* a:b, *est une droite parallèle aux proposées.*

I. Supposant d'abord que les directions données sont parallèles à une même droite et, pour fixer les idées, inversement parallèles l'une à l'autre, soient M_0 un point fixe du lieu, M un point quelconque, puis H_0M_0, K_0M_0 et HM, KM leurs distances à A_1A_2, B_1B_2. Par hypothèse, on a les proportions

$$\frac{H_0M_0}{K_0M_0} = \frac{a}{b}, \quad \frac{HM}{KM} = \frac{a}{b},$$

POINTS DONT LES DISTANCES A DEUX POINTS FIXES, ETC. 115

donnant

$$\frac{H_0M_0}{H_0M_0 + K_0M_0} = \frac{a}{a+b}, \quad \frac{HM}{HM + KM} = \frac{a}{a+b},$$

ou bien

$$\frac{H_0M_0}{H_0K_0} = \frac{a}{a+b}, \quad \frac{HM}{HK} = \frac{a}{a+b},$$

d'où

$$H_0M_0 = \frac{a}{a+b} H_0K_0, \quad HM = \frac{a}{a+b} HK,$$

parce que, les directions H_0M_0, K_0M_0 étant opposées, ainsi que HM, KM, les points M_0, M sont intérieurs aux segments H_0K_0, HK et donnent $H_0M_0 + K_0M_0 = H_0K_0$, $HM + KM = HK$. D'autre part, les segments H_0K_0, HK sont égaux comme parallèles et compris entre deux parallèles (**138**, IV). On a donc $HM = H_0M_0$, et le lieu du point M est bien une parallèle menée par M_0 à A_1A_2, à B_1B_2 par suite aussi (**257**).

II. Supposant enfin quelconques les directions données pour les distances, nous mènerons par un point quelconque M du lieu, une sécante HMK parallèle à quelque droite fixe non parallèle aux proposées.

Comme la direction PM est invariable, M tombe toujours d'un même côté de A_1A_2, et, par suite, la direction de HM est invariable aussi, celle de KM encore, pour une raison semblable. D'autre part (**256**), et en considérant un point fixe M_0 du lieu, on aura les proportions

$$\frac{HM}{PM} = \frac{H_0M_0}{P_0M_0}, \quad \frac{KM}{QM} = \frac{K_0M_0}{Q_0M_0},$$

qui, divisées membre à membre puis combinées avec les proportions supposées

$$\frac{PM}{QM} = \frac{a}{b} = \frac{P_0M_0}{Q_0M_0},$$

conduisent facilement à

$$\frac{HM}{KM} = \frac{H_0M_0}{K_0M_0}.$$

Le lieu du point M est donc la parallèle menée par M_0 aux droites proposées (I).

III. Pour construire le lieu en question, il suffit d'obtenir quelqu'un de ses points, par lequel on mènera une droite parallèle aux proposées. A cet effet, on tracera, à partir de deux points quelconques I, J des droites données et dans les directions imposées, des segments Ii, Jj dont le rapport soit égal

116   DISTANCES. — PREMIERS LIEUX RECTILIGNES OU PLANS.

à $a:b$, puis on joindra ij. Si cette droite est parallèle à A_1A_2, B_1B_2, un quelconque de ses points appartient au lieu, car ses distances à ces droites sont égales à Ii, Jj, offrant ainsi le rapport donné $a:b$. Sinon, elle coupera A_1A_2, B_1B_2 en H,K, et le point M divisant le segment HK dans le rapport $Hi:Kj$, cela intérieurement quand les directions Hi, Kj sont respectivement identiques à HK, KH, extérieurement quand elles sont l'une identique, l'autre opposée à ces deux directions (**157**), appartiendra certainement au lieu. Car, dans la première hypothèse réalisée par notre figure, et en appelant PM, QM les distances de M à A_1A_2, B_1B_2, la considération des triangles équiangles HPM, HIi et de KQM, KJj, équiangles aussi, donne les proportions

$$\frac{PM}{Ii} = \frac{HM}{Hi}, \quad \frac{QM}{Jj} = \frac{KM}{Kj},$$

dont la division membre à membre conduit à

$$PM:QM = Ii:Jj = a:b,$$

à cause de l'égalité réalisée $HM:KM = Hi:Kj$.

Le lieu n'existe évidemment pas, quand les segments Hi, Kj ont des directions respectivement opposées à HK, KH, ou bien quand ils sont directement parallèles et égaux en longueur (**133**).

260. *Le lieu des points* M (*fig.* 59) *dont les distances* PM, QM *à deux droites fixes* A_1A_2, B_1B_2 *concourant en* O, *mesurées parallèlement à deux directions fixes, soit directement toutes deux à la fois, soit inversement, ont un rapport* PM:QM *égal à un rapport donné* $a:b$, *est une droite passant par* O (*Cf.* **259**).

I. Supposant d'abord que les directions données sont parallèles à une même droite et, pour fixer les idées, inversement parallèles l'une à l'autre, soient M_0 un point fixe du lieu, M un autre point quelconque, puis H_0M_0, K_0M_0 et HM, KM leurs distances à A_1A_2, B_1B_2. Comme au n° **259**, I, on trouvera

(1) $\qquad H_0M_0 = \dfrac{a}{a+b} H_0K_0, \quad HM = \dfrac{a}{a+b} HK ;$

mais ici, les triangles H_0OK_0, HOK, équiangles à cause du parallélisme des droites H_0K_0, HK, donneront

$$\frac{HK}{H_0K_0} = \frac{OH}{OH_0},$$

moyennant quoi, la division membre à membre des proportions (1) conduira à

(2) $\qquad \dfrac{HM}{H_0M_0} = \dfrac{OH}{OH_0}.$

Si, en outre, les distances H_0M_0, K_0M_0 sont toutes deux parallèles aux directions données, directement, et aussi HM, KM, les directions K_0H_0, KH sont identiques, les points H_0, H tombent d'un même côté de la droite B_1B_2 (**81**) et, par suite, les directions OH_0, OH sont identiques ; à cause de la proportion (?), M est donc sur la demi-droite OM_0 (**258**). Si les distances HM, KM sont parallèles aux mêmes directions, mais inversement, on prouve de la même manière que M est sur la demi-droite opposée à OM_0, ayant bien ainsi pour lieu la droite OM_0.

Quand les directions données sont identiques et que le rapport donné $a:b$ est $=1$, aucune droite HK parallèle à ces directions ne peut contenir un point du lieu, si elle ne passe pas par O ; car ce point diviserait extérieurement le segment HK non nul dans le rapport 1, ce qui est impossible (**133**). Mais, alors, le lieu est évidemment la droite menée par O parallèlement à ces directions identiques.

II. De là, on passe au cas général, par un raisonnement tout semblable à celui de l'alinéa II du n° **259**.

III. Pour obtenir un point du lieu, au moyen duquel celui-ci se tracera immédiatement, on construira, comme au n° **259**, III, des segments Ii, Jj respectivement parallèles aux directions données, tous deux directement à la fois, ou inversement, ayant en outre leurs longueurs dans le rapport donné $a:b$. Si la droite ij coupe les deux proposées en H, K, ailleurs qu'en O, on prouvera, comme au lieu cité, que le point M divisant le segment HK dans le rapport Hi : Kj, cela intérieurement ou extérieurement selon que les directions Hi, Kj sont opposées ou identiques, appartient au lieu, ou bien que le lieu est la parallèle à HK menée par O, quand ce rapport est $=1$ et que ces directions sont identiques.

Mais une construction plus sûre et plus expéditive consiste évidemment à mener par i, j des parallèles à A_1A_2, B_1B_2 respectivement, et à prendre leur point d'intersection m.

261. Si l'on n'imposait aux distances du point M à nos deux droites fixes A_1A_2, B_1B_2, parallèles ou concourantes, que la double condition d'offrir le rapport constant $a:b$ et d'être parallèles à deux droites fixes, sans rien préciser de plus sur leurs directions, *le lieu comprendrait les deux droites parallèles aux proposées dans le premier cas, concourant en leur intersection dans le second*, que l'on obtient en combinant de toutes les manières les directions possibles.

Quand A_1A_2, B_1B_2 sont parallèles, l'une des droites de ce lieu disparaît dans le cas signalé à la fin de l'alinéa III du n° **259**.

On prouve facilement que, sur une même sécante quelconque, la paire des droites A_1A_2, B_1B_2 et celle des droites formant le lieu considéré actuellement, tracent toujours deux paires de points *en rapport harmonique* (Chap. XVI, *inf.*), qu'ainsi, elles forment ce qu'on nomme un *faisceau harmonique*.

262. La distance PM que nous avons définie au n° **255**, est *oblique* ou *orthogonale*, selon que la droite X_1X_2 réglant sa direction n'est pas ou est perpendiculaire à A_1A_2.

Soient PM, P'M (*fig.* 54) *deux distances d'un même point M à une même droite* A_1A_2, *et p le pied de sa distance orthogonale ; chacune des trois relations alternatives*

$$pP \lesseqgtr pP'$$

entraîne sa correspondante dans le groupe semblable

$$PM \lesseqgtr P'M,$$

et réciproquement.

Les triangles MpP, MpP', tous deux rectangles en p, donnent effectivement (**227**)

$$\overline{PM}^2 = \overline{pM}^2 + \overline{pP}^2, \quad \overline{P'M}^2 = \overline{pM}^2 + \overline{pP'}^2,$$

ce qui rend évidente chacune des trois propositions réciproques dont il s'agit.

En particulier, *la distance orthogonale est inférieure à toute distance oblique*, propriété exclusive qui met en relief la distance orthogonale et lui fait donner le nom de *distance* proprement dite, dans tous les cas où il n'y a pas de confusion à craindre.

263. *Le lieu des points M de l'intérieur* (**159**) *d'un angle rectiligne* AOB (*fig.* 60) *ou de son opposé au sommet* A'OB', *qui sont équidistants des côtés, est une droite* βOβ' *partageant chacun de ces angles en deux parties égales*.

Car les distances PM, QM demeurent respectivement parallèles à des droites fixes (**100**) et dans le rapport constant 1 ; en outre, la disposition topographique assignée aux points M impose à chacune d'elles, simultanément, une direction tantôt restant invariable, tantôt devenant opposée (**260**). Enfin, la partie Oβ de ce lieu, qui est intérieure à l'angle, y découpe les angles βOA, βOB dont il est la somme, et ces deux angles sont égaux à cause de l'égalité des triangles MPO, MQO, ayant pour sommets O, un point M de ce lieu, et les pieds P, Q de ses distances aux côtés de l'angle proposé. Ces triangles sont effectivement rectangles en P, Q, ils ont même hypoténuse OM, et leurs autres côtés PM, QM sont égaux par hypothèse.

Cette droite Oβ qui joue un très grand rôle dans les théories géométriques élémentaires, est la *bissectrice* de l'angle proposé.

A sa construction fournie par le procédé général expliqué au n° **260**, III, on peut substituer le moyen plus simple que voici. L'égalité des triangles rectangles MPO, MQO entraîne celle des segments OP, OQ, tous deux placés évidemment sur les côtés de l'angle eux-mêmes, ou sur leurs prolongements, et le triangle POQ est isoscèle (**237**). On obtiendra donc la bissectrice, en portant sur ces côtés deux segments OP, OQ d'une même longueur quelconque, en joignant PQ, et en abaissant de O sur cette droite la perpendiculaire OI (**238**). On pourrait également, mais moins commodément, joindre O au milieu I du segment PQ. Un artifice presque évident procurerait plus de précision dans le tracé : porter sur les côtés de l'angle deux segments égaux $Oa_1 = Ob_1$, puis deux autres $Oa_2 = Ob_2$ différents des premiers, et joindre O à l'intersection des droites a_1b_2, b_1a_2.

264. Le lieu des points *quelconques* du plan qui sont équidistants des droites AA′, BB′ se coupant en O, se compose évidemment de deux droites (**261**), l'une βOβ′ bissectrice des angles AOB, A′OB′ opposés au sommet, l'autre $β_1Oβ'_1$, bissectrice des angles AOB′, BOA′ encore opposés au sommet, que forme chacun des côtés de l'angle AOB et le prolongement de l'autre.

Ces deux bissectrices sont mutuellement perpendiculaires, parce que les angles BOA, AOB′ étant supplémentaires (**170**, I), l'angle $βOβ_1$ somme de leurs moitiés AOβ, $AOβ_1$, est égal à un droit (**188**).

Quelquefois, la bissectrice Oβ de l'angle AOB lui-même se nomme sa bissectrice *intérieure*, et $Oβ_1$ bissectrice de ses angles opposés par ses côtés, sa bissectrice *extérieure*.

265. Quand, au lieu d'être concourantes, les droites considérées AA′, BB′ sont parallèles, le lieu dont nous venons de parler se réduit évidemment à une seule droite parallèle aux proposées et divisant en deux parties égales la bande dont elles sont les côtés (**140**).

On obtiendra visiblement cette *bissectrice* de la bande, en menant une parallèle aux droites AA′, BB′ par le milieu du segment qu'elles découpent sur une sécante perpendiculaire ou même d'une autre direction quelconque.

266. L'extension des résultats obtenus aux n°ˢ **259**, **260** conduit à des propositions beaucoup plus vastes, qui les renferment tous.

Si l'on charge de masses invariables quelconques (dont la somme n'est pas nulle)

(3) $\qquad \varpi_1, \varpi_2, \ldots, \varpi_k,$

les traces mobiles

(4) $\qquad P_1, P_2, \ldots, P_k,$

de k droites fixes quelconques $\Delta_1, \Delta_2, \ldots, \Delta_k$ *sur une sécante qui se*

120 DISTANCES. — PREMIERS LIEUX RECTILIGNES OU PLANS.

déplace parallèlement à une droite fixe arbitraire Σ, *le lieu de leur centre de gravité* M *est une droite* **(137)**.

I. *Le fait en question est exact quand le nombre* k *des droites données se réduit à deux.*

Car alors, le centre de gravité des points P_1, P_2 est le point M qui partage le segment P_1P_2 dans le rapport $-\varpi_2 : \varpi_1$, c'est-à-dire dont le rapport des distances P_1M, P_2M aux droites données, mesurées parallèlement à certaines directions de la droite Σ, demeure égal à la valeur numérique de $-\varpi_2 : \varpi_1$ **(259)**, **(260)**.

II. *Il est vrai pour les* k *droites considérées, s'il l'est pour les* $k-1$ *premières.*

Car pour obtenir le centre de gravité des k points (4), il suffit de chercher celui P' des $k-1$ premiers, puis celui M des deux points P' et P_k, chargés de masses égales à $\varpi' = \varpi_1 + \varpi_2 + \ldots + \varpi_{k-1}$ et ϖ_k **(137)**. Or P' par hypothèse, et P_k en fait, sont les traces sur la sécante, d'une certaine droite fixe Δ' et de Δ_k. Donc (I) le lieu de M est une droite.

III. Notre proposition est donc générale, car du cas de deux droites seulement (I) on l'étendra successivement à trois droites, puis à quatre, etc. (II).

267. La *distance algébrique* d'un point M à une droite donnée Δ, mesurée parallèlement à une autre droite Σ, est la distance définie au n° **255**, prise positivement ou négativement selon que M est d'un côté de Δ préalablement désigné ou du côté opposé.

Cela posé, *une droite est en général le lieu des points dont la somme des distances algébriques à des droites fixes, mesurées parallèlement à autant d'autres droites fixes et multipliées par des coefficients constants donnés, conserve une valeur constante donnée.*

I. Comme le rapport des distances absolues PM, P'M (*fig.* 54) d'un même point quelconque M à une même droite A_1A_2, mesurées parallèlement à deux droites fixes X_1X_2, $X'_1X'_2$, conserve une valeur constante **(256)**, il est évident que, quel qu'ait été dans l'un et l'autre cas le choix des distances positives et négatives, le rapport des distances *algébriques* du même point à A_1A_2 mesurées parallèlement aux mêmes droites conserve aussi une valeur constante. En d'autres termes, *chacune de ces distances algébriques est égale à l'autre, multipliée par quelque facteur constant.*

II. Il résulte de ceci, que la somme des distances algébriques quelconques d'un point M à k droites fixes, multipliées par des coefficients constants est égale à la somme des produits, par d'autres coefficients constants ϖ_1, ϖ_2, ..., ϖ_k, des longueurs algébriques P_1M, P_2M, ..., P_kM des segments découpés sur une même sécante issue de M parallèlement à une droite fixe quelconque Σ, par ce point M et par les traces P_1, P_2, ..., P_k des k droites fixes.

III. Posons maintenant

$$\varpi_1 + \varpi_2 + \ldots + \varpi_k = \Pi,$$

et supposons d'abord cette quantité Π non $= 0$.

Le centre de gravité G des points P_1, ..., P_k chargés de masses égales à ϖ_1, ..., ϖ_k existe alors et donne **(137)**

(5) $\qquad \varpi_1 . P_1M + \varpi_2 . P_2M + \ldots + \varpi_k . P_kM = \Pi . GM,$

pour valeur de la somme définie dans notre énoncé.

Quand ensuite M se meut d'une manière quelconque, la sécante menée par lui se déplace parallèlement à la droite fixe Σ, et le point G a pour lieu une certaine droite fixe Γ (**266**) à laquelle la distance algébrique de M, mesurée parallèlement à Σ est évidemment GM.

Si donc la somme définie dans notre énoncé conserve une valeur constante Θ, on aura $\Pi.GM = \Theta$, d'où

$$(6) \qquad GM = \frac{\Theta}{\Pi},$$

et le lieu cherché est celui des points dont les distances algébriques à la droite fixe Γ, parallèles à Σ, sont toutes égales à la constante $\Theta : \Pi$, c'est-à-dire une droite parallèle à Σ (**257**).

IV. Dans l'hypothèse $\Pi = 0$, les considérations du n° **137** bis conduiront immédiatement, en conservant ses notations, à substituer à (6) la condition

$$(7) \qquad G'M - G''M = \frac{\Theta}{\Phi},$$

dont le premier membre est la longueur algébrique du segment G'G'' découpé par les droites Γ', Γ'', lieux des centres de gravité G', G'' (**266**), sur la sécante menée par M parallèlement à Σ, segment devant ainsi conserver une longueur constante.

V. Si ces droites se coupent en un certain point O, ce segment est évidemment proportionnel à OG' (à OG'' tout aussi bien), distance parallèle à Γ' (ou à Γ''), du point M à la droite Σ' menée par O parallèlement à Σ; comme ainsi cette distance doit conserver une valeur constante, le lieu est quelque droite parallèle à Σ' (**257**), à Σ par conséquent.

VI. Quand les mêmes droites Γ', Γ'' sont parallèles le segment G'G'' conserve *par lui-même* une valeur constante γ. Si donc on a par hasard $\gamma = \Theta : \Phi$, la condition (7) est satisfaite d'elle-même, et le lieu embrasse tous les points du plan. Sinon, il est impossible de lui procurer satisfaction, et le lieu cherché n'existe pas.

268 On remarquera que le théorème précédent renferme celui du n° **266**, car le centre de gravité des points (4) n'est pas autre chose que le point M dont la somme des distances algébriques aux k droites fixes, mesurées parallèlement à une même droite Σ et multipliées par les coefficients (3), conserve la valeur constante 0.

On remarquera encore, que *la somme des produits par des coefficients constants, des distances algébriques de tout point M à des droites fixes quelconques, est toujours égale, soit au produit par quelque facteur constant, de la distance algébrique du même point à une seule droite fixe, mesurée parallèlement à une autre droite fixe arbitraire, soit à une constante.* C'est ce que le lecteur aura bientôt déduit des divers points de la démonstration du même théorème.

269. Dans l'espace, on nomme quelquefois *distance* d'un point M à une droite D, mesurée parallèlement à un même plan donné Φ (non parallèle à D), la distance (**250**) de ce point M à la trace P sur D, du plan mené par M parallèlement à Φ. Cette

122 DISTANCES. — PREMIERS LIEUX RECTILIGNES OU PLANS.

longueur, qui se confond avec la distance du point M à la droite D, mesurée dans le plan DM parallèlement à la trace de $\mathcal{P}$ sur ce plan (**255**), a encore pour *pied* le point P, et pour direction celle du segment PM. Elle est *oblique*, quand le plan $\mathcal{P}$ et la droite D sont obliques l'un sur l'autre, *orthogonale*, quand ces dernières figures sont mutuellement perpendiculaires.

Dans ce second cas, où elle est inférieure aux distances obliques (**262**), et qui est de beaucoup le plus intéressant, elle prend le simple nom de *distance* (proprement dite) du point et de la droite en question. A de pareilles distances seulement, s'appliquent les propositions qui terminent ce paragraphe.

270. *Le lieu des points m de l'espace dont les distances mP, mQ aux deux côtés de l'angle AOB (fig. 60) sont égales, ayant leurs pieds P, Q tous deux à la fois, soit sur ces côtés eux-mêmes, soit sur leurs prolongements, est le plan élevé par la bissectrice Oβ de cet angle, perpendiculairement à son plan* (**263**).

Soient P, Q les pieds des plans abaissés de m perpendiculairement sur OA, OB, non parallèles par suite, puisque ces droites ne le sont pas, se coupant suivant une droite mM perpendiculaire en M au plan AOB (**106**), (**111**); et joignons mP, mQ, ces segments étant les distances supposées égales de m à OA et OB, puis mM, MP, MQ.

Les triangles mMP, mMQ, tous deux rectangles en M (**94**), sont égaux pour avoir le côté commun Mm et leurs hypoténuses mP, mQ égales (**232**). Donc leurs troisièmes côtés MP, MQ sont égaux aussi; d'où, comme ci-dessus (**263**), l'égalité des angles MOP, MOQ formés par OM avec les côtés OA, qui, eux-mêmes tous deux, ou bien leurs prolongements, sont supposés contenir les points P, Q, c'est-à-dire la propriété pour OM d'être la bissectrice de l'angle AOB, et celle, pour m, d'être situé dans le plan élevé par cette bissectrice à celui de l'angle. Il est évident d'ailleurs, que tout point de ce nouveau plan est équidistant de OA, OB dans les conditions voulues.

271. En joignant Om, on forme les triangles mPO, mQO égaux comme rectangles en P, Q, ayant égaux leur hypoténuse commune Om et leurs côtés mP, mQ. Les angles AOm, BOm sont donc égaux. Par conséquent, *le plan perpendiculaire à celui de l'angle AOB suivant la bissectrice Oβ de celui-ci, est aussi le lieu* (**14**) *des demi-droites issues de O qui sont également inclinées, soit sur les côtés de l'angle, soit sur leurs prolongements.*

272. Si dans les deux propositions précédentes, on remplace les côtés de l'angle AOB par la totalité des droites dont ils font partie, *les deux lieux identiques dont elles formulent l'existence deviennent l'ensemble des plans qui tracent sur le plan de cet angle*

POINTS ÉQUIDISTANTS DE DEUX DROITES CONCOURANTES. 123

ses deux bissectrices $O\beta$, $O\beta_1$ (264), et qui sont comme celles-ci perpendiculaires l'un à l'autre (196).

273. Quand au lieu d'un angle, il s'agit d'une bande, *le lieu du n° 270 ne se compose plus que du plan mené par la bissectrice de la bande (265), perpendiculairement au plan de celle-ci*, l'autre plan ayant disparu.

Quant à celui du n° 271, il n'y a pas à en faire mention, puisqu'il n'y a plus d'angles possibles, à proprement parler.

Distance d'un point à un plan.

274. La simple substitution d'un plan $A_1A_2A_3$ à la droite A_1A_2 du n° 255 procure la définition de la *distance* d'un point M de l'espace à ce plan, *mesurée parallèlement à une droite donnée* X_1X_2, celles aussi de son *pied* et de sa *direction*.

A ces nouveaux objets, s'étend immédiatement la proposition du n° 256, celles aussi des n°s 257, 258, à cela près que les lieux obtenus sont, non plus des droites, mais des plans, le premier parallèle au plan $A_1A_2A_3$, le second passant par une droite O_1O_2 à substituer, sur ce même plan, au point unique O dont il était question ; dans les données de ce second lieu, il faut encore substituer à la distance OP, celle du pied P à la droite O_1O_2, mesurée parallèlement à quelque droite fixé du plan donné $A_1A_2A_3$.

275. *Le lieu des points M dont le rapport* PM : QM *des distances à deux plans fixes* $A_1A_2A_3$, $B_1B_2B_3$, *mesurées parallèlement à deux directions fixes, soit directement toutes deux à la fois, soit inversement, est égal à un rapport donné* $a:b$, *est un plan qui est parallèle aux plans donnés si ceux-ci le sont mutuellement, qui passe par leur intersection s'ils se coupent* (Cf. 259, 260).

I. Quand les directions données sont parallèles à une même droite, soient M_0, P_0M_0, Q_0M_0, un point fixe du lieu et ses distances aux plans donnés, puis M, PM, QM, un autre point quelconque de ce lieu et ses distances. On a l'égalité

(1) $\qquad P_0M_0 : Q_0M_0 = PM : QM (= a:b)$,

et, comme les droites P_0Q_0, PQ sont supposées parallèles, les droites P_0P, Q_0Q sont toujours dans un même plan, par suite parallèles ou se coupant en quelque point O.

Quand les plans donnés sont parallèles, le premier cas se présente forcément (57), et, en vertu de l'égalité (1), la droite M_0M est toujours parallèle aux droites P_0P, Q_0Q (259, I), aux plans proposés par suite, et le lieu de M est le plan mené par M_0 parallèlement à ceux-ci (60).

Quand les plans donnés se coupent, les droites P_0P, Q_0Q, si elles ne sont pas parallèles à leur intersection $O'O''$, ont leur point de concours O sur cette intersection, et la droite M_0M, soit parallèle à toutes deux (259, I), soit concourant en O avec elles (260, I), est toujours dans un même plan avec $O'O''$. Donc le point M a pour lieu le plan déterminé par l'intersection $O'O''$ et par le point M_0.

II. De là, le raisonnement du n° 259, II, conduit immédiatement au cas de directions quelconques imposées aux distances.

III. Les indications données aux alinéas III des numéros cités montreront facilement au lecteur, comment on trouvera quelque point du lieu, d'où ce lieu lui-même.

Comme au n° 259, ce lieu peut ne pas exister, quand il y a parallélisme entre les plans donnés.

276. En supprimant toute restriction sur le choix des directions des distances, *le lieu dont nous venons de parler devient l'ensemble de deux plans, tantôt parallèles aux proposés, tantôt concourant avec eux,* l'un d'eux pouvant disparaître dans le premier cas.

Les deux plans du même lieu et la paire des proposés, tous parallèles ou concourant en une même droite, forment un *faisceau harmonique* (*Cf.* **261**).

277. La distance pM d'un point M à un plan, est *orthogonale* quand elle est mesurée sur la perpendiculaire à ce plan menée par le point M.

Elle est inférieure à toute distance oblique, et, entre deux distances quelconques PM, P'M, il y a la même inégalité ou égalité de grandeur qu'entre les distances pP, pP' de leurs pieds à celui de la distance orthogonale. Les triangles MpP, MpP', tous deux rectangles en p, le montrent exactement comme au n° 262.

C'est à la distance orthogonale, la plus courte ainsi de toutes, que l'on affecte plus spécialement le nom de *distance* sans autre désignation.

278. *Dans l'intérieur d'un dièdre ou de son opposé à l'arête* (**192**), *le lieu des points équidistants des plans des faces en est un autre passant par l'arête et partageant chacun de ces dièdres en deux parties égales* (*Cf.* **263**).

Car la bissectrice de l'angle plan du dièdre (**194**), (**263**) fait évidemment partie du lieu qui est toujours un plan passant par l'arête (**275**); ce plan d'ailleurs partage le dièdre en deux parties égales, puisque sa trace sur celui de l'angle rectiligne jouit de la même propriété relativement à celui-ci (**194**).

Ce lieu est le *plan bissecteur* du dièdre.

279. A cause de leur intérêt secondaire et de leur facilité, nous pouvons supprimer les démonstrations de ces deux propriétés du plan bissecteur.

I. *Il est le lieu des demi-droites issues de l'arête, qui font des angles égaux avec les faces du dièdre* (**331**, *inf.*), (*Cf.* **271**).

II. *En coupant un dièdre et son bissecteur par un plan quelconque perpendiculaire à ce dernier, on obtient un angle rectiligne et sa bissectrice, ou bien une bande et sa bissectrice, quand le plan sécant est parallèle à l'arête.* (*Cf.* **419**, *inf.*)

280. *Le lieu des points quelconques de l'espace qui sont équidistants des plans des faces d'un dièdre, se compose de son plan bissecteur intérieur ci-dessus* (**278**) *et de son plan bissecteur extérieur, c'est-à-dire appartenant comme intérieur aux dièdres opposés au proposé par ses deux faces. Ces deux plans sont perpendiculaires l'un à l'autre* (*Cf.* **264**).

281. Pour deux plans parallèles, considérés au lieu d'un dièdre, les lieux ci-dessus (**278**), (**280**) se réduisent au plan unique, parallèle aux proposés et divisant en deux parties égales le mur dont ils sont les faces (**144**).

Ce plan *bissecteur* du mur passe évidemment par les milieux des segments interceptés par lui sur des sécantes perpendiculaires à ses faces ou même quelconques (*Cf.* **265**).

282. Les considérations du n° **267** expliquent d'elles-mêmes, par analogie, en quoi consiste la *distance algébrique* d'un point à un plan, mesurée parallèlement à une droite donnée.

Cette définition permettra au lecteur une extension facile à l'espace, des théorèmes du numéro cité et de celui du numéro qui le précède. Ces deux propositions sont renfermées dans l'énoncé suivant :

Les points dont les distances algébriques à des plans fixes, mesurées parallèlement à autant de droites fixes correspondantes, et multipliées par des coefficients constants donnés, donnent une somme constante, ont un certain plan pour lieu géométrique (sauf le cas d'indétermination ou celui d'impossibilité qui peuvent se présenter).

Dans le même sens, on élargira non moins facilement la remarque faite à la fin du n° **268**.

Distance de deux droites ou de deux plans parallèles, de deux droites non parallèles.

283. *La longueur commune* (**138**, IV), (**143**) *des segments découpés par une paire de droites parallèles ou de plans parallèles sur des sécantes perpendiculaires à ces figures, est inférieure à ce qu'elle est pour des sécantes parallèles entre elles mais obliques.*

Car, en faisant passer par un même point de l'une des deux

figures une sécante perpendiculaire et une oblique, les segments correspondants se présenteront comme des distances orthogonale et oblique de ce même point à la figure parallèle (262), (277).

Cette longueur minimum du segment découpé ainsi sur une perpendiculaire commune, se nomme la *distance* des droites ou des plans parallèles considérés. Elle est la largeur de la bande (141) ou l'épaisseur du mur (144) dont les côtés ou faces sont constitués par les droites ou plans parallèles considérés.

284. Quand deux droites D, E ne sont pas parallèles, la distance mn (250) de points quelconques m, n, pris respectivement sur l'une et sur l'autre, est tout aussi bien celle des mêmes points considérés comme appartenant aux deux plans parallèles dont chacun passe par l'une parallèlement à l'autre (52), (283). *Quand il s'agit des pieds p, q de la perpendiculaire commune aux droites* D, E (104), *le segment correspondant pq est donc inférieur à tout autre mn de ce genre*, puisque alors il occupe la position unique où il est perpendiculaire sur les plans parallèles dont nous venons de parler (283).

En conséquence, on nomme *distance* des droites D, E, ce segment pq qu'elles découpent ainsi sur leur perpendiculaire commune. Cette distance est nulle, quand les droites non parallèles sont dans un même plan.

Projection orthogonale d'une ligne brisée sur une droite.

285. La projection orthogonale A'B' d'un segment rectiligne AB, sur une droite (149), n'est pas autre chose qu'un segment perpendiculaire à la fois sur les deux plans parallèles qui projettent ses extrémités A, B. Sauf le cas où le segment AB est parallèle à l'axe de projection et où c'est l'égalité qui a lieu, *cette projection est donc inférieure au segment* AB, distance oblique des mêmes plans projetants (283).

Le n° 244 donne à la démonstration une forme tant soit peu différente : il suffit effectivement de s'y souvenir que tout cosinus est un nombre essentiellement < 1 (240), quand il n'est pas celui d'un angle nul.

286. *Quand une ligne brisée n'a pas tous ses côtés situés sur une parallèle à un axe, sa projection orthogonale sur cet axe lui est inférieure en longueur.*

La longueur de la projection de la ligne brisée est, par définition, la somme de celles des segments rectilignes, suivant lesquels se projettent les divers côtés de la ligne brisée. Or, de ces segments, les uns sont égaux à ceux des côtés correspondants qui sont accidentellement parallèles à l'axe de projection ; mais tous les autres leur sont inférieurs (285), et il existe forcément de ces derniers, sans quoi la ligne brisée serait affectée de la particularité exclue. Donc, la somme des segments provenant des projections des côtés est inférieure à celle des côtés, c'est-à-dire à la longueur de la ligne brisée.

287. *La longueur d'un segment rectiligne est inférieure à celle de toute ligne brisée de mêmes extrémités, pourvu que celle-ci ne dégénère pas en une association de fragments du segment considéré.*

Tout plan coupant le segment à son intérieur, sans le contenir tout entier, laisse ses extrémités de part et d'autre de lui (26) ; par suite, il a quelque point commun avec la ligne brisée, car si aucun côté de cette ligne n'atteignait ce plan, les extrémités d'un côté quelconque, tous les sommets par suite, seraient d'un même côté de lui, ce qui n'a pas lieu.

En particulier, tout point du segment est la projection orthogonale de quelque point de la ligne brisée ; en d'autres termes, la projection de toute la ligne brisée couvre le segment ou le déborde et, par suite, lui est au moins égale en longueur. Le segment est ainsi égal au plus à la longueur de la projection qui, elle (286), est inférieure à celle de la ligne brisée ; il est donc inférieur à cette dernière, à plus forte raison peut-être.

288. Aux considérations qui précèdent, se rattache cette propriété du triangle.

Si a représente la longueur d'un côté quelconque et $b \geq c$ celle des deux autres, on a les inégalités

$$b - c < a < b + c.$$

La dernière résulte de ce que $b + c$ est la longueur d'une ligne brisée ayant pour extrémités celles d'un segment de longueur a (**287**), et la première est une conséquence immédiate de l'inégalité de même cause $b < a + c$.

CHAPITRE VIII.

AIRES PLANES POLYGONALES.

Faits topographiques et axiomes.

289. Une figure est *limitée* ou *illimitée*, selon qu'il est possible ou non d'assigner une longueur fixe surpassant la distance variable de deux points qui se déplacent arbitrairement sans cesser d'en faire partie. Un groupe de quelques points pris en nombre limité, l'intérieur d'un segment rectiligne, l'ensemble de ceux de plusieurs, ..., sont évidemment des figures limitées. Sont au contraire des figures illimitées, l'ensemble des points que l'on peut marquer indéfiniment sur une droite, chacun à une même distance donnée du précédent, une droite, un plan, l'espace, une demi-droite, ..., l'intérieur d'un angle plan ou dièdre... .

290. Une figure est *continue*, quand deux quelconques de ses points ayant été pris pour extrémités, on peut les réunir par une ligne brisée (205) dont les sommets appartiennent tous à la figure et dont les côtés sont aussi petits qu'on le veut : tels sont une droite ou demi-droite, segment rectiligne ou ligne brisée, ..., un plan ou demi-plan, l'intérieur d'un angle, même l'ensemble de cet intérieur et de celui de l'angle opposé au sommet ou à l'arête...

Une figure est *discontinue*, si un pareil tracé n'y est pas toujours possible. Quelques points isolés, des demi-droites, segments ou demi-plans, dont deux au moins n'ont aucun point commun, ..., sont des figures discontinues.

291. Quand une ligne brisée fermée (208) ou *contour polygonal*, ou polygone plus simplement encore, est déchevêtrée (206), elle est une sorte d'anneau *évidemment indécomposable en plusieurs autres lignes fermées,*

Nous ne considérerons ici que des lignes ou contours polygonaux plans (22), et nous commencerons par rattacher une notion très importante à celle de ces derniers supposés déchevêtrés.

292. Le plus simple d'entre eux, le plus remarquable aussi, est le périmètre d'un triangle (208), auquel nous dirons *intérieur* tout point de son plan intérieur à deux de ses angles à la fois (159, I), par suite au troisième évidemment aussi, (placé même sur le périmètre, quelquefois encore), et *extérieur* tout point du même plan non intérieur. Par exemple, les points intérieurs à tout segment rectiligne ayant ses extrémités sur le périmètre sont intérieurs au triangle; mais ceux des prolongements de ce segment sont tous extérieurs.

On reconnaîtra immédiatement que la figure formée par tous les points intérieurs à un triangle est limitée (289) et continue (290); c'est l'*aire* du triangle. Quant au surplus du plan, contenant les points extérieurs, c'est une figure encore continue, mais illimitée.

293. On juxtapose *extérieurement* plusieurs triangles en les plaçant dans un même plan, de manière que l'un d'eux ait toujours commun avec quelque autre les points au moins d'un côté ou fragment de côté, mais qu'aucun autre point du plan commun ne soit intérieur à deux d'entre eux à la fois.

Si, après cette opération (qui est réalisable d'une infinité de manières), on supprime les côtés ou fragments de côtés communs à toute paire de triangles contigus, *la réunion des surplus de leurs périmètres forme un contour polygonal plan déchevêtré*, auquel on dit *intérieur* tout point intérieur à quelqu'un des triangles ainsi assemblés, et *extérieur* tout point extérieur à tous à la fois.

L'*aire* d'un pareil contour, ou plus simplement *polygone*, est, par définition, la figure encore limitée et continue qui comprend tous ses points intérieurs. L'extérieur est toujours continu, mais illimité.

294. *Inversement, tout contour polygonal plan déchevêtré peut être considéré comme le résultat d'une opération du genre expliqué dans le numéro précédent.*

Pour éviter des longueurs, nous restreindrons la démonstration au cas que nous aurons presque exclusivement à considérer, celui d'un contour *convexe*, tel que ABCDEFA (*fig. 61*), c'est-à-dire dont tous les sommets n'appartenant pas à un côté quelconque, et par suite tous les autres côtés, tombent d'un même côté de celui-ci et de ses prolongements. Tels sont évidemment tous les triangles.

I. *A l'intérieur de chaque angle saillant, formé par deux côtés consécutifs, tombent toujours simultanément tous les sommets du contour non situés sur les côtés de cet angle et, par suite, tous les autres côtés.* Ceci résulte immédiatement de la définition d'un contour convexe et de celle de l'intérieur d'un angle saillant (159, I).

II. *La substitution à deux côtés consécutifs AB, BC, du segment unique AC réunissant leurs extrémités autres que leur soudure, donne un nouveau contour ACDEFA qui est encore convexe.*

La droite AC ne peut contenir aucun point p intérieur à quelque côté EF n'ayant pas une extrémité en A ou en C; car, si la droite EF coïncidait avec AC, elle ne laisserait pas d'un même côté d'elle les trois sommets A, B, C, et le contour donné ne serait pas convexe; si coupant AC en p, le point p était en A ou en C, le contour donné ne serait pas déchevêtré; si cette intersection p se trouvait sur un prolongement du segment AC, elle ne serait pas, comme E et F tous deux, intérieure à l'angle saillant ABC (**159**, III), (I); si, enfin, cette même intersection était à l'intérieur de AC, la droite EF laisserait A et C de part et d'autre d'elle, et le contour donné ne serait pas convexe.

Enfin, tous les autres sommets A, C, D du nouveau contour tombent d'un même côté de ce côté quelconque EF, parce qu'ils appartiennent aussi bien au contour primitif qui a été donné convexe.

De tout ceci, résulte la convexité du nouveau contour ACD EFA.

III. *Les triangles contigus* ABC, ACD, ADE, AEF *qui ont pour sommet commun un même sommet quelconque* A *de notre contour convexe, et, pour côtés opposés à ce sommet commun, les côtés* BC, CD, DE, EF *du contour qui n'aboutissent pas à* A, *sont tous extérieurs les uns aux autres.*

Le contour donné étant convexe, le point C et, par suite, la demi-droite AC sont intérieurs à l'angle saillant BAF (I). Les angles adjacents BAC, CAF sont donc extérieurs l'un à l'autre; et sont placés de même, les angles CAD, DAE, puis DAE, EAF, parce que les contours ACDEFA, ADEFA sont tous convexes (II). Il en résulte que les angles BAC, CAD, DAE, EAF sont juxtaposés extérieurement, et par suite aussi les triangles considérés auxquels ils appartiennent.

295. Un contour déchevêtré et plan quelconque étant donné, la construction des triangles contigus dont nous venons de parler permet de lui étendre immédiatement les définitions du n° **293**, moyennant cette proposition dont nous supprimons la démonstration :

La distinction entre les points intérieurs et les points extérieurs est indépendante de la manière, évidemment variable, dont ces triangles peuvent être construits.

Quand il s'agit d'un polygone convexe, en particulier d'un triangle, *l'intérieur n'est pas autre chose que la région du plan commune à tous les demi-plans dont chacun a pour arête un côté (avec ses prolongements) et contient tous les sommets.*

296. Pour l'angle intérieur de sommet quelconque A d'un polygone plan déchevêtré, l'ambiguïté mentionnée au n° **205** se lève en *choisissant celui (tantôt saillant, tantôt rentrant) des* deux angles replémentaires compris entre les côtés issus de A, auquel est intérieur quelque angle de même sommet A appartenant à l'un des triangles élémentaires considérés ci-dessus (294). Pour un polygone convexe, cette règle ne donne évidemment que des angles saillants. Sur cette matière, on a deux propositions très simples dont voici la première.

La somme des angles intérieurs d'un polygone plan déchevêtré de N sommets est égale à N — 2 *fois l'angle neutre* (**161**) *ou, si on préfère parler ainsi, à* 2 N — 4 *fois l'angle droit* (**188**), (*Cf.* **211**).

Un polygone de ce genre ayant été décomposé en les triangles élémentaires mentionnés au n° **294**, si l'on enlève un de ces triangles ayant quelque partie de son périmètre commune avec le contour du polygone et si l'on ferme, par le surplus de ce périmètre triangulaire, la brèche faite ainsi au contour polygonal, l'examen des cas possibles montrera bien facilement à l'aide du théorème du n° **211**, que, dans le passage du polygone considéré au nouveau, la somme des angles intérieurs perd, gagne moins souvent, autant de fois l'angle neutre que le nombre des sommets perd ou gagne d'unités. Si donc, répétant cette opération sur le nouveau polygone, puis sur un troisième obtenu de la même manière, et ainsi de suite, on nomme n le nombre des sommets de l'un quelconque de ces polygones et S_n la mesure de la somme de ses angles intérieurs relativement à l'angle neutre, la différence $n - S_n$ conserve une valeur constante. On a donc $n - S_n = 2$, d'où $S_n = n - 2$, comme il fallait le prouver ; car l'ablation successive de tous les triangles élémentaires sauf un, laisse un triangle unique pour lequel on a $n = 3$, $S_n = 1$ (*Ibid.*), c'est-à-dire $n - S_n = 3 - 1 = 2$.

Le point en question s'aperçoit avec une facilité extrême, quand la formation des triangles élémentaires n'exige, comme dans la *fig.* 62, que le tracé de certaines diagonales du polygone considéré. La somme des angles intérieurs de ce polygone est égale effectivement à celle des mêmes sommes pour chacun de ces triangles, c'est-à-dire à autant de fois l'angle neutre qu'il y a d'unités dans le nombre de ces triangles. Or ce nombre est visiblement N — 2.

297. *Quand il s'agit d'un polygone convexe, la somme de ses angles extérieurs est toujours égale à l'angle replet, c'est-à-dire à quatre droits* (*Cf.* **210**).

Comme au numéro cité, pour un triangle, on formera les angles extérieurs en assignant d'abord un sens de parcours déterminé au périmètre du polygone considéré, puis en prenant chaque angle saillant compris entre un côté prolongé dans son sens et le suivant. On achèvera le raisonnement de la même manière.

La démonstration se ferait facilement encore, en procédant à l'inverse de la marche qui nous a fait passer du n° **210** au n° **211**.

L'introduction d'angles extérieurs *négatifs* (**175**) permettrait d'étendre ce théorème aux polygones déchevêtrés non convexes, d'en déduire ensuite le précédent en revenant à la marche précitée.

298. Si l'on obtient un autre contour encore déchevêtré, en juxtaposant les aires de deux polygones de ce genre, cela dans un même plan, de manière qu'elles soient contiguës l'une à l'autre par quelque ligne brisée commune à leurs périmètres, et que, sauf les points de cette ligne, ceux de chacune de ces deux aires soient extérieurs à l'autre, puis en supprimant la ligne de contiguïté pour ne conserver que les surplus des périmètres des deux polygones, on dit que l'aire incluse dans le nouveau contour est la *somme* (géométrique) de celles des aires considérées.

En construisant ainsi la somme des aires de deux polygones déchevêtrés, puis celle de cette somme et d'une troisième aire, et ainsi de suite, on obtiendra la *somme* (géométrique) de toutes les aires considérées.

299. Inversement, on *divisera* (géométriquement) une aire en deux autres, en marquant sur son contour deux points distincts P, Q partageant celui-ci en deux lignes brisées PAQ, QBP, en traçant de P à Q, à l'intérieur du même contour, quelque ligne brisée PHQ, déchevêtrée et n'ayant sur le contour aucun point autre que ses extrémités, en dédoublant cette ligne pour former avec PAQ et QBP les deux contours déchevêtrés PAQHP, PHQBP, en prenant enfin les aires de ces deux derniers polygones.

Pour diviser la même aire en un nombre quelconque de parties, on la divisera d'abord en deux comme ci-dessus, puis l'une de ces parties, ou toutes deux, en deux nouvelles parties, et ainsi de suite.

300. Si sur deux aires $\mathcal{A}$, $\mathcal{B}$, il est possible d'exécuter la première opération expliquée au n° **298**, à cela près que les points de $\mathcal{B}$ soient tous intérieurs à $\mathcal{A}$, l'aire résultante $\mathcal{C}$ est l'*excès* (géométrique) de $\mathcal{A}$ sur $\mathcal{B}$, ou bien la *différence* entre l'une et l'autre. Il est évident que l'aire $\mathcal{A}$ est la somme (géométrique) des aires $\mathcal{B}$ et $\mathcal{C}$.

En même temps, on dit que l'aire $\mathcal{A}$ est *plus grande* que l'aire $\mathcal{B}$, que celle-ci est *plus petite* que l'autre.

301. Voici maintenant comment on définit le *rapport* de deux aires planes polygonales données A, B.

1° Quand il se trouve que A peut être considérée comme la

RAPPORT DE DEUX AIRES PLANES POLYGONALES. 133

somme de m aires égales à B chacune (298), le rapport de A à B est l'entier m.

2º Quand il arrive que A et B peuvent être considérées comme les sommes, la première de m, la seconde de n aires toutes égales entre elles, leur rapport est la fraction $m : n$.

3º Dans tout autre cas, il est possible de construire deux aires variables A', B' dont le rapport puisse se définir comme ci-dessus (1º, 2º), et dont les différences à A, B soient toutes deux infiniment petites (443, *inf.*).

Le rapport variable de A' à B' tend alors vers une certaine limite qui est indépendante de la nature du procédé suivi, et dont la valeur est celle du rapport de A à B.

302. Les rapports de plusieurs aires à l'une d'entre elles adoptée pour *unité*, sont leurs *mesures* (quelquefois leurs *surfaces*), et, à ce propos, il y a lieu de renouveler textuellement les observations faites aux nºs **129, 130**, ..., où il s'agissait tantôt de segments rectilignes, bandes, murs, tantôt d'angles plans ou dièdres.

Il y a toutefois une dissemblance essentielle à noter : l'addition ou la soustraction géométriques de grandeurs de ces dernières sortes nous ont donné des résultats dont la forme géométrique de chacune est, aussi bien que sa mesure, indépendante du mode opératoire. Pour des aires polygonales au contraire, la figure du résultat, sinon sa mesure, est évidemment variable à l'infini.

Quand deux aires ont ainsi même mesure, sans être superposables, on les dit *équivalentes*.

Comparaison des aires de deux triangles.

303. *Quand deux triangles ont un sommet commun et leurs côtés opposés à ce sommet placés sur une même droite, le rapport de leurs aires est égal à celui de ces côtés.*

I. En coupant une même paire de parallèles fixes E, E' (*fig.* 63) par des paires A, B et C, D et ... de droites toutes parallèles entre elles, mais d'une autre direction fixe H, on obtient chaque fois, en a, a', b, b' par exemple, les sommets d'un quadrilatère évidemment déchevêtré (208), (42) dont nous nommerons temporairement *cote* le côté ab placé sur la droite E [égal au côté $a'b'$ placé sur l'autre parallèle E' (138, IV)], et qui appartient à l'espèce des *parallélogrammes* (309, *inf.*).

En imprimant à ce parallélogramme une translation parallèle aux droites E, E' (77), il est évident qu'on peut amener sa cote ab en juxtaposition, extérieure ou intérieure à volonté, avec celle *cd* de tout autre *cc'd'd*, et qu'alors les deux polygones se trouvent juxtaposés aussi par un côté parallèle à la direction H, extérieurement dans le premier cas, intérieurement dans le second (**138, VI**), donnant un parallélogramme analogue par leur addition ou leur soustraction (**298**), (**300**).

Il est encore évident qu'en partageant la cote d'un semblable parallélogramme en plusieurs parties, et en menant par les points de division, des parallèles à la direction H, on partagera le parallélogramme en d'autres du même genre, ayant naturellement pour cotes les parties de celles du premier (**299**).

Cela posé, *le rapport des aires de deux parallélogrammes de ce genre est égal à celui de leurs cotes*.

1° *La somme de plusieurs côtés est la cote de la somme des parallélogrammes correspondants*. On l'aperçoit immédiatement par ce qui précède, en juxtaposant extérieurement les cotes considérées, puisque, simultanément, les parallélogrammes correspondants se juxtaposent extérieurement.

2° *A deux cotes égales, correspondent deux parallélogrammes égaux et réciproquement*. Car la juxtaposition intérieure des cotes, opérée par glissement de l'une sur la droite E, les superpose à cause de leur égalité, superpose en conséquence les parallélogrammes correspondants.

3° La démonstration s'achève ensuite comme celle des n°s **140, 144, 194**, ..., en considérant ici un parallélogramme quelconque et sa côte comme deux grandeurs correspondantes.

II. Etant donnés dans un même plan deux droites fixes non parallèles X, Y (*fig.* 64) et un segment *mn* non parallèle à l'une ou à l'autre, nous représenterons par [*mn*] pour abréger, le parallélogramme *mh'nh''* ayant pour sommets les intersections mutuelles des parallèles à X et à Y menées par les extrémités de ce segment.

Cela posé, *si après avoir décomposé en parties quelconques ..., mn, ..., un segment fixe AB non parallèle à X ou Y, et après avoir construit sur ces segments partiels les parallélogrammes ..., [mn], ..., on vient à faire varier le mode de division, de telle sorte que, chaque fois, tous les fragments ..., mn, ..., soient inférieurs à quelque segment infiniment petit* (**443**, *inf.*), *la somme* Σ [*mn*] *des aires des parallélogrammes considérés est aussi une quantité infiniment petite* [1].

---

(1) Il n'est pas possible de démontrer en Géométrie élémentaire les propositions du même genre, mais autrement vastes, que nous aurons à énoncer à propos des figures courbes (Chap. XIII, *inf.*). Il nous paraîtrait donc oiseux de nous attarder à établir le présent point, et encore celui, tout semblable, du n° **376**, II (*inf.*); ceux qui, pourtant, y tiendraient absolument, le feraient très facilement en s'appuyant sur ce que nous dirons au n° **443** *bis*, II (*inf.*).

A plus forte raison, *on trouverait une somme infiniment petite en y comprenant seulement tels ou tels des triangles ..., mh'n, mh"n, ... en lesquels la droite* AB *décompose tous les parallélogrammes,* puisque les parties de cette nouvelle somme sont respectivement inférieures, égales au plus, à celles de la précédente où elles ont été découpées.

III. Soient maintenant OPQ, ORS (*fig.* 65), les triangles proposés, ayant le sommet commun O et leurs côtés opposés PQ, RS sur une même droite Y.

Sur toute parallèle à cette droite, les angles en O des triangles découpent des segments pq, rs dont le rapport est égal à celui de leurs côtés opposés PQ, RS.

A cause du parallélisme des droites PQRS, *pqrs*, on a, en effet (**260**, I),

$$\frac{pq}{rq} = \frac{PQ}{RQ}, \quad \frac{rs}{rq} = \frac{RS}{RQ},$$

proportions dont la division membre à membre donne bien

$$\frac{pq}{rs} = \frac{PQ}{RS}.$$

IV. Simultanément ensuite, décomposons nos triangles en quadrilatères correspondants [ce sont des *trapèzes* (**308**, *inf.*)], comme $p_1 p_2 q_2 q_1$, $r_1 r_2 s_2 s_1$, par des parallèles à la droite Y; puis, à chaque paire de quadrilatères de cette sorte, substituons les parallélogrammes correspondants $p_1 p'_2 q'_2 q_1$, $r_1 r'_2 s'_2 s_1$ obtenus en coupant les parallèles à Y considérées par des paires de parallèles à une droite quelconque X (non parallèle aux autres droites de la figure), menées par les extrémités p_1, q_1 et r_1, s_1 des segments correspondants découpés sur l'une des parallèles à Y par les angles en O de nos triangles.

Le rapport des aires de deux parallélogrammes correspondants est toujours égal à PQ : RS.

Car s'il s'agit, par exemple, de ceux dont nous avons parlé, leur rapport est égal à $p_1 q_1 : r_1 s_1$, rapport de leurs cotes (I), et celui-ci à PQ : RS (III).

V. *Si les rapports des termes correspondants dans deux suites*

(1) $a_1, a_2, a_3, \ldots, a_k,$

(2) $b_1, b_2, b_3, \ldots, b_k,$

de grandeurs d'une même espèce sont tous égaux à celui de deux mêmes grandeurs u, v *d'une espèce quelconque, les résultats d'additions et soustractions (physiques) exécutées simultanément sur les termes correspondants de ces deux suites sont encore dans le rapport de* u *à* v.

En représentant par
$$\alpha_1, \alpha_2, \alpha_3, \ldots, \alpha_k,$$
$$\beta_1, \beta_2, \beta_3, \ldots, \beta_k,$$

les mesures des quantités (1), (2) rapportées à une même unité, et par υ, φ celles de u, v rapportées à une même unité de leur espèce, l'hypothèse

$$\frac{a_1}{b_1} = \frac{a_2}{b_2} = \frac{a_3}{b_3} = \ldots = \frac{a_k}{b_k} = \frac{u}{v},$$

entraîne, comme au n° **129**, les égalités de rapports

$$\frac{\alpha_1}{\beta_1} = \frac{\alpha_2}{\beta_2} = \frac{\alpha_3}{\beta_3} = \ldots = \frac{\alpha_k}{\beta_k} = \frac{\upsilon}{\varphi},$$

desquelles on tire en particulier

$$\alpha_1 = \frac{\upsilon}{\varphi} \beta_1,$$
$$\alpha_2 = \frac{\upsilon}{\varphi} \beta_2,$$

puis, en ajoutant et retranchant membre à membre,

$$\alpha_1 + \alpha_2 = \frac{\upsilon}{\varphi}(\beta_1 + \beta_2), \quad \alpha_1 - \alpha_2 = \frac{\upsilon}{\varphi}(\beta_1 - \beta_2),$$

et par division

$$\frac{\alpha_1 + \alpha_2}{\beta_1 + \beta_2} = \frac{\upsilon}{\varphi}, \quad \frac{\alpha_1 - \alpha_2}{\beta_1 - \beta_2} = \frac{\upsilon}{\varphi}$$

or, ces dernières égalités donnent bien (*loc. cit.*)

$$\frac{a_1 + a_2}{b_1 + b_2} = \frac{u}{v}, \quad \frac{a_1 - a_2}{b_1 - b_2} = \frac{u}{v};$$

et de même, dans tout autre cas de notre énoncé.

VI. En particulier, si l'on nomme A′ la somme des aires des parallélogrammes substitués aux diverses parties du triangle OPQ, et B′ la somme analogue pour le triangle ORS, *on aura toujours*

$$\frac{A'}{B'} = \frac{PQ}{RS},$$

parce que les rapports des parties correspondantes des sommes A′ et B′ sont tous égaux à PQ : RS (IV), (V).

VII. Supposons enfin que l'on fasse varier progressivement le mode de subdivision du segment OP, de manière que toutes ses parties soient inférieures à quelque segment infiniment petit ρ. Comme les subdivisions du segment OQ sont les projections de leurs correspondantes sur OP faites parallèlement à la droite Y, partant égales aux longueurs de celles-ci multipliées par quelque même nombre invariable ρ **(150)**, **245**), elles sont toutes inférieures au segment ρρ infiniment petit aussi; et semblablement, pour celles des segments OR, OS.

On en conclut (II) que les triangles analogues à $p_1p_2p'_2$ et à $q_1q_2q'_2$ qu'il faut tantôt ajouter à l'aire A du triangle OPQ, tantôt en retrancher, pour obtenir la somme A' des parallélogrammes $p_1p'_2q'_2q_1$, donnent des sommes (ou différences) toutes deux infiniment petites, et, par suite, que l'on a

$$A \pm \varepsilon = A',$$

puis de même

$$B \pm \eta = B',$$

en appelant B l'aire du triangle ORS et ε, η deux certaines aires infiniment petites. Le rapport de A à B est donc égal à la limite de celui de A' à B' **(301)**, c'est-à-dire à celui de PQ à RS, puisque A' : B' est toujours égal à PQ : RS (VI).

304. *Quand deux triangles ont deux angles égaux entre eux ou même seulement respectivement égaux à deux angles jumeaux* **(170)**, *le rapport de leurs aires est égal à celui des produits pour chacun, des longueurs de ses côtés comprenant ces angles* (*ces longueurs étant, bien entendu, mesurées au moyen d'une même unité*).

Soient HOK, H'OK' (*fig.* 66) les triangles dont il s'agit, amenés dans des positions telles que les angles en question soient superposés ou jumeaux, et traçons le segment HK'.

Les triangles HOK, HOK' ayant le sommet H commun, avec leurs côtés opposés OK, OK' placés sur une même droite, donnent la proportion

$$\frac{HOK}{HOK'} = \frac{OK}{OK'} \quad (303);$$

et, pour une raison semblable, les triangles HOK', H'OK' de même sommet K' avec des côtés opposés OH, OH' sur une même droite, donnent cette autre proportion

$$\frac{HOK'}{H'OK'} = \frac{OH}{OH'},$$

dont la multiplication membre à membre par la première conduit à

$$\frac{HOK}{HOK'} \cdot \frac{HOK'}{H'OK'} = \frac{OK}{OK'} \cdot \frac{OH}{OH'},$$

c'est-à-dire à
$$\frac{\overline{HOK}}{\overline{H'O'K'}} = \frac{OH.OK}{OH'.OK'},$$
comme il fallait le constater.

305. *Quand deux triangles ont un côté commun* BC *(fig. 67) et leurs sommets opposés* A_1, A_2 *sur une parallèle à ce côté, leurs aires sont équivalentes* (**302**).

Soit A_2bc la position prise par le triangle A_1BC après la translation égale et parallèle à A_1A_2 qui amène en A_2 son sommet A_1. Comme, pour venir en $bc = BC$, le côté opposé n'a fait que glisser sur la droite qui le contenait, puisqu'elle est parallèle à la translation, on a
$$\frac{A_2BC}{A_2bc} = \frac{BC}{bc} = 1 \qquad (303),$$
c'est-à-dire $A_2BC = A_2bc$.

On a donc $A_2BC = A_1BC$, puisque $A_2bc = A_1BC$.

306. Dans un triangle quelconque, on nomme *base* un de ses côtés arbitrairement choisi, et *hauteur* (correspondante) la distance (orthogonale) à ce côté, du sommet qui lui est opposé (**262**), celle tout aussi bien au même côté, de sa parallèle menée par le sommet opposé (**283**).

Le rapport des aires de deux triangles est égal à celui du produit de la base du premier par sa hauteur, au produit de la base du second par sa hauteur.

I. *Tout triangle* ABC *(fig. 68) est équivalent à un triangle rectangle ayant sa base* BC *et sa hauteur* HA *pour côtés de son angle droit respectivement.*

Car si A_1 est l'intersection d'une parallèle à la base BC, issue du sommet opposé A, et d'une perpendiculaire à cette base, élevée en l'une de ses extrémités B, le triangle A_1BC est rectangle en B, ayant pour côtés de son angle droit, BC et $BA_1 = HA$ comme parallèles comprises entre parallèles (**100**), (**138**, IV), et il est équivalent à ABC tous deux ayant le côté commun BC avec des sommets opposés A_1, A sur une parallèle à celui-ci (**305**).

II. Soient maintenant A'B'C' un autre triangle de base B'C', de hauteur H'A', et $A'_1B'C'$ le triangle rectangle déduit de lui comme A_1BC l'a été de ABC. Les angles A_1BC, $A'_1B'C'$ étant égaux, comme droits, on a (**304**)
$$\frac{ABC}{A'B'C'} = \frac{A_1BC}{A'_1B'C'} = \frac{BC.BA_1}{B'C'.B'A'_1} = \frac{BC.HA}{B'C'.H'A'},$$
à cause de $ABC = A_1BC$, $A'B'C' = A'_1B'C'$ (I), $BA_1 = HA$, $B'A'_1 = H'A'$.

On utilise plus particulièrement ces cas particuliers évidents :
Les aires de deux triangles sont entre elles comme leurs hauteurs, quand leurs bases sont égales; comme leurs bases, quand leurs hauteurs sont égales.
Deux triangles dont les bases sont égales ainsi que les hauteurs, sont équivalents.

Mesure des aires polygonales courantes.

307. Après les triangles, les quadrilatères plans sont les polygones dont la considération s'impose le plus souvent.
Dans un quadrilatère quelconque, on dit *opposés* deux côtés non contigus, et aussi deux sommets non placés sur quelque même côté. Il y a deux diagonales (**205**) dont chacune joint deux sommets opposés.
Quand il s'agit d'un quadrilatère déchevêtré, ce que nous supposerons désormais sans le répéter, la somme des angles intérieurs est égale à 2 neutres ou 4 droits, parce que l'excès de 4, nombre des sommets, sur 2 est 2 aussi (**296**).

308. Un *trapèze* est un quadrilatère déchevêtré, ayant deux côtés opposés parallèles. Tel est celui que l'on obtient en joignant les origines, puis les extrémités de deux segments quelconques directement parallèles, car un raisonnement analogue à celui du n° **258** montrera bien facilement que ces nouveaux côtés ne peuvent avoir en commun aucun point intérieur à l'un d'eux.
Les côtés parallèles d'un trapèze se nomment ses *bases*, et leur distance mutuelle est sa *hauteur*; celle-ci est ainsi la largeur de la bande ayant les bases pour côtés (**141**).
Deux angles d'un trapèze dont les sommets sont les extrémités d'un côté autre qu'une base, sont toujours supplémentaires (**184**).

309. Un *parallélogramme* est un trapèze ayant parallèles, non seulement ses bases, mais encore ses côtés opposés de l'autre paire; il est donc un trapèze de deux manières.
On peut ainsi choisir pour *base* d'un parallélogramme, l'un quelconque de ses côtés.
Deux côtés opposés sont toujours égaux (**138, IV**), ainsi que deux angles opposés (**182**). Deux angles non opposés sont toujours supplémentaires (**308**).
On en conclut immédiatement (**216, II**) que chaque diagonale décompose le parallélogramme en deux triangles égaux, et, bien facilement encore, que toutes deux se coupent au point milieu de chacune; c'est le *centre* du parallélogramme (**421**, *inf.*)

Quand deux côtés contigus sont égaux, les quatre côtés le sont les uns aux autres indistinctement, et le parallélogramme se nomme un *losange* ou *rhombe*. Comme ainsi, chaque extrémité d'une diagonale est équidistante de celles de l'autre, ces diagonales se coupent, non seulement en leur milieu commun, mais encore à angle droit (**254**).

310. Un *rectangle* est un parallélogramme dont les côtés opposés d'une paire sont perpendiculaires à ceux de l'autre paire, dont ainsi tous les angles sont droits.

La *hauteur* d'un rectangle (**308**) se confond donc avec tout côté contigu à celui qui a été pris pour base. La longueur commune de deux côtés parallèles et celle des deux autres sont les *dimensions* du rectangle.

On aperçoit immédiatement que les deux diagonales sont égales.

Quand deux côtés contigus d'un rectangle sont égaux, c'est-à-dire quand il est un losange aussi, on le nomme un *carré*. Les diagonales d'un carré se coupent en leur point milieu et orthogonalement, parce que la figure est un losange ; elles sont égales entre elles, parce qu'elle est aussi un rectangle ; en conséquence, elles décomposent les carrés en quatre triangles tous rectangles et isocèles, de plus, égaux les uns aux autres. Un carré est un polygone *régulier* de 4 côtés (Chap. XXI, *inf.*).

311. *On a pris pour unité d'aire, l'aire du carré dont les quatre côtés sont égaux à l'unité de longueur,* par conséquent le mètre carré, le décamètre carré, ..., le kilomètre carré, les décimètre, centimètre, millimètre carrés, selon que, soit le mètre, soit l'un de ses multiples ou sous-multiples décimaux, a été adopté pour unité de longueur. C'est sur cette convention *expresse* que reposent toutes les propositions du genre des suivantes.

Des considérations théoriques où nous ne pouvons nous attarder, rendraient préférable, pour unité d'aire, celle d'un triangle ayant sa base et sa hauteur toutes deux égales à l'unité de longueur.

312. *L'aire d'un triangle a pour mesure la moitié du produit de la longueur d'un côté quelconque pris pour base* (**306**) *par celle de la hauteur correspondante.*

I. *L'aire du triangle QPR (fig. 69) qui est rectangle en P avec les côtés de son angle droit PQ, PR tous deux égaux à l'unité de longueur, a pour mesure* $\frac{1}{2}$.

Car on peut le considérer comme l'une des deux moitiés en lesquelles est divisé, par la diagonale QR, le carré PQSR, construit sur l'unité de longueur PQ comme côté (**309**), duquel carré l'aire a pour mesure 1, par convention générale.

MESURE DE L'AIRE D'UN TRIANGLE, D'UN TRAPÈZE, ETC.

II. Soit ABC (*fig.* 68) le triangle en question, de base BC et de hauteur AH. On a

$$\frac{ABC}{QPR} = \frac{BC.AH}{PR.QP}, \qquad (306),$$

parce que, dans un triangle rectangle, on peut prendre tout côté de l'angle droit pour base et l'autre pour hauteur. Mais les grandeurs PR, QP et QPR ont pour mesure 1, 1 et $\frac{1}{2}$ (I); il vient donc

$$ABC : \frac{1}{2} = \frac{BC.AH}{1.1} = BC.AH,$$

d'où finalement

$$ABC = \frac{BC.AH}{2}.$$

Pour abréger, on dit que l'aire (ou surface) d'un triangle est *égale au demi-produit de sa base par sa hauteur*; cette locution et quantité d'autres analogues s'expliquent immédiatement par l'attribution faite aux mots, des sens figurés dont nous avons parlé au n° **130**.

313. *L'aire d'un trapèze a pour mesure le produit de sa hauteur par la demi-somme de ses bases* (on veut dire le produit de la mesure de sa hauteur par la demi-somme de celles de ses bases).

Car une diagonale quelconque AC (*fig.* 70) décompose le trapèze ABCD en deux triangles CAB, ACD qui ont pour hauteur commune celle HK du trapèze, et pour bases, en même temps, celles-mêmes de ce quadrilatère. D'où,

$$ABCD = CAB + ACD = \frac{1}{2}AB.HK + \frac{1}{2}CD.HK = \frac{1}{2}(AB + CD).HK.$$

314. *L'aire d'un parallélogramme a pour mesure le produit d'une base par la hauteur correspondante.* Car c'est celle d'un trapèze dont les bases sont égales, dont chacune par suite est égale à la demi-somme de toutes deux **(309)**, **(313)**.

315. *L'aire d'un rectangle a pour mesure le produit de ses deux dimensions.* Car c'est celle d'un parallélogramme ayant l'une de ces dimensions pour base et l'autre dimension pour hauteur.

L'aire d'un carré a donc pour mesure le carré (arithmétique) *de la longueur de son côté.* Car c'est celle d'un rectangle dont les deux dimensions ont le côté pour valeur commune. Telle est l'origine du mot *carré* appliqué au produit de deux facteurs egaux ; chez les Anciens, effectivement, la connaissance de l'Arithmétique et de] l'Algèbre a toujours été en très grand retard sur celle de la Géométrie dont ils ont été les créateurs.

316. Un polygone plan étant donné, quelconque mais déchevêtré, on obtiendra la mesure de son aire en évaluant, d'une manière ou d'une autre, celles des triangles en la somme desquels on peut le décomposer (**294**), (**312**), puis en faisant la somme des nombres ainsi trouvés.

Voici un autre procédé qui est indirect, mais bien plus commode en Arpentage, parce qu'il exige moins d'opérations graphiques. Les côtés (ou fragments de côtés) du polygone à mesurer, ABCDEFGA (*fig.* 71), leurs projections orthogonales sur quelque même droite tracée dans son plan, et les distances des sommets à cette droite, limitent des aires trapézoïdales (et triangulaires) dont les mesures combinées par voie d'addition (ou de soustraction) conduisent évidemment à celle du polygone. Car l'aire de ce dernier est visiblement la somme de celles du triangle λBb, des trapèzes BCcb, CDdc, du triangle Dμd, des trapèzes EFfe, FGgf, GAag, diminuée de la somme de celles des triangles Aλa, Eμe.

317. *Pour mesure de l'aire d'un triangle* ABC (*fig.* 68), *on peut prendre encore le demi-produit de deux côtés quelconques* BA, BC, *par* |sin ABC| *sinus de l'angle compris entre eux, si cet angle est aigu ou droit, de son supplément, s'il est obtus.*

Car le triangle BHA, rectangle en H, donnera toujours

$$AH = BA \{\sin ABC\} \qquad (243),$$

d'où, pour l'aire du triangle (**312**),

$$\frac{1}{2} BC.AH = \frac{1}{2} BA.BC \{\sin ABC\},$$

formule aussi utile que simple et élégante.

Comme l'aire d'un parallélogramme est le double de celle d'un triangle formé par deux côtés contigus quelconques et la diagonale qui ne passe pas par la soudure de ceux-ci, *on peut prendre, pour sa mesure, le produit de ces deux côtés par le sinus de leur angle ou de son supplément.*

318. La considération des aires planes polygonales fournit parfois des démonstrations extrêmement faciles, même intuitives. L'exemple le plus curieux est celle ci-après du théorème de Pythagore (**227**), que M. Laisant a bien voulu m'indiquer et qui, d'après Lucas, serait due à un géomètre hindou ou chinois, ayant vécu des siècles avant le philosophe de Samos.

Sur b, c, côtés de l'angle droit d'un triangle rectangle d'hypoténuse a, construisons des carrés, et plaçons-les de manière à en opposer deux angles par le sommet, puis prolongeons jusqu'à leurs rencontres les côtés de ces carrés qui sont parallèles à ceux de cet angle. Le contour extérieur (*fig.* 72) sera celui d'un autre carré de côté $b+c$, dont l'intérieur se compose des deux carrés précédents B, C, et de deux rectangles que deux diagonales décomposent en quatre triangles précisément égaux au triangle proposé T. Si, d'autre part, on construit un carré A de côté a, et si, par chacun de ses côtés, on lui juxtapose extérieurement un triangle T par l'hypoténuse de celui-ci, en ayant soin que les angles de deux de ces triangles dont les sommets se superposent soient toujours complémentaires, il est visible qu'un côté de l'angle droit, dans chacun des mêmes triangles, sera toujours prolongé par un côté de même sorte dans quelque autre, et qu'ainsi le contour extérieur sera encore un carré de côté $b+c$, décomposé en le carré A et quatre triangles T. On a donc A = B + C, d'où $a^2 = b^2 + c^2$ (315), puisqu'ainsi les aires A et B+C ne sont que des excès de formes différentes, des deux carrés de même côté $b+c$ sur deux sommes de quatre mêmes triangles diversement arrangés.

Soient encore ABC (*fig.* 73) un triangle quelconque, D la trace d'une bissectrice de son angle A (**264**) sur le côté opposé, et Db, Dc les distances de cette trace aux deux côtés de cet angle. On a

$$\frac{ABD}{ACD} = \frac{DB}{DC},$$

parce que ces triangles ABD, ACD ont le sommet commun A et les côtés opposés placés sur une même droite (**303**), et aussi

$$\frac{ABD}{ACD} = \frac{AB.Db}{AC.Dc} = \frac{AB}{AC},$$

en vertu du n° 306 et parce que le point D situé sur une bissectrice de l'angle BAC, est équidistant de ses côtés (**264**); on a donc

$$\frac{DB}{DC} = \frac{AB}{AC},$$

propriété utile du triangle qui ailleurs se présentera à nous d'une manière bien plus complète.

Nous pourrions multiplier ces exemples, à propos du théorème de Céva (Additions, *inf.*) sur les segments, en lesquels les côtés d'un même triangle sont découpés par trois droites concourantes issues de ses sommets opposés (Laisant), de l'égalité des *rapports anharmoniques* des systèmes de quatre points que quatre droites concourantes (ou parallèles), situées dans un même plan, tracent simultanément sur deux droites quelconques (Laisant), etc. Mais les aires n'étant pas des éléments *essentiels* des figures comme les segments rectilignes et les angles, leur immixtion à des spéculations où leur rôle ne s'impose pas, ne peut fournir que des procédés artificiels, partant précaires et de très courte portée. Nous n'insistons donc pas, engageant le lecteur, au contraire, à rechercher toujours les méthodes naturelles et larges, de préférence aux artifices, si faciles, si brillants, que ceux-ci puissent leur paraître.

CHAPITRE IX.

SURFACES PRISMATIQUES. — PROJECTIONS SUR UN PLAN.

Surfaces brisées, en général. — Surfaces prismatiques.

319. Des régions de plans limitées par des droites, demi-droites ou segments rectilignes, puis assemblées de manière que chacune se raccorde avec quelque autre par une ou plusieurs de ces droites ou fragments de droites, forment une figure ayant des analogies avec une ligne brisée (**205** *et suiv.*) et portant le nom générique de *surface brisée* ou *polyédrique*. Une figure de ce genre est formée par l'ensemble des murs d'une maison et des versants de son toit, quand ils sont tous plans.

Les *faces* d'une pareille surface sont les portions de plans ainsi assemblées; son *bord* est l'ensemble des parties des portions de droites ci-dessus, par lesquelles il n'y a pas contiguïté entre deux faces, ensemble formant souvent une ligne brisée, mais pouvant comprendre des droites entières et des demi-droites, pouvant parfois disparaître; les *arêtes* sont ces mêmes portions de droites, plus spécialement celles qui n'appartiennent pas au bord; ses *angles* (dièdres) sont les dièdres (**192**) des faces desquels font partie deux faces de la surface, raccordées par une arête commune; ses *sommets* sont enfin les points où se soudent, par des extrémités communes, des arêtes appartenant à des faces contiguës, principalement ceux de ces points qui ne sont pas sur le bord. On voit ainsi qu'une arête est en partie, en totalité moins souvent, l'intersection des plans de deux faces contiguës, qu'un sommet est le

GÉNÉRALITÉS SUR LES SURFACES PRISMATIQUES.

point de concours des droites de deux ou plusieurs arêtes contiguës, celui tout aussi bien des plans des faces contenant ces arêtes, quand toutefois leur nombre surpasse deux. Habituellement, il y a encore à considérer les *angles solides* de la surface (336, *inf.*).

On nomme *diagonale*, toute droite passant par deux sommets qui ne sont pas situés sur une même face, et *plan diagonal*, tout plan mené par trois sommets ou deux arêtes remplissant la même restriction.

320. La plus simple des surfaces brisées a pour faces, ou *pans*, des bandes (138) se raccordant deux à deux par leurs côtés, alors tous parallèles (44) : c'est une surface *prismatique*, pour laquelle la dénomination de *paravent* ferait mieux image. Le bord est ici constitué par les deux côtés libres des faces extrêmes ; les arêtes sont les autres côtés des faces, par lesquels celles-ci se soudent ; il n'y a aucun sommet. La *direction* d'un paravent est celle commune à ses arêtes et aux côtés de ses faces extrêmes, à laquelle toutes les faces sont aussi parallèles (49). Plusieurs observations se présentent immédiatement.

I. *Une translation parallèle à la direction d'un paravent ne fait que le réappliquer sur lui-même d'une autre manière* (*Cf.* 138, I).

II. Un plan parallèle à la direction d'un paravent ne peut le couper que suivant des droites toutes parallèles à ses arêtes (50). Mais, sur un plan non parallèle à cette direction, les faces du paravent, ses arêtes et ses angles tracent les côtés, sommets et angles d'une ligne brisée plane, dite *section plane* de la surface, entre laquelle et cette dernière existe une corrélation topographique très étroite qui est évidente. Par exemple, la seule connaissance d'une section plane et de la direction du paravent permet de reconstituer immédiatement celui-ci par ses faces, bords et arêtes.

Les sections faites par des plans parallèles s'appliquent les unes sur les autres par de simples translations, par suite elles sont toutes égales entre elles (*Cf.* 138, 143 et 193, IV).

III. Quand ces plans parallèles sont perpendiculaires à la direction du paravent, c'est-à-dire à ses arêtes, à ses faces aussi par suite (107), les sections ont des rapports bien plus étroits encore avec lui ; car les côtés de chacune et ses angles sont évidemment les largeurs (141) et angles plans (194) des faces et des dièdres de la surface dont ils sont simultanément les sections. Pour ce motif, on les considère de préférence, et on les dit *droites*.

IV. La somme des amplitudes des faces d'un paravent (139) est son amplitude *superficielle* (*Cf.* 205) ou encore son *développement*,

146 SURFACES PRISMATIQUES. — PROJECTIONS SUR UN PLAN.

parce qu'elle est évidemment celle de la bande que l'on obtiendrait en *développant* la surface, c'est-à-dire en appliquant toutes ses faces sur un même plan, extérieurement les unes aux autres, après leur avoir conféré la liberté de tourner autour de leurs arêtes de soudure transformées en axes de rotation. Il est évident ainsi, que *le rapport des amplitudes superficielles de deux paravents est égal à celui des longueurs de leurs sections droites* (III).

Aires découpées sur deux plans par des surfaces prismatiques parallèles.

321. Une surface prismatique est *fermée*, quand les deux parties de son bord coïncident, cas auquel toutes ses sections planes le sont nécessairement aussi (**208**) et réciproquement, où ses angles et ses arêtes sont en nombres égaux; nous la nommerons plus simplement une *moulure* (polyédrique). On spécifie une moulure par une dénomination rappelant la forme de ses sections : on a ainsi les moulures *triangulaires, quadrangulaires, pentagonales, ..., rectangulaires, carrées*, ces deux dernières ayant des rectangles ou des carrés pour sections droites.

Dans la figure 85, on voit une moulure quadrangulaire, ses arêtes ad, $a'd'$, $a''d''$, $a'''d'''$ et ses sections $aa'a''a'''$, $b...$, $c...$, $d...$, faites par quatre plans parallèles.

322. La définition du n° **206** explique immédiatement par analogie ce qu'est un paravent *enchevêtré* ou *déchevêtré*, dispositions dont celle existant pour la surface est évidemment commune à toutes ses sections.

Pour une moulure déchevêtrée, les notions d'*intérieur*, d'*extérieur*, etc., s'étendent immédiatement à toute droite parallèle à la direction de la surface et à tous les points d'une semblable droite, c'est-à-dire à tous ceux de l'espace. La marche des idées est la même que pour les polygones plans (**292** *et suiv.*), la seule dissemblance étant que, au lieu de triangles dans un même plan, il faut considérer des moulures triangulaires de même direction, autrement dit *parallèles*. Il est évident qu'*une droite parallèle à une moulure déchevêtrée lui est intérieure ou extérieure, selon que, sur le plan d'une section et relativement à celle-ci, l'une ou l'autre de ces dispositions est celle de sa trace sur ce plan* (Cf. **143**).

Ensuite, on n'aura plus qu'à se laisser guider par les considérations des n°ˢ **298** et suivants, pour arriver très facilement à la notion du *rapport* des *amplitudes* (dans l'espace) de deux moulures déchevêtrées.

323. *Quand deux moulures de ce genre sont parallèles, le rapport de leurs amplitudes est égal à celui des aires de leurs sections par un même plan quelconque* (*Cf.* **144**).

I. Quand deux moulures se superposent par quelque translation parallèle à un plan sécant (**119**), le même déplacement superpose aussi leurs sections. Car le plan, si on le solidarise avec la moulure mobile, ne fait que se réappliquer sur lui-même (Chap. II, *passim.*).

II. *Si les moulures considérées sont triangulaires et ont pour sections les triangles* OPQ, ORS (*fig.* 65), *présentant un sommet commun* O *avec des côtés opposés* PQ, RS *empruntés à une même droite, le rapport de leurs amplitudes est égal à celui de ces côtés* PQ : RS.

La démonstration se fait exactement comme celle du n° 303 s'appliquant aux aires de ces triangles, à la condition d'y remplacer ces aires et celles des parallélogrammes et trapèzes tels que $aa'b'b$, $[m\ n]$, $p_1p_2q_2q_1$, $p_1p'_2q'_2q_1$, ..., par les amplitudes des moulures parallèles aux considérées qui ont ces divers polygones pour sections.

III. *Notre théorème est donc vrai pour les moulures triangulaires en question*, puisque le rapport de leurs sections est égal aussi à PQ : RS (*Ibid.*).

De ce cas, *il s'étend de lui-même à celui où les sections ont soit un angle commun, soit deux angles jumeaux* (**304**), *puis à celui où les sections, alors équivalentes comme les moulures, ont un côté commun avec leurs sommets opposés sur une même parallèle à ce côté* (**305**).

IV. *Il subsiste pour deux moulures triangulaires, quand un angle de la section de l'une a ses côtés respectivement parallèles à ceux d'un angle de la section de l'autre.* Car en imprimant à l'une d'elles la translation capable de superposer les sommets de ces angles, on superpose ces angles ou bien on les rend jumeaux sans changer ni l'amplitude de cette moulure, ni l'aire de sa section (I), (III).

V. *Il est vrai pour deux moulures triangulaires quelconques.*

Soient ABC, DEF et {ABC{, {DEF{ les notations des sections et des moulures elles-mêmes.

1° Si les sections ont parallèles leurs côtés BC, EF (*fig.* 74), une parallèle à ED, menée par B, rencontrera certainement en quelque point A' la parallèle à EF, par suite à BC, menée par A, et notre théorème est applicable aux moulures {A'BC{, {DEF{ parce que, dans leurs sections, les côtés BC, EF sont parallèles ainsi que BA', ED (IV). Or les triangles ABC, A'BC sont équivalents (**305**) ainsi que les moulures correspondantes {ABC{, {A'BC{ (III).

2° Si les côtés BC, EF (*fig.* 75) ne sont pas parallèles, les

148 SURFACES PRISMATIQUES. — PROJECTIONS SUR UN PLAN.

parallèles à BC et à EF, menées par A et B respectivement, ne le sont pas non plus l'une à l'autre, et se couperont en quelque point A' donnant un triangle A'BC et une moulure |A'BC| équivalents encore à ABC et à |ABC|. Notre théorème est donc vrai pour les moulures |ABC|, |DEF|, puisqu'il a été démontré pour leurs équivalentes |A'BC|, |DEF| (1°).

VI. Soient maintenant M, N les *mesures* des aires des sections de deux moulures polygonales parallèles quelconques, d'amplitudes |M|, |N|, puis m_1, m_2, m_3, ..., n_1, n_2, n_3, ... celles des aires des triangles en lesquels ces deux sections peuvent être décomposées (294), et $|m_1|$, $|m_2|$, $|m_3|$, ..., $|n_1|$, $|n_2|$, $|n_3|$, ..., les amplitudes des moulures triangulaires et toutes parallèles aux proposées, qui ont ces divers triangles pour sections.

La proportion

$$\frac{|m_1|}{|m_2|} = \frac{m_1}{m_2}$$

existant entre ces quatre *nombres* (V) donne, par la permutation des moyens.

$$\frac{|m_1|}{m_1} = \frac{|m_2|}{m_2},$$

et, en procédant de la même manière, on arrive à la suite de rapports égaux

$$\frac{|m_1|}{m_1} = \frac{|m_2|}{m_2} = \frac{|m_3|}{m_3} = \ldots = \frac{|n_1|}{n_1} = \frac{|n_2|}{n_2} = \frac{|n_3|}{n_3} = \ldots$$

On en conclut (303, V)

$$\frac{|m_1| + |m_2| + |m_3| + \ldots}{m_1 + m_2 + m_3 + \ldots} = \frac{|n_1| + |n_2| + |n_3| + \ldots}{n_1 + n_2 + n_3 + \ldots};$$

c'est-à-dire

$$\frac{|M|}{M} = \frac{|N|}{N},$$

ou bien finalement

$$\frac{|M|}{|N|} = \frac{M}{N},$$

car des circonstances topographiques évidentes donnent

$$|m_1| + |m_2| + |m_3| + \ldots = |M|, \quad |n_1| + |n_2| + |n_3| + \ldots = |N|,$$
$$m_1 + m_2 + m_3 + \ldots = M, \quad n_1 + n_2 + n_3 + \ldots = N.$$

324. *Les amplitudes de deux moulures quelconques sont entre elles comme les aires de leurs sections droites* (320, III), (*Cf.* **144, 194**).

Car si on déplace ces moulures de manière à les rendre parallèles, elles tracent leurs sections droites sur un même plan quelconque perpendiculaire à leur nouvelle direction commune (323).

325. *Si deux mêmes moulures parallèles quelconques* {M}, {N}, *tracent sur un premier plan sécant les sections (d'aires)* M′, N′ *et sur un deuxième les sections* M″, N″ *correspondant aux premières, la relation topographique des premières sections et le rapport de leurs aires sont, la première identique, le second égal à ce qu'ils sont pour leurs correspondants* (*Cf.* **145**).

Car, sur chaque plan sécant, la relation topographique des sections est identique à celle des moulures elles-mêmes (322), et le rapport de leurs aires est égal à celui des amplitudes des mêmes moulures (323).

326. *Si*

$$P_1, P_2, P_3, \ldots, P, \ldots$$
$$P'_1, P'_2, P'_3, \ldots, P', \ldots$$

représentent les aires des traces sur deux mêmes plans $\mathcal{P}$, $\mathcal{P}'$, *de moulures parallèles quelconques, on a la suite de rapports égaux*

$$\frac{P'_1}{P_1} = \frac{P'_2}{P_2} = \frac{P'_3}{P_3} = \ldots = \frac{P'}{P} = \ldots,$$

ayant 1 *pour valeur commune, quand* $\mathcal{P}$, $\mathcal{P}'$ *sont parallèles* (320, II), (*Cf.* **147**).

C'est ce qui résulte de la permutation des moyens dans les proportions

$$\frac{P'_1}{P'_2} = \frac{P_1}{P_2}, \quad \frac{P'_1}{P'_3} = \frac{P_1}{P_3}, \ldots \quad (325).$$

327. Étant donnés un plan fixe $\mathcal{P}$, dit *plan de projection*, et une droite fixe D qui ne lui est pas parallèle, on nomme *projection* d'un point quelconque *m* de l'espace, faite *sur le plan* $\mathcal{P}$, *parallèlement à la droite* D, la trace *m′* sur ce plan, de la droite parallèle à D, menée par *m*, droite dite la *projetante* de ce point.

Le cas le plus fréquent est celui des projections *orthogonales*, c'est-à-dire faites par des projetantes perpendiculaires sur le plan de projection. Les autres sont *obliques* (*Cf.* **149**).

328. La *projection* d'une ligne quelconque est l'autre ligne constituant le lieu des projections des points de la première.

150 SURFACES PRISMATIQUES. — PROJECTIONS SUR UN PLAN.

La projection de toute droite E *non parallèle à* D *est toujours une droite aussi.*

Les projetantes des divers points de la droite considérée sont effectivement des parallèles à D, s'appuyant toutes sur E, engendrant par suite (53) le plan mené par E parallèlement à D, dit *plan projetant* de cette droite E, plan dont la trace E′ sur le plan de projection est évidemment la projection de E ci-dessus définie.

Quand cette droite est parallèle au plan de projection, sa projection est toujours parallèle à elle aussi (48).

Si elle était parallèle aux projetantes, les projetantes de tous ses points se confondraient avec elle (43), et sa projection dégénérerait en le simple point constituant sa trace sur le plan de projection.

329. La projection d'un segment rectiligne, absolu ou dirigé, est un autre segment, absolu ou dirigé aussi, qui est situé dans le plan de projection et se confond évidemment avec la projection du même segment, faite sur celle de la droite où il est découpé, parallèlement aux mêmes projetantes (328), (151). Si donc le segment à projeter était parallèle au plan de projection, sa projection lui serait égale en longueur (328), (148); elle serait nulle, s'il était parallèle aux projetantes.

La projection d'une ligne brisée en est une autre plane, trace sur le plan de projection, du paravent de direction parallèle aux projetantes, que l'on peut évidemment faire passer par la proposée.

330. La *projection* d'une aire plane polygonale est l'aire du polygone plan, projection de celui que la proposée a pour contour.

Ces deux aires appartiennent ainsi à deux sections planes de la moulure unique qui projette le contour de la première. Il en résulte (326) que, *pour une même direction donnée de droites projetantes, des aires quelconques* P, Q, ..., *situées dans un même plan ou dans des plans parallèles, sont proportionnelles à leurs projections* P′, Q′, ..., *même faites sur un plan parallèle à celui de projection* (Ibid.).

En d'autres termes, et quelle que soit l'aire P, on a

(1) $\qquad P' = \rho . P,$

ρ *étant un nombre dépendant seulement des orientations relatives des projetantes, du plan de projection et de celui des aires à projeter* (Cf. **150**).

Ce nombre ρ est toujours $= 1$, quand ces plans sont parallèles (326), mais $= 0$, si le second d'entre eux était parallèle aux projetantes.

331. Les projections orthogonales (**327**) présentent des particularités fort importantes.

I. *La projection orthogonale sur un plan* (**329**), *d'un segment rectiligne (absolu) situé sur une droite, est égale au produit de sa longueur par le cosinus de l'angle aigu (ou droit) qui est compris entre cette droite et sa projection (ou une droite quelconque passant par son pied dans le plan de projection).*
Car cette projection n'est pas autre chose que celle du segment considéré, sur la projection de sa droite (ou sur la droite quelconque ci-dessus) (**329**), (**244**).

L'angle dont nous venons de parler est, par définition, *l'angle du plan et de la droite considérés*; il jouit d'une propriété spéciale que nous ferons connaître plus tard (**346**, *inf.*).

II. *Pour des projections orthogonales, la formule* (1), *relative aux aires, prend la forme particulière*

(2) $\qquad P' = P \cos V,$

V *étant l'angle aigu ou droit du plan de l'aire à projeter, avec le plan de projection.*

La forme et la position de l'aire P étant indifférentes, nous considérerons la projection orthogonale A'B'C' (*fig.* 76) d'un triangle ABC, ayant un côté BC parallèle à la trace XY de son plan sur celui de projection, cas auquel B'C' est parallèle à XY comme intersection des plans A'B'C', BCB'C' contenant respectivement les droites parallèles XY, BC.

La droite XY étant située dans le plan de projection qui est ici perpendiculaire aux projetantes, à AA' en particulier, on peut par AA' faire passer un plan perpendiculaire à XY (**93**), à ses parallèles BC, B'C' en même temps (**88**), et si O, H, H' sont les pieds de ce plan sur ces trois droites, A'OA est le rectiligne V du dièdre aigu compris entre les plans A'B'C', ABC, le segment AH est une hauteur du triangle ABC et A'H', projection orthogonale évidente de AH sur la droite OA', est une hauteur aussi du triangle A'B'C'. On a donc (**306**)

$$\frac{A'B'C'}{ABC} = \frac{B'C'.A'H'}{BC.AH} = 1.\cos V = \cos V,$$

parce que l'on a B'C' = BC comme parallèles comprises entre parallèles, et A'H' = AH.cos V (I). Or cette dernière égalité se confond avec (2), si l'on y désigne par P, P' les aires des triangles sur lesquels nous avons raisonné.

III. Comme au n° **245** pour les projections sur un axe, l'intervention d'un plan de projection auxiliaire, pris perpendiculaire aux projetantes, ramène immédiatement le calcul des projections obliques sur un plan, à celui des projections orthogonales.

332. *Sauf le cas où une ligne brisée est tout entière dans un plan parallèle au plan de projection, la longueur de sa projection est inférieure à la sienne* (Cf. **286**).

Chaque côté de la ligne brisée étant la distance de deux points appartenant aux parallèles qui projettent ses extrémités, tandis que sa projection est leur distance orthogonale (**283**), celle-ci est inférieure au côté correspondant, ou bien égale si ce côté est perpendiculaire aux projetantes. Mais cette dernière particularité ne pourrait affecter tous les côtés, sans qu'ils fussent dans un même plan parallèle à celui de projection, cas excepté. La somme des projections des côtés est donc certainement inférieure à celle de ces côtés eux-mêmes.

333. *Sous la même restriction, le théorème précédent est applicable à une aire plane polygonale* P *et à sa projection orthogonale* P'.

Car l'angle aigu V n'étant pas nul, on a $\cos V < 1$ (**240**), moyennant quoi, $P \cos V$ est $< P$, et $P' < P$, en vertu de la formule (2).

334. De ce que nous avons vu au n° **331**, II, on conclut immédiatement que *l'aire, sinon la forme, d'une section plane d'une moulure quelconque, dépend uniquement de l'angle* V *formé par son plan avec ceux des sections droites, ou, ce qui revient au même* (Ibid., I), *avec la direction de la moulure*, et nullement des autres particularités de l'orientation de ce plan.

Car, en appelant P l'aire et la section, et P' celle d'une section droite, la formule (2) donnera toujours $P = P' : \cos V$.

CHAPITRE X.

ANGLES SOLIDES, TRIÈDRES PRINCIPALEMENT.

Surfaces pyramidales. — Angles solides en général.

335. Par la substitution d'angles rectilignes saillants, même rentrants, mais tous d'un même sommet, et de leurs côtés, faite à des bandes et à leurs côtés, les définitions du n° **320** deviennent celles d'une surface *pyramidale*, ou *éventail*, de ses *faces* ou *pans*, etc. Le bord se compose toujours des deux côtés libres des faces extrêmes ; les arêtes sont les demi-droites par les-

GÉNÉRALITÉS SUR LES ANGLES SOLIDES. 153

quelles les faces se soudent à leurs contiguës. Il y a un seul sommet, savoir celui qui est commun à toutes les faces, et que représente l'articulation commune des nervures de l'ustensile à éventer.

Quand un plan contient le sommet d'un éventail, il ne peut le couper que suivant une ou plusieurs demi-droites ayant ce point pour origine commune.

Sinon, la section est une ligne brisée plane donnant une image topographique de l'éventail, qui est particulièrement nette quand le plan sécant rencontre toutes les arêtes, à l'exclusion des prolongements de quelques-unes. Par exemple, la seule connaissance de cette image et du sommet, permet de reconstituer tous les éléments de l'éventail (*Cf.* 320, II). Des sections faites par des plans parallèles sont, non plus égales comme dans une moulure, mais *homothétiques* (396, II, *inf.*).

La somme des faces d'un éventail est un angle plan pouvant être considéré comme son *développement*, et mesurant son *amplitude superficielle* (*Cf.* 320, IV ; 205). Les considérations des n°s 165 et 207 montrent immédiatement en quoi consiste le mouvement pivotant d'une demi-droite qui *décrit un éventail, dans l'un ou l'autre des deux sens constants possibles*.

La définition d'une ligne brisée enchevêtrée ou déchevêtrée (206) devient celle d'un éventail de l'un ou de l'autre genre, quand on substitue les faces et arêtes de celui-ci aux côtés et sommets de l'autre.

336. Une surface pyramidale est *fermée*, quand ses faces extrêmes se soudent aussi par une arête commune. Telles sont évidemment celles qui tracent sur quelque plan, des lignes polygonales fermées. Un pareil éventail se nomme quelquefois un *coin* ou *pointe*, mais presque toujours un *angle solide* ou *polyèdre*, ayant des faces et des dièdres en un même nombre employé pour le spécifier un peu : quand ce nombre est 3, 4, 5, ..., l'angle solide est dit *trièdre, tétraèdre, pentaèdre*, ...

Entre tous, les angles trièdres, dit simplement *trièdres*, ont une importance majeure.

Il importe de noter qu'un simple dièdre (192) peut, fort bien aussi, être considéré comme un angle solide ayant pour sommet un point pris arbitrairement sur son arête, avec des faces toutes deux neutres et deux arêtes opposées l'une à l'autre.

En OABCDE (*fig.* 95), on voit un angle solide pentaèdre qui a le point O pour sommet, et qu'un plan coupe suivant le pentagone ABCDE.

337. La notion d'amplitude (dans l'espace) peut être étendue comme il suit aux angles solides déchevêtrés (335) comprenant ceux qui sont *convexes*, c'est-à-dire où chaque face est un angle saillant dont le plan laisse toujours d'un même côté de

lui toutes les arêtes autres que les côtés de cette face, et, par suite, toutes les autres faces (*Cf*. **294**).

I. Quand un trièdre est déchevêtré, aucune de ses arêtes n'est située dans le plan des deux autres; inversement, trois demi-droites de même origine, mais non situées dans un même plan, sont les arêtes d'un trièdre déchevêtré qui est unique, en outre convexe évidemment, si l'on ne prend pour ses faces que les angles saillants de ces demi-droites associées deux à deux. Pour chaque angle d'un trièdre convexe, on prend le dièdre, évidemment saillant, auquel l'intérieur de la face ne contenant pas son arête est intérieur aussi. *Un trièdre d'arêtes données est toujours pris convexe, quand le contraire n'est pas spécifié.*

II. Les deux régions que découpe dans l'espace la surface d'un trièdre convexe, c'est-à-dire l'ensemble de ses faces, se distinguent par ces propriétés évidentes : tout point de l'une est intérieur à chacun des trois angles du trièdre (**192**), mais aucun point de l'autre ne remplit ces trois conditions à la fois. (*Cf.* **292**). La première région est l'*intérieur* du trièdre ; la seconde est son *extérieur*. En considérant la section du trièdre par un plan rencontrant toutes ses arêtes (à l'exclusion de leurs prolongements), il est visible qu'une demi-droite issue du sommet lui est intérieure ou extérieure, selon que sa trace sur le même plan est intérieure à ce triangle (*Ibid.*) ou bien que, soit la même trace est extérieure à ce triangle, soit celle de son prolongement lui est intérieure.

III. En opérant maintenant avec des trièdres convexes de même sommet, leurs faces et arêtes, comme nous l'avons fait avec des triangles assemblés dans un même plan, leurs côtés et sommets (**293**), on arrive à la notion de l'*intérieur* d'un angle solide déchevêtré quelconque, de son *extérieur*, puis de son *amplitude* (d'espace).

Mais il y a cette dissemblance, que *l'extérieur du même angle solide peut, tout aussi bien, être décomposé en trièdres convexes juxtaposés extérieurement les uns aux autres* (opération dont l'analogue n'est pas possible pour l'extérieur d'un polygone plan), et qu'ainsi, pour la plupart des angles solides, ces mots *intérieur*, *extérieur*, n'ont que des sens *relatifs*. Ils reprendraient cependant des significations absolues pour un angle solide convexe, dont la définition la plus brève consisterait à dire qu'il peut être coupé par un plan suivant un polygone convexe. Par exemple, l'extérieur d'un trièdre convexe est l'intérieur d'un autre trièdre encore déchevêtré et de mêmes faces, mais dont les angles (intérieurs) sont les replements (**192**) des dièdres du proposé.

L'intérieur et l'extérieur de tout angle solide déchevêtré peuvent être dits *replémentaires*, puisque leur réunion reproduit la totalité de l'espace considéré comme rayonnant de leur sommet commun (*Cf*. **171**).

AMPLITUDE D'UN ANGLE SOLIDE.   155

IV. Un plan quelconque, non parallèle à l'arête d'un dièdre, découpe évidemment son intérieur en ceux de deux trièdres déchevêtrés, dont il est la somme géométrique; il en résulte que *l'amplitude de tout angle solide peut être comparée à celle d'un dièdre considéré comme angle solide à deux faces seulement* (336), amplitude spéciale que, pour ce motif, nous distinguerons par le mot *radiante*.

Inégalités entre les angles d'un même trièdre et entre ses faces.

338. Dans l'étude des figures formées par des droites et des plans issus d'un même point, dans des questions moins simples encore, la considération des trièdres a une importance de même ordre que celle du triangle dans le plan et dans toute la Géométrie. C'est notamment le cas de l'Astronomie, où ils interviennent continuellement.

Les six *éléments* d'un même trièdre, c'est-à-dire ses trois faces et ses trois angles, se comportent, les uns relativement aux autres, comme les côtés et les angles d'un même triangle, ceci à beaucoup d'égards, mais avec de grandes dissemblances aussi. On les dit *contigus, adjacents, opposés, ...*, dans les positions relatives caractérisées par ces mots pour ceux d'un triangle.

Pour les trièdres dont nous parlons dans ce chapitre, *la propriété d'être tous convexes* (337) *demeure expressément sous-entendue*.

339. En substituant à 1, ou à 2, ou à 3 arêtes d'un trièdre donné, leurs 1, ou 2, ou 3 prolongements, on obtient 3, 3, 1, au total 7 autres trièdres convexes de même sommet, qui sont à considérer quelquefois, et que nous dirons *ses jumeaux* (*Cf.* **170**). Ils lui sont *opposés :* chacun des trois premiers *par une face*, chacun des trois suivants *par une arête*, et le dernier, bien plus remarquable que les autres, *par* ou bien *au sommet*. Les observations suivantes sont évidentes, ou à fort peu près (*Ibid.*).

I. *Deux trièdres* OABC, OA$_1$BC (*fig.* 77) *opposés par une face* BOC, *ont égaux leurs faces se confondant en cette commune et leurs dièdres* BOAC, BOA$_1$C *se confondant aussi, mais supplémentaires, les faces* BOA, COA, *les dièdres* AOBC, AOCB *de l'un, aux éléments semblables* BOA$_1$, COA$_1$, A$_1$OBC, A$_1$OCB *de l'autre*.

II. *Quand, notés* OABC, OAB$_1$C$_1$, *ils sont opposés par une arête* OA, *sont jumeaux et opposés, tantôt par le sommet* O, *tantôt par l'arête* OA *partant égaux, leurs faces* BOC, B$_1$OC$_1$ *leurs dièdres* BOAC, B$_1$OAC$_1$; *sont encore jumeaux, mais opposés, tantôt par des faces, tantôt par des côtés, partant supplémentaires, les faces* AOB,

AOC et dièdres $\widehat{AOBC}$, $\widehat{AOCB}$ de l'un, les faces AOB_1, AOC_1, les dièdres $\widehat{AOB_1C_1}$, $\widehat{AOC_1B_1}$ de l'autre.

III. Quand, notés OABC, $OA_1B_1C_1$, ils sont opposés par le sommet, sont opposés tantôt par le sommet, tantôt par les arêtes, partant respectivement égaux, les faces et dièdres de l'un aux faces et dièdres de l'autre. Les trièdres sont alors isomères (219).

340. Entre les angles A, B, C d'un même trièdre OABC (fig. 77) et l'angle dièdre neutre $\mathfrak{N}$, on a les inégalités

(1) $\qquad 3\mathfrak{N} > A + B + C > \mathfrak{N} \qquad$ (Cf. **211**),

et les trois autres du type

(2) $\qquad\qquad A + \mathfrak{N} > B + C.$

I. La première inégalité est évidente, car si elle n'avait pas lieu, l'un au moins des angles du trièdre serait neutre ou rentrant, ce qui est incompatible avec sa convexité.

II. En considérant, avec le trièdre proposé, son opposé OA_1BC par la face BOC (**339**), puis cet autre OA_1B_1C opposé au précédent par la face COA_1, puis enfin $OA_1B_1C_1$ opposé à ce dernier par la face A_1OB_1, et en représentant généralement par [UPQR] l'amplitude d'un trièdre noté UPQR (**337**, III), par [P] l'amplitude radiante d'un dièdre noté P (Ibid., IV), on a les trois relations

(3) $\qquad \begin{cases} [OABC] + [OA_1BC] = [A], \\ [OA_1BC] + [OA_1B_1C] = [\mathfrak{N} - B], \\ [OA_1B_1C] + [OA_1B_1C_1] = [C]. \end{cases}$

Effectivement, la réunion des intérieurs de deux trièdres opposés par une face reconstitue toujours celui du dièdre qui leur est commun, et ces dièdres communs sont : pour les trièdres figurant dans la première égalité, le dièdre A du proposé, pour ceux entrant dans la seconde, un dièdre d'arête BOB_1, supplémentaire au dièdre B du proposé, pour ceux enfin de la troisième, un dièdre d'arête COC_1, opposé par cette arête, égal par suite à C dans le proposé.

Or, la somme des premiers membres des égalités extrêmes surpasse celle de la moyenne, car elle la reproduit avec addition de $[OABC] + [OA_1B_1C_1]$. Il en est donc de même pour les seconds membres, d'où

$$[A] + [C] > [\mathfrak{N} - B],$$

ou bien

$$A + C > \mathfrak{N} - B$$

inégalité équivalente à la dernière partie de (1), car les amplitudes radiantes des dièdres sont évidemment proportionnelles à leurs mesures angulaires.

INÉGALITÉS ENTRE LES ANGLES D'UN TRIÈDRE.   157

III. Le trièdre opposé au proposé par la face BOC, a pour angles A, $\pi - B$, $\pi - C$ (**339**, I); en lui appliquant donc l'inégalité (1), il vient

$$A + (\pi - B) + (\pi - C) > \pi,$$

c'est-à-dire le type même (2) de celles que nous avons en vue.
La combinaison des relations (3) avec l'égalité (1) du n° 362 (*inf.*) conduirait au même résultat d'une manière plus directe. En les ajoutant membre à membre, il vient effectivement

$$2\{[OABC] + [OA_1BC] + [OA_1B_1C]\} > [\pi] + [C] + [A] - [B],$$

et la somme entre parenthèses est $< [\pi]$, car il faut réunir OAB_1C à ces trois trièdres pour remplir le demi-espace ayant pour plancher le plan des quatre arêtes OA, OA_1, OB, OB_1 et contenant l'arête OC, demi-espace dont l'amplitude radiante est $[\pi]$. Il en résulte

$$2[\pi] > [\pi] + [C] + [A] - [B],$$

ou bien

$$[B] + [\pi] > [C] + [A]$$

donnant, comme ci-dessus (I),

$$B + \pi > C + A,$$

inégalité du type (2).

L'intervention du trièdre supplémentaire (**351**, *inf.*) ramènerait immédiatement le présent théorème à celui du n° 342 (*inf.*), ou *vice versa*.

341. Avant de poursuivre, nous devons établir un lemme qui est utile ailleurs encore.

Sur tout plan parallèle à l'un de ses côtés (mais non perpendiculaire à l'autre), la projection orthogonale d'un angle rectiligne aigu, ou droit, ou obtus, est un angle aigu et moindre, ou droit et égal, ou obtus et supérieur.

Sur des plans parallèles, les projections d'un même angle étant égales comme ayant leurs côtés directement parallèles (**193**, IV), nous supposerons que l'angle AOB (*fig.* 78) est projeté en AOB′ sur un plan contenant son côté OA, plan nécessairement perpendiculaire à BOB′ projetant de l'autre côté OB.

I. Si la projection AOB′ est aiguë, un plan élevé perpendiculairement à OA en un quelconque *a* des points de cette demi-droite, tracera sur AOB′ une perpendiculaire à OA qui rencontrera l'autre côté OB′, lui-même (**213**), en quelqu'un de ses points *b′*. Sur le plan projetant B′OB, le même plan perpendiculaire tracera une perpendiculaire de pied *b′* au plan AOB′, parce que lui et le plan projetant sont tous deux perpendiculaires à AOB' (**111**). Cette perpendiculaire rencontre l'autre côté OB de l'angle considéré, lui-même, parce que le plan de projection AOB' n'étant pas, par hypothèse, perpendiculaire à OB, cette dernière droite située dans le plan B'OB perpendiculaire à AOB', ne peut l'être à OB' (**113**), qu'ainsi elle est rencontrée par la perpendiculaire en quelque point b, ayant b' pour projection, qu'ainsi, par conséquent, ObB est bien la demi-droite qui a OB' pour projection. Le triangle OaB étant rectangle en a, parce que la droite ab est située dans le plan que nous avons élevé en a perpendiculairement sur OA, son angle aOB, c'est-à-dire l'angle AOB que nous projetons, est forcément aigu.

Dans les triangles Oab', Oab, tous deux rectangles en a, on a maintenant

$$\tan \text{AOB}' = \frac{ab'}{Oa}, \quad \tan \text{AOB} = \frac{ab}{Oa} \quad (240),$$

et le triangle $ab'b$, rectangle en b', donne

$$ab' < ab \quad (230);$$

il en résulte

$$\tan \text{AOB}' < \tan \text{AOB},$$

et l'on a bien

$$\text{AOB}' < \text{AOB},$$

puisque ces deux angles sont aigus (**242**).

II. Si la projection AOB' est un angle droit, son côté OA perpendiculaire à OB' dans le plan de projection, l'est aussi au plan projetant BOB' perpendiculaire à celui-ci en leur intersection OB' (**113**); il l'est donc à OB, droite du plan BOB', et l'angle AOB que l'on a projeté est droit aussi.

III. Quand enfin AOB', projection de AOB, est un angle obtus, on constatera bien facilement que, des deux angles A_1OB', A_1OB, leurs jumeaux opposés par leurs côtés OB', OD, partant leurs supplémentaires, le premier est encore la projection du second sur le même plan projetant contenant aussi OA$_1$. Comme A_1OB' est aigu parce que son supplément AOB' est supposé obtus, A_1OB est aigu aussi, et l'on a A_1OB' < A_1OB (I); AOB, supplément de A_1OB, est donc obtus comme sa projection, et, entre ces deux angles, on a l'inégalité inverse de celle-ci et de la précédente (I)

$$\text{AOB}' > \text{AOB}.$$

L'exactitude de notre proposition est assurée par la combinaison des trois points ci-dessus.

342. *Entre les faces a, b, c, d'un trièdre quelconque* OABC *et l'angle rectiligne replet $\mathfrak{R}$ [valant 4 droits (**188**)], on a l'inégalité*

(4) $\qquad 0 < a+b+c < \mathfrak{R},$

et les trois autres du type

(5) $\qquad\qquad a < b+c \qquad (Cf.\ 288).$

I. La première des inégalités (4) étant toujours évidente, et la seconde l'étant quand le trièdre n'a que des faces non obtuses, puisque leur somme ne peut atteindre seulement 3 droits, ou même quand une seule face est obtuse, puisque l'addition de celle-ci essentiellement saillante, c'est-à-dire < 2 droits, et des deux autres supposées chacune ≦ 1 droit ne peut conduire qu'à un total < 4 droits, nous n'avons à l'établir que pour un trièdre possédant deux faces obtuses au moins.

A cette fin, nous projetterons orthogonalement OA, arête commune à ces deux faces, en OA′ (*fig.* 79) sur le plan de la troisième BOC, contenant leurs côtés OB, OC, et nous observerons que les deux premières faces étant obtuses, leurs projections le sont aussi (**341**, III), qu'en conséquence, OA′ ne peut se trouver à l'intérieur, ni de cet angle BOC, ni des angles droits BOβ, COγ contigus extérieurement à celui-ci par ses côtés OB, OC respectivement ; autrement, en effet, OA′ ferait un angle aigu, droit au plus, avec OB ou OC.

Cette demi-droite OA′ étant ainsi à l'intérieur de l'angle saillant βOγ, on a

(6) $\qquad$ BOC + BOβ + βOA′ + COγ + γOA′ = $\mathfrak{R}$,

où tous les angles du premier membre sont pris saillants.

Cela posé, si OA′ est intérieur à B_1OC_1 opposé au sommet de BOC, les angles BOA′ = BOβ + βOA′ et COA′ = COγ + γOA′ sont tous deux saillants, fournissent par suite les projections des faces obtuses BOA, COA, donnant ainsi (*Ibid.*)

(7) $\qquad\qquad$ BOA′ > BOA, COA′ > COA,

et l'égalité (6) conduit bien à

(8) $\qquad\qquad$ BOC + BOA + COA < $\mathfrak{R}$,

c'est-à-dire l'inégalité (4) qui était à prouver.

Si, comme dans notre figure, OA′ est extérieure à B_1OC_1, à l'intérieur de COB$_1$ pour fixer les idées, les angles saillants BOA′, COA′ = COγ + γOA′ sont les projections de BOA, COA, et, comme le premier est par lui-même inférieur à l'angle rentrant replémentaire, $\overline{\text{BOA}'}$ = BOβ + βOA′, l'égalité (6) donne déjà

$\qquad\qquad$ BOC + BOA′ + COA′ < $\mathfrak{R}$.

A plus forte raison, les inégalités (7) conduiront donc encore à (8).

II. Comme le trièdre OA_1BC (*fig.* 77), opposé à OABC par leur face commune $BOC = a$, a pour autres faces les suppléments $\mathcal{R} - b$, $\mathcal{R} - c$ de leurs contiguës b, c dans le proposé (339, I), l'application de l'inégalité (4) à ce nouveau trièdre conduit à

$$a + (\mathcal{R} - b) + (\mathcal{R} - c) < \mathfrak{R},$$

se réduisant, à cause de $2\mathcal{R} = \mathfrak{R}$, au spécimen du type (5) que nous avons écrit.

On pourrait établir ces relations directement, mais au prix de longueurs que nous préférons éviter.

343. La remarque finale du n° **340** est applicable au théorème précédent. Nous ajouterons que l'on retrouverait toutes ces inégalités en discutant les conditions dans lesquelles il est possible de construire un trièdre dont on donne, soit les trois faces, soit les trois angles; problème dont nous dirons un mot à la fin du n° **357** (*inf.*).

Cette autre méthode ne serait plus un tour de main sans portée, comme la considération du trièdre supplémentaire.

344. *La somme des faces* [*ou développement* (**335**)] *de tout angle solide convexe est inférieure à l'angle replet* (*valant* **4** *droits*).

I. Soient NOP, une face d'un angle solide convexe, puis MON, POQ celles qui se soudent à elles par les arêtes ON, OP, et OI celle des demi-droites découpées sur l'intersection des plans MON, POQ par le plan NOP, qui, par rapport à ce dernier, tombe dans le demi-espace opposé à celui où se trouvent toutes les arêtes de l'angle solide (sauf ON, OP). La substitution aux trois faces considérées, des deux angles plans évidemment saillants (neutres quelquefois) MOI, IOQ, fait naître un nouvel angle solide à une face de moins que le proposé, qui est toujours convexe (ou se réduit à un dièdre).

Pour abréger, nous supprimerons la démonstration qui n'offre aucune difficulté.

II. *La somme des faces de l'angle solide proposé est inférieure à ce qu'elle est pour le nouveau;* car, dans le passage de l'un à l'autre, elle perd la face NOP du trièdre ONIP, évidemment convexe, et gagne la somme des deux autres NOI + IOP qui surpasse celle-ci (**342**).

III. Comme l'exécution d'une opération de ce genre sur le nouvel angle solide ainsi obtenu, puis sur ceux qu'elle fait successivement dériver de lui, procure une suite de pareils angles, où la somme des faces va en augmentant sans cesse, et qui aboutit à un trièdre où elle est < 4 droits (*Ibid.*) [même à un dièdre radiant (**337, IV**), si l'on faisait un pas de plus], cette même somme, à plus forte raison, est inférieure à 4 droits pour l'angle solide proposé.

Ce théorème explique, pour la surface d'un angle solide convexe dont les faces rigides seraient cependant articulées en toute liberté par leurs côtés communs, l'impossibilité d'être appliquée sur un plan par développement (*Cf.* **320, IV**; **335**), sans rupture de quelque articulation, ou bien sans que quelque face ne vienne en doubler une autre. Cette impossibilité qui n'existe jamais pour un paravent, ni pour un éventail (ouverts), disparaît pour certains angles solides non convexes, pour ceux évidemment que l'on réalise avec des feuilles de papier, pliées en forme des filtres employés par les chimistes.

345. *Quand les faces d'un angle solide sont toutes saillantes, une quelconque d'entre elles est inférieure à la somme des autres* (*Cf.* **287**).

Pour plus de simplicité, nous raisonnerons sur un angle convexe ayant 5 arêtes seulement A, B, C, D, E, écrites dans l'ordre où elles se succèdent sur l'angle. Sa décomposition par les plans diagonaux AC, AD donne trois trièdres tous convexes (*Cf.* **294**), dont les faces satisfont aux inégalités du type (5),

$$AC < AB + BC,$$
$$AD < AC + CD,$$
$$AE < AD + DE;$$

donnant bien, par leur addition membre à membre et la simplification du résultat,

$$AE < AB + BC + CD + DE.$$

346. Pour la rapprocher du lemme du n° **341**, auquel elle équivaut à fort peu près, nous placerons ici la proposition suivante.

Quand une demi-droite OB (*fig.* 78) *est oblique à un plan, cas auquel elle fait avec sa projection orthogonale* OB' *sur ce plan un angle aigu* BOB' *que nous avons nommé l'angle de cette droite et du plan* (**331, I**), *cet angle est inférieur à celui compris entre* OB *et toute autre demi-droite issue de son origine* O, *dans le plan considéré.*

Si cette autre demi-droite OA fait un angle aigu avec OB', elle a celle-ci pour projection orthogonale sur le plan BOB' qui, tout à l'heure, projetait OB sur le plan considéré, et l'angle BOA en discussion se projette en BOB' sur le même plan. Cette projection étant aiguë, on a bien BOB' < BOA (**341, I**). Si l'angle B'OA est droit ou obtus, l'angle aigu BOB' lui est, pour cette seule cause, inférieur.

C'est à cette propriété de l'angle d'une droite et d'un plan, que nous avons fait allusion en le définissant (**331**).

Comme en prolongeant en OB′$_1$, OA$_1$ nos demi-droites OB′, OA, on forme en BOB′$_1$, BOA$_1$ les suppléments des angles considérés BOB′, BOA, entre lesquels l'inégalité est inverse, et que OA$_1$ n'est, comme OA, qu'une demi-droite issue arbitrairement de O dans le plan en question, on voit en même temps qu'*avec le prolongement de sa projection, la même demi-droite OB fait un angle surpassant au contraire tous les autres compris entre elle et les demi-droites issues dans le plan, de son pied O*.

Rien de ceci ne subsiste quand OB est perpendiculaire sur le plan, car sa projection dégénère en le seul point O, et tous les angles tels que BOA sont droits, égaux entre eux par suite.

Cet angle droit est dit encore celui de la demi-droite et du plan.

Deux figures solides, formées chacune par un plan et une demi-droite issue de l'un de ses points, sont égales quand elles présentent des angles égaux ; cette égalité a lieu d'une seule manière, quand ces angles sont aigus, de deux quand ils sont nuls, d'une infinité quand ils sont droits. Pour appliquer les figures l'une sur l'autre, il suffit évidemment de superposer les côtés correspondants de leurs angles quand la valeur commune de ceux-ci n'est pas nulle, les plans, puis les demi-droites, par glissement de l'un sur l'autre, quand elle l'est.

Trièdres homotaxiques ou antitaxiques. — Trièdres supplémentaires. — Trièdres rectangles.

347. C'est surtout dans l'espace, qu'une grande importance s'attache aux relations topographiques expliquées antérieurement entre des figures dont tous les points sont, tantôt sur une même droite (**132**), tantôt dans un même plan (**177** *et suiv.*), (**217** *et suiv.*). Mais cette dernière étude facilitera singulièrement celle un peu moins simple que nous avons présentement à faire.

I. *Si* O′A′B′C′, O″A″B″C″ *sont les positions dans lesquelles un même trièdre (convexe) mobile* OABC *a été placé par l'adduction successive de quelqu'une de ses faces* BOC *dans les positions* B′O′C′, B″O″C″ *situées sur un même plan* $\mathcal{P}$ *et dans une même direction giratoire de celui-ci choisie à volonté* (**179**) (*que nous dirons élue*), *les positions correspondantes* O′A′, O″A″ *de sa troisième arête* OA *sont toujours d'un même côté de* $\mathcal{P}$ (*Cf.* **177**, I).

On raisonnera exactement, comme au lieu cité, en s'appuyant sur ce que l'égalité mutuelle des angles B′O′C′, B″O″C″ (égaux tous deux à BOC) et leur homotaxie (plane) supposée, permettent de déplacer OABC de $O'A'B'C'$ à $O''A''B''C''$ par simple glissement de sa face BOC sur le plan $\mathcal{P}$, opéré de $B'O'C'$ à $B''O''C''$ (**179**), et sur ce que ce mouvement laisse la demi-droite OA dans le demi-espace du plancher $\mathcal{P}$, qui contient sa position initiale (**121**).

II. *Si $O'''A'''B'''C'''$ est une troisième position du trièdre mobile, dans laquelle une autre face AOC dont la notation se déduit de celle de BOC par la permutation de l'une des lettres B, C affectées à des arêtes avec la troisième A, a été amenée en $A'''O'''C'''$ sur le plan $\mathcal{P}$ et toujours dans la direction élue, l'arête $O'''B'''$ est au contraire du côté de ce plan où ne se trouve pas $O'A'$* (*Cf.* **177**, II).

On raisonnera comme au lieu cité, après avoir amené OABC, de $O'A'B'C'$ à $O'\alpha'\beta'C'$, par une rotation d'amplitude égale à celle du dièdre dirigé $B'O'C'A'$, exécutée en sens contraire et autour de son arête OC, fixée en $O'C'$; on constatera de la même manière que $O'\beta'$ est placée du côté de $\mathcal{P}$ où n'est pas $O'A'$, que l'angle rectiligne $\alpha'O'C'$ est dans la direction élue, que, par suite (I), $O'\beta'$ est du même côté que $O'''B'''$, qu'ainsi $O'A'$ est du côté opposé.

III. *Si enfin $O^{IV}A^{IV}B^{IV}C^{IV}$ est une quatrième position de OABC, où celle $A^{IV}O^{IV}B^{IV}$, dans le plan $\mathcal{P}$ et dans sa direction élue, a été prise par AOB, face du trièdre mobile dont la notation se déduit de celle de la face BOC considérée dans l'alinéa I, par une permutation circulaire des trois lettres A, B, C, affectées aux arêtes, l'arête $O^{IV}C^{IV}$ est du même côté de $\mathcal{P}$ que $O'A'$.*

Comme une permutation circulaire de trois objets équivaut à deux permutations successives, chacune de deux d'entre eux (**217**, II), nous comparerons les unes aux autres les trois positions de notre trièdre, $O'A'B'C'$ (I), $O'''A'''B'''C'''$ (II) et celle-ci $O^{IV}A^{IV}B^{IV}C^{IV}$.

Leurs faces $B'O'C'$, $A'''O'''C'''$, $A^{IV}O^{IV}B^{IV}$ étant toutes sur le plan $\mathcal{P}$ dans sa direction élue, $O'''B'''$ est du côté de ce plan où ne se trouve pas $O'A'$, parce que la notation AOC se déduit de BOC par la permutation des deux lettres A, B (II), du côté aussi où ne se trouve pas $O^{IV}C^{IV}$, parce qu'on passe de AOC à AOB par la permutation de C avec B; $O'A'$, $O^{IV}C^{IV}$ sont donc d'un même côté de $\mathcal{P}$.

348. Etant donnés deux trièdres $O_1A_1B_1C_1$, $O_2A_2B_2C_2$, entre les arêtes desquels a été établie la correspondance indiquée par ces notations, on conclut facilement des considérations précédentes, que, *si, successivement, l'on place en homotaxie sur un même plan $\mathcal{P}$, les faces $B_1O_1C_1$, $C_1O_1A_1$, $A_1O_1B_1$ de l'un, dont les notations ne diffèrent que par des permutations circulaires des lettres affectées aux arêtes, puis les faces homologues $B_2O_2C_2$, $C_2O_2A_2$, $A_2O_2B_2$ du second, les demi-espaces de plancher $\mathcal{P}$, où alors se placent simultanément* (**347**, III), *tantôt les arêtes O_1A_1, O_1B_1,*

O_1C_1 du premier, tantôt les arêtes O_2A_2, O_2B_2, O_2C_2 du second, sont toujours identiques ou toujours opposés.

Nous dirons ces trièdres *homotaxiques* dans le premier cas, *antitaxiques* dans le second (*Cf.* **178**).

I. Si les trièdres $O_1A_1B_1C_1$, $O_2A_2B_2C_2$ sont *égaux* (de la manière indiquée par ces notations), ils sont homotaxiques (*Cf. Ibid.*, I).

II. Il est évident que *deux trièdres sont homotaxiques ou antitaxiques, selon que leurs relations avec un même troisième sont identiques ou différentes* (*Cf. Ibid.*, II).

III. *La relation entre les deux trièdres $O_1A_1B_1C_1$, $O_2A_2B_2C_2$ est toujours changée par une permutation des notations de deux arêtes dans celle d'un seul* (*Cf. Ibid.*, III).

Car le trièdre $O_1A_1B_1C_1$ étant toujours antitaxique à lui-même écrit $O_1B_1A_1C_1$ (**347**, II), le trièdre $O_2A_2B_2C_2$ est antitaxique aussi au second s'il est homotaxique au premier, mais homotaxique, s'il y a antitaxie entre lui et le premier (II).

IV. *Cette relation n'est changée par aucunes permutations circulaires des notations des trois arêtes dans un trièdre, dans tous deux aussi bien.*

C'est ce qui résulte, soit de la définition même, soit encore de ce que la substitution de B_2, C_2, A_2 par exemple à A_2, B_2, C_2 respectivement, équivaut à la permutation de A_2 avec C_2, suivie de celle de C_2 avec B_2 (III).

V. *Si, sur un même plan, mais dans des directions opposées, on porte en $B'_1O'C'_1$, $B'_2O'_2C'_2$ des faces homologues de deux trièdres $O_1A_1B_1C_1$, $O_2A_2B_2C_2$, les positions simultanées $O'_1A'_1$, $O'_2A'_2$ de leurs arêtes opposées sont de part et d'autre de ce plan, ou bien d'un même côté, selon que ces trièdres sont homotaxiques ou antitaxiques* (*Cf. Ibid.*, IV).

Car le prolongement $O'_1\beta'_1$ de O_1B_1 donnera le trièdre $O'_1A'_1\beta'_1C'_1$ qui lui et sa face $\beta'_1O'_1C'_1$ sont évidemment antitaxiques à $O'_1A'_1B'_1C'_1$ et à sa face $B'_1O'_1C'_1$ (**349**, I, *inf.*); on raisonnera ensuite comme au lieu cité avant le précédent.

349. La considération de trièdres jumeaux (**339**) conduit à des observations utiles (*Cf.* **180**).

I. *Deux trièdres jumeaux OABC, OA_1BC opposés par une face BOC sont toujours antitaxiques.*

Car la face BOC du premier étant identique à celle BOC du second, elle lui est en particulier homotaxique sur un même plan, et leurs troisièmes arêtes OA, OA_1 tombent de part et d'autre de ce plan, comme opposées l'une à l'autre (**348**).

II. *Deux trièdres OABC, OA_1B_1C opposés par une arête OC sont homotaxiques.*

Car tous deux sont antitaxiques (I) au même trièdre OA_1BC qui, opposé au premier par la face BOC, l'est aussi au second par la face COA_1 (*Ibid.*, II).

TRIÈDRES SUPPLÉMENTAIRES.   165

III. *Deux trièdres* OABC, $OA_1B_1C_1$ *opposés par le sommet sont antitaxiques.*

Car un même trièdre OA_1B_1C est homotaxique au premier, comme opposé par l'arête OC (II), mais antitaxique au second, comme opposé par la face A_1OB_1 (I), (**348**, II).

350. *Si, par le sommet d'un trièdre* OABC (*fig.* 80) *et perpendiculairement à chacune de ses faces* BOC, *on mène une demi-droite* O𝒜 *située du même côté du plan de cette face que l'arête opposée* OA, *réciproquement ce trièdre peut être déduit par les mêmes constructions, du nouveau trièdre* O𝒜ℬ𝒞 *ainsi obtenu. Ces deux trièdres sont homotaxiques, et toute face* ℬO𝒞 *de l'un est le supplément de l'angle plan du dièdre* OA *de l'autre, dont l'arête lui est perpendiculaire.*

I. Les arêtes Oℬ, O𝒞 du second trièdre sont perpendiculaires à celle OA du premier, parce que celle-ci est située à la fois dans les plans AOC, AOB qui sont perpendiculaires à Oℬ, O𝒞 par construction (**94**).

Toutes deux sont donc dans le plan mené par O perpendiculairement à OA, et elles le déterminent parce que, si elles étaient identiques ou opposées, les faces AOB, AOC du premier trièdre seraient dans un même plan, et ce trièdre ne serait pas convexe.

Comme, en outre, la demi-droite O𝒜, perpendiculaire sur le plan BOC, a été choisie du même côté de lui que OA, l'angle AO𝒜 est forcément aigu ; à cause de cela, et parce que le plan ℬO𝒞 est perpendiculaire à OA, ces mêmes demi-droites sont aussi d'un même côté de celui-ci.

II. Les demi-droites Oβ, Oγ élevées perpendiculairement à OA dans les faces AOC, AOB du premier trièdre, respectivement, sont situées dans le plan ℬO𝒞 perpendiculaire à cette arête, et sont respectivement perpendiculaires à Oℬ, O𝒞, comme étant dans les plans AOC, AOB perpendiculaires à ces dernières. En outre, le choix des demi-droites Oℬ, O𝒞 rend leur angle ℬO𝒞 antitaxique à βOγ, dans le plan Oℬ𝒞βγ contenant tous leurs côtés (**191**). Ces deux angles sont donc supplémentaires (**190**).

III. Le trièdre O𝒜ℬ𝒞 est homotaxique à OAℬ𝒞, parce que leur face commune ℬO𝒞 laisse les arêtes opposées O𝒜, OA d'un même côté d'elle (I); celui-ci l'est encore à OAγβ, parce que leur arête commune OA est opposée à des faces ℬO𝒞, γOβ homotaxiques dans un même plan (II) ; il y a enfin homotaxie entre ce dernier et OABC parce que leurs faces AOγ, AOB, portées toutes deux dans le même demi-plan $\overline{OAB}$, à partir de la même demi-droite OA, sont homotaxiques, et que leurs arêtes opposées Oβ, OC sont situées dans un même demi-plan $\overline{OAC}$ passant par OA, par suite d'un même côté du plan AOB. Il y a donc homotaxie entre O𝒜ℬℭ et OABC, termes extrêmes de cette suite de trièdres homotaxiques (**348**, II).

351. De pareils trièdres sont dits *supplémentaires*, et leur considération procure quelques ressources au raisonnement (**340**), (**343**), (**354**, *et suiv.*, *inf.*).

Une demi-droite est déterminée sans ambiguïté par la double condition d'être perpendiculaire à un plan donné issu de son origine, et de donner un trièdre homotaxique à un trièdre donné, par son association avec un angle placé sur ce plan dans l'une de ses directions (giratoires) donnée. Inversement, quand la demi-droite est donnée, ces mêmes conditions déterminent complètement le plan, en position et en direction (giratoire).

Cette correspondance étroite procure à chacune de ces figures une *représentation* par l'autre, représentation qui, parfois, est extrêmement utile en Mécanique, en Géométrie aussi, en permettant de substituer à des plans dirigés, des demi-droites d'une conception et d'un maniement beaucoup plus faciles. Et même, on prouve facilement que l'angle (convenablement défini) de deux plans dirigés est égal en grandeur à celui des demi-droites, leurs représentantes.

Ici, chaque arête d'un trièdre représente une face de son supplémentaire, imparfaitement toutefois, parce que l'angle de deux arêtes est, non égal, mais supplémentaire au dièdre compris entre les faces correspondantes du second trièdre.

352. Les trièdres dont un ou plusieurs angles sont des dièdres droits, sont comparables aux triangles rectangles, d'une manière toutefois fort vague.

I. Quand un trièdre a une face perpendiculaire à une autre, on le dit *rectangle* (en l'arête intersection de ces deux faces).

II. Quand deux faces sont perpendiculaires à la fois sur la troisième, elles sont toutes deux des angles (rectilignes) droits, car leur intersection est perpendiculaire sur la troisième face (**111**), par suite, sur leurs côtés situés dans cette face. Un pareil trièdre ayant droits ainsi, deux angles et, en même temps, les deux faces opposées, est *birectangle*.

III. En coupant un dièdre droit par un plan perpendiculaire à son arête, par suite à ses deux faces simultanément (**107**), on obtient deux trièdres nommés *trirectangles*, parce que chacun d'eux est doué alors de trois angles droits et aussi de trois faces droites, comme étant birectangle de trois manières (II).

Une grande analogie existe entre le trièdre trirectangle dans l'espace, et l'angle droit considéré dans un même plan. Par exemple, il est évident que *tous ses jumeaux* (**339**) *sont trirectangles aussi*, et encore, qu'*en superposant deux faces de deux trièdres trirectangles, ils se superposent aussi, ou sinon deviennent des jumeaux opposés par cette face*; etc.

Dans certaines questions de Géométrie analytique, en Mécanique, etc., la considération des trièdres trirectangles rend de très grands services.

On en retrouve dans quantité d'objets façonnés par la main humaine (encoignures des pièces de nos habitations, angles solides des caisses d'emballage, des dés à jouer, ...); en OXYZ (*fig.* 81), on en voit un (en perspective).

IV. On remarquera que le supplémentaire (**351**) d'un trièdre birectangle est birectangle aussi, et que celui d'un trièdre trirectangle se confond avec lui.

Principaux cas d'égalité ou d'isomérie de deux trièdres.

353. Après avoir rappelé que deux figures quelconques sont *isomères*, quand les segments rectilignes, angles plans et dièdres de l'une sont respectivement égaux aux éléments correspondants de l'autre (**219**), nous dirons, en thèse générale, que, pour deux trièdres, et à l'instar de ce qui a lieu pour les triangles, mais sans l'exception présentée par ceux n'ayant égaux que des angles (**214**), *l'égalité de trois éléments de même nature ou bien consécutifs, entraîne toujours celle des trois autres, partant, l'isomérie complète des trièdres.*

Mais, il importe de le retenir, *leur égalité exige en outre leur homotaxie* (**348**), condition supplémentaire que nous constaterons suffisante.

354. *Deux trièdres* OABC, O'A'B'C' *sont égaux, quand ils sont homotaxiques, et qu'une face* BOC *avec ses dièdres adjacents* OB, OC *sont respectivement égaux à la face* B'O'C' *et aux dièdres* O'B', O'C' *qui leur correspondent dans l'autre* (*Cf.* **216**).

Déplaçons le premier de manière à appliquer simultanément les côtés OB, OC, de sa face BOC sur les côtés O'B', O'C' de la face égale B'O'C' de l'autre. Comme ces trièdres sont homotaxiques, la troisième arête OA du premier vient en une position O'A" située du même côté du plan BOC que l'arête O'A'.

Les dièdres C'$\overline{O'B'}$A', C'$\overline{O'B'}$A" sont donc, non seulement égaux, mais portés dans des sens identiques à partir de leur face commune C'O'B'; donc les plans B'O'A', B'O'A" qui constituent leurs secondes faces, coïncident, et on prouvera de même que les plans C'O'A', C'O'A" se confondent. L'arête O'A", intersection des plans B'O'A", C'O'A", se confond donc avec O'A', intersection des plans identiques B'O'A', C'O'A', et la superposition complète des deux trièdres a été réalisée.

355. *Deux trièdres homotaxiques* OABC, O'A'B'C' *sont égaux,* quand un dièdre OA dans l'un et les deux faces AOB, AOC qui le comprennent, sont respectivement égaux aux éléments correspondants O'A', A'O'B', A'O'C' de l'autre (Cf. 216).

Nous amènerons encore le premier trièdre en une position telle que les côtés OA, OB de sa face AOB soient respectivement appliqués sur les côtés O'A', O'B' de son égale A'O'B' dans l'autre, et nous nommerons O'C" la position prise alors par sa troisième arête OC, et située du même côté du plan A'O'B' que O'C', à cause de l'homotaxie des trièdres.

Comme tout à l'heure, l'égalité des dièdres OA, O'A' entraînera la coïncidence des demi-plans $\overline{O'A'C''}$, $\overline{O'A'C'}$, et celle des angles rectilignes AOC, A'O'C' entraînera la confusion des arêtes O'C", O'C', seconds côtés de ces angles portés ainsi dans un même demi-plan à partir d'un côté commun O'A'. Nos deux trièdres ont donc été encore complètement superposés.

L'intervention des trièdres supplémentaires (351) ramènerait immédiatement ce théorème au précédent (354), ou *vice versa*.

356. *Deux trièdres homotaxiques* OABC (*fig.* 82), O'A'B'C' *sont égaux, quand les trois faces de l'un sont respectivement égales à leurs correspondantes dans l'autre* (Cf. 234).

Sur une arête OA du premier trièdre, mais ailleurs qu'au sommet, prenons un point quelconque a d'où nous abaisserons sur les arêtes OB, OC des plans perpendiculaires de pieds b, c, coupant ainsi les dièdres OB, OC suivant leurs angles plans abp, acp, se coupant mutuellement suivant une perpendiculaire de pied p à la face BOC, parce que, perpendiculaires aux deux droites OB, OC de ce plan, ils lui sont tous deux perpendiculaires; et si les faces AOB, AOC sont toutes deux aiguës, ce que nous supposerons pour fixer les idées, les pieds b, c tombent tous deux sur les arêtes OB, OC, elles-mêmes (213).

Dans le second trièdre (bien inutile à dessiner), les faces respectivement égales A'O'B', A'O'C' étant aussi aiguës, les mêmes constructions recommencées à partir d'un point a', pris sur son arête O'A', de manière à rendre O'a' = Oa, conduiront aux points b', c', p', jouant les mêmes rôles que b, c, p dans le premier.

Maintenant, les triangles Oba, O'$b'a'$, rectangles en b, b', sont égaux, comme ayant leurs hypoténuses Oa, O'a' égales par construction, et leurs angles aigus AOB, A'O'B' égaux par hypothèse (232); d'où Ob = O'b', puis Oc = O'c' pour des raisons analogues. Comme, d'autre part, on a BOC = B'O'C' par hypothèse, le déplacement du premier trièdre, capable d'appliquer les côtés OB, OC de sa face BOC sur O'B', O'C', côtés de la face correspondante et égale B'O'C' du second, fera coïncider aussi les points b, c, avec b', c', par suite les droites bp, cp

perpendiculaires en b, c sur OB, OC et dans le plan de ces deux arêtes, avec les perpendiculaires correspondantes $b'p'$, $c'p'$, l'intersection p des premières avec celle p' des secondes, d'où $bp = b'p'$ (et aussi $cp = c'p'$), enfin pa, perpendiculaire au plan BOC, avec $p'a'$ perpendiculaire correspondante.

Comme l'égalité des triangles Oba, O'$b'a'$ (et aussi bien Oca, O'$c'a'$) donne encore $ba = b'a'$ (et pareillement $ca = c'a'$), les triangles bpa, $b'p'a'$, par exemple, qui sont rectangles en p, p', sont égaux, parce que leurs hypoténuses ba, $b'a'$ sont égales, ainsi que leurs autres côtés bp, $b'p'$ (*Ibid.*).

On a donc encore $pa = p'a'$, et le déplacement imprimé au premier trièdre superposera le point a à a', parce que le segment pa prend la direction même de son égal $p'a'$, ceci à cause de l'homotaxie des deux trièdres. Les deux trièdres sont donc complètement superposés.

Quand les faces supposées aiguës ne le sont pas toutes deux, le raisonnement se fait de la même manière, sauf des circonstances topographiques légèrement différentes que nous devons laisser au lecteur le soin d'examiner.

357. *Deux trièdres homotaxiques* OABC (*fig.* 82), O'A'B'C' *sont égaux, quand les trois dièdres de l'un le sont respectivement à leurs correspondants dans l'autre.*

Par deux plans menés parallèlement à deux faces correspondants BOC, B'O'C', cela dans les demi-espaces qui contiennent les arêtes opposées OA, O'A' et à des distances égales des plans des faces considérées, nous couperons ces arêtes en des points a, a' dont les distances ap, $a'p'$ aux mêmes plans seront alors forcément égales. En partant ensuite de ces deux points, nous recommencerons les constructions du n° 356 dont nous noterons les résultats par les mêmes lettres; et en supposant d'abord aigus les dièdres OB, OC du premier trièdre, par suite leurs égaux O'B', O'C' dans le second, nous formerons ainsi les triangles apb, $a'p'b'$ rectangles en p, p', de plus égaux parce qu'ils ont égaux leurs côtés pa, $p'a'$ par construction; et leurs angles pba, $p'b'a'$ comme angles plans des deux dièdres OB, O'B' supposés égaux; et, pour des causes semblables, les triangles rectangles du même genre, apc, $a'p'c'$ seront aussi égaux entre eux.

En a, nous élèverons ensuite sur la face AOB du premier trièdre une perpendiculaire qui rencontrera certainement en quelque point μ, le plan de la face BOC opposée à l'arête OA, même le demi-plan $\overline{OBC}$, ceci à cause de l'acuité supposée au dièdre OB; par suite de quoi, la demi-droite $a\mu$ est du même côté du plan AOB que le demi-plan $\overline{OAC}$. Nous remarquerons en outre, que cette droite $a\mu$ est située dans le plan du triangle apb, que μ par suite est sur la droite bp.

Car ce plan mené perpendiculairement à l'arête OB est, comme $a\mu$, perpendiculaire sur la face AOB. De même, la perpendiculaire élevée au point a encore, sur l'autre face AOC du dièdre OA, coupera le plan BOC en quelque point ν de la droite cp, plaçant la demi-droite $a\nu$ du même côté du plan AOC que le demi-plan $\overline{OAB}$. Il en résulte (**198**), (**190**) que l'angle rectiligne $\mu a\nu$ est le supplément de l'angle plan du dièdre OA.

Des constructions toutes semblables exécutées sur le second trièdre conduiront à deux demi-droites issues du point a', coupant $b'p'$, $c'p'$ en des points μ', ν' donnant un angle rectiligne $\mu'a'\nu'$, supplémentaire à l'angle plan du dièdre O'A', égal par suite à $\mu a\nu$, à cause de l'égalité mutuelle supposée aux dièdres OA, O'A'.

Les angles égaux bap, $b'a'p'$ étant aigus, et les angles $ba\mu$, $b'a'\mu'$ étant droits, les angles $pa\mu$, $p'a'\mu'$ sont les compléments des premiers, partant égaux entre eux; en outre, les points μ, μ' tombent sur les prolongements des demi-droites pb, $p'b'$. Enfin, les triangles $ap\mu$, $a'p'\mu'$ rectangles en p, p', sont égaux à cause de l'égalité de leurs angles aigus $pa\mu$, $p'a'\mu'$ et de celle de leurs côtés pa, $p'a'$.

On en conclut $a\mu = a'\mu'$, $p\mu = p'\mu'$, et on prouvera de même, que ν tombe sur le prolongement de la demi-droite pc, en donnant $a\nu = a'\nu'$, $p\nu = p'\nu'$.

Les triangles $\mu a\nu$, $\mu'a'\nu'$ ayant ainsi, égaux, non seulement leurs angles en a, a', comme nous l'avons constaté tout à l'heure, mais encore les côtés qui comprennent ces angles, ils sont égaux, d'où $\mu\nu = \mu'\nu'$, égalité assurant celle des triangles $\mu p\nu$ et $\mu'p'\nu'$, dont les autres côtés $p\mu$ et $p\nu$, $p'\mu'$ et $p'\nu'$ étaient déjà respectivement égaux.

De tout ce qui précède, il résulte que l'on peut déplacer le premier trièdre de manière à appliquer ce triangle $\mu p\nu$ sur son égal $\mu'p'\nu'$, et qu'alors s'appliqueront : les segments pb, pc sur $p'b'$, $p'c'$, les perpendiculaires bO, cO aux premiers dans leur plan aux perpendiculaires correspondantes $b'O'$, $c'O'$, le point O sur O', la perpendiculaire pa au plan BOC sur la perpendiculaire correspondante $p'a'$, le point a sur a' enfin, ce qui entraîne la complète superposition des trièdres, parce que ceux-ci étant homotaxiques, le segment pa, égal à $p'a'$ par construction, se place précisément dans la direction de ce dernier.

L'observation finale du numéro précédent est applicable au cas où les trièdres considérés ont quelques angles non aigus.

La marche suivie dans la démonstration de ces deux théorèmes conduirait bien facilement à la construction *sur une simple épure*, soit des angles plans des dièdres d'un trièdre dont les faces sont connues, soit de ses faces quand, au contraire, ce sont ces angles plans qui sont connus, et encore à des constructions du même genre sur d'autres données ; tout ceci n'exige, en effet, que le tracé de certains triangles rectangles dont deux éléments sont toujours connus (**235**).

Remarquons encore qu'au moyen des trièdres supplémentaires (**351**), on pourrait, sur le champ, déduire l'un de l'autre, ce théorème ou le précédent (**356**), à volonté.

358. *Même en cas d'antitaxie, chacune des isoméries partielles considérées aux n°s 354, 355, 356, 357 entraîne l'isomérie complète des deux trièdres.*

I. *Quand deux trièdres antitaxiques* OABC, O'A'B'C' *sont isomères, chacun d'eux est égal à l'opposé au sommet de l'autre.*

Car $OA_1B_1C_1$, opposé au sommet de OABC, lui est isomère (**339**, III) et antitaxique (**349**, III) ; il est donc isomère aussi, mais homotaxique à O'A'B'C' supposé isomère et antitaxique à OABC (**348**, II), (**354** *ou suiv.*).

II. Si l'isomérie partielle des trièdres considérés OABC, O'A'B'C' est celle du n° **354**, $OA_1B_1C_1$, opposé au sommet, partant isomère au premier, et O'A'B'C' ont des faces égales adjacentes à des angles respectivement égaux. Ces derniers sont donc égaux (*Ibid.*), puisqu'il y a homotaxie entre eux, et OABC, O'A'B'C' sont isomères entre eux comme l'étant tous deux à $OA_1B_1C_1$. Même raisonnement dans les trois autres cas.

Ainsi se trouve justifiée l'affirmation générale du n° **353**.

Il nous sera commode d'appeler *égalité inverse*, l'isomérie antitaxique de deux trièdres, et encore, par opposition, de dire *directe* leur véritable égalité équivalente à leur isomérie homotaxique. (*Cf.* **372, 373,** *inf.*)

359. *Quand deux angles d'un trièdre sont égaux, les faces opposées sont égales aussi, et réciproquement. En outre, le plan bissecteur du troisième angle (**278**) est perpendiculaire sur le plan de la face opposée, et y trace la bissectrice de cette face* (*Cf.* **237, 238**).

Soient OABC le trièdre considéré et $OA_1B_1C_1$ son opposé au sommet, qui lui est isomère (**339**, III), mais antitaxique (**349**, III).

I. Si les dièdres OB, OC sont égaux, on aura indistinctement $OB = OC = OB_1 = OC_1$, et, écrits OABC, $OA_1C_1B_1$ ce qui les rend homotaxiques (**348**, III, II), nos trièdres sont égaux comme ayant $BOC = C_1OB_1$, $OB = OC_1$, $OC = OB_1$ (**354**). On a donc en particulier $AOC = A_1OB_1 = AOB$, à cause de l'isomérie des mêmes trièdres écrits OABC, $OA_1B_1C_1$.

II. La réciproque se déduit de la même manière, du théorème du n° **355**.

III. La dernière partie de notre théorème s'établit en considérant les bissectrices opposées OD, OD$_1$ des faces BOC, B$_1$OC$_1$ opposées par le sommet, et en raisonnant comme au n° **238**.

Un tel trièdre est dit *isoscèle*.

360. *Quand deux trièdres isomères sont isoscèles, ils sont égaux tant directement qu'inversement* (**358**) ; *réciproquement, ils sont isoscèles, si, égaux d'une manière, ils le deviennent de l'autre par une transposition opérée dans les notations des arêtes de l'un d'eux.*

I. Si, dans les trièdres isomères OABC, O'A'B'C', les dièdres OB, OC, O'B', O'C' sont tous égaux entre eux [ainsi qu'entre elles, les quatre faces opposées dans l'un et dans l'autre (**359**)], et si, notés ainsi, il y a, par exemple, homotaxie entre eux, leur égalité directe a lieu de cette manière. Mais notés OABC, O'A'C'B', ils sont inversement égaux, parce qu'ils sont antitaxiques, tout en étant encore isomères à cause de OA = O'A', OB = OC = O'C', OC = OB = O'B'.

II. Si le trièdre OABC est égal à O'A'B'C' directement et à O'A'C'B' inversement, tous trois sont deux à deux isomères. On a donc en particulier OB = O'B' = O'C' = OC.

361. L'impossibilité de superposer par glissement, quoique égaux, deux segments antitaxiques sur une même droite (**132**), est levée par l'extension de leur liberté de se mouvoir, même à la simple étendue d'un plan mené par cette droite. Celle qui frappe deux figures isomères en antitaxie dans un même plan (**219**) est supprimée encore par l'ouverture de l'espace entier à leurs déplacements (*Cf.* **415**, *inf.*). Mais au delà de l'espace, aucun domaine n'existe plus pour les corps matériels ; c'est la cause du caractère *absolu* sous lequel la même impossibilité se présente en cas d'antitaxie, pour des trièdres (et autres figures non planes) pourtant isomères.

Mesure de l'amplitude d'un angle solide (déchevêtré).

362. La principale proposition de ce paragraphe repose sur un lemme que nous devons établir auparavant.

Deux trièdres opposés au sommet sont équivalents.

I. *Étant donnés deux trièdres opposés au sommet* OABC, OA$_1$B$_1$C$_1$ (*fig.* 83), *trois plans élevés perpendiculairement aux faces de l'un par leurs bissectrices intérieures (aux faces de l'autre, tout aussi bien) concourent en deux demi-droites opposées* Ov, Ov_1, *dont chacune fait des angles égaux avec les trois arêtes de l'un de ces trièdres, indistinctement.*

Car, en appelant Ov une des demi-droites opposées, suivant lesquelles se coupent ceux de ces plans qui sont perpendiculaires aux faces AOB, AOC, on a AOv = BOv, parce qu'elle est sur le premier (**271**) et AOv = COv, parce qu'elle est aussi sur le second ; on en conclut BOv = COv, égalité montrant en outre, que Ov se trouve aussi sur le plan conduit perpendiculairement à la troisième face BOC par sa bissectrice intérieure (*Ibid.*).

La droite vOv_1 est l'axe du cône de *révolution* [Chap. XXII, *inf.*] qui est circonscrit aux deux trièdres OABC, OA$_1$B$_1$C$_1$ simultanément (*Cf.* **508**, *inf.*).

II. *L'une de ces demi-droites est intérieure à un angle au moins de l'un des trièdres considérés.*

Une de ces demi-droites, Ov pour fixer les idées, ne peut se confondre avec aucune arête OA du trièdre OABC par exemple, ni avec son prolongement OA$_1$, puisqu'alors elle ferait avec OA un angle nul ou neutre, inégal par suite, aux angles vOB, vOC égaux alors à AOB, AOC qui sont essentiellement saillants (**337**, I).

Si, en second lieu, elle se trouve dans le plan d'une face BOC, ce ne peut être qu'en sa bissectrice intérieure, cas où elle est intérieure au dièdre OA, ou en prolongement de cette bissectrice, cas auquel c'est son opposée Ov_1 qui est intérieure au même dièdre.

En dehors des particularités de ce genre, où le point en vue est établi, nous dirons un instant que le *caractère de* Ov *relativement à une face du trièdre* OABC est *positif* ou *négatif*, selon que cette demi-droite et l'arête opposée à cette face tombent ou non d'un même côté de cette dernière. Cela posé, si deux de ces trois caractères de Ov sont positifs, elle est intérieure au dièdre compris entre les faces qui ont fourni ces caractères (**192**); si deux sont négatifs, ceux de son opposée Ov_1 sont évidemment positifs, et c'est alors cette dernière qui est intérieure au dièdre susdit.

III. Pour fixer les idées, supposons Ov intérieure à l'angle A du premier trièdre, et considérons les trois trièdres OvBC, OvAB, OvAC dont la somme (géométrique) des derniers, augmentée ou diminuée du premier selon que Ov est intérieure ou extérieure à OABC, reproduit alors ce trièdre. Comme tous sont isoscèles (I), (**359**), ils sont respectivement égaux à leurs opposés aux sommets Ov_1B$_1$C$_1$, Ov_1A$_1$B$_1$, Ov_1A$_1$C$_1$ (**360**) qui, combinés de la même manière par additions, avec soustraction éventuellement, reproduisent le trièdre OA$_1$B$_1$C$_1$.

En résumé, et en représentant généralement par [OABC] l'amplitude du trièdre OABC, on a

$$[\text{O}v\text{AB}] + [\text{O}v\text{AC}] \pm [\text{O}v\text{BC}] = [\text{OABC}],$$
$$[\text{O}v_1\text{A}_1\text{B}_1] + [\text{O}v_1\text{A}_1\text{C}_1] \pm [\text{O}v_1\text{B}_1\text{C}_1] = [\text{OA}_1\text{B}_1\text{C}_1],$$

où, avant les derniers termes des premiers membres, il faut

174   ANGLES SOLIDES, TRIÈDRES PRINCIPALEMENT.

prendre simultanément, soit les signes supérieurs, soit les inférieurs. On a en outre

$$OvBC = Ov_1B_1C_1, \quad OvAB = Ov_1A_1B_1, \quad OvAC = Ov_1A_1C_1;$$

on a donc bien

(1) $\qquad [OABC] = [OA_1B_1C_1]$ [1].

363. *En représentant par* $[\mathfrak{N}]$, $[A]$, $[B]$, $[C]$, *comme au n° 340, II, les amplitudes radiantes du dièdre neutre* $\mathfrak{N}$ *et de ceux* A, B, C, *d'un trièdre quelconque* OABC; *l'amplitude de ce dernier est donnée par la formule*

$$(2) \qquad [OABC] = \frac{[A]+[B]+[C]-[\mathfrak{N}]}{2} \qquad (Cf.\ loc.\ cit.).$$

Si, membre à membre, on retranche la seconde égalité du groupe (3) du numéro cité, du résultat de l'addition des extrêmes, il reste

$$[OABC] + [OA_1B_1C_1] = [A] + [C] - [\mathfrak{N} - B]$$
$$= [A] + [C] - [\mathfrak{N}] + [B],$$

d'où **(362)**

$$2[OABC] = [A] + [B] + [C] - [\mathfrak{N}],$$

c'est-à-dire l'équivalent de la formule (2) en question.

364. La décomposition d'un angle solide déchevêtré quelconque en trièdres (337, III) conduit immédiatement à l'expression de son amplitude au moyen de celles de ses angles. Par exemple, en le supposant convexe, avec n angles (et autant de faces), le nombre de ses trièdres élémentaires peut évidemment être réduit à $n-2$. Si donc on nomme S la somme des dièdres de l'angle solide considéré, celle des amplitudes de ces trièdres est évidemment

$$\frac{[S] - (n-2)[\mathfrak{N}]}{2},$$

expression qui s'étendrait facilement, quoique au prix de quelques longueurs, au cas de non convexité.

---

(1) On pourrait établir encore cette égalité, en prouvant que l'amplitude de chaque trièdre est la limite de la somme de celles de trièdres inscrits en lui [à peu près comme, dans des triangles ou des tétraèdres, les parallélogrammes ou prismes considérés au n° 303 ou 376 (*inf.*)], en outre tous isoscèles, égaux par suite à leurs opposés au sommet, dont la somme des amplitudes tend simultanément vers celle de l'autre trièdre ; et cette marche serait beaucoup plus intuitive et directe à la fois, car l'introduction de la droite auxiliaire vOv_1 est un pur artifice. Mais certains esprits pourraient se récrier contre cette tournure du raisonnement.

CHAPITRE XI.

FIGURES POLYÉDRIQUES EN GÉNÉRAL. — VOLUMES POLYÉDRIQUES.

Généralités sur les polyèdres.

365. Parmi les surfaces brisées (**319**), et après celles dont nous nous sommes occupés dans les deux Chapitres précédents, une classe immense et très remarquable est constituée par les *plaques* ou *toits brisés*, dont toutes les faces sont des polygones plans. Le bord d'une telle surface est un polygone, gauche habituellement, et, quand elle possède quelque sommet non situé sur son bord, les angles plans appartenant aux diverses faces dont les sommets se confondent en ce point, sont les faces d'un *angle solide de la plaque* (**336**) ; les côtés des faces sont ses *arêtes*, ou *côtés* encore.

Quand les faces d'une plaque brisée sont toutes déchevêtrées, elles ont des intérieurs dont l'ensemble constitue l'*intérieur (superficiel) de la plaque*; elles ont des aires, par suite, dont la somme est l'*aire de la plaque*, dite, dans les arts, son *développement*.

Mais, même ouverte (**368**, *inf.*), quand elle offre quelque angle solide convexe, la liberté donnée à ses faces de tourner autour des arêtes les séparant de leurs contiguës, ne suffit pas pour rendre possible son application sur un plan, sans rupture, ni duplicature (**344**).

366. En s'appuyant sur le théorème du n° **333**, et raisonnant exactement comme aux n°ˢ **286, 287**, on arrivera sans peine, pour des plaques brisées à faces déchevêtrées, à ces deux propositions toutes semblables:

Quand une plaque brisée ne dégénère pas en un polygone plan parallèle à un plan donné, son aire surpasse toujours celle de sa projection orthogonale sur ce plan.

Un polygone plan (déchevêtré) est de moindre aire parmi toutes les plaques brisées qui ont son périmètre pour bord.

367. Si, dans la définition du n° **206**, on remplace la ligne brisée et ses côtés par une plaque brisée et ses faces supposées toutes déchevêtrées, on obtient celle d'une pareille plaque, soit *enchevêtrée*, soit *déchevêtrée*. Les angles solides d'une plaque déchevêtrée le sont tous forcément aussi (**335**).

368. Une plaque brisée est *ouverte*, quand elle a un bord véritable, c'est-à-dire ne se réduisant pas à un simple point ; elle est *fermée*, quand les sommets de son bord coïncident tous, en d'autres termes, quand une quelconque de ses faces se soude à quelque autre par chacun de ses côtés. Elle constitue alors un *polyèdre*, ou plutôt la *périphérie* d'un polyèdre (*Cf.* **208**).

Parmi les polyèdres, on distingue en particulier les *tétraèdres*, *pentaèdres*, *hexaèdres*, ..., *octaèdres*, ..., *dodécaèdres*, ..., *icosaèdres*, ..., pourvus respectivement de 4, 5, 6, ..., 8, ..., 12, ..., 20, ... faces.

369. Le plus simple des polyèdres déchevêtrés (**367**), (**368**), le plus intéressant aussi, car il joue dans l'espace un rôle tout semblable à celui du triangle dans le plan, est celui qui a pour sommets 4 points non situés dans un même plan A, B, C, D (*fig.* 84), et dont les faces sont les 4 triangles ayant chacun pour sommets l'une ou l'autre des associations 3 à 3 que ces 4 points peuvent fournir.

Le polyèdre ainsi obtenu est donc un *tétraèdre* ou *pyramide triangulaire* (**386**, *inf.*), et cette dénomination suffit pour le caractériser, car, à l'inverse, on aperçoit immédiatement que tout tétraèdre déchevêtré ne peut être que d'une telle nature. Un sommet et la face qui ne le contient pas sont dits *opposés* ; Ex. : A et BCD.

Les arêtes se confondent avec les segments rectilignes ayant pour extrémités les diverses paires de sommets, et tout aussi bien avec les côtés des faces ; il y en a 6, parce que 4 objets s'apparient de 6 manières. Une arête et celle qui ne contient pas ses extrémités, comme AB et CD, sont dites *opposées*.

Les angles sont les 6 dièdres évidemment saillants dont chacun a pour arête quelque côté prolongé du tétraèdre, pour faces les demi-plans allant de cette arête aux extrémités du côté opposé, et dont l'intérieur contient celui de ce segment.

Les angles solides sont les 4 trièdres convexes (**337**), dont chacun a pour arêtes trois arêtes du tétraèdre, rayonnant de quelque même sommet. Ces divers trièdres ont ainsi pour faces les angles des faces du tétraèdre et pour angles (dièdres) les angles mêmes que nous venons de définir.

D'après cela, l'intérieur de chacun de ces trièdres comprend celui de la face du tétraèdre qui est opposé à son sommet.

Nous ne considérerons que des tétraèdres déchevêtrés.

370. *Sur le régime de la correspondance établie entre les éléments de deux tétraèdres déchevêtrés, par les notations* $A_1B_1C_1D_1$, $A_2B_2C_2D_2$, *les relations topographiques entre les trièdres*

PRINCIPAUX CAS D'ÉGALITÉ DE DEUX TÉTRAÈDRES.

$\bar{A}_1B_1C_1D_1$, $\bar{B}_1A_1C_1D_1$, ... de l'un et ceux homologues de l'autre $\bar{A}_2B_2C_2D_2$, $B_2A_2C_2D_2$, ..., respectivement, sont toujours identiques (**348**), (*Cf.* **217**).

Dans un même tétraèdre ABCD, deux trièdres quelconques dont deux arêtes correspondantes s'opposent sur un même côté, où dans chaque paire des autres elles aboutissent à un même sommet, $\overline{ABCD}$, $\overline{BACD}$ par exemple, sont toujours antitaxiques. Leurs faces $\overline{BAC}$, $\overline{ABC}$ sont effectivement antitaxiques dans le plan du triangle ABC (**178**, IV), d'un même côté duquel se trouvent pourtant leurs arêtes opposées $\overline{AD}$, $\overline{BD}$ (**348**, V).

En cas donc d'homotaxie entre les trièdres $\bar{A}_1B_1C_1D_1$, $\bar{A}_2B_2C_2D_2$, il y aura homotaxie aussi entre $\bar{B}_1A_1C_1D_1$, $\bar{B}_2A_2C_2D_2$, leurs antitaxiques comme nous venons de le voir (*Ibid.*, II); et de même, pour toute autre paire de trièdres homologues; de même encore en cas d'antitaxie.

Comme pour deux triangles dans un même plan, nous dirons que ces tétraèdres sont *homotaxiques* ou *antitaxiques*, selon que la première relation ou la seconde a lieu entre deux quelconques de leurs trièdres homologues.

I. *Des permutations de deux lettres dans la notation d'un seul de ces tétraèdres, changent leur relation ou non, selon qu'elles sont en nombre impair ou pair.*

Car la substitution de $B_1A_1C_1D_1$ à $A_1B_1C_1D_1$ par la seule permutation des lettres A_1, B_1, change la relation des deux trièdres homologues $\bar{C}_1A_1B_1D_1$, $\bar{C}_2A_2B_2D_2$ dont les sommets sont notés par des lettres non permutées (*Ibid.*, III).

II. En particulier, *la relation n'est modifiée ni par une permutation circulaire de trois lettres,* puisqu'elle équivaut à deux permutations de deux lettres, *ni par le changement de* $A_1B_1C_1D_1$ *en* $D_1C_1B_1A_1$, puisqu'il s'opère par deux permutations de deux lettres, savoir de A_1 avec D_1 et de B_1 avec C_1.

III. *En mettant en homotaxie sur un même plan* (**217**), *des faces homologues de deux tétraèdres homotaxiques, les sommets opposés se placent d'un même côté de ce plan.*

Etc.

371. A moins d'être homotaxiques, deux tétraèdres ne peuvent être égaux (sous le régime de la correspondance établie entre leurs sommets par leurs notations); mais quand cette condition topographique est remplie, leur égalité est entraînée, comme pour les triangles, par celle d'une partie seulement de leurs éléments. Deux tétraèdres homotaxiques sont égaux par exemple, quand ils ont :

I. *Deux faces égales, adjacentes chacune à trois dièdres égaux respectivement,* car la superposition des faces égales entraîne celle des demi-plans des faces adjacentes, comme secondes faces de dièdres égaux portés dans un même demi-espace, à partir de mêmes demi-plans (empruntés tous trois au plan des faces superposées);

II. *Deux trièdres isomères et des côtés respectivement égaux sur les arêtes de ceux-ci*, car l'homotaxie de ces trièdres permet leur superposition (353 et suiv.), entraînant celle des autres sommets du tétraèdre à cause de l'égalité des côtés de celui-ci existant sur leurs arêtes homologues;

III. *Deux dièdres égaux* A_1B_1 *et* A_2B_2 *compris entre des faces* $A_1B_1C_1$, $A_1B_1D_1$ *et* $A_2B_2C_2$, $A_2B_2D_2$ *respectivement égales*, car les trièdres $\overline{A}_1B_1C_1D_1$, $\overline{A}_2B_2C_2D_2$ sont égaux comme étant homotaxiques avec égalité de leurs dièdres $C_1\overline{A_1B_1}D_1$, $C_2\overline{A_2B_2}D_2$, de leurs faces $B_1\overline{A}_1C_1$, $B_2\overline{A}_2C_2$, de leurs autres faces $B_1\overline{A}_1D_1$, $B_2\overline{A}_2D_2$ (355), et l'on est ramené au cas précédent (II);

IV. *Deux arêtes égales* A_1B_1, A_2B_2, *adjacentes aux faces égales* $A_1C_1D_1$, $A_2C_2D_2$, *et aux autres faces encore égales* $B_1C_1D_1$, $B_2C_2D_2$, car les triangles $A_1B_1C_1$, $A_2B_2C_2$ sont égaux à cause de l'égalité de leurs côtés (234), les faces $A_1B_1D_1$, $A_2B_2D_2$ le sont aussi pour la même cause, et l'intervention du théorème du n° 356 ramène encore au cas II;

V. *Toutes leurs arêtes respectivement égales*, car ces égalités entraînent celles de leurs faces (234), en particulier celles des angles de ces faces, puis (356) celle des trièdres de deux tétraèdres, et l'on retombe sur le premier venu des cas précédents.

Etc.

372. Quand il y a antitaxie entre ces tétraèdres, *chacune des isoméries partielles supposées successivement ci-dessus* (371, I, II, *etc.*) *entraîne, non leur égalité, c'est impossible, mais leur isomérie complète*.

En portant effectivement les longueurs $A_1\beta_1 = A_1B_1$, $A_1\gamma_1 = A_1C_1$, $A_1\delta_1 = A_1D_1$ sur les demi-droites opposées aux arêtes A_1B_1, A_1C_1, A_1D_1 du premier tétraèdre, on obtient les sommets d'un autre $A_1\beta_1\gamma_1\delta_1$, qui lui est isomère, ce que l'on constatera sans difficulté, mais antitaxique, parce que son trièdre $\overline{A}_1\beta_1\gamma_1\delta_1$ est tel relativement à son opposé au sommet $\overline{A}_1B_1C_1D_1$ qui appartient au premier (349, III).

Outre l'une des isoméries partielles en question, il y a donc homotaxie, égalité par suite, entre $A_1\beta_1\gamma_1\delta_1$ et $A_2B_2C_2D_2$; donc encore, il y a isomérie complète entre $A_2B_2C_2D_2$ et $A_1B_1C_1D_1$, isomère à son égal $A_1\beta_1\gamma_1\delta_1$.

Comme pour les trièdres (358), nous dirons *inversement égaux* deux tétraèdres isomères, mais antitaxiques, et quelquefois *directement* égaux, ceux, alors égaux à proprement parler, dont l'isomérie est accompagnée d'homotaxie.

373. Deux figures quelconques dont les points se correspondent deux à deux, sont *homotaxiques* ou *antitaxiques*, quand,

soit l'une de ces relations, soit l'autre, existe pour toutes les paires de leurs tétraèdres homologues (*Cf.* **218**).

A ce sujet et à celui de l'isomérie, voici plusieurs propositions d'ailleurs très simples.

I. *L'égalité des deux figures est assurée par celle seulement de leurs tétraèdres* $A_1B_1C_1M_1$, $A_1B_1C_1M'_1$, ..., *et* $A_2B_2C_2M_2$, $A_2B_2C_2M'_2$, ..., *de mêmes faces homologues déchevêtrées* $A_1B_1C_1$, $A_2B_2C_2$.

A cause de leur égalité, les tétraèdres $A_1B_1C_1M_1$, $A_2B_2C_2M_2$ se superposent effectivement par la simple application de leurs faces égales $A_1B_1C_1$, $A_2B_2C_2$ (**34**); M_1 s'applique donc sur M_2, et pareillement M'_1, M''_1, ..., sur M'_2, M''_2, ...

II. *Quand deux figures quelconques sont isomères, elles sont forcément, soit homotaxiques et alors égales, soit antitaxiques.*

Nous considérerons dans la première figure un tétraèdre déchevêtré $A_1B_1C_1D_1$, son homologue $A_2B_2C_2D_2$ déchevêtré évidemment aussi, et deux points homologues quelconques M_1, M_2 distincts de leurs sommets.

Si ces tétraèdres sont homotaxiques, ils sont égaux (**371**) et peuvent être superposés en $\alpha\beta\gamma\delta$; soient alors μ_1, μ_2 les positions prises simultanément par M_1, M_2. Comme l'isomérie supposée donne $\alpha\mu_1 = A_1M_1 = A_2M_2 = \alpha\mu_2$ et de même $\beta\mu_1 = \beta\mu_2$, $\gamma\mu_1 = \gamma\mu_2$, $\delta\mu_1 = \delta\mu_2$, les points α, β, γ, δ, si μ_1, μ_2 étaient distincts, seraient sur un même plan, savoir celui qui est perpendiculaire sur le segment $\mu_1\mu_2$ en son milieu (**253**). Cette disposition étant rendue impossible par le déchevêtrement du tétraèdre $\alpha\beta\gamma\delta$ égal à chacun des deux autres, μ_1 et μ_2 se confondent; en d'autres termes, M_1, M_2 s'appliquent l'un sur l'autre; il en est de même pour toute autre paire de points homologues, et nos figures sont égales.

Quand c'est l'antitaxie qui existe entre les tétraèdres considérés, elle s'étend aussi aux figures entières, mais il sera plus expéditif d'en ajourner la démonstration au n° **407** (*inf.*).

Nous élargirons une dernière fois le sens des dénominations expliquées aux n°s **358** et **372**, en appliquant le mot d'*égalité inverse* au cas de deux figures isomères et antitaxiques, et en employant quelquefois celui de *directe* pour leur égalité proprement dite, équivalente à leur isomérie homotaxique.

Deux figures sont égales directement ou inversement, quand, à une même autre, elles le sont toutes deux de manières identiques ou différentes, car elles sont toujours isomères, avec homotaxie ou antitaxie évidentes.

III. *La seule égalité de tous les segments homologues dans deux figures, entraîne leur isomérie complète et, par suite* (II), *leur égalité, soit directe, soit inverse.*

Car, assurant l'égalité de tous les triangles homologues (**234**), des angles de ces triangles en particulier, elle assure aussi l'isomérie de tous les trièdres homologues (**358**), de leurs dièdres en particulier, et, par suite, l'isomérie complète des figures considérées (II).

IV. *Quand deux figures planes (ou rectilignes) sont isomères, même seulement quand leurs segments homologues sont respectivement égaux, elles sont toujours superposables.*

Pour s'en assurer, il suffit d'imiter les raisonnements ci-dessus (II), (III), après avoir observé que l'isomérie de deux triangles homologues déchevêtrés entraîne la possibilité de superposer eux-mêmes et les plans des deux figures, simultanément.

Comparaison des volumes de deux tétraèdres.

374. Un point est *intérieur* à un tétraèdre, quand il est intérieur à la fois à ses 4 trièdres (**337**, II) (à ses 6 angles dièdres tout aussi bien, car c'est la même chose), et même quand il est sur sa périphérie. Tels sont évidemment les points intérieurs tant à un segment qu'à un triangle, dont, soit les extrémités, soit le périmètre, sont situés sur la périphérie. La figure formée par les points intérieurs au tétraèdre, qui est visiblement limitée (**289**) et continue (**290**), est l'*intérieur*, ou le *volume* du tétraèdre ; le surplus de l'espace, encore continu, mais illimité, est son *extérieur*.

Deux tétraèdres sont *juxtaposés*, quand une face de l'un et une face de l'autre sont dans un même plan, les aires de celles-ci ayant quelque partie commune ; et la juxtaposition est *extérieure* ou *intérieure*, selon que tous les points de chaque volume (autres que ceux de la soudure) sont extérieurs à l'autre, ou bien que ceci n'a pas lieu.

375. *Un polyèdre déchevêtré quelconque étant donné* (**368**), *on peut construire des tétraèdres dont chacun soit juxtaposé à quelque autre, tels, en outre, que tout point intérieur à l'un, soit extérieur à tous les autres, et que l'ensemble des parties de leurs périphéries qui ne sont pas communes à deux d'entre eux, reproduisent la périphérie de ce polyèdre.*

Nous supprimons la démonstration de cette proposition, laissant même au lecteur le soin de la faire sur le modèle de celle du n° **294**, pour un polyèdre *convexe*, c'est-à-dire dont tous les sommets autres que ceux appartenant à une même face quelconque, tombent d'un même côté du plan de cette face.

Cela posé, l'*intérieur* ou *volume* du polyèdre considéré comprend tous les points de l'espace qui sont intérieurs à quelqu'un de ces tétraèdres ; le surplus de l'espace est son *extérieur*, et on peut prouver que *la distinction faite ainsi entre les points de l'une et de l'autre régions est indépendante du mode de construction des tétraèdres dont la considération l'a fournie.*

COMPARAISON DES VOLUMES DE DEUX TÉTRAÈDRES. 181

Après quoi, s'étendent immédiatement aux volumes des polyèdres, à leurs angles intérieurs, dièdres ou solides, ..., au rapport de deux volumes, ..., toutes les définitions et axiomes que nous avons donnés pour les polygones plans aux n⁰ˢ 296 et *suiv.* (mais non les propositions concernant les sommes des angles d'un polygone).

376. Le terrain est assez déblayé actuellement, pour fournir l'assiette nécessaire aux propositions qui font l'objet spécial de ce paragraphe. Voici la première.

Quand deux tétraèdres ont une arête commune et leurs arêtes opposées à celle-ci placées sur une même droite, le rapport de leur volume est égal à celui de ces dernières arêtes (*Cf.* **303**).

I. En coupant une même moulure (**321**) déchevêtrée fixe $\mathfrak{M}$ (*fig.* 85), par des paires $\mathcal{A}$, $\mathcal{B}$ et $\mathcal{C}$, $\mathcal{D}$ et ... de plans tous parallèles à un plan fixe $\mathcal{H}$ non parallèle aux arêtes de la moulure, on obtient chaque fois, en $a, a', a'', a''', b, b', b'', b'''$ par exemple, les sommets d'un polyèdre évidemment déchevêtré, dont nous nommerons temporairement *cote*, le côté ab placé sur l'une des arêtes de la moulure (côté égal à celui que la même paire de plans $\mathcal{A}$, $\mathcal{B}$ découpe sur les autres arêtes de la même surface). Ces polyèdres appartiennent à la famille des *prismes* (**382**, *inf.*), et, en raisonnant exactement comme au n° 303, I, on prouvera que (pour une même moulure et un même plan directeur $\mathcal{H}$) *le rapport de deux prismes de ce genre est égal à celui de leurs cotes.*

II. Etant donnés un plan et une droite fixes non parallèles $\mathcal{X}$, Y (*fig.* 86), puis un triangle *mnp* dont le plan n'est parallèle ni à l'un ni à l'autre, nous représenterons par [*mnp*] le plus grand des prismes $mm'm''n''nn'$, ... qui sont découpés dans la moulure de direction Y et de section plane *mnp*, par les trois paires de plans issus des points m, n, p parallèlement à $\mathcal{X}$.

Cela posé, *si l'on divise progressivement en parties triangulaires à côtés tous infiniment petits ..., mnp, ..., un triangle fixe ABC dont le plan n'est parallèle ni à $\mathcal{X}$, ni à Y, la somme Σ[mnp] des volumes des prismes ..., [mnp], ..., construits sur ces triangles est aussi une quantité infiniment petite.* (V. p. 134, en note.)

A plus forte raison, on trouverait une somme encore infiniment petite, en prenant seulement une partie des polyèdres ..., *mnpmm'm''*, *mnpn''nn'*, ... [chacun est un *tronc de prisme triangulaire* dont une arête latérale est nulle (**381**, *inf.*)], en lesquels le plan ABC divise chacun des prismes ci-dessus (*Cf.* **303**, II).

III. Soient actuellement OIPQ, OIRS (*fig.* 87), les tétraèdres proposés, ayant l'arête commune OI et leurs opposées PQ, RS placées sur une même droite Y.

Sur toute parallèle à cette droite, les dièdres en OI de nos tétraèdres découpent des segments pq, rs dont le rapport est égal à celui de leurs arêtes PQ, RS.

La démonstration est identique à celle du n° **303**, III, à cela près qu'elle doit être appuyée sur l'alinéa I du n° **275**.

IV. Simultanément ensuite, et par des moulures triangulaires parallèles à la droite Y (*fig.* 88), décomposons nos deux tétraèdres en troncs de prismes triangulaires (**384**, *inf.*) correspondants, analogues à celui que nous avons figuré en $p_1 p_2 p_3 q_1 q_2 q_3$ pour le premier tétraèdre; puis, à chaque paire de ces troncs, substituons la paire des prismes correspondants $p_1 p'_2 p'_3 q_1 q'_2 q'_3$, $r_1 r'_2 r'_3 s_1 s'_2 s'_3$ qui s'obtiennent en coupant une moulure analogue à celle de notre figure, par des plans que l'on mènera parallèlement à quelque même plan fixe ℋ (non parallèle à la droite Y) par les quatre traces p_1, q_1, r_1, s_1 des faces de nos tétraèdres sur une même arête de la moulure.

Le rapport des volumes de deux prismes correspondants est égal à PQ : RS. Car ces volumes ayant été découpés dans une même moulure par deux paires de plans tous parallèles, leur rapport est égal à $p_1 q_1 : r_1 s_1$, rapport de leurs cotes (I), lequel est invariablement égal à PQ : RS (III).

V. Si l'on nomme A′ la somme des volumes des prismes substitués aux troncs en lesquels le tétraèdre OIPQ a été décomposé, et B′ celle des prismes analogues pour l'autre tétraèdre OIRS, *on aura*

$$\frac{A'}{B'} = \frac{PQ}{RS},$$

parce que le rapport des parties correspondantes de ces sommes est toujours égal à PQ : RS (**303**, V).

VI. *Quand un segment infiniment petit demeure dans un plan fixe, sa projection sur un autre plan fixe, faite par des projetantes qui ne sont parallèles à aucun d'eux* (**329**), *est infiniment petite aussi, et réciproquement*. Cette proposition est assez visible pour que nous supprimions sa démonstration, sans difficulté d'ailleurs (**331**, III).

VII. Les traces ..., $p_1 p_2 p_3$, ..., des moulures considérées sont des triangles dont la somme (géométrique) reproduit le triangle OIP, et de même pour les traces des mêmes moulures sur les plans des triangles OIQ, OIR, OIS formant les autres faces de nos tétraèdres qui passent par leur arête commune OI. En outre, si l'on fait varier progressivement cet ensemble de moulures, de manière que tous les côtés des triangles ..., $p_1 p_2 p_3$, ..., soient inférieurs à un segment infiniment petit ρ, il en sera de même pour ceux des triangles ..., $q_1 q_2 q_3$, ..., $r_1 r_2 r_3$, ..., $s_1 s_2 s_3$, ..., relativement à d'autres segments infiniment petits q, ɾ, ʃ ; car tous ces côtés sont dans quatre plans fixes OIP, OIQ, OIR, OIS, où ils se projettent les uns sur les autres, parallèlement à la droite fixe Y non parallèle à chacun d'eux (VI).

On en conclut (II) que les volumes du genre de $p_1 p_2 p_3 p_1 p'_2 p'_3$,

COMPARAISON DES VOLUMES DE DEUX TÉTRAÈDRES. 183

$q_1q_2q_3q_1q'_2q'_3$, qu'il faut, tantôt ajouter au volume A du tétraèdre OIPQ, tantôt en retrancher, pour obtenir la somme des prismes $p_1p'_2p'_3q_1q'_2q'_3$, donnent des sommes (ou différences) toutes deux infiniment petites, et, par suite, que l'on a

$$A \pm \varepsilon = A',$$

puis de même

$$B \pm \eta = B',$$

en appelant B le volume du tétraèdre OIRS et ε, η deux certaines quantités infiniment petites.

Le rapport de A à B est donc égal à la limite de celui de A' à B', c'est-à-dire à celui de PQ à RS, puisque A' : B' est toujours égal à PQ : RS (V).

377. *Quand deux tétraèdres ont deux trièdres, soit égaux entre eux, soit égaux respectivement à deux trièdres jumeaux* (339), *le rapport de leurs volumes est égal à celui des produits qui, dans chaque tétraèdre, ont pour facteurs ses trois arêtes appartenant à son trièdre en question* (Cf. 304).

Soient OHIK, OH'I'K' (fig. 89) les tétraèdres dont il s'agit, amenés dans des positions où leurs trièdres considérés soient superposés ou jumeaux, et traçons les segments IH', KH', KI'.

Comme les tétraèdres OHIK, OH'IK ont l'arête IK commune et leurs deux autres OH, OH' placées sur une même droite, leurs volumes donnent la proportion

$$\frac{OHIK}{OH'IK} = \frac{OH}{OH'} \qquad (376).$$

Les tétraèdres OH'IK, OH'I'K ayant l'arête commune H'K et leurs autres OI, OI' placées sur une même droite, donnent aussi

$$\frac{OH'IK}{OH'I'K} = \frac{OI}{OI'},$$

et l'on a de même encore

$$\frac{OH'I'K}{OH'I'K'} = \frac{OK}{OK'},$$

parce que ces deux tétraèdres ont la même arête H'I' et leurs opposées OK, OK' sur une droite commune.

Or, la multiplication de ces trois proportions, exécutée membre à membre, conduit immédiatement à

$$\frac{OHIK}{O'H'I'K'} = \frac{OH}{OH'} \cdot \frac{OI}{OI'} \cdot \frac{OK}{OK'} = \frac{OH \cdot OI \cdot OK}{OH' \cdot OI' \cdot OK'}.$$

184   FIGURES, VOLUMES POLYÉDRIQUES.

378. *Quand deux tétraèdres ont un sommet commun* O, *avec des faces opposées* bcd, $\beta\gamma\delta$ *(fig. 90, I) dans un même plan, le rapport de leurs volumes est égal à celui des aires de ces faces* (*Cf.* **303**).

I. Il y a toujours équivalence entre deux triangles ayant un sommet commun avec des côtés opposés égaux sur une même droite, et aussi bien, entre deux tétraèdres ayant une arête commune avec des côtés opposés égaux sur une même droite, car le rapport de ces aires ou volumes est égal à celui des côtés en question, sur les droites qui les contiennent (**303**), (**376**), c'est-à-dire à 1. Il nous sera commode d'exprimer ces faits, en disant que *l'aire d'un triangle, le volume d'un tétraèdre, demeurent constants, quand on déplace arbitrairement* (*mais sans changer leurs longueurs*) *un seul côté de l'un, ou de l'autre, sur les droites qui les contiennent.*

II. Des déformations de ce genre vont nous suffire pour amener nos tétraèdres à avoir deux trièdres jumeaux, sans changer leur sommet commun O, ni leurs volumes, ni le plan de leurs bases, ni les aires de celles-ci.

Un côté quelconque cd du triangle bcd, rencontrant certainement une des droites, $\gamma\delta$ par exemple, des côtés de $\beta\gamma\delta$, puisqu'il ne peut être parallèle à toutes trois à la fois, nous appellerons C' leur intersection, et, jusqu'en $C'd'$, $C'\delta'$, nous ferons glisser les segments cd, $\gamma\delta$ sur leurs droites, pour remplacer les triangles bcd, $\beta\gamma\delta$, nos tétraèdres $Obcd$, $O\beta\gamma\delta$ par $bC'd'$, $\beta C'\delta'$, $ObC'd'$, $O\beta C'\delta'$ qui leur sont respectivement équivalents (I).

III. De telles positions (*fig.* 90, II), où nos tétraèdres ont l'arête commune OC', nous passerons à de troisièmes, où deux autres arêtes seront sur une même droite, en observant que la droite bd' coupe l'une ou l'autre des droites concourantes $C'\beta$, $C'\delta'$, la première par exemple, et en faisant glisser le segment bd' sur sa droite jusqu'à $b'd''$ position où l'une de ses extrémités (peu importe laquelle) est à l'intersection b', et où il tombe dans le demi-plan d'arête $C'\beta$ qui ne contient pas δ'. Le tétraèdre $O\beta C'\delta'$ n'a pas été modifié; mais l'autre $ObC'd'$ et sa face $bC'd'$ ont été remplacés par $Ob'C'd''$, $b'C'd''$ qui leur sont équivalents pour les mêmes raisons que ci-dessus (II).

IV. De ces troisièmes positions (*fig.* 90, III), où nos tétraèdres ont l'arête commune OC', leurs autres $C'b'$, $C'\beta$ sur une même droite, nous les ferons passer à des quatrièmes où ils auront des trièdres jumeaux avec une arête commune appartenant à ceux-ci, en observant que la droite $d''\delta'$ ayant ses points d'', δ' de part et d'autre de $C'\beta b'$, la coupe certainement en quelque point C'', puis en faisant glisser les segments $C'b'$, $C'\beta$ sur leur droite commune, jusqu'en $C''b''$, $C''\beta'$ où leur extrémité commune C' est venue en C'' sur la droite $d''\delta'$. Nos tétraèdres $Ob'C'd''$, $O\beta C'\delta'$ et

COMPARAISON DES VOLUMES DE DEUX TÉTRAÈDRES.   185

leurs faces $b'C'd''$, $\beta C'\delta'$ se sont ainsi déformés en $Ob''C''d''$, $O\beta'C''\delta'$, $b''C''d''$, $\beta'C''\delta'$, toujours de mêmes volumes ou aires pour les mêmes raisons, étant par suite équivalents aux proposés, à leurs faces opposées au sommet commun O ; et maintenant, leurs trièdres $\overline{C''Ob''d''}$, $\overline{C''O\beta'\delta'}$ sont jumeaux, ainsi que les angles $b''C''d''$, $\beta'C''\delta'$ de leur faces opposées à O.

V. On a donc (377)

$$\frac{Obcd}{O\beta\gamma\delta} = \frac{C''Ob''d''}{C''O\beta'\delta'} = \frac{C''O \cdot C''b'' \cdot C''d''}{C''O \cdot C''\beta' \cdot C''\delta'} = \frac{C''b'' \cdot C''d''}{C''\beta' \cdot C''\delta'},$$

et aussi (304)

$$\frac{C''b'' \cdot C''d''}{C''\beta' \cdot C''\delta'} = \frac{b''C''d''}{\beta'C''\delta'} = \frac{bcd}{\beta\gamma\delta},$$

proportions dont la combinaison donne bien $Obcd : O\beta\gamma\delta = bcd : \beta\gamma\delta$, comme nous voulions le prouver.

379. *Quand deux tétraèdres ont une face commune* BCD *et leurs sommets opposés* A_1, A_2 *sur un plan parallèle à cette face, ils sont équivalents* (Cf. **305**).

Car une translation du premier, égale et parallèle à A_1A_2, l'amène en A_2bcd, position dont l'équivalence à A_2BCD résulte de ce que ces deux tétraèdres ont un sommet commun A_2 avec des faces opposées bcd, BCD égales dans un même plan (**378**).

380. Dans un tétraèdre quelconque, on nomme *base*, une de ses faces choisie arbitrairement (ou son aire) et *hauteur* (correspondante) la distance à cette face, du sommet qui lui est opposé (**277**), celle, tout aussi bien, à la même face, de son plan parallèle mené par ce sommet (**283**).

Le rapport des volumes de deux tétraèdres est égal à celui du produit de la base du premier par sa hauteur, au produit de la base du second par sa hauteur (Cf. **306**).

I. Un tétraèdre est *trirectangle* en un de ses sommets, quand il y a un trièdre trirectangle (**352**, III).

Tout tétraèdre ABCD (*fig.* 91) *de base* BCD, *de hauteur* HA *est équivalent à un autre, trirectangle en* C, *dont la base* B_1CD *et la hauteur* CA_1, *sont l'une équivalente, l'autre égale à celles* BCD, HA *du proposé*.

En C élevons dans le plan de la face BCD une perpendiculaire sur son côté CD, que nous couperons en B_1 par une droite issue de B parallèlement à CD ; au même point C, élevons sur le plan BCD une perpendiculaire que nous couperons en A_1 par un plan issu de A parallèlement à BCD. Le tétraèdre A_1B_1CD, de base B_1CD, de hauteur CA_1, remplit les conditions voulues.

D'abord, son trièdre en C est trirectangle, les arêtes CD, CB_1

de celui-ci étant perpendiculaires entre elles, et leur plan B_1BCD l'étant à la troisième CA_1. Ensuite, sa base B_1CD est équivalente à BCD, celle du proposé, comme ayant le côté commun CD, avec des sommets opposés B_1, B sur une parallèle à ce côté (**305**). Sa hauteur CA_1 est égale à HA, comme parallèles comprises entre plans parallèles.

Enfin, il est équivalent au tétraèdre proposé; car il l'est au tétraèdre A_1BCD, comme ayant tous deux le sommet commun A_1, avec des faces opposées B_1CD, BCD dans un même plan, de plus équivalentes (**378**). Et celui-ci l'est au proposé, comme ayant tous deux la face commune BCD, avec des sommets opposés A_1, A sur un plan parallèle à cette dernière (**379**).

II. Soient maintenant $A'B'C'D'$ un autre tétraèdre, de base $B'C'D'$, de hauteur $H'A'$, puis $A'_1B'_1C'D'$ le tétraèdre trirectangle déduit de lui comme A_1B_1CD l'a été de ABCD. Les trièdres CA_1B_1D, $C'A'_1B'_1D'$ étant égaux entre eux, ou à des jumeaux, comme trirectangles (**352**, III), on a (**377**), (**304**),

$$\frac{ABCD}{A'B'C'D'} = \frac{A_1B_1CD}{A'_1B'_1C'D'} = \frac{CB_1.CD.CA_1}{C'B'_1.C'D'.C'A'_1} = \frac{CB_1.CD}{C'B'_1.C'D'} \cdot \frac{CA_1}{C'A'_1}$$

$$= \frac{B_1CD}{B'_1C'D'} \cdot \frac{CA_1}{C'A'_1} = \frac{BCD.HA}{B'C'D'.H'A'},$$

à cause des équivalences ou égalités

$$ABCD = A_1B_1CD, \qquad A'B'C'D' = A'_1B'_1C'D',$$
$$B_1CD = BCD, \qquad B'_1C'D' = B'C'D',$$
$$CA_1 = HA, \qquad C'A'_1 = H'A'.$$

On utilise parfois ces cas particuliers évidents :

Les volumes de deux tétraèdres sont entre eux comme leurs hauteurs, quand leurs bases sont équivalentes, comme les aires de leurs bases, quand leurs hauteurs sont égales.

Deux tétraèdres dont les bases sont équivalentes et les hauteurs égales, sont équivalents.

Mesure des volumes polyédriques courants.

381. Quand une moulure est déchevêtrée (**322**), deux sections planes n'ayant aucun point intérieur commun, et les trapèzes que leurs côtés découpent sur les faces de la moulure (**308**), constituent un polyèdre, déchevêtré évidemment aussi, que l'on nomme un *tronc de prisme*, triangulaire, quadrangulaire, etc., selon la forme de la moulure; $A_1B_1C_1A_2B_2C_2$ (*fig.* 92) est un tronc de prisme triangulaire.

Les trapèzes $A_1A_2B_2B_1$, ... dont nous venons de parler, et leurs côtés parallèles A_1A_2, B_1B_2, ..., sont les faces et arêtes *latérales* du tronc; les sections planes considérées, $A_1B_1C_1$, $A_2B_2C_2$, sont ses deux *bases*. Tous les angles solides sont des trièdres.

Entre le trapèze dans le plan et le tronc de prisme dans l'espace (comme entre le triangle et le tétraèdre), il y a des analogies qui sont surtout marquées pour un tronc triangulaire.

382. Un tronc de prisme se nomme un *prisme*, quand ses deux bases sont dans des plans parallèles, *égales par suite* (320, II); Ex.: $A_1B_1C_1D_1E_1$, $A_2B_2C_2D_2E_2$ (*fig.* 93). Les arêtes latérales A_1A_2, B_1B_2, ... sont aussi toutes égales entre elles (143), et chacune des faces latérales $A_1A_2B_2B_1$, ... est un parallélogramme (309).

La *hauteur* d'un prisme est la distance des plans de ses deux bases (283).

Un prisme est *droit*, quand les plans de ses deux bases sont perpendiculaires à ses arêtes latérales, par suite à ses faces de ce même genre. Chaque base d'un pareil prisme se confond avec une section droite de la moulure (320, III), et chaque arête peut être prise pour hauteur.

383. Les variétés suivantes du prisme sont à distinguer.

I. Quand la base d'un prisme quadrangulaire est de même nature que ses faces latérales, c'est-à-dire un parallélogramme ABCD (*fig.* 94), on voit immédiatement que ce polyèdre ABCDA'B'C'D' est tout aussi bien un prisme quadrangulaire, ayant pour bases une paire quelconque BB'C'C, AA'D'D de faces latérales parallèles, et pour arêtes latérales (à ce nouveau point de vue) ceux des côtés des bases primitivement considérées, tous parallèles entre eux évidemment, BA, B'A', C'D', CD, qui ne sont situés, ni dans le plan de l'une de ces faces latérales, ni dans celui de l'autre.

Ce polyèdre, qu'alors on peut de trois manières considérer comme un prisme quadrangulaire, se nomme un *parallélépipède*. Il a 3 paires de bases ou faces *opposées*, et autant de hauteurs correspondantes, soit 6 faces en tout, deux à deux égales et parallèles; il est une variété d'hexaèdre.

II. Comme chacun des prismes quadrangulaires que l'on peut voir dans un parallélépipède, a 4 arêtes latérales égales et parallèles, *les arêtes d'un parallélépipède sont au nombre de* 12, *formant 3 groupes dont chacun contient 4 arêtes parallèles et égales entre elles, mais non parallèles à celles des autres groupes.* Deux arêtes sont *opposées*, quand elles appartiennent, comme AA', CC', à un même groupe sans être situées dans une même face.

Un des mêmes prismes ayant 4 sommets sur une de ses bases et autant sur l'autre, le parallélépipède en a 8. Deux sommets sont *opposés*, comme A, C', quand ils appartiennent respectivement à deux arêtes opposées, et en même temps, aux deux faces opposées qui ne contiennent pas celles-ci, soit respectivement à deux faces opposées, à deux autres encore et aux deux dernières enfin. Il y a ainsi 4 paires de sommets opposés, et, par suite, autant de diagonales (319), parce que deux sommets non opposés appartiennent toujours à quelque même face.

III. *Les 4 diagonales concourent en un même point qui est le milieu de chacune.*

Soient effectivement AC', CA' deux diagonales quelconques : chacune des trois faces passant par A contient l'un ou l'autre des points C, A', car si aucune ne contenait C par exemple, C, non C', serait l'opposé de A ; et, comme ces points ne sont qu'au nombre de 2, l'un, il est noté A', se trouve à la fois sur deux de ces faces, c'est-à-dire sur une arête passant par A. Les opposés C', C de A, A' sont donc placés sur l'arête opposée, et cela de manière à rendre direct le parallélisme de CC' à AA' (143). Comme on a d'autre part AA' = CC', le quadrilatère AA'C'C est un parallélogramme (138, V) dont les diagonales AC', CA' se coupent bien au point milieu O de chacune (309).

Ce point O, intersection de toutes les diagonales et milieu de chacune, se nomme le *centre* du parallélépipède (*Cf.* 421, *inf.*).

IV. En faisant abstraction de deux sommets opposés, C, A' par exemple, et des 6 arêtes dont 3, CC', CB, CD, concourent en l'un C, dont les 3 autres (opposées à celles-ci) A'A, A'D', A'B' concourent en l'autre A', il reste 6 sommets et 6 arêtes (opposés mutuellement dans trois paires) qui sont les sommets et les côtés d'un certain hexagone gauche ABB'C'D'DA.

Les 6 tétraèdres qui ont la diagonale considérée CA' pour arête commune, et les 6 côtés de cet hexagone pour arêtes opposées, respectivement, sont équivalents. Car deux de ces tétraèdres, quand ils ont été formés avec deux côtés contigus de cet hexagone, C'B' et C'D', pour fixer les idées, ont, dans un même plan, savoir celui de ces côtés, deux faces A'C'B', A'C'D' équivalentes, même égales, comme résultant de la décomposition du parallélogramme A'B'C'D' par sa diagonale A'C' (309), et, avec cela, un même sommet opposé, savoir C autre extrémité de la diagonale du parallélépipède qui passe par A' (378).

Ces 6 tétraèdres étant contigus deux à deux extérieurement, et leurs faces par lesquelles ils ne se soudent pas reproduisant la totalité de la périphérie du parallélépipède, ce dernier est leur somme. Par suite, *le volume de chacun de ces tétraèdres est le sixième de celui du parallélépipède*.

V. *Tout sommet du parallélépipède et les 3 qui limitent les* arêtes concourant en ce sommet, sont ceux d'un tétraèdre équivalent encore à chacun de ceux ci-dessus (IV), ayant, par suite, un volume égal au sixième de celui du parallélépipède.

Soit par exemple B'A'BC' le tétraèdre de ce genre, dérivé du sommet B'. On peut le considérer comme ayant pour base le triangle A'B'C', et pour sommet opposé le point B. Or celui des tétraèdres ci-dessus, qui a pour arêtes opposées la diagonale CA' du parallélépipède et le côté B'C' de l'hexagone gauche, peut être considéré comme ayant pour base le même triangle A'B'C', et pour sommet opposé le point C. Ces deux tétraèdres sont donc équivalents, puisque la droite BC qui joint leurs sommets est parallèle à la même arête B'C' de leur base commune (379).

VI. Nous avons vu que les 12 arêtes d'un parallélépipède forment trois groupes composés chacun de 4 arêtes parallèles et égales entre elles. Quand ces 3 longueurs d'arêtes sont toutes égales, toutes les faces sont des rhombes (309), et le parallélépipède se nomme un *rhomboèdre*.

384. Quand une face d'un parallélépipède est un rectangle, et que les 4 arêtes, non appartenant ni parallèles à cette face, sont perpendiculaires au plan de celle-ci, on aperçoit immédiatement que toute autre face est aussi un rectangle, au plan duquel sont également perpendiculaires les 4 arêtes n'appartenant, ni à cette face, ni à son opposée, que tous les angles dièdres du parallélépipède sont droits et que tous ses trièdres sont trirectangles. Ce parallélépipède est dit alors *rectangle*, et ses trois hauteurs se confondent respectivement avec ses trois longueurs d'arêtes, que l'on nomme alors ses *dimensions*.

Chacun des parallélogrammes ayant pour diagonales deux diagonales quelconques du parallélépipède (383, III), est alors un rectangle évidemment; d'où cette conséquence (310), que *les 4 diagonales d'un parallélépipède rectangle sont toutes égales entre elles*.

Quand deux longueurs d'arêtes (non parallèles) sont égales, la face ayant de telles arêtes pour côtés est un carré (*Ibid.*), et le parallélépipède rectangle est dit *à base carrée*.

385. Un *cube* est un parallélépipède rectangle dont les trois longueurs d'arêtes ont une même valeur commune que l'on nomme son *côté* ; il est tout aussi bien un rhomboèdre (383, VI) à faces toutes carrées, à trièdres tous trirectangles.

386. En coupant un angle solide déchevêtré quelconque, par un plan rencontrant toutes ses arêtes, mais non le prolongement de quelqu'une, on obtient un polygone plan formant avec les triangles déterminés par les traces du plan sécant sur les faces de l'angle solide, un polyèdre, déchevêtré aussi, que l'on

nomme une *pyramide* triangulaire, quadrangulaire, ..., suivant le cas; Ex. : OABCDE (*fig.* 95). Le polygone plan ABCDEA et les triangles OAB, OBC, ... venant d'être mentionnés, les côtés de ceux-ci, issus de leur sommet commun, sont la *base* et les faces, arêtes *latérales* de la pyramide; le sommet O de l'angle solide est le *sommet* de la pyramide, et la distance HO de ce sommet au plan de la base est sa *hauteur*.

On remarquera qu'une pyramide triangulaire n'est pas autre chose qu'un tétraèdre, et qu'ainsi elle est pyramide de 4 manières.

Deux sections planes de ce genre, n'ayant toutefois aucun point intérieur commun, et les quadrilatères que leurs traces déterminent sur les faces de l'angle solide, forment un *tronc de pyramide*, dont elles sont les *bases*. Quand les plans de ces sections sont parallèles, les bases sont homothétiques (**404**, *inf.*); les quadrilatères constituant ses faces *latérales* sont tous des trapèzes (**308**), et le tronc est dit *à bases parallèles*, c'est le cas le plus intéressant ; Ex. : *pqrs*PQRS (*fig.* 101). La *hauteur* d'un semblable tronc est la distance kK de ses bases.

387. *Dans la mesure des volumes, l'unité adoptée est le volume du cube dont les 12 arêtes sont égales à l'unité de longueur*, en conséquence, le mètre cube, le décamètre cube, ..., les décimètre, centimètre, millimètre cubes, selon que, soit le mètre, soit l'un de ses multiples ou sous-multiples décimaux, aura été choisi pour unité de longueur.

Cette convention, celle aussi sur l'unité d'aire (**311**), sont *expressément* sous-entendues dans toutes les propositions relatives à la mesure des volumes.

Pour les motifs auxquels nous avons déjà fait allusion (*Ibid.*), le volume du tétraèdre ayant pour hauteur et base les unités de longueur et d'aire, serait une unité mieux choisie.

388. *Le volume d'un tétraèdre a pour mesure le tiers du produit de l'aire d'une face quelconque prise pour base* (**380**), *par la longueur de la hauteur correspondante* (*Cf.* **312**).

I. *Le volume d'un tétraèdre* PQRS (*fig.* 96), *trirectangle en* P *et ayant ses arêtes issues de ce sommet toutes égales à l'unité de longueur, a pour mesure* 1 : 6.

Car les plans des trois faces de ce tétraèdre qui concourent au sommet de son angle trirectangle, et les plans menés parallèlement à ceux-ci par les sommets opposés, se coupent évidemment suivant les 12 arêtes d'un cube ayant l'unité de longueur pour côté, et le tétraèdre en question peut être considéré comme détaché de ce cube, simple variété de parallélépipède, par le plan QRS passant par les extrémités des trois arêtes issues d'un même sommet P.

Or le volume de ce cube a pour mesure 1 par convention (**387**), et celui du tétraèdre en est la sixième partie (**383**, V).

II. Ayant pris pour base du tétraèdre PQRS ci-dessus, l'une de ses faces PRS passant par le sommet de son angle trirectangle, face ayant pour mesure 1 : 2 (**312**, I), puisqu'elle est un triangle rectangle où les côtés de l'angle droit sont tous deux égaux à l'unité de longueur, et pour hauteur correspondante son arête PQ perpendiculaire à cette face, nous lui comparerons le tétraèdre proposé ABCD (*fig.* 91) ayant pour base BCD et pour hauteur HA. On aura ainsi la proportion

$$\frac{ABCD}{PQRS} = \frac{BCD \cdot HA}{PRS \cdot PQ} \quad (380),$$

ou bien

$$ABCD : \frac{1}{6} = [BCD \cdot HA] : \left[\frac{1}{2} \cdot 1\right],$$

puisque la longueur PQ, l'aire PRS, le volume PQRS ont pour mesures 1, 1 : 2, 1 : 6 (I). Cette dernière proportion conduit bien à la formule

$$ABCD = \frac{1}{3} BCD \cdot HA,$$

qui est notre énoncé même.

389. *Quand un tronc de prisme est triangulaire* (**381**), *comme* $A_1B_1C_1A_2B_2C_2$ (*fig.* 92), *son volume a pour mesure le produit de sa section droite* A'B'C' (on veut dire l'aire de cette section) *par le tiers de la somme* A'B'C' *de ses arêtes latérales, et, tout aussi bien, le produit de l'une de ses bases* $A_1B_1C_1$ *par le tiers de la somme des distances des sommets de l'autre base,* $A_2, B_2, C_2,$ *au plan de celle-ci* (Cf. **313**).

I. Dans un tétraèdre quelconque ABCD (*fig.* 97), nous nommerons un instant *base linéaire* une de ses arêtes AB choisie à volonté, et *hauteur aréolaire* correspondante, l'aire de la section droite B'C'D' de la moulure triangulaire ayant pour arêtes la droite AB et ses parallèles menées par les sommets C, D de l'arête du tétraèdre qui est opposée à AB. Cela posé, *le volume de ce tétraèdre a encore pour mesure, le tiers du produit de sa base linéaire par sa hauteur aréolaire.*

Le volume d'un tétraèdre quelconque $\alpha\beta\gamma\delta$, que laisse invariable le glissement de quelque arête $\alpha\beta$ sur sa propre droite (**378**, I), n'est pas changé davantage par le déplacement de quelque sommet γ en γ_1, sur une parallèle à $\alpha\beta$; car les tétraèdres $\alpha\beta\gamma\delta$, $\alpha\beta\gamma_1\delta$ ont toujours une face commune en $\alpha\beta\delta$, avec les sommets opposés γ, γ_1 sur un plan parallèle à celui de cette face (**379**). On obtiendra donc un tétraèdre A'B'C'D' équivalent au proposé, en faisant glisser successivement sur les arêtes de la moulure triangulaire définie tout à l'heure, l'arête AB et les sommets C, D jusqu'à ce que les points B, C, D, soient en B', C', D', sommets de la section droite.

Or, on a

$$A'B'C'D' = \frac{1}{3} B'C'D' . A'B' \qquad (388),$$

parce que $A'B'$ est la hauteur de ce tétraèdre considéré comme ayant $B'C'D'$ pour base. A cause de $A'B' = AB$, on a donc

$$ABCD = A'B'C'D' = \frac{1}{3} B'C'D' . AB,$$

comme il fallait le constater.

II. Les plans $B_1C_1A_2$, $C_1A_2B_2$ (*fig.* 92) décomposent le tronc proposé en la somme des trois tétraèdres $A_1A_2B_1C_1$, $B_1B_2C_1A_2$, $C_1C_2A_2B_2$, ayant respectivement pour bases linéaires (I) les arêtes latérales même du tronc, A_1A_2, B_1B_2, C_1C_2, et, pour hauteur aréolaire commune, la section droite du tronc $A'B'C'$, cela parce que, dans chacun de ces tétraèdres, les deux sommets n'appartenant pas à sa base linéaire sont toujours sur les deux autres arêtes latérales du tronc. On a donc (*loc. cit.*)

$$A_1A_2B_1C_1 = \frac{1}{3} A'B'C' . A_1A_2,$$

$$B_1B_2C_1A_2 = \frac{1}{3} A'B'C' . B_1B_2,$$

$$C_1C_2A_2B_2 = \frac{1}{3} A'B'C' . C_1C_2,$$

d'où, en ajoutant, membre à membre,

$$A_1B_1C_1A_2B_2C_2 = A'B'C' . \frac{A_1A_2 + B_1B_2 + C_1C_2}{3}.$$

III. Les tétraèdres $A_1B_1C_1A_2$, $A_1B_1C_1B_2$, $A_1B_1C_1C_2$ qui ont pour base commune la base $A_1B_1C_1$ du tronc, et pour sommets opposés ceux de l'autre base, A_2, B_2, C_2, ont les mêmes bases linéaires A_1A_2, B_1B_2, C_1C_2 que les précédents (II), et aussi la même hauteur aréolaire commune $A'B'C'$, ceci parce que chacun a encore ses deux sommets, autres que ceux de sa base linéaire, sur les deux autres arêtes latérales du tronc. Ils leur sont donc équivalents, et la somme de leurs volumes donne encore celui du tronc.

Or, relativement à leur base commune $A_1B_1C_1$, leurs hauteurs sont les distances α_2, β_2, γ_2 au plan de cette base du tronc, des sommets A_2, B_2, C_2 de l'autre base. Il vient donc comme tout à l'heure

$$A_1B_1C_1A_2B_2C_2 = A_1B_1C_1 \cdot \frac{\alpha_2 + \beta_2 + \gamma_2}{3}.$$

390. *Le volume d'un prisme quelconque* (**382**) *a pour mesure le produit de sa section droite par la longueur de ses arêtes latérales, ou bien encore celui de sa base par sa hauteur.*

Soit $A_1B_1C_1D_1E_1A_2B_2C_2D_2E_2$ (*fig.* 93) le prisme en question dont nous nommerons S' l'aire de la section droite $A'B'C'D'E'$, l la longueur commune des arêtes latérales, S l'aire commune des deux bases et h la hauteur, distance des plans de celles-ci.

I. Si ce prisme est triangulaire comme $A_1B_1C_1A_2B_2C_2$, ayant s', s pour aires de sa section droite $A'B'C'$ et de sa base $A_1B_1C_1$ (ou $A_2B_2C_2$), on peut le considérer comme un tronc triangulaire dont toutes les arêtes latérales et toutes les distances à sa base $A_1B_1C_1$, des sommets A_2, B_2, C_2 de l'autre base, ont pour valeurs communes l et h. Pour son volume, on aura donc (**389**) les deux expressions

$$s'\frac{l+l+l}{3} = s'l, \quad s\frac{h+h+h}{3} = sh,$$

II. Sinon, des moulures de la direction de celle du prisme et décomposant sa section droite en une somme de triangles d'aires s', t', ..., décomposeront simultanément les bases en triangles d'aires s, t, ..., et le prisme lui-même en prismes triangulaires de sections droites s', t', ..., de bases s, t, ..., ayant toujours l pour longueur d'arêtes latérales, et h pour hauteur. Pour le volume du prisme, on trouvera donc (I)

$$s'l + t'l + \ldots = (s' + t' + \ldots)l = S'l,$$

ou bien encore

$$sh + th + \ldots = (s + t + \ldots)h = Sh.$$

391. *Le volume d'un parallélépipède* (**383**, I) *a pour mesure le produit de l'aire d'une quelconque de ses faces, par sa hauteur correspondante.*

Car il est un prisme ayant pour base et hauteur, la face et la hauteur considérées (**390**).

S'il est rectangle (**384**), *son volume a pour mesure le produit de ses trois dimensions.* Car le produit de deux dimensions mesure l'aire d'une face (**315**), et la troisième est la hauteur correspondante.

S'il est un cube (**385**), *son volume est mesuré par le cube* (arithmétique) *de son côté.* D'où le nom de *cube*, donné au produit de trois facteurs égaux (*Cf.* **315**).

392. *Le volume d'une pyramide quelconque* (**386**) *a pour mesure le tiers du produit de l'aire de sa base par sa hauteur.*

Par les périmètres des triangles en la somme desquels la base ABCDE (*fig.* 95), d'aire S, de la pyramide considérée, peut être décomposée, on fera passer des angles trièdres de même sommet commun O que la pyramide, et, à leur tour, ces trièdres décomposeront la pyramide en tétraèdres ayant pour bases ces divers triangles d'aires $s, t, \ldots$, et pour hauteur commune $h = $ HO, hauteur de la pyramide.

Pour le volume de celle-ci, on obtiendra donc (**388**)

$$\frac{sh}{3} + \frac{th}{3} + \ldots = \frac{(s + t + \ldots)h}{3} = \frac{Sh}{3} \quad (Cf.\ 312).$$

On trouvera au n° **411** (*inf.*) la mesure du tronc de pyramide à bases parallèles.

393. On évaluera le volume d'un polyèdre quelconque, en le décomposant en tétraèdres que l'on calculera séparément, comme nous venons de le faire pour ceux mesurés ci-dessus.

On pourrait encore imiter la méthode du n° **316** pour les aires planes : décomposer toutes les faces du polyèdre en triangles par lesquels on fera passer des surfaces prismatiques d'une même direction commode, puis former les sections droites de toutes ces moulures triangulaires, en les coupant par quelque même plan sécant perpendiculaire à leurs arêtes. Chaque section droite et le triangle correspondant (dont elle est la projection orthogonale sur le plan sécant) appartiennent comme bases, à un tronc de prisme triangulaire dont les arêtes latérales sont précisément les distances des sommets du triangle au plan sécant. Comme les volumes de ces troncs, combinés par des additions et soustractions évidentes, reproduisent celui du polyèdre, l'évaluation de ce dernier est ramenée à celles des sections droites et des distances dont nous avons parlé (**389**).

394. La considération des volumes peut procurer quelques artifices de raisonnement ; par exemple, la décomposition simultanée d'un tétraèdre en deux autres, et de l'une de ses arêtes en deux segments, par le plan bisecteur du dièdre dont l'arête est opposée à celle-ci, montrera bien facilement que *ces segments sont proportionnels aux aires des faces du tétraèdre qui comprennent le dièdre considéré;* etc.

Mais, à ce sujet, nous ne pourrions que répéter avec plus de force les observations faites à la fin du n° **318**.

CHAPITRE XII.

FIGURES HOMOTHÉTIQUES, FIGURES SEMBLABLES.

Figures homothétiques.

395. Très souvent, une *correspondance* entre les éléments de deux figures est assez étroite pour permettre de déduire, des diverses parties de chacune, les parties respectivement *correspondantes*, ou *homologues* à celles-ci, dans l'autre figure ; nous en avons rencontré plusieurs exemples déjà. Tantôt la loi de la correspondance détermine les positions *absolues* de ces parties correspondantes dans l'espace, par suite, leurs positions *relatives* (Ex. : une figure quelconque et sa position après une translation de direction et d'amplitude données) ; parfois elle détermine ces dernières seulement (Ex. : deux figures égales). Enfin la correspondance est *univoque*, si chaque partie d'une figure n'a qu'une homologue dans l'autre, *multivoque*, si elle en a plusieurs ; le premier cas est le plus intéressant.

Habituellement, quoique non toujours, ce sont des points dans une figure qui correspondent à des points dans l'autre ; deux lignes, deux surfaces, ..., sont alors homologues, quand les points des unes, ceux des autres et leurs lignes, ... sont homologues, et la définition de la correspondance se réduit à celle des points homologues.

396. L'*homothétie* de deux figures F, F' est une correspondance univoque entre les points m, n, p, ..., de l'une et m', n', p', ... de l'autre, consistant en ce que *les segments mn, mp, np, ... qui joignent les uns, sont parallèles aux segments $m'n'$, $m'p'$, $n'p'$, ..., unissant les autres, et cela toujours directement ou toujours inversement* (**79**). Elle est de la plus haute importance, se nommant *directe* dans le premier cas, *inverse* dans le second.

Par exemple, si, à partir de deux points fixes a, a' (fig. 98), et dans des directions quelconques, mais toujours identiques ou toujours opposées, on porte deux segments am, $a'm'$ dont le rapport demeure égal à quelque nombre donné ρ, les extrémités m, m' de ces segments appartiennent à deux figures homothétiques, directement dans le premier cas, inversement dans le second.

Car, en considérant deux points quelconques m, n de la première figure, avec leurs homologues m', n' dans la seconde, et supposant identiques, pour fixer les idées, les directions am, $a'm'$, ainsi que an, $a'n'$, une translation égale et parallèle à aa' amènera le triangle man en une position $m''a'n''$ où les directions $a'm''$, $a'm'$ sont identiques, ainsi que $a'n''$, $a'n'$, et où, à cause de $a'm'' = am$, $a'n'' = an$, on a la proportion $a'm'' : a'm' = \rho = a'n'' : a'n'$. Le segment $m''n''$ est donc parallèle à $m'n'$ (**146**), cela directement aussi (**256**, I), et mn, directement parallèle à $m''n''$, l'est aussi à $m'n'$.

397. Les propriétés suivantes de deux figures homothétiques sont presque évidentes.

I. *L'homologue d'une droite est une droite parallèle.*

Sur une droite $\mathfrak{D}$ de la première figure, prenons un point fixe o, un point mobile m, et soient o', m' les homologues de ces deux points. La droite om étant fixe puisqu'elle coïncide sans cesse avec $\mathfrak{D}$, la droite $o'm'$ qui lui est toujours parallèle par définition (**396**), coïncidera sans cesse avec la droite fixe $\mathfrak{D}'$ menée par le point fixe o' parallèlement à $\mathfrak{D}$. Donc m' décrit cette seconde droite fixe $\mathfrak{D}'$ qui est ainsi l'homologue de la considérée.

II. *L'homologue d'un plan est un plan parallèle.*

Si le point m ci-dessus se meut arbitrairement sur un plan fixe $\mathcal{P}$, contenant le point fixe o, la droite $o'm'$ toujours parallèle à om, le point m' par conséquent, resteront dans le plan fixe $\mathcal{P}'$ mené par le point fixe o' parallèlement à $\mathcal{P}$; ce dernier a donc le plan $\mathcal{P}'$ pour homologue.

III. *Deux droites, ou une droite et un plan, ou deux plans, quand ils sont parallèles dans une figure, ont pour homologues dans l'autre, ou deux droites, ou une droite et un plan, ou deux plans, qui sont toujours parallèles aussi.*

Soient, par exemple, $\mathcal{P}$, $\mathfrak{D}$ un plan et une droite parallèles dans une figure, et $\mathcal{P}'$, $\mathfrak{D}'$ leurs homologues dans l'autre. Les droites $\mathfrak{D}$, $\mathfrak{D}'$ étant parallèles entre elles (I), le plan $\mathcal{P}$ supposé parallèle à la première $\mathfrak{D}$, l'est aussi à la seconde $\mathfrak{D}'$ (**49**); son parallèle $\mathcal{P}'$ (II) l'est donc à toutes deux (**59**), à $\mathfrak{D}'$ en particulier. Pour une paire de droites parallèles ou de plans parallèles, le raisonnement est tout semblable.

IV. *Deux droites, ou une droite et un plan, ou deux plans, se rencontrant dans une figure, ont pour homologues dans l'autre, ou deux droites, ou une droite et un plan, où deux plans qui, dans chaque cas, se rencontrent aussi en formant un assemblage égal à celui dont il est l'homologue.*

Soient $\mathfrak{M}$, $\mathfrak{N}$, o, les pièces de l'assemblage considéré et leur point ou un de leurs points d'intersection, puis $\mathfrak{M}'$, $\mathfrak{N}'$, o', les homologues de ces trois objets. Le point o' appartient aussi à $\mathfrak{M}'$, $\mathfrak{N}'$ simultanément, puisque chacun de ces objets le contient (I), (II). Si maintenant on imprime à l'assemblage

DISPOSITION DES ÉLÉMENTS HOMOLOGUES. 197

𝔪𝔫 une translation égale et parallèle au segment oo' (**142**), ses deux pièces 𝔪, 𝔫 s'appliqueront respectivement sur leurs parallèles 𝔪', 𝔫' dans le second (**41**), (**55**), d'où la possibilité de superposer l'un à l'autre.

En particulier, *une droite et un plan, soit perpendiculaires dans une figure, soit obliques, ont toujours pour homologues une droite et un plan, soit perpendiculaires aussi dans l'autre, soit faisant un angle égal* (**331**).

V. *La disposition topographique de trois points m, n, p en ligne droite dans une figure, est identique à celle de leurs homologues m', n', p' en ligne droite aussi dans l'autre.*

Si, par exemple, n est intérieur au segment mp, les directions mn, pn sont opposées ; les directions $m'n'$, $p'n'$ le sont donc l'une à l'autre, soit que l'homothétie soit directe, cas auquel elles sont respectivement identiques aux premières, soit qu'elle soit inverse, cas auquel les mêmes directions sont toutes deux respectivement opposées aux premières. Même raisonnement si n était extérieur au segment mp.

VI. *Un point, soit intérieur à une bande, à un mur, à un angle rectiligne ou dièdre, à un triangle, à un polygone plan, à une moulure, à un angle solide, à un polyèdre, … dans une figure, soit extérieur, a pour homologue un point, soit intérieur aussi dans le premier cas, soit extérieur, à la région homologue dans l'autre figure. Et de même, si, au lieu d'un point, il s'agissait d'une droite ou demi-droite, d'un plan ou demi-plan.*

Tout ceci résulte immédiatement de l'application de l'observation précédente (V) aux figures ayant intérieur et extérieur.

VII. *Quand ils sont homologues dans deux figures homothétiques, deux angles rectilignes ou dièdres, saillants pour fixer les idées, sont égaux entre eux.*

Car, à cause du parallélisme de leurs côtés ou arêtes et faces, une translation appliquant le sommet ou l'arête de l'un sur celui ou celle de l'autre, applique aussi cet angle sur son homologue quand l'homothétie est directe, ou bien sur l'opposé au sommet ou à l'arête de ce dernier quand elle est inverse (**182**), (**192**), (*Cf.* IV).

Nous avons déjà remarqué (IV) *que la même égalité existe encore, entre l'angle d'une droite et d'un plan dans une figure, et celui de leurs homologues dans l'autre.*

VIII. *Deux trièdres homologues sont égaux directement ou inversement* (**358**), *selon que l'homothétie des figures est directe ou inverse.* Même raisonnement.

IX. *Quand elles sont en homothétie directe, deux figures sont toujours homotaxiques* (**132**), (**218**), (**373**) ; car nous venons de constater implicitement, que de simples translations suffisent pour superposer, soit les directions de deux segments homologues, soit deux angles rectilignes ou deux trièdres homologues.

Mais quand l'homothétie est inverse, il y a, entre les figures, antitaxie (rectiligne), si leurs points sont tous sur une même droite, homotaxie (plane), s'ils sont sur un même plan, antitaxie (d'espace), s'ils ne sont pas dans un même plan. Car, dans ce dernier cas par exemple, deux trièdres homologues sont toujours inversement égaux (VIII), fait impliquant leur antitaxie.

X. *Deux figures F', F'', chacune homothétique à une même troisième F, le sont toujours entre elles, cela directement ou inversement selon que les deux premières homothéties sont de natures identiques ou opposées.* Conséquence immédiate de la nature du parallélisme mutuel de deux demi-droites parallèles à une même troisième (80).

Figures semblables.

398. Deux figures sont *semblables, directement* ou *inversement*, quand il existe entre elles une correspondance permettant de déplacer l'une de manière à la rendre homothétique à l'autre, directement ou inversement (396).

Quelquefois deux figures semblables d'une manière, le peuvent devenir d'une autre encore, sous le régime d'une autre loi de correspondance (*Cf.* 360).

L'égalité de deux figures est un cas particulier évident de la similitude directe.

Les propositions du n° 397 s'appliquent immédiatement à des figures semblables, moyennant de très légères modifications à leurs énoncés : dans les alinéas I, II, il faut supprimer la mention du parallélisme des droites et des plans homologues ; dans l'alinéa IX, pour ce qui concerne deux figures situées sur une même droite ou sur un même plan, il faut qu'elles puissent être mises en homothétie par un simple glissement sur la droite ou le plan en question. Pour s'assurer de tout cela, il suffit de placer les figures en homothétie.

Comme deux figures homothétiques sont forcément en état de similitude, elles jouissent de toutes les propriétés des figures semblables, qui sont indépendantes de leurs situations relatives.

399. *Dans deux figures semblables, le rapport des longueurs de deux segments homologues quelconques, celui des aires de deux triangles homologues, celui des volumes de deux tétraèdres homologues, sont trois nombres constants, dont le second et le troisième sont les carré et cube du premier.*

I. Soient dans la première figure, m, n (*fig.* 99) les extrémités d'un segment quelconque, et a, b celles de quelque autre non nul et fixe, puis dans la seconde, m', n', a', b' les homologues de ces points, les derniers fixes par conséquent, et joignons am, an, bm, puis semblablement $a'm'$, $a'n'$, $b'm'$.

Les triangles mna, $m'n'a'$ étant équiangles (**397**, VII), on a

$$\frac{mn}{m'n'} = \frac{ma}{m'a'} \qquad (214),$$

et les triangles mab, $m'a'b'$ l'étant encore, donnent semblablement

$$\frac{ma}{m'a'} = \frac{ab}{a'b'}.$$

Quels que soient les segments homologues mn, $m'n'$, on a donc

$$\frac{mn}{m'n'} = \frac{ab}{a'b'},$$

et ce dernier rapport est constant comme ses termes.

Ce rapport invariable des longueurs de deux segments homologues quelconques, empruntés à la première figure et à la seconde, se nomme le *rapport de similitude* des deux figures; nous le désignerons ici par ρ.

II. Soient mnp, $m'n'p'$ deux triangles homologues; leurs angles en m, m' étant égaux, chacun à l'autre ou à son opposé au sommet (**397**, VII), leurs aires mnp, $m'n'p'$ et les côtés comprenant ces angles donnent lieu (**304**) aux relations

$$\frac{mnp}{m'n'p'} = \frac{mn.mp}{m'n'.m'p'} = \frac{mn}{m'n'} \cdot \frac{mp}{m'p'} = \rho^2 \qquad (I).$$

III. Comme dans deux tétraèdres homologues $mnpq$, $m'n'p'q'$, les angles trièdres en m, m' sont aussi chacun égal à l'autre ou à son opposé au sommet (**397**, VIII), on trouvera pareillement (**377**)

$$\frac{mnpq}{m'n'p'q'} = \frac{mn.mp.mq}{m'n'.m'p'.m'q'} = \frac{mn}{m'n'} \cdot \frac{mp}{m'p'} \cdot \frac{mq}{m'q'} = \rho^3.$$

400. *Le théorème précédent subsiste de tous points, si, dans son énoncé, on remplace respectivement les segments, triangles, tétraèdres, par des lignes brisées, polygones plans ou plaques brisées, polyèdres quelconques.*

S'il s'agit par exemple des deux lignes brisées homologues $mnpqr$, $m'n'p'q'r'$, la suite des rapports égaux

$$\frac{mn}{m'n'} = \frac{np}{n'p'} = \frac{pq}{p'q'} = \frac{qr}{q'r'} = \rho \qquad (\mathbf{399}, I)$$

donnera aussi

$$\frac{mn + np + pq + qr}{m'n' + n'p' + p'q' + q'r'} = \rho \qquad (303, \text{V}),$$

montrant ainsi, que le rapport des longueurs de deux lignes brisées homologues est toujours, comme celui de deux segments, égal au rapport de similitude.

Les faits topographiques constatés antérieurement (397, VI) rendant possible la décomposition en triangles homologues, en tétraèdres homologues, de deux polygones plans ou plaques brisées homologues quelconques, de deux polyèdres homologues, l'intervention des alinéas II, III du numéro précédent montrera semblablement, que les rapports des aires des uns, des volumes des autres, sont toujours égaux au carré ρ^2, au cube ρ^3 du rapport de similitude.

401. On retiendra que *deux figures semblables sont isomères (219), au moins en ce qui concerne leurs angles rectilignes et dièdres, y compris ceux de droites et de plans* (398).

Quant à leurs segments rectilignes, ils sont dans la proportionnalité que nous avons constatée tout à l'heure (399), et qui est une relation presque aussi simple que l'égalité. Mais, *quand le rapport de similitude est* 1, *deux segments homologues sont toujours égaux, et l'isomérie des figures est complète. Elles sont alors égales directement ou inversement, selon que leur similitude est directe ou inverse* (398), (373, II, III), *superposables si elles sont planes* (Ibid. IV).

Centre d'homothétie.

402. Quand les parties de deux figures se correspondent de manière que les points de l'une, par suite, ses lignes et ses surfaces, ont pour homologues dans l'autre des points, lignes et surfaces respectivement aussi, quand, en outre, la loi de la correspondance détermine les positions relatives des parties homologues dans l'espace, on dit *double*, un point qui coïncide accidentellement avec son homologue, et encore une ligne ou surface se confondant avec son homologue, c'est-à-dire contenant aussi l'homologue de tout point pris sur elle. Sauf le cas exceptionnel d'identité entre les figures, *qui demeure expressément exclus*, il y a certainement des points, lignes ou surfaces qui ne sont pas doubles ; mais il peut aussi s'en trouver qui le sont, et alors il y a en général grand intérêt à les considérer.

403. C'est le cas de deux figures homothétiques, où la nature et la disposition de ces objets doubles sont très simples et remarquables.

I. *Le nombre des points doubles est 1 au plus.* Car, s'il en existait deux distincts O, U, l'homotaxie serait directe, et le rapport de similitude $= 1$, puisque le segment non nul OU est égal et directement parallèle à lui-même OU, constituant son homologue. L'homologue m' d'un point quelconque m d'une figure, serait l'extrémité d'un segment égal et directement parallèle à Om par exemple, porté dans l'espace à partir de O homologue de O, c'est-à-dire celle du segment Om lui-même ; m' coïnciderait donc toujours avec m, et les figures seraient identiques, contrairement à ce que nous supposerons essentiellement (**402**).

II. *Toute droite mm'* (fig. 100) *menée par deux points homologues (ou passant par le point double, s'il en existe un) est double.* Car l'homologue n' d'un point quelconque n de cette droite est situé sur la droite menée par n parallèlement à mm', c'est-à-dire sur cette droite elle-même, puisque ce point n lui appartient. Aucune autre droite double n'existe évidemment.

III. *Toutes les droites doubles concourent en un même point O qui est double, ou bien elles sont parallèles.*

Soient D, E deux droites doubles distinctes, puis m, n deux points pris arbitrairement sur elles, et m', n' leurs homologues situés sur elles, forcément aussi. Les droites mn, $m'n'$ étant homologues sont parallèles, dans un même plan par suite ; les droites mm', nn', c'est-à-dire D, E, sont donc aussi dans ce plan.

Si ces droites se coupent, leur intersection O est un point double, alors unique (I), parce que, situé sur D et E à la fois qui sont des droites doubles, son homologue appartient aussi à l'une et à l'autre, se confondant ainsi avec lui-même. Toute autre droite double rencontre l'une ou l'autre, parce qu'elle est dans quelque même plan avec chacune, ne pouvant être parallèle à toutes deux à la fois, et la rencontre ne peut se faire qu'en O ; car si c'était en un autre point, celui-ci, comme nous venons de le voir, serait un second point double, ce qui ne peut se produire.

Si D, E sont parallèles, toute autre droite double leur est parallèle aussi ; car si elle rencontrait l'une, ce serait en un point double, où l'autre passerait, au lieu d'être parallèle à la première.

IV. *Les plans doubles sont tous ceux que l'on peut mener par les droites doubles. Par suite, ils concourent avec elles au point double, si c'est le cas de celles-ci, ou bien ils leur sont parallèles.*

Tout plan double, contenant l'homologue m' de l'un quelconque m de ses points, contient aussi la droite mm', c'est-à-dire une droite double (II). L'homologue d'un plan quelconque passant par une droite double D se confond avec lui, parce qu'il lui est parallèle et contient l'homologue de la droite D qui se confond avec elle. Il est évident qu'*une droite ou un point, intersection de deux ou trois plans doubles, est double également.*

V. *Quand l'homothétie est directe et le rapport de similitude* $=1$, *les droites doubles sont parallèles entre elles, ainsi qu'aux plans doubles* (IV), *et il n'existe aucun point double. Les figures sont superposables par une simple translation parallèle aux droites doubles.*

Un segment quelconque mn dans une figure étant alors directement parallèle et égal à son homologue $m'n'$, les droites doubles mm', nn', quelconques aussi, jouissent de la même propriété (**138**, V). Il n'y a aucun point double, car s'il en existait un, toutes les droites doubles y concourraient (III). Il est évident qu'une translation égale et parallèle à mm', applique tous les points de la première figure sur leurs homologues dans la seconde.

VI. *Dans tout autre cas, il existe un point double* O, *en lequel concourent les droites et plans doubles, et qui divise, dans le rapport de similitude, tout segment compris entre deux points homologues, cela extérieurement ou intérieurement selon que l'homothétie est directe ou inverse.*

Les droites doubles mm', nn' qui joignent les extrémités de deux segments homologues non nuls mn, $m'n'$ ne peuvent être parallèles, puisque si elles l'étaient, ces segments, toujours parallèles, le seraient directement avec égalité entre eux (**138**, IV); elles se coupent donc en un certain point O, double comme nous l'avons vu (III).

Les segments Om, Om' de la droite double mm' sont toujours homologues, parce que O est homologue à O comme m à m'; ils ont donc des directions identiques quand l'homothétie est directe, mais opposés quand elle est inverse. Dans tous les cas, d'ailleurs, on a $Om : Om' = \rho$ (**399**).

Ce point double O, quand il existe, se nomme le *centre d'homothétie* des deux figures, dites elles-mêmes homothétiques *par rapport à ce point.*

404. *Réciproquement, deux figures sont homothétiques, si les points* $m, n, p, \ldots$ *de l'une correspondent aux points* $m', n', p', \ldots$ *de l'autre, de manière :* I, *que tous les segments* mm' nn', pp', $\ldots$ *soient directement parallèles et de longueurs égales ;* II, *ou bien, qu'ils passent par un même point* O *les divisant dans un même rapport et d'une même manière.*

Car, dans le premier cas, les segments mn, mp, np, $\ldots$ sont directement parallèles à $m'n'$, $m'p'$, $n'p'$, $\ldots$, de plus égaux respectivement à ceux-ci (**138**, IV); dans le second, ils leur sont toujours parallèles d'une même manière (**146**), (**256**, I); on est ramené ainsi aux cas examinés dans les alinéas V et VI du numéro précédent.

En particulier, les traces $m, n, p, \ldots$ et $m', n', p', \ldots$, sur les deux côtés d'une bande ou sur les deux faces d'un mur, de droites

CONSTRUCTION DES FIGURES HOMOTHÉTIQUES. 203

toutes parallèles ou toutes concourant en un même point O, *sont deux figures homothétiques.*

Dans le premier cas, en effet, le parallélisme des segments mm', nn', pp', ... est direct, et ils sont de longueurs égales. Dans le second, les segments Om, On, Op, ... sont proportionnels à Om', On', Op', ... (**145**), avec des directions soit identiques respectivement, soit opposées, selon que O est, soit extérieur, soit intérieur à la bande ou au mur (**138**, III), (**143**).

405. Voici les cas les plus intéressants du problème de la construction des figures homothétiques.

I *On donne deux points homologues* a, a', *le genre de l'homothétie et le rapport de similitude* ρ.

La construction de l'homologue m' d'un point quelconque m de la première figure F, a été expliquée en fait au n° **396**. Si l'on voulait au contraire déduire m de m', point de la seconde figure F', on n'aurait qu'à substituer à ρ, son inverse arithmétique $\rho' = 1 : \rho$.

Le cas où l'on remplacerait la connaissance des deux points homologues a, a' par celle du centre d'homothétie O, est compris dans celui-ci, puisque, en ce centre, se confondent deux points homologues. Mais, comme la droite Om' est toujours appliquée sur Om, on serait dispensé du tracé des parallèles.

II. *On donne deux paires (distinctes)* a, a' *et* b, b' *de points homologues, les droites* ab, $a'b'$ *étant, bien entendu, parallèles.*

Le problème revient au précédent (I); car le genre de l'homothétie est déterminé par celui du parallélisme des segments dirigés aa', bb', et l'on obtient ρ par la formule $\rho = ab : a'b'$. Pour obtenir l'homologue d'un point quelconque m de la première figure, étranger à la droite ab, on peut évidemment encore, et c'est très expéditif, chercher l'intersection m' des parallèles menées par a', b' à am, bm respectivement.

III. *On donne deux points homologues* a, a' *et, en outre, le centre d'homothétie* O *(en ligne droite avec* a, a'*), ou bien la condition que la droite de deux points homologues soit toujours parallèle à* aa'.

S'il s'agit des premières données, on retombe sur le cas précédent (II), puisque la connaissance du centre est celle de deux points homologues confondus, et, par suite, sur le cas I dont les tracés s'exécuteront sur l'une des paires a, a' ou O, O, à volonté.

S'il s'agit des dernières données, l'homothétie est directe, le rapport de similitude est 1, et on peut encore obtenir l'homologue de tout point m de la première figure, en prenant l'extrémité d'un segment $a'm'$ égal et directement parallèle à am, porté à partir de a'.

406. Quand l'homothétie est inverse, le centre O existe

toujours (**403**, VI), et si, de plus, $\rho = 1$, l'une ou l'autre des constructions ci-dessus (**405**) donne une figure F' inversement égale à F.

En outre, il y a réciprocité entre ces deux figures, car, à cause de $1 : \rho' = 1 : 1 = 1$, on retrouvera la première en construisant avec le même centre O et le même rapport 1 une figure inversement homothétique à la seconde. De pareilles figures sont dites *symétriques par rapport* au point O, nommé lui-même leur *centre de symétrie* (*Cf.* **417**, *inf.*).

Une figure F_1 *inversement égale à* F *lui est semblable inversement, avec* 1 *pour rapport de similitude.* Car, isomère et antitaxique à F, elle est isomère mais homotaxique, égale par suite (**373**) à F', symétrique à F par rapport à un centre quelconque, cela parce que F, F' sont isomères et antitaxiques.

Deux figures planes (*ou rectilignes*) *qui sont semblables d'une manière, le sont toujours aussi de l'autre.* Car la symétrique de l'une par rapport à un centre quelconque, lui est isomère, partant égale (*Ibid.* IV) et en même temps inversement semblable (**398**), (**397**, X).

407. La considération des figures symétriques réduit à un mot la démonstration que nous avons promise au n° **373**, II (*in fine*).

Si les tétraèdres $A_1B_1C_1D_1$, $A_2B_2C_2D_2$ des figures isomères F_1, F_2 mentionnées au lieu cité sont antitaxiques, construisons la figure F'_1 symétrique à F_1 par rapport à un centre quelconque (**406**). Il y a isomérie encore entre F'_1 et F_2, parce que F'_1 est isomère à F_1 qui est supposée l'être à F_2 ; mais il y a homotaxie entre leurs tétraèdres $A'_1B'_1C'_1D'_1$, $A_2B_2C_2D_2$ qui, tous deux, sont antitaxiques à $A_1B_1C_1D_1$, le premier par construction, le second par hypothèse. Entre ces figures, F'_1 et F_2, il y a donc homotaxie, même égalité (**373**, II), et F_2 homotaxique à F'_1 qui est antitaxique à F_1 est antitaxique aussi à cette dernière.

408. *Deux figures* F, F' *sont semblables, dans tout cas d'isomérie partielle entraînant leur égalité, soit directe, soit inverse, où l'on viendrait à remplacer, pour les segments de l'une donnés égaux à leurs homologues dans l'autre, cette condition d'égalité par celle de leur être simplement proportionnels.*

En nommant ρ' le rapport uniforme des segments considérés dans F' à leurs homologues dans F, construisons une figure F_1 directement homothétique à F et ayant avec elle le rapport de similitude ρ'. Les figures F_1, F' se trouvent dans un cas d'isomérie entraînant leur égalité, car les segments ou angles rectilignes et dièdres qui, dans F', sont supposés proportionnels ou égaux à leurs homologues dans F, sont évidemment tous égaux aux homologues de ces derniers dans F_1. Si cette égalité est directe, F directement semblable à F_1 l'est aussi à F′ superposable à cette dernière. Si elle est inverse, on s'assurera bien facilement que F est inversement semblable à F′.

Par exemple, *deux figures sont semblables quand tous leurs segments homologues sont proportionnels* (**373**, III), et le lecteur pourra démontrer qu'*elles le sont encore, quand tous leurs angles sont égaux respectivement, même abstraction faite des dièdres*.

En passant, on remarquera *l'équivalence complète existant entre l'équiangularité de deux triangles et leur similitude.* Deux triangles équiangles sont effectivement égaux quand on remplace par l'égalité, la proportionnalité de leurs côtés homologues, et deux triangles semblables sont forcément équiangles.

409. L'utilité de la considération des figures semblables est extrême, dans la pratique plus encore peut-être qu'en théorie, car la possession d'un corps quelconque semblable à un autre équivaut (géométriquement) à la possession de celui-ci. Sur le premier effectivement, on peut immédiatement mesurer les angles rectilignes et dièdres du second, apprécier le parallélisme ou la perpendicularité de ses droites et plans, apercevoir les relations topographiques de ses diverses parties, et, par de simples multiplications, calculer les longueurs, aires, volumes de celles-ci. Et même, quand la similitude est directe, la quasi-identité géométrique des deux corps saute infailliblement aux yeux de l'observateur le moins exercé, nonobstant la différence de leurs couleurs, de leurs dimensions, etc., cette propriété optique de la similitude directe ayant pour cause la faculté acquise par l'œil humain, de rapporter au même corps les images qu'il produit sur sa rétine à toutes les distances, et dont le seul caractère géométrique commun est une similitude directe presque rigoureuse.

Une figure directement semblable à un corps quelconque, en constitue donc un équivalent optique aussi bien que géométrique, et on peut en choisir la matière, les dimensions, de manière à le rendre peu coûteux, d'une durée indéfinie et très maniable.

L'ensemble des procédés à mettre en pratique pour confectionner ces équivalents, est la partie élémentaire des *Arts du dessin*, dont les règles fondamentales dérivent, en grande partie, de la combinaison du théorème précédent (**408**) avec ceux concernant la construction de figures égales (**373**, I *et autres*).

Le plus souvent, en topographie par exemple, la figure à représenter est plane et sa représentation, son *plan* comme on dit, s'exécute sur une épure.

410. On facilite la mesure des dimensions linéaires d'un objet quelconque, à faire indirectement sur un *modèle*, un plan, semblables, en adjoignant à celui-ci une *échelle*, unité de longueur factice, avec ses multiples et sous-multiples, dont le rapport à l'unité véritable est égal au rapport de similitude du modèle à son original. En mesurant alors les longueurs du modèle avec l'échelle, on obtient les mêmes nombres exactement, que si l'on mesurait celles homologues de l'original, au moyen de l'unité de longueur véritable.

C'est pourquoi, dans la pratique, on nomme aussi *échelle* d'un modèle, d'un plan, son rapport de similitude avec son original. Pour rendre le modèle maniable, on prend son échelle < 1, même minime, quand l'original a de grandes dimensions comme un terrain, un pays à lever, mais > 1, même considérable, s'il s'agit d'un objet microscopique. Il faut ne pas oublier que l'échelle des aires est le carré de celle des longueurs, que celle des volumes est son cube.

Volume du tronc de pyramide.

411. Les bases $pqrs$, PQRS (*fig.* 101) d'un tronc de pyramide à bases parallèles (**386**), sont homothétiques par rapport au sommet O de l'angle solide dont elles sont des sections planes (**404**), et, en représentant par d, D, leurs distances Ok, OK à ce sommet, leur rapport de similitude ρ est $= d : D$, parce que k, K, pieds de ces distances, sont évidemment des points homologues. Ces observations conduisent au théorème suivant.

En appelant b, B, h, V les aires des bases, la hauteur Kk et le volume PQRS$pqrs$ *du tronc, on a la formule*

(1) $$V = \frac{h}{3}(B + \sqrt{Bb} + b).$$

Le volume du tronc étant visiblement la différence entre ceux des pyramides OPQRS, O$pqrs$, on a (**392**)

$$V = \frac{1}{3}BD - \frac{1}{3}bd = \frac{1}{3}BD - \frac{1}{3}B\rho^2 . D\rho \qquad (400),$$

puis

$$V = \frac{1}{3}BD(1 - \rho^3) = \frac{1}{3}BD(1 - \rho)(1 + \rho + \rho^2)$$

$$= \frac{1}{3}(D - D\rho)(B + B\rho + B\rho^2),$$

d'où notre formule (1), car $D\rho = d$, $B\rho^2 = b$, puis $D - D\rho = D - d = h$, $B\rho = \sqrt{B . B\rho^2} = \sqrt{Bb}$.

La décomposition d'un trapèze en une différence de deux triangles homothétiques, ferait retrouver par la même voie la mesure de son aire (**313**).

CHAPITRE XII bis.

FIGURES SYMÉTRIQUES.

Symétrie de deux figures par rapport à une droite.

412. A côté de la symétrie par rapport à un point, définie au n° **406** et sur laquelle nous n'aurons presque rien à ajouter, la Géométrie élémentaire permet encore d'étudier, entre les figures, deux autres sortes de correspondances, point à point et univoques, qui ont des ressemblances avec celle-ci, portent le même nom générique et sont des plus intéressantes. Toutes trois, même l'homothétie sous ses diverses formes, ne sont que des cas tout à fait restreints de *l'homographie*, correspondance générale univoque entre les points de deux figures, leurs droites aussi et leurs plans; mais nous ne pouvons développer cette indication.

413. Deux figures F, F' sont *symétriques par rapport à une droite* donnée $\mathcal{A}$, dite *axe de symétrie*, quand le segment mm' joignant un point quelconque m de la première à son homologue ou *symétrique* m' dans la seconde, est toujours rencontrée en son point milieu O par l'axe, et cela perpendiculairement. De cette définition, découlent immédiatement les observations suivantes.

I. *En considérant m comme appartenant à la seconde figure F', on retrouve tout aussi bien m' pour son homologue dans la première.*

En d'autres termes, et comme dans l'égalité de deux figures superposées ou dans leur symétrie par rapport à un point, la symétrie par rapport à une droite est une relation *réciproque*, en ce sens que, par rapport à un même axe, *toute figure est la symétrique de sa symétrique*.

II. *Chaque figure est égale à sa symétrique, se superposant à elle par un simple demi-tour exécuté autour de l'axe de symétrie, pris pour axe de rotation* (**199**).

Car les segments rectilignes om, om' allant à deux points homologues, du pied o de l'axe sur la droite qui les joint, sont par définition égaux en longueur, mais opposés en direction dans le plan perpendiculaire en o à l'axe. Ce demi-tour fait donc pivoter chacun de ces segments dans ce plan et autour du point o, cela de l'angle rectiligne neutre, et par suite l'applique sur l'autre (**84**, V), (**173**).

III. *Réciproquement, une figure égale à une autre peut toujours être placée symétriquement à celle-ci par rapport à tout axe donné.*

Pour cela, il suffit évidemment d'appliquer la première figure sur la seconde, puis de la faire tourner d'un demi-tour autour de l'axe donné.

IV. De l'égalité existant entre deux parties homologues quelconques de deux figures symétriques, il résulte immédiatement qu'*une droite, un plan dans l'autre, ont toujours pour homologues une droite aussi et un plan dans l'une, qu'il y a égalité constante entre un assemblage quelconque de points, de droites, plans, parallèles ou perpendiculaires, et l'assemblage symétrique, en particulier entre les longueurs, les angles plans, dièdres, trièdres, les aires, volumes d'une figure, ... et leurs symétriques dans l'autre.* (Le développement des définitions du n° **269** permettrait d'établir tout ceci, même davantage, sans recourir à l'artifice procuré par l'alinéa II.)

414. Voici les relations de position existant entre les principaux éléments de deux figures symétriques.

I. *Les seuls points doubles* (**402**) *sont ceux de l'axe.*

Les seules droites doubles sont l'axe et les droites qui lui sont perpendiculaires.

Les seuls plans doubles sont ceux qui passent par l'axe ou lui sont perpendiculaires.

1° Si un point m coïncide avec son symétrique m', il se confond aussi avec le milieu o du segment nul mm'; or, o est sur l'axe par définition; et inversement tout point de l'axe est à lui-même son homologue.

2° Si quelque droite double contient un point m étranger à l'axe, elle contiendra forcément aussi le symétrique m' de m qui est distinct de lui; elle se confond donc avec la droite mm' déterminée par ces deux points, et elle coïncide bien avec sa droite homologue, puisque à la fois, elle contient aussi m, o milieu du segment mm', et les homologues m', o de ces deux points.

3° Soient m un point pris sur un plan double, en dehors de l'axe, m' son homologue qui est sur le même plan, n un autre point de ce plan, étranger à la droite mm', et n' le symétrique de n, toujours sur le même plan double.

Si o, u, milieux des segments mm', nn', ne coïncident pas, le plan considéré contient l'axe, puisqu'il en contient ces deux points distincts, et inversement, on voit que tout plan passant par l'axe est homologue à lui-même, parce qu'il contient aussi le symétrique de tout point lui appartenant.

Si o, u coïncident en ω, le plan considéré $mn\omega m'n'$ est perpendiculaire à l'axe, parce qu'il contient les droites distinctes $m\omega m'$, $n\omega n'$ qui lui sont toutes deux perpendiculaires. Inversement, tout plan perpendiculaire à l'axe est double, parce qu'il contient la perpendiculaire sur l'axe abaissée de l'un quelconque de ses points et, par suite, l'homologue de celui-ci (2º).

II. *Soient* D, D′ *deux droites symétriques distinctes, conçues dans des directions homologues. Si l'une d'elles et l'axe* ᚼ *sont dans un même plan, l'autre est aussi dans ce plan, et toutes deux sont les côtés d'une bande, ou d'un angle, dont l'axe est la bissectrice.*

Sinon, toutes deux et l'axe sont perpendiculaires à une même droite en trois points distincts p, p', ω, *dont le dernier est le milieu de la distance des deux autres, et l'axe est dans le plan bissecteur du dièdre* $\overline{\mathrm{D}p\omega p'\mathrm{D}'}$.

1º Quand D et ᚼ sont dans un même plan, celui-ci est double, puisqu'il contient l'axe (I); il contient donc aussi D′ homologue de D.

Si D, ᚼ sont parallèles, leurs homologues D′, ᚼ le sont aussi (**413**, IV), et D, D′ sont parallèles entre elles comme l'étant toutes deux à ᚼ; en outre, les bandes ᚼD, ᚼD′ sont égales comme homologues (*Ibid.*).

Si D rencontre ᚼ en i, ce point i homologue à lui-même est forcément situé sur D′ droite homologue à D, et les angles homologues ᚼD, ᚼD′ sont encore égaux.

2º Quand D et ᚼ ne sont pas dans un même plan, soient p, ω les pieds, sur l'une et l'autre, de leur perpendiculaire commune (**104**), et p' l'homologue de p, situé naturellement sur D′. La droite ωp, double parce qu'elle est perpendiculaire à l'axe (I), contient p' homologue de son point p; elle est perpendiculaire à D′ aussi, puisque, les figures symétriques D$p\omega$, D′$p'\omega$ sont égales, et ω, pied de l'axe sur le segment pp', dont les extrémités sont homologues, est son milieu. L'axe ᚼ est dans le bissecteur du dièdre $\overline{\mathrm{D}p\omega p'\mathrm{D}'}$, parce que les dièdres D$p\omega$ᚼ, D′$p'\omega$ᚼ sont homologues, égaux par suite.

Quand D est orthogonale à ᚼ, le plan ωD est perpendiculaire à cet axe, partant double, et D′ située sur lui est parallèle à D, comme perpendiculaire aussi à la droite $p\omega p'$. Sinon, D et D′ ne sont pas dans un même plan.

III. *Deux plans symétriques distincts* P, P′ *sont les faces, tantôt d'un mur, tantôt d'un dièdre ayant son arête perpendiculaire sur l'axe, et dans les deux cas, un plan bissecteur de cet assemblage* PP′ *passe par l'axe.*

1º Si P est parallèle à l'axe, son parallèle Ω mené par cette droite est double, partant parallèle aussi à P′ homologue de P; P, P′, tous deux parallèles à Ω, le sont donc mutuellement, et Ω est le bissecteur du mur PP′, parce que les murs ΩP, ΩP′, à faces respectivement homologues, sont égaux (**413**, IV).

2° Si P coupe l'axe en quelque point σ forcément double, il a ce point σ commun avec P', coupe ainsi ce dernier plan en une droite Π qui est double ; car Π étant située sur P, P' à la fois, son homologue doit l'être sur P', P simultanément aussi, c'est-à-dire se confondre avec elle. En outre, elle est distincte de l'axe, car autrement, P, P' qui la contiennent se confondraient (I), ce qui est contraire à l'hypothèse. Elle lui est donc perpendiculaire, et, comme le plan Ω mené par elle et l'axe est double, les dièdres ΩP, ΩP' sont égaux.

415. Quand deux figures situées dans un même plan P, mais distinctes, sont symétriques par rapport à une droite 𝒜, elles le sont aussi par rapport, soit à quelque point O de ce plan, soit à quelque plan 𝒫 perpendiculaire à celui-ci (**416**, *inf.*). Car le plan P, évidemment double dans la symétrie donnée, est perpendiculaire à l'axe 𝒜, ou bien le contient. Dans le premier cas, O pied de cet axe est un centre de symétrie ; dans le second, le plan 𝒫 mené par 𝒜 perpendiculairement à P est un plan de symétrie.

Dans ce dernier cas, on constatera bien facilement, que de telles figures sont toujours en antitaxie (plane) (**218**), disposition n'empêchant pas chacune de s'appliquer sur l'autre par un demi-tour exécuté autour de l'axe 𝒜 (**413**, II).

Les réciproques sont évidentes, ainsi que des propositions analogues pour deux figures qui seraient sur une même droite.

Symétrie de deux figures par rapport à un plan.

416. Deux figures sont *symétriques par rapport à un plan* dit *plan de symétrie*, quand leur correspondance consiste en ce que le segment qui a pour extrémités deux points homologues quelconques, est toujours coupé en son point milieu et perpendiculairement, par le plan de symétrie.

Ce troisième genre de symétrie, qui est évidemment réciproque, comme les deux précédents (**406**), (**413**), est particulièrement intéressant et très fréquent dans la nature. Par exemple, un corps lumineux quelconque et son image sur une eau tranquille, sont symétriques par rapport au plan de ce miroir.

Les principes des n°s **274** et suivants permettraient d'en faire sans difficulté une étude directe, mais la proposition suivante apporte à cette étude des simplifications aussi grandes que celles trouvées pour la théorie précédente, dans l'observation II du n° **413**.

417. Si $\mathcal{A}$, $\mathcal{P}$, O désignent *une droite et un plan mutuellement perpendiculaires, et le pied de l'un sur l'autre*, puis F′, F″, *deux figures respectivement symétriques à une même autre* F *par rapport à deux quelconques de ces trois objets, ces figures* F′, F″ *le sont mutuellement aussi par rapport au troisième* (**406**), (**413**), (**416**).

Par exemple, supposons F′, F″ symétriques à F par rapport au plan $\mathcal{P}$ et à la droite $\mathcal{A}$, respectivement ; puis, soient m′, m″ les points de ces figures qui sont les symétriques de ces deux manières à un même point quelconque m de F, et o′, o″ les milieux des segments mm′, mm″, situés sur $\mathcal{P}$ et $\mathcal{A}$.

La droite $\mathcal{A}$ est située dans le plan mm′m″, parce qu'elle passe par quelque point o″ de ce plan, parallèlement à la droite mm′ du même plan, perpendiculaire comme elle au plan $\mathcal{P}$. La trace p (*fig.* 102) du plan mm′m″ sur le plan de symétrie $\mathcal{P}$ est parallèle à mm″, parce que toutes deux sont dans un même plan, perpendiculaires sur une même droite $\mathcal{A}$. Ces droites p, $\mathcal{A}$, menées ainsi par les milieux o′, o″ de chacun des côtés mm′, mm″ du triangle mm′m″ parallèlement à l'autre, passent donc toutes deux par le milieu du troisième côté m′m″ (**146**), et leur intersection O n'est autre chose ainsi, que le milieu encore de ce troisième côté, d'où la symétrie mutuelle des points m′ m″ par rapport au centre O.

La démonstration des deux autres faits affirmés par ce théorème, se fait tout aussi facilement par tel ou tel renversement de celle-ci. (*Cf.* **420**, *inf.*)

418. Les observations suivantes sont maintenant bien faciles.

I. *Deux figures* F, F′, *symétriques par rapport à un plan* $\mathcal{P}$, *sont inversement égales.*

Car la symétrique F″ de F par rapport à un axe perpendiculaire au plan $\mathcal{P}$, est symétrique à F′ par rapport au pied O de cette perpendiculaire (**417**). Et les figures F, F′ toutes deux égales à F″, la première directement (**413**, II), la seconde inversement (**406**), le sont inversement l'une à l'autre (**373**, II).

II. Réciproquement, *deux figures inversement égales peuvent être mises en symétrie par rapport à un plan.*

Pour cela, il suffit effectivement de les placer en homothétie inverse (**406**), puis d'imprimer à l'une un demi-tour autour d'une droite quelconque passant par leur centre de symétrie. Elles deviennent alors symétriques par rapport au plan élevé par ce centre perpendiculairement à l'axe de rotation (**417**).

III. *L'égalité inverse existant entre deux figures symétriques par rapport à un plan* (I), *leur confère immédiatement toutes les propriétés consignées au n*° **413**, IV *pour celles dont la symétrie s'établit par rapport à une droite, à cela près que, pour des parties homologues non planes (mais sauf les dièdres), l'égalité proprement dite est remplacée par l'isomérie antitaxique* (**406**).

212   FIGURES SYMÉTRIQUES.

En particulier, *deux figures de ce genre sont bien superposables quand elles sont planes (ou rectilignes),* (**373**, IV), *mais autrement elles ne le sont jamais.*

419. Nous passons aux relations de position.

I. *Dans deux figures symétriques par rapport à un plan, les seuls points doubles* (**402**) *sont ceux de ce plan de symétrie.*

Les seules droites doubles sont celles de ce plan et les perpendiculaires à celui-ci.

Les seuls plans doubles sont le plan de symétrie et ceux qui lui sont perpendiculaires.

1° Comme au n° **414** (I, 1°).

2° Si une droite contient quelque point m étranger au plan de symétrie, et si elle est double, elle contiendra aussi m' le symétrique de m et distinct de lui ; elle se confondra donc avec la droite mm' déterminée par ces deux points, qui, par définition, est perpendiculaire au plan de symétrie. D'autre part, toute perpendiculaire à ce plan est évidemment une droite double.

3° Sur un plan double ne se confondant pas avec le plan de symétrie, prenons un point m étranger au plan de symétrie. Comme ce plan double contient aussi l'homologue m' de m, ne se confondant pas avec lui, il passe par la droite mm' perpendiculaire au plan de symétrie. Il est donc perpendiculaire à ce dernier, dont tous les plans perpendiculaires sont évidemment doubles aussi.

II. *Deux droites symétriques* D, D', *distinctes et conçues dans des directions homologues, sont les côtés d'une bande ou d'un angle, sur les plans desquels le plan de symétrie est perpendiculaire et trace leur bissectrice.*

Car ces droites sont évidemment symétriques aussi, par rapport à la projection orthogonale de l'une sur le plan de symétrie (**414**, II).

III. *Deux plans symétriques (distincts)* P, P' *sont les faces d'un mur ou d'un angle dièdre, ayant le plan de symétrie* $\mathcal{P}$ *pour plan bissecteur.*

La figure $\mathcal{P}$P est inversement égale à $\mathcal{P}$P', parce que $\mathcal{P}$ est un plan double, et que P, P' sont des plans homologues ; si donc la première est un mur, la seconde en est un autre d'égale épaisseur, dont la seconde face parallèle à $\mathcal{P}$, l'est aussi à son parallèle P.

Si $\mathcal{P}$P est un dièdre, son arête II qui est une droite double (I) est située sur P', plan homologue de P, et se confond ainsi avec celle du dièdre PP'. Celui-ci a $\mathcal{P}$ pour plan bissecteur, parce que les dièdres $\mathcal{P}$P, $\mathcal{P}$P' sont égaux comme homologues dans deux figures inversement égales.

420. Au théorème du n° **417**, on peut ajouter d'autres propositions du même genre, que le lecteur démontrera sans difficulté.

I. *Deux figures symétriques à une même autre par rapport aux faces d'un dièdre droit, le sont mutuellement par rapport à son arête.*

II. *Deux figures symétriques à une même autre par rapport à deux arêtes d'un trièdre trirectangle, le sont mutuellement par rapport à la troisième.*

Etc.

Symétrie absolue d'une figure.

421. Une figure est *symétrique par rapport*, soit *à un point*, soit *à une droite*, soit *à un plan*, quand ses points s'associent en couples composés chacun de deux points mutuellement symétriques par rapport, soit au point (406), soit à la droite (413), soit au plan en question (416). Ces derniers objets se nomment alors le *centre*, l'*axe* ou le *plan de symétrie* de la figure considérée.

Par exemple, la réunion mentale de deux figures mutuellement symétriques de telle ou telle manière, en fournit une qui est douée évidemment de la symétrie absolue de même nom.

La symétrie absolue du troisième genre est particulièrement intéressante par les exemples que la nature nous en présente dans une foule de corps inanimés, même d'êtres vivants.

422. *Une figure douée d'un axe de symétrie est égale à elle-même d'une autre manière* (6).

Une figure douée d'un centre ou d'un plan de symétrie est inversement égale à elle-même (406), (418).

Nous voulons dire, qu'en nommant *associés* deux points de la figure qui sont homologues dans la symétrie supposée, la figure partielle formée par des points quelconques est toujours égale à celle formée par leurs associés, ceci directement dans le premier cas, inversement dans le second (rien ne s'opposant d'ailleurs à l'existence de points, droites, plans doubles, c'est-à-dire se confondant avec leur associés).

Ces observations rapprochent les uns des autres, bien des faits particuliers dont nous avons rencontré plusieurs isolément. Tels sont ceux-ci.

Un segment rectiligne est égal à lui-même d'une seconde manière. Il admet effectivement pour axe de symétrie, toute perpendiculaire élevée sur lui en son milieu.

Et de même, pour un angle rectiligne ou dièdre (saillant). Ici, l'axe de symétrie est la bissectrice, ou toute perpendiculaire à l'axe, élevée dans le plan bissecteur.

Un trièdre isoscèle est inversement égal à lui-même. Car il a pour plan de symétrie, le bissecteur de son angle compris entre les faces égales.

Etc.

Les réciproques ont lieu dans les conditions suivantes.

423. *Si les points d'une figure peuvent être associés par paires telles, que la figure partielle formée par un groupe quelconque de ses points soit toujours égale à celle formée par le groupe des associés de ceux-ci, et si, dans l'une au moins de ces paires, les associés a, a' sont distincts, cette figure admet un axe de symétrie.*

Le point milieu α du segment aa' se confond avec son associé α', parce que les figures $a\alpha a'$, $a'\alpha'a$ doivent être superposables.

Soient ensuite b un point de la figure, non situé sur la droite aa', puis b' son associé, et β le milieu du segment bb', se confondant avec son associé, de même que α tout de suite. Comme $\alpha\beta = a'\beta$, puisque a, β ont a', β pour associés, β est, soit étranger à la droite aa', soit identique à α milieu du segment aa'.

Dans le premier cas, ces deux points déterminent une droite $\alpha\beta$ sur laquelle ne se trouvent ni a, ni a', et qui est perpendiculaire en α sur aa' ; car les triangles $a\alpha\beta$, $a'\alpha\beta$ étant associés, partant égaux, leurs angles en α sont égaux, d'ailleurs opposés par leur côté commun $\alpha\beta$. Soient alors m un point quelconque de la figure, m' son associé, et m_1 son symétrique par rapport à l'axe $\alpha\beta$. Les figures $m'a'\alpha\beta$, $m_1 a'\alpha\beta$, toutes deux égales à $ma\alpha\beta$, la première parce qu'elle lui est associée, la seconde parce qu'elle lui est symétrique par rapport à la droite $\alpha\beta$, sont égales l'une à l'autre ; mais les trois points a', α, β, non en ligne droite dans la première, coïncident avec leurs homologues a', α, β dans la seconde, donc (34) m_1 aussi coïncide avec m' ; en d'autres termes, deux points associés sont toujours symétriques par rapport à la droite $\alpha\beta$.

Quand β se confond avec α, les droites aa', bb' concourent en α, mais restent forcément distinctes. Sur le plan qu'elles déterminent, on élèvera alors, en α, une perpendiculaire dont tout point γ coïncidera, comme α, avec son associé, et on raisonnera comme tout à l'heure, après avoir choisi ce nouveau point double distinct de α.

424. *Si, dans l'énoncé précédent, on remplace l'égalité (directe) de deux groupes de points respectivement associés, par leur égalité inverse, la figure possède, non un axe, mais tantôt un centre, tantôt un plan de symétrie.*

De même que ci-dessus (423), le milieu α de ce segment aa' est lui-même son associé, comme l'est celui β de tout autre analogue bb', et, en prenant b en dehors de la droite aa', β se confondra avec α en un même point O, où bien sera étranger à cette droite. Nous nommerons encore m, m' deux points associés quelconques de la figure.

I. Dans le premier cas, soit m_1 le symétrique de m par rapport au point O. Les figures $m'a'b'O$, $m_1a'b'O$, toutes deux inversement égales à la même $mabO$, la première parce qu'elle lui est associée, la seconde parce qu'elle lui est symétrique par rapport au centre O, sont égales entre elles; même elles coïncident, parce que trois points de l'une sont superposés à leurs homologues dans l'autre, en a', b', O non en ligne droite (34); m', en particulier, se confond avec m_1 comme il fallait le prouver.

II. Dans le second cas, on verra, comme au n° 423, que la droite $\alpha\beta$ est perpendiculaire sur aa' en α.

Par cette droite on mènera un plan $\mathcal{P}$ perpendiculaire sur aa', puis, avec m' associé de m, et m_1 son symétrique par rapport à ce plan, on formera les figures $m'a'\alpha\beta$, $m_1a'\alpha\beta$, qui toutes deux sont inversement égales à $ma\alpha\beta$, associée de la première, symétrique de la seconde par rapport au plan $\mathcal{P}$, qui, par suite, sont mutuellement égales.

Les points a', α, β n'étant pas en ligne droite, on en conclura comme ci-dessus, que m' associé de m est bien son symétrique par rapport au plan $\mathcal{P}$.

425. Les théorèmes des nos **417**, **420** assignent des cas évidents, dans lesquels deux symétries absolues d'une figure en entraînent une troisième.

Lignes brisées régulières.

426. Nous rapprochons cette question particulière, des théories générales qui précèdent, parce qu'elles aident beaucoup à la traiter.

Une ligne brisée *indéfinie* dans ses deux sens, c'est-à-dire dont les côtés sont en nombre illimité, et chacun toujours contigu à deux autres, est *régulière*, quand tous ses côtés sont égaux entre eux, ainsi que ses angles rectilignes ou dièdres, les uns et les autres non rentrants, quand, en outre, deux dièdres consécutifs, dans le cas où ils sont saillants, tombent toujours de part et d'autre du même plan où chacun a une face (**205** *et suiv.*).

Nous appellerons *côté*, *angle*, *dièdre*, d'une ligne brisée régulière, les valeurs ainsi communes de tous ses côtés, de tous ses angles rectilignes, de tous ses dièdres, et, en supposant essentiellement le côté non nul (sans quoi toute la figure dégénérerait en un point), nous distinguerons, dans les lignes de ce genre, trois espèces ayant les caractéristiques suivantes.

I. *L'angle rectiligne est saillant, le dièdre n'est pas nul.* On remarquera qu'alors la ligne est gauche quand le dièdre est saillant, qu'elle est plane, mais non rectiligne, quand il est neutre.

II. *L'angle n'est pas neutre, le dièdre est nul.* La ligne est toujours plane, mais non rectiligne, quand l'angle n'est pas nul. Dans le cas contraire, son dièdre est indéterminé, et elle dégénère en un même segment pris indéfiniment dans ses deux sens, alternativement ; pour sommets distincts, elle n'a que les deux extrémités de ce segment, et nous lui donnerons le nom de *bilatère*.

III. *L'angle est neutre.* Le dièdre est encore indéterminé, et la ligne est plane, même rectiligne, se composant d'une suite doublement illimitée de segments égaux, juxtaposés extérieurement sur une même droite.

427. Jusqu'au n° **430** (*inf.*), nous parlerons seulement des lignes de la première variété dans la première espèce (**426**, I) ; nous les dirons *gauches*, parce qu'elles le sont à l'exclusion de toutes autres, et nous mentionnerons d'abord ces conséquences évidentes de leur définition.

I. *Trois sommets consécutifs quelconques* A, B, C *appartiennent à un triangle* ABC *qui est toujours déchevêtré et isoscèle, égal en conséquence à tout autre triangle analogue* PQR, *même noté* RQP (**237**).

Nous dirons *élémentaires* ces triangles isoscèles égaux, *principaux* en outre pour chacun d'eux, ses deux côtés appartenant à la ligne, et son sommet où ceux-ci se soudent. Deux d'entre eux sont *consécutifs*, quand ils ont un côté principal commun.

II. *Quatre sommets consécutifs* A, B, C, D *appartiennent à un tétraèdre déchevêtré* ABCD, *qui est encore égal à lui-même, noté* DCBA. *Et deux tétraèdres quelconques de ce genre* ABCD, PQRS *sont égaux entre eux, même quand on change la notation du second en* SRQP.

1° Le tétraèdre ABCD est homotaxique à lui-même noté DCBA (**370**, II) ; ces deux tétraèdres ont leurs dièdres ABCD et DCBA égaux à celui de la ligne (même en état de superposition), compris en outre entre les faces CBA, BCD et BCD, CBA toutes égales entre elles comme triangles élémentaires ; ils sont donc égaux (**371**, III).

2° S'il est possible de parcourir la ligne dans un sens tel, que les sommets considérés se rencontrent dans l'ordre ... ABCD ... ... PQRS ..., soit E le sommet rencontré immédiatement après D. Le tétraèdre ABCD étant antitaxique à EBCD parce que leurs sommets homologues A, E tombent de part et d'autre de leur face commune BCD (**426**), il est homotaxique à BCDE (**370**, I), cette notation se déduisant de EBCD par les trois permutations de la lettre E avec B, C, D, successivement. On a donc ABCD = BCDE, puisque ces tétraèdres ont leurs dièdres BC et CD égaux tous deux à celui de la ligne, avec égalité indistincte de toutes les faces qui les comprennent, savoir les triangles élémentaires ABC, BCD et BCD, CDE (**371**, III).

On trouvera de même BCDE = CDEF = DEFG = ... = PQRS, d'où ABCD = PQRS.

3° On a enfin ABCD = SRQP, parce que PQRS est égal à lui-même, noté SRQP (1°).

Nous dirons encore *élémentaire* tout tétraèdre tel que ABCD, *principaux* en outre, son dièdre BC et les faces égales ABC, BCD qui le comprennent.

Deux tétraèdres élémentaires sont *consécutifs*, quand ils ont, comme ABCD, BCDE, une face principale commune BCD. Ils sont alors contigus, mais *toujours extérieurement* à cause de l'antitaxie existant entre eux, notés ABCD, EBCD (2°).

III. *Deux lignes de la variété considérée, dont les tétraèdres élémentaires sont égaux, sont mises en coïncidence par toute application mutuelle de deux quelconques $A_1B_1C_1$, $A_2B_2C_2$ de leurs triangles élémentaires.*

En parcourant ces deux lignes dans les sens ... $A_1B_1C_1$ ... et ... $A_2B_2C_2$ ..., soient D_1, E_1, F_1, ... et D_2, E_2, F_2, ..., les sommets successivement rencontrés après ceux-ci. Les tétraèdres élémentaires $A_1B_1C_1D_1$, $A_2B_2C_2D_2$ se superposent, parce qu'ils sont supposés égaux et que les trois sommets A_1, B_1, C_1 de l'un, non en ligne droite, s'appliquent respectivement sur leurs homologues A_2, B_2, C_2 dans l'autre; d'où la superposition de D_1 à D_2, puis celle de E_1 à E_2 parce que les tétraèdres $B_1C_1D_1E_1$, $B_2C_2D_2E_2$, respectivement égaux aux précédents (II), ont leurs faces $B_1C_1D_1$, $B_2C_2D_2$ appliquées l'une sur l'autre, puis celle de F_1 à F_2 pour une cause semblable, ...; et ainsi de suite, indéfiniment.

En prenant sur les deux lignes, deux suites quelconques de sommets consécutifs en nombres égaux, et se succédant dans des sens quelconques, il est évident ainsi, qu'*on peut toujours les superposer l'une à l'autre, et les deux lignes tout entières en même temps.*

428. *Une ligne brisée régulière gauche*

(1)   ... LMNOPQR ...

admet pour axes de symétrie (**421**) *toute bissectrice* (*intérieure*) *de l'un de ses angles et toute perpendiculaire à l'un de ses côtés, issue de son milieu dans le plan bissecteur du dièdre de la ligne qui a ce côté pour arête.*

218 FIGURES SYMÉTRIQUES.

I. La ligne (1) étant égale à elle-même, notée

$$\ldots \text{RQPONML} \ldots \qquad (\textbf{427}, \text{III}),$$

toute figure, composée de sommets pris au hasard, est égale à celle que forment leurs associés dans les groupes (O, O), (N, P), (M, Q), (L, R), ...; d'où (**423**), l'existence d'un axe de symétrie passant par O, perpendiculaire à tous les segments NP, MQ, LR, ..., et les rencontrant en leurs milieux. Or cet axe, *de première classe*, que nous représenterons par [O], est la bissectrice de l'angle NOP, parce que les côtés ON, OP de celui-ci sont homologues (**414**, II).

II. Les autres associations (N, O), (M, P), (L, Q), ... jouissant des mêmes propriétés que les précédentes, parce que notre ligne ...LMNOPQ... est encore égale à elle-même, notée ...QPONML..., il existe un autre axe *de deuxième classe* [NO] qui est perpendiculaire à tous les segments NO, MP, LQ, ..., les rencontrant en leurs milieux, qui est situé dans le plan bissecteur du dièdre MNOP de la ligne, puisque les faces de ce dièdre sont issues de la droite double NO et passent par les points homologues M, P (*Ibid.* III).

429 La coexistence de ces diverses symétries en nombre illimité, entraîne des conséquences fort intéressantes.

I. Nous représenterons par

$$(2) \qquad \ldots, \text{L}, [lm], \text{M}, [mn], \text{N}, \ldots$$

les sommets de la ligne et les milieux de ses côtés ..., LM, MN, ..., conçus, les uns et les autres, dans l'ordre où on les rencontre quand on parcourt la ligne dans le sens ...LMN.... Nous concevrons aussi dans le même ordre

$$(3) \qquad \ldots, [\text{L}], [\text{LM}], [\text{M}], [\text{MN}], [\text{N}], \ldots,$$

les axes, de première et deuxième classes alternativement, qui ont ces points pour origines, et nous dirons *alliés*, deux termes voisins immédiatement dans l'une ou l'autre de ces suites.

Il est visible que *deux axes dont les notations sont équidistantes de celle d'un troisième dans la suite* (3), notamment les deux alliés de celui-ci, *sont homologues, ainsi que leurs origines, dans la symétrie existant par rapport à ce troisième axe*.

II. *Deux axes alliés* [LM], [M] *ne sont jamais dans un même plan.*

Car s'ils étaient parallèles, ils feraient des angles égaux avec le côté LM qui les rencontre tous eux; le second de ces angles serait droit comme le premier, et l'angle de la ligne, son double, serait neutre, cas excepté par la définition (**426**, I).

S'ils passaient par quelque même point Ω, les droites [L],

AXES, AME, ETC. D'UNE LIGNE BRISÉE RÉGULIÈRE.   219

[MN] y passeraient aussi, parce qu'elles sont homologues à [M], [LM] dans les symétries de la ligne par rapport à [LM], [M] respectivement (I), et, de proche en proche, on constaterait par les mêmes moyens, que les axes des deux classes y passeraient tous.

La demi-droite $M\Omega$, empruntée à l'axe [M], serait la bissectrice même de l'angle saillant LMN, parce que Ω est sur la droite [LM] perpendiculaire à son côté ML en un point [lm] appartenant à celui-ci (**213**).

Le demi-plan $\overline{MN\Omega}$ se confondrait donc avec $\overline{MNL}$, avec $\overline{MNP}$ encore pour une cause semblable, et l'angle de ces derniers, c'est-à-dire le dièdre de la ligne, serait nul, cas encore excepté.

III. *Les axes* (3) *sont tous perpendiculaires sur une même droite, en des points*

(4) $\qquad\qquad \ldots, \lambda, [\lambda\mu], \mu, [\mu\nu], \nu, \ldots,$

parmi lesquels deux alliés quelconques, c'est-à-dire pieds d'axes alliés (I), *sont séparés par une distance non nulle constante.*

Comme deux axes alliés [LM], [M] ne sont jamais parallèles (II), ils ont une perpendiculaire commune unique $\mathcal{A}$ (**104**), et ses pieds [$\lambda\mu$], μ sont distincts, parce que les mêmes axes ne se rencontrent pas non plus.

Comme cette perpendiculaire est une droite double dans la symétrie de la ligne par rapport à l'axe [LM], elle est perpendiculaire aussi à la droite [L], homologue de [M], en un point λ limitant, avec son homologue μ, un segment dont [$\lambda\mu$] est le milieu.

Pour des motifs semblables, l'autre allié [MN] de l'axe [M] est perpendiculaire sur la droite $\mathcal{A}$ en un point [$\mu\nu$] duquel et de [$\lambda\mu$], μ est équidistant; et ainsi de suite.

Nous nommerons *âme* et *gradin* de la ligne, cette perpendiculaire commune $\mathcal{A}$ à tous ses axes et le double de la distance constante de deux pieds alliés.

Le gradin est ainsi la plus courte distance de deux axes consécutifs d'une même classe quelconque, et *sa non nullité entraîne, pour la ligne, la propriété d'être déchevêtrée*. Car des plans perpendiculaires à l'âme, menés par les extrémités de chaque côté limitent des murs d'une même épaisseur (égale au gradin) et extérieurs les uns aux autres, à chacun desquels un seul côté peut être intérieur.

IV. Comme deux quelconques des segments $\ldots, L\lambda, M\mu, N\nu, \ldots$ dont les extrémités occupent les mêmes rangs impairs dans les suites (2), (4), sont toujours homologues dans quelque symétrie, *tous sont égaux en longueur*. Leur valeur commune, distance ainsi d'un sommet quelconque de la ligne à son âme, est le *rayon* de la ligne.

Les plus courtes distances des côtés à l'âme, sont visiblement les segments unissant les points de mêmes rangs pairs dans les mêmes suites. *Toutes sont encore égales entre elles* pour des causes semblables, et leur valeur commune est *l'apothème* de la ligne, évidemment inférieur au rayon.

V. Deux demi-plans d'arête $\mathcal{A}$ sont *alliés*, quand ils passent par les origines de deux axes alliés, par ces axes en même temps, et tous forment la suite

(5) $\qquad \ldots, \overline{\mathcal{A}}l, \overline{\mathcal{A}}[lm], \overline{\mathcal{A}}m, \overline{\mathcal{A}}[mn], \overline{\mathcal{A}}n, \ldots$

Deux demi-plans alliés quelconques $\overline{\mathcal{A}}(lm)$, $\overline{\mathcal{A}}m$ *comprennent un angle dièdre non nul, dont l'amplitude est constante.* Car l'âme, perpendiculaire à tous les axes, est une droite double dans toutes les symétries de la ligne, et le plan $\mathcal{A}m$ passant par elle, est double aussi dans la symétrie relative à l'axe [M] ; d'où l'égalité des dièdres formés avec le demi-plan $\overline{\mathcal{A}}m$, à lui emprunté, par les demi-plans homologues $\overline{\mathcal{A}}(lm)$, $\overline{\mathcal{A}}(mn)$, (**414**, III) ; et ainsi de suite, par des raisonnements tout semblables.

Ce dièdre n'est pas nul, car, autrement, deux axes alliés seraient toujours dans un même plan, ce qui est impossible (II).

Son double, compris ainsi entre des demi-plans passant, soit par les extrémités d'un côté de la ligne, soit par les milieux de deux côtés consécutifs, est le *dièdre à l'âme* de la ligne.

VI. *La réapplication de la ligne sur elle-même, qui amène ses sommets* ..., L, M, N, O, ... *en* ..., M, N, O, P, ... *respectivement, et que nous dirons graduelle, peut être réalisée par une translation parallèle à l'âme, d'amplitude égale au gradin, suivie ou précédée d'une rotation autour de la même droite, d'amplitude égale au dièdre à l'âme.*

Le déplacement considéré applique effectivement chaque axe sur son consécutif, réapplique par suite, sur elle-même, l'âme qui est leur perpendiculaire commune. Or la rotation dont nous avons parlé ensuite, applique chacun des demi-plans (5) sur son consécutif, postérieur de deux rangs, en laissant l'âme immobile ; et la translation les fait glisser sur eux-mêmes, ainsi que l'âme, en appliquant évidemment sur son consécutif, chaque axe de première espèce, chaque sommet en même temps.

La figure 103 est la projection orthogonale de quatre côtés consécutifs KL, LM, MN, NO d'une ligne brisée régulière gauche, cela sur un plan mené par son âme perpendiculairement à son axe de deuxième classe [M].

L'âme, et les parties des côtés qui sont en avant du plan de projection, sont représentées par des traits pleins ; des traits ponctués distinguent les parties des côtés, que le même plan cacherait s'il était opaque.

430. La théorie précédente s'applique aux lignes brisées régulières planes, moyennant de légères modifications qui s'aperçoivent aisément. Voici ce qui concerne les lignes de la deuxième variété dans la première espèce (**426, I**).

I. Le dièdre étant neutre, la ligne considérée …KLMNO… (*fig.* 104) est plane comme nous l'avons dit, parce que deux triangles élémentaires consécutifs KLM, LMN sont toujours dans des demi-plans opposés par leur côté commun LM. Nous lui donnerons le nom de *zigzag* qui rappelle bien sa forme. Les tétraèdres élémentaires sont enchevêtrés, leurs faces s'appliquant toutes sur le plan de la ligne.

L'adduction d'un triangle élémentaire KLM en K′L′M′, sur un consécutif LMN, sur un autre quelconque par suite, réapplique toujours la ligne sur elle-même; car le côté MN de la ligne, consécutif à LM et solidarisé avec le premier triangle, se place dans une position M′N′ telle, que M′N′ = MN = NO, que M′ coïncide avec N, que l'angle MNN′, identique ainsi à L′M′N′ = LMN = MNO, est porté à partir de NM dans le même demi-plan que ce dernier angle, et ainsi de suite.

Mais les triangles KLM, LMN sont en antitaxie plane (**217**), et leur application ne pourrait s'opérer par un simple glissement sur le plan de la ligne. Effectivement, KLM et NLM, dont la relation est la même, sont antitaxiques comme ayant leurs côtés homologues LM, LM en application mutuelle, avec des sommets opposés K, N placés de part et d'autre de celui-ci (*Ibid.* II).

II. De là, dérive comme pour les lignes gauches, l'existence d'axes de symétrie des deux classes. Les premiers, tous situés dans le plan de la ligne, sont parallèles, parce qu'ils ont une perpendiculaire commune, l'âme $\mathcal{A}$ qui est ainsi dans ce plan. Comme les derniers sont les perpendiculaires au même plan élevé par les milieux …, [*kl*], [*lm*], … des divers côtés, l'âme passe par tous ces milieux, et le plan mené par elle perpendiculairement à celui de la ligne contient tous ces axes de deuxième classe.

Le gradin est évidemment la moitié de la base du triangle élémentaire, et la ligne est encore déchevêtrée.

L'apothème est nul, l'angle à l'âme est neutre, et la rotation, comportée par une réapplication graduelle (**429, VI**), est un demi-tour.

431. Dans le bilatère, variété spéciale des lignes de deuxième espèce (**426, II**), les axes de première classe sont tous représentés par la droite du segment unissant ses deux seuls sommets distincts, ceux de deuxième par les perpendiculaires élevées sur ce segment en son milieu, l'âme par une quelconque de ces perpendiculaires. Le gradin est nul, ainsi que l'apothème; le rayon est la moitié du segment précité.

L'angle à l'âme est neutre, et un simple demi-tour, exécuté autour d'une âme quelconque, produit une réapplication graduelle.

Cette exception mise à part, voici les particularités des lignes de deuxième espèce.

I. Toute ligne de cette sorte ...KLMNO... (*fig.* 105) est plane, comme nous l'avons dit, parce que, par rapport à leur côté commun, deux triangles élémentaires consécutifs sont dans des demi-plans qui se confondent toujours. Pour une cause analogue à celle entrant en jeu dans un zigzag (430, I), la réapplication indéfinie de la ligne sur elle-même est encore assurée par l'application mutuelle de deux triangles élémentaires quelconques, d'où l'existence d'axes des deux classes, tous évidemment situés dans le plan de la ligne. Mais ici, de simples glissements sur ce plan suffisent à toutes les réapplications, parce que deux triangles élémentaires consécutifs, deux quelconques par suite, sont toujours en homotaxie plane, ce dont on s'assurera facilement.

II. Comme nous l'avons vu implicitement au n° 429, II (*in fine*), deux axes alliés, tous par suite, se coupent en un point Ω intérieur à chaque angle de la ligne, et dit le *centre* de celle-ci; l'âme, leur perpendiculaire commune, est donc la perpendiculaire élevée par le centre Ω sur le plan de la ligne. Le gradin est nul, et nous constaterons que la ligne est toujours enchevêtrée (Chap. XXI, *inf.*).

Tous les rayons ..., LΩ, MΩ, ..., tous les apothèmes ..., $[lm]\Omega$, $[mn]\Omega$, ... concourent au centre Ω. Le dièdre à l'âme a pour angle plan celui LΩM de deux rayons, ou $[lm]\Omega[mn]$ de deux apothèmes consécutifs, que l'on nomme l'*angle au centre* de la ligne, et dont cette dernière propriété fait le supplément de l'angle M de celle-ci (191).

Ici, une réapplication graduelle comporte une translation d'amplitude nulle, une rotation d'amplitude égale à l'angle au centre.

432. Pour la droite indéfiniment jalonnée par des points consécutifs équidistants, à laquelle se réduit une ligne de troisième espèce (426, III), les axes des deux classes sont les deux groupes formés par des perpendiculaires élevées sur elle aux sommets d'abord, aux milieux des côtés ensuite.

Pour âme, on peut prendre cette droite et aussi bien toute parallèle. Le gradin est la longueur du côté.

La rotation comportée par une réapplication graduelle est indéterminée pour la première âme, nulle ou multiple du dièdre replet, pour toute autre.

433. *Une ligne brisée indéfinie* ...KLMNO *est régulière, quand elle est susceptible d'une réapplication graduelle.*

Car cette possibilité entraîne sur le champ les égalités indéfinies

$$\ldots = KL = LM = MN = NO = \ldots,$$
$$\ldots = KLM = LMN = MNO = \ldots,$$
$$\ldots = \overline{KLMN} = \overline{LMNO} = \ldots.$$

434. *On joint de j en j les sommets d'une ligne brisée indéfinie, en les numérotant* 0, 1, 2, 3, ... *à partir de l'un d'eux, dans un sens de la ligne, en joignant ensuite chacun de ceux numérotés* 0, j, 2j, 3j, ... *au suivant dans ce groupe, puis en recommençant la même opération dans l'autre sens.*

En opérant ainsi sur une ligne brisée régulière, on en obtient une autre de même âme, de même rayon par suite. Son gradin est égal à j fois celui de la première.

Son dièdre à l'âme, si ω représente celui de la première, est le moindre des écarts existant entre $j\omega$ et les deux multiples entiers consécutifs du dièdre replet qui comprennent $j\omega$.

Il est évident, en effet, que j réapplications graduelles de la ligne primitive exécutées dans un même sens, en procurent une pour la nouvelle ligne (**433**).

L'identité des âmes est assurée par le fait que les axes de première classe de la ligne proposée, dont les origines sont les sommets ..., H, S, ... de la ligne dérivée, appartiennent encore à celle-ci au même titre, et par cet autre, que, de première classe ou de seconde, selon la parité ou l'imparité de j, l'axe de la proposée équidistant de [H] et de [S] dans la suite (3) est un axe de deuxième classe pour la ligne dérivée. La dernière partie de l'énoncé est évidente, l'écart en question étant le dièdre saillant qui a pour faces deux demi-plans menés de l'âme à deux sommets consécutifs de la nouvelle ligne.

435. *Deux lignes brisées régulières gauches $\mathcal{L}_1$, $\mathcal{L}_2$, sont inversement égales, quand il en est ainsi pour leurs tétraèdres élémentaires $\mathfrak{T}_1$, $\mathfrak{T}_2$.*

Ces mêmes lignes sont semblables, directement ou inversement, quand leurs angles et leurs dièdres ont les mêmes valeurs.

Si elles sont planes et d'une même espèce, elles sont toujours égales quand leurs triangles élémentaires sont égaux, toujours semblables quand leurs angles sont égaux.

I. Soient $\mathcal{L}'_1$ la ligne brisée, évidemment régulière, que l'on obtient en construisant la symétrique de $\mathcal{L}_1$ par rapport à un centre quelconque (**406**), et $\mathfrak{T}'_1$ son tétraèdre élémentaire. Les tétraèdres $\mathfrak{T}_2$, $\mathfrak{T}'_1$ étant en égalité directe, parce qu'ils sont inversement égaux à $\mathfrak{T}_1$, l'un par hypothèse, l'autre par construction, les lignes correspondantes $\mathcal{L}_2$, $\mathcal{L}'_2$ sont égales, directement aussi (**427**, III).

II. Si les côtés des lignes étaient égaux aussi, leurs tétraèdres élémentaires seraient évidemment égaux, soit directement, soit inversement (**371**), (**372**), (**408**).

III. La dernière partie de notre théorème a lieu parce que les triangles élémentaires des deux lignes régulières sont toujours isoscèles, équiangles par suite, quand leurs angles au sommet sont égaux, égaux entre eux, même de deux manières, quand leurs côtés égaux ont la même valeur, et que, en outre, dans le cas où elles sont planes, la superposition de deux triangles élémentaires entraîne toujours celle des lignes entières.

En cas d'égalité dans un plan commun, la superposition des lignes peut toujours être obtenue par glissement sur ce plan, cela même d'une infinité de manières.

La variété gauche des lignes brisées régulières se rencontre dans quelques questions théoriques (*V. Additions, inf.*) et aussi dans le tracé des escaliers à vis. Parmi leurs variétés planes, certains polygones réguliers (Chap. XXI, *inf.*) ont aussi des applications pratiques, et jouent un grand rôle en Cristallographie.

Les mêmes variétés, y compris le zigzag, fournissent une foule de motifs aux arts décoratifs.

CHAPITRE XIII.

GÉNÉRALITÉS SUR LES FIGURES COURBES.

Notions préliminaires sur les variantes.

436. La propriété relative de toutes les droites et de tous les plans, de pouvoir indéfiniment s'appliquer et glisser les uns sur les autres, celle connexe des segments rectilignes, angles plans et dièdres, ..., de pouvoir (avec une approximation indéfinie tout au moins) se diviser en parties toutes superposables, sont les faits essentiels qui ont rendu possible l'édification des théories que nous quittons. Mais, chez les lignes et surfaces courbes (**449** *et suiv., inf.*), ces propriétés n'existent plus qu'à titre tout à fait exceptionnel, dans des circonstances excessivement rares et précaires, et, pour étudier ces figures, on a été conduit à les comparer à celles impliquant exclusivement des droites et des plans, d'où leur comparaison mutuelle par **voie**

IDÉE DE LA MÉTHODE DES LIMITES. 225

indirecte. Ceci exige l'emploi continuel de la *Méthode des limites*, nécessité qui semble rendre avantageux le rapprochement des généralités rassemblées dans le présent chapitre.

Nous commencerons donc par une courte digression exposant les principes de cette méthode, les rappelant au moins ; mais les questions de ce genre appartiennent aux parties les plus élevées de la science mathématique, et nous ne pouvons que les effleurer ; nous supprimerons même les démonstrations de la plupart des propositions fondamentales, parce que les moyens dont la Géométrie élémentaire dispose sont impuissants à les procurer *convenables* [1].

Avant d'entrer en matière, faisons un retour en arrière pour signaler un point de doctrine parfois méconnu, savoir *la nécessité de l'intervention de la méthode des limites, même dans la théorie des figures comportant exclusivement des droites et des plans*.

Les traditions classiques doivent la subir ouvertement dans la mesure des volumes polyédriques (équivalence de deux tétraèdres ayant des bases équivalentes et des hauteurs égales) ; mais, si elle est dissimulée dans la mesure des aires planes polygonales, elle n'en est pas moins absolue là encore, car *tout y est dominé, comme le surplus, par la théorie des segments rectilignes* (Chap. IV), *et quand deux segments sont incommensurables* (le cas contraire est une exception), *leur rapport est impossible à concevoir autrement que comme une limite* (**128**, III).

437. A la considération, très fréquente en Mathématiques, d'une suite de quantités d'une origine commune, qui sont données en nombre illimité et dans un ordre de succession déterminé

(1) $\qquad v_1, v_2, v_3, \ldots,$

il est avantageux de substituer la conception d'une quantité v_m, *unique par sa nature*, mais qui n'est pas fixe dans sa *valeur* et *varie* de manière à devenir successivement égale aux termes de la suite (1). Une quantité variable telle que v_m, est ce que nous nommerons souvent une *variante*, et le nombre entier m, auquel il suffit de donner l'une des valeurs 1, 2, 3, ... pour indiquer celle des valeurs particulières (1) de la variante que l'on entend considérer, est son *indice*.

---

[1] A plus forte raison ne ferai-je aucune allusion aux aperçus sur lesquels, selon moi, cette théorie, à commencer par celle des nombres incommensurables, doit être appuyée pour se tenir tout à fait debout. Ce sont ceux dont j'ai repris l'exposition dans mes *Leçons nouvelles sur l'Analyse infinitésimale et ses applications géométriques*.

15

La variante considérée jouit de telle ou telle propriété *à partir* d'une valeur donnée μ de son indice, quand cette propriété appartient à tout terme de la suite (1), dont l'indice est égal ou supérieur à μ.

Elle *finit* par jouir d'une certaine propriété, quand on peut assigner à son indice quelque valeur particulière μ, à partir de laquelle la propriété en question appartient à la variante.

A la succession des termes de la progression géométrique

$$\frac{1}{2}, \left(\frac{1}{2}\right)^2, \left(\frac{1}{2}\right)^3, \ldots,$$

correspond par exemple une variante v_m dont la valeur *générale*, exprimée au moyen de l'indice m, est $1:2^m$; à partir de $\mu = 10$, elle jouit en fait de la propriété exprimée par l'inégalité $v_m < 1:2^9$, et si q est un entier arbitrairement choisi, la même variante finit certainement par jouir de la propriété consistant à être $< 1:2^q$.

438. Quand une quantité variable, une variante en particulier, est constamment inférieure à quelque quantité invariable Φ, cas auquel on la nomme habituellement *finie*, nous dirons souvent qu'elle est *maximée*, en ajoutant, s'il y a lieu de préciser, *par cette quantité* Φ qu'alors nous nommerons pour elle un *maximètre*.

Si elle reste supérieure à une quantité invariable $\varphi \neq 0$, nous la dirons de même *minimée* par le *minimètre* φ.

439. Une variante est *infiniment petite* quand elle finit (**437**) par demeurer inférieure à une quantité (invariable) ω, si petite que celle-ci ait été choisie, c'est-à-dire quand elle finit par être maximée par une quantité quelconque (**438**); telle est évidemment $1:2^m$ par exemple.

Une variante *tend vers la limite* V, quand V est une quantité invariable telle, que la différence entre v_m et V, qui est évidemment une nouvelle variante, est infiniment petite.

Il est évident, par exemple, qu'une variante infiniment petite quelconque tend vers la limite 0, que la variante $53 - (1:2)^m$ tend vers la limite 53, puisque la différence $53 - [53 - (1:2)^m] = (1:2)^m$ est une variante infiniment petite.

Quand une variante tend vers une limite, elle est finie; en outre, on peut toujours lui assigner quelque minimètre si cette limite n'est pas 0. Les démonstrations peuvent être omises tant elles sont faciles.

440. Les variantes pourvues de limites sont de beaucoup les plus intéressantes, et voici, sommairement démontrées, quelques propositions les concernant, dont nous aurons besoin.

I. *Une somme ou différence des produits de quantités infiniment petites par des quantités, soit invariables, soit variables mais alors finies, est infiniment petite.*

Et de même, pour le quotient d'une quantité infiniment petite par une quantité invariable, ou bien variable mais alors minimable.

C'est à peu près évident.

II. *Si les variantes u, v (pour plus de simplicité, nous n'écrirons plus les indices) tendent vers les limites U, V, leur somme $u + v$, leur différence $u - v$ (qui sont de nouvelles variantes) ont pour limites $U + V$, $U - V$, somme et différence aussi de leurs limites.*

Car, en valeur absolue, les différences $(U + V) - (u + v)$, $(U - V) - (u - v)$ restent inférieures à la somme des valeurs absolues des différences $U - u$, $V - v$, lesquelles sont toutes deux infiniment petites par hypothèse (I).

Et de même, évidemment, pour le résultat $u \pm v \pm w \pm \ldots$ de la combinaison par voie d'addition et de soustraction, de variantes $u, v, w, \ldots$ en nombre quelconque, tendant vers $U, V, W, \ldots$ respectivement ; cette nouvelle variante a toujours pour limite $U \pm V \pm W \pm \ldots$, résultat des mêmes additions et soustractions exécutées sur les limites de $u, v, w, \ldots$

III. *Le produit uv a le produit correspondant UV pour limite.*

Car on peut écrire

$$UV - uv = (U - u)v + (V - v)u + (U - u)(V - v),$$

somme dont chaque terme est le produit d'un facteur infiniment petit par un autre pourvu d'une limite, partant maximable (439), (I).

IV. *Le quotient $u : v$ a le quotient correspondant $U : V$ pour limite, mais à condition que V, limite du diviseur, ne soit pas $= 0$.*

Car on a

$$\frac{U}{V} - \frac{u}{v} = \frac{(U - u)V - (V - v)U}{Vv},$$

quotient par un diviseur minimable, d'un dividende qui est infiniment petit comme tout à l'heure (III).

441. Parmi les variantes dépourvues de limites, il y a plus particulièrement à remarquer celles que toute quantité donnée, si grande qu'elle soit, finit par minimer, c'est-à-dire qui finissent par demeurer supérieures à une quantité quelconque. On les dit *infinies*, et aucune quantité ne peut les maximer. Telle est, par exemple, celle dont les valeurs successives sont les termes d'une progression croissante, soit géométrique, soit arithmétique.

Il est évident que *l'inverse arithmétique d'une quantité infiniment petite est infinie, que l'inverse d'une quantité infinie est infiniment petite.*

Variantes géométriques.

442. Un corps matériel qui se déforme (morceau de cire ou de caoutchouc, ressort, etc.), qui même simplement se déplace, nous offre en réalité *plusieurs* figures géométriques se présentant successivement à notre attention ; mais, pour ne pas masquer dans le langage la communauté d'origine qui unifie l'ensemble de ces figures, il y a intérêt à concevoir que l'on se trouve en présence d'une *seule* figure qui *varie*.

Quand une figure variable passe par plusieurs états de forme ou de position, déterminés chacun, ainsi que leur ordre de succession, on peut la nommer une *variante géométrique* (*Cf.* **437**).

443. S'il s'agit de figures similaires (segments rectilignes, ou angles plans, ou angles dièdres, ..., ou aires planes polygonales, ou ...) donnant prise à la notion de mesure, par cela même on sait forcément en quoi consiste, pour une de ces grandeurs, le fait d'être plus petite qu'une autre, ou plus grande ; de là résulte immédiatement l'extension des définitions des n°⁸ **438** et suivants, à une semblable variante de toute espèce donnée.

Selon qu'une variante géométrique est infiniment petite, tend vers une limite ou est infinie, le nombre qui la mesure est simultanément infiniment petit, tend vers la mesure de la limite de la variante ou bien est infinie.

443 bis. A ce propos, les points suivants s'établiront sans difficulté.

I. *Quand un angle est infiniment petit, son sinus et sa tangente le sont tous deux, son cosinus tend vers* 1, *sa cotangente est infinie ; et réciproquement* (**241**, V, VI), (*Ibid.* II, 3°), (**242**).

II. Pour une figure limitée (**289**), nous appellerons *maximension absolue* la plus grande longueur des segments dont les extrémités appartiennent à la figure, et *maximension mesurée parallèlement à une droite donnée*, la plus grande longueur des segments de ce genre qui sont parallèles à cette droite.

Cela posé, *une aire plane variable est infiniment petite quand ses maximensions respectivement parallèles à deux droites fixes $\mathfrak{X}$, $\mathfrak{Y}$ qui ne le sont pas mutuellement, sont, l'une infiniment petite, l'autre finie.*

1° S'il s'agit d'un parallélogramme dont les côtés sont paral-

FIGURES VARIABLES, EN GÉNÉRAL. 229

lèles à deux droites fixes $\mathscr{X}$, $\mathscr{Y}$ (*fig.* 106) faisant un angle aigu θ, et ont des longueurs x, y, toutes deux infiniment petites, deux points intérieurs quelconques m, n et l'intersection i des parallèles menées par eux à ces droites sont les sommets d'un triangle min où l'on a $im < x$, $in < y$ et $\overline{mn}^2 = \overline{im}^2 + \overline{in}^2 \pm 2im.in.\cos θ$, selon que son angle en i est obtus ou aigu (**224**), (**244**).

La distance de ces deux points est donc infiniment petite, parce que im, in le sont tous deux et que $\cos θ$ est un nombre constant. Il en résulte que le parallélogramme finit par pouvoir être placé de manière à avoir ses points intérieurs tous intérieurs aussi à une aire invariable quelconque, par avoir, en conséquence, une aire inférieure à toute autre invariable ; en d'autres termes, son aire est infiniment petite.

2° S'il s'agit d'un parallélogramme ainsi orienté, dont le côté parallèle à $\mathscr{X}$ reste inférieur à une longueur fixe a et dont l'autre y soit infiniment petit, son aire sera évidemment inférieure à celle d'un parallélogramme du même genre ayant pour côtés a et y, et ce dernier (*fig.* 107) est infiniment petit.

Car le plus grand nombre entier n dont le carré ne surpasse pas le rapport infini $a : y$, est évidemment infini aussi, et l'inégalité

$$n^2 \leq \frac{a}{y}$$

qui le caractérise, donne

$$ny \leq \frac{a}{n}$$

montrant que la quantité ny est infiniment petite, comme $a : n$. Le parallélogramme du genre considéré, dont les côtés sont $a : n$ et ny, est donc infiniment petit (1°); or il est équivalent au proposé parce qu'on peut l'obtenir en divisant ce dernier, par des parallèles à $\mathscr{Y}$, en n parties égales, puis en juxtaposant celles-ci d'une autre manière. (Le tracé de notre figure suppose $n = 3$.)

3° L'exactitude de notre énoncé est maintenant constatée, car l'aire variable à laquelle il s'applique peut toujours être placée de manière que ses points intérieurs soient tous intérieurs aussi à quelque parallélogramme variable du genre considéré ci-dessus (2°).

III. *A plus forte raison, une aire plane est infiniment petite quand sa maximension absolue est telle.*

IV. *Un volume variable est infiniment petit quand ses maximensions, respectivement parallèles à trois droites qui ne le sont pas à un même plan, sont, l'une infiniment petite, les deux autres finies, et, à plus forte raison, quand sa maximension absolue est infini-*

ment petite. Même raisonnement fondé sur la considération de parallélépipèdes évidents.

444. La plus simple des figures variables non mesurables, est constituée par un point unique *m* qui se déplace.

Quand il existe un point fixe M tel, que la distance variable M*m* de ces deux points est infiniment petite, on dit que M est la *position-limite* de *m*.

Quand le déplacement progressif de *m* est tel, que la distance de ce point à quelque point fixe A soit infinie (**441**), on aperçoit immédiatement qu'il en est de même pour sa distance à tout autre point fixe B, et on dit que ce point *m s'éloigne à l'infini*.

445. Une figure variable quelconque *f* étant donnée, s'il existe une figure F, invariable de position comme de forme, telle que F contienne la position-limite M de tout point mobile *m* pris dans *f* de manière à en avoir une, telle aussi que tout point fixe N pris sur F soit la position-limite de quelque point mobile *n* choisi convenablement dans *f*, on dit que la figure fixe F est la *position-limite* de la figure variable *f*.

Quand tout point pris sur *f* s'éloigne à l'infini (**444**), on dit que cette figure *s'en va* elle-même à l'infini.

446. Les figures variables que nous venons de mentionner jouissent de certaines propriétés communes dont la démonstration générale n'est pas difficile, mais s'opère par des moyens qui sont au-dessus de nos ressources. Nous nous contenterons donc d'énoncer les suivantes dont on fait un grand usage; le lecteur pourra constater leur exactitude dans tous les cas particuliers accessibles à ses investigations.

I. *Quand, dans une figure variable f douée d'une position-limite F, une quantité v variable aussi (segment, angle, ...) est pourvue d'une limite V et ne dépend que de points m, n, ... ayant tous des positions-limites M, N, ..., la quantité-limite V dépend de la même manière des points-limites M, N, ...*

Par exemple, si un triangle variable *mnp*, a pour position-limite un triangle fixe MNP (déchevêtré), les côtés *np*, *pm*, *mn* du premier, ses angles *m*, *n*, *p*, ont certainement pour limites les côtés et angles NP, PM, MN, M, N, P du second.

II. *Si, dans une figure variable f, des points mobiles m, n, ... et des quantités variables u, v, ... sont en nombre et de natures telles, qu'à chaque instant la connaissance de leurs positions et valeurs détermine complètement l'état contemporain de cette figure, et si ces points et quantités ont tous des positions-limites M, N, ... et des valeurs-limites U, V, ... déterminant aussi une figure F du même genre, cette figure F est la position-limite de f.*

Par exemple, quand deux points mobiles *m*, *n* sont toujours distincts et ont pour positions-limites deux points fixes

POSITION-LIMITE D'UNE FIGURE VARIABLE.   231

M, N, distincts aussi, la droite mobile *mn* est sans cesse déterminée et la droite MN l'est aussi. La proposition énoncée affirme que cette dernière droite est la position-limite de la droite mobile. Mais les choses pourraient se passer tout autrement si, par hasard, les points M, N se confondaient.

De même, le plan *mnp*, déterminé par trois points mobiles *m, n, p* ayant pour positions-limites trois points fixes M, N, P non en ligne droite, a pour position-limite le plan MNP qui passe par ces derniers.

Etc.

447. Dans les questions de ce genre, les quantités infinies (**441**), les points et autres figures s'en allant à l'infini (**444**), (**445**) jouent souvent des rôles fort utiles sur lesquels nous ne pouvons insister. Nous en fournirons toutefois l'exemple suivant qui est particulièrement simple et intéressant.

Quand un point m (fig. 108) s'éloigne à l'infini sur une droite fixe AB, la droite mobile Im joignant ce point à un autre fixe I (non situé sur AB), a pour position-limite la droite CID menée par I parallèlement à AB.

Pour fixer les idées, nous supposerons que le mouvement du point *m* s'effectue dans un sens constant AB, puis nous couperons les droites parallèles CID, AB, en N, P par quelque sécante fixe NP, telle que N soit distinct de I et que les directions IN et AB soient identiques.

La droite mobile I*m*, qui ne sort jamais du plan ABCD, finira, dès que la direction P*m* demeurera identique à AB, par couper le segment NP en un point intérieur *n*, donnant les deux triangles IN*n*, *m*P*n* qui sont équiangles parce que leurs angles en I, *m* sont alternes-internes, ceux aussi en N, P.

De la proportion existant entre leurs côtés homologues,

$$\frac{Nn}{Pn} = \frac{NI}{Pm},$$

on tire immédiatement

$$\frac{Nn}{NP} = \frac{Nn}{Nn + Pn} = \frac{NI}{NI + Pm},$$

d'où

$$Nn = \frac{NI \cdot NP}{NI + Pm},$$

quotient d'une quantité constante NI.NP divisée par la somme NI + P*m*, et cette somme est une variante infinie parce que son second terme P*m* est tel par hypothèse, son premier terme NI étant constant.

Le segment N*n* est donc infiniment petit (**441**), et le point *n* a N pour position-limite. Ce point n déterminant sans cesse la position de la droite mobile Inm, N déterminant aussi celle de la droite fixe CIND, puisqu'il a été pris distinct de I, la première droite a bien la seconde pour position-limite (446, II).

Ici, en outre, *la demi-droite mobile* Im *a pour position-limite, la demi-droite* ID *directement parallèle à la direction* AB.

On raisonnera d'une manière analogue dans les diverses hypothèses pouvant être faites sur la manière dont le point m s'éloigne à l'infini.

448. Le fait ci-dessus et d'autres analogues, font employer souvent dans la Géométrie plus élevée, la locution consistant à dire que deux droites, ou bien une droite et un plan, ou bien deux plans, *se coupent à l'infini*, quand ils sont parallèles. Au *propre*, elle serait *dénuée de sens* parce que de pareilles figures ne se rencontrent pas (42), (47), (56), que, d'autre part, le mot' « infini » s'applique essentiellement à certains modes de *variation* (441), (444), (445), nullement à des objets *déterminés* comme une quantité, un point, une droite. Mais, dans ce sens *figuré* résultant de la *convention* tacite qui le lui a donné, elle n'en est pas moins extrêmement commode, parce que son emploi permet d'uniformiser le *langage*, de lui donner, dans tous les cas, le tour plus pittoresque et plus simple dont il est susceptible quand les intersections de ces figures existent, tour qu'il perdrait autrement quand elles disparaissent.

Grâce à cet artifice, *de portée purement linguistique*, la formule *deux droites situées dans un même plan se coupent toujours* renfermera, par exemple, dans un *seul* énoncé, dont l'exactitude est assurée, tantôt par la réalité des choses, tantôt par une convention expresse (mais peu importe, pourvu que l'on ne cesse pas de s'entendre), ces *deux* alternatives, que forcément, de pareilles droites sont, soit concourantes, soit parallèles.

A cet avantage, s'ajoute celui de pouvoir, dans le langage tout au moins, et quoique fictivement, conserver à beaucoup de quantités ou figures variables les limites ou positions-limites qu'elles ne perdent que dans des cas exceptionnels.

Des observations toutes semblables expliquent le véritable sens de locutions figurées très nombreuses, qui se rencontrent dans toutes les parties des Mathématiques.

Lignes courbes en général.

449. Tout ce qu'on peut dire pour spécifier les lignes et les surfaces *courbes* (les premières portant aussi le simple nom de *courbes*), c'est qu'elles ne peuvent contenir tous les points, les premières, d'aucun segment rectiligne (non nul), les secondes, d'aucune région de plan (ne dégénérant pas en un assemblage de points ou lignes).

A toutes les lignes et surfaces courbes *susceptibles de défini-*

tions *mathématiques*, les théories générales assignent des propriétés innombrables qui deviennent aléatoires, cessent même souvent d'exister, en certains points exceptionnels que, pour cette raison, on nomme *singuliers*; mais ces propriétés subsistent en tous leurs autres points dits *ordinaires* par opposition. Nous devons nous contenter de cette simple allusion faite à une distinction qui est capitale dans les parties élevées de la Géométrie, et de dire que *nous supposerons tacitement l'absence de tout point singulier sur les portions de lignes et de surfaces dont nous parlerons*. D'ailleurs, il n'en existe aucun sur la droite, sur le plan, ni sur les lignes et surfaces courbes que nous avons à étudier, sauf toutefois pour un cône, en son sommet (Chap. XV, *inf.*).

Tout point ordinaire d'une ligne ou d'une surface appartient à quelque région continue de cette figure (**290**).

450. Par chaque point (ordinaire) M (*fig.* 109) d'une courbe AMB, passe une droite unique MT jouissant de la propriété de se confondre avec la courbe, dans le voisinage de ce point, moins imparfaitement que toute autre droite. Cette droite dont l'importance est capitale, se nomme la *tangente* à la courbe *au point* M, et celui-ci est son point *de contact*.

On démontre ailleurs, que *la tangente en M est la position-limite* (**445**) *de toute droite mobile m'm", passant par deux points m', m" qui se rapprochent indéfiniment de M sur la courbe*, c'est-à-dire qui s'y meuvent de manière à avoir tous deux M pour position-limite.

Cette propriété autorise à considérer une tangente comme *une sécante dont deux intersections avec la courbe sont confondus au point de contact*, conception très utile à l'intelligence de faits géométriques nombreux.

Rien ne s'opposant à ce que l'un des points m', m" demeure fixe en M, *la tangente est tout aussi bien la position-limite d'une droite mobile passant sans cesse par* M *et par un autre point m' de la courbe, mobile mais infiniment voisin de* M.

451. D'après cela, *toute droite* D *est, à elle-même, sa propre tangente en l'un quelconque* M *de ses points*. Car la droite m'm" se confondant sans cesse avec D ne peut avoir que celle-ci pour position-limite.

La tangente à une courbe plane est située tout entière dans le plan de celle-ci. Car la droite mobile m'm" ne fait que se mouvoir dans ce plan et, par suite, y a forcément sa position-limite.

452. Tous les plans menés par une même tangente à une courbe sont dits *tangents* aussi à cette dernière, au point de contact M de la tangente considérée.

De ces plans tangents en nombre illimité, l'un qui est unique contient moins imparfaitement que tous les autres, la région de la courbe qui est extrêmement voisine de M; c'est le plan *osculateur* de celle-ci en M, et on prouve *qu'il est la position-limite d'un plan mobile passant par trois points quelconques m', m'', m''' infiniment voisins de M sur la ligne.*

En un point quelconque d'une courbe plane, le plan osculateur se confond évidemment avec le plan même de celle-ci. Pour une droite, il est indéterminé, pouvant être pris à volonté parmi ses plans tangents qui, tous, la contiennent entièrement.

453. En tout point M d'une ligne, prenant alors le nom de *pied*, on dit *normal* le plan perpendiculaire en M à la tangente en ce point, et *normale*, toute droite perpendiculaire sur la tangente au même point.

Ces normales, en nombre illimité, ont ainsi pour lieu le plan normal de même pied. On nomme *principale*, celle d'entre elles qui est située dans le plan osculateur (**452**).

Pour une courbe plane, la normale principale est ainsi celle que l'on peut tracer dans son plan même; on la nomme sa *normale* tout court, dans les cas très fréquents où l'on n'a rien à considérer en dehors de ce plan. Pour une droite, cette distinction n'est plus possible, ou, si on le veut, toutes les normales sont principales.

454. En envisageant comme une *seule* ligne l'ensemble des côtés d'un angle rectiligne AMB (*fig.* 110), le sommet M de cet angle fournit l'exemple le plus simple d'un point singulier (**449**). Car si les points m', m' se rapprochent indéfiniment de M sur les côtés de l'angle, de manière que le rapport des segments Mm', Mm', conserve une valeur constante ρ, la droite m'm' restera parallèle à quelque droite fixe (**146**) et, par suite, aura pour position-limite la droite Mμ menée par M parallèlement à cette direction fixe. Mais, pour une autre valeur ρ_1 du rapport considéré, la droite mobile aura une autre position-limite Mμ_1, et même elle peut n'en avoir aucune, si les points mobiles m' m' ont été choisis dans d'autres conditions. En ce point M, la ligne considérée n'a donc pas de tangente, puisque la droite passant par deux points infiniment voisins de celui-ci sur la ligne n'a pas une position-limite unique, et on se trouve en présence d'un point singulier, parce que l'existence de la tangente est une propriété essentielle des points ordinaires.

455. Plusieurs propositions dont la démonstration n'est pas possible ici, nous sont cependant nécessaires pour l'acquisition de notions très importantes.

I. Sur une ligne courbe donnée (sur une droite tout aussi bien), un *arc réduit d'extrémités* A, B (*fig.* 111) est une région limitée et continue qui présente les caractères suivants.

1º Il existe une infinité de plans $\mathcal{P}'$, $\mathcal{P}''$, ... deux à deux non parallèles, à aucun desquels n'est parallèle la tangente à la ligne menée en un point quelconque de cette région.

2° Faite parallèlement à l'un quelconque $\mathcal{P}'$ de ces plans et sur un axe quelconque Ω' (non parallèle à ce plan), la projection m' d'un point quelconque m de cette région est intérieure au segment A'B' ayant pour extrémités les projections des points A, B.

3° Inversement, tout point m' du segment A'B' est la projection d'un point unique m appartenant à la région dont il s'agit.

II. Soient

(1) $\qquad$ A', ..., p', q', r', ..., B',

les extrémités de ce segment, accompagnées de points intérieurs quelconques, puis

(2) $\qquad$ A, ..., p, q, r, ..., B,

les points de la région considérée dont les premiers sont les projections, puis enfin

(3) $\qquad$ A", ..., $p"$, $q"$, $r"$, ..., B",

les projections des mêmes points (2), *faites parallèlement à tout autre plan $\mathcal{P}"$ du genre de $\mathcal{P}'$, sur tout autre axe $\Omega"$. La disposition topographique relative des points* (3) *sur l'axe $\Omega"$ est toujours identique à celle de leurs correspondants dans la suite* (1) *sur la droite Ω'.* (Ceci veut dire que si, par exemple, q' est intérieur au segment $p'r'$, $q"$ l'est aussi au segment $p"q"$.)

Par suite, quand un point mobile m' marche sur le segment A'B' dans le sens constant A'B', ou B'A', le point $m"$, deuxième projection du point m dont m' est la première, marche toujours simultanément sur le segment A"B", dans le sens constant A"B" si c'est le premier cas, ou B"A" si c'est le second.

III. En conséquence, nous dirons que les points de l'arc réduit AB, autres que ses extrémités, lui sont *intérieurs*, qu'un point mobile m décrit cet arc dans l'un ou l'autre de ses deux sens constants possibles ou *directions*, soit AB, soit BA, quand, simultanément ainsi, toutes les projections m', $m"$, ... de m décrivent les segments sur lesquels ils se meuvent, dans les sens constants A'B', A"B", ... ou bien B'A', B"A", ...

De cette extension de la notion de direction à une ligne courbe, dérivent immédiatement celle de la décomposition d'un arc réduit en d'autres extérieurs les uns aux autres, celle de l'état de juxtaposition intérieure ou extérieure de semblables subdivisions, etc. (*Cf.* **122**).

IV. Quand des arcs réduits AM, MN, ..., PQ, QB se succèdent sur une même ligne, dans des conditions telles, que deux consécutifs aient toujours une extrémité commune sans qu'aucun autre point de la ligne soit intérieur à tous deux, leur réunion procure une région de la ligne, limitée et continue évidemment encore, que l'on nomme un *arc d'extrémités* A, B, *et à laquelle s'étendent sur le champ les notions topographiques mentionnées à la fin de l'alinéa précédent, pour les arcs réduits.*

Inversement, *deux points* A, B *pris arbitrairement sur toute région continue et limitée d'une ligne, sont toujours les extrémités d'un arc composé de ce genre*, ce qui fournit la définition et les propriétés topographiques d'un *arc quelconque*.

La *corde* d'un arc (réduit ou non) est le segment rectiligne qui joint ses extrémités, et qu'on dit *sous-tendre* l'arc.

456. Quand sur une ligne, un point mobile m, infiniment voisin d'un point fixe M, se meut tellement, que la direction curviligne allant de M à m soit invariable (**455,** III), on prouvera bien facilement que *la demi-droite mobile* Mm *a toujours pour position-limite une même des demi-droites opposées en* M *sur la tangente.* Ceci permet d'identifier la direction curviligne considérée, avec celle de cette demi-tangente.

En conséquence, on nomme *angle de deux lignes* se coupant en M, celui de telles ou telles demi-tangentes menées en M à ces lignes.

Quand cet angle est nul ou neutre, les deux lignes ont, en M, même tangente, mêmes plans tangents par suite; on dit alors qu'elles y sont *tangentes*, qu'elles y ont un *contact*.

Quand il est droit, on dit que, en M, les lignes se coupent *à angle droit*, ou bien encore *orthogonalement, normalement* (*Cf.* **453**).

457. Une ligne brisée est *inscrite* dans un arc de courbe, quand elle a pour extrémités celles de l'arc, pour autres sommets, des points quelconques intérieurs à cet arc; celui-ci est alors *circonscrit* à la ligne. Nous dirons, en outre, que l'inscription est *propre*, si les divers côtés de la ligne sous-tendent des arcs partiels tous extérieurs les uns aux autres.

458. *Un arc quelconque* AB (*fig.* 112) *peut toujours être décomposé, cela même d'une infinité de manières, en arcs partiels* A$\lambda\mu$, $\mu\nu$,..., $z\omega$B *extérieurs les uns aux autres et dont les maximensions* (**443 bis,** II) *sont toutes inférieures à une même quantité positive* ε *de petitesse arbitraire.*

Si, ensuite, on fait tendre ε *vers zéro, la ligne brisée* A$\mu\nu$...zB, *alors inscrite proprement, se déforme progressivement, en particulier, parce que la longueur du plus grand de ses côtés devient une quantité infiniment petite, partant varie, et que le nombre de ceux-ci devient infini* (**441**); *mais, de quelque manière que l'on opère, elle a l'arc proposé* AB *pour position-limite* (**445**); *en outre,* sa longueur $Au + uv + \ldots + zB$, tend vers une certaine limite qui est toujours la même.

C'est à cette dernière limite que l'on a donné le nom de *longueur de l'arc* AB. On notera que cette définition serait illusoire, si l'on n'imposait pas à la ligne brisée variable la condition d'être sans cesse inscrite proprement; car autrement, on pourrait s'arranger de manière que sa longueur tendît vers une limite presque arbitraire, ou bien n'en eût aucune.

On remarquera encore la conformité de ces considérations avec le procédé empirique employé vulgairement pour mesurer approximativement la longueur d'une ligne courbe présentée par une cavité matérielle.

459. Le calcul de la longueur d'un arc de courbe est une opération d'un genre assez relevé, exigeant avant tout que la nature de la ligne ait été spécifiée mathématiquement, et nous ne pourrons traiter cette question que pour des arcs de cercle (Chap. XVII, *inf.*) et d'hélice (Additions).

Mais, dans la proposition qui va suivre, aussi importante qu'elle est vulgaire, n'intervient aucune propriété spécifique des lignes courbes qu'elle peut impliquer.

La figure évidemment continue, que forment des arcs quelconques (même rectilignes en partie) AM, MN, ..., PB ayant chacun une extrémité commune avec celui qui le suit ou le précède dans cette suite, est un *chemin curviligne* ayant ces arcs pour *côtés*, leurs extrémités A, M, N, ..., P, B pour *sommets*, les deux libres A, B pour *extrémités*. La *longueur* d'un chemin est la somme de celles de ses côtés (458), et si un point mobile décrit successivement ceux-ci dans l'ordre et dans les sens, soit AM, MN, ..., PB, soit BP, ..., NM, MA, on dit qu'il *décrit* le chemin dans le *sens*, soit *de* A à B, soit *de* B à A.

Parmi tous les chemins qui ont pour extrémités deux mêmes points donnés A, B, *le segment rectiligne* AB *est celui de moindre longueur.*

La longueur d'un chemin quelconque de ce genre AMN...PB est évidemment la limite vers laquelle tend celle d'une ligne brisée variable formée par la réunion d'autres à côtés infiniment petits, et proprement inscrites dans les arcs AM, MN, ..., PB (458); comme cette ligne brisée conserve A, B pour extrémités, sa longueur surpasse, égale au moins, celle du segment AB (287), et, par suite, sa limite jouit de la même propriété.

Si le chemin considéré ne se confond pas avec le segment AB, il possédera en dehors de lui, quelque point I qui le décomposera en deux parties A...I et I...B donnant par ce qui précède

$$A\ldots I \geq AI, \quad I\ldots B \geq IB,$$

238   GÉNÉRALITÉS SUR LES FIGURES COURBES.

puis, en ajoutant membre à membre,
$$AMN\ldots PB \geq AI + IB.$$

Mais le triangle AIB donne $AI + IB > AB$ (**288**); on a donc bien $AMN\ldots PB > AB$.

Sans la crainte de quelques longueurs, nous étendrions aux projections orthogonales d'un chemin courbe sur une droite ou sur un plan, les propositions des nᵒˢ **286**, **332** relatives à celles d'une ligne brisée.

Aire plane limitée par un contour curviligne.

460. Les définitions s'appliquant à une ligne brisée (**205** *et suiv.*) s'étendent d'elles-mêmes à un chemin curviligne quelconque.

Quand un contour curviligne plan (fermé) est déchevêtré, ABCDEA (*fig.* 113), on définit et on mesure comme il suit l'aire plane qu'il renferme.

I. *La soudure de lignes brisées à côtés infiniment petits, toutes inscrites proprement dans les divers côtés du contour curviligne (***457***), donne un contour polygonal plan variable qui finit par être déchevêtré, auquel, en outre, tout point fixe du plan, non situé sur le contour curviligne, finit par demeurer, soit intérieur, soit extérieur.*

Dans ces deux cas respectivement, le point considéré, *i* ou *e*, est dit *intérieur* ou *extérieur* au contour curviligne.

II. *Le contour divise son plan en deux régions continues dont les points lui sont tous intérieurs pour l'une, et tous extérieurs pour l'autre. La seconde est illimitée, mais la première est limitée.*

On nomme celle-ci, l'*aire plane limitée par le contour*.

III. *De quelque manière que l'on forme le contour polygonal variable défini dans l'alinéa* I, *la mesure de l'aire, variable aussi, qu'il découpe dans le plan, tend vers une limite qui est toujours la même.*

Cette limite est, par définition, la *mesure* de l'aire plane constituée par l'intérieur du contour curviligne.

IV. À de pareilles aires, le lecteur étendra sur le champ la plupart des notions topographiques et autres qui concernent les aires polygonales (**298** *et suiv.*).

Surfaces courbes en général.

461. Par chaque point (ordinaire) M d'une surface courbe, passe un plan unique qui, dans le voisinage de ce point, se confond avec elle plus approximativement que tout autre ; c'est le plan *tangent* à la surface, au point *de contact* M. Son rôle est tout à fait comparable, par sa nature et sa portée, à celui de la tangente à une courbe (**450**), dont la propriété mentionnée à la fin du numéro cité, peut lui être étendue dans, plus d'un sens, quoique avec certaines restrictions. Mais nous ne pouvons approfondir, et nous devons nous contenter d'énoncer la proposition suivante dont l'importance est très grande.

Le plan tangent est le lieu des tangentes aux diverses lignes que l'on peut tracer sur la surface par son point de contact.

Pour le construire, il suffit ainsi de tracer par le point de contact, deux lignes de la surface qui aient des tangentes distinctes, puis de prendre le plan déterminé par celles-ci.

D'après cela, *tout plan est à lui-même son propre plan tangent en l'un quelconque de ses points* (*Cf.* **451**).

462. Une *tangente* à une surface en un de ses points est une droite quelconque menée dans le plan tangent par ce point, en particulier, toute tangente à une courbe de la surface, tracée par le même point.

Les tangentes à un plan se confondent évidemment avec les droites que l'on peut indéfiniment concevoir sur lui.

463. En tout point d'une surface, dit alors *pied*, la *normale*, un plan *normal*, sont la perpendiculaire, ou un plan quelconque perpendiculaire au plan tangent. Tous les plans normaux passent ainsi par la normale (*Cf.* **453**).

A cause de cela et du numéro cité, on dit fréquemment qu'une droite et un plan perpendiculaires mutuellement, sont *normaux* l'un à l'autre.

464. En un point commun à une ligne et à une surface, quand la tangente à l'une n'est pas située dans le plan tangent à l'autre, leur angle (**331**) est, par définition, *l'angle de la ligne et de la surface en ce point*. Celles-ci se coupent en ce point *orthogonalement, normalement*, quand il y a perpendicularité.

Si la tangente est appliquée sur le plan tangent, la ligne et la surface sont mutuellement *tangentes* au point considéré, y ont un *contact* (*Cf.* **456**).

465. *L'angle de deux surfaces en un point commun*, est tel ou tel des dièdres formés par leurs plans tangents en ce point.

Quand cet angle n'est pas nul, le point considéré, s'il est ordinaire pour chacune des surfaces, l'est toujours aussi pour la ligne résultant de leur intersection.

Quand il est droit, les surfaces se coupent en ce point *orthogonalement, normalement* (*Cf.* **464**).

240   GÉNÉRALITÉS SUR LES FIGURES COURBES.

Quand il est nul ou neutre, c'est-à-dire quand les plans tangents se confondent, les surfaces sont mutuellement *tangentes* en ce point dit alors *de contact*.

Un point de contact est toujours singulier pour l'intersection de deux surfaces (quand on la considère dans sa *totalité*).

466. Il n'est pas rare que deux surfaces soient tangentes l'une à l'autre, en chacun des points d'une ligne appartenant à toutes deux. On dit alors que, *suivant cette ligne de contact (ou de raccord)*, elles sont *circonscrites (se raccordent) l'une à l'autre*.

467. Quand plusieurs surfaces passent par une même ligne, leurs plans tangents en un point M de celle-ci, passent tous par sa tangente en M ; car cette ligne étant sur chacune des surfaces, sa tangente en M est aussi dans chacun de leurs plans tangents au même point (**461**).

Pour obtenir la tangente à l'intersection de deux surfaces en un point où leurs plans tangents ne se confondent pas, il suffit donc de prendre l'intersection de ces plans tangents, observation faisant pendant à celle du numéro cité, et, comme elle, fort utile dans une foule de circonstances.

468. Nous passons à la figure qui, relativement à une surface, joue le même rôle qu'un arc relativement à une ligne (**455**).

I. Sur une surface courbe, une *plaque réduite* [C], ayant pour *bord* un contour curviligne déchevêtré donné C (**460**), est une région limitée et continue dont voici les traits essentiels.

1º Il existe une infinité de droites $\mathcal{D}'$, $\mathcal{D}''$, ... deux à deux non parallèles, à aucune desquelles n'est parallèle le plan tangent à la surface, issu d'un point quelconque de cette région.

2º Si, parallèlement à l'une $\mathcal{D}'$ de ces droites, on fait les projections sur un plan Π' (non parallèle), celle m' d'un point quelconque m de la région considérée, appartient toujours à l'aire plane [C] que limite la projection C' du contour C.

3º Inversement, tout point m' de l'aire [C] est la projection d'un point unique m appartenant à la région dont il s'agit.

II. Si

(1)   C', c', p',

représentent les projections du bord C, *d'un autre contour* c *tracé sur la région considérée et de l'un quelconque* p *de ses points, puis*

(2)   C'', c'', p'',

d'autres projections des mêmes figures, construites dans des conditions analogues, la disposition topographique relative des objets (2) *sur le plan de projection* Π'', *est toujours identique à*

AIRE D'UNE PLAQUE DE SURFACE COURBE. 241

celle de leurs correspondantes dans le groupe (1) sur le plan Π'. C'est-à-dire que p'' sera intérieur ou extérieur à l'aire plane $[c'']$ en même temps que p' à l'aire $[c']$.

III. Nous dirons donc que les points de la plaque réduite [C], n'appartenant pas à son bord, lui sont *intérieurs*, et les considérations précédentes conduisent naturellement, pour une pareille figure et pour ses subdivisions, à des propriétés topographiques analogues à celles des aires planes, polygonales ou autres, sur un même plan, même à celles des segments rectilignes sur une même droite.

IV. Une plaque *quelconque* [C] de bord (déchevêtré) C, se formera par l'addition géométrique de plaques réduites contiguës extérieurement, dont les parties des bords par lesquelles elles ne se soudent pas entre elles, reproduisent le chemin fermé C ; etc. (*Cf.* **298** *et suiv.*) (¹).

469. Une plaque brisée (**365**) est *inscrite* dans une plaque courbe, dite alors *circonscrite* à l'autre, quand son bord est inscrit dans celui de cette dernière (**457**), et que tous ses sommets sont situés sur celle-ci.

L'inscription est *propre*, si la plaque courbe a été divisée en plaques partielles toutes extérieures les unes aux autres par des contours à trois sommets (et côtés), et si les faces de la plaque brisée sont les triangles dont chacun a pour sommets ceux de chacune de ces plaques partielles, son bord étant inscrit proprement dans celui de la plaque courbe.

470. *Dans toute plaque courbe, on peut inscrire proprement une plaque brisée dont les maximensions des faces (**443** bis, II) soient toutes inférieures à une même quantité positive ε de petitesse arbitraire.*

Si ensuite, en faisant tendre ε vers zéro, on modifie progressivement la forme de la plaque brisée sous cette première condition, sous cette autre encore, que pour chacune de ses faces mnp, alors infiniment petite, les angles formés par son plan mnp avec les plans tangents à la surface en ses sommets m, n, p tendent aussi vers zéro, non seulement cette plaque brisée variable aura la plaque courbe considérée pour position-limite, mais encore son aire tendra vers une limite indépendante de ce que les deux conditions posées laissent d'indéterminé dans sa construction.

Cette limite qui, en dehors des deux conditions précisées dans l'énoncé précédent, pourrait ne pas exister, est, par définition, l'*aire* de la plaque courbe considérée (*Cf.* **458**).

---

(1) Nous étendrions facilement aux surfaces planes, puis aux surfaces courbes, la notion de *direction* rectiligne ou curviligne (celle-ci dérivant de l'autre) ; mais notre cadre est trop étroit pour de pareils développements.

471. Faute d'un autre mot, nous appellerons *toit*, un assemblage continu de plaques courbes soudées par les côtés de leurs bords, et, pour une figure de ce genre, nous conserverons toutes les dénominations applicables à une plaque brisée, véritable toit, mais à faces planes polygonales.

En comparant l'aire d'un toit courbe à sa projection orthogonale sur un plan, et, quand son bord est plan, à l'aire plane que ce contour limite, on arrive à des propositions analogues à celles du n° **366**, faisant pendant, les unes et les autres, aux semblables pour de simples chemins (**459**); mais nous ne pouvons insister.

472. Quand il est déchevêtré, un toit fermé, c'est-à-dire n'ayant aucune face qui ne soit soudée à des contiguës par tous ses côtés, constitue une *périphérie courbe* (*Cf.* **368**), à laquelle, et par l'intervention de plaques brisées à faces triangulaires infiniment petites, inscrites proprement dans celles du toit courbe, on aperçoit immédiatement l'extension des notions expliquées au n° **460**, pour un contour curviligne plan.

On obtient ainsi un polyèdre variable dont la périphérie finit par demeurer déchevêtrée, et dont le volume a une limite indépendante des circonstances indéterminées de l'opération. Par définition, cette limite est le *volume* de l'espace intérieur à la périphérie courbe.

Similitude et symétrie des figures courbes.

473. La présence de lignes, de surfaces courbes, dans deux figures n'impose aucune modification spéciale aux définitions des diverses correspondances possibles entre leurs *points* (droites, plans, etc., par suite), telles que l'homotaxie, l'antitaxie (dans un même plan ou dans l'espace), l'homothétie (la similitude), les diverses symétries. De pareilles lignes et surfaces sont effectivement certains assemblages de *points*, au même titre que des droites, que des plans...

En dehors de l'homotaxie et de l'antitaxie, simples relations topographiques, *l'existence de l'une des autres correspondances en question entraîne toujours la similitude des figures*, avec cette seule particularité, que, *pour des figures symétriques, le rapport de similitude est toujours* = 1. De cette observation générale, dérivent presque toutes les suivantes qui s'appliquent à ces diverses correspondances entre deux figures courbes.

I. *Sur des lignes ou des surfaces homologues, deux points homologues sont toujours simultanément ordinaires ou singuliers.* Nous ne pouvons le démontrer ici.

II. *A un segment infiniment petit dans une figure, correspond toujours dans l'autre, un segment infiniment petit aussi;* car la

SIMILITUDE. 243

longueur du second est égale à celle du premier, multipliée par le rapport de similitude qui est un nombre constant (**399**, I).

III. *En deux points homologues de deux lignes homologues, leurs tangentes sont des droites homologues aussi.*

Soient m, n deux points de l'une de ces lignes, le premier fixe, le second infiniment voisin de m dans une direction déterminée de la ligne (**455**, III), puis T la position-limite de la demi-droite mn, tangente en m à la ligne (**456**), et m', n', T' les objets homologues de m, n, T. Le segment $m'n'$ étant infiniment petit, comme son homologue mn (II), et les angles homologues T$\overline{mn}$, T'$\overline{m'n'}$ demeurant toujours égaux, le second est infiniment petit comme le premier, et T', homologue de T, est bien l'une des demi-tangentes en m' à la seconde courbe.

IV. *En deux points homologues m, m' de deux surfaces homologues, les plans tangents à ces surfaces sont homologues aussi.*

Car les tangentes en m aux lignes tracées sur la première surface par ce point, ayant pour homologues les tangentes en m' aux lignes homologues passant par m' sur la seconde surface (III), le plan tangent en m' à celle-ci, qui contient toutes ces dernières tangentes (**461**), est bien l'homologue du plan tangent en m à la première surface, qui contient les premières.

V. *A deux lignes, à une ligne et une surface, à deux surfaces, tangentes en un point commun, ou non tangentes, dans une figure, correspondent dans l'autre, des objets de mêmes sortes, soit tangents aussi au point homologue, soit s'y coupant sous les mêmes angles* (**456**), (**464**), (**465**).

Car les tangentes et plans tangents aux premiers objets au point considéré, ont toujours pour homologues les tangentes et plans tangents menés aux seconds en l'homologue de ce point (III), (IV), et des angles homologues sont toujours égaux (**398**).

VI. *A des arcs réduits* (**455**), *à des plaques réduites* (**468**) *dans une figure, correspondent dans l'autre, des arcs ou plaques réduits aussi, et les relations topographiques, mentionnées aux numéros cités, sont les mêmes de part et d'autre.* Le lecteur le constatera sans difficulté.

VII. *Les rapports de deux longueurs, de deux aires, de deux volumes homologues, sont égaux au rapport de similitude, à son carré, à son cube.*

Soient, par exemple, [A], [A'] deux aires planes homologues, a le polygone variable dont l'aire $[a]$ a [A] pour limite (**460**), et a' le polygone homologue de a. Ce dernier aussi ayant des côtés tous infiniment petits (II), et étant inscrit proprement dans le contour de l'aire A' (VI), son aire $[a']$ a [A'] pour limite. Mais en appelant ρ le rapport de similitude de la première figure à la seconde, on a sans cesse

$$[a] = \rho^2 [a'] \qquad (400);$$

donc (**440**), on aura aussi

$$[A] = \rho^3 [A'].$$

Même raisonnement dans les autres cas.

VIII. *Quand il s'agit de figures symétriques (ou pouvant être mises en symétrie), des longueurs, aires, volumes homologues sont toujours équivalents.* Car le rapport de similitude, son carré, son cube, sont tous $= 1$.

474. Dans deux figures homothétiques ou symétriques, les tangentes et plans tangents en des points homologues étant toujours homologues aussi (**473**, III, IV), on aperçoit immédiatement leurs positions relatives, et nous mentionnerons seulement les observations suivantes.

I. *Sur des courbes homothétiques et en des points homologues, deux directions homologues* (**456**) *sont identiques ou opposées, selon que l'homothétie est directe ou inverse.* C'est à peu près évident.

II. *Dans deux figures homothétiques, quand une ligne ou une surface passe par le centre d'homothétie, son homologue y passe aussi et y a même tangente ou même plan tangent.* Car ce centre est double, ainsi que toute droite ou tout plan mené par lui (**403**).

III. *Dans deux figures symétriques, quand une ligne ou une surface rencontre en quelque point, soit l'axe, soit le plan de symétrie, son homologue passe aussi par ce point, et les tangentes ou plans tangents à toutes deux font des angles égaux avec, soit l'axe, soit le plan de symétrie.* Car le point en question est double, et les tangentes ou plans tangents y sont toujours homologues (**414**), (**419**).

IV. *Quand une ligne ou une surface est douée de symétrie absolue par rapport à une droite passant par un de ses points ordinaires m* (**421**), *il y a perpendicularité en m entre l'axe et la tangente dans le premier cas, ou le plan tangent dans le second.*

S'il s'agit d'une ligne, soient sur elle m' un point infiniment voisin de m, et m'' son symétrique, infiniment voisin de tous deux; la droite mobile $m'm''$ étant toujours perpendiculaire à l'axe et ayant la tangente en m pour position-limite, cette tangente ne peut manquer d'être aussi perpendiculaire à l'axe.

S'il s'agit d'une surface, deux plans distincts passant par l'axe, et autres que son plan tangent, la couperont suivant des lignes ayant toutes deux m pour point ordinaire (**465**), chacune symétrique évidemment par rapport au même axe, dont les tangentes, par ce qui précède, lui sont perpendiculaires. Le plan tangent qui les contient est donc, comme elles, perpendiculaire à l'axe.

V. *Si la symétrie absolue est relative à un plan* (**421**), *il*

HOMOTHÉTIE, SYMÉTRIE. 245

y a encore perpendicularité entre lui et la tangente à la ligne où le plan tangent à la surface. Raisonnement tout semblable

---

CHAPITRE XIV.

SURFACES CYLINDRIQUES EN GÉNÉRAL.

Définitions et premières propriétés.

475. Dans ce chapitre et dans le suivant, nous plaçons une étude sommaire des figures courbes dont la parenté avec la ligne droite et le plan est la moins éloignée, et dont la connaissance est d'une utilité extrême, tant en théorie que dans les applications variées de la Géométrie.

Un *cylindre* est une surface caractérisée par la propriété de contenir entièrement la droite menée par un quelconque de ses points parallèlement à quelque même droite fixe, dont l'orientation dans l'espace fournit ainsi ce que l'on peut nommer la *direction* du cylindre. Cette définition établit, entre les propriétés des paravents (**320**) et celles des cylindres, une analogie très grande et très utile à retenir pour l'intelligence des dernières.

Par conséquent, si l'on trace sur un cylindre une ligne quelconque qui rencontre toutes ces droites passant alors par ses divers points, la surface pourra être considérée comme engendrée par le mouvement d'une droite assujettie à la double condition de s'appuyer sur cette ligne *directrice* (**15**), et de demeurer parallèle à la direction invariable donnée. D'où le nom de *génératrices* (quelquefois d'*arêtes*), donné à ces droites, toutes parallèles, qui peuvent être tracées indéfiniment sur un cylindre (*Ibid.*).

476. Voici les premières conséquences de cette définition.

I. *Toute translation d'un cylindre, parallèle à ses génératrices, le laisse en coïncidence avec sa position primitive.* Car chaque génératrice joue le rôle de glissière, et reste appliquée sur elle-même (**77**), (*Cf.* **320**, I).

Réciproquement, *une surface est un cylindre dont les génératrices sont parallèles à une droite* $\mathcal{G}$, *quand elle se réapplique sur elle-même par toute translation parallèle à cette droite.* Car elle contient évidemment toute parallèle à $\mathcal{G}$, menée par un quelconque de ses points.

D'où l'importance des cylindres dans la taille des pièces mécaniques analogues aux pistons et à leurs corps de pompe, qui doivent se prêter à des translations relatives sans cesser d'être exactement appliquées les unes sur les autres.

II. *Tout plan perpendiculaire à la direction d'un cylindre (c'est-à-dire à ses génératrices) est un plan de symétrie de la surface* (421). Car il est tel pour chaque génératrice.

III. *Une ligne quelconque tracée sur un cylindre est laissée sur lui par toute translation parallèle à ses génératrices.* Car le cylindre supposé lié à cette ligne ne fait alors que glisser sur lui-même (II).

Il en résulte qu'un cylindre est engendré encore par une quelconque de ses lignes rencontrant toutes ses arêtes, quand, parallèlement à ces droites, on lui imprime une translation indéfinie.

IV. *Deux surfaces superposables par une translation parallèle à la direction d'un cylindre, le coupent suivant deux lignes superposables par les mêmes translations, toujours égales, par suite.* Car le cylindre, solidarisé avec la surface animée d'une pareille translation, ne fait que glisser sur lui-même (I).

V. *Deux cylindres parallèles, c'est-à-dire dont les arêtes sont toutes parallèles, ne peuvent se couper que suivant quelque groupe de génératrices communes.* Car, par tout point commun, la droite menée parallèlement à leur direction commune, est située tout entière sur l'un et l'autre, à la fois.

477. Un plan est une véritable surface cylindrique, pour la direction de laquelle on peut adopter celle de toute droite située sur lui (ou parallèle), puisqu'il contient toute parallèle à une semblable droite, menée par un quelconque de ses points ; pour directrice, on peut prendre une droite quelconque du plan, non parallèle à la première (53). Cette variété du cylindre est évidemment la plus simple de toutes. Les relations d'un cylindre avec un plan varient beaucoup avec leurs positions relatives.

I. Quand le plan n'est pas parallèle aux génératrices du cylindre, toutes ces droites le coupent suivant une ligne, dite *section plane*, qui, sauf quelque translation parallèle à la direction du cylindre, *est identique à toute autre faite par un plan parallèle*. Effectivement, une translation parallèle aux génératrices du cylindre, peut toujours superposer deux plans parallèles entre eux, mais non à cette direction (476, IV).

Pour directrice d'un cylindre (475), on peut ainsi prendre une section plane, et on la préfère habituellement, à cause de sa simplicité relative et des notions particulièrement nettes que sa forme procure sur celle du cylindre, dès que la direction de celui-ci est donnée. Cette préférence s'attache surtout à la *section droite*, c'est-à-dire obtenue par un plan perpendiculaire aux génératrices. Il est évident qu'*une section droite coupe orthogonalement toutes les génératrices du cylindre* (456).

II. Quand le plan dont il s'agit est parallèle à la direction du cylindre, on peut, avons-nous dit (477), le considérer comme un autre cylindre parallèle. Par conséquent (476, V), son intersection avec le proposé n'est qu'un assemblage de droites parallèles.

478. On remarquera que *la projection d'une ligne sur un plan* (328) *n'est pas autre chose que la trace sur le plan de projection, d'un cylindre ayant pour directrice la ligne à projeter, pour direction celle des droites projetantes*, cylindre dit *projetant* pour la ligne considérée.

Cette observation, où le plan de projection pourrait être remplacé par une surface *de projection* quelconque, a une grande importance dans beaucoup de circonstances généralement pratiques.

Plan tangent.

479. *Les points d'une même génératrice d'un cylindre (courbe) sont, tous en même temps, soit ordinaires, soit singuliers* (449), *et cela selon que la trace de cette génératrice sur une directrice à laquelle elle n'est pas tangente, est, pour cette ligne, un point ordinaire ou singulier.*

La première partie est évidente, puisqu'une translation parallèle à la direction du cylindre peut toujours appliquer un point quelconque de la génératrice considérée, sur tout autre point de celle-ci, et, simultanément, le cylindre tout entier sur lui-même, d'une autre manière (476, I) ; mais la seconde ne peut être démontrée ici.

480. *En tout point (ordinaire)* M *d'un cylindre, le plan tangent* (461) *contient entièrement la génératrice passant par ce point, et il est encore tangent au cylindre en tout autre point* m *de la même génératrice.*

Le premier fait est évident, car cette génératrice est tangente à elle-même (451), c'est-à-dire à une ligne située sur le cylindre.

Si, ensuite, on imprime à toute la figure une translation parallèle et égale à Mm, les positions finales du plan et du cylindre sont mutuellement tangentes en m ; leurs positions initiales l'étaient donc aussi au même point, puisque la glissière Mm étant, à la fois, située dans le plan et parallèle à la direction du cylindre, chacune de ces deux figures est restée appliquée sur elle-même (**476**, I).

Ainsi donc, *un plan ne peut être tangent à un cylindre sans lui être circonscrit suivant quelque génératrice* dite alors *de contact* (**466**); *et les plans tangents à un cylindre sont tous parallèles à sa direction*, puisque la génératrice de contact de chacun d'eux est douée d'un tel parallélisme.

Il résulte encore de cette disposition des plans tangents d'un cylindre, qu'*un plan perpendiculaire aux génératrices coupe la surface orthogonalement* (**465**) *en tout point de la section*.

481. *Tout le long d'une génératrice commune* (**476**, V), *deux cylindres parallèles se coupent sous un angle constant* (**465**), *ou sont circonscrits l'un à l'autre* (**466**). Car en tous les points de cette droite, leurs plans tangents sont deux mêmes plans (**480**) formant ainsi un même dièdre, ou bien se confondant.

482. Pour construire le plan tangent à un cylindre suivant une génératrice donnée, il suffit de tracer sur la surface une ligne rencontrant cette génératrice en un point M où elle ne lui est pas tangente. Le plan tangent est déterminé par la génératrice et la tangente en M à la ligne considérée (**461**).

Inversement, on obtiendra la tangente en M à une ligne tracée sur le cylindre, en coupant son plan tangent suivant la génératrice du point M, par le plan tangent en M à quelque autre surface menée par la ligne (de manière que ce plan tangent ne se confonde pas avec celui du cylindre) (**467**).

483. Dans le cas très fréquent où un cylindre est donné par une de ses sections planes C (*fig.* 114) et par la direction g de ses génératrices, les observations générales ci-dessus fournissent des solutions très simples pour les problèmes suivants qui se posent à chaque instant en Géométrie descriptive.

I. *Construire le plan tangent suivant une génératrice donnée*. C'est évidemment celui qui passe par cette génératrice et par la tangente menée à la section en son point M, trace de la génératrice.

II. *Construire un plan tangent passant par une droite donnée* $\mathcal{A}$.
1° *La droite* $\mathcal{A}$ *n'est pas parallèle aux génératrices du cylindre*. Comme tous les plans tangents sont parallèles aux génératrices (**480**), celui que l'on cherche ne peut être que le plan unique mené par $\mathcal{A}$ parallèlement à g (**52**). Ce plan est tangent au cylindre, quand sa trace sur celui de la section C se trouve être une tangente à cette ligne (**482**); sinon le problème est impossible.

2° *La même droite* $\mathcal{A}$ *est parallèle aux génératrices du cylindre* (*fig.* 114).

Le plan tangent cherché doit couper celui de la section suivant quelque tangente à cette ligne, et cette tangente passe forcément par la trace A de la droite $\mathcal{A}$ sur le plan C. Par cette trace A préalablement déterminée, on mènera donc une tangente T à la section (construction dépendant, dans sa possibilité et dans ses particularités, de la nature spéciale de la section donnée), et la génératrice de contact du plan cherché sera celle passant par le point de contact M de cette tangente (I).

III. *Construire un plan tangent passant par un point donné a* (*fig.* 114). Ce problème se ramène immédiatement au précédent (II, 2°), car le plan tangent cherché étant parallèle aux génératrices, il doit passer aussi par la droite $\mathcal{A}$ issue de a, parallèlement à $\mathcal{G}$.

IV. *Construire un plan tangent parallèle à un plan donné* $\mathcal{P}$.

1° Quand le plan $\mathcal{P}$ n'est pas parallèle aux génératrices, le problème est impossible ; car si le plan tangent cherché existait, son parallèle $\mathcal{P}$ serait comme lui parallèle à la direction du cylindre.

2° Quand il leur est parallèle, le plan tangent cherché coupe celui de la section C suivant quelque tangente T à cette ligne, (*fig.* 114), et cette tangente est forcément parallèle à la trace P du plan $\mathcal{P}$ sur celui de la section. Parallèlement à cette trace P préalablement construite, on mènera donc une tangente T à la section (problème dépendant toujours de la nature de cette ligne), et la génératrice de contact sera celle qui passe par le point de contact M de cette tangente (I).

V. *Construire un plan tangent parallèle à une droite donnée* $\mathcal{B}$.

1° Si la droite donnée est parallèle aux génératrices du cylindre, le problème est indéterminé, car tous les plans tangents à la surface remplissent la condition de l'énoncé (**480**).

2° Sinon, le plan tangent cherché sera parallèle à tout plan $\mathcal{P}$ parallèle à la fois aux droites $\mathcal{G}$ et $\mathcal{B}$ (**51**), et l'on est ramené à un problème résolu ci-dessus (IV, 2°).

484. La seconde observation du n° **482** a ce corollaire fort utile en Géométrie descriptive : *la tangente* T (*fig.* 114) *en* M *à la projection* C *d'une courbe quelconque c sur un plan, est la projection de la tangente t menée à cette courbe en son point m qui se projette en* M.

Car la projection de la ligne c n'est autre que la trace, sur le plan de projection, de son cylindre projetant (**478**), et celle de la tangente t à c en m est la trace de son plan projetant. Or, comme ce dernier passe par la génératrice mM du cylindre parallèle aux droites projetantes, et par cette droite t, tangente en m à celui-ci, il se confond avec le plan tangent dont mM est la génératrice de contact. Il coupe donc le plan de la courbe C suivant la tangente en M à celle-ci (**467**).

485. Quand, parallèlement à une même droite $\mathcal{D}$, on peut mener à une surface donnée $\mathcal{G}$, des droites tangentes à celle-ci en tous les points d'une certaine courbe Θ située sur elle, *le cylindre, lieu de ces tangentes parallèles, est circonscrit à la surface suivant cette courbe* (466). Car, si en un point m de cette courbe, sa tangente $\mathcal{C}$ et la génératrice $\mathcal{G}$ du cylindre sont distinctes, le plan $\mathcal{CG}$ est tangent en m, tant à la surface qu'au cylindre (461).

Si la surface donnée $\mathcal{G}$ est elle-même un cylindre, son cylindre circonscrit parallèlement à $\mathcal{D}$ se réduit évidemment : au cylindre donné lui-même, quand la direction $\mathcal{D}$ se confond avec celle de ses génératrices, à l'ensemble de ses plans tangents menés parallèlement à $\mathcal{D}$ (483, V), quand il s'agit du cas contraire.

Le tracé du contour de l'ombre *propre* ou *portée*, d'un corps opaque interceptant un faisceau de rayons lumineux parallèles, exige la considération du cylindre circonscrit à la surface de ce corps, parallèlement aux rayons lumineux.

CHAPITRE XV.

SURFACES CONIQUES EN GÉNÉRAL.

Définitions et premières propriétés.

486. Un *cône* est une surface ayant pour propriété caractéristique, celle de contenir entièrement la droite qui joint un quelconque de ses points à un même point fixe ; ce dernier, qui appartient forcément à la surface et y joue un rôle très important, se nomme son *sommet*. Un éventail (**335**) est ainsi une sorte de cône ; en outre, nous rencontrerons, entre les propriétés des cônes et celles des cylindres, les mêmes ressemblances qu'entre celles des plans, droites parallèles, et celles de figures de ce genre concourant en un même point.

Pour *directrice* d'un cône, on peut prendre une ligne quelconque tracée sur lui de manière à rencontrer (ailleurs qu'au sommet) toutes les droites dont nous venons de parler ; de cette manière, la surface peut être engendrée par une droite se mouvant de manière à passer sans cesse par le sommet, en s'appuyant toujours sur cette ligne directrice. A cause de cela, on nomme *génératrices* (*arêtes* quelquefois), ces droites concourant toutes au sommet, qui peuvent être tracées indéfiniment sur un cône (**15**).

GÉNÉRALITÉS.

487. Cette définition conduit immédiatement aux observations suivantes.

I. *Un cône se confond avec toute figure qui lui est homothétique par rapport à son sommet pris pour centre d'homothétie* (**403**). Car toutes les génératrices passant ainsi par le centre, l'homologué de chacune d'elles lui est identique (*Ibid.*), (*Cf.* **476**, I).

En particulier, *un cône admet toujours son sommet pour centre de symétrie* (**421**), puisqu'ainsi il se confond avec sa figure symétrique par rapport à son sommet.

II. *Une ligne quelconque tracée sur un cône est laissée sur lui par toute déformation consistant à lui substituer indéfiniment une ligne homothétique par rapport au sommet.* Car la seconde ligne est située sur la surface homologue du cône, puisqu'il contient la première, et cette surface homologue se confond avec le cône (I).

Un cône peut donc être engendré encore par le mouvement et la déformation d'une ligne qui varie, sous la seule condition que sa transformation indéfinie la laisse homothétique à elle-même par rapport au sommet (*Cf.* **476**, III).

III. *Deux surfaces homothétiques entre elles par rapport au sommet d'un cône, le coupent suivant deux lignes offrant la même homothétie mutuelle.* Car on retrouve le même cône (I) en cherchant l'homologue du proposé dans l'homothétie considérée (*Cf. Ibid.* IV).

IV. *Deux cônes de même sommet ne peuvent se couper que suivant quelque groupe de génératrices communes.* Car la droite joignant au sommet commun tout point d'intersection qui diffère de lui, est située tout entière sur chacun des deux cônes (*Cf. Ibid.* V).

V. *Deux cônes semblables sont toujours superposables.* Car si après les avoir mis en homothétie dans certaines positions $\mathfrak{C}_1$, $\mathfrak{C}_2$, on amène, par translation, le second en une position $\mathfrak{C}'_2$ où son sommet se confond avec celui du premier, les cônes $\mathfrak{C}_1$, $\mathfrak{C}'_2$ sont homothétiques par rapport à leur sommet commun (**404**), (**397**, X), partant confondus (I).

488. *Un plan est une véritable surface conique dont le sommet peut être choisi arbitrairement sur lui,* fournissant ainsi la variété la plus simple des surfaces de ce genre; pour directrice, on peut prendre une droite quelconque du plan, qui ne passe pas par le sommet choisi (*Cf.* **477**).

Voici les principales relations possibles entre un cône et un plan.

I. Quand le plan ne passe pas par le sommet du cône, celles des génératrices de cette surface qui ne lui sont pas parallèles le coupent suivant une ligne, dite *section plane*, et *deux sections de ce genre, obtenues sur deux plans parallèles, sont toujours homothétiques par rapport au sommet.* Car deux plans parallèles sont toujours homothétiques par rapport à un point quelconque étranger à tous deux (**404**), (**487**, III).

Pour directrice d'un cône, on peut prendre aussi, et on préfère ordinairement, une section plane; cela pour les mêmes motifs que s'il s'agissait d'un cylindre (**477**, I).

II. Quand le plan considéré passe par le sommet du cône, la ligne d'intersection se résout en un assemblage de droites concourant au sommet dans ce plan, car ce dernier est aussi bien un cône de même sommet que le proposé (**487**, IV), (*Cf.* **477**, II).

489. Sur une surface donnée, dite *de projection*, ou *tableau*, et relativement à un point fixe donné, dit *centre de projection*, ou *point de vue*, on nomme *perspective*, quelquefois *projection centrale* ou *conique*, d'une figure $\mathcal{F}$ tracée sur quelque autre surface, la figure $\mathcal{F}'$ formée par les traces, sur le tableau, des droites joignant le point de vue aux divers points de $\mathcal{F}$. *La perspective ou projection d'une ligne, n'est ainsi que l'intersection du tableau par le cône projetant, cône ayant cette ligne pour directrice et le point de vue pour sommet.*

À cette notion, se rattachent des considérations d'une très grande importance dans les Arts du dessin, et même en Géométrie théorique. Dans les cas les plus simples et les plus intéressants, c'est un plan qui est pris pour tableau.

Plan tangent.

490. *Chez tout cône ne se réduisant pas à un simple plan* (**488**), *le sommet est un point singulier.*

Sur un pareil cône, on peut effectivement assigner trois génératrices non situées dans un même plan (une infinité même), et ces droites se confondent avec leurs tangentes menées au sommet du cône, situé sur elles toutes (**451**). Ces trois lignes ainsi tracées sur le cône par un même point, n'ont donc pas leurs tangentes dans un même plan, ce qui aurait lieu pourtant si ce point, le sommet, était ordinaire (**461**).

Les génératrices d'un cône qui s'appuient sur un arc $\ldots mm'm''\ldots$ (*fig.* 115), dont deux points ne sont jamais les extrémités d'un segment rectiligne contenant le sommet S, sont visiblement situées sur une région continue de la surface, se décomposant naturellement en deux parties, dites *nappes*, $S\ldots mm'm''\ldots$ et $S\ldots m_1 m'_1 m''_1\ldots$, qui sont contiguës par le sommet seulement, et n'ont aucun autre point commun. L'une de ces nappes contient celles des demi-génératrices ayant le

CONSTRUCTIONS DE PLANS TANGENTS. 253

sommet pour origine commune, qui rencontrent l'arc considéré, ..., Sm, Sm', Sm'', ...; l'autre nappe, dite *opposée*, contient les demi-génératrices opposées aux précédentes, ..., Sm_1, Sm'_1, Sm''_1, ... s'appuyant, par exemple, sur l'arc ...$m_1 m'_1 m''_1$, ..., symétrique de l'autre par rapport au sommet.

491. Exception faite du sommet qui est toujours singulier (**490**), *le théorème du n° 479 est textuellement applicable aux points d'une même génératrice d'un cône (courbe).*

La première partie est évidente, puisque deux points d'une même génératrice sont toujours homologues dans deux figures homothétiques où le cône se confond avec son homologue, et que, sur deux surfaces semblables, deux points homologues sont en même temps ordinaires ou singuliers (**473, I**); la seconde ne peut être démontrée ici.

492. *Sous réserve de la même exception, le théorème du n° 480 s'applique à tout plan tangent à un cône.*

La première partie est évidente comme pour un cylindre. Si ensuite, et par rapport au sommet pris pour centre d'homothétie, on construit une surface homothétique au cône, dans laquelle m soit l'homologue de M (**405, III**), les plans tangents en M, m à ces deux surfaces homologues seront homologues aussi (**473, IV**). Ils se confondent donc, parce que tous deux passent par le centre d'homothétie, comme la génératrice considérée (**403, IV**), et la surface construite n'est que le cône lui-même (**487, I**).

Un plan ne peut donc être tangent à un cône, sans lui être circonscrit suivant une génératrice dite alors *de contact ; et les plans tangents à un même cône passent tous par son sommet,* puisque leurs génératrices de contact contiennent toutes ce point (*Cf.* **480**).

493. *Tout le long d'une génératrice commune* (**487, IV**), *deux cônes de même sommet se coupent sous un angle constant, ou bien sont circonscrits l'un à l'autre.* Raisonnement du n° **481**.

494. Les observations du n° **482** s'appliquent textuellement à un cône, pourvu que le point M ne soit pas au sommet.

Quand un cône est donné par une de ses sections planes C (*fig.* 116) et par son sommet S, ces remarques conduisent à des solutions immédiates pour des questions semblables à celles du n° **483**, et d'égale importance.

I. *Construire le plan tangent suivant une génératrice donnée.* Comme au numéro cité (I).

II. *Mener un plan tangent par une droite donnée* ₰.

1° *La droite* ₰ *ne passe pas par le sommet du cône.* Comme tous les plans tangents passent par ce sommet, celui que l'on cherche ne peut être que le plan unique mené par la droite ᴀ et le sommet S. Ce plan est tangent au cône, quand sa trace sur celui de la section C est tangente à cette ligne (*Cf.* **482**); sinon le problème est impossible (*Cf.* **483**, II, 1°).

2° *La même droite passe par le sommet.*

On trouvera la trace du plan cherché sur celui de la section C (*fig.* 116), en menant à cette ligne une tangente, soit passant par la trace A de la droite ᴀ sur le plan de la section, soit parallèle à ᴀ quand celle-ci est parallèle à ce plan (ces constructions dépendent encore de la nature propre de la ligne C). Raisonnement de l'alinéa cité (2°).

III. *Mener un plan tangent par un point donné a.* Si ce point est distinct du sommet (*fig.* 116), la question se ramène à la précédente (II, 2°); car le plan tangent cherché devant contenir le sommet aussi, passera forcément par la droite unique ᴀ joignant S à a (*Cf.* **483**, III).

Si a se confond avec S, le problème est indéterminé, admettant pour solutions tous les plans tangents au cône puisqu'ils passent tous par le sommet (*Cf. Ibid.*, V, 1°).

IV. *Mener un plan tangent parallèle à un plan donné ℘.*

Le plan cherché ne peut être que le plan unique mené par le sommet du cône, parallèlement au plan donné. Le plan ainsi construit sera effectivement tangent au cône ou non, suivant les circonstances. En particulier, il résoudra toujours le problème quand, non parallèle au plan de C, il le coupera suivant une tangente à cette section (*Cf. Ibid.*, II, 1°).

V. *Mener un plan tangent parallèle à une droite donnée ℬ.* La question se ramène à celle de l'alinéa II (2°); car le plan cherché devra passer par le sommet du cône et par la droite parallèle à ℬ, qui en est issue.

495. *Relativement à un même centre de projection* S (**489**), *la tangente* T (*fig.* 116) *en* M *à la projection* C *sur un plan, d'une courbe quelconque c, est la projection de la tangente t menée à cette courbe en son point m qui se projette en* M. Raisonnement du n° **484**.

496. *Quand, par un même point p, on peut mener à une surface donnée 𝒮, des droites tangentes à celle-ci en tous les points d'une certaine courbe ℰ située sur elle, le cône, lieu de ces tangentes concourantes, est circonscrit à la surface suivant cette courbe* (*Cf.* **485**). (Si le point p était sur la surface, une partie au moins du cône circonscrit dégénérerait en le plan tangent en p à la surface.)

Si la surface 𝒮 est un cylindre ou un cône, son cône circonscrit de sommet p se réduit évidemment à l'ensemble des plans tangents qu'on peut lui mener du point p (**483**, III), (**494**, III),

(*Cf.* **485**). Quand il s'agit toutefois d'un cône et d'un point p coïncidant avec son sommet, le cône circonscrit se confond avec le proposé.

Le cylindre circonscrit à un cône parallèlement à une droite donnée (*Ibid.*), consiste dans l'ensemble des plans tangents pouvant être menés au cône, parallèlement à la direction donnée (**494**, V).

Ces considérations dominent la théorie des ombres *au flambeau*, c'est-à-dire projetées par un corps opaque exposé aux radiations d'un seul point lumineux (*Cf.* **485**, *in fine*).

CHAPITRE XVI.

PRINCIPES DE LA THÉORIE DU CERCLE.

Définitions et premières propriétés.

497. Un *cercle*, une *circonférence* (*de cercle*) quelquefois pour un peu plus de précision, est le lieu (**14**) des points d'un plan, ..., M, M_1, M_2, ... (fig. 117), dont les distances ..., OM, OM_1, OM_2, ... à un même point fixe O de ce plan, sont toutes égales à un même segment non nul donné. C'est tout aussi bien le lieu des positions, la trajectoire, d'une extrémité M d'un segment OM de longueur constante et égale à ce segment, qui pivote dans le plan considéré, autour de son autre extrémité O demeurant fixe en O (**83**, I), (**587**, *inf.*).

Un cercle est ainsi une ligne plane ; son *plan* est celui où il est tracé, son *centre* est le point fixe O, son *rayon* est la distance uniforme OM de ses points à son centre, longueur invariable du segment pivotant.

Quand le segment donné est nul, le lieu n'a pas d'autres points que O, et n'est pas dans un plan déterminé. Dans ce cas, *toujours excepté* sauf mention du contraire, il est commode quelquefois de voir dans ce point unique un *cercle nul* (ou infiniment petit, moins proprement) (*Cf.* **122**).

498. De la définition précédente, découlent ces premières conséquences à peu près évidentes.

I. *En faisant pivoter un cercle dans son plan autour de son centre, on ne fait que le réappliquer sur sa position primitive.*

Car la distance au centre, de tout point du cercle en mouvement, ne cesse pas d'être égale au rayon.

Inversement, toute ligne plane continue qui se réapplique sur elle-même par des pivotements d'amplitudes quelconques, exécutés dans son plan, autour d'un même point fixe donné O, est un cercle ayant ce pivot pour centre.

Un pareil déplacement transportant tout point M de la ligne, sur le cercle décrit dans le plan considéré, de O comme centre, avec OM pour rayon, elle comprend certainement ce cercle. Mais, si elle avait encore quelque point étranger, sa continuité supposée lui assurerait la possession d'autres points infiniment voisins de M dans toutes les directions de son plan, et elle n'aurait pas en M une tangente déterminée, singularité expressément exceptée.

Comme une ligne droite, *un cercle peut ainsi glisser indéfiniment sur lui-même*, propriété d'une extrême importance dans la Cinématique des corps solides.

II. *Un cercle est symétrique par rapport à son centre O, et encore par rapport à tout axe $\mathcal{A}$ mené par son centre, dans son plan* (Cf. **501**, inf.).

Soient M un point quelconque du cercle et M' son symétrique par rapport au point O. Le plan du cercle étant double (**403**), parce qu'il passe par le centre de symétrie et contient M, M', est situé aussi dans ce plan. Comme O est un point double, OM' est égal au segment homologue OM. Donc M' appartient aussi au cercle.

Même raisonnement pour la symétrie par rapport à l'axe $\mathcal{A}$.

III. *Un cercle est une figure continue* (**290**).

Si L, M (fig. 117) sont deux points quelconques d'un cercle de centre O, nommons ..., h, i, j, ... les points de la courbe obtenus en portant des longueurs toutes égales au rayon r, sur des demi-droites partageant l'angle LOM en parties quelconques, mais toutes inférieures à un angle aigu choisi arbitrairement, que nous représenterons par 2α. A cause de $Oi = Oj = r$, un triangle tel que iOj est isocèle, d'où, en appelant ω le pied de la perpendiculaire abaissée de O sur ij, $ij = 2\omega i$ (**238**), et le triangle $i\omega O$, rectangle en ω, ayant son hypoténuse $Oi = r$, donne $\omega i = r \sin iO\omega$ (**243**), d'où $ij < 2r \sin \alpha$ (**241**, VI), parce que l'inégalité supposée $iOj < 2\alpha$ entraîne $iO\omega < \alpha$. Les distances mutuelles ..., hi, ij, ... des points marqués ainsi sur le cercle sont donc toutes inférieures à $2r \sin \alpha$, quantité qu'une petitesse suffisante de l'angle α peut rendre inférieure à tout ce qu'on voudra (**443** bis, I).

IV. *Deux cercles quelconques sont des figures semblables, tant directement qu'inversement, égales même quand leurs rayons sont égaux* (Cf. **580**, inf.).

PREMIÈRES PROPRIÉTÉS.

1° Le dernier point est évident, car on superposera le premier cercle à l'autre, en appliquant à la fois son plan et son centre sur ceux de ce dernier.

2° Soient maintenant O, M le centre et un point quelconque du premier cercle de rayon r, puis O', M', les homologues de ces points dans une figure semblable construite avec un rapport de similitude quelconque ρ' (**405**). Le lieu de M' est un cercle de centre O' et de rayon $\rho'r$, car il est situé dans le plan homologue de celui du cercle considéré (**398**), et on a sans cesse $O'M' = \rho'.OM = \rho'r$ (**399**). Si donc r' désigne le rayon de l'autre cercle donné, et si l'on prend $\rho' = r' : r$, le cercle semblable au premier sera égal au second comme ayant pour rayon $(r' : r) r = r'$ (1°).

V. Si le tracé d'un cercle dans l'espace exige la connaissance de son plan, de son centre et de son rayon, la connaissance seule du rayon détermine entièrement la forme du cercle, abstraction faite de sa position (IV).

Les plus utiles propriétés du cercle n'impliquent que des constructions exécutées dans son plan, surface la plus simple sur laquelle il puisse être conçu. Ce sont elles que, pour un temps, nous étudierons seules, et, JUSQU'AU CHAPITRE XXII EXCLUSIVEMENT, NOUS SUPPOSERONS, SANS LE RAPPELER A CHAQUE INSTANT, QUE TOUTES NOS FIGURES, POINTS, DROITES, CERCLES..., SONT SITUÉES DANS UN MÊME PLAN.

Sécantes rectilignes, diamètres.

499. *Une droite a deux points communs avec un cercle, un seul, ou aucun, selon que sa distance au centre est inférieure, égale ou supérieure au rayon.*

Soient O (*fig.* 117) le centre du cercle, r son rayon et $d = OP$, la distance de la droite considérée au point O.

1° $d < r$. Dans ce cas, on a aussi $d^2 < r^2$; par suite, si, sur la droite en question et à partir du pied P de sa distance au centre, on porte sur elle, dans les deux sens, les segments

$$PM_1 = PM_2 = \sqrt{r^2 - d^2},$$

on obtiendra deux points du cercle. Les deux triangles OPM_1, OPM_2, rectangles en P, donnent effectivement (**227**)

$$\overline{OM_1}^2 = \overline{OP}^2 + \overline{PM_1}^2 = d^2 + (r^2 - d^2) = r^2,$$

d'où $OM_1 = r$, puis, de même, $OM_2 = r$.

D'ailleurs, aucun autre point N de cette droite M_1M_2 ne peut appartenir encore au cercle; car sa distance au point P n'étant pas égale à PM_1 (ou PM_2), sa distance au centre n'est pas égale à OM_1 (ou OM_2), c'est-à-dire à r (**262**).

2° $d = r$. Le pied P (*fig.* 118) de la distance du centre à la droite appartient au cercle, parce que sa distance au centre est égale au rayon. Mais tout autre point N de la droite est plus éloigné du centre que celui-ci (**262**), et, par suite, ne peut se trouver sur le cercle.

La construction ci-dessus (1°) étant encore exécutable à la rigueur, on peut, chose parfois bien commode, considérer ce point d'intersection unique P comme *double*, c'est-à-dire résultant de la confusion des points M_1, M_2 qui, tout à l'heure, étaient distincts (*Cf.* **512**, *inf.*).

3° $d > r$. Un point quelconque de la droite, N' (*fig.* 118), n'appartient pas au cercle, parce que sa distance ON' au centre qui est supérieure à $OP' = d$, égale au moins, l'est à plus forte raison à r ($< d$).

Le cercle est ainsi une ligne courbe, puisqu'il ne peut avoir plus de deux points sur une droite quelconque.

500. Quand la distance OA d'un point au centre d'un cercle est inférieure au rayon, la distance OP d'une droite quelconque passant par ce point est inférieure à OA, égale au plus, partant toujours inférieure au rayon; car OA et OP sont l'hypoténuse et un côté de l'angle droit dans le triangle OPA, rectangle en P. Donc (**499**), les droites issues d'un pareil point A coupent toutes deux fois le cercle. Les points de cette espèce sont dits *intérieurs* au cercle ; tel est évidemment le centre.

Par les points dont la distance au centre surpasse le rayon, on peut, au contraire, mener des droites dont la distance au centre excède aussi le rayon, et qui, par suite, ne rencontrent pas le cercle. Les points de cette sorte sont dits *extérieurs* à la courbe.

Enfin, toute sécante, issue d'un point même du cercle (et non perpendiculaire sur le rayon, aboutissant à ce point), coupe le cercle en un second point symétrique du proposé par rapport au rayon perpendiculaire sur la sécante.

501. Nous avons vu incidemment (**499**), que les deux points d'intersection d'un cercle et d'une droite sont situés de part et d'autre, et à égales distances, du pied de la perpendiculaire abaissée du centre sur la sécante. Ce pied est donc le milieu de la *corde* (*Cf.* **455**) interceptée sur la sécante. Par conséquent, si des sécantes sont toutes parallèles entre elles, la perpendiculaire, abaissée du centre sur l'une, est aussi perpendiculaire à toutes les autres (**99**) et *contient ainsi les milieux de toutes les cordes découpées sur ces sécantes par le cercle.* Nous retrouvons par une autre voie, les symétries axiales du cercle, déjà constatées au n° **498**, II.

En thèse générale, quand une sécante mobile, mais de direction invariable donnée, coupe une ligne en des points toujours en nombre pair, qui, associés deux à deux, limitent des segments ayant un même point milieu, le lieu géométrique de ce point milieu se nomme le *diamètre* de la ligne, *conjugué* à la direction dont il s'agit. D'où ce théorème important :

Les diamètres du cercle sont des droites passant toutes par le centre et perpendiculaires aux cordes parallèles à la direction desquelles ils sont conjugués.

La *figure* 119 montre un cercle coupé par quelques sécantes parallèles AA', BB', CC' ; les milieux P, Q, R des cordes correspondantes sont tous sur la droite UTPOQRS qui leur est perpendiculaire et passe par le centre O.

Le diamètre considéré est à une distance du centre qui est nulle, partant inférieure au rayon ; il est donc coupé par le cercle en deux points distincts, limitant un segment ST que le centre O partage en deux parties OS, OT égales entre elles et au rayon. A l'intérieur de ce segment, sont donc les pieds ..., P, ... de toutes les sécantes dont les distances ..., OP, ... sont inférieures au rayon, dont, par suite, les intersections avec le cercle ..., (A, A'), ... existent et sont distinctes (**499**). Chacune des deux sécantes ayant pour pieds les extrémités S, T de ce segment coupe le cercle en deux points confondus. Les autres, dont les pieds ..., U, ... sont extérieurs au même segment, ne rencontrent pas le cercle, et ces pieds ne sont ainsi les milieux d'aucune corde. Ils jouissent toutefois d'autres propriétés les rendant assimilables aux points proprement dits du diamètre, permettant, à d'autres points de vue, de considérer les droites issues du centre, comme étant des diamètres dans toute leur étendue.

Deux diamètres mutuellement perpendiculaires, sont dits *conjugués*, parce que chacun d'eux est conjugué aux cordes parallèles à l'autre.

502. Par le même mot *diamètre*, on dénomme encore le segment ST défini ci-dessus (**501**) sur tout diamètre proprement dit. Dans ce sens, *un diamètre est toujours égal au double du rayon, et tous sont égaux entre eux.*

503. *Dans un cercle, le rayon r, la distance d d'une corde quelconque au centre et sa moitié l sont liés par la relation*

$$l^2 + d^2 = r^2.$$

Le milieu P (*fig.* 117) de la corde considérée M_1M_2, une des extrémités M_1 de celle-ci et le centre O du cercle, sont effectivement (**501**) les sommets d'un triangle OPM_1, qui est rectangle en P et donne $\overline{PM_1}^2 + \overline{OP}^2 = \overline{OM_1}^2$, c'est-à-dire la relation en question écrite avec d'autres notations.

504. Soient d', l' la distance au centre et la demi-longueur de toute autre corde ; on a, par ce qui précède,

$$l^2 + d^2 = l'^2 + d'^2 \;(= r^2) ;$$

Donc l' est $\lessgtr l$, selon que d' est $\gtrless d$. En d'autres termes, *deux cordes également éloignées du centre sont égales en longueur, et, de deux cordes quelconques, la moins éloignée du centre est la plus grande.*

De toutes les cordes imaginables, les moins éloignées du centre sont les diamètres, puisqu'ils contiennent ce point ; donc *la plus grande longueur des cordes d'un cercle est celle de ses diamètres*, fait qui rend la mesure du diamètre d'un cercle donné matériellement, beaucoup plus facile pratiquement que celle de son rayon.

Il en résulte qu'*un cercle est une figure limitée* (**289**), puisqu'ainsi la distance de deux quelconques de ses points demeure inférieure (ou égale) au double de son rayon.

505. *La distance* MP *(fig. 120) de tout point* M *d'un cercle à un diamètre quelconque* AB, *est moyenne proportionnelle (Cf.* **229**) *entre les segments* PA, PB *en lesquels son pied* P *le découpe.*

Le point P est intérieur à l'un des rayons OA, OB, au second par exemple, par suite au diamètre considéré, parce que OP est la distance au centre d'une droite coupant le cercle en M (**499**), et le triangle OPM, rectangle en P, donne immédiatement

$$\overline{MP}^2 = \overline{OM}^2 - \overline{OP}^2 = (OM + OP)(OM - OP)$$
$$= (OA + OP)(OB - OP) = PA \cdot PB,$$

ce qu'il fallait constater (*Cf.* **523**, *inf.*).

506. *Deux cordes* MA, MB *(fig.* 120) *joignant un même point* M *d'un cercle aux extrémités d'un même diamètre* AB, *sont conjuguées, c'est-à-dire parallèles à deux diamètres conjugués* (**501**), *par suite, perpendiculaires l'une à l'autre.*

Comme le centre O du cercle est le milieu du diamètre AB, la parallèle menée par lui à MB, l'une des cordes, trace sur l'autre MA son milieu aussi ∾ (**146**) ; elle se confond donc avec le diamètre conjugué à la direction MA, qui lui est perpendiculaire.

Réciproquement, *l'intersection* M *de deux droites menées par les extrémités d'un diamètre* AB *dans des directions conjuguées, c'est-à-dire perpendiculairement l'une sur l'autre, est toujours sur le cercle.*

Car la parallèle à BM par exemple, menée par le centre O, milieu du diamètre, coupe AM en son milieu ∾ aussi, et, comme elle lui est perpendiculaire, on a $OM = OA =$ le rayon du cercle (**254**), (*Cf.* **565**, *inf.*).

507. *Par trois points donnés quelconques, non situés en ligne droite, A, B, C* (*fig.* 121), *on peut toujours faire passer un cercle, mais un seul* (*Cf.* **519**, *inf.*).

Si un cercle de ce genre existe, il a pour diamètre chacune des droites élevées perpendiculairement aux côtés BC, CA, AB du triangle ABC par leurs milieux P, Q, R (**501**), et ces droites concourent en un même point qui est son centre. Or, c'est ce qui a lieu, car les segments AB, AC n'appartenant pas à une même droite, par hypothèse, leurs perpendiculaires en R, Q ne sont pas parallèles, se coupent, par suite, en un certain point O, et celui-ci appartient aussi à la perpendiculaire élevée en P sur le troisième côté BC, parce que l'on a $OA = OB$ et $OA = OC$, d'où $OB = OC$ (**254**).

Ce point de concours O étant unique, le cercle qui l'a pour centre avec la valeur commune des trois distances égales OA, OB, OC pour rayon, est celui dont parle l'énoncé, et aucun autre évidemment ne peut en remplir les conditions. (*Cf.* **570**, *inf.*)

Quand les trois points donnés sont sur une même droite, le cercle en question n'existe pas s'ils sont distincts, soit parce qu'un cercle ne peut avoir trois points sur une même droite (**499**), soit parce que les trois perpendiculaires considérées ci-dessus sont alors parallèles et ne se rencontrent pas.

Quand deux seulement coïncident, le cercle en question n'est assujetti, en réalité, qu'à la condition de passer par deux points distincts, A, B, par exemple, et il en existe une infinité de tels; ils ont pour centres les divers points de la perpendiculaire élevée sur AB en son milieu R, pour rayons les distances de chacun d'eux à A ou à B, qui sont toujours égales entre elles.

Quand A, B, C se confondent en un seul point A, tout cercle ayant pour centre un point quelconque du plan et pour rayon sa distance à A, passera par tous trois.

508. La propriété suivante du triangle est impliquée dans ce qui précède : *Les trois perpendiculaires élevées sur les côtés par leurs points milieux, concourent en un même point, centre du cercle circonscrit au triangle.*

On dit effectivement qu'une ligne est *circonscrite* à un polygone, quand celui-ci y est inscrit (**457**).

509. *Un cercle variable qui passe par deux points fixes A, B* (*fig.* 122) *et dont le rayon augmente indéfiniment, a pour position-limite* (**445**) *la droite AB déterminée par ces deux points.*

I. Le centre *o* de ce cercle se meut forcément sur la perpendiculaire élevée au segment AB par son milieu ω (**254**), et il s'éloigne indéfiniment de AB à cause de $\overline{\omega o}^2 = \overline{Ao}^2 - \overline{\omega A}^2$, et de ce que ωA est une constante, tandis que Ao, rayon du cercle, est une quantité infinie par hypothèse.

Soient maintenant M un point fixe de la droite AB, extérieur au segment AB pour fixer les idées, et m celle des deux extrémités du diamètre du cercle mené par ce point, qui tombe du même côté que lui par rapport au centre o. Comme o se meut sur une perpendiculaire à la droite MA, la différence

$$\overline{Mo}^2 - \overline{Ao}^2 = (Mo - Ao)(Mo + Ao)$$

se réduit à quelque constante k (*Ibid.*), d'où

$$Mm = Mo - mo = Mo - Ao = \frac{k}{Mo + Ao},$$

et Mm est une quantité infiniment petite parce que, dans le dénominateur de cette expression, Mo est évidemment infinie comme Ao (**441**). Le point fixe M est donc la position-limite de quelque point m appartenant au cercle.

II. Soit maintenant n un point du cercle qui aurait pour position-limite un point fixe N, étranger à la droite AB. On constatera sans difficulté que la droite mobile Bn aurait BN pour position-limite, puisque sa perpendiculaire élevée en p, milieu de Bn, aurait pour position-limite celle élevée sur BN en son milieu P, et enfin que le centre o du cercle, trace mobile de la première perpendiculaire sur celle en ω au segment AB, se rapprocherait indéfiniment de O, trace fixe de la seconde, au lieu de s'éloigner indéfiniment. Donc il est impossible que N ne soit pas sur la droite AB, ce qui achève notre démonstration.

On prouverait de la même manière, et même plus facilement, qu'*un cercle variable de rayon infini, a une droite fixe pour position-limite, quand, au lieu de la couper en deux points fixes, il lui demeure tangent en un point fixe* (**510**, *inf.*).

Ces propositions révèlent entre le cercle et la droite, une certaine analogie qui permet d'élargir plus d'un aperçu. Par exemple, quand les trois points A, B, C du n° **507** sont en ligne droite, on pourrait considérer celle-ci comme une dégénérescence du cercle remplissant les conditions de l'énoncé, dire en même temps que le cercle vu ainsi en elle, a son centre *à l'infini*, dans la direction commune des trois perpendiculaires, ce mot *infini* remplaçant, dans le langage, le point de concours de ces trois droites qui a disparu (**448**).

Tangente.

510. *Un cercle n'a aucun point singulier* (**449**), *et sa tangente en un quelconque de ses points* M (*fig.* 123) *est la perpendiculaire* MT *élevée en* M (*dans le plan du cercle*), *sur le rayon* OM *aboutissant au point de contact* (**450**).

La première partie de cet énoncé est au-dessus de nos

moyens. La deuxième résulte de ce que la droite OM est toujours un axe de symétrie du cercle (**498**, II), (**474**, IV) qui, en outre, est une courbe plane (**451**).

On remarquera qu'ainsi, *la tangente est parallèle aux cordes dont la direction est conjuguée au diamètre passant par son point de contact* (**501**).

Si le cercle était nul, se réduisant à son centre O (**497**), il n'aurait point de tangente déterminée, ou bien encore on pourrait le considérer comme possédant à ce titre, toute droite issue de O. Dans ce cas exceptionnel, son point unique O doit être considéré comme singulier.

511. Comme il s'agit ici d'une courbe *particulière* très simple, nous pouvons démontrer, pour sa tangente, la propriété générale du n° **450**, sur laquelle la proposition précédente est indirectement appuyée.

Soient m' (*fig.* 123) un point mobile du cercle, se rapprochant indéfiniment de M, et ϖ' le pied de la perpendiculaire abaissée du centre O sur la corde Mm' pivotant autour de M. Le triangle MOm' étant isoscèle à cause de $Om' = OM = r$ rayon du cercle, on a $\varpi'm' = \varpi'M$, $\varpi'Om' = \varpi'OM = MOm' : 2$ (**238**), et, en outre, dans le triangle $O\varpi'M$, rectangle en ϖ', $\sin \varpi'OM = \varpi'M : OM$, c'est-à-dire, par ce qui précède,

$$\sin \frac{1}{2} MOm' = \frac{Mm'}{2r}.$$

On en conclut que ce sinus variable est une quantité infiniment petite, puisqu'il en est ainsi, par hypothèse, pour la corde Mm', et que, $2r$ est invariable. Son angle $MOm' : 2$, ainsi que MOm' double de celui-ci, sont donc infiniment petits tous deux (**443** bis, I), et si m'' est un autre point du cercle infiniment voisin de M, l'angle MOm'' est infiniment petit pour des causes semblables.

Soit maintenant ϖ le pied de la perpendiculaire abaissée du centre O sur la corde $m'm''$, et supposons, pour fixer les idées, que les demi-droites Om', Om'' sont placées d'un même côté de OM, que l'angle MOm' est plus petit que MOm''. L'angle $m'Om''$ est alors l'excès de MOm'' sur MOm', par suite infiniment petit comme ceux-ci le sont tous deux, et l'angle $\varpi Om'$, moitié de $m'Om''$ parce que le triangle $m'Om''$ est isoscèle, est encore infiniment petit. Le triangle $O\varpi m'$, rectangle en ϖ, donnant

$$O\varpi = Om' \cos \varpi Om' = r \cos \varpi Om',$$

on a $\lim O\varpi = r$, parce que $\lim \cos \varpi Om' = 1$ (*Ibid.*).

On a en outre

$$MO\varpi = MOm' + m'O\varpi = MOm' + \frac{MOm'' - MOm'}{2} = \frac{MOm' + MOm''}{2},$$

moyennant quoi, cet angle $MO\varpi$ est infiniment petit encore, comme ceux dont il est ainsi la demi-somme.

A partir du moment où le même angle $MO\varpi$ demeure plus petit que l'angle droit, la demi-droite mobile $\varpi m'$ rencontre sans cesse la demi-droite fixe OM en un certain point m mobile sur cette dernière, parce que ces demi-droites sont d'un même côté de Oω, faisant avec elle des angles $m'\omega O'$ (= 1 dr.), MOω, dont la somme est inférieure à l'angle neutre (deux droits) (**216** *ter*). De l'existence du triangle Oωm rectangle en ω, on conclut

$$Om\omega = 1 \text{ dr.} - \text{MO}\omega,$$

$$Om = \frac{O\omega}{\cos \text{MO}\omega},$$

d'où lim $Om\omega = 1$ dr., parce que lim MO$\omega = 0$, et lim $Om = r =$ OM, à cause de lim O$\omega = r$, comme on l'a vu ci-dessus, et de lim cos MO$\omega = 1$, parce que lim MO$\omega = 0$ (**443** *bis*, I).

Ainsi donc, la sécante mobile $m'm'$ coupe la droite fixe OM en un point m ayant M pour position-limite, et fait avec elle un angle variable ayant l'angle droit pour limite. Elle a donc pour position-limite la droite MT qui passe par M et y fait avec elle un angle droit, puisque ces deux conditions sont de nature à déterminer entièrement la position d'une droite (**446**, II).

Raisonnement presque identique, dans l'autre cas où les demi-droites Om', Om' tombent de part et d'autre de OM.

512. De cette propriété fondamentale, il résulte que *les tangentes à un même cercle sont à des distances du centre toutes égales au rayon*, et, par suite, que *sur une même tangente, tout point, sauf celui de contact, est extérieur au cercle,* puisque sa distance au centre excède celle de la tangente (**262**), c'est-à-dire le rayon.

Les tangentes se confondent ainsi avec ces droites remarquables, dont chacune ne rencontre le cercle qu'en un seul point (**499**, 2°).

On notera encore, que, *pour obtenir le point de contact de toute tangente donnée, il suffit de prendre le pied de la perpendiculaire abaissée du centre sur elle.*

513. *Par un point* I (fig. 124) *extérieur à un cercle, on peut lui mener deux tangentes, mais aucune par un point intérieur.*

La dernière partie de l'énoncé est évidente, car une tangente quelconque ne peut passer par aucun point intérieur (**512**).

Supposons maintenant, qu'il existe quelque tangente MI passant par le point I, et soient r le rayon du cercle, P le pied de la perpendiculaire abaissée de M sur le diamètre OI. La tangente MI en M étant perpendiculaire sur le rayon OM allant au point de contact, le triangle OMI est rectangle en M et donne $\overline{OM}^2 = r^2 = OI \cdot OP$ (**228**), ou bien

(1) $$OP = \frac{r^2}{OI},$$

et le pied P est ainsi à une distance du centre égale à la troisième proportionnelle aux segments connus r, OI (**156**).

Réciproquement, si l'on prend OP égal à cette troisième proportionnelle, on aura OP $<r$, à cause de la relation (1) pouvant s'écrire

(2) $$OP = r \cdot \frac{r}{OI}$$

et de $r <$ OI, et la perpendiculaire élevée en P sur OI coupera certainement le cercle en deux points distincts M, N (**499**, 1º). Cela posé, les droites IM, IN seront tangentes au cercle en M, N ; car, à cause de leur angle commun en O et de la relation (2), pouvant s'écrire

$$\frac{OP}{OM} = \frac{OM}{OI},$$

entre les paires de côtés qui comprennent cet angle dans l'un et dans l'autre, les triangles OPM, OMI sont équiangles, d'où OMI = OPM = 1 dr. La droite IM, passant par le point M du cercle où elle est perpendiculaire au rayon, est donc sa tangente en ce point (**510**) ; et de même pour l'autre droite IN.

Le même raisonnement montre d'une autre manière, l'impossibilité de l'existence d'une tangente dans le cas où le point donné I est intérieur au cercle ; car alors OI est $<r$, d'où OP $> r$ (2), et la perpendiculaire élevée en P sur OI ne rencontre pas le cercle (**499**, 3º).

Quand I est sur le cercle, la tangente en ce point remplit les conditions de l'énoncé. Mais comme alors, et à cause de OI $= r$, d'où OP $= r^2 : r = r$, la perpendiculaire en P coupe le cercle suivant deux points confondus en P (en I tout aussi bien), cette tangente est la seule passant par I, et on peut encore la considérer comme *double*, c'est-à-dire résultant de la confusion des tangentes IM, IN, qui sont distinctes quand I est à l'extérieur du cercle (**499**, 2º).

514. Comme le segment MN (*fig.* 124), dit *corde des contacts*, est perpendiculaire sur le diamètre OI (**513**), son pied P est son milieu en même temps, d'où résulte immédiatement, par rapport à l'axe OI, la symétrie des points M, N, puis celle des triangles OMI, ONI.

On en conclut que *les longueurs IM, IN des tangentes issues de I, sont égales entre elles, et que le diamètre OI conjugué à la direction de la corde des contacts est la bissectrice des angles MIN, MON formés tant par ces tangentes, que par les rayons allant à leurs points de contact.*

Parce qu'il est rectangle en M, le triangle OMI donne, pour le carré de la longueur commune des tangentes issues de I (**227**),

$$\overline{IM}^2 = \overline{OI}^2 - \overline{OM}^2 = \overline{OI}^2 - r^2,$$

excès du carré de la distance du point I au centre, sur celui du rayon.

515. Le tracé d'une tangente au cercle, assujettie à passer par un point extérieur I (*fig.* 124), revient ainsi à la construction d'une certaine droite auxiliaire, savoir la perpendiculaire en P sur le diamètre OI, qui dépend elle-même de celle d'une troisième proportionnelle (**513**), puis à la recherche de ses intersections avec le cercle (**499**). Cette droite *qui existe toujours*, même quand le point donné est à l'intérieur du cercle ou sur lui, cas où elle se confond avec la tangente, jouit des propriétés les plus remarquables (**530**, *inf.*); on la nomme la *polaire* du point donné *par rapport* au cercle, et ce point I est son *pôle*. Quand un point est extérieur au cercle, sa polaire est donc la corde des contacts des tangentes issues de lui.

On retiendra que *la polaire d'un point est perpendiculaire au diamètre passant par ce point, et que le produit des distances au centre, de cette droite et de son pôle, est toujours égal au carré du rayon.*

516. Le problème traité au n° **513** est susceptible d'une autre solution pratiquement plus simple, mais théoriquement moins bonne, parce qu'elle fait intervenir un autre cercle, là où une simple droite suffit.

Puisque les angles OMI, ONI (*fig.* 124) sont droits, les points M, N appartiennent tous deux au cercle décrit sur OI comme diamètre (**506**). Pour obtenir les points de contact des tangentes menées au cercle par le point I, il suffit donc de chercher ceux où il est coupé par ce cercle auxiliaire (**587**, *inf.*).

517. *Parallèlement à toute droite donnée* KK' (*fig.* 119), *on peut mener deux tangentes à un cercle.*

Ces tangentes sont celles évidemment, qui ont pour points de contact les traces S, T du cercle, sur le diamètre OU perpendiculaire à la droite donnée.

Le diamètre perpendiculaire à une direction est ainsi la corde de contact des tangentes parallèles à celle-ci, et il joue, dans cette question, le rôle de la droite auxiliaire MPN que nous avons rencontrée au n° **513**.

Le diamètre JJ' parallèle à la même direction, c'est-à-dire conjugué à la direction de la corde des contacts ST, est ici, comme la droite OI du lieu cité, l'axe de symétrie de la figure constituée par les mêmes tangentes et leurs points de contact, la bissectrice encore, tant de la bande limitée par les tangentes, que de l'angle SOT (neutre) compris entre les rayons OS, OT qui aboutissent à ces derniers.

518. De la symétrie constante par rapport à son diamètre conjugué, d'une corde et des tangentes en ses extrémités (**514**), (**517**), il résulte que ces tangentes font des angles égaux avec cette corde, c'est-à-dire qu'*une sécante quelconque coupe toujours un cercle sous deux angles égaux* (**456**).

519. *Par deux points donnés* A, B (*fig.* 125), *et tangentiellement en l'un d'eux* B, *à une droite donnée* BT *passant par ce point mais ne contenant pas l'autre, on peut toujours faire passer un cercle et un seul.*

Il est évident que le cercle en question a pour centre l'intersection O des deux droites non parallèles, obtenues en élevant des perpendiculaires sur le segment AB en son milieu et sur la droite BT au point donné B (**507**), (**510**), son rayon étant, d'autre part, la valeur commune des distances OA, OB. Quand l'angle ABT est droit, ces deux perpendiculaires se confondent, et le centre O du cercle cherché est le milieu du segment AB. (On constaterait sans difficulté, que ce cercle est la position-limite de celui du n° 507, quand les points A, B restant fixes, le troisième C se rapproche indéfiniment du second B sur une droite fixe, telle que BT.)

Quand la droite T passe par A, le cercle considéré n'existe pas, soit parce qu'une tangente ne peut avoir que son point de contact sur le cercle, soit parce que les perpendiculaires dont l'intersection fournit le centre, sont alors parallèles. Ou bien (**509**), on pourrait dire qu'il dégénère en la droite AB.

Quand A, B se confondent, tout cercle ayant pour centre un point O de la perpendiculaire en B sur la droite BT, avec OB pour rayon, satisfait évidemment aux conditions de l'énoncé.

520. *Construire un cercle qui soit tangent à trois droites données.*

Le cas le plus étendu et le plus intéressant est celui où, prises deux à deux, ces trois droites se coupent en des points tous trois distincts, constituant ainsi les sommets d'un triangle (déchevêtré) ABC (*fig.* 126).

Comme le centre d'un cercle tangent à deux droites concourantes (distinctes) se trouve sur la bissectrice de l'un de leurs angles, soit parce qu'il est équidistant de l'une et de l'autre (**264**), soit parce que nous l'avons reconnu explicitement au n° 514, celui du cercle cherché ne peut être qu'un point de concours de bissectrices d'angles intérieurs ou extérieurs du triangle ABC ayant leurs sommets aux trois points A, B, C respectivement. Comme, d'autre part, tout point équidistant de deux droites $\mathcal{D}$, $\mathcal{E}$ et, en même temps, de l'une d'elles $\mathcal{D}$ et d'une troisième $\mathcal{F}$, l'est évidemment des deux dernières $\mathcal{E}$, $\mathcal{F}$ (*Cf.* **507**), deux des bissectrices en question ne peuvent se couper autre part que sur une troisième. Il en résulte qu'on obtiendra un point pouvant être le centre d'un cercle satisfaisant aux conditions de l'énoncé, en prenant, quand elle existe, l'intersection des bissectrices de deux pareils angles quelconques seulement, puis, qu'on trouvera effectivement un tel cercle en lui donnant pour centre ce point (**264**), pour rayon sa distance, alors uniforme, aux trois côtés du triangle (**512**). Il ne reste plus ainsi, qu'à discuter l'intersection des bissectrices d'angles intérieurs ou extérieurs, ayant leurs sommets en B, C par exemple.

Les demi-bissectrices Bb_i, Cc_i des angles intérieurs B, C, qui sont placées dans le demi-plan $\overline{BCA}$, se rencontrent en un point O qui est intérieur au triangle, situé, par suite, sur la bissectrice Aa_i de l'angle intérieur en A.

Car la somme $\dfrac{B+C}{2}$ des angles CBb_i, BCc_i qu'elles forment avec les demi-droites BC, CB respectivement, est inférieure à l'angle neutre (deux droits), puisque $B + C = 2$ dr. $-$ A (**211**) est déjà telle (**216** *ter*). Ce point O est intérieur au triangle, parce qu'il l'est à chacun des angles B, C dont la région commune est évidemment l'intérieur du triangle.

Les demi-bissectrices Bb_e, Cc_e des angles extérieurs de sommets B, C, qui sont placées dans le demi-plan opposé au précédent, se rencontrent en un point O_1 qui est intérieur à l'angle A, situé, par suite, sur la bissectrice intérieure Aa_i, mais extérieur au triangle.

Car la somme des angles $\dfrac{2\,\text{dr.} - B}{2} + \dfrac{2\,\text{dr.} - C}{2} = 2\,\text{dr.} - \dfrac{B+C}{2}$ qu'elles font avec BC, CB est encore inférieure à l'angle neutre. Le point O_1 est intérieur à l'angle A, parce qu'il est situé à la fois dans les demi-plans $\overline{ABC}$, $\overline{ACB}$ dont la région commune définit l'intérieur de cet angle; mais il est extérieur au triangle, parce qu'il appartient au demi-plan opposé à $\overline{BCA}$, contenant tout l'intérieur du triangle.

Les demi-bissectrices Bb_i, Cc_e des angles de sommets B, C, l'un intérieur, l'autre extérieur, qui sont dirigées dans le demi-plan $\overline{BCA}$, se coupent en un point O_2 intérieur à l'angle B, mais extérieur au triangle, situé par suite sur la bissectrice extérieure Aa_e. Car la somme des angles à considérer ici est $\dfrac{B}{2} + \dfrac{C}{2} + 1\,\text{dr.}$

$= 1\,\text{dr.} + \dfrac{B+C}{2} = 1\,\text{dr.} + \dfrac{2\,\text{dr.} - A}{2} = 2\,\text{dr.} - \dfrac{A}{2} < 2\,\text{dr.}$ Le point O_2 est extérieur au triangle, parce qu'il est situé sur une bissectrice extérieure.

On reconnaît de la même manière, que les bissectrices Bb_e, Cc_i se coupent en un point O_3 intérieur à l'angle C, mais extérieur au triangle, situé sur la bissectrice Aa_e.

Les quatre cercles de centres O, O_1, O_2, O_3 et de rayons égaux à leurs distances uniformes aux côtés du triangle, sont les quatre solutions possibles du problème. Comme la moitié d'un angle saillant est forcément aiguë, on constatera immédiatement (213) que les points de contact du premier avec les droites données sont situés tous trois sur les côtés mêmes du triangle ABC, tandis que, pour les trois autres, les contacts sont placés 1. sur un côté, 2 sur des prolongements des deux autres. Le premier cercle est *inscrit*, les trois derniers sont *exinscrits* dans le triangle qui, lui, est dit *circonscrit* à chacun de ces quatre cercles.

Nous devons laisser au lecteur le soin d'examiner ce qui se passe pour les autres dispositions possibles des trois droites données.

Quand deux d'entre elles sont distinctes et parallèles entre elles, mais non à la troisième, il n'y a rien pour remplacer la bissectrice de l'angle extérieur qu'elles formeraient autrement, et, à celle de l'angle intérieur, se substitue la bissectrice de la bande dont elles sont les côtés. Les solutions se réduisent à deux cercles inscrits dans cette bande, ayant, par suite, des rayons égaux. Quand elles sont concourantes et distinctes, leur point de concours, considéré comme un cercle de rayon nul (497), fournirait à la rigueur une solution dégénérée quadruple...

521. La solution du cas principal traité ci-dessus, se résume dans cet énoncé qui formule une propriété intéressante du triangle.

Les trois bissectrices de ses angles intérieurs concourent au centre du cercle inscrit ; celles des angles extérieurs en deux sommets et de l'angle intérieur au troisième, concourent encore, mais au centre d'un cercle exinscrit.

Puissance d'un point par rapport à un cercle.

522. *Un point* K, *intérieur ou extérieur à un cercle, est, en même temps, intérieur ou extérieur à toute corde* M'M" *dont la droite passe par lui ; et réciproquement.*

Pour un point intérieur K_i (fig. 127), on a, par définition (500), $OK_i < OM'$ rayon du cercle, et pareillement $OK_i < OM''$; d'où (262) $\varpi K_i < \varpi M'$, $\varpi K_i < \varpi M''$, ϖ étant le pied de la perpendiculaire à M'M", issue de O ; K_i est donc intérieur à la corde aussi, puisque ϖ est le milieu de celle-ci (501). Raisonnement tout semblable pour un point extérieur et pour les réciproques.

523. *Quand plusieurs droites issues d'un même point* K *(fig. 127) rencontrent une circonférence, le produit* KM'.KM" *des deux*

270   PRINCIPES DE LA THÉORIE DU CERCLE.

segments limités par les traces de chacune et le point en question, offre la même valeur pour toutes.

Et, en représentant par r le rayon du cercle, par d la distance de son centre au point K, on a, pour un point intérieur K_i,

$$K_iM'.K_iM'' = r^2 - d^2,$$

carré de la demi-corde menée par K_i perpendiculairement au diamètre OK_i (503); *on a, pour un point extérieur K_e,*

$$K_eM'.K_eM'' = d^2 - r^2,$$

carré de la longueur commune des tangentes issues de ce point (514), *et, naturellement, pour un point K de la circonférence,*

$$KM'.KM'' = 0,$$

puisque l'un de ces segments, au moins, s'évanouit.

Soit ω le milieu du segment $M'M''$, pied de la perpendiculaire abaissée du centre O sur lui.

Pour un point intérieur K_i, on a

$$K_iM'.K_iM'' = (\omega M' + \omega K_i)(\omega M'' - \omega K_i) = (\omega M' + \omega K_i)(\omega M' - \omega K_i)$$
$$= \overline{\omega M'}^2 - \overline{\omega K_i}^2 = \overline{\omega M'}^2 - (\overline{OK_i}^2 - \overline{O\omega}^2) = (\overline{\omega M'}^2 + \overline{\omega O}^2) - \overline{OK_i}^2 = r^2 - d^2,$$

parce que les deux triangles $O\omega K_i$, $O\omega M'$ sont rectangles en ω, ayant d, r pour hypoténuses, et cette expression est bien la même pour toutes les sécantes.

Pour un point extérieur K_e, on a

$$K_eM'.K_eM' = (\omega K_e + \omega M')(\omega K_e - \omega M') = d^2 - r^2,$$

comme le montrera la fin du raisonnement précédent. Ce produit de segments est encore le carré de la longueur de la tangente K_eM, parce que l'on a $\omega M' = \omega M'' = 0$ et $K_eM' = K_eM'' = K_eM$, quand il s'agit d'une tangente issue de K_e.

Ce théorème fondamental comprend évidemment celui du n° 505, comme cas particulier très restreint. La tradition classique l'appuie sur les propriétés des angles *inscrits* (550, *inf.*), mais la démonstration précédente nous paraît préférable, parce qu'elle met en jeu des principes différents en nombre moindre, et, d'autre part encore, parce que c'est à la considération des segments rectilignes, que toutes les relations numériques de la Géométrie se rattachent le plus directement.

524. Le même théorème fournit un moyen des plus précieux pour reconnaître si quatre points donnés A, J, B, I (*fig.* 128) (dont trois quelconques ne sont pas en ligne droite) sont sur un même cercle, ou bien, comme on le dit souvent, si le quadrilatère AJBI est *inscriptible* (dans quelque cercle).

Quand la droite AJ de deux de ces points rencontre celle BI

des deux autres en quelque point K, *la condition évidemment nécessaire, mais suffisante aussi, est que* K *soit intérieur ou extérieur aux deux segments* AJ, BI *à la fois* **(522)**, *et que l'on ait l'égalité*

$$KA.KJ = KB.KI.$$

Car, en appelant I' la trace sur BI, du cercle passant par A, J, B **(507)**, I' sera extérieur au segment BK dans la première hypothèse, et l'on aura

$$KA.KJ = KB.KI' \qquad \textbf{(523)},$$

moyennant quoi, les segments KI, KI', déjà de directions identiques, seront égaux en longueur, et I se confondra avec I'. Même raisonnement dans l'autre hypothèse.

Quand les cordes AJ, BI sont parallèles, la condition est que *la droite unissant leurs milieux soit perpendiculaire à toutes deux*; il faut effectivement que cette droite soit le diamètre conjugué à leur direction **(501)**, et cela suffit évidemment. La figure formée par les quatre points considérés, admet alors un axe de symétrie.

525. Etant donnés trois points A, B, C non en ligne droite, et une droite AT passant par le premier, mais ne contenant aucun des deux autres, on trouvera de la même manière, la condition requise pour qu'une circonférence puisse passer par ces points et avoir, en même temps, la droite AT pour tangente en A.

Quand AT *rencontre* BC *en quelque point* K, *il faut que celui-ci soit extérieur au segment* BC *et que l'on ait* $\overline{KA}^2 = KB.KC$ **(523)**.

Quand AT est parallèle à BC, la condition est que *toutes deux soient perpendiculaires à la droite joignant* A *au milieu de* BC **(501)**, **(510)**, c'est-à-dire encore, que la figure formée par les points et la droite donnés admette un axe de symétrie.

On peut assimiler ces cas aux précédents **(524)**, en regardant les quatre droites AB, BC, CA, AT comme formant un quadrilatère ABCAA, dont deux sommets se confondent en A, constituant les extrémités d'un côté de longueur nulle, mais de direction conventionnelle AT.

526. *Construire un cercle qui passe par deux points donnés* A, B *(fig. 129) et soit tangent à une droite donnée* T *ne contenant ni* A, *ni* B (*Cf.* **519**).

1º Quand la droite donnée T rencontre la droite AB en quelque point K, le problème est impossible si K est intérieur au segment AB; car ce point serait intérieur au cercle si celui-ci existait **(522)**, alors qu'aucune tangente à un cercle ne peut passer par un point intérieur.

Si K est extérieur à AB, soit t le point de contact du cercle cherché avec sa tangente T. La relation

(1) $$\overline{Kt}^2 = KA.KB \qquad (523)$$

donne $Kt = \sqrt{KA.KB}$, longueur maintenant connue que l'on portera sur la droite T pour avoir le point t. Les trois points A, B, t qui ne sont pas en ligne droite, déterminent un cercle (507) qui sera bien tangent en t à T, à cause de la relation (1) (525).

La même longueur Kt pouvant être encore portée en Kt' dans la direction opposée, une seconde solution est fournie par un cercle tangent en t', et il n'en a évidemment pas d'autre.

Le segment Kt, *moyenne proportionnelle entre* KA *et* KB, peut être obtenu par une construction géométrique que nous indiquerons plus tard (593, *inf.*).

2° Quand la droite donnée T (*fig.* 119) est parallèle à la droite qui joint les points donnés A, A', son point de contact sera évidemment son intersection avec la perpendiculaire PU, élevée sur le segment AA' en son point milieu P (525). Alors il y a toujours une solution, mais la seconde a disparu.

527. *Construire un cercle qui passe par un point donné* A, *et soit tangent à deux droites (distinctes) données* T, U *ne s'y coupant pas*.

Dans un cercle, une corde quelconque M'M'' (*fig.* 127) ne pouvant couper une tangente en un point M distinct de M', M'', sans que l'intersection K_e soit extérieure au cercle (512), à cette corde par suite (522), les directions K_eM', K_eM'' sont forcément identiques. En conséquence (25), tous les points du cercle (sauf M), son centre évidemment aussi, sont situés à la fois dans l'un ou dans l'autre des demi-plans opposés ayant une tangente pour arête commune.

Si donc le cercle cherché existe, ses points et son centre ne peuvent se trouver que dans la région du plan commune aux deux demi-plans TA, UA.

1° Quand les droites données se coupent en quelque point I (*fig.* 129), cette région commune est l'intérieur de celui de leurs quatre angles saillants auquel le point donné A est intérieur (159, I), s'il n'appartient pas à l'une des droites; et la bissectrice IJ de cet angle fournira immédiatement un diamètre du cercle cherché (514). On en trouvera un second point en prenant le symétrique B de A, par rapport à ce diamètre. Ce point B se trouvant comme A à l'intérieur de l'angle, le segment AB sera coupé extérieurement par chacun de ses côtés IT, IU ; par ses extrémités A, B, on pourra donc faire passer deux circonférences tangentes à l'une des droites données (526, 1°), et ces

CERCLES DÉT. PAR DEUX POINTS ET UNE TANGENTE, ETC. 273

cercles seront tangents aussi à l'autre, à cause de la symétrie de toute la figure par rapport à la droite IJ. Il n'y a évidemment aucune autre solution.

2° Quand A est sur l'une des droites T, U, ses symétriques B_1, B_2, par rapport aux deux bissectrices des angles jumeaux compris entre elles, seront évidemment les points de contact avec l'autre droite, de deux cercles répondant à la question (**519**).

3° Quand les droites données T, U sont parallèles, et le point donné A intérieur à leur bande, on procédera exactement comme ci-dessus (1°) en remplaçant seulement la bissectrice de l'angle par celle de la bande (**265**), et on trouvera encore pour solutions, deux cercles de rayons alors égaux. La solution serait unique, si A était sur l'une des droites données.

Si ce point est extérieur à la bande, le problème est impossible, parce que la région commune aux deux demi-plans TA, UA est extérieure à la bande, intérieurement à laquelle le centre du cercle demandé (**501**) et tous ses points, par suite, devraient au contraire se trouver.

Vu de plus haut, ce problème aurait jusqu'à quatre solutions, dont deux *imaginaires* dans le cas 1°, deux *doubles* dans le cas 2°...

528. Le produit de segments dont nous avons constaté l'invariabilité au n° **523**, sur une sécante mobile issue d'un même point K, joue un très grand rôle dans la théorie du cercle, et se nomme la *puissance* de ce point par rapport à la circonférence considérée.

En vertu des conventions expliquées au n° **135**, III, les signes de ces segments qui ont toujours l'extrémité commune K, sont contraires ou identiques, selon que ce point est intérieur ou extérieur à la circonférence (**522**); moyennant quoi, la puissance de ce point est négative dans le premier cas, positive dans le second, ayant pour expression uniforme $d^2 - r^2$, nulle évidemment quand K est sur le cercle.

Propriété harmonique de la polaire d'un point.

529. La considération du pôle et de la polaire (**515**) est capitale dans les parties élevées de la théorie du cercle, et nous devons exposer au moins leur propriété la plus importante.

On dit que deux points P, Q (*fig.* 130) partagent *harmoniquement* un segment donné AB, quand ils le divisent, l'un extérieurement, l'autre intérieurement, dans un même rapport donné quelconque non $= 1$ (**133**), c'est-à-dire quand on a la proportion

(1) $$\frac{PA}{PB} = \frac{QA}{QB}.$$

Voici des observations essentielles à ce sujet :

1° Inversement, les points A, B partagent harmoniquement le segment

PQ, car ils lui sont évidemment, l'un intérieur, l'autre extérieur, et la proportion précédente peut s'écrire aussi : AP : AQ = BP : BQ.

La réciprocité existant ainsi entre les couples de points (A, B), (P, Q), a fait nommer *rapport harmonique* leur disposition relative sur la droite qui les contient tous, et mutuellement *conjugués*, ceux d'une même paire.

2° La recherche du conjugué harmonique Q d'un point donné P, par rapport à deux autres A, B (en ligne droite avec lui), revient à celle du point qui divise le segment AB dans un rapport égal à PA : PB (**157**), mais d'une manière différente. Seulement, il faut que PA : PB ne soit pas = 1, c'est-à-dire que P ne soit pas au milieu de AB, car la division extérieure d'un segment dans le rapport 1 n'est pas possible.

Quand P se trouve en l'un des points A, B, son conjugué s'y trouve évidemment aussi, et se confond par suite avec lui.

3° En rapportant tous les points au seul P extérieur au segment de la paire de points conjugués à laquelle il n'appartient pas, la proportion (1) s'écrit

$$\frac{PA}{PB} = \frac{PQ - PA}{PB - PQ},$$

d'où, en chassant les dénominateurs,

(2) $\qquad (PA + PB)PQ = 2PA.PB,$

puis, par une transformation évidente,

(3) $\qquad \dfrac{2}{PQ} = \dfrac{1}{PA} + \dfrac{1}{PB}.$

En substituant à P dans cette opération, son conjugué Q intérieur au segment AB, on trouverait de la même manière

$$(QB - QA)QP = 2QA.QB,$$

ou bien,

(4) $\qquad \dfrac{2}{QP} = \dfrac{1}{QA} - \dfrac{1}{QB}.$

Le type des relations (3), (4) a une grande importance, par l'extension à des groupes quelconques de points en ligne droite, dont il est susceptible.

4° Le milieu O d'un segment AB limité par une paire de points conjugués, est nécessairement extérieur à celui PQ, que découpent ceux de l'autre paire. Car si de ceux-ci, P est l'extérieur à AB, et s'il tombe sur la demi-droite OA, on a PA < PB, d'où QA < QB à cause de la relation (1); moyennant quoi Q, intérieur à AB, tombe entre O et A, par suite sur la même demi-droite OA.

Cela posé, si l'on rapporte maintenant les quatre points à O, on trouvera

(5) $\qquad \overline{OA}^2 = \overline{OB}^2 = OP.OQ.$

Car en supposant toujours P extérieur à AB, la relation (2) prend la forme

$$2OP(OP - OQ) = 2(OP - OA)(OP + OB)$$

que son développement et l'égalité $OA = OB$ ramènent immédiatement à (5).

Ce type est extrêmement utile aussi.

5° Les calculs inverses des précédents montrent sans difficulté, que quatre points (A, B), (P, Q) sont en rapport harmonique, si, offrant la disposition topographique voulue, ils donnent lieu à quelqu'une des relations (2), (3), (4), (5).

530. *Quand une droite issue d'un point* I *(fig.* 131) *rencontre un cercle en* M', M", *sa trace* m *sur la polaire de ce point par rapport à la circonférence, est le conjugué harmonique du même point par rapport à* M', M".

Soient P le pied de la polaire sur le diamètre OI qui lui est perpendiculaire, donnant la relation

$$OI.OP = r^2$$

carré du rayon du cercle (**515**), et ω le milieu de la corde M'M", pied de la perpendiculaire abaissée du centre O sur elle. Les triangles IPm, IωO, rectangles en P, ω, avec leurs angles en I identiques, sont équiangles (**231**), d'où la proportion $IP : I\omega = Im : IO$, équivalant à

(6) $\qquad Im.I\omega = IP.IO.$

Mais on a $IP = OI - OP = OI - r^2 : OI$, d'où

$$IP.IO = \left(OI - \frac{r^2}{OI}\right).OI = \overline{OI}^2 - r^2 = IM'.IM" \qquad (523).$$

D'autre part, on a évidemment $I\omega = (IM' + IM") : 2$. La relation (6) peut donc être mise sous la forme

$$(IM' + IM")Im = 2IM'.IM"$$

montrant bien (**529**, 5°, 3°) que m est le conjugué harmonique de I par rapport à M', M".

D'après cela, il est évident que *la polaire d'un point est le lieu de ses conjugués harmoniques par rapport aux traces sur la circonférence, des sécantes issues de ce point.* Quand le point donné est extérieur, il faut toutefois exclure les régions de la polaire qui sont extérieurs au cercle, car il est facile de s'assurer que les sécantes rencontrant ces régions ne coupent pas le cercle.

531. Sous le bénéfice des conventions du n° **135**, III, les rapports (1) dont l'égalité numérique entraîne la relation harmonique entre quatre points en ligne droite, ont toujours leurs termes de signes identiques dans un membre, de signes contraires dans l'autre ; en qualifiant donc ainsi ces segments, cette égalité fondamentale s'écrira

$$\frac{PA}{PB} : \frac{QA}{QB} = -1,$$

quelle que soit la disposition topographique relative des quatre points.

Pour quatre points quelconques en ligne droite, le même quotient de deux rapports de segments qualifiés se nomme leur *rapport anharmonique*, et a une importance extrême dans toute la Géométrie supérieure.

PRINCIPES DE LA THÉORIE DU CERCLE.

D'après cette définition, la relation harmonique entre quatre points consiste en ce que *leur rapport anharmonique est égal à* — 1.

Les mêmes conventions donnent aux relations (3), (4) la forme unique (3).

Normale (principale).

532. *La normale (principale)* (**453**) *à un cercle, en l'un quelconque de ses points* M (*fig.* 132), *est le rayon* OM *qui passe par* M; car ce rayon est précisément la perpendiculaire élevée en M (dans le plan du cercle) sur la tangente en ce point.

Inversement, *tout diamètre* MM′ *est évidemment une normale au cercle;* mais on remarquera *qu'il jouit de cette propriété en deux pieds, savoir les points* M, M′ *où il est coupé par le cercle.*

533. *Pour mener à un cercle une normale issue d'un point quelconque* I, *ou parallèle à une droite quelconque* $\mathcal{D}$, *il suffit donc de mener par son centre une droite* IMOM′ *passant par* I, *ou parallèle à* $\mathcal{D}$.

Quand le point donné I dans le premier cas est le centre O, le problème est indéterminé, admettant tous les diamètres pour solutions (*Cf.* **621**, *inf.*).

534. *Des deux longueurs de normales* IM, IM′ *que l'on peut mener à un cercle, d'un point* I *autre que son centre, la première* IM *ne contenant pas le centre est inférieure, la seconde* IM′ *le contenant est supérieure à la distance* Im *du même point* I *à tout autre point du cercle.*

A cause de $Om = r$, le triangle OIm donne effectivement (**288**),

$OI - r < Im$ ou $r - OI < Im$ suivant que $OI \gtrless r$, c'est-à-dire que I est extérieur ou intérieur au cercle, puis, dans tous les cas, $OI + r > Im$; on a donc bien toujours $IM < Im < IM'$ (*Cf.* **262**).

Quand le point I se confond avec le centre du cercle, toutes les droites issues de lui fournissent des longueurs de normales égales entre elles et au rayon (*Cf.* **622**, *inf.*).

CHAPITRE XVII.

MESURE DES ARCS DE CERCLES ET DES AIRES PLANES QU'ILS LIMITENT.

COMPARAISON DES ANGLES PAR DES ARCS DE CERCLES.

Longueur d'un arc de cercle.

535. Un angle rectiligne AOB (*fig.* 133) qui est dans le plan d'un cercle et a son centre pour sommet, est dit *au centre* de ce cercle.

Quand il est saillant comme sur notre figure, il est presque évident (**510**) qu'en aucun point du cercle pris à l'intérieur de cet angle, la tangente n'est parallèle à une droite issue du centre dans l'intérieur des deux angles égaux à celui-ci, que forment les perpendiculaires à ses côtés, ni, par suite, à un plan traçant une pareille droite sur celui du cercle. Deux quelconques de ces plans n'étant pas parallèles et leur nombre étant illimité, la région continue du cercle que forment les points considérés (**498**, III) (en traits pleins sur la figure), est un arc réduit, d'extrémités A, B (**455**), et on dit que cet arc est *intercepté par son angle au centre* AOB.

Cette notion conduit immédiatement à celle d'un arc quelconque et de son angle au centre.

536. Sur un même cercle, la relation topographique de deux arcs (identité ou diversité des directions, contiguïté extérieure ou intérieure, ...) est identique à celle de leurs angles au centre, et le rapport de leurs longueurs est égal à celui de ces angles.

I. Quand ces arcs sont intérieurs à quelque même angle au centre aigu POQ, toute demi-droite allant du centre O à l'un quelconque M de leurs points, fera un angle aigu aussi, avec une demi-droite fixe OX, prise arbitrairement à l'intérieur de l'angle aigu compris entre OQ et le second côté d'un angle droit porté à partir de OP dans le sens de POQ ; la tangente au cercle en M ne sera jamais perpendiculaire sur OX, et la projection orthogonale *m* de M sur OX tombera toujours sur cette demi-droite elle-même (**213**).

Pour fixer les idées, supposons maintenant qu'il s'agit de tels arcs AB, AC (*fig.* 134), partant d'un même point A dans des directions curvilignes identiques, et soient a, b, c les projections orthogonales des points A, B, C sur OX.

Les directions (rectilignes) ab, ac étant identiques aussi (**455**), les inégalités des segments Oa, Ob et Oa, Oc sont de même sens, celles encore, par suite des rapports $Oa : r$, $Ob : r$ et $Oa : r$, $Oc : r$, r désignant le rayon du cercle, c'est-à-dire des cosinus des angles aigus XOA, XOB et XOA, XOC (**240**). D'où (**242**), l'identité des sens des inégalités de ces angles eux-mêmes, puis celle des directions giratoires AOB, AOC, angles au centre des arcs considérés.

Du cas d'arcs réduits de ce genre, on passera sans difficulté à tout autre.

Tout pivotement d'un arc circulaire autour du centre de son cercle le laissant appliqué sur celui-ci (**498**, I), *des arcs quelconques d'un même cercle jouissent sur lui, comme des segments rectilignes sur une même droite, de la propriété de pouvoir y être juxtaposés extérieurement ou intérieurement, et leurs angles au centre se juxtaposent alors de la même manière.*

II. *La somme de plusieurs arcs contigus extérieurement a pour angle au centre celle des leurs.* C'est une conséquence immédiate de ce que nous venons de voir (I).

III. *Quand deux arcs AB, A'B'* (*fig.* 133) *sont égaux en longueur, ils sont superposables, et, par suite, leurs angles au centre sont égaux entre eux.* Car s'ils n'étaient pas superposables, leur juxtaposition intérieure en $\alpha\beta$, $\alpha\beta'$ (I) comporterait l'application de l'un sur une partie de l'autre, mais en même temps la non coïncidence de leurs extrémités β, β'; d'où, entre leurs longueurs, l'existence d'une différence non-nulle, savoir la longueur de l'arc $\beta\beta'$.

IV. Actuellement, la démonstration s'achèvera par les moyens employés dans toutes les questions analogues (*Cf.* **140**, *etc.*).

537. *Sur deux cercles quelconques, deux arcs interceptés par des angles au centre égaux sont dans un rapport égal à celui des rayons.*

Soient r, r' les rayons de ces cercles, puis AB, A'B' (*fig.* 135) les positions où les arcs sont amenés par la superposition en AOB, A'OB' de leurs angles au centre supposés égaux, et m, m', les points où ils sont coupés simultanément par une demi-droite quelconque issue du centre des cercles, devenu commun. Les égalités constantes $Om = r$, $Om' = r'$ donnent la proportion uniforme

$$\frac{Om}{Om'} = \frac{r}{r'},$$

et celle-ci montre que, placés ainsi, nos arcs sont des figures directement homothétiques par rapport au centre O (**473**). On a donc bien ainsi AB : A'B' $= r : r'$ (*Ibid.* VII).

538. Le mot *circonférence* est encore employé à la désignation d'un arc intercepté par un angle au centre replet (4 droits); sur un même cercle, de pareils arcs sont tous égaux entre eux (**536**) et de moindre longueur parmi tous ceux dont les extrémités se confondent.

Le rapport de la longueur d'une circonférence à son diamètre est un même nombre pour toutes.

Deux circonférences quelconques de rayons r, r' étant des arcs interceptés par des angles au centre égaux entre eux, leurs longueurs l, l' donnent lieu à la proportion

$$\frac{l}{l'} = \frac{r}{r'} = \frac{2r}{2r'} \qquad (537),$$

où la permutation des moyens conduit bien à

$$\frac{l}{2r} = \frac{l'}{2r'}.$$

Ce nombre, uniforme pour tous les cercles, se nomme le *rapport de la circonférence au diamètre*. Comme il joue un rôle immense dans les sciences mathématiques ou autres, et dans les arts, parce qu'on y rencontre le cercle à chaque pas pour ainsi dire, on a affecté à sa désignation dans les formules, la lettre spéciale π, initiale du nom grec περιφέρεια de la circonférence. Bien souvent, elles gagneraient en simplicité et en clarté, à contenir de préférence le rapport de la circonférence au rayon; l'usage adopté provient vraisemblablement de la facilité relative très grande de la mesure pratique du diamètre d'un cercle matériel, par la largeur d'une bande à côtés tangents.

Ainsi que tous les calculs nécessaires à la mesure des figures courbes, les procédés *naturels* pour obtenir ce nombre π reposent sur des principes bien au-dessus des Eléments. On a trouvé de cette manière qu'il est incommensurable, et la formule

$$\pi = 3,1415926535\ldots$$

en donne une valeur dont l'approximation est bien supérieure à toutes les exigences de la pratique (*Cf.* **616** *et suiv., inf.*).

539. *Les longueurs* C_r, s *de la circonférence de rayon* r *et de l'arc du même cercle dont l'angle au centre contient* n *degrés, sont fournies par les formules*

$$C_r = 2\pi r, \qquad s = \frac{n}{360} 2\pi r.$$

La première est maintenant évidente, puisque le rapport de la circonférence C_r à son diamètre $2r$ est le nombre π (**538**).

On a enfin $s : C_r = n : 360$ (**536**), d'où la seconde formule par la substitution à C_r de sa valeur $2\pi r$.

Pour obtenir la longueur d'un arc circulaire donné, il suffit donc, après avoir calculé le nombre π *une fois pour toutes* (**538**), de connaître le rayon de cet arc et son angle au centre. Ce dernier, dans les circonstances pratiques, se mesure au moyen du rapporteur (**597**, *inf.*); on peut encore, ce qui vaut mieux, mesurer la corde de l'arc, puis, au moyen des Tables trigonométriques (**243**), obtenir cet angle dont la moitié a évidemment pour sinus le rapport de la moitié de la corde au rayon.

540. La relation si intime, que le théorème du n° **536** établit entre des arcs d'un même cercle et leurs angles au centre, permet de désigner chacun par le nombre de *ses degrés, minutes,* ..., c'est-à-dire de ceux que contient son angle au centre. De même, il serait commode quelquefois d'étendre aux arcs les dénominations de ..., saillants, rentrants, ..., supplémentaires, complémentaires, ... applicables à leurs angles au centre. Il y a à remarquer l'arc neutre ou *demi-circonférence*, ou encore *hémicycle*, intercepté par un angle neutre, et aussi l'arc droit ou *quadrant*, intercepté par un angle droit.

Les points d'un cercle qui sont situés respectivement dans les demi-plans opposés que sépare une sécante quelconque AB (fig. 125), sont ceux de deux arcs replémentaires, d'extrémités communes A, B. Quand la sécante ne passe pas par le centre, ces arcs sont inégaux, le moindre étant dans le demi-plan qui ne contient pas le centre.

Nous plaçant dans cette dernière hypothèse, soit M un point du cercle placé dans le demi-plan opposé à $\overline{ABO}$. La droite OM rencontre la droite AB en quelque point m rendant opposées les directions mO, mM (**25**); d'où $Om < OM < OA$, inégalité montrant (**262**) que m est plus rapproché que A, du pied a de la perpendiculaire abaissée de O sur la sécante, milieu de AB, et qu'ainsi m est intérieur à ce segment. La droite Om est donc intérieure à l'angle saillant AOB (**159**, III), d'où, pour M, la propriété d'appartenir à l'arc intercepté par cet angle. On constaterait par les mêmes moyens, que la partie du cercle située dans le demi-plan $\overline{ABO}$, est l'arc intercepté par l'angle rentrant de mêmes côtés OA, OB.

541. La dernière proposition qui suit est quelquefois utile pour la comparaison des arcs circulaires.

Quand deux arcs d'un même cercle sont saillants, il y a entre eux la même égalité ou inégalité qu'entre leurs cordes, et réciproquement.

Soient M_1mM_2 (*fig.* 117) un arc saillant de corde M_1M_2, sur un cercle de rayon r, puis M_1OM_2 son angle au centre et OP la perpendiculaire abaissée du sommet O du triangle isoscèle M_1OM_2 sur sa base M_1M_2, droite passant par le milieu P de cette base, décomposant ainsi l'angle saillant M_1OM_2 en ses moitiés toutes deux aiguës (**238**).

Le triangle OPM_1, rectangle en P, donne

$$PM_1 = OM_1 \sin POM_1 \qquad (243),$$

d'où, en doublant,

$$M_1M_2 = 2r \sin \frac{M_1OM_2}{2},$$

après quoi, l'intervention des propositions des n^{os} **241**, VI et **242** conduit immédiatement aux faits directs ou réciproques que nous avons en vue (**536**).

Mesure d'une aire plane dont le contour est composé de segments rectilignes et d'arcs de cercle.

542. Deux rayons d'un cercle OA, OB (*fig.* 136), comprenant un angle inférieur au replet (4 droits), et l'arc AMNPQB intercepté par cet angle au centre, forment un contour évidemment déchevêtré (**460**) qui limite une aire plane nommée *secteur circulaire*, ayant pour *angle* celui au centre dont il s'agit.

L'aire d'un pareil secteur a pour mesure (Ibid.) *la moitié du produit de la longueur de son arc* (**539**) *par celle du rayon.*

I. *Si la somme*

$$S = u_1 + u_2 + \ldots + u_n$$

de quantités variables dont le nombre n augmente indéfiniment, tend vers quelque limite S, *et si les quantités*

$$v_1, \; v_2, \; \ldots, \; v_n,$$

en même nombre, tendent toutes vers quelque même limite V, *mais cela de telle sorte que la plus grande* φ_n *de leurs différences avec cette limite soit une quantité infiniment petite, l'expression*

$$u_1v_1 + u_2v_2 + \ldots + u_nv_n$$

a pour limite le produit SV.

On peut effectivement écrire

(1) $u_1v_1 + \ldots + u_nv_n = u_1[V + (v_1 - V)] + u_2[V + (v_2 - V)]$
$\qquad\qquad + \ldots + u_n[V + (v_n - V)]$
$= (u_1 + u_2 + \ldots + u_n)V + [u_1(v_1 - V) + u_2(v_2 - V) + \ldots + u_n(v_n - V)],$

et la partie de cette expression qui est entre crochets est numériquement inférieure à $u_1\varphi_n + u_2\varphi_n + \ldots + u_n\varphi_n = (u_1 + u_2 + \ldots + u_n)\varphi_n$, parce que les seconds facteurs de ses termes sont supposés l'être tous à φ_n; elle tend, par suite, vers zéro (**440,** I), puisque l'autre facteur $u_1 + \ldots + u_n$ est fini comme tendant vers la limite S (**439**). Le dernier membre des égalités (1) a donc bien pour limite celle de sa première partie, c'est-à-dire SV (**440,** III).

II. Dans l'arc AB du secteur considéré, inscrivons proprement une ligne brisée AMNPQB à côtés $u_1, u_2, \ldots, u_n$ tous inférieurs à une quantité infiniment petite ε (**460**), formant ainsi, avec les rayons OA, OB, un polygone variable dont l'aire a pour limite celle du secteur, et soient $v_1, v_2, \ldots, v_n$ les distances de ces côtés au centre du cercle. Comme, par les rayons OA, OM, ON, ..., ce polygone est décomposé en triangles AOM, MON, ... ayant $u_1, u_2, \ldots$ pour bases et $v_1, v_2, \ldots$ pour hauteurs, son aire a pour mesure (**312**)

$$(2)\quad \frac{1}{2}u_1v_1 + \frac{1}{2}u_2v_2 + \ldots + \frac{1}{2}u_nv_n = \frac{1}{2}(u_1v_1 + u_2v_2 + \ldots + u_nv_n).$$

Or la somme $u_1 + u_2 + \ldots + u_n$, longueur de la ligne brisée, a pour limite la longueur de l'arc AB où il est inscrit (**458**). D'autre part, et en appelant r le rayon du cercle, puis u et v la longueur MN de l'une quelconque des cordes $u_1, u_2, \ldots$ et sa distance Oω au centre, on a (**503**)

$$(r-v)(r+v) = r^2 - v^2 = \frac{u^2}{4};$$

d'où

$$r - v = \frac{u^2}{4} : (r+v) < \frac{\varepsilon^2}{4r},$$

à cause de $u < \varepsilon$ et de $r + v > r$; il en résulte que les distances v ont r pour limite commune, offrant avec elle des différences toutes inférieures à une même quantité infiniment petite.

Le lemme ci-dessus (I) est donc applicable à la recherche de la limite de l'expression (2), pour laquelle il donne bien

$$\frac{\text{arc AB}.r}{2}.$$

543. Voici plusieurs corollaires de cette proposition.

1° *L'aire d'un secteur découpé dans un cercle de rayon r par un angle au centre de n degrés, a pour mesure* $\frac{n}{360}\pi r^2$. Car cette expression est la moitié du produit de $\frac{n}{360}2\pi r$, longueur de l'arc du secteur (**539**), par son rayon r.

2° *L'aire du cercle tout entier est mesurée par* πr^2. Car elle est un secteur de 360 degrés (1°).

3° *Le rapport des aires de deux secteurs circulaires quelconques* (1°) *est égal à celui de leurs angles quand ils sont de même rayon* (on peut encore raisonner comme au n° 536), *à celui des carrés de leurs rayons quand ils sont d'un même angle.* (Comme, dans ce cas, les secteurs sont évidemment semblables (537), on peut encore appliquer le principe général du n° 473, VII.)

544. Un *segment circulaire* est la partie du plan d'un cercle, dont le contour est formé par une corde dite *base*, et l'un des arcs replémentaires en lesquels elle découpe la circonférence (540); Ex. : AMBA ou ANBA (*fig.* 137).

L'évaluation d'une pareille aire n'offre plus aucune difficulté, dès que l'on connaît son rayon et l'angle au centre de son arc [ou bien la corde AB de ce dernier, base du segment (539)]. Car s'il s'agit du premier segment dont l'arc est saillant, on a évidemment

segm. AMBA = sect. OAMBO — triangle OABO ;

s'il s'agit de l'autre dont l'arc est rentrant, on a pareillement

segm. ANBA = sect. OANBO + triangle OABO,

et dans les seconds membres de ces formules, tout est maintenant connu.

545. Considérons enfin une aire plane dont le contour est composé de segments rectilignes et d'arcs de cercles quelconques.

Si, combinées avec les côtés rectilignes du contour, les cordes de ces arcs forment un polygone déchevêtré dont aucun côté ne rencontre ceux-ci, il est visible que l'aire cherchée s'obtiendra en calculant celles des segments circulaires formés par les mêmes arcs et leurs cordes (544), pour ajouter les unes à celle du polygone, et en retrancher les autres.

Sinon, la subdivision des arcs circulaires en fragments suffisamment petits, ramènera toujours la question au cas précédent.

546. Les aires les plus simples de ce genre après le secteur et le segment, sont les suivantes.

1° Le *secteur coronal* ABB'A'A (*fig.* 135), que limitent des segments rectilignes AA', BB' découpés par deux circonférences concentriques de rayons inégaux r, r' sur les côtés d'un même angle au centre commun, et par les arcs AB, A'B' que cet angle intercepte sur elles. L'*angle* d'un secteur coronal est celui des deux secteurs proprement dits, dont il est la différence évidente.

2° La *couronne circulaire*, secteur coronal d'angle replet. La mesure de son aire est évidemment

$$\pi r'^2 - \pi r^2 = \pi(r'^2 - r^2) = \pi(r' + r)(r' - r) = \frac{2\pi r' + 2\pi r}{2}(r' - r),$$

produit de la demi-somme des longueurs des circonférences (**539**) *par la largeur* ($r' - r$) *de la couronne*.

L'aire d'un secteur coronal de n degrés (1°) s'obtient évidemment en multipliant cette expression par la fraction 360 : n.

3° Le *segment à deux bases* BB′C′CB (*fig.* 119), que limitent des cordes BB′, CC′ découpées par un cercle sur les côtés d'une bande et les arcs BC, B′C′ dont les points sont intérieurs à cette bande et qui sont égaux entre eux (**548**, I, *inf.*). Les bases sont ces cordes BB′, CC′, la *hauteur* est la largeur de la bande.

Un segment ordinaire CSC′RC (**544**) est le cas particulier de celui-ci, où l'un des côtés de la bande est une tangente à la circonférence, ce qui rend nulle la base correspondante. Par opposition, on le dit *à une base* ; sa hauteur RS se nomme plus volontiers sa *flèche*, la flèche aussi de l'arc CSS′ ayant pour corde la base non nulle du segment.

Un segment à deux bases nulles n'est pas autre chose que l'aire du cercle.

Applications du cercle à la mesure pratique des angles et à leur comparaison théorique.

547. Si, pour comparer les unes aux autres les longueurs des arcs d'un même cercle donné, on prend pour unité, la longueur de l'arc intercepté par l'angle au centre égal à l'unité choisie pour la mesure des angles, le théorème du n° **536** conduit immédiatement à celui-ci.

Un angle quelconque a pour mesure celle de l'arc qu'il intercepte sur cette circonférence, quand on lui donne la position d'angle au centre relativement à cette dernière.

C'est cette observation, simple inversion des conséquences déduites du théorème précité pour la mesure de la longueur d'un arc de cercle, qui a fourni les moyens pratiques employés pour la mesure des angles. Quand un angle replet (4 droits) est au centre, il intercepte la totalité de la circonférence ; et, comme il a été divisé en 360 degrés (**174**), un angle au centre quelconque contiendra ainsi autant de degrés et fractions de degré, que son arc contient de fois la 360ième partie de la circonférence entière, dite aussi *degré*, et ses mêmes fractions.

Tout instrument propre à la mesure des angles comprend

essentiellement un secteur de cercle, un cercle entier assez souvent, dont l'arc, ou *limbe*, a été divisé en degrés subdivisés eux-mêmes en fractions plus ou moins petites, et sur lequel on peut assigner physiquement un angle au centre susceptible d'être mis en coïncidence avec celui à mesurer (avec son angle plan, s'il s'agit d'un dièdre), puis lire avec telle ou telle approximation, le nombre de degrés et fractions de degré contenus dans l'arc alors intercepté.

On pourrait mesurer les angles de bien d'autres manières, substituer par exemple, à la circonférence graduée, une échelle rectiligne convenable (ayant alors des divisions inégales); mais celle-ci l'a emporté, à cause de ses commodités naissant en grande partie de la facilité relative avec laquelle on peut réaliser matériellement un cercle et en diviser un arc en un nombre quelconque de parties égales.

Combiné avec les observations générales du n° 536, le théorème du n° 541 procure, en particulier, des moyens extrêmement simples pour exécuter, sur une même circonférence donnée, des opérations telles que: *porter* un arc donné (même non saillant) à partir d'un point et dans un sens donnés tous deux, constater l'égalité de deux arcs donnés, diviser (empiriquement) un arc donné en un nombre quelconque k de parties égales (on cherche par tâtonnements la corde pouvant s'inscrire k fois proprement dans l'arc proposé), trouver empiriquement le rapport de deux arcs... Tous ces principes, avec d'autres analogues, sont effectivement utilisés par les constructeurs de cercles divisés pour la mesure des angles, de roues d'engrenage, etc.

548. Le cercle procure, pour la comparaison des angles, d'autres ressources fort intéressantes en théorie, dont l'exposition exige certains préliminaires.

I. *Une circonférence étant coupée par deux parallèles en des points* A, A′ *et* B, B′ *(fig. 138), tellement notés que les directions* AA′, BB′ *soient identiques, sa partie intérieure à la bande* $\overline{AA'BB'}$ *se décompose en deux arcs* AB, A′B′ *qui n'ont aucun point intérieur commun, dont les directions sont opposées, et qui sont égaux entre eux.*

Pour fixer les idées, nous supposerons intérieur à la bande, le centre O de la circonférence, nous considérerons un point mobile m décrivant de A à l'infini, dans un sens constant, la demi-droite A$\mathcal{A}$ opposée à AA′, puis un autre point n revenant de l'infini en décrivant à rebours la demi-droite B$\mathcal{B}$ opposée à BB′, puis enfin une demi-droite mobile issue de O et guidée dans son mouvement par m d'abord, par n ensuite.

En s'appuyant sur les principes de la topographie des figures rectilignes dans un même plan, le lecteur verra immédiatement que, pendant la première période de son mouvement, la demi-droite mobile décrit, dans un sens giratoire constant, l'angle saillant AOJ compris entre OA et OJ demi-droite issue de O parallèlement aux directions A𝒜, B𝔅 (447), que, pendant la seconde période, elle décrit l'angle saillant JOB.

En ayant égard ensuite à ce que les demi-droites A𝒜, B𝔅 sont toutes deux extérieures au cercle et raisonnant comme au n° 540 (*in fine*), il constatera que les positions de la demi-droite mobile pour lesquelles sa trace sur la circonférence est à la fois dans les demi-plans d'arêtes AA', BB' qui contiennent les parallèles BB', AA' respectivement, c'est-à-dire pour lesquelles cette trace est intérieure à la bande (138), sont intérieures à l'angle AOB dont toute demi-droite intérieure est intérieure à un seul des angles AOJ, JOB; ici, cet angle AOB est la somme de ces derniers, et il a la direction du premier par exemple, savoir celle de la rotation de la demi-droite mobile pendant la première période de son mouvement.

La région du cercle intérieure à la bande, comprend donc l'arc AB intercepté par l'angle au centre AOB ci-dessus défini; elle contient encore l'arc A'B' donné par un angle au centre A'OB' à rattacher aux autres traces A', B' des sécantes parallèles comme AOB l'a été aux premières traces A, B; mais elle ne comprend rien de plus, ce que l'on reconnaîtra facilement.

Ces arcs n'ont aucun point intérieur commun, parce que leurs angles au centre n'ont aucune demi-droite intérieure commune. Leurs directions sont opposées, parce que tels sont les sens giratoires de leurs angles au centre AOB, A'OB', réglés par les demi-droites A𝒜, A'𝒜' dont les directions sont contraires.

Ils sont égaux enfin, comme homologues dans la symétrie du cercle par rapport au son diamètre SOT conjugué aux deux sécantes (501), (473, VIII).

II. *Quand deux droites non parallèles rencontrent un cercle, leur intersection J est le sommet commun de quatre angles jumeaux bisécants,* que nous dirons *externes, internes* ou *inscrits,* selon que ce sommet J est extérieur au cercle, intérieur ou situé sur lui. Voici, au sujet de ces angles, des propositions analogues à la précédente concernant une paire de parallèles; nous supprimerons toutefois, pour abréger, les considérations du même genre sur lesquelles elles s'appuient.

Quand les côtés (eux-mêmes) d'un angle externe J (fig. 139) rencontrent un cercle en A, A' et B, B', points tellement notés que l'on ait JA ≤ JA' et JB ≤ JB', la partie de la circonférence qui est intérieure à l'angle se décompose encore en deux arcs AB, A'B' sans points intérieurs communs, et de directions opposées.

Tout à l'heure (549, I, *inf.*) nous constaterons implicitement, que le second de ces arcs surpasse toujours le premier en longueur.

III. Les points d'une circonférence qui sont intérieurs à un angle interne AJB (*fig.* 140) et à son opposé au sommet A'JB', composent deux arcs distincts AB, A'B' dont les directions sont identiques.

IV. *Quand les côtés d'un angle inscrit J recoupent un cercle par eux-mêmes en* A, B (*fig.* 141), *ou bien quand l'un la recoupe ainsi en* A (*fig.* 142), *l'autre étant une demi-tangente* JT *en* J, *la partie de la circonférence qui est intérieure à cet angle, se compose d'un seul arc* AB, *ou* AtJ, *auquel le sommet n'est pas intérieur*. (On pourrait, à titre nominal, lui adjoindre l'arc nul d'extrémités identiques J, J.)

Tous les arcs spécifiés dans cet alinéa et les précédents sont dits encore *interceptés* par les paires de droites ou demi-droites dont nous avons parlé.

V. Il nous reste à définir l'*embrassée* d'un angle bisécant.

Quand chaque côté, *par lui-même*, rencontre la circonférence (II), (III), ou la recoupe avec possibilité de contact (IV), l'embrassée de l'angle est : 1°, s'il est externe (II), la différence des arcs de directions opposées, qui lui sont intérieurs ; 2°, s'il est interne (III), la somme des arcs de directions identiques, qui sont intérieurs, l'un à lui-même, l'autre à son opposé au sommet ; 3°, s'il est inscrit (IV), l'arc unique qui lui est intérieur.

On notera que *l'embrassée d'un angle au centre est toujours le double de l'arc intercepté par lui*. Car cet angle étant interne, son embrassée est la somme des arcs intérieurs à lui-même et à son opposé au sommet, arcs qui sont égaux comme interceptés par des angles au centre égaux entre eux (**536**).

VI. Quand chaque côté ne rencontre, ou recoupe, ou touche, la circonférence que par son prolongement, l'opposé au sommet de l'angle considéré rentre dans les conditions ci-dessus (V), et son embrassée est attribuée également à celui-ci. Les embrassées des angles A_1JB_1 (*fig.* 139), A'JB' (*fig.* 140), A_1JB_1 (*fig.* 141), A_1JT_1 (*fig.* 142), seront donc celles des angles AJB, AJT.

VII. Quand un côté ne rencontre (recoupe, touche) la circonférence que par lui-même, l'autre que par son prolongement, on prend pour embrassée, le replément (**540**) de celle d'un opposé à l'angle considéré par un de ses côtés, nouvel angle rentrant toujours dans l'un des cas V, VI ci-dessus. Par exemple, l'embrassée de l'angle inscrit AJB_1 (*fig.* 141) est l'arc AJB (ayant ici une partie JA intérieure à l'angle proposé, l'autre JB intérieure à son opposé au sommet) qui constitue l'excès de la circonférence entière sur l'embrassée AB de l'angle inscrit AJB.

549. *Quand un angle invariable* J *se déplace arbitrairement dans le plan d'un cercle* (*sans cesser toutefois d'être bisécant*), *son embrassée conserve aussi une valeur constante.*

I. *Ceci est vrai pour des déplacements se réduisant à des translations parallèles à l'un des côtés de l'angle.*

Ce côté glisse alors sur la droite de sa position initiale JA (fig. 143), et l'autre demeure en parallélisme direct avec sa position initiale. Pour fixer les idées, nous considérerons trois positions de l'angle, où ses côtés rencontrent la circonférence par eux-mêmes : l'une externe J_1, la seconde inscrite J_2, la dernière interne J_3, auxquelles correspondent les embrassées arc AB_1 — arc $J_2B'_1$, arc AB_2, arc AB_3 + arc $J_2B'_3$, respectivement.

Parce que les directions J_2J_1, J_2J_3 sont opposées, les bandes $\overline{J_2B_2J_1B_1}$ et $\overline{J_2B_2J_3B_3}$ sont contiguës extérieurement par leur côté commun J_2B_2; d'où la contiguïté, extérieure aussi, des arcs B_2B_1, B_2B_3 interceptés par elles, et, par suite, des arcs B_2B_1, B_2A. On a ainsi

$$\text{arc } AB_1 = \text{arc } AB_2 + \text{arc } B_2B_1.$$

Mais le parallélisme des sécantes J_1B_1, J_2B_2 donne encore

$$\text{arc } J_2B'_1 = \text{arc } B_2B_1 \qquad (\mathbf{548}, \text{I}).$$

La soustraction membre à membre de ces égalités conduit donc immédiatement à celle des embrassées de l'angle externe J_1 et de l'angle inscrit J_2.

On constatera de la même manière, l'égalité des embrassées de même angle inscrit et de l'angle interne J_3, puis l'exactitude du point en question pour tous angles bisécants.

II. *La même chose subsiste pour une translation amenant en un point quelconque J', le sommet J de l'angle considéré.* Car une translation parallèle au premier côté de cet angle, amènera le second à passer par J', en laissant le premier sur la même droite; une autre translation parallèle au deuxième côté, amènera semblablement le premier à passer aussi par J'. Or la succession de ces deux translations équivaut à la proposée (**38**, III), et chacune d'elles laisse invariable l'embrassée de l'angle considéré (I).

III. *Notre théorème est encore vrai pour un angle au centre pivotant autour de son sommet.* Car son embrassée est le double de l'arc intercepté par lui (**548**, V), qui conserve une longueur constante (**536**).

IV. *Il a lieu pour un déplacement quelconque.*

Soient effectivement $\mathcal{A}'J'\mathcal{B}'$, $\mathcal{A}''J''\mathcal{B}''$ deux positions quelconques de l'angle considéré, et $a'Ob'$, $a''Ob''$ les angles au centre respectivement égaux à ceux-ci (II), dont les côtés sont directement parallèles aux leurs (**182**). Pour exécuter le déplacement dont il s'agit, on pourra (**118**) amener l'angle mobile en question $\mathcal{A}J\mathcal{B}$, de $\mathcal{A}'J'\mathcal{B}'$ en $a'Ob'$ par une translation égale et parallèle à $J'O$, puis en $a''Ob''$ par un pivotement autour du centre,

MESURE D'UN ANGLE BISÉCANT.   289

en $\mathcal{A}''J''\mathcal{B}''$ finalement par une translation égale et parallèle à OJ″. Or nous avons constaté (II), (III), que chacun de ces déplacements partiels laisse invariable l'embrassée de l'angle.

550. D'après ce qui précède, l'embrassée d'un angle bisécant quelconque a pour valeur celle d'un angle au centre égal, et nous avons remarqué (**548**, V) que cette dernière embrassée est le double de l'arc intercepté par cet angle au centre. Il en résulte immédiatement que, *sous la convention faite au n° 547, tout angle bisécant a pour mesure la moitié de son embrassée.*

C'est surtout aux angles inscrits, que l'on a occasion d'appliquer le cas de ce théorème qui les concerne; nous en indiquerons une démonstration tout autre au n° **566** (*inf.*).

CHAPITRE XVIII.

PRINCIPAUX LIEUX CIRCULAIRES.

Homologues des points d'un cercle dans une figure semblable. — Points d'une même puissance donnée par rapport à un cercle.

551. *Quand un point mobile décrit un cercle, le lieu de son homologue dans une figure semblable est un cercle aussi, dont le centre et le rayon sont les homologues de ceux du proposé* (*Cf.* **498**, IV).

Il est évident, en effet, que ce lieu est dans le plan homologue de celui du cercle proposé, et que les distances de tous ses points à l'homologue du centre, sont égales entre elles comme produits des divers rayons de ce cercle par le rapport de similitude.

552. *Relativement à un cercle donné de rayon r, le lieu des points d'une même puissance donnée* Π (**528**), *qui, tous à la fois, lui sont, soit intérieurs, soit extérieurs, est un cercle concentrique de rayon* $\sqrt{r^2 - \Pi}$ *dans le premier cas, ou* $\sqrt{r^2 + \Pi}$ *dans le second.*

Comme en nommant d la distance d'un point M du lieu cherché au centre du cercle donné, on doit avoir $\Pi = r^2 - d^2$ si M est intérieur à ce cercle, on devra avoir $d^2 = r^2 - \Pi$, d'où

$$d = \sqrt{r^2 - \Pi} = \text{const.}$$

Ce cercle, toutefois, se réduit au centre du proposé si $\Pi = r^2$, et même disparaît quand $\Pi > r^2$.

Même conclusion, mais affranchie de toute restriction, quand les points du lieu doivent être extérieurs au cercle donné.

Quand $\Pi = 0$, le lieu se confond évidemment avec le cercle proposé.

La qualification de la puissance Π par le signe spécifié au numéro cité, dispense de toute distinction à faire dans l'énoncé précédent, entre les points intérieurs et extérieurs.

Points dont les distances à des points ou droites fixes ont entre elles certaines relations simples.

553. *En appelant* P, Q *(fig. 53) deux points fixes (distincts), puis p, q des coefficients constants correspondants quelconques, mais inégaux dans le second cas, et* $\mathcal{C}$ *quelque troisième constante, le lieu des points M pour lesquels on a l'une ou l'autre des deux relations*

(1) $\qquad p.\overline{PM}^2 \pm q.\overline{QM}^2 = \mathcal{C},$

est (en général) une circonférence ayant pour centre le point O qui divise le segment PQ *dans le rapport* $q:p$, *intérieurement ou extérieurement selon qu'il s'agit du signe* $+$ *ou du signe* $-$ (**133**).

I. Si, dans la première des identités (2) du n° **251**, on prend pour O le point divisant PQ dans le rapport $q:p$ intérieurement, on a $p.\text{PO} - q.\text{QO} = 0$, et il reste

(2) $\quad p.\overline{PM}^2 + q.\overline{QM}^2 = (p+q)\overline{OM}^2 + p.\overline{PO}^2 + q.\overline{QO}^2.$

Si donc le point M remplit la première des conditions (1), on aura pour lui

$$(p+q)\overline{OM}^2 + p.\overline{PO}^2 + q.\overline{QO}^2 = \mathcal{C},$$

d'où

(3) $\qquad \overline{OM}^2 = \dfrac{\mathcal{C} - (p.\overline{PO}^2 + q.\overline{QO}^2)}{p+q},$

c'est-à-dire OM = const., si toutefois la valeur de $\mathcal{C}$ surpasse celle de la parenthèse; le lieu est donc bien une circonférence de centre O.

Quand la valeur de ℮ est égale à celle de la parenthèse, celle de OM se réduit à zéro, et le lieu, au seul point O. Quand elle lui est inférieure, aucun point ne peut remplir la condition voulue, et le lieu n'existe plus.

II. S'il s'agit de la deuxième des conditions (1), on prendra le point O, divisant toujours PQ dans le rapport $q:p$, mais ici extérieurement, et, au lieu de la deuxième des identités (2) du nº 251, on trouvera tout aussi facilement

$$(4) \quad p.\overline{PM}^2 - q.\overline{QM}^2 = (p-q)\overline{OM}^2 + p.\overline{PO}^2 - q.\overline{QO}^2,$$

moyennant quoi il viendra, au lieu de (3),

$$\overline{OM}^2 = \frac{℮ - (p.\overline{PO}^2 - q.\overline{QO}^2)}{p-q}$$

conduisant aux mêmes conséquences.

Si l'on avait $p=q$, le lieu dégénérerait en une droite perpendiculaire sur PQ, comme nous l'avons constaté presque textuellement au lieu cité.

554. En prenant $p=q=1$ dans la formule (2) et, pour les points P, Q, M, les trois sommets B, C, A (*fig.* 144) d'un triangle quelconque, le point O se place au milieu du côté BC, le segment OM devient la longueur de AO, *médiane* du triangle *issue de son sommet* A, les segments PO, QO deviennent les moitiés du côté BC, et on obtient ainsi

$$\overline{AB}^2 + \overline{AC}^2 = 2\overline{AO}^2 + 2\left(\frac{BC}{2}\right)^2,$$

relation entre les carrés de deux côtés d'un triangle, de la médiane issue de leur sommet commun et de la moitié du troisième côté, que l'on utilise quelquefois.

555. *Le lieu des points* M (*fig.* 145) *dont les distances* RM, SM *à deux points fixes* R, S *conservent un rapport constant donné* $r:s$, *est la perpendiculaire au segment* RS *élevée en son milieu quand* $r:s=1$, *mais, dans le cas contraire, la circonférence ayant pour diamètre la distance* M_1M_2 *des points qui divisent le segment* RS *dans le rapport donné, intérieurement et extérieurement.*

Dans le premier cas, la chose est évidente puisqu'alors on doit avoir RM = SM (254).

Dans le second, elle ne l'est guère moins actuellement; car, en supposant $s > r$ pour fixer les idées, la proportion

$$\frac{RM}{SM} = \frac{r}{s}$$

équivaut à la condition

$$s^2\overline{RM}^2 - r^2\overline{SM}^2 = 0$$

montrant (**553**, II) que le lieu cherché est un cercle dont le centre O divise extérieurement RS dans le rapport $r^2 : s^2$, dont le carré du rayon a pour valeur

$$\frac{r^2\overline{SO}^2 - s^2\overline{RO}^2}{s^2 - r^2},$$

(où le premier terme du numérateur surpasse visiblement le second), dont les traces M_1, M_2 sur le diamètre ORS divisent bien ainsi RS dans le rapport $r : s$, intérieurement et extérieurement.

556. Mais une recherche directe nous conduira à une propriété intéressante des bissectrices des angles d'un triangle.

Soient RR_1, SS_1 (*fig.* 145) les perpendiculaires abaissées de R, S sur la droite MM_1 joignant un point quelconque M du lieu à celui des deux M_1, M_2, noté ici M_1, qui est intérieur au segment RS. Les triangles RR_1M_1, SS_1M_1, évidemment équiangles, donnent

$$\frac{RR_1}{SS_1} = \frac{RM_1}{SM_1} = \frac{r}{s} = \frac{RM}{SM},$$

puisque M est, comme M_1, un point du lieu. On a donc $RR_1 : SS_1 = RM : SM$, ceci prouvant que les triangles RR_1M, SS_1M, rectangles encore en R_1, S_1, sont équiangles aussi (**231**), par suite, que MM_1 est la bissectrice de l'angle RMS. On constaterait de la même manière, que MM_2 est la bissectrice d'un angle RMS' opposé à RMS par l'un ou l'autre de ses côtés suivant que l'on a $r \lessgtr s$, que, par suite, l'angle M_1MM_2 est droit (**264**), et que le sommet M de cet angle appartient à la circonférence décrite sur M_1M_2 comme diamètre (**506**).

Réciproquement, tout point M de cette circonférence appartient au lieu ; car l'angle M_1MM_2 étant alors droit (*Ibid.*), RR_1, SS_1 perpendiculaires à M_1M sont parallèles à M_2M, entre elles par suite, et l'on a les proportions

$$\frac{R_1M}{S_1M} = \frac{RM_2}{SM_2} = \frac{r}{s} \qquad (145),$$

$$\frac{R_1R}{S_1S} = \frac{RM_1}{SM_1} = \frac{r}{s} \qquad (214),$$

d'où

$$\frac{R_1M}{S_1M} = \frac{R_1R}{S_1S} = \frac{r}{s}.$$

Les triangles RR_1M, SS_1M, rectangles en R_1, S_1, et ayant proportionnels ainsi les côtés de leurs angles droits, sont équiangles, avec tous leurs côtés proportionnels (215), et l'on a finalement

$$\frac{RM}{SM} = \frac{R_1M}{S_1M} = \frac{R_1R}{S_1S} = \frac{r}{s}.$$

557. *Dans tout triangle RMS (fig. 145), les bissectrices intérieure MM_1 et extérieure MM_2 d'un même angle M, divisent le côté opposé RS, intérieurement et extérieurement, dans le même rapport MR : MS des côtés MR, MS comprenant cet angle.*

C'est évident par ce qui précède.

558. *Soient P, U (fig. 146) un point et une droite fixes quelconques, puis p, u des coefficients quelconques aussi, mais dont le premier n'est pas nul, et Θ quelque troisième constante. En représentant par UM la distance orthogonale (262) de la droite U à un point indéterminé M, le lieu des positions de ce point pour lesquelles on a*

(5) $\qquad p.\overline{PM}^2 \pm u.UM = \Theta,$

selon que M se trouve dans un demi-plan d'arête U désigné ou dans son opposé, est, en général, une circonférence ayant son centre sur la perpendiculaire PI abaissée de P sur la droite U.

Pour fixer les idées, supposons que le demi-plan d'arête U qui a été désigné, soit celui où notre figure représente actuellement le point M, que P ne soit pas dans ce demi-plan, et nommons M' la projection orthogonale de M sur PI perpendiculaire à U issue de P, puis O enfin, un point de cette perpendiculaire, encore indéterminé, sauf la condition que la direction PO soit opposée à celle des distances de U aux points du demi-plan désigné.

Le triangle POM, dont l'angle O est actuellement aigu, donne (224)

$$\overline{PM}^2 = \overline{OM}^2 + \overline{OP}^2 - 2\,OP.OM'$$
$$= \overline{OM}^2 + \overline{OP}^2 - 2\,OP.OI - 2\,OP.IM',$$

car on a actuellement $OM' = OI + IM'$. Ensuite, et quelle que soit la position du point M, on trouvera avec la même facilité

$$\overline{PM}^2 = \overline{OM}^2 + \overline{OP}^2 - 2\,OP.OI \mp 2\,OP.IM',$$

selon qu'il tombe comme ci-dessus dans le demi-plan désigné, ou qu'il passe dans le demi-plan opposé.

A cause de $UM = IM'$, il viendra ainsi

$$p.\overline{PM}^2 \pm u.UM = p.\overline{OM}^2 + p.\overline{OP}^2 - 2p.OP.OI \pm (u - 2p.OP)IM'.$$

Si donc on donne au segment OP encore indéterminé, une longueur précisément égale à $u:2p$, le dernier terme de cette identité s'évanouira, et la combinaison de celle-ci avec la condition (5) lui donnera cette autre forme

$$p.\overline{OM}^2 + p.\overline{OP}^2 - 2p.OP.OI = \ominus,$$

d'où l'on tire

$$\overline{OM}^2 = \frac{(\ominus + 2p.OP.OI) - p.\overline{OP}^2}{p}.$$

Comme ainsi, la distance OM conserve une valeur constante, le lieu cherché est bien une circonférence de centre O, sous la condition toutefois, que dans le numérateur de cette expression le premier terme entre parenthèses surpasse le second ; autrement le lieu se réduirait au point O, ou cesserait d'exister.

Dans toute autre hypothèse topographique, un raisonnement semblable conduira aux mêmes conclusions.

559. Les théorèmes des n°s 553, 558 sont renfermés dans un seul autre beaucoup plus général, que nous établirons après avoir étendu la notion du centre de gravité (**137**) à des points situés arbitrairement sur un même plan.

Etant donnés sur un même plan, des points en nombre quelconque,

(6) $\qquad P_1, \ldots, P_k$

(fig. 147), accompagnés respectivement de coefficients (positifs ou négatifs)

(7) $\qquad \varpi_1, \ldots, \varpi_k,$

quelconques aussi sous la seule restriction

(8) $\qquad \varpi_1 + \ldots + \varpi_k \neq 0,$

si l'on nomme G_1 *le point divisant le segment* P_1P_2 *dans le rapport* $-\varpi_2:\varpi_1$ (**135**), *puis* $G_2, \ldots, G_{k-2}$ *et* G, *ceux divisant les segments* $G_1P_3, \ldots, G_{k-3}P_{k-1}$ *et* $G_{k-2}P_k$ *dans les rapports* $-\varpi_3:(\varpi_1+\varpi_2)$, $\ldots$ *et* $-\varpi_k:(\varpi_1+\varpi_2+\ldots+\varpi_{k-1})$, *le dernier point* G *ainsi obtenu est toujours le même, dans quelque ordre que l'opération ait été conduite.*

Entre $P_1\mathfrak{M}, \ldots, P_k\mathfrak{M}$ *et* $G\mathfrak{M}$, *distances algébriques des points* (6) *et* G *à une même droite* $\mathfrak{M}$ *prise arbitrairement sur leur plan* (**267**), *distances mesurées parallèlement à une droite quelconque, on a en outre la relation*

(9) $\quad \varpi_1.P_1\mathfrak{M} + \varpi_2.P_2\mathfrak{M} + \ldots + \varpi_k.P_k\mathfrak{M} = (\varpi_1+\ldots+\varpi_k)G\mathfrak{M}$

toute semblable à (4) *du n° 137.*

I. *Sur un axe quelconque* $\mathfrak{M}'$ *et parallèlement à une droite quelconque* $\mathfrak{M}''$, *la projection* G′ *de* G *est le centre de gravité de* $P'_1, \ldots, P'_k$, *projections des points* (6) *chargées respectivement des mêmes masses* (7).

De ce que les trois parallèles $P_1P'_1$, $P_2P'_2$, $G_1G'_1$ découpent sur la droite $\mathfrak{M}'$, des segments $P'_1G'_1$, $P'_2G'_1$ dont la disposition topographique et le rapport numérique sont les mêmes que pour les segments

CENTRE DE GRAVITÉ DE POINTS SUR UN MÊME PLAN. 295

P_1G_1, P_2G_1 interceptés simultanément par elles sur la droite P_1P_2 (**145**), il résulte immédiatement que G'_1 est le centre de gravité des projections P'_1, P'_2 chargées des masses ϖ_1, ϖ_2 ; et on constatera de même, que G'_2 est celui de G'_1, P'_3 chargées des masses $(\varpi_1 + \varpi_2)$, ϖ_3, puis ..., puis enfin que G' est celui de G'_{k-2}, P'_k chargées des masses $(\varpi_1 + \ldots + \varpi_{k-1})$, ϖ_k, c'est-à-dire le centre de gravité de toutes les projections $P'_1, \ldots, P'_k$ chargées des masses (7) (**137**).

II. En d'autres termes, et de quelque manière que l'on ait opéré, le point G se trouve sur la parallèle à $\mathcal{M}'$, menée par le centre de gravité G' des points $P'_1, \ldots, P'_k$. Pour la même raison, il se trouvera aussi sur la parallèle à $\mathcal{M}'$, menée par G" centre de gravité de $P''_1, \ldots, P''_k$, projections des points (6) faites sur $\mathcal{M}'$ parallèlement à $\mathcal{M}'$.

Quelle qu'ait été la marche de l'opération, il sera donc à l'intersection de ces deux parallèles absolument indépendantes du mode opératoire.

III. Un point quelconque M de la droite $\mathcal{M}'$ donnera lieu à la relation

$$\varpi_1 . P'_1 M + \ldots + \varpi_k . P'_k M = (\varpi_1 + \ldots + \varpi_k) G'M$$

cotée (4) au n° **137**, puisque G' est le centre de gravité des masses $P'_1, \ldots, P'_k$. On obtiendra donc la formule (9) en prenant M à l'intersection des droites $\mathcal{M}'$, $\mathcal{M}''$, car alors $P'_1 M, \ldots, P'_k M$, G'M, égales et directement parallèles à $P_1 P'_1, \ldots, P_k P'_k$, GG' (**138**, IV), ne sont pas autre chose que les distances algébriques des points (6) et G à la droite quelconque $\mathcal{M}'$, mesurées parallèlement à $\mathcal{M}''$ droite arbitraire aussi.

Ce point G dont nous venons de parler, est le *centre de gravité* des points (6) chargés des masses (7) dans un même plan.

Comme au n° **137** sur une même droite, le partage de ceux-ci en deux groupes permet de le retrouver d'autres manières dont le nombre croît très rapidement avec celui des points. De cette observation dérive l'assignation de droites, en foule parfois, qui passent toutes par le centre de gravité, qui sont concourantes par suite.

Par exemple, *les médianes d'un triangle* (**554**) *concourent toutes trois en un même point divisant dans le rapport* 2:1, *le segment découpé sur chacune par un sommet et le côté opposé.* Car toute médiane passe par le centre de gravité de trois masses égales placées aux sommets du triangle, puisqu'elle joint l'une au centre de gravité des deux autres.

560. *Pour un point quelconque M du plan, on a l'identité*

(10) $\quad \varpi_1 . \overline{P_1 M}^2 + \ldots + \varpi_k . \overline{P_k M}^2$
$$= (\varpi_1 + \ldots + \varpi_k) \overline{GM}^2 + \varpi_1 . \overline{P_1 G}^2 + \ldots + \varpi_k . \overline{P_k G}^2.$$

Le point G_1 divisant le segment $P_1 P_2$ dans le rapport $-\varpi_2 : \varpi_1$, l'identité (2) [ou (4)] donne immédiatement

(11) $\quad \varpi_1 . \overline{P_1 M}^2 + \varpi_2 . \overline{P_2 M}^2 = (\varpi_1 + \varpi_2) \overline{G_1 M}^2 + \varpi_1 . \overline{P_1 G_1}^2 + \varpi_2 . \overline{P_2 G_1}^2,$

et on trouvera de même

(12) $\quad (\varpi_1 + \varpi_2) \overline{G_1 M}^2 + \varpi_3 . \overline{P_3 M}^2$
$$= (\varpi_1 + \varpi_2 + \varpi_3) \overline{G_2 M}^2 + (\varpi_1 + \varpi_2) \overline{G_1 G_2}^2 + \varpi_3 . \overline{P_3 G_2}^2,$$

puis encore

$$(13) \quad \varpi_1 \cdot \overline{P_1 G_2}^2 + \varpi_2 \cdot \overline{P_2 G_2}^2 = (\varpi_1 + \varpi_2) \overline{G_1 G_2}^2 + \varpi_1 \cdot \overline{P_1 G_1}^2 + \varpi_2 \cdot \overline{P_2 G_1}^2 ;$$

d'où, en ajoutant (11), (12) membre à membre et en retranchant (13),

$$\varpi_1 \cdot \overline{P_1 M}^2 + \varpi_2 \cdot \overline{P_2 M}^2 + \varpi_3 \cdot \overline{P_3 M}^2$$
$$= (\varpi_1 + \varpi_2 + \varpi_3) \overline{G_2 M}^2 + \varpi_1 \cdot \overline{P_1 G_2}^2 + \varpi_2 \cdot \overline{P_2 G_2}^2 + \varpi_3 \cdot \overline{P_3 G_2}^2,$$

où G_2 est le centre de gravité de P_1, P_2, P_3, comme G_1 était celui de P_1, P_2. Or il suffit de recommencer le même raisonnement jusqu'au bout, pour arriver à l'identité (10) en question.

On en notera cette conséquence : *le centre de gravité des points* (6) *est le point du plan dont la somme des carrés des distances à ceux-ci, multipliées par leurs masses, est minimum quand la somme de leurs masses est positive, ou maximum quand elle est négative;* tel est effectivement le second membre pour $GM = 0$.

561. Nous examinerons en outre ce qui se passe quand le premier membre de la restriction (8) est nul au lieu de ne pas l'être, en représentant par Φ la somme de ceux des coefficients (7) qui sont positifs, par $-\Phi$ en conséquence, la somme de ceux qui sont négatifs, par G', G'' les centres de gravité alors existant pour les groupes de points (6) où les coefficients sont de ces deux sortes.

I. A ces deux groupes de points correspondent évidemment dans le premier membre de la relation (9), deux groupes de termes donnant pour sommes $\Phi \cdot G' \mathfrak{M}$, $-\Phi \cdot G'' \mathfrak{M}$, expressions où $G' \mathfrak{M}$, $G'' \mathfrak{M}$ représentent toujours les distances algébriques de G', G'' à la droite $\mathfrak{M}$, mesurées parallèlement à la même direction. Il y a donc à remplacer cette relation par

$$\varpi_1 \cdot P_1 \mathfrak{M} + \ldots + \varpi_k \cdot P_k \mathfrak{M} = \Phi (G' \mathfrak{M} - G'' \mathfrak{M}) = \Phi \{G'' G'\},$$

où $\{G'' G'\}$ représente la projection algébrique du segment dirigé $G'' G'$, faite parallèlement à la droite $\mathfrak{M}$ sur un axe directement parallèle aux distances positives. On remarquera que le second membre est $= 0$, constant par suite, quand les centres de gravité G', G'' coïncident.

II. La considération des mêmes groupes conduira tout aussi facilement à substituer à l'identité (10), une autre de la forme

$$(14) \quad \varpi_1 \cdot \overline{P_1 M}^2 + \ldots + \varpi_k \cdot \overline{P_k M}^2 = \Phi (\overline{G' M}^2 - \overline{G'' M}^2) + \mathfrak{K},$$

où $\mathfrak{K}$ représente une quantité constante dont le développement est visible, mais inutile à noter.

1° Quand G', G'' sont distincts, la différence de carrés entre parenthèses dans le second membre est égale, à une quantité constante près, à $\alpha \cdot \text{UM}$, produit d'un coefficient constant α par UM distance algébrique, orthogonale ou oblique (**256**), de M à une perpendiculaire à $G' G''$ choisie arbitrairement. C'est ce que montre immédiatement l'identité (3) du n° **251**, car OH y représente aussi bien la distance orthogonale du point M à la perpendiculaire sur PQ, élevée au point O choisi arbitrairement.

En posant donc $\Phi\alpha = \upsilon$, et représentant par $\mathcal{L}$ quelque nouvelle constante, l'identité (14) se résout en

(15) $$\varpi_1.\overline{P_1M}^2 + \ldots + \varpi_k.\overline{P_kM}^2 = \upsilon.UM + \mathcal{L}.$$

2° Quand G′, G″ se confondent, le second membre de la même identité se réduit à la constante $\mathcal{K}$.

562. Voici maintenant le théorème général que nous avons annoncé au commencement du n° **559**.

Aux points et coefficients connexes (6), (7), *adjoignons des droites en nombre quelconque,*

$$U_1, U_2, \ldots, U_l,$$

avec des coefficients correspondants

$$\upsilon_1, \upsilon_2, \ldots, \upsilon_l;$$

représentons par $U_1M, \ldots, U_lM$, *les distances algébriques (dirigées arbitrairement) de ces droites à un même point* M, *et appelons* Θ *quelque constante.*

Sauf certains cas d'impossibilité, le lieu des points M pour lesquels on a

(16) $$(\varpi_1.\overline{P_1M}^2 + \ldots + \varpi_k.\overline{P_kM}^2) + (\upsilon_1.U_1M + \ldots + \upsilon_l.U_lM) = \Theta,$$

est une circonférence (pouvant se réduire à un point) quand l'inégalité (8) a lieu, une droite quand il en est autrement.

I. Dans la première hypothèse, et en nommant ϖ la valeur non nulle du premier membre de cette inégalité, l'identité (10) et l'observation finale du n° **268** ramèneront la condition (16), soit à la forme

(17) $$\varpi.\overline{GM}^2 + \upsilon.UM = \Theta',$$

G étant toujours le centre de gravité des points (6), UM étant la distance algébrique, même orthogonale (**256**), de M à quelque droite fixe U, et $\varpi, \upsilon, \Theta'$, trois quantités constantes, soit à la forme

(18) $$\varpi.\overline{GM}^2 = \Theta',$$

ϖ, Θ' étant encore des constantes.

Le lieu est un cercle pouvant se réduire à un point ou être impossible, chose évidente dans ce dernier cas, ou résultant du n° **558**, si c'est la forme générale (17) qui s'est présentée.

II. Si, au contraire, on a $\varpi = 0$, l'intervention de l'identité (15) ou de la conclusion du sous-alinéa suivant, ramène la condition (16) à celle qui caractérise le lieu étudié au n° **267**. Au lieu d'un cercle, on a donc ici une droite pouvant également disparaître.

Segment capable d'un angle donné.

563. D'un point M (*fig.* 148), on dit qu'*on voit un segment rectiligne* AB (non nul) *sous un angle* (saillant) φ, quand l'angle saillant AMB auquel ce segment AB est intérieur, est égal à l'angle en question.

Quand les points A, B et l'angle φ sont donnés, on obtient évidemment quelque point de ce genre situé dans l'un donné des demi-plans séparés par la droite AB, en menant de A, B dans ce demi-plan, deux demi-droites faisant respectivement avec les demi-droites AB, et BA' de directions identiques, des angles l'un quelconque ξ, l'autre égal à $\xi + \varphi$, puis prenant l'intersection M de ces droites ne pouvant être parallèles (184). Car le triangle ABM donnera A'BM = BAM + BMA (211), c'est-à-dire $\xi + \varphi = \xi +$ AMB, d'où AMB $= \varphi$. On a maintenant le théorème suivant.

564. *Le lieu du point* M *d'où l'on voit le segment* AB *sous l'angle* φ *ou sous l'angle supplémentaire, selon que le même point tombe dans un demi-plan désigné ou dans son opposé, est une circonférence passant par les points* A, B *et dont la demi-tangente issue de* A, *par exemple, dans l'opposé au demi-plan désigné, fait avec* AB *un angle égal à* φ.

I. Soient M un premier point de ce genre situé dans le demi-plan désigné, et M_1 quelque autre y tombant aussi.

Si la demi-droite AM_1 se confond avec AM, BM_1 se confondra aussi avec BM et, par suite, M_1 avec M, à cause de $A'BM_1 = A'AM_1 + \varphi = A'AM + \varphi = A'BM$. Sinon, supposons pour fixer les idées, que l'angle $A'AM_1$ soit $<$ A'AM, c'est-à-dire que la demi-droite AM_1 soit intérieure à l'angle A'AM. Comme $A'BM_1 = A'AM_1 + \varphi$ et $A'BM = A'AM + \varphi$, on a aussi $A'BM_1 <$ A'BM, et la demi-droite BM est extérieure à l'angle $A'BM_1$, intérieure, par suite, à ABM_1. Les segments AM_1, BM se rencontrent donc en un point K_1 intérieur à tous deux (159, IV), rendant ainsi les directions K_1A, K_1M opposées à K_1M_1, K_1B; les triangles AK_1M, BK_1M_1 sont équiangles comme ayant opposés au sommet leurs angles en K_1, égaux à φ ceux en M, M_1; et la proportion entre leurs côtés homologues

(1) $$\frac{K_1A}{K_1B} = \frac{K_1M}{K_1M_1} \qquad (214),$$

ou bien $K_1A . K_1M_1 = K_1B . K_1M$, montre que le quadrilatère $AMBM_1A$ est inscriptible (524), c'est-à-dire que M_1 appartient à la circonférence déterminée par les trois points A, M, B (507).

II. S'il s'agit d'un point M_2 du même genre, mais tombant dans le demi-plan non désigné, les segments BM, AM_2 n'ont aucun point intérieur commun, et, par suite, leurs droites se coupent en quelque point K_2 extérieur à tous deux, ou bien sont parallèles. Dans le premier cas, les triangles AK_2M, BK_2M_2 ont en K_2 un angle commun, en M, M_2 des angles égaux, parce que l'angle intérieur de l'un est supposé supplémentaire à l'extérieur de l'autre, et on retrouve, comme ci-dessus (I), l'égalité $K_2A.K_2M_2 = K_2B.K_2M$ plaçant encore M_2 sur la circonférence AMB.

Dans le second cas, le parallélisme des segments dirigés BM, AM_2 ne peut être qu'inverse (81), et le quadrilatère $AMBM_2A$ est un trapèze déchevêtré (308) dont les angles en A, M_2 suppléments du même angle M sont égaux entre eux, ainsi que ceux en B, M pour une cause semblable. On en conclura sans peine, qu'une même perpendiculaire aux segments AM_2, BM passe par leurs milieux, et qu'ainsi (524) M_2 est toujours sur la circonférence ABM.

III. Le renversement des raisonnements qui précèdent, montre immédiatement que tout point de la circonférence ABM appartient bien au lieu. Car s'il s'agit, par exemple, de M_1 intérieur à l'angle BAM, la demi-droite AM_1 rencontre le segment BM en un point K_1 qui lui est intérieur, intérieur aussi à l'autre corde AM_1 (522), et le théorème du n° 523 conduit à la proportion (1) montrant que l'angle AM_1B est égal à AMB $= \varphi$; et semblablement, pour tout autre point de cette circonférence.

IV. Joignons enfin à B un point quelconque T de la demi-tangente mentionnée dans l'énoncé, puis à A la deuxième trace M_1 de TB sur le cercle. Le point T étant extérieur au cercle (512), l'est aussi à la corde BM_1 (522), les directions TB, TM_1 sont identiques, et la relation $\overline{TA}^2 = TB.TM_1$ (523) pouvant s'écrire $TB : TA = TA : TM_1$ montre que les triangles BAT, AM_1T ayant un angle commun en T sont équiangles, et par suite que leurs angles homologues BAT, AM_1T sont égaux. Or, ce dernier est évidemment égal à φ, quand M_1 est, comme ici, dans le demi-plan désigné; et, semblablement, si ce point était dans le demi-plan opposé.

565. Le lieu très remarquable dont nous venons de reconnaître la nature, se nomme le *segment* (*circulaire*) (*Cf.* 544) *capable de l'angle* φ, *décrit sur le segment* (*rectiligne*) AB dans les conditions topographiques indiquées, et nous avons donné implicitement sa construction.

Le procédé le plus simple, parce qu'il ne fait intervenir qu'un seul angle, consiste à déterminer sa tangente en A par la condition que la partie AT de celle-ci, dirigée dans le demi-plan non désigné, fasse avec AB un angle égal à φ (564, IV), puis à prendre le cercle passant par A, B, tangentiellement à AT (519).

Le centre de ce cercle est dans le demi-plan désigné, dans son opposé ou sur AB, selon que l'angle φ est aigu, obtus ou droit, car c'est toujours ainsi qu'est placée la demi-perpendiculaire à AT, menée dans le demi-plan ATB.

Quand aucun des demi-plans séparés par la droite AB n'a été désigné, *il y a, sur la même distance AB, deux segments capables de l'angle* φ, *si l'angle donné* φ *est aigu ou obtus*, car alors les demi-droites qui, dans ces demi-plans, font des angles égaux à φ, ne peuvent se prolonger l'une l'autre. Les centres de ces deux cercles sont de part et d'autre de AB.

Si φ est un angle droit, les deux lieux se confondent en un seul cercle ayant son centre sur AB, au milieu de ce segment, évidemment. On retrouve alors le théorème du n° **506**, comme cas particulier très restreint de celui-ci.

Quand φ est nul ou neutre, chaque lieu dégénère en la droite AB.

Si le segment AB était nul, le lieu comprendrait tous les points du plan ou bien dégénérerait en un simple point (A ou B), selon que l'angle φ serait nul ou non.

566. On remarquera que la proposition du n° **564** fait retrouver par une voie entièrement différente et bien plus naturelle (**523**, *in fine*), l'égalité de deux angles inscrits interceptant un même arc sur une même circonférence, égalité d'où l'on remonterait sans peine au surplus de la théorie des n°ˢ **548** et suivants.

567. Le même théorème donne une autre forme évidente à la condition voulue pour qu'un quadrilatère soit inscriptible (**524**) : *il faut, et il suffit, s'il est déchevêtré comme* $AMBM_2A$, *que deux angles opposés* M, M_2, *par exemple, soient supplémentaires, s'il est enchevêtré, comme* $AMBM_1A$, *que deux angles opposés du genre de* M, M_1 *soient égaux.*

C'est aux considérations du n° **550**, que ceci est rattaché par les traditions classiques. Quand deux angles inscrits ont leurs côtés passant par deux mêmes points A, B d'une circonférence, *ils sont effectivement égaux si leurs sommets* M, M_1 *tombent d'un même côté de la corde* AB, puisque la moitié du même arc AM_2B les mesure tous deux, *mais supplémentaires si leurs sommets* M, M_2 *tombent de part et d'autre de la même corde*, puisqu'alors leur somme a pour mesure la moitié de celle des arcs AM_2B, AMB, en lesquels la corde a découpé la totalité de la circonférence.

Dans un même plan, et relativement à une paire de droites (D_1, D_2), deux autres E_1, E_2 sont quelquefois dites *antiparallèles*, quand, après solidarisation de la figure, son déplacement consistant à appliquer D_1, D_2 respectivement sur les positions primitives de D_2, D_1, place E_1, E_2 parallèlement à celles de E_2, E_1.

Combinée avec le critérium énoncé à l'instant, cette définition lui donne une forme parfois employée. *Pour l'inscriptibilité d'un quadrilatère, il est nécessaire et suffisant que deux côtés opposés soient antiparallèles par rapport à la paire des deux autres.*

568. *Des demi-droites* Am, An, Ap, ... (fig. 149) *allant d'un*

FAISCEAUX SUPERPOSABLES PAR GLISSEMENT. 301

même point A d'un cercle à d'autres quelconques m, n, p, ..., forment un faisceau qui, par simple glissement sur le plan, est superposable à tout autre du même genre Bm, Bn, Bp...

Les points A, B et deux quelconques m, n des autres étant toujours sur un même cercle, les droites AB, mn, si elles ne sont parallèles, se coupent toujours en un point qui, aux deux cordes AB, mn simultanément, est, soit extérieur, soit intérieur (**522**) ; en conséquence, A, B seront d'un même côté de la droite mn ou de part et d'autre, selon que l'une ou l'autre de ces dispositions sera celle de m, n relativement à la droite AB.

Si donc deux points m, n sont situés, par exemple, d'un même côté de AB, les triangles tels que mAn, mBn sont toujours homotaxiques (**217**, III); par suite, l'angle mAn est non seulement égal (**564**), mais encore homotaxique à l'angle mBn. Il en résulte que si, par glissement sur le plan de la figure, on applique le rayon Am du premier faisceau sur son correspondant Bm dans le second, son autre rayon An, s'appliquera simultanément sur son correspondant Bn. Raisonnement semblable dans tous les autres cas.

Cette proposition trouve en Cinématique (tour elliptique) une application importante que nous devons passer sous silence.

569. *Réciproquement, les éléments correspondants dans deux faisceaux de demi-droites qu'un simple glissement sur leur plan commun peut superposer, se coupent (s'ils ne sont pas toujours parallèles) en des points dont le lieu est une circonférence passant par les sommets des faisceaux.* Car on s'assurera immédiatement que deux des angles m, n, p, ... sont égaux ou supplémentaires, selon que leurs sommets sont d'un même côté de la droite AB ou non (**564**).

Ce théorème et le précédent sont fondamentaux dans les parties élevées de la théorie du cercle.

570. Des relations fort utiles entre les éléments d'un triangle et le rayon de son cercle circonscrit (**507**), se rattachent au principal théorème de ce paragraphe.

En représentant par a, b, c les côtés d'un triangle ABC *(fig. 150), par* {sin A}, {sin B}, {sin C}, *les sinus des angles respectivement opposés ou du supplément de celui qui serait obtus, par* R *le rayon du cercle circonscrit, par* S *l'aire du triangle, on a*

(2) $$\frac{a}{\{\sin A\}} = \frac{b}{\{\sin B\}} = \frac{c}{\{\sin C\}} = 2R,$$

(3) $$abc = 4RS.$$

I. Si A' est la seconde extrémité du diamètre du cercle circonscrit passant par quelque sommet B du côté opposé à l'angle A, le triangle BCA' est rectangle en C (**506**) et donne BC = BA'.sin A' (**243**), c'est-à-dire $a = 2R\{\sin A\}$; car les angles A, A' sont égaux ou supplémentaires, selon que leurs sommets sont situés d'un même côté de la droite BC ou non (**564**). D'où, l'égalité des membres extrêmes des relations (2), celle de tous les autres se prouvant de la même manière.

L'égalité des trois premiers rapports, qui est la plus importante, s'établit directement à bien moins de frais. Car les côtés PM, QM d'un triangle quelconque PQM (*fig.* 53) et sa hauteur HM, sont les hypoténuses et un côté de l'angle droit commun dans les deux triangles PHM, QHM, rectangles en H; et ces derniers donnent ici PM.sin P = HM = QM.sin (2dr. — Q), d'où, évidemment, PM : {sin Q} = QM : {sin P}, puis, de la même manière, = PQ : {sin M}.

II. Les égalités (2) comprennent en particulier $a = 2R\{\sin A\}$ donnant, après multiplication des deux membres par bc,

$$abc = 2R.bc\{\sin A\} = 4R\left[\frac{1}{2}bc\{\sin A\}\right] = 4RS \qquad (317).$$

Lignes inverses d'une droite, d'un cercle.

571. Relativement à un point I et à une quantité constante $\mathfrak{J}$ ($\neq 0$), tous deux donnés et dits l'*origine* et la *puissance*, un point M' (*fig.* 151) est dit *inverse* d'un autre M, quand les directions IM, IM' sont, soit identiques, soit opposées, et qu'entre les longueurs IM, IM', on a la relation numérique

(1) $\qquad\qquad\qquad$ IM.IM' $= \mathfrak{J}$;

l'*inversion* est *positive* dans le premier cas, *négative* dans le second.

Une seconde figure $\mathfrak{F}'$ est l'inverse d'une première $\mathfrak{F}$, quand chacun de ses points M' est ainsi l'inverse de quelque point M de celle-ci, relativement à une même origine et à une même puissance, et cela toujours de la même manière, l'inversion étant dite encore positive dans le premier cas, négative dans le second.

Voici quelques observations essentielles :

I. *Tout point* M *de* $\mathfrak{F}$, *autre que l'origine* I, *a un inverse* M' *dans* $\mathfrak{F}'$ *et un seul*, parce que IM n'étant pas nul, la relation (1) donne $\mathfrak{J}$: IM pour longueur du segment IM', à porter sur la droite IM, à partir de I et dans un sens indiqué par le nom de l'inversion, pour avoir IM'.

Mais l'origine I *n'a pas de point inverse*, car alors IM = 0, et aucun point M' ne peut donner 0.IM' = $\mathfrak{J}$.

II. *Il y a réciprocité entre $\mathfrak{F}$ et $\mathfrak{F}'$, en ce sens que la première figure est également l'inverse de la seconde, de même qualification, relativement à la même origine* I *et à la même puissance* $\mathfrak{J}$. Car si, ayant des directions identiques ou opposées, les segments IM, IM′ donnent IM.IM′ = $\mathfrak{J}$, les segments IM′, IM offrent la même disposition topographique relative, donnant tout aussi bien IM′.IM = $\mathfrak{J}$.

A cause de cela, on nomme aussi *transformation par rayons vecteurs réciproques*, l'opération consistant à prendre l'inverse d'une figure.

III. *Si* M, M′ *et* N, N′ *sont deux couples quelconques de points inverses, le quadrilatère* MNN′M′M *est inscriptible* (524), *ou, ce qui revient au même, les droites* MN, M′N′ *sont antiparallèles* (567) *par rapport à la paire* IMM′, INN′. C'est ce qui résulte immédiatement de ce que le point I est, soit extérieur, soit intérieur aux deux segments MM′, NN′ à la fois, et des relations numériques IM.IM′ = $\mathfrak{J}$ = IN.IN′.

IV. *Quand l'inversion est négative, il n'y a aucun point double, c'est-à-dire se confondant avec son inverse* (402). *Mais quand elle est positive, il y a une infinité de pareils points dont le lieu est la circonférence décrite de l'origine comme centre avec* $\sqrt{\mathfrak{J}}$ *pour rayon.*

Pour que les points inverses M, M′ coïncident, il faut et il suffit que les segments IM, IM′, dont aucun ne peut s'évanouir, soient égaux et d'une même direction ; or, cette dernière condition est contradictoire au nom de l'inversion, si elle est négative.

Mais elle est toujours remplie dans l'autre cas, et, combinée avec (1), la première IM = IM′ donne $\overline{IM}^2 = \mathfrak{J}$, carré du rayon du cercle en question.

On peut alors remarquer, que *l'inverse de tout point* M *n'est pas autre chose que le pied sur le diamètre de ce cercle allant à* M, *de la polaire de ce point par rapport au même cercle* (515).

V. *Deux figures* $\mathfrak{F}'$, $\mathfrak{F}_1$ *inverses d'une même autre* $\mathfrak{F}$ *relativement à des puissances quelconques* $\mathfrak{J}'$, $\mathfrak{J}_1$ *mais à la même origine* I, *sont homothétiques, avec* I *pour centre d'homothétie et* $\mathfrak{J}'$: $\mathfrak{J}_1$ *pour rapport de similitude* (404).

Car si M′ dans $\mathfrak{F}'$, M$_1$ dans $\mathfrak{F}_1$ sont les inverses d'un même point quelconque M de $\mathfrak{F}$, la relation topographique des segments dirigés IM′, IM$_1$ avec IM étant toutes deux invariables, leur relation mutuelle l'est aussi, et en divisant membre à membre les relations

$$IM.IM' = \mathfrak{J}', \quad IM.IM_1 = \mathfrak{J}_1,$$

il reste

$$\frac{IM'}{IM_1} = \frac{\mathfrak{J}'}{\mathfrak{J}_1}.$$

On reconnaît de la même manière, que *si le même point* I *est centre d'homothétie pour* $\mathcal{F}'$, $\mathcal{F}_1$, *mais origine d'inversion pour* $\mathcal{F}'$, $\mathcal{F}$, *il est centre d'inversion aussi pour* $\mathcal{F}$, $\mathcal{F}_1$.

572. *Sur deux lignes inverses, deux points correspondants* M, M' *(fig.* 151) (*dont aucun n'est l'origine*) *sont en même temps, soit ordinaires, soit singuliers* (**449**), *et dans le premier cas, les demi-tangentes en* M, M' *qui sont situées dans un même demi-plan d'arête* IMM', *font des angles égaux avec les directions* MM', M'M ; *ou bien encore elles sont symétriques par rapport à la perpendiculaire élevée à* MM' *au milieu de ce segment* (**238**).

Négligeant le premier point dont la démonstration est impossible pour nous, nous considérerons un point N infiniment voisin de M sur la première ligne, son point inverse N' sur la seconde, et, pour fixer les idées, nous supposerons l'inversion positive, ce qui place N' du même côté que N de la droite IMM'.

L'identité de leurs angles en I, et la relation $IM.IM' = \mathcal{I} = IN.IN'$ pouvant s'écrire

$$\frac{IM}{IN'} = \frac{IN}{IM'},$$

montre que les triangles IMN, IN'M' sont équiangles, que sans cesse, par suite, leurs angles variables IMN, IN'M' sont égaux, que l'on a aussi

$$\frac{MN}{N'M'} = \frac{IM}{IN'} = \frac{IM.IN}{\mathcal{I}},$$

à cause $IN.IN' = \mathcal{I}$. On a donc

$$M'N' = \left(\frac{\mathcal{I}}{IM.IN}\right)MN,$$

relation montrant que la distance M'N' est infiniment petite comme MN, parce que la quantité variable IN a IM pour limite évidente, et qu'ainsi le premier facteur du second membre a pour limite $\mathcal{I} : IM^2$.

On en conclut que la demi-droite M'N' a pour position-limite la demi-tangente en M' à la seconde ligne, qui est située dans le même demi-plan que celle en M à la première, position-limite de MN.

Maintenant, le triangle variable IM'N' donne sans cesse IM'N' = 2 dr. — IN'M' — MIN = 2 dr. — IMN — MIN, à cause de l'égalité des angles IN'M', IMN ; en outre, l'angle MIN a pour limite zéro. La limite de IM'N' + IMN, c'est-à-dire la somme des limites de ces angles, est donc égale à 2 dr., fait équivalent à celui que nous voulions établir, puisque ces dernières limites sont les angles formés avec M'M et l'opposée de MM' par deux demi-tangentes en M', M dans la disposition topographique en question.

Raisonnement aussi facile dans une inversion négative.

573. *En des points correspondants M, M', deux lignes de la première figure et leurs inverses se coupent sous des angles égaux* (**456**), *mais de directions giratoires opposées*, puisque, dans un même demi-plan d'arête IMM' et par rapport à quelque même axe, les demi-tangentes aux deux premières lignes sont respectivement symétriques à celles de la seconde (**572**), (**415**).

Ainsi donc, *l'inversion d'une figure en conserve tous les angles*, ce qui est une propriété essentielle de ce mode de transformation.

Il est encore plus évident, que *si les deux lignes de la première figure sont tangentes en M, leurs lignes inverses le sont en M'.*

574. *Quand une droite passe par l'origine, son inverse est une droite se confondant avec elle;* c'est évident.

Autrement, son inverse est la circonférence ayant pour diamètre le segment compris entre l'origine I (fig. 152) et l'inverse P' du pied P de la distance de cette origine à la droite considérée.

En appelant M, M' un point quelconque de la droite et son inverse, nous avons vu tout à l'heure (**572**), que deux triangles du genre de IPM, IM'P' sont toujours équiangles. L'angle M', égal à P, est donc droit, et le lieu du point M' est bien la circonférence précisée dans l'énoncé (**565**).

On voit ainsi, que, dans deux figures inverses, *les seules droites doubles* (**402**) *sont celles qui passent par l'origine.*

575. *Quand une circonférence passe par l'origine, son inverse est la perpendiculaire sur le diamètre passant par I (fig. 152), et dont le pied P est l'inverse de l'autre extrémité P' du même diamètre.*

Autrement, l'inverse est une autre circonférence coïncidant (mais non point sur point) avec l'homothétique à la proposée relativement à l'origine I et au rapport de similitude $\mathfrak{J}:\Pi$, où $\mathfrak{J}$, Π représentent la puissance de l'inversion et celle de son centre I par rapport à cette proposée.

I. Dans le premier cas, soient M', M un point quelconque du cercle proposé et son point inverse, formant avec I, P', P les sommets de deux triangles IM'P', IPM, du genre de ceux que, plusieurs fois déjà, nous avons vu être équiangles. L'angle IM'P' étant droit, parce que I, P' sont les extrémités d'un même diamètre (**565**), son égal IPM l'est aussi. Le sommet P et le côté PI de cet angle étant fixes, son autre côté PM reste sans cesse appliqué sur la perpendiculaire en P à IP, qui est bien ainsi le lieu du point M.

II. *Dans le second cas, et si l'inversion est positive quand l'origine I est extérieure à la circonférence proposée, mais négative si ce point lui est intérieur, si, en outre, la puissance $\mathfrak{J}$ de l'inversion est égale à la puissance* Π *de I par rapport à cette proposée* (**528**), *la figure inverse se confond avec cette même circonférence.*

Soient, en effet, M un point quelconque de la circonférence considérée, M' son point inverse et M_1 la seconde trace de cette circonférence sur la droite IM.

Les relations

$$IM.IM' = \mathfrak{J}, \quad IM.IM_1 = \Pi = \mathfrak{J}$$

donnent immédiatement $IM' = IM_1$. Les points M', M_1 coïncident donc, puisque les hypothèses topographiques assurent l'identité des directions des segments égaux IM', IM_1.

III. Le cercle considéré $\mathfrak{C}$ est ainsi l'inverse de lui-même $\mathfrak{C}$ relativement à la puissance Π (II), l'inverse aussi de sa ligne inverse $\mathcal{L}$ relativement à la puissance $\mathfrak{J}$, ligne encore inconnue. Donc (**571**, V), $\mathcal{L}$ et $\mathfrak{C}$, inverses toutes deux à $\mathfrak{C}$ relativement à la même origine I, sont homothétiques par rapport au centre I, le rapport de similitude de la première au second étant $\mathfrak{J} : \Pi$, et $\mathcal{L}$ est bien une circonférence (**551**), (*Cf.* **582**, *inf.*).

De tout ceci, on conclut que, *dans deux figures inverses, les seuls cercles doubles, outre celui des points doubles* (**571**, IV) *quand il existe, sont ceux par rapport auxquels le centre de l'inversion a une puissance égale à celle de l'inversion, cela extérieurement ou intérieurement, selon que celle-ci est positive ou négative. Dans le premier cas, on voit immédiatement en outre, que les longueurs des tangentes menées du centre de l'inversion aux cercles doubles, sont précisément les rayons du cercle des points doubles, et qu'ainsi ce dernier coupe orthogonalement tous les autres.*

CHAPITRE XIX.

SYSTÈME DE DEUX CERCLES (DANS UN MÊME PLAN).

Points communs.

576. L'ensemble de deux cercles forme une figure admettant pour axe de symétrie :

1º Toute droite passant par leur centre commun (centre de symétrie aussi), quand ils sont concentriques (**498**, II);

2° La droite de leurs centres quand ils ne le sont pas, et, en outre, sa perpendiculaire élevée au milieu de la distance de ces points, si leurs rayons sont égaux.

Quand ils sont concentriques, ils se confondent ou n'ont aucun point commun, selon que leurs rayons sont égaux ou inégaux; c'est évident.

Quand, au contraire, leurs centres O, o ne coïncident pas, et si l'on nomme $R \geq r$ leurs rayons, leurs points communs, quand il en existe, sont ceux appartenant à l'un quelconque d'entre eux et à la droite perpendiculaire à la ligne des centres Oo, qui constitue le lieu des points dont la différence des carrés des distances à O, o est égale à $R^2 - r^2$ (254), (499).

Cette seconde assertion n'est guère moins évidente, car si M est un point commun, on a $OM = R$, $oM = r$, d'où

(1) $$\overline{OM}^2 - \overline{oM}^2 = R^2 - r^2,$$

relation montrant que M est bien sur la droite en question.

Inversement, si M est un point appartenant à la fois à cette droite et à la première circonférence par exemple, on a la relation (1) avec $OM = R$, d'où $oM^2 = r^2$, c'est-à-dire $oM = r$, et le même point appartient aussi à la deuxième circonférence.

577. Cette droite qui peut ainsi être substituée à l'un des cercles dans la recherche de leurs points d'intersection, est extrêmement remarquable et se nomme leur *axe radical* (579, *inf.*).

Comme, en vertu de la relation (1), chacun de ses points est au moins aussi éloigné de O que de o, il en est de même pour son pied P sur la droite des centres Oo, et le segment OP ne peut avoir une direction opposée à celle de Oo. En posant $Oo = d$, $OP = x$, cette distance x encore inconnue est déterminée par la relation (1) après substitution de P à M,

$$x^2 - \overline{d-x}^2 = R^2 - r^2,$$

où $\overline{d-x}$ représentera, ici comme plus loin, l'excès de la plus grande des quantités ainsi surlignées, sur la moindre. De là, et à cause de l'hypothèse essentielle $d = Oo \neq o$, on tire immédiatement

(2) $$x = \frac{R^2 - r^2 + d^2}{2d}.$$

La position de l'axe radical par rapport à la circonférence O ayant été déterminée ainsi, celles sur lui, des traces de cette circonférence seront aussitôt fournies par les considérations du n° **499**, et ces traces, quand elles existent, seront les points communs cherchés à nos deux cercles.

578. Pour discuter ce qui se passe dans les divers cas à distinguer, recherche fort utile, nous mettrons d'abord la formule (2) sous la forme

$$(3) \qquad x = R - \frac{r^2 - \overline{R-d}^2}{2d},$$

si $\overline{R-d} \leqq r$, ou sous cette autre

$$(4) \qquad x = R + \frac{\overline{R-d}^2 - r^2}{2d},$$

pour $\overline{R-d} \geqq r$, ce que rendent facile des transformations évidentes.

Voici maintenant l'examen des cas en question.

I. $R - r < d < R + r$. On a nécessairement $\overline{R-d} < r$, et la formule (3) donne $x < R$.

L'axe radical coupe la circonférence O en deux points distincts M_1, M_2, symétriques par rapport à la droite des centres (**499**). Par suite (**473**, V), *les angles sous lesquels les circonférences s'y coupent sont égaux.* La figure 153 offre une disposition de ce genre.

On remarquera que ces hypothèses assurent l'existence de quelque triangle déchevêtré ayant pour côtés R, r, d (**236**), (**590**, *inf.*).

II. $d > R + r$, ou $d < R - r$. On a alors, dans la première hypothèse : $R < d$, $d - R > r$, dans la seconde : $R > d$, $R - d > r$, et dans toutes deux : $\overline{R-d} > r$, puis, en vertu de la formule (4), $x > R$.

L'axe radical ne rencontre pas la circonférence O; par suite, nos deux cercles ne se rencontrent pas non plus.

En appelant m un point quelconque de l'un des cercles, et ω le pied de sa distance à la droite des centres, la formule $\overline{Om}^2 - \overline{om}^2 = \overline{O\omega}^2 - \overline{o\omega}^2$ (**254**), combinée avec la relation évidente $\pm O\omega \pm o\omega = d$ suivant les circonstances, rendra extrêmement facile la discussion de la distance de ce point à l'un des centres, quand il se meut sur l'autre circonférence.

On trouve ainsi dans l'hypothèse $d > R + r$, que tous les points du cercle o sont extérieurs au cercle O, et de même, que tous ceux de ce dernier sont extérieurs à l'autre (*fig.* 154). Dans l'hypothèse $d < R - r$, on constatera que tous les points du cercle o de moindre rayon, sont intérieurs à l'autre, dont les points sont au contraire extérieurs au premier (*fig.* 155).

Chacune de ces deux hypothèses s'oppose évidemment à l'existence d'aucun triangle de côtés R, r, d, qu'il soit déchevêtré ou non (**236**).

III. $d = R + r$, ou $d = R - r$. Alors on a, ou $d - R = r$, ou $R - d = r$, toujours $\overline{R-d} = r$. Les formules (3), (4), indifféremment, donnent $x = R$; l'axe radical est tangent à la circonférence O, à l'autre aussi par suite. Ces deux cercles n'ont qu'un point commun, situé naturellement sur la droite des centres, et ils y sont mutuellement tangents, puisqu'ils ont leur axe radical pour tangente commune en ce point.

La méthode esquissée à la fin de l'alinéa précédent montrera que, sauf celui de contact, les points de chaque cercle sont extérieurs à l'autre dans la première hypothèse, contact *extérieur* (*fig.* 156); dans la seconde, ceux du cercle o sont intérieurs au cercle O, ceux de O extérieurs à o, contact *intérieur* (*fig.* 157). Dans les deux cas, il existe bien un triangle de côtés R, r, d, mais ses sommets sont toujours en ligne droite, et il est enchevêtré (**206**).

579. *L'axe radical de deux cercles est le lieu des points dont les puissances par rapport à l'un et à l'autre* (**528**) *sont égales; par suite, ses points extérieurs aux cercles, sont ceux d'où les tangentes menées à l'un et à l'autre sont de même longueur* (**523**).

C'est ce que montre immédiatement la relation (1), écrite

$$\overline{OM}^2 - R^2 = \overline{oM}^2 - r^2$$

quand M est extérieur aux cercles (**514**), ou bien

$$R^2 - \overline{OM}^2 = r^2 - \overline{oM}^2$$

quand il leur est intérieur.

Ce fait confère une grande importance à l'axe radical dans un système de deux cercles. Assez souvent, on le nomme leur *corde commune*, cela même dans les cas où le manque d'intersections distinctes la fait disparaître.

Homothétie. — Tangentes communes.

580. *Deux cercles appartiennent de deux manières à des figures homothétiques entre elles, les unes l'étant directement, les autres inversement, mais où les centres sont toujours des points homologues, où le rapport de similitude est toujours égal à celui des rayons* (*Cf.* **623**, *inf.*).

Car M, M'$_1$ (*fig.* 158), ou M, M'$_2$ aussi bien, traces sur les deux circonférences de demi-droites issues de leurs centres O, O', et parallèles toujours directement ou toujours inversement, sont les extrémités de deux segments OM, O'M'$_1$, ou OM, O'M'$_2$, dont le rapport OM : O'M'$_1$, ou OM : O'M'$_2$, est identique à $r : r'$, rapport des rayons, constant par suite (**396**).

Le genre de l'homothétie est celui du parallélisme des demi-droites considérées. Le centre C$_1$ de l'homothétie directe disparait quand on a $r = r'$ (**403**, V); autrement, il divise extérieurement le segment des centres OO' dans le rapport $r : r'$. Celui C_2 de l'homothétie inverse existe toujours, divisant le même segment dans le même rapport, mais intérieurement.

Si les cercles étaient concentriques, les centres des deux homothéties se confondraient en leur centre commun.

581. *Deux cercles peuvent avoir deux paires de tangentes communes. En cas d'existence, celles de la première se coupent au centre d'homothétie directe quand les rayons sont inégaux, sont parallèles à la droite des centres dans le cas contraire ; celles de la seconde passent de même par le centre inverse.*

I. *Toute tangente commune passe par un centre d'homothétie.* Car les rayons menés aux points de contact dans les deux cercles lui étant perpendiculaires, sont parallèles entre eux, même homologues puisqu'ils passent par les centres qui le sont. Les points de contact sont donc homologues, et la tangente considérée, puisqu'elle les joint, est une droite double, passant ainsi par quelque centre d'homothétie, ou bien parallèle à la droite des centres des cercles, dont la direction est commune aux droites doubles quand les rayons sont égaux (**403**).

On se trouve dans ce dernier cas, ou dans celui où la tangente passe par le centre de l'homothétie directe, si la tangente commune est *extérieure*, c'est-à-dire laisse les cercles d'un même côté d'elle, car alors les rayons sont directement parallèles. Il s'agit, au contraire, du centre de l'homothétie inverse, si la tangente commune est *intérieure*, laissant les deux cercles de part et d'autre d'elle.

II. *Toute droite issue d'un centre d'homothétie et tangente à un des cercles, l'est aussi à l'autre.* Car son homologue, qui se confond ainsi avec elle, est tangente au second cercle, le point de contact étant l'homologue de celui où elle touche le premier (**473**, III).

III. La première paire existe, et les tangentes sont distinctes, quand le centre de l'homothétie directe est extérieur à l'un des cercles (à l'autre aussi par suite, évidemment) ou bien quand les rayons sont égaux ; mais elle n'existe pas quand ce centre leur est intérieur. Quand le même centre est situé sur l'une des circonférences, sur l'autre aussi par suite, la paire existe encore, mais ses tangentes se confondent avec la tangente unique à l'une et à l'autre en ce point commun. Cette tangente unique est, en même temps, l'axe radical (**578**, III).

Des particularités du même genre peuvent se produire pour la seconde paire.

La *fig.* 158 représente deux cercles extérieurs l'un à l'autre, ayant par suite chacun de leurs centres d'homothétie extérieur à tous deux, ce dont on s'assurera facilement. Les deux paires de tangentes communes existent, et dans chacune, une tangente a été tracée.

Inversion et homologie.

582. *Quand un centre d'homothétie C_1 (fig. 159) de deux circonférences O, O' n'est pas sur l'une, ni sur l'autre par suite, il est aussi l'origine d'une inversion existant entre elles (**571** et suiv.).*
Soient M un point mobile sur le premier cercle, M'$_1$ son homologue sur l'autre, et 'M$_1$ la seconde trace de celui-ci sur la droite C_1M. Le second cercle, considéré comme une figure ['M$_1$] lieu des points 'M$_1$, est inverse à lui-même [M'$_1$] relativement à l'origine C_1 et à la puissance de ce même point C_1 par rapport à ce cercle O', puissance supposée $\neq 0$ (**575**, II); mais cette figure [M'$_1$] est homothétique, avec le centre C_1, à la figure [M] constituée par le cercle O. Donc les figures [M], ['M$_1$], c'est-à-dire les cercles proposés O, O', sont inverses relativement à l'origine C_1 (**571**, V).

Ici, des points des cercles tels que M, 'M$_1$, se correspondant dans l'inversion, c'est-à-dire en ligne droite avec le centre d'homothétie, origine de cette inversion, sans être homologues dans cette homothétie, sont dits *antihomologues*.

583. *Des tangentes T, 'T$_1$ aux deux circonférences, qui sont antihomologues, c'est-à-dire dont les points de contact M, 'M$_1$ sont tels, se coupent toujours sur leur axe radical, ou lui sont parallèles.*

Réciproquement, si, par un point quelconque J de l'axe radical (extérieur aux cercles), ou bien parallèlement à cet axe, on mène une tangente T au premier, deux 'T$_1$, 'T$_2$ au second, les tangentes T, 'T$_1$ sont antihomologues relativement à un centre d'homothétie, et T, 'T$_2$ le sont aussi, mais relativement à l'autre centre.

I. Dans un même demi-plan d'arête M'M$_1$, deux demi-droites empruntées aux tangentes T et 'T$_1$ forment toujours des angles égaux avec M'M$_1$ et 'M$_1$M, parce qu'il s'agit de lignes inverses (**572**).

Si donc ces tangentes se rencontrent en J, le triangle MJ'M$_1$ est isocèle, les longueurs JM, J'M$_1$ des tangentes sont égales, et le point J appartient à l'axe radical (**579**). Si elles sont parallèles, elles sont perpendiculaires sur M'M$_1$; cette droite passant alors par les centres des deux circonférences, est perpendiculaire aussi à l'axe radical, et celui-ci est parallèle aux tangentes.

Ceci est encore renfermé comme cas limite, dans le théorème du n° **584** (*inf.*).

II. Le point J ayant été pris sur l'axe radical, les segments de tangentes MJ, $'M_1J$ sont égaux dans un même demi-plan d'arête $M'M_1$, et les angles égaux $JM'M_1$, $J'M_1M$ sont aigus.

Supposons maintenant M extérieur à la circonférence O', et soient M'_1 la seconde trace de celle-ci sur la sécante $M'M_1$, puis T'_1 sa demi-tangente faisant, avec $M'_1'M_1$, un angle égal à $J'M_1M$· (**518**), à $JM'M_1$ par suite. Cette demi-droite étant forcément dans le demi-plan opposé à $'M_1MJ$, son angle avec $M'_1'M_1$ et son égal JMM'_1 sont alternes-internes par rapport à la sécante M'_1M. Les tangentes T'_1, T sont donc parallèles (**185**), les rayons $O'M'_1$, OM aussi; les points M'_1, M sont par suite homologues, et $'M_1$, M antihomologues, par rapport à quelque centre d'homothétie. Raisonnement semblable, si M est intérieur à la circonférence O', ou évidence quand il s'agit de tangentes parallèles à l'axe radical.

Mêmes considérations pour le second point de contact $'M_2$, dont le caractère inverse avec M est évidemment relatif à l'autre centre d'homothétie.

584. *Deux cordes antihomologues, c'est-à-dire dont l'une a pour extrémités $'Q$, $'R$ antihomologues des extrémités Q, R de l'autre, se coupent aussi sur l'axe radical, ou lui sont simultanément parallèles.*

Car ces quatre points étant sur une même circonférence à cause de l'inversion relative à quelque origine C (**571**, III), on a, si les droites en question se coupent en K (*fig.* 159),

$$KQ.KR = K'Q.K'R,$$

c'est-à-dire l'égalité des puissances de K par rapport aux deux cercles O, O' (**579**).

Si $'Q'R$ est parallèle à QR, elle l'est aussi, non seulement à son homologue qr, mais encore à $Q'R'$ homologue de QR, et, les trapèzes $QRqr$, $Q'R''Q'R$ étant inscrits dans les cercles O, O', la droite issue de C, qui passe évidemment par les milieux de leurs quatre côtés parallèles QR, qr, $Q'R'$, $'Q'R$ à la fois (**260**, I), est perpendiculaire à tous (**524**), se confond, par suite, avec la droite des centres OO'.

585. Dans les parties un peu élevées de la Géométrie, on étudie l'*homologie* de deux figures, relation importante pouvant être définie par le caractère suivant : *la droite qui joint deux points quelconques d'une figure et celle qui joint leurs homologues dans l'autre, ou bien concourent sur un plan fixe* Π, *dit plan d'homologie, ou bien sont parallèles à quelque même droite de ce plan* (Cf. **396**); d'où l'on conclut presque immédiatement, qu'*une droite, un plan, ont pour homologue une droite, un plan aussi, et que la droite joignant deux points homologues, double alors, passe toujours par un point fixe double* Γ, *dit centre d'homologie, ou bien demeure parallèle à une droite fixe* (Cf. **397**, **403**). Des considérations où nous ne pouvons entrer, réduisent l'homothétie à une simple variété de l'homologie. Sur un même plan qui contiendrait les deux figures, le plan d'homologie peut être remplacé par sa trace prenant alors le nom d'*axe d'homologie*.

Ce que nous venons de reconnaître, montre que *nos deux cercles sont homologiques de deux manières, leur axe radical chaque fois, leurs centres d'homothétie alternativement, jouant les rôles d'axe et de centre d'homologie*. Les points, tangentes, cordes, dits antihomologues tout à l'heure, sont des éléments homologiques dans telle ou telle de ces homologies.

586. Des systèmes de *trois* cercles, sont à considérer dans la plupart des problèmes où il faut en construire un assujetti à la condition d'être tangent à un ou plusieurs autres donnés. Pour ne pas sortir plus longtemps de notre cadre, nous devons nous contenter d'énoncer ce théorème presque évident, qui joue un grand rôle dans toutes ces questions.

Les trois axes radicaux $\mathcal{R}$, $\mathcal{R}'$, $\mathcal{R}''$ de trois cercles quelconques O, O', O'' combinés deux à deux, sont concourants ou parallèles.

Soient effectivement J l'intersection des axes $\mathcal{R}'$ de O, O'' et $\mathcal{R}''$ de O, O', puis Π, Π', Π'' les puissances de ce point par rapport aux trois cercles. On a $\Pi'' = \Pi$ parce que J est sur $\mathcal{R}'$, et $\Pi = \Pi'$ parce qu'il est aussi sur $\mathcal{R}''$. On a donc aussi $\Pi'' = \Pi'$, relation montrant que J est encore sur $\mathcal{R}$ (**579**). Ce point J est le *centre radical* des trois cercles. [Le centre radical et sa puissance commune sont évidemment le centre et la puissance de l'inversion où ces trois cercles sont doubles (**575**)].

Quand les deux axes considérés sont parallèles, les droites de centres OO'', OO' se confondent parce qu'elles leur sont perpendiculaires, ayant le point commun O. L'autre axe, qui est perpendiculaire sur la même droite $OO'O''$, est donc parallèle aux deux premiers.

CHAPITRE XX.

CONSTRUCTIONS SIMPLES S'EXÉCUTANT
PAR DES INTERSECTIONS DE DROITES ET DE CERCLES.

Constructions exigeant l'emploi du cercle.

587. *Tracer un cercle (dans un plan donné), connaissant son rayon et son centre.*

On emploie un compas (**155**) dont l'une des pointes a été

remplacée par une pièce portant un instrument propre à tracer une ligne déliée (crayon ou tire-ligne). On lui donne d'abord l'ouverture établissant entre les extrémités des branches une distance égale au rayon donné ; au moyen d'une légère piqûre sur le papier, on arrête la pointe sèche au point assigné pour le centre ; en maintenant enfin la pointe traçante appuyée aussi sur l'épure, on fait pivoter l'ouverture du compas d'un tour autour de sa pointe sèche restant fixe.

La simplicité et la précision de ce tracé, plus grandes même que pour la droite car la réalisation matérielle d'une règle est une opération bien plus délicate que celle d'un compas, les propriétés cinématiques du cercle, lui assignent un rôle considérable dans la confection des épures.

588. *Construire un triangle, connaissant deux côtés (non nuls) et l'angle (saillant) opposé à l'un d'eux.*

Sur l'un des côtés de l'angle donné A (*fig.* 160) et à partir de son sommet, je porte une longueur AB égale au côté donné c du triangle inconnu qui doit le comprendre, et, de ce point B comme centre, avec un rayon égal au côté a du triangle qui doit être opposé à A, je décris une circonférence (**587**). Le troisième sommet C du triangle ne peut évidemment être qu'une trace de ce cercle sur la droite Aγ, à laquelle l'autre côté de l'angle A a été emprunté. Réciproquement, toute semblable trace donne le troisième sommet d'un triangle (déchevêtré) répondant à la question, si elle tombe sur le côté Aγ lui-même, non sur son prolongement Aγ_1, ni en son origine A. Les cas suivants peuvent se présenter.

I. a est $>$ BP distance du point B à la droite Aγ, dont l'expression, au moyen des données, est $c|\sin A|$ (**317**). La circonférence coupe cette droite en deux points C_1, C_2 qui sont distincts et symétriques par rapport au point P (**499**).

1° *Quand* A *est* $< 90°$, P tombe sur la demi-droite Aγ (**213**), et C_1, celle des deux traces qui rend la direction PC_1 identique à Aγ, fournit toujours une solution. L'autre C_2 en donne une seconde, si toutefois PC_2 = PC_1 est $<$ PA, c'est-à-dire (**262**) si $a =$ BC_2 $=$ BC_1 est $<$ BA $= c$. Pour $a \gtreqless c$, C_2 se place en A et le triangle ABC_2 est enchevêtré, ou bien sur Aγ_1 et l'angle en A du même triangle est, non égal, mais supplémentaire à l'angle donné.

2° *Quand* A *est* $= 90°$, P se confond avec A, le triangle ABC_1 répond à la question ; l'autre ABC_2 également, puisqu'il est rectangle aussi, avec les mêmes côtés pour son angle droit.

La construction est alors celle d'un triangle rectangle dont on donne l'hypoténuse a et un côté de l'angle droit c, toujours possible ainsi sous la condition $a > c$ (**235**).

3° *Quand* A *est* $> 90°$, P tombe sur Aγ_1 ; la trace C_1 donne une solution si a est $>$ BA $= c$, car on a alors P$C_1 >$ PA, et C_1 se

CONSTRUCTIONS DE TRIANGLES. 315

placé sur la demi-droite Aγ elle-même. L'autre C_2 n'en donne jamais, parce qu'elle est sur Aγ_1.

II. $a\ est = \mathrm{BP}$. Les traces C_1, C_2 se confondent avec P (**499**), la circonférence étant tangente en P à la droite Aγ (**512**). Les solutions possibles se réduisent au seul triangle ABP, rectangle en P, qui remplit les conditions de l'énoncé, est enchevêtré, ou bien ne répond pas à la question, selon que l'on a A $\lesseqgtr 90°$.

III. $a\ est < \mathrm{BP}$. La circonférence auxiliaire ne rencontre pas la droite Aγ, et aucun triangle ne peut exister avec les éléments donnés.

589. *Construire un angle aigu, connaissant son sinus ou son cosinus.*

Il suffit de prendre deux segments c, a dont le rapport $c:a$ soit égal au sinus ou au cosinus donné, de construire un triangle rectangle ayant a pour hypoténuse et c pour un côté de l'angle droit (**588**, I, 2°), puis d'y prendre l'angle C opposé au côté c, ou l'angle aigu B adjacent.

Pour que le problème soit possible, il faut et il suffit que $c \leqq a$, c'est-à-dire que le nombre donné pour le sinus ou le cosinus de l'angle inconnu soit $\leqq 1$ (**240**). Quand ce nombre est $= 1$, on a $c = a$, et l'angle cherché est droit ou nul, selon qu'il s'agit de son sinus ou de son cosinus.

589 bis. *Si c'était la tangente de cet angle qui fût connue, ou bien sa cotangente*, on prendrait deux segments b, c dans un rapport $b:c$ égal au nombre donné, on construirait un triangle rectangle ayant b, c pour côtés de son angle droit (**235**, II), puis on en prendrait l'angle aigu B, ou bien C.

Ce problème est toujours possible. Nous en consignons la solution ici, faute de lieu plus convenable; mais il faut remarquer qu'elle implique le simple tracé d'un angle connu (droit) et de segments à porter sur ses côtés, *non celui de quelque cercle.*

590. *Construire un triangle, connaissant les longueurs a, b, c (non nulles) de ses trois côtés.*

Des extrémités d'un segment BC (*fig.* 161) égal à l'un des côtés donnés a, prises pour centres, et avec des rayons égaux aux autres côtés c, b, je décris deux circonférences. Le sommet A, opposé à BC dans le triangle inconnu, ne peut évidemment se trouver qu'à l'intersection de ces cercles; réciproquement, une intersection, quand elle existera, donnera un triangle (déchevêtré) répondant à la question, si elle ne tombe pas sur la droite BC.

I. $\overline{b-c} < a < b+c$. Les circonférences se coupent en deux points A_1, A_2 non situés sur BC droite de leurs centres (**578**, I), et l'on a les deux triangles A_1BC, A_2BC distincts en positions, mais n'en donnant qu'un seul en forme, parce qu'ils sont symétriques par rapport à la droite BC, partant égaux.

II. $a = b + c$, ou $a = \overline{b - c}$. Les circonférences ont, sur la droite BC, un contact qui est extérieur dans le premier cas, intérieur dans le second (*Ibid.* III). On trouve bien encore un triangle, mais il est enchevêtré parce que ses trois sommets sont en ligne droite.

III. $a > b + c$, ou $a < \overline{b - c}$. Les circonférences ne se rencontrent pas (*Ibid.* II), et le problème est impossible.

591. *Construire deux segments rectilignes dont la somme ou différence soit égale à un segment donné p, et dont le produit des longueurs soit égal à celui des longueurs $q \neq 0$, $r \neq 0$ de deux autres segments, donnés aussi.*

Sur une droite, à partir d'un même point I (*fig.* 162), je porte en IQ, IR deux segments égaux à $q (\geq r)$, r respectivement, cela dans des directions opposées ou identiques, selon que p doit être la somme ou la différence des segments cherchés (notre figure est conforme à la première hypothèse). Par l'un ou l'autre de ces points R, Q indifféremment, Q, par exemple, je mène arbitrairement une droite QP différente de IQR, que toutefois nous prendrons perpendiculaire à celle-ci pour faciliter la discussion, et, sur laquelle, à partir de Q, je porte dans un sens arbitraire un segment QP égal à p. Je cherche le centre O de la circonférence passant par les trois points R, Q, P quand ils sont distincts (**507**), passant par R et tangente à QP en Q quand $p = 0$, passant par P et tangente à QI en Q quand Q et R se confondent (**519**); puis, de ce même point O pris encore pour centre, avec OI pour rayon, je décris une circonférence. Cela posé, si ce cercle rencontre la droite QP et si X désigne celle des deux intersections qui donne $XQ \geq XP$, ces deux segments sont ceux que l'on cherchait; sinon le problème est impossible.

Effectivement, les points X, I étant équidistants du centre O de la première circonférence, ils lui sont tous deux à la fois, et par suite à ses cordes QP, QR (**522**), soit intérieurs, soit extérieurs, d'où $XQ \pm XP = PQ = p$, selon que l'on aura voulu rendre égale à p, la somme ou la différence des segments inconnus. Pour la même raison, les puissances des mêmes points X, I par rapport à cette même circonférence, sont égales (**552**), et l'on a bien $XQ \cdot XP = IQ \cdot IR = qr$.

Pour que le problème soit possible, il faut évidemment et il suffit que OI, rayon de la circonférence résolvante, soit $\geq O\omega$, distance de son centre à la droite PQ qu'elle doit rencontrer; à ce point de vue, les cas suivants peuvent se présenter.

I. *C'est la somme des segments inconnus qui doit être égale* à p. Le point I est alors intérieur au segment QR, et en appelant χ le pied sur lui, de sa distance au centre O, c'est-à-dire son point milieu, on a $\chi Q = \chi R = (q+r):2$, $\chi I = q - (q+r):2 = (q-r):2$.

D'autre part, et ceci parce que nous avons pris droit l'angle RQP, la distance Oω du centre O à la corde QP, qui a pour pied ω milieu de celle-ci, est parallèle à QR, et l'on a $\chi O = Q\omega = p:2$, $O\omega = \chi Q = (q+r):2$. Il en résulte

$$\overline{OI}^2 = \overline{\chi I}^2 + \overline{\chi O}^2 = \left(\frac{q-r}{2}\right)^2 + \left(\frac{p}{2}\right)^2,$$

et la condition de possibilité $\overline{OI}^2 \gtreqless \overline{O\omega}^2$ devient

$$\frac{(q-r)^2}{4} + \frac{p^2}{4} \gtreqless \frac{(q+r)^2}{4},$$

se réduisant immédiatement à

$$\frac{p^2}{4} \gtreqless qr.$$

Si c'est l'égalité qui a lieu, la circonférence résolvante est tangente en ω au segment QP, et les solutions XQ, XP sont alors égales.

II. *C'est la différence des segments inconnus qui doit être égale à* p. Dans ce cas, le point I est extérieur au segment QR, à la première circonférence par suite (**522**); on a donc OI > OQ > Oω, et la circonférence résolvante, dont le rayon est OI, ne peut manquer de couper la droite QP, cela même à l'extérieur du segment QP; le problème est toujours possible.

592. On sait que la résolution d'une équation du deuxième degré équivaut à la recherche de deux quantités dont la somme (ou différence) et le produit aient des valeurs données. Par conséquent (**591**), *toute équation de cette sorte peut être résolue géométriquement, par l'intersection d'une droite et d'une circonférence immédiatement constructibles au moyen des données.*

593. La recherche d'une *moyenne proportionnelle* entre deux segments donnés q, r (c'est la résolution de l'équation $x^2 = qr$) n'est que le cas particulier du problème traité au n° **591**, où l'on donne pour les segments inconnus une différence $p = 0$. Le point I est alors extérieur au segment QR ; P se confond avec Q, et le cercle RQP' est tangent en Q à la perpendiculaire QP, ayant son centre en χ milieu de QR ; la circonférence résolvante a pour rayon $\chi I = (q+r):2$, et, en appelant J sa seconde trace sur son diamètre χI, on a non seulement QI $= q$, mais QJ $= \chi J - \chi Q = \chi I - \chi R = r$. Ainsi donc, les tracés reviennent à ceci : à partir de Q, sur une même droite, porter dans des directions opposées, des segments QI, QJ égaux à q, r ; sur IJ comme diamètre décrire une circonférence, en Q élever une perpendiculaire à IJ, et prendre la demi-corde découpée sur cette perpendiculaire par la circonférence. Nous retombons sur la construction classique de la moyenne proportionnelle.

Constructions n'exigeant pas le cercle, mais facilitées par son emploi, ou rendues plus précises.

594. *Par un point donné* I, *mener une perpendiculaire sur une droite donnée* ⊙ (**202**).

Quand I est étranger à ⊙, deux circonférences ayant pour centres des points distincts A, B pris arbitrairement sur cette droite et pour rayons, AI, BI respectivement, se couperont en I, se recouperont en un autre point J, et la droite IJ sera perpendiculaire sur AB se confondant avec ⊙ (**578, I**).

Pour exécuter tout le tracé avec une seule ouverture de compas, il suffira de prendre pour A, B (*fig*. 163), les traces d'une circonférence décrite de I comme centre (avec un rayon suffisamment grand).

Si I était en i sur la droite donnée, on porterait en iA, iB deux segments égaux en longueur, mais de directions opposées, puis on prendrait la droite joignant les intersections I, J de deux circonférences décrites de A, B comme centres avec un même rayon $r > iA$, ou joignant i à un seul de ces points, tout aussi bien. Effectivement, A, B peuvent être considérés comme les intersections de deux cercles de même rayon, mais ayant I, J pour centres ; IJ, droite de ces centres, est donc la perpendiculaire élevée sur le segment AB en son point milieu i (*Ibid.*).

595. *Trouver le point milieu d'un segment donné* AB (*fig*. 163). Comme nous venons de le voir, il est la trace i, sur AB, de la droite IJ joignant les intersections I, J de deux cercles de rayons égaux, ayant A, B pour centres.

Ces deux tracés rendent de très grands services dans tous les arts, et aussi dans la confection des graphiques analogues à ceux de la Géométrie descriptive, où il faut quelquefois construire un grand nombre de droites perpendiculaires à une même autre. Ils fournissent effectivement avec beaucoup de précision une première perpendiculaire, à laquelle il ne reste plus qu'à mener autant de parallèles qu'on voudra.

Ils s'appliquent aussi à la construction et à la vérification des équerres (rectangulaires).

596. *A partir d'une demi-droite donnée* OA, *et dans un demi-*

plan donné d'arête OA, porter un angle égal à un angle saillant donné ($\neq$ o) (**201**), (**216** bis).

Sur les côtés de l'angle donné de sommet ω, mais ailleurs qu'en ce point, j'en marque arbitrairement deux autres α, β ; sur la demi-droite OA je porte en OA' un segment égal à ωα, puis, de O, A' pris pour centres et avec des rayons égaux à ωβ, αβ respectivement, je décris deux circonférences. Celles-ci se coupent forcément en deux points B'_1, B'_2 situés, le premier par exemple dans le demi-plan proposé, le second dans son opposé ; car les conditions nécessaires à l'existence du triangle ωαβ sont remplies, et elles suffisent précisément à celle des intersections B'_1, B'_2 (**236**), (**578**, I).

Cela posé, OB'_1 est le second côté de l'angle cherché, car le triangle $OA'B'_1$ est égal au triangle ωαβ comme ayant ses trois côtés égaux à ceux de ce dernier (**233**), et l'angle AOB'_1 a la direction giratoire voulue.

Il suffirait même, que les segments OA', OB', A'B' eussent été pris proportionnels à ωα, ωβ, αβ (**234**). Le tracé est alors la base du procédé pour lever les plans, dit *levé au mètre*.

Usages du rapporteur.

597. Le *rapporteur* est un secteur circulaire d'angle neutre (**547**), taillé dans une feuille mince de matière transparente telle que de la corne, et sur le *limbe* duquel on a marqué le centre, puis tracé et numéroté à partir d'un demi-diamètre extrême, des divisions en degrés ou demi-degrés, ou même plus petites si les dimensions de l'instrument le permettent. Quelquefois sa matière est un métal ; on remédie alors à son opacité en l'évidant.

598. *Mesurer un angle donné (saillant).*

On place le centre du rapporteur au sommet de l'angle et le zéro de sa graduation sur l'un des côtés, tout cela de manière que l'autre côté soit recouvert par le limbe. Il ne reste plus qu'à lire le nombre des divisions interceptées par l'angle.

599. *Construire le second côté d'un angle dont la valeur est donnée.*

Relativement à la droite ainsi donnée, on place le rapporteur comme nous l'avons expliqué pour le premier côté de l'angle mesuré ci-dessus (**598**).

Sur le limbe on cherche ensuite la division correspondant à la mesure donnée ; puis, avec la pointe d'une aiguille ou d'un crayon, on marque sur l'épure le point où cette division aboutit à la circonférence du rapporteur. Ce point détermine le second côté de l'angle à construire.

600. *Construire le second côté d'un angle égal à un angle donné.* La solution résulte de la combinaison des deux précédentes.

Le rapporteur est un instrument commode pour le dessin courant, mais d'une exactitude insuffisante dans les cas où une grande approximation est nécessaire.

CHAPITRE XXI.

CONSTRUCTION DES POLYGONES RÉGULIERS ÉLÉMENTAIRES.

Généralités sur les polygones réguliers.

601. Dans ce chapitre, nous restreindrons la dénomination de *lignes brisées régulières* à celles de dièdre nul, partant planes (**426**, II), le bilatère habituellement excepté, et nous continuerons à ne considérer que des figures situées sur un même plan.

Nous représenterons généralement par a le côté d'une semblable ligne, LM (*fig.* 105) (ou MN, ...), par α son angle LMN (ou KLM, ...), par R, r ses rayon ΩL et apothème $\Omega'[lm]$ (**431**, II), par ω son angle au centre LΩM (ou $[lm]\Omega[mn]$), quantités entre lesquelles existent les relations

(1) $\qquad \alpha + \omega = 180°\qquad$ (*Ibid.*),

(2) $\qquad \dfrac{a}{2} = R \sin \dfrac{\omega}{2}, \qquad r = R \cos \dfrac{\omega}{2},$

ces dernières immédiatement fournies par la considération d'un triangle rectangle tel que L$[lm]\Omega$, découpé par l'axe de deuxième classe $[lm]\Omega$ dans le triangle isoscèle LΩM; le même triangle rectangle donne encore

(3) $\qquad \dfrac{a^2}{4} + r^2 = R^2.$

Dès que, parmi les cinq quantités a, α, ω, R, r, un segment et un angle, ou bien deux segments, auront été donnés, on pourra calculer les trois autres au moyen des Tables trigonométriques et des relations (1), (2), l'une des deux dernières pouvant être remplacée par (3).

Si un angle seul était donné, l'autre serait fourni par (1), et, en choisissant arbitrairement l'un des segments a, R, r, le calcul des deux autres, au moyen de (2), compléterait les éléments de l'une des lignes toutes semblables entre elles (435), pour lesquelles l'angle en question a la valeur donnée.

602. En désignant désormais par O (fig. 164) le centre de la ligne (431, II), il est évident que *si, de O comme centre, on décrit deux circonférences ayant* R, r ($<$ R) *pour rayons, la ligne brisée a tous ses sommets* ..., L, M, ... *sur la première, tous ses côtés* ..., LM, MN, ... *tangents à l'autre en leurs milieux* ..., ω, φ, ..., *étant à la fois, inscrite dans l'une, circonscrite à l'autre.*

L'intervention du centre O et de ces cercles concentriques, circonscrit et inscrit, donne des facilités au tracé de la ligne déterminée par un de ses côtés LM $= a$ et un angle adjacent LM$\mathcal{K} = \alpha$, donnés tous deux en grandeurs et en positions.

I. On obtiendra l'autre extrémité N du côté placé sur la demi-droite M$\mathcal{K}$, en portant sur elle une longueur $= a$, et le point O sera le centre du cercle circonscrit au triangle élémentaire LMN (507); d'où le tracé immédiat des cercles circonscrit et inscrit, l'apothème r, rayon du dernier, étant la distance Oω par exemple, de O au côté donné LM.

II. Pour tracer un nouveau côté, NP par exemple, contigu à ceux du triangle élémentaire LMN, puis d'autres indéfiniment en réitérant l'opération, il suffira de prendre le symétrique P de M par rapport à l'axe de première classe ON, soit directement, soit indirectement, en cherchant la seconde trace P sur le cercle circonscrit, ou bien de la perpendiculaire abaissée de M sur ON (500), ou bien du cercle décrit de N comme centre avec NM $= a$ pour rayon (578, I).

Ce dernier procédé est fort simple, puisqu'il exige seulement le tracé du cercle circonscrit une fois pour toutes, et son recoupage indéfini en P, Q, ..., puis en K, J, ... à partir de L dans l'autre sens, par des coups de compas de la même ouverture a, à donner, des centres N, P, ..., puis L, K, ..., successivement.

III. On obtiendrait également un côté tel que NP, en menant de N au cercle inscrit, la tangente autre que NM (513), puis en portant sur elle, à partir de N et dans le sens allant au point de contact, la longueur NP $= a$. Etc.

IV. On remarquera encore que, de chaque côté MN nouvellement construit, on déduit immédiatement deux axes de classes différentes ON, Oφ, par rapport auxquels les symétriques de sommets antérieurement obtenus en seront autant de nouveaux.

603. Quand une partie LM...ST d'une telle ligne, est limitée par deux sommets L, T, elle se décompose en un nombre entier

k de côtés, et *sa longueur a pour expression* ka (observation applicable aux lignes brisées régulières de toutes espèces).

Quand la même partie est intérieure à un angle de côtés OL, OT, dont l'amplitude est inférieure à un replet, le polygone plan OLM...STO alors déchevêtré (**605**, III, *inf.*), (*Cf.* **294**, III), se nomme un *secteur polygonal régulier*. Comme les rayons allant aux sommets décomposent son aire en k triangles isoscèles dont les bases et les hauteurs sont toutes égales à a, r, elle a pour mesure $k\dfrac{ar}{2} = ka.\dfrac{r}{2}$ (*Cf.* **542**).

604. Les théorèmes des n^{os} **605**, **606** (*inf.*) montreront qu'*une ligne brisée (de l'espèce considérée) est toujours enchevêtrée*. Ils font intervenir le rapport $\chi = \omega : \mathcal{R}$ de l'angle au centre à l'angle replet, qui joue un rôle assez important dans la présente théorie, et que nous nommerons le *caractère* de la ligne.

I. Ce nombre est $= 1 : 2$ pour le bilatère dont l'angle au centre est neutre, mais $< 1 : 2$ *pour toute autre ligne ;* car l'angle au centre, essentiellement saillant, est inférieur à l'angle neutre, moitié du replet.

II. Quand, commensurable, il est une fraction à termes entiers $m : n$, *nous supposerons toujours celle-ci réduite à sa plus simple expression*, c'est-à-dire m, n premiers entre eux.

Pour former tous les caractères possibles d'un même dénominateur donné n, il suffit donc de prendre pour numérateurs tous les entiers m premiers à n, mais inférieurs à sa moitié.

III. *Deux lignes brisées de l'espèce considérée sont semblables ou non, selon que leurs caractères sont égaux ou inégaux*. Car leurs dièdres sont égaux comme nuls, et leurs angles, suppléments de leurs angles au centre (**431**, II), sont égaux ou non, en même temps que ces derniers, c'est-à-dire que leurs rapports à un même angle, ici le replet (**435**).

605. *Quand le nombre χ est incommensurable, chaque côté de la ligne est rencontré par une infinité d'autres, sans pouvoir se confondre avec aucun.*

I. Pour distinguer les sommets les uns des autres, nous représenterons par L_0 l'un d'eux pris à volonté, par L_1, L_2, ... ceux que l'on rencontre successivement en parcourant la ligne à partir de lui dans un sens constant *élu*, par L', L'', ..., ceux que donne un parcours semblable dans le sens contraire, et nous écrirons

$$\ldots, L'', L', L_0, L_1, L_2, L_3, \ldots,$$

l'ensemble de tous. De cette manière, les rayons (demi-droites) OL_i, $OL^{(i)}$ peuvent être considérés comme faisant avec OL_0 des angles (saillants ou composés) d'amplitude $i\omega$ dans le sens élu et dans le sens opposé.

II. *La coïncidence de deux sommets, de deux côtés par suite, dont les notations sont différentes, est impossible.* Car si elle avait lieu pour L_0, L_i par exemple, l'angle $i\omega$ serait quelque multiple entier $I\mathcal{R}$ du replet $\mathcal{R}$, et l'égalité $i\omega = I\mathcal{R}$ donnerait $\chi = \omega : \mathcal{R} = i : I$, forme incompatible avec l'incommensurabilité de χ.

III. *Pour que le côté L_0L_1 (fig. 165) coupe un autre L_eL_{e+1} en quelque point γ intérieur à tous deux, il faut et il suffit qu'un côté de l'angle au centre L_eOL_{e+1} soit intérieur à l'angle égal L_0OL_1.*

1º Aucun des rayons OL_e, OL_{e+1} ne se confondant avec OL_0 ou OL_1 (I), tous deux seraient extérieurs à l'angle L_0OL_1 si aucun ne lui était intérieur; et, comme il s'agit d'angles saillants, le premier angle serait supérieur au second au lieu de lui être égal, ou bien il n'aurait pas avec lui le point intérieur commun γ (**159**, III). La condition est donc nécessaire.

2º Si OL_e, par exemple, est intérieure à l'angle L_0OL_1, les côtés L_eL_{e-1}, L_eL_{e+1} rencontrent tous deux L_0L_1.

Dans ce cas effectivement (*Ibid.*, IV), cette demi-droite rencontre le segment L_0L_1 en quelque point intérieur ε donnant $O\varepsilon < OL_e$. Car on a $OL_e = OL_0 = OL_1$, et, sur la base L_0L_1 du triangle isoscèle L_0OL_1, le point intérieur ε, pied de l'oblique $O\varepsilon$, est plus rapproché que L_0 ou L_1, pieds des obliques OL_0 ou OL_1, du milieu de cette base, pied de la perpendiculaire issue de O (**262**).

Les directions giratoires des angles $L_{e-1}OL_e$, $L_0O\varepsilon$, identiques à celle de L_0OL_1, le sont l'une à l'autre, et le premier, de même que son égal L_0OL_1, surpasse le second inférieur à celui-ci, ayant ainsi OL_0 dans son intérieur.

Comme à l'instant, cette demi-droite rencontre donc le segment $L_{e-1}L_e$ en un point intérieur λ donnant $O\lambda < OL_{0_l}$.

Maintenant, ε est situé dans le demi-plan $\overline{L_e\lambda}O$ parce que les directions $L_e\varepsilon$, L_eO sont identiques, mais L_0 tombe dans le demi-plan opposé, parce que les directions λL_0, λO sont opposées (**25**). L'arête commune $L_e\lambda$ de ces demi-plans rencontre donc la droite $L_0\varepsilon$ en un point δ rendant opposées les directions δL_0, $\delta\varepsilon$, c'est-à-dire intérieur au segment $L_0\varepsilon$, à L_0L_1 par suite, à L_eL_{e-1} pour des causes semblables.

La rencontre de L_eL_{e+1} avec L_0L_1 se prouvera par les mêmes moyens.

IV. Tout sommet L_e, soudure de deux côtés rencontrant L_0L_1, est donc caractérisé par l'existence de l'entier e et d'un autre E sous les deux conditions.

$$E\mathcal{R} < e\omega < E\mathcal{R} + \omega$$

exprimant (I) que le rayon OL_e est intérieur à l'angle L_0L_1, équivalant évidemment à

$$(e-1)\omega < E\mathcal{R} < e\omega,$$

ou bien, en divisant tout par $\mathfrak{R}$, à

$$(e-1)\chi < E < e\chi.$$

On obtiendra donc les indices e, en prenant le multiplicateur de χ dans tout terme de la suite

$$0, 1\chi, 2\chi, 3\chi, \ldots,$$

entre lequel et le précédent tombera quelque entier E; leur nombre est illimité, parce que les termes de cette suite, jamais entiers sans quoi χ serait commensurable, vont en croissant sans cesse et indéfiniment, et qu'ainsi tout entier E tombera certainement entre deux consécutifs.

On trouvera les rencontres de L_0L_1 avec les côtés dont les sommets portent des accents, soit en traitant la portion $L_1L_0L'L''\ldots$ de la ligne, comme nous venons de le faire pour $L_0L_1L_2L_3\ldots$, soit plus expéditivement en prenant, par rapport à l'axe de deuxième classe perpendiculaire à L_0L_1, les symétriques des précédentes. Deux côtés différents donneront toujours des rencontres distinctes, ceci résultant, soit de la discussion des opérations précédentes, soit immédiatement de ce que, dans le cas contraire, trois tangentes distinctes pourraient être menées par un même point au cercle inscrit.

Et de même, pour tout côté autre que L_0L_1.

606. *Quand le caractère est une fraction (réduite) $m:n$, la ligne se décompose en une infinité de polygones de n côtés, tous superposés les uns aux autres.*

Pour que les sommets L_0, L_i par exemple se confondent, il faut (**605**, II) et il suffit évidemment, qu'en nommant I quelque entier, on ait $i\omega = I\mathfrak{R}$, c'est-à-dire $m:n = \omega:\mathfrak{R} = 1:i$, d'où $I = mi:n$, qu'ainsi i soit divisible par n premier à m. Les sommets L_0, L_1, L_2, ..., L_{n-1} seront donc distincts, mais L_n, L_{n+1}, L_{n+2}, ..., L_{2n-1} se confondront respectivement avec eux, et ainsi de suite dans les deux sens. La ligne brisée se formera par la superposition, au polygone de n côtés,

$$(4) \qquad L_0L_1L_2\ldots L_{n-1}L_0,$$

de lui-même répété indéfiniment.

607. En conséquence, on nomme polygone *régulier* de n côtés, soit cette ligne de caractère commensurable réduit $m:n$, soit plus volontiers le simple polygone (4) dont la réitération indéfinie la reproduit. A ce sujet, voici des remarques générales.

I. *Quand n est un nombre pair 2ν, il y a au total n axes distincts seulement, dont $\nu = n:2$ dans chaque classe.*

Par rapport à l'axe de première classe OL_0, les sommets L_1, L_{n-1} sont associés comme extrémités des côtés L_0L_1, L_0L_{n-1}

évidemment associés; L_2, L_{n-2} le sont aussi pour une cause semblable, et ainsi de suite. Le sommet L_ν est donc associé à celui d'indice $n - \nu = \nu$, c'est-à-dire à lui-même, et l'axe OL_0 y passe ; mais cet axe ne contient aucun autre sommet, puisque sur la droite $L_0 OL_\nu$ trois points équidistants de O ne peuvent exister. Les axes distincts de première classe sont donc en nombre égal à la moitié de celui n des sommets.

Raisonnement analogue pour les axes de deuxième classe ; chacun d'eux coupe toujours deux côtés parallèles en leurs milieux, et perpendiculairement.

II. *Quand n est impair, il y a n axes distincts, chacun des deux classes à la fois.*

On raisonnera comme ci-dessus (I). De tout ceci, on conclut facilement que le *polygone régulier* (4) *est égal à lui-même de $2n$ manières.*

La *fig.* 166 montre un hexagone régulier AFBDCEA, ses trois axes de première classe AD, BE, CF passant chacun par deux sommets, et un axe de deuxième classe perpendiculaire sur deux côtés BF, CE. On y voit encore un triangle régulier ABCA et ses trois axes AO, BO, CO, tous des deux classes à la fois.

III. *Le même polygone (le bilatère excepté) est déchevêtré, même convexe, pour $m = 1$, mais enchevêtré pour $m > 1$.*

Si $m = 1$, les côtés sont respectivement intérieurs à n angles au centre, contigus extérieurement deux à deux et égaux à $\mathfrak{R} : n$, donnant ainsi une somme ne surpassant pas un replet, ce qui rend chacun d'eux extérieur à tous les autres. La convexité du polygone se déduit facilement de ce qu'il est déchevêtré, avec des angles tous saillants.

Si $m > 1$, la suite croissante

$$0, \ \frac{m}{n}, \ 2\frac{m}{n}, \ \ldots, \ (n-1)\frac{m}{n},$$

qui ne contient évidemment aucun entier, a son dernier terme $m - (m : n)$ supérieur à $m - 1$, parce que le caractère $m : n$ est inférieur à $1 : 2$ (604, I) ; chacun des entiers $1, 2, \ldots, m-1$ sera donc compris entre deux termes consécutifs, et le côté $L_0 L_1$ aura $2(m-1)$ rencontres avec la portion $L_2, L_3, \ldots, L_{n-2}$ du polygone (4) (605, IV).

Dans ce second cas, le polygone est dit *étoilé*, parce que son aspect rappelle la configuration conventionnelle des étoiles.

IV. *Soient j un entier quelconque, d le plus grand commun diviseur de n, j, puis n', j', les quotients $n : d$, $j : d$ qui sont premiers entre eux, et r le reste de la division de $j'm$ par n' s'il est $\leq n' : 2$, ou l'excès de n' sur ce reste dans le cas contraire.*

En joignant les sommets de la ligne (4) de j en j (434) et de toutes les manières possibles, on forme d polygones réguliers de n' côtés, *égaux entre eux mais distincts, dont le caractère commun est* $r : n'$.

1° Une ligne ainsi obtenue est régulière (*Ibid.*) et de l'espèce dont nous nous occupons, parce que son gradin, égal à j fois celui de la proposée, est nul comme lui.

2° Pour obtenir son angle au centre, il faut (*Ibid.*) trouver un entier J vérifiant les inégalités

$$J\mathcal{R} < j\left(\frac{m}{n}\mathcal{R}\right) < (J+1)\mathcal{R},$$

puis prendre le moindre des écarts entre chacun de leurs membres extrêmes et le moyen. Le multiplicateur de $\mathcal{R}$ dans celui-ci est la fraction $jm : n = j'm : n'$ après division de ses deux termes par d, et cette dernière forme est irréductible, parce que n' premier à m et à j' l'est à leur produit. En divisant donc les inégalités précédentes par $\mathcal{R}$ et les multipliant par n', elles deviennent

$$Jn' < j'm < (J+1)n',$$

ceci montrant que le moindre écart cherché s'obtiendra en multipliant $\mathcal{R} : n'$ par r, moindre différence entre $j'm$ et Jn', $(J+1)n'$ multiples entiers consécutifs de n' qui comprennent ce produit.

La nouvelle ligne a ainsi $(r : n')\mathcal{R}$ pour angle au centre, et $r : n'$ pour caractère; elle est donc un polygone régulier de n' côtés (**606**), puisque $r (\leq n' : 2)$ est, comme $j'm$, premier à n'.

3° Soit $\mathcal{J}$ le nombre des polygones de cette origine, qui sont distincts. Comme deux d'entre eux n'ont aucun sommet commun, sans quoi ils se confondraient évidemment, le nombre total de leurs sommets $\mathcal{J}n'$ reproduit n nombre de ceux du polygone (4). On a donc $\mathcal{J} = n : n' = n'd : n' = d$.

Ces d polygones sont égaux, parce que l'égalité de leurs angles au centre et de leurs rayons assure évidemment celle de leurs angles et de leurs côtés.

V. Le cas où j est premier à n mérite un examen spécial. On a alors $d = 1$, d'où $n' = n : d = n$, $j' = j : d = j$, $j'm = jm$, et r est quelqu'un des nombres

(5) $\qquad r_1, r_2, \ldots, r_g,$

qui sont inférieurs à $n : 2$ et premiers à n.

Toutes les jonctions faites avec des nombres j premiers à n, donneront donc g polygones seulement de n côtés, ayant les caractères

$$\frac{r_1}{n}, \frac{r_2}{n}, \ldots, \frac{r_g}{n},$$

c'est-à-dire tous ceux possibles avec le dénominateur n (**604**, II).

Comme 1 figure toujours parmi les nombres (5), *une valeur convenable de j conduira toujours au polygone déchevêtré de n côtés* (III), *offrant les mêmes sommets que* (4). *Inversement, on repassera de ce polygone déchevêtré à tous les polygones étoilés de mêmes sommets, en prenant pour j tous les nombres* (5), *sauf* 1.

Inscription des polygones réguliers les plus simples.

608. La connaissance d'un seul polygone régulier de n côtés, permet de construire facilement tous les autres. Car, en prenant successivement pour j, tous les entiers premiers à n et inférieurs à $n:2$, puis joignant les sommets de j en j, on obtiendra, ayant les mêmes sommets, des polygones réguliers offrant tous les caractères de même dénominateur n (**607,** V.), et il ne restera plus qu'à construire les polygones semblables à ceux-ci (**409**).

Comme la structure d'un polygone déchevêtré est d'une conception bien plus facile relativement, il y a un intérêt pratique à partir du polygone de caractère $1:n$, qui, seul, présente cette particularité (**607,** III). Comme en outre, la considération du cercle circonscrit facilite beaucoup la construction des sommets (**602**), et que les grandeurs *absolues* des segments sont indifférentes, il y en a un autre à se donner arbitrairement le rayon R de ce cercle, pour le tracer d'abord, puis y inscrire quelque polygone de ce caractère, après détermination de son côté. Cette opération que l'on nomme *l'inscription d'un polygone régulier de n côtés dans le cercle de rayon* R, revient évidemment à *diviser en n parties égales, soit l'angle replet, soit la circonférence en question.*

Empiriquement, cette dernière division est des plus faciles (**547,** *in fine*), mais *géométriquement*, elle est d'une complication dépendant bien moins de la grandeur de l'entier n, que d'une certaine structure arithmétique de ce nombre (comme la consistance du groupe connexe de polygones étoilés) ; *par les moyens propres à la Géométrie élémentaire*, c'est-à-dire par des intersections de droites et de cercles, il n'est pas possible de l'exécuter en dehors de cas particuliers extrêmement peu nombreux relativement, dont encore nous ne pourrons traiter que les plus simples.

Ces conditions spéciales du problème expliquent d'avance le décousu des solutions suivantes, dans la recherche desquelles nous désignerons généralement par P_n le polygone déchevêtré de n côtés, inscrit dans la circonférence de rayon R, par a_n et r_n son côté et son apothème.

609. Voici, tout d'abord, une observation générale qui a de l'utilité.

Du polygone P_n, *une fois inscrit, on déduit immédiatement celui de* $2n$ *côtés, puis, par conséquent, ceux de* $2.2n = 4n$, *de* $8n$, ..., $2^k n$, ... *côtés, k étant un exposant quelconque.*

Car l'angle au centre de P_{2n} étant la moitié de celui de P_n, les sommets du premier s'obtiendront évidemment en adjoignant à ceux du second les traces (nouvelles) sur le cercle circonscrit commun, de ses axes de deuxième classe (**607**, I, II), c'est-à-dire de ses apothèmes prolongés au delà des côtés.

La relation (3) du n° **601** donne

$$(1) \qquad r_n = \sqrt{R^2 - \frac{a_n^2}{4}}.$$

Si AB, Oω (*fig.* 167) sont le côté et l'apothème de P_n, puis AI, Oφ ceux de P_{2n}, et I' la seconde extrémité du diamètre OI, le triangle IAI' rectangle en A (**506**) donne $\overline{IA}^2 = II'.I\omega$ (**228**), c'est-à-dire $a_{2n}^2 = 2R(R - r_n)$, d'où

$$(2) \qquad a_{2n} = \sqrt{2R(R - r_n)}.$$

Un nouvel emploi de la formule (1) conduit ensuite à

$$(3) \qquad r_{2n} = O\varphi = \sqrt{R^2 - \frac{a_{2n}^2}{4}} = \sqrt{R^2 - \frac{2R(R - r_n)}{4}}$$

$$= \sqrt{\frac{R(R + r_n)}{2}}.$$

610. *Bilatère* (1 : 2); *Carré* (1 : 4); *Octogone* (1 : 8); ... Il est évident que les sommets du bilatère inscrit sont les extrémités A, B (*fig.* 168) d'un même diamètre du cercle, et qu'on a pour lui

$$a_2 = 2R, \quad \text{d'où} \quad r_2 = 0.$$

Le polygone de 4 côtés P_4 est un carré (**310**), parce que ses côtés sont égaux entre eux, et ses angles à 1 dr. supplément de son angle au centre $\mathscr{R} : 4 = 1$ dr. On le déduit immédiatement du bilatère en coupant la circonférence en C, D par l'axe unique de deuxième classe appartenant à ce dernier, perpendiculaire élevée sur le diamètre AB par le centre O.

Les formules (2), (3) donnent immédiatement

$$a_4 = \sqrt{2R(R - r_2)} = \sqrt{2R^2} = R\sqrt{2},$$

$$r_4 = \sqrt{\frac{R(R + r_2)}{2}} = \sqrt{\frac{R^2}{2}} = R\frac{\sqrt{2}}{2}.$$

Par les mêmes moyens (**609**), on passera à l'octogone (1 : 8), au polygone de 16 côtés (1 : 16), etc.

611. *Triangle* (1 : 3); *Hexagone* (1 : 6); *Dodécagone* (1 : 12); …

Le triangle régulier ABC (*fig.* 166) est équilatéral (**239**), et ses axes Aϖ, Bφ, Cψ, tant de première classe que de seconde, puisque $n=3$ est ici impair (**607**, II), se confondent avec ses médianes (**554**); le centre O, leur point de concours, est donc au tiers de chacun à partir du côté où elle aboutit (**559**). On a ainsi

$$r_3 = O\varpi = \frac{OA}{2} = \frac{R}{2},$$

d'où (**601**)

$$\frac{a_3}{2} = \sqrt{R^2 - r_3^2} = \sqrt{R^2 - \frac{R^2}{4}} = R\frac{\sqrt{3}}{2},$$

ou bien

$$a_3 = R\sqrt{3}.$$

Pour inscrire le triangle équilatéral, il suffit, dès lors, de tracer un diamètre AOD, de couper la circonférence en B, C par la perpendiculaire sur ce diamètre élevée au milieu ϖ du rayon OD, puis de tirer les deux autres côtés AB, AC.

Les seconds points D, E, F, nouvelles traces sur la circonférence, des axes Aϖ, Bφ, Cψ du triangle équilatéral, compléteront avec ses sommets ceux de l'hexagone AFBDCEA (**609**). On trouvera ensuite

$$a_6 = \sqrt{2R(R - r_3)} = \sqrt{2R\left(R - \frac{R}{2}\right)} = R \quad (2),$$

$$r_6 = \sqrt{\frac{R(R + r_3)}{2}} = \sqrt{\frac{3R^2}{4}} = R\frac{\sqrt{3}}{2} \quad (3).$$

D'après la première de ces deux formules, *le côté de l'hexagone régulier inscrit est égal au rayon de la circonférence*, conclusion d'une rare élégance qui rend extraordinairement facile l'inscription de l'hexagone, et aussi celle du triangle équilatéral par la jonction de ses sommets de deux en deux (**607**, IV).

On y arrive immédiatement en considérant que l'angle au centre AOE de l'hexagone étant égal à $\mathcal{R} : 6$, son angle AEC, supplément de celui-ci, est égal à $(\mathcal{R} : 2) - (\mathcal{R} : 6) = (\mathcal{R} : 3)$, et ses deux moitiés OAE, OEA à $\mathcal{R} : 6$ encore. Le triangle AOE est donc équiangle, équilatéral par suite (**239**), d'où, en particulier, AE = OA, c'est-à-dire $a_6 = R$.

Une nouvelle application des considérations du n° **609**, conduit au dodécagone, au polygone de 24 côtés, etc.

612. *Décagone déchevêtré* (1 : 10); *Décagone étoilé* (3 : 10). Ces caractères sont les seuls convenant à des décagones réguliers, parce que 1, 3 sont les seuls nombres premiers à 10 qui soient inférieurs à 5 sa moitié (**604**, II). Leur inscription se fait simultanément et avec élégance ; nous la plaçons ici, parce qu'elle conduit très facilement à celle des pentagones (**613**, *inf.*).

Soient AB, AC (*fig.* 169) les côtés du premier décagone et du second, issus d'un sommet commun A, d'un même côté du rayon OA, puis AOB, AOC les triangles isocèles ayant ces côtés pour bases, avec le sommet opposé commun O.

Les angles au centre AOB, AOC étant égaux à $(1:10)\mathcal{R}$, $(3:10)\mathcal{R}$, les angles des deux polygones, suppléments de ceux-ci, sont $(1:2)\mathcal{R} - (1:10)\mathcal{R} = (4:10)\mathcal{R}$, $(1:2)\mathcal{R} - (3:10)\mathcal{R} = (2:10)\mathcal{R}$, dont les moitiés OAB, OAC valent $(2:10)\mathcal{R}$, $(1:10)\mathcal{R}$. De là et de la disposition topographique de la figure, il résulte que AC est la bissectrice (intérieure) de l'angle A du triangle OAB, coupant en I le côté opposé OB, et que AB, OC sont parallèles (**185**).

En outre, les triangles BAI, OCI, dès lors équiangles, sont isocèles, parce que l'angle AIB du premier, supplément de la somme des deux autres IAB + OBA $= (1:10)\mathcal{R} + (2:10)\mathcal{R} = (3:10)\mathcal{R}$, est égal à $(1:2)\mathcal{R} - (3:10)\mathcal{R} = (2:10)\mathcal{R}$, c'est-à-dire à ce dernier OBA. D'où AB = AI, IC = OC = R. Enfin, les triangles IAO, OAC sont équiangles, comme ayant leurs angles en A identiques et leurs autres IOA, OCA tous deux égaux, d'où la proportion AI : AO = AO : AC, c'est-à-dire AI.AC $= \overline{AO}^2 = R^2$.

En désignant maintenant, par a_{10}, a'_{10} les côtés de nos deux décagones, cette dernière égalité s'écrit

(4) $\qquad a_{10} \cdot a'_{10} = R^2$,

et les précédentes donnent AC − AB = AC − AI = IC = OC, c'est-à-dire

(5) $\qquad a'_{10} - a_{10} = R$.

Pour avoir a_{10} et a'_{10} il faut donc prendre le plus petit et le plus grand des deux segments déterminés par la condition de donner R.R pour produit et R pour différence (**591**).

C'est ce que les Anciens nommaient la *division du segment* R *en moyenne et extrême raison*, car les relations (4), (5) donnent facilement

$$a_{10}^2 = R(R - a_{10}), \qquad a'^2_{10} = R(R + a'_{10}),$$

d'après quoi, a_{10}, a'_{10} sont les moyennes proportionnelles entre le rayon $\mathcal{R}$ et son excès sur le premier, ou entre ce même rayon et sa somme avec le second. (Le procédé classique se confond avec le tracé particulier fourni par la méthode générale du n° **591**.)

En vertu des mêmes relations, $-a_{10}$ et a'_{10} sont les racines de l'équation unique du deuxième degré

$$x^2 - Rx - R^2 = 0$$

donnant

(6) $\qquad a_{10} = R\dfrac{\sqrt{5}-1}{2}, \qquad a'_{10} = R\dfrac{\sqrt{5}+1}{2}.$

613. *Pentagone déchevêtré* (1 : 5) ; *Pentagone étoilé* (2 : 5). Il n'y a pas d'autres pentagones, parce que 1, 2 sont les seuls nombres premiers à 5 et inférieurs à sa moitié, 5 : 2. Pour les inscrire, il suffit de joindre de deux en deux les sommets des deux décagones (**607**, IV), (**612**).

En prenant $n = 5$ dans la relation (3) et y donnant successivement à a_{10} les valeurs (6), (devant r'_5, il faut visiblement substituer — à +), sa résolution fournit immédiatement celles des apothèmes r_5, r'_5 des deux pentagones, d'où l'on passe sur le champ à leurs côtés a_5, a'_5. Mais un peu d'attention montrera facilement, qu'un axe des deux pentagones est toujours parallèle à quelque côté du décagone déchevêtré et à quelque autre du décagone étoilé, que les apothèmes r_5, r'_5 du premier pentagone et du second sont égaux respectivement aux demi-côtés $a'_{10} : 2$, $a_{10} : 2$ du second décagone et du premier [remarque applicable ailleurs, en particulier à l'hexagone et au triangle (**611**)]. Il vient ainsi

$$r_5 = R\frac{\sqrt{5}+1}{4}, \quad r'_5 = R\frac{\sqrt{5}-1}{4},$$

puis facilement, pour a_5, a'_5, côtés des deux pentagones

$$a_5 = \frac{R}{2}\sqrt{10 - 2\sqrt{5}}, \quad a'_5 = \frac{R}{2}\sqrt{10 + 2\sqrt{5}}.$$

614. *Pentédécagone* (1 : 15). Comme on a

$$(1 : 15)\mathfrak{R} = (1 : 6)\mathfrak{R} - (1 : 10)\mathfrak{R},$$

l'angle au centre du pentédécagone déchevêtré est l'excès de celui de l'hexagone sur celui du décagone déchevêtré, construits tous deux maintenant (**611**), (**612**). Pour l'inscrire, il suffira donc de couper la circonférence par deux autres ayant pour centre commun un même point I de la première, pour rayons a_6, a_{10}, de choisir deux de ces traces P, Q situées d'un même côté du rayon OI et de prendre le segment PQ pour côté. En joignant ensuite les sommets de 2 en 2, de 4 en 4, de 7 en 7, on obtiendrait les trois pentédécagones étoilés. Nous supprimons les calculs des éléments de ces nouveaux polygones, plus oiseux encore que les précédents.

615. Tout polygone régulier déchevêtré dont l'angle est une partie aliquote de l'angle replet, fournit un modèle de plaques planes toutes identiques, susceptibles d'être juxtaposées indéfiniment sur un même plan, sans y laisser de lacunes. On s'assurera bien facilement que, seuls, le triangle équilatéral, le carré et l'hexagone remplissent ces deux conditions.

Le premier règle la disposition *quinconciale* imposée par les cultivateurs aux sujets d'une plantation étendue, pour espacer chacun également des plus rapprochés de lui : elle consiste à les planter aux sommets de triangles équilatéraux égaux et contigus.

Pour la fabrication de carreaux de pavage uniformes, on délaisse le triangle à cause de la fragilité de ses angles tous aigus, on emploie quelquefois le carré, mais on lui préfère l'hexagone dont les angles sont obtus, par là moins fragiles, dont le carrelage exempt de longs joints rectilignes est moins sujet au gauchissement et à la dislocation.

L'hexagone fournit encore aux tonneliers, avec une simplicité extrême et une précision parfaite, une construction du rayon du fond circulaire à tailler pour fermer une futaille. Elle consiste à chercher par tâtonnement, l'ouverture de compas susceptible d'être portée six fois exactement comme corde, sur la gorge de la rainure intérieure des douves où le bord du fond doit se loger (611).

Calcul du nombre π par la duplication indéfinie du nombre des côtés d'un polygone régulier.

616. Dans un cercle donné de rayon R, si un angle au centre ω est infiniment petit, la première des relations (2) du n° 601 montre que la corde a de l'arc intercepté par lui, l'est également (443 *bis*, I), allant même en diminuant sans cesse quand il en est ainsi pour ω. D'autre part, la disposition topographique de plusieurs arcs de cette circonférence est toujours identique à celle de leurs angles au centre (536). Il en résulte que des rayons divisant l'angle au centre d'un arc donné en une somme d'autres tous infiniment petits, diviseront cet arc en d'autres mutuellement extérieurs aussi et pourvus de cordes toutes infiniment petites, qu'ils traceront ainsi sur cet arc les sommets d'une ligne brisée variable ayant sa longueur pour limite (458).

Comme rien n'empêche de prendre égales entre elles les divisions de l'angle au centre, et que, pour un polygone régulier inscrit dans le cercle et déchevêtré, dont le nombre n des côtés augmente indéfiniment, l'angle au centre $\omega = \mathfrak{R} : n$ est infiniment petit, le périmètre de ce polygone aura une limite fournissant la longueur Π de la circonférence entière, arc de l'angle au centre replet, puis, par suite, la valeur du nombre π défini par la formule $\pi = \Pi : 2R$ (538).

Comme enfin, la loi de la subdivision progressive de l'angle replet en parties infiniment petites est arbitraire, comme un nombre doublé sans cesse augmente sans limite, et que les formules du n° **609** rendent facile le passage des éléments du polygone de n côtés à ceux du polygone de $2n$ côtés, *on rendra les calculs praticables par les moyens élémentaires, en faisant dériver le polygone variable de l'un de ceux que l'on sait inscrire* (**610** *et suiv.*), *par la duplication indéfinie du nombre de ses côtés.*

C'est cet artifice dû à Archimède, qui a procuré les premières valeurs approchées du nombre π, et son invention fait un honneur de plus au génie de ce grand homme. Depuis bien longtemps, les Modernes l'ont remplacé par des méthodes infiniment plus naturelles et rapides. Mais il est une de ces choses sans valeur aujourd'hui, sur lesquelles, cependant, les traditions classiques s'obstinent à égarer, à fatiguer l'attention de la jeunesse, et il nous faut esquisser sa mise en œuvre.

617. Nous simplifierons l'écriture en prenant pour R l'unité de longueur, ce qui réduit l'expression de π ci-dessus à

(1) $$\pi = \frac{\Pi}{2},$$

et les formules (3) du n° **601**, (2), (3) du n° **609** à

(2) $$a_n = 2\sqrt{1 - r_n^2},$$
(3) $$a_{2n} = \sqrt{2(1 - r_n)},$$
(4) $$r_{2n} = \sqrt{(1 + r_n) : 2}.$$

I. De même que dans ces expressions, il y aura commodité à ne conserver que r_n dans les subséquentes.

Pour p_n, p_{2n}, périmètres des polygones inscrits de n, $2n$ côtés, on trouvera

(5) $$p_n = na_n = 2n\sqrt{1 - r_n^2} \qquad (2),$$
(6) $$p_{2n} = 2na_{2n} = 2n\sqrt{2(1 - r_n)} \qquad (3),$$

et on remarquera l'inégalité $p_n < p_{2n}$; car, à cause de $r_n < R < 1$, $1 + r_n$ est < 2, et $1 - r_n^2 = (1 + r_n)(1 - r_n)$ est $< 2(1 - r_n)$.

II. Pour P_n, P_{2n}, périmètres des polygones circonscrits de n, $2n$ côtés, il viendra

(7) $$P_n = p_n : r_n = 2n\sqrt{1 - r_n^2} : r_n \qquad (5),$$
(8) $$P_{2n} = p_{2n} : r_{2n} = 2n\sqrt{2(1 - r_n)} : \left(\sqrt{(1 + r_n) : 2}\right)$$
$$= 4n\sqrt{1 - r_n} : \sqrt{1 + r_n} \qquad (6), (4).$$

Effectivement, les polygones de n côtés, circonscrit et inscrit, sont semblables, comme offrant le même caractère $1:n$ (**604**, III), avec leurs apothèmes $R=1$, et r_n pour segments homologues, d'où la proportion $P_n : p_n = 1 : r_n$; et de même, pour P_{2n}.

A cause de $r_n < 1$, la formule (7) donne immédiatement $P_n > p_n$, et, ici, on a cette autre inégalité $P_n > P_{2n}$, contraire à la précédente entre p_n, p_{2n} (I). Car les formules (7), (8) conduisent à

(9) $\quad P_n : P_{2n} = \sqrt{1 - r_n^2} \sqrt{1 + r_n} : 2 r_n \sqrt{1 - r_n} = (1 + r_n) : 2 r_n,$

quantité > 1, à cause de $1 > r_n$, d'où $1 + r_n > 2 r_n$.

III. Nous aurons encore besoin d'une limite supérieure du rapport $(P_n - p_{2n}) : (P_n - p_n)$ évidemment égal au premier membre des relations

$$\frac{1 - p_{2n} : P_{2n}}{1 - p_n : P_n} \cdot \frac{P_{2n}}{P_n} = \frac{1 - r_{2n}}{1 - r_n} \cdot \frac{2 r_n}{1 + r_n} = \frac{1 - \sqrt{(1 + r_n) : 2}}{1 - r_n} \cdot \frac{2 r_n}{1 + r_n},$$

dérivant facilement de (8), (7), (9), (4). Si, ensuite, on multiplie par $\sqrt{2}$, puis par $2 + \sqrt{1 + r_n}$ les deux termes du premier facteur du dernier membre, il reste, après des réductions et transformations sans difficulté,

$$\frac{P_{2n} - p_{2n}}{P_n - p_n} = \left(\frac{\sqrt{2} \sqrt{r_n}}{\sqrt{2} + \sqrt{1 + r_n}} \right) \cdot \left(\frac{\sqrt{r_n}}{1 + r_n} \right).$$

Or chacun des facteurs du second membre est $< 1 : 2$. Car le premier peut s'écrire

$$1 : \left[\sqrt{\frac{1}{r_n}} + \sqrt{\left(1 + \frac{1}{r_n}\right) : 2} \right],$$

où, dans l'expression entre crochets, et à cause de $r_n < 1$, chaque radical est > 1. Quant au second, son dénominateur surpasse aussi le double de son numérateur puisqu'on a $(1 + r_n) = 2 \sqrt{r_n} + (1 - \sqrt{r_n})^2$, avec $\sqrt{r_n} < 1$. Finalement, il reste donc

(10) $\qquad\qquad \dfrac{P_{2n} - p_{2n}}{P_n - p_n} < \dfrac{1}{4}.$

IV. Maintenant, si ν est le nombre des côtés du polygone originaire (**616**), $2\nu, 2.2\nu = 2^2\nu, 2.2^2\nu = 2^3\nu, \ldots, 2^k\nu, \ldots$ seront les nombres des côtés de ceux déduits successivement de lui par 1, 2, 3, …, k, … duplications, et on pourra représenter par $p^{(k)}$, $P^{(k)}$ les périmètres des polygones de $2^k\nu$ côtés, inscrit et circonscrit. Cela posé, il résulte immédiatement des considérations précédentes, que les termes vont sans cesse en croissant dans la suite

$$p^{(0)}, \; p^{(1)}, \; p^{(2)}, \; \ldots \qquad\qquad (I),$$

mais en décroissant dans

$$P^{(0)}, P^{(1)}, P^{(2)}, \ldots \quad (II),$$

que tout terme de la première est inférieur à tout terme de la seconde, que l'on a quel que soit k,

$$P^{(k)} - p^{(k)} < \frac{1}{4^k}(P^{(0)} - p^{(0)})$$

quantité tendant vers zéro quand k augmente indéfiniment (10), qu'ainsi, les termes de la seconde suite tendent également vers Π limite de ceux de la première, en la surpassant sans cesse et par décroissance continuelle ; d'où, cette manière très nette d'écrire tous ces faits

$$p^{(0)} < p^{(1)} < p^{(2)} < \ldots < \Pi < \ldots < P^{(2)} < P^{(1)} < P^{(0)},$$

puis les inégalités

$$(11) \qquad \left.\begin{array}{r} P^{(k)} - \Pi \\ \Pi - p^{(k)} \end{array}\right\} < P^{(k)} - p^{(k)} < \frac{1}{4^k}(P^{(0)} - p^{(0)}).$$

Pour calculer π à ε près par défaut, il suffira donc (1) de calculer Π à 2ε près, et pour cela :

1° De prendre pour l'exposant k la moindre valeur donnant

$$4^k > \frac{P^{(0)} - p^{(0)}}{2\varepsilon} \qquad (11);$$

2° De tirer successivement les apothèmes $r^{(1)}, r^{(2)}, \ldots, r^{(k-1)}$, puis $p^{(k)}$, des formules

$$r^{(1)} = \sqrt{(1 + r^{(0)}):2}, \quad r^{(2)} = \sqrt{(1 + r^{(1)}):2}, \quad \ldots,$$
$$r^{(k-1)} = \sqrt{(1 + r^{(k-2)}):2} \quad (4),$$
$$p^{(k)} = 2^{k+1} \sqrt{2(1 - r^{(k-1)})} \qquad (6),$$

que l'on calculera successivement, après avoir déduit de proche en proche, par la théorie des approximations numériques, les limites $\varepsilon_{k-1}, \ldots, \varepsilon_1, \varepsilon_0$, au-dessous desquelles devront être maintenues les erreurs à commettre dans les calculs de $r^{k-1}, \ldots, r^{(1)}, r^{(0)}$ pour que celle pouvant affecter $p^{(k)}$ ne surpasse pas 2ε ;

3° De substituer enfin à Π, dans la formule (1), la valeur de $p^{(k)}$ ainsi obtenue.

Il est visible que si, avec des approximations arbitraires, on calcule deux périmètres quelconques $p^{(i)}$, $P^{(j)}$, le premier par défaut, le second par excès, la limite Π sera comprise entre ces valeurs, et qu'ainsi, tous les premiers chiffres consécutifs communs aux expressions décimales de ces dernières, appartiendront aussi à celle de Π. Cette observation dispense de tout recours à la théorie des approximations numériques.

V. On constatera facilement l'exactitude des égalités

$$\frac{1}{P_{2n}} = \frac{1}{2}\left(\frac{1}{P_n} + \frac{1}{p_n}\right), \quad \frac{1}{p_{2n}} = \sqrt{\frac{1}{P_{2n}} \cdot \frac{1}{p_n}},$$

en formant les expressions de tous leurs membres en r_n seulement, au moyen des relations (8), (7), (5) (6).

Si donc, pour plus de clarté, on représente par $I^{(2k)}$, $I^{(2k+1)}$ les inverses arithmétiques $1:P^{(k)}$, $1:p^{(k)}$ des polygones de $2^k\nu$ côtés, circonscrit et inscrit, on aura entre ces quantités les relations générales

$$I^{(2k)} = \frac{I^{(2k-2)} + I^{(2k-1)}}{2}, \quad I^{(2k+1)} = \sqrt{I^{(2k-1)} I^{(2k)}},$$

elles formeront la suite

$$I^{(0)}, I^{(2)}, I^{(4)}, \ldots, I^{(5)}, I^{(3)}, I^{(1)},$$

composée de deux tronçons indéfinis s'allongeant dans des sens inverses, et, à partir des termes extrêmes $I^{(0)} = 1 : P^{(0)}$, $I^{(1)} = 1 : p^{(0)}$ qui sont supposés connus, chacune se calculera en prenant la moyenne entre les deux obtenues antérieurement, moyenne arithmétique si son accent est pair, géométrique s'il est impair. Comme $I^{(m)}$ tend évidemment vers $1 : \Pi$ quand l'accent m augmente indéfiniment, cet algorithme indirect peut être substitué aux calculs précédents. Mais nous nous bornerons à cette indication, pensant avoir beaucoup trop insisté déjà sur une question dont l'intérêt historique ne compense pas du tout l'aridité et la complète inutilité.

CHAPITRE XXII.

SURFACES DE RÉVOLUTION EN GÉNÉRAL.

Le cercle considéré dans l'espace.

618. De l'identité complète existant entre les déplacements possibles pour une figure plane qui glisse sur un plan fixe en y conservant un de ses points dans une position invariable, et ceux que peuvent lui imprimer des rotations exécutées autour de la perpendiculaire au plan fixe élevée en ce pivot (**84**), il résulte qu'*un cercle*, lieu de l'extrémité mobile M (*fig.* 170) d'un segment de longueur constante OM qui pivote sur un plan fixe autour de son autre extrémité O fixée sur ce plan (**497**), *peut être considéré tout aussi bien, comme celui d'un point tournant autour de la perpendiculaire AOB élevée sur son plan en son centre, avec laquelle il aurait été solidarisé*.

Réciproquement, *quand la figure solide, formée par un point M et une droite AB quelconques, tourne indéfiniment autour de celle-ci prise pour axe, le point décrit évidemment un cercle dont le rayon est sa distance OM à l'axe, dont le centre est le pied immobile O de cette distance, dont le plan est celui de même pied qui est perpendiculaire à l'axe*.

En conséquence, on nomme *axe* d'un cercle, la perpendiculaire AOB élevée en son centre, sur son plan. Cette droite remarquable jouit, par rapport à lui, de propriétés tout à fait comparables à celles de son centre, et dont voici les principales.

I. *Une rotation d'un cercle autour de son axe ne fait que le réappliquer sur sa position primitive*, car cette rotation fait simplement pivoter le cercle dans son plan autour de son centre (**498**, I).

Réciproquement, *une ligne continue est un cercle d'axe $\mathcal{A}$, quand toute rotation autour de $\mathcal{A}$ la réapplique sur elle-même*. Comme au lieu cité.

II. *Un cercle est symétrique par rapport à son axe, et aussi par rapport à tout plan passant par cette droite* (**473**). Raisonnements tout semblables à ceux du n° **498**, II.

III. *Il y a une infinité de points dont chacun est équidistant de tous ceux d'un cercle donné, et ils ont pour lieu l'axe de celui-ci*.

Soient H, un point marqué arbitrairement sur le cercle, M, N, P, ..., d'autres points quelconques de celui-ci, et $\mathcal{M}$, $\mathcal{N}$, $\mathcal{P}$, ...

les plans élevés perpendiculairement sur les segments HM, HN, HP, … en leurs points milieux μ, ν, ϖ, …, plans qui sont les lieux des points équidistants, l'un de H, M, les autres de H, N, de H, P, … (253).

Un quelconque 𝔐 de ces plans est perpendiculaire à celui du cercle, puisqu'il l'est à une droite HM située dans celui-ci ; en outre, il passe par son centre O, puisque sa trace sur son plan est une perpendiculaire à la corde HM en son milieu μ, contenant par suite le centre O (501). Il contient donc la perpendiculaire élevée en O sur le plan du cercle (107), c'est-à-dire l'axe, et, pour la même raison, les autres plans 𝔑, 𝔓, … passent aussi par cette droite qui est ainsi l'intersection commune de tous.

Il en résulte qu'aucun point étranger à l'axe ne peut être équidistant de H, M, N, P, … à la fois, mais que tout point de l'axe jouit de cette propriété ; car, situé simultanément sur chacun des plans 𝔐, 𝔑, 𝔓, … il est équidistant de H et de M, de H et de N, de H et de P, …, c'est-à-dire de tous les points du cercle.

619. *La tangente MT (fig. 170) à un cercle en M (510) se confond avec la perpendiculaire élevée en M sur le plan passant par ce point et par l'axe AOB.*

Les plans MOA, OMT qui se coupent suivant OM, sont perpendiculaires l'un à l'autre, parce que le second est le plan du cercle (451), auquel est perpendiculaire l'axe OA situé dans le premier. La droite MT élevée dans le second, perpendiculairement à leur intersection OM, est donc perpendiculaire au premier.

620. *Le plan normal (453) à un cercle en M (fig. 170) est celui MOA qui passe par ce point et par l'axe.* Car nous venons de constater que le plan perpendiculaire en M sur la tangente contient l'axe (619).

Inversement, *tout plan passant par l'axe, coupe le cercle en deux points M, M' où il lui est normal.* Ces points sont effectivement les extrémités du diamètre du cercle tracé sur son plan par le plan considéré, et, d'après ce qui précède, les plans normaux en M et en M' se confondent tous deux avec celui-ci.

Pour mener à un cercle un plan normal par un point quelconque donné I, ou parallèlement à une droite donnée J, il suffit donc de prendre le plan conduit par l'axe et par I, ou parallèlement à J (52). Quand I est étranger à l'axe, ou J non parallèle à cette droite, il y a une seule solution. Quand I lui appartient, quand J lui est parallèle, il y en a une infinité constituée par tous les plans issus de l'axe.

621. *En un même point M, les normales à un cercle (453) sont* donc *les droites menées par* M *dans le plan passant par ce point et par l'axe, c'est-à-dire celles issues de* M *et appuyées sur l'axe, comme* MO, Mω, ... (*fig.* 171), *ou lui étant parallèle comme* MP. Parmi elles, se trouve naturellement la normale principale MO passant par le centre du cercle (**532**).

On obtient le pied de quelque normale menée au cercle, par un point étranger I, *en le coupant par un plan passant par ce point* I *et par l'axe.* Car un pareil pied ne diffère pas de celui d'un plan normal (**620**).

Quand I n'est pas sur l'axe, il y a deux solutions seulement IM, IM' (*fig.* 171). Quand il lui appartient, il y en a une infinité constituée par les droites qui joignent ce point à tous ceux du cercle, c'est-à-dire par les génératrices du cône ayant I pour sommet et le cercle pour directrice (**486**).

622. *Des deux longueurs de normales* IM, IM' (*fig.* 171) *que l'on peut mener à un cercle d'un point* I *étranger à son axe, celle* IM *ne contenant aucun point de l'axe est inférieure, l'autre* IM' *que l'axe rencontre intérieurement est supérieure, à la distance* Im *du même point* I *à tout autre point du cercle.*

Quand le segment IM est sur une parallèle MP à l'axe, il est perpendiculaire au plan du cercle, inférieur par suite à Im joignant son extrémité I à un point m du plan qui n'est pas son pied (**277**).

Quand un de ses prolongements rencontre l'axe en ω, le triangle Iωm donne (**288**)

$$Im > \omega m - \omega I > \omega M - \omega I > IM,$$

car ωm = ωM, puisque le point ω est sur l'axe (**618**, III), et ω est extérieur à IM.

Mais dans le triangle Iυm, on trouve

$$Im < \upsilon m + \upsilon I < \upsilon M' + \upsilon I < IM';$$

car on a encore υm = υM', et υ est intérieur à IM'.

623. *Deux cercles dont les plans sont parallèles appartiennent de deux manières à des figures homothétiques entre elles, les unes directement, les autres inversement, mais où les centres sont toujours des points homologues.*

La démonstration est identique à celle du n° **580**. Quand les rayons des cercles sont inégaux, les centres d'homothétie directe ou inverse sont toujours les points partageant le segment des centres dans le rapport des rayons, cela extérieurement ou intérieurement. Quand ils sont égaux, le centre de l'homothétie directe disparaît, et les cercles peuvent être superposés par une translation égale et parallèle au segment des centres, le milieu de celui-ci étant alors le centre de l'homothétie inverse.

Dans chacune de ces deux correspondances, les cercles sont situés, soit sur un même cône ayant son sommet placé au centre de l'homothétie, soit sur un même cylindre parallèle à la droite de leurs centres (**473**), (**403**, III).

624. *Les normales communes à deux cercles de même axe,* O, U (*fig.* 172), *sont en nombre illimité, s'obtenant évidemment* (**621**) *par la jonction des traces* M, M' *sur l'un, à celles* N, N' *sur l'autre, de tout plan conduit par l'axe, passant ainsi les unes par l'un des centres d'homothétie de ces cercles* (**623**), *les autres par le second centre.*

Les distances des deux pieds de chacune de ces normales ne sont jamais que de deux longueurs dont la plus petite est inférieure, égale au plus, dont la plus grande est supérieure, égale au moins, à la distance mn *de points quelconques appartenant respectivement aux deux cercles.*

Prenons un point quelconque M sur l'un des cercles, O, et coupons l'autre U, en N par le demi-plan $\overline{OUM}$, puis en N' par le demi-plan opposé. Le segment MN, qui est normal aux deux cercles, ne peut avoir aucun point sur leur axe puisque ses extrémités sont dans un demi-plan ayant cet axe pour arête (**25**) ; donc (**622**), il est inférieur à ceux qui joignent le point M à tous ceux du cercle U, autres que N. Il ne peut donc surpasser un segment mn joignant des points quelconques des deux cercles ; car une rotation convenable autour de l'axe commun, amènera évidemment mn à coïncider avec un autre segment ayant pour extrémités M et quelque point n_1 du cercle O.

Mais MN' rencontre l'axe par lui-même, parce que ses extrémités tombent de part et d'autre de lui dans un même plan MNOUM'N', et on prouvera semblablement, qu'il ne peut être inférieur à aucune distance de points appartenant à l'un et l'autre cercle.

Propriétés élémentaires des surfaces de révolution.

625. Une *surface de révolution* est caractérisée par la propriété de contenir entièrement tout cercle passant par un de ses points et ayant pour axe (**618**) une même droite nommée pour cette raison l'*axe* de la surface. On peut donc la considérer comme engendrée par un cercle variable qui se déplace et se déforme, en conservant un même axe invariable, et en s'appuyant sur quelque directrice. Toutes les positions de ce cercle-génératrice ont leurs plans parallèles entre eux, comme perpendiculaires à l'axe, et on les nomme les *parallèles* de la surface.

Cette définition et les propriétés du cercle établies dans le paragraphe précédent ont les conséquences immédiates que voici.

I. *Toute rotation d'une surface de révolution autour de son axe* ne fait que la réappliquer sur sa position primitive. Car chaque parallèle glisse ainsi simplement sur lui-même (*Ibid.* I).

Réciproquement, une surface est de révolution, avec une droite ℒ pour axe, quand elle se réapplique sur elle-même par toute rotation exécutée autour de cette droite. Elle contient effectivement tout cercle de tel axe, passant par un quelconque de ses points (*Ibid.*).

Ces propriétés, qui sont à rapprocher de celles analogues des cylindres (**476**, I), sont capitales en Cinématique appliquée. Elles expliquent l'emploi des surfaces de révolution dans la taille des corps solides destinés à ne pouvoir que tourner autour d'axes fixes et des appuis qui doivent guider ces rotations. Elles expliquent encore la facilité extrême du façonnage de pareilles surfaces, l'une d'elles naissant forcément par l'usure réciproque de deux corps, dont l'un est fixe, dont l'autre est animé d'un mouvement de rotation autour d'un axe fixe : c'est ce qu'on voit dans la machine-outil portant le nom de *tour*. Aussi, il n'y a presque aucun objet produit par l'industrie humaine, dont quelque partie de la surface ne soit de révolution.

II. *Une surface de révolution est symétrique par rapport à son axe et par rapport à tout plan passant par lui* (**473**). Car il en est ainsi pour chacun de ses parallèles (**618**, II).

De la première symétrie combinée avec celle existant pour tout plan sécant mené par l'axe, il résulte que *les parties de la surface qui sont situées respectivement dans les deux demi-espaces séparés par un pareil plan sont toujours superposables.*

III. *Toute ligne située sur une surface de révolution, s'y trouve encore après une rotation quelconque autour de son axe.*

Les traces sur une même surface de révolution, de deux surfaces pouvant être appliquées l'une sur l'autre par une rotation autour de son axe, jouissent de cette propriété, sont égales en particulier.

Ces deux propositions sont des conséquences évidentes de celle de l'alinéa I. D'après la première, *une surface de révolution peut encore être engendrée par la révolution indéfinie autour de son axe, d'une ligne quelconque rencontrant tous ses parallèles*, d'où cette dénomination. En vertu de la seconde, les sections d'une semblable surface par des plans contenant son axe, sont des lignes toutes égales les unes aux autres (**84**, IV) ; on nomme ces lignes les *méridiennes* de la surface, et leurs plans sont ses plans *méridiens* ; ceux-ci ne diffèrent pas ainsi, des plans de symétrie mentionnés ci-dessus (II).

Une méridienne quelconque rencontre évidemment tous les parallèles de la surface, car son plan coupe ceux de ces cercles suivant des diamètres. On peut donc engendrer la surface, soit par un parallèle mobile s'appuyant sur une méridienne, soit par la révolution d'une méridienne mobile. Même, on définit de préférence une semblable surface, par sa méridienne qui en fait saisir immédiatement la forme générale ; car, contemplé d'un point éloigné convenable, le contour d'un corps limité par une surface de révolution se confond très sensiblement avec une méridienne (**631** *bis, inf.*).

IV. *Les parallèles et les méridiennes d'une même surface de révolution se coupent orthogonalement* (**456**).

Car la tangente à un parallèle est perpendiculaire au plan conduit par le point de contact et par l'axe (**619**), c'est-à-dire à celui de la méridienne passant par le même point. Elle est donc perpendiculaire sur la tangente à la méridienne, puisque toute tangente à celle-ci est située dans son plan (**451**).

V. *Sur toutes les méridiennes, deux mêmes parallèles découpent des arcs égaux*. Car deux de ces arcs coïncident évidemment par la rotation qui superpose les méridiennes auxquelles ils ont été empruntés.

VI. *Quand deux surfaces de révolution ont même axe, elles ne peuvent se couper que suivant quelque groupe de parallèles communs (éventuellement encore, en quelques points isolés de leur axe)*. Car tout cercle, ayant pour axe celui des deux surfaces et passant par quelque point commun (n'appartenant pas à cet axe), est, par définition, situé tout entier sur l'une et sur l'autre.

626. Les surfaces de révolution ont plusieurs variétés qu'il importe de remarquer.

I. Quand la méridienne est une droite perpendiculaire sur l'axe, la surface se réduit à un plan perpendiculaire à l'axe, et de même pied (**95**). Les parallèles sont alors tous les cercles de ce plan, qui ont ce pied pour centre commun. Tout plan peut donc être considéré comme une surface de révolution ayant pour axe une quelconque des droites qui lui sont perpendiculaires (**94**).

II. Quand elle est une droite parallèle à l'axe, elle demeure telle dans toutes ses positions, et la surface est un cylindre parallèle à l'axe (**475**). Les parallèles d'un cylindre de révolution sont des cercles d'un même rayon, dit *rayon du cylindre* et égal à la distance de la génératrice à l'axe, qui se confondent avec ses sections droites (**477, I**) ; ses génératrices, que deux parallèles quelconques découpent en segments égaux (**625, V**), sont les normales à ces cercles qui sont parallèles à leur axe commun (**623**).

Un cylindre est de révolution, quand il contient un cercle dont l'axe est parallèle à ses génératrices. Car, par chacun de ses points, passe sur lui un cercle de mêmes axe et rayon que celui-ci (**477, I**).

Le fait, pour un cylindre de révolution, de glisser simplement sur lui-même par toute translation parallèle à ses génératrices (**476, I**), par toute rotation autour de son axe (**625, I**), et, en conséquence, par toute combinaison de ces deux mouvements, lui confère une très grande importance dans les applications de la Cinématique.

III. Quand, sans se confondre avec l'axe, ni lui être perpendiculaire, la méridienne est une droite rencontrant l'axe en un certain point S, elle passe par ce même point dans toutes ses positions, et la surface est un cône de sommet S (**486**), dont on nomme *angle au sommet*, l'angle aigu compris entre l'axe et la génératrice. Si cet angle était droit, le cône dégénérerait en un plan perpendiculaire sur l'axe, en son sommet (I).

Les parallèles d'un cône de révolution sont des cercles homothétiques par rapport au sommet (**487**, I), et ses génératrices, que l'un d'eux et le sommet (**618**, III) ou deux quelconques (**625**, V) découpent en segments égaux, se confondent avec les normales communes à ces cercles, qui sont issues de son sommet (**623**).

Un cône est de révolution, quand il contient un cercle dont l'axe passe par son sommet. Car, par chacun de ses points passe sur lui un cercle homothétique à celui-ci par rapport au sommet (**488**, I), ayant par suite même axe (**625**).

La totalité d'un cône de révolution (ne dégénérant pas en un plan) est décomposée par le sommet en deux nappes (**490**) qui contiennent, l'une les demi-génératrices s'appuyant sur un même parallèle donné, l'autre leurs opposées.

IV. Du cône de révolution, se rapproche la *surface réglée gauche de révolution*, engendrée par une droite qui tourne autour d'un axe qu'elle ne rencontre pas, et qui, ainsi, n'est pas une méridienne. Sa forme nous est montrée (grossièrement) par l'extérieur d'un paquet d'allumettes ou de brins rectilignes de macaroni, engerbés non cylindriquement par un seul lien.

V. Si la méridienne est une circonférence, on a un *tore*, surface très intéressante que les Arts emploient assez souvent.

Quand la circonférence méridienne n'est pas coupée par l'axe, le tore a une forme annulaire. Quand un de ses diamètres se confond avec l'axe, le tore dégénère en une *sphère*, sa variété la plus remarquable que nous étudierons dans le chapitre suivant.

627. *S'il est situé sur l'axe, un point d'une surface de révolution est ordinaire quand il est tel pour la méridienne qui le trace et que celle-ci est symétrique par rapport à l'axe; autrement, il est singulier.*

Exception faite de pareils points, tous ceux d'un même parallèle sont, soit ordinaires, soit singuliers, tous en même temps, et cela, selon que la trace de ce parallèle sur une méridienne est, pour celle-ci, un point ordinaire ou singulier (Cf. **479**, **491**).

Rien de ceci ne peut être démontré en Géométrie élémentaire. Il est évident toutefois qu'un point axial de la surface est singulier, quand la méridienne y possède une tangente oblique à l'axe; car alors, les tangentes menées en ce point à toutes les méridiennes sont situées sur un cône de révolution, non sur un même plan ce qui aurait lieu pourtant si le point en question était ordinaire (461), (*Cf*. 490).

Un pareil point, dont la singularité est du même genre que celle du sommet d'un cône, est un *nœud* de la surface de révolution ; un point ordinaire axial en est un *pôle*.

Il est évident encore, que tous les points d'un parallèle sont ordinaires ou singuliers en même temps, puisque toute rotation autour de l'axe réapplique sur eux-mêmes, ce parallèle et la surface entière (625, I).

628. *En tout point (ordinaire) d'une surface de révolution, le plan tangent est celui qui est élevé par la tangente à la méridienne, perpendiculairement sur le plan méridien.*

En un pôle P (*fig*. 173), la tangente PT à une méridienne est perpendiculaire sur l'axe (627), celles à toutes les autres PT', ..., le sont aussi par conséquent ; toutes sont donc dans le plan mené par l'une d'elles perpendiculairement à l'axe. Ce plan est bien tangent en P à la surface, puisqu'il contient les tangentes à deux lignes, et bien davantage, tracées par lui sur celle-ci (461).

En tout autre point M, le plan tangent passe par les tangentes MT'', MT''' à la méridienne et au parallèle. Il est donc bien perpendiculaire au plan méridien, puisque celui-ci passe par l'axe, et qu'ainsi la seconde de ces tangentes lui est perpendiculaire (619).

629. *En un point quelconque* M *d'une surface de révolution* (*fig*. 173), *la normale* MN (463) *se confond avec la normale principale en* M *à la méridienne qui passe par ce point* (453).

Cette droite MN est une des normales de la méridienne en M, parce qu'elle jouit de cette propriété relativement à toute ligne tracée sur la surface par son pied ; pour la même raison, elle est normale aussi au parallèle passant par M. Elle est donc située dans le plan passant par M et par l'axe du parallèle (621), c'est-à-dire dans le plan de la méridienne, puisque cet axe se confond avec celui de la surface.

S'il s'agissait d'un pôle P, la normale à la surface se confondrait avec son axe, normale commune à toutes les méridiennes (627).

On remarquera qu'une normale et l'axe sont toujours dans un même plan ; que ce plan méridien est normal à la surface en tous les points de sa méridienne, et que toutes les normales dont les pieds sont sur une même parallèle concourent en un même point de l'axe, ou lui sont parallèles.

630. *Quand, dans un même plan méridien de deux surfaces de révolution de même axe* 𝒜, *leurs méridiennes ont un point commun* M *étranger à l'axe, s'y coupant sous un angle* α (456) *ou y ayant un contact, les surfaces se coupent sous le même angle* α (465) *en chaque point de leur parallèle commun passant par* M

(**625**, VI), *ou bien elles sont circonscrites l'une à l'autre suivant ce cercle* (**466**).

En M, l'angle des tangentes aux méridiennes est le rectiligne du dièdre des plans tangents aux surfaces, parce que ceux-ci passent par les tangentes et sont perpendiculaires au plan méridien passant par M qui les contient toutes deux (**628**).

En tout autre point N du parallèle commun, les plans tangents aux surfaces se coupent encore sous le même angle α, parce qu'ils sont les positions prises par ceux en M, après la rotation autour de l'axe $\mathcal{A}$, capable d'amener M en N. Entraînées par ce déplacement, les surfaces ne font effectivement que se réappliquer sur leurs positions initiales (**625**, I). Et de même, en cas de contact des méridiennes (*Cf.* **481**, **493**).

631. *A une surface de révolution, tout cylindre circonscrit parallèle à son axe* $\mathcal{A}$ (**485**), *tout cône circonscrit ayant son sommet sur l'axe* (**496**) *est de révolution autour du même axe, avec un parallèle commun pour ligne de contact ; ou bien il est décomposable, soit en cylindres, soit en cônes de ce genre.*

Si, par exemple, M est le point de contact d'un plan tangent issu d'un point S de l'axe, la droite MS, intersection évidente de ce plan tangent et du plan méridien passant par M, est la tangente en M à la méridienne y passant, puisque cette tangente est située à la fois dans le plan méridien (**451**) et dans le plan tangent (**461**). La surface est donc circonscrite suivant son parallèle passant par M, à la surface de révolution déterminée par le même axe et par la méridienne rectiligne MS (**630**), c'est-à-dire à un cône de révolution d'axe $\mathcal{A}$, de sommet S (**626**, III). Et tout point de contact analogue à M, qui n'appartiendrait pas au parallèle passant par ce point, donnerait un nouveau cône du même genre.

Le raisonnement est le même, s'il s'agit d'un cylindre circonscrit parallèlement à l'axe. On nomme alors *équateur* de la surface, tout parallèle de contact et son plan. Un équateur, leur ensemble s'il y en a plusieurs, est évidemment le lieu des points de contact des tangentes menées aux méridiennes parallèlement à l'axe.

631 bis. *Tout cylindre circonscrit dont les génératrices sont orthogonales à l'axe* (**94**), *a quelque méridienne pour ligne de contact*.

Si M et $\mathfrak{C}$ désignent un point de cette ligne étranger à l'axe $\mathcal{A}$ et le plan tangent en M aux deux surfaces, ce point M est dans le plan méridien $\mathfrak{M}$ mené par $\mathcal{A}$ perpendiculairement à $\mathfrak{C}$ (**628**), par suite à la génératrice $\mathcal{G}$ du cylindre passant par M ; car $\mathcal{G}$ est située dans le plan $\mathfrak{C}$ (**480**) qui est perpendiculaire à $\mathfrak{M}$ et à la fois, par hypothèse, dans quelque second plan perpendiculaire à $\mathcal{A}$, à $\mathfrak{M}$ par suite. Le point M appartient donc à celle des méridiennes, dont le plan $\mathfrak{M}$ est perpendiculaire aux génératrices du cylindre.

CHAPITRE XXIII.

PRINCIPES DE LA THÉORIE DE LA SPHÈRE.

Sécantes rectilignes, plans diamétraux. — Sections planes, diamètres.

632. Le lieu des points de l'espace qui sont à une même distance donnée r (non nulle) d'un point fixe O, est une surface portant le nom de *sphère* ; le point fixe O est son *centre*, la distance uniforme r de chacun de ses points à celui-ci est son *rayon*. L'identité de cette définition et de celle d'un cercle considéré dans son propre plan (**497**), fait pressentir, pour la sphère, l'existence d'un très grand nombre de propriétés tout à fait analogues à celles du cercle, *n'intéressant avec lui que des objets situés dans le même plan.* Maintes fois nous verrons cette prévision se confirmer, et nous pourrons, en conséquence, remplacer des démonstrations développées, par de simples références à des raisonnements presque identiques, faits déjà pour le cercle.

I. *Tout déplacement d'une sphère qui laisse son centre immobile, ne fait que la réappliquer sur sa position primitive. Inversement, une surface est une sphère, quand elle est continue, et qu'elle se réapplique sur elle-même par tout déplacement de ce genre* (**498**, I).

Comme le plan, la sphère peut donc glisser indéfiniment sur elle-même, et la fixité de son centre prescrit la forme sphérique pour un corps solide et ses appuis, quand ce corps doit être guidé dans des mouvements indéfinis, laissant fixe un de ses points.

II. *Une sphère est symétrique par rapport à son centre* O, *et encore par rapport à tout plan, à toute droite, passant par ce point* (*Cf.* V, **633**, **634**, *inf.*).

Raisonnements tout semblables à celui du n° **498**, II.

III. *Toute droite passant par le centre d'une sphère, la coupe en deux points limitant sur elle un segment dont le milieu est au centre de la surface, dont la longueur est le double du rayon. Tout plan de ce genre la coupe suivant un cercle de mêmes centre et rayon.*

Ces propriétés évidentes (**497**) sont renfermées dans celles des nos 633 et suiv. (*inf.*); mais nous les mettons présentement en saillie, parce qu'elles nous seront utiles à l'instant, et à cause de l'importance relative très grande de ces sections planes, toutes égales entre elles, que l'on nomme les *grands cercles* de la sphère (*Cf.* 635, IV, *inf.*).

IV. *Une sphère est une figure continue.* Car, sur elle et entre deux quelconques A, B de ses points, on peut tracer une ligne continue, savoir un arc AB du grand cercle résultant de sa section par le plan AOB (III), (**498**, III).

V. *Une sphère est une surface de révolution* (**625**) *admettant pour axe, toute droite $\mathcal{A}$ issue de son centre O, ayant pour méridiennes les grands cercles dont les plans passent par $\mathcal{A}$* (III), *ayant pour équateur unique* (**631**) *celui dont le plan est issu de O perpendiculairement à cet axe.*

La droite $\mathcal{A}$ est un axe de révolution, parce que toute rotation de la sphère autour d'elle laisse immobile le centre O situé sur celle-ci, et réapplique ainsi la surface sur elle-même (I), (**625**, I). Les méridiennes sont des grands cercles, puisque leurs plans passent par le centre O (III). Comme enfin, sur chaque méridienne, le rayon allant au point de contact d'une tangente parallèle à l'axe $\mathcal{A}$ diamètre commun à tous ces cercles, est une perpendiculaire en O à cette droite (**517**), ces points de contact sont les traces des méridiennes sur le plan élevé en O perpendiculairement à l'axe, traces dont le lieu est bien le grand cercle mentionné dans l'énoncé.

Les méridiennes coupent l'axe en deux mêmes points P, P', qui sont les extrémités du segment de milieu O, intercepté sur l'axe $\mathcal{A}$ par la sphère, et qui sont ordinaires pour toutes. Chacune, en outre, est symétrique par rapport à la droite PP' (ou $\mathcal{A}$). Ces points P, P' sont donc des *pôles* (**627**).

La figure 174 montre (en perspective) le centre O d'une sphère, une droite $\mathcal{A}$ issue de lui, les pôles P, P' de la surface considérée comme étant de révolution autour de cet axe, des méridiennes PEP', ... et des parallèles parmi lesquels l'équateur E.

Cette conception de la sphère, qui abrège beaucoup son étude théorique, est capitale dans toutes les questions astronomiques. Il serait bien facile de prouver inversement, *qu'une surface admettant pour axes de révolution deux droites distinctes qui se rencontrent, est une sphère dont le centre est le point de concours de ces droites.* Cette proposition est la base du procédé employé par les tourneurs, pour tailler des corps sphériques comme des billes de billard.

VI. *Deux sphères quelconques sont des figures semblables, directement et inversement aussi.* Comme au n° **498**, IV ; les centres sont toujours des points homologues.

633. *Une droite a en commun avec une sphère deux points* M_1,

M_2 (*fig.* 175), un seul M, ou aucun, selon que sa distance $O\varpi$ au centre est *inférieure, égale,* ou *supérieure* au rayon, c'est-à-dire selon que ϖ, *pied aussi du plan abaissé du centre perpendiculairement à la sécante*, est *intérieur au grand cercle* $\bigodot$ *tracé sur ce plan par la sphère*, lui appartient, ou lui est extérieur (**632**, III), (**500**).

Dans les deux premiers cas, le pied ϖ est le milieu du segment M_1M_2, ou MM ; par suite, il a pour lieu le plan $\bigodot$, quand la sécante se déplace en restant parallèle à une droite fixe.

Les points où la sécante rencontre la sphère, se confondent évidemment avec ceux où elle coupe la trace sur la sphère, d'une surface auxiliaire quelconque menée par elle, en particulier du plan déterminé par elle et le centre.

D'où la plus grande partie de notre énoncé, cette trace $\mathfrak{C}$ étant alors un grand cercle, c'est-à-dire un cercle ayant même centre et même rayon que la sphère (**499**, *et suiv.*).

La dernière partie résulte de ce que, sur chaque sécante, le pied ϖ de la perpendiculaire $O\varpi$ est aussi bien celui du plan perpendiculaire issu du centre, et de ce que ce plan est le même pour des sécantes parallèles.

Le lieu en question se nomme le *plan diamétral* de la sphère, *conjugué* à la direction commune des sécantes.

634. *Un plan coupe une sphère suivant un cercle* $\wp$ (*fig.* 176), *la rencontre en un seul point, ou bien ne la rencontre pas, selon que sa distance* $O\varpi$ *au centre est inférieure, égale, ou supérieure au rayon, c'est-à-dire selon que* ϖ, *pied de cette distance, est à l'intérieur du segment* PP′ *que la sphère découpe sur la droite* $O\varpi$, *en une de ses extrémités, ou à l'extérieur* (**632**, III).

Dans le premier cas, la droite $O\varpi$ est *l'axe du cercle* ; par suite, le centre ϖ de ce cercle a pour lieu la droite PP′ quand le plan sécant se déplace en restant parallèle à un plan fixe.

La sphère et le plan sécant étant deux surfaces de révolution autour d'un même axe, savoir la droite $O\varpi$PP′ menée perpendiculairement au second par le centre O de la première (**632**, V), (**626**, I), leur intersection ne peut se composer que de parallèles (**625**, VI) ; et on obtiendra évidemment des points de ces cercles en prenant les intersections de méridiennes des deux surfaces, situées dans quelque même plan issu de leur axe commun. Ces méridiennes sont, pour la sphère, un grand cercle PπUP′, pour le plan sécant, une droite ϖm située dans le plan de ce grand cercle et perpendiculaire en ϖ à son diamètre PP′. Quand $O\varpi$ est inférieure au rayon, les méridiennes se coupent donc en deux points m_1, m_2 qui sont distincts, mais ne donnent qu'un seul parallèle $\wp$ de centre ϖ, à cause de la symétrie de ces points par rapport à PP′ diamètre du grand cercle et axe des deux surfaces (**618**, II). Quand $O\varpi$ égale ou surpasse le rayon, elles et les surfaces n'ont en commun qu'un point situé sur l'axe, ou bien elles ne se rencontrent pas.

Si enfin, le plan sécant vient à se déplacer parallèlement à un plan fixe, sa perpendiculaire issue du centre de la sphère restera fixe, constituant ainsi le lieu du centre de la section.

Ce lieu est le *diamètre* de la sphère, *conjugué* à la direction commune des plans sécants parallèles.

635. Les deux propositions précédentes seront complétées utilement par diverses observations.

I. Remarquons d'abord, qu'elles impliquent les symétries de la sphère par rapport aux plans et aux droites passant par son centre (**632**, II), (**618**, II).

II. *La sphère est une surface courbe*, puisque, sur un plan quelconque, elle ne peut avoir d'autres points qu'un seul, ou ceux d'une ligne (**634**), (**449**).

III. *Des droites et des plans issus d'un même point donné* I *étranger à une sphère, la rencontrent tous, ou non tous, selon que sa distance* OI *au centre est inférieure ou supérieure au rayon* (*Cf.* **500**). Suivant qu'il s'agit du premier de ces cas ou du second, on dit que le point I est *intérieur* ou *extérieur* à la sphère.

IV. *Entre* r, *rayon d'une sphère*, d, *distance d'une droite ou d'un plan à son centre, et* l, *moitié du segment que la surface découpe sur la droite ou rayon du cercle qu'elle trace sur le plan*, on a la relation

$$l^2 + d^2 = r^2 \qquad (Cf.\ \textbf{503}).$$

C'est ce que rend évident, comme au lieu cité, la considération des triangles $O\omega M_1$ (*fig.* 175) $O\omega m_1$ (*fig.* 176), tous deux rectangles en ω.

Parmi les segments de cette sorte, les plus grands sont donc ceux situés sur les diamètres, tous égaux entre eux et au double du rayon, dit aussi *diamètres* de la sphère.

Parmi les cercles du même genre, ceux de plus grands rayons sont fournis également par les plans diamétraux. Ce sont ainsi les *grands cercles* de la sphère (**632**, III), d'où cette dénomination, et, par opposition, celle de *petits cercles* donnée à tous les autres.

V. D'une observation faite ci-dessus (IV), il résulte que *la sphère est une figure limitée* (**289**). On nomme *hémisphère* chacune des deux parties égales (**632**, V), (**625**, II) en lesquelles la surface est décomposée par tout plan diamétral.

VI. Trois droites menées par le centre d'une sphère, chacune perpendiculairement aux deux autres, et les trois plans qu'elles déterminent deux à deux dans les mêmes conditions de perpendicularité mutuelle, c'est-à-dire les arêtes et faces d'un même trièdre trirectangle (352) ayant son sommet au centre de la surface, présentent une réciprocité à remarquer. Chaque plan est effectivement diamétral et conjugué à la direction de l'intersection des deux autres (633), et chaque droite est le diamètre conjugué à la direction du plan des deux autres (634). On formule cette double réciprocité en disant *mutuellement conjugués*, les trois plans diamétraux et aussi les trois diamètres.

636. *Le carré d'une demi-corde de la sphère* ωM_1 *(fig. 175) est égal à la puissance de son pied* ω *par rapport au grand cercle* $\odot$, *dont le plan lui est conjugué* (633). Dans le grand cercle $MM_1M'M_2$ auquel cette corde appartient aussi, on a effectivement $\overline{\omega M_1}^2 = \omega M . \omega M'$ (505), et ce produit est bien la puissance de ω par rapport au cercle $\odot$ (528).

Le carré du rayon d'une section plane, ωm_1 *(fig. 176), est égal à la puissance du centre ω de ce cercle par rapport à la paire P, P' des extrémités du diamètre conjugué au plan de ce cercle, est égal au produit* $\omega P . \omega P'$, voulons-nous dire. Car le grand cercle $Pm_1P'm_2$ dont le plan contient ce rayon, donne $\overline{\omega m_1}^2 = \omega P . \omega P'$.

637. *Deux cordes* MA, MB *joignant un même point* M *de la sphère aux extrémités* A, B *d'un diamètre sont conjuguées, c'est-à-dire parallèles à quelque diamètre et à son plan diamétral conjugué.* Car la considération du grand cercle de plan AMB montre immédiatement que ces cordes sont perpendiculaires l'une à l'autre (506).

Réciproquement, *l'intersection* M *d'une droite et d'un plan menés perpendiculairement l'un à l'autre par deux points fixes* A, B, *a pour lieu la sphère décrite sur* AB *comme diamètre.* Car l'angle rectiligne AMB étant droit, le point M appartient toujours au cercle décrit sur AB comme diamètre dans le plan AMB (*Ibid.*); d'où, en appelant O le milieu de AB, OM = OA = OB.

638. *Une circonférence coupe une sphère en deux points au plus, ou bien y est située tout entière.*

Les points communs à ces deux figures ne peuvent être que ceux communs à la circonférence considérée et à celle que son plan peut tracer sur la sphère (634). Si donc ces deux circonférences coïncident, la proposée est située tout entière sur la sphère; sinon, elles ne peuvent se couper en plus de deux points (576).

639. *Par un cercle* ω *(fig. 177) et un point* A *hors de son plan, ou bien par quatre points* A, B, C, D *non situés dans un même plan, on peut toujours faire passer une sphère, mais une seule.*

I. Le centre de la sphère cherchée doit être situé sur l'axe ω du cercle donné, parce qu'il est équidistant de tous les points de ce cercle (618, III); pour une raison semblable (253), il doit être encore sur le plan $\mathcal{P}$ élevé perpendiculairement, et en son milieu ω, au segment AB unissant le point A à un point quelconque B du cercle. Cet axe $\mathcal{A}$ et ce plan $\mathcal{P}$ ne peuvent d'ailleurs être parallèles; car autrement, $\mathcal{P}$ serait perpendiculaire au plan du cercle, et, contrairement à l'hypothèse, la droite BA issue perpendiculairement à $\mathcal{P}$, d'un point B de l'autre plan, serait tout entière dans celui-ci.

La droite $\mathcal{A}$ et le plan $\mathcal{P}$ se rencontrent donc en un certain point O, équidistant de A, de B, ainsi que de tous les points du cercle, et la sphère unique, de centre O, de rayon OA = OB, est celle que l'on cherchait.

II. Les trois points B, C, D (*fig.* 177), pris arbitrairement parmi les proposés, ne peuvent être en ligne droite, puisque, autrement, tous quatre seraient dans un même plan; par eux, on peut donc faire passer un cercle unique ω (**507**), et le problème revient à la construction de la sphère déterminée par le cercle et le quatrième point A (I).

Mais le tracé du cercle auxiliaire ω n'est pas nécessaire : il suffit de chercher son axe, en prenant, par exemple, l'intersection des plans élevés perpendiculairement et en leurs milieux $\mathcal{P}$, χ, sur les segments CB, CD (**618, III**).

640. La sphère qui passe par les quatre points A, B, C, D, est *circonscrite* au tétraèdre ABCD, et d'après ce que nous venons de voir, son centre se trouve, à la fois : 1° sur chacun des quatre axes des cercles circonscrits aux faces de ce tétraèdre ; 2° sur chacun des six plans élevés perpendiculairement aux arêtes par leurs milieux.

Ces quatre droites et ces six plans concourent donc en un même point, centre de la sphère circonscrite au tétraèdre (Cf. **508**).

Tangentes et plans tangents. — Cône et cylindre circonscrits.

641. *Tout point M d'une sphère O est ordinaire, et les tangentes, son plan tangent en ce point, sont les droites, le plan, menés par lui, perpendiculairement au rayon OM* (Cf. **510**).

Ceci résulte immédiatement de ce que la sphère peut être considérée comme une surface de révolution ayant pour axe le diamètre OM, pour méridienne un grand cercle de rayon OM (**632, V**), courbe symétrique par rapport à cet axe et y ayant en M un point ordinaire (**628**). On arriverait à la même conclusion en considérant la sphère comme une surface de révolution ayant pour axe tout autre diamètre (*Ibid.*).

Les tangentes, le plan tangent, sont ainsi parallèles au plan diamétral dont la direction est conjuguée à celle du diamètre passant par le point de contact. Leurs distances au centre sont toutes deux égales au rayon de la sphère; par suite, tous leurs points sont extérieurs à la surface, sauf celui de contact (635, III). Ces droites, ces plans, se confondent donc avec ceux dont chacun rencontre la sphère en un point seulement (633), (634); et, pour obtenir leurs points de contact, il faut les couper par des plans ou des droites perpendiculaires issus du centre.

642. *Par toute droite donnée* J, *on peut mener à une sphère* O, *deux plans tangents, un seul, ou aucun, selon que sa distance au centre est supérieure, égale ou inférieure au rayon* (*Cf.* 513).

La dernière partie est évidente puisque la distance au centre, de tout plan passant par J, ne peut excéder celle de cette droite, inférieure au rayon (277), ne peut, par suite, devenir égale au rayon, distance commune de tous les plans tangents (641). La seconde l'est aussi pour la même cause, le plan tangent unique étant alors le plan mené par J, perpendiculairement au rayon aboutissant au point de contact de cette droite.

Dans la première hypothèse, soit M le point de contact de quelque plan tangent JM issu de J. Cette droite étant située dans ce plan qui est perpendiculaire sur le rayon OM (*Ibid.*), celui-ci, réciproquement, est situé dans le plan $\mathcal{P}$ mené par O perpendiculairement sur elle (93), plan coupant ainsi cette droite en son pied I (*fig.* 124), le plan tangent suivant la droite IM perpendiculaire en M au rayon OM, tangente par suite en M au grand cercle KMK′ tracé sur la sphère par le plan $\mathcal{P}$ (que nous avons pris pour celui de la figure).

Les points tels que M ne peuvent donc différer des contacts des tangentes au grand cercle issues de I. Or ces points existent au nombre de deux M, N, parce que le point I appartenant à la droite J, est extérieur au grand cercle comme à la sphère (513), et les plans menés par les tangentes IM, IN, perpendiculairement aux rayons OM, ON sont évidemment les plans tangents mentionnés dans notre énoncé.

On les obtiendra ainsi en coupant la sphère par la polaire du point I dans le grand cercle en question (515), c'est-à-dire évidemment, par une droite Δ (MPN sur la figure) élevée perpendiculairement au plan OJ, par un point P du diamètre OI, tel que l'on ait OI . OP $= r^2$, carré du rayon de la sphère.

Cette droite Δ des contacts des plans tangents à la sphère issue de la droite J, se nomme la *polaire* de celle-ci. On voit ainsi que deux pareilles droites sont caractérisées par la triple propriété, d'être orthogonales l'une à l'autre, d'avoir un diamètre pour perpendiculaire commune, avec des distances au centre dont le produit est égal au carré du rayon; d'où résulte entre elles une réciprocité évidente permettant d'appeler J la polaire aussi de Δ bien que, par cette dernière, aucun plan tangent ne puisse être mené à la sphère.

Les plans tangents issus de J, leurs points de contact, etc., sont évidemment symétriques par rapport au plan diamétral OJ (*Cf.* **514**).

643. *Parallèlement à tout plan donné, on peut mener deux plans tangents à une sphère* (*Cf.* **517**).

Leurs points de contact sont évidemment les traces sur la sphère, du diamètre conjugué à la direction du plan donné; leur distance est égale au diamètre de la sphère, remarque utilisée pour la mesure pratique du rayon d'un corps sphérique; ces plans et leurs points de contact sont symétriques par rapport au plan diamétral qui leur est parallèle.

644. *D'un sommet quelconque* I *extérieur à une sphère* O, *on peut lui mener un cône circonscrit* (**496**); *ce cône est de révolution autour du diamètre* OI (**626**, III), *ayant pour ligne de contact un petit cercle dont le plan est perpendiculaire à ce diamètre, en un point* P *qui donne*

(1) $$\mathrm{OI}.\mathrm{OP} = r^2,$$

carré du rayon de la sphère (*Cf.* **513**).

La sphère étant autour de l'axe OI (*fig.* 124) une surface de révolution dont la méridienne est un grand cercle KMK'N passant par les traces K, K' de ce diamètre sur la sphère (**632**, V), tout cône circonscrit de sommet I sera de révolution autour de OI aussi, ayant pour génératrice une tangente à ce grand cercle issue de I (**631**). Or, I étant extérieur au grand cercle comme à la sphère, ces tangentes sont au nombre de deux, également inclinées sur OI (**514**), ne donnant par suite qu'un seul cône; et le parallèle de contact est un cercle de la sphère, dont le plan est perpendiculaire à l'axe OI en un point P, trace aussi de la polaire de I par rapport au grand cercle, d'où la relation (1).

Le plan du parallèle de contact se nomme le *plan polaire* du point I par rapport à la sphère, et ce point est dit son *pôle*; il est perpendiculaire au diamètre OI, à une distance du centre égale à $r^2 : \mathrm{OI}$ (*Cf.* **515**).

On voit encore, que les tangentes issues de I sont *de longueurs toutes égales à* $\sqrt{\overline{\mathrm{OI}}^2 - r^2}$, également inclinées sur IO, normales en outre au petit cercle lieu de leurs contacts.

Si le point I était sur la sphère, le cône circonscrit ne serait plus que le plan tangent en I; il disparaît quand I est intérieur.

645. *Dans toute direction donnée, on peut mener un cylindre circonscrit à une sphère* (**485**); *il est de révolution autour du* *diamètre* ⊙ *parallèle à cette direction, et sa ligne de contact est le grand cercle dont le plan est conjugué à la même direction* (*Cf.* **517**).

On raisonne exactement comme ci-dessus (**644**), après avoir remarqué que la sphère est de révolution autour du diamètre ⊙, la méridienne étant un grand cercle de même diamètre, auquel, en conséquence, on peut mener, parallèlement à la direction donnée, deux tangentes qui sont symétriques par rapport à l'axe. (On peut invoquer tout aussi bien le n° **631** *bis*.)

On voit, en même temps, que tout grand cercle de la sphère peut jouer le rôle d'équateur (**631**, *in fine*).

La propriété harmonique de la polaire d'un point dans le cercle (**530**) s'étend bien facilement à un système, soit de deux droites mutuellement polaires relativement à une sphère (**642**), soit d'un pôle et de son plan polaire (**644**). Mais nous devons omettre tout développement à ce sujet.

Puissance d'un point par rapport à une sphère.

646. *Quand une sphère de centre O et de rayon r est rencontrée par plusieurs droites issues d'un même point K situé à une distance d de son centre, les propositions et les formules établies pour le cercle aux n°⁵* **522**, **523**, *sont textuellement applicables*. Mêmes démonstrations.

Le produit $KM'.KM''$, constant pour un même point K, est sa *puissance* par rapport à la sphère considérée ; il est évidemment égal à la puissance du même point par rapport à tout cercle de la sphère, dont le plan y passe.

647. *Pour que soient situés sur quelque même sphère*: I, *soit un cercle* ω *et deux points* A, B, *hors de son plan ;* II, *soit 5 points donnés* A, B, C, D, E, *dont quatre quelconques ne sont pas dans un même plan ;* III, *soit deux cercles* ω, υ, *dont les plans diffèrent, il faut et il suffit* : I, *que* 1° *si la droite* AB *rencontre le plan du cercle* ω *en* K, *les puissances de ce point par rapport au cercle et au segment* AB (**636**) *soient égales ;* 2° *si elle lui est parallèle, ce segment soit perpendiculaire au plan conduit par son milieu et l'axe du cercle* ω ; II, *que ces mêmes conditions soient remplies par deux des 5 points choisis arbitrairement et le cercle passant par les trois autres ;* III, *que* 1° *si les plans des cercles* ω, υ *se coupent suivant une droite* 𝒦, *tout point de cette droite ait des puissances égales par rapport à l'un et à l'autre ;* 2° *si ces plans sont parallèles, les axes de ces deux cercles se confondent* (*Cf.* **524**).

I. 1° La puissance de K, par rapport au cercle ω, étant identique à celle du même point par rapport à toute sphère passant

PUISSANCE D'UN POINT PAR RAPPORT A UNE SPHÈRE. 355

par celui-ci, en particulier par rapport à celle pouvant être conduite par ce cercle et le point A (**639**), le point B est bien situé sur cette sphère, puisque le produit KA.KB est égal à la puissance de K par rapport à elle (**646**).

2° Il est évident qu'alors le point B est situé sur la sphère déterminée par le point A et le cercle ω.

II, III. Les démonstrations se font de la même manière.

(En outre : I, 2°, le point K doit être intérieur au segment AB et au cercle ω à la fois, ou extérieur; etc.)

Normales et plans normaux.

648. *En chaque point M, d'une sphère O, la normale est le rayon OM qui passe par ce point* (**463**), (**641**).

Inversement, tout diamètre OI est normal à la sphère en chacune de ses traces M, M' sur elle (**532**), *et, parmi les deux longueurs IM, IM' des normales pouvant ainsi être menées de I, celle qui ne contient pas le centre O est la plus courte distance de ce point à ceux de la sphère, l'autre contenant le centre est la plus grande.* Quand I est au centre, toute droite y passant est normale, donnant une longueur constante égale au rayon (**534**).

Tout plan normal passe par le centre de la sphère; tout plan diamétral lui est normal en chaque point du grand cercle suivant lequel il la coupe (*Cf.* **632**, V; **629**).

CHAPITRE XXIV.

PRINCIPAUX LIEUX SPHÉRIQUES. — SYSTÈMES DE DEUX, DE TROIS SPHÈRES.

Lieux divers.

649. *Dans une figure semblable, le lieu de l'homologue d'un point d'une sphère, en est une autre dont le centre et le rayon sont les homologues de ceux de la proposée* (**551**), (*Cf.* **663**, *inf.*).

650. *Relativement à une sphère donnée, le lieu des points (tous intérieurs, ou bien tous extérieurs) dont les puissances sont égales à une même quantité donnée, est une sphère concentrique* (**552**).

651. Les lettres P, Q, p, q, ℮ ayant les mêmes significations qu'au n° **553**, le lieu des points M de l'espace, donnant

$$p.\overline{PM}^2 \pm q.\overline{QM}^2 = ℮,$$

est une sphère dont le centre et le rayon se déterminent comme ceux du cercle mentionné au lieu cité.

On remarquera que, dans l'espace, le lieu du n° **555** se change en un plan perpendiculaire à RS (**253**), ou en une sphère ayant son centre sur cette droite, dont le pied, ou le centre et le diamètre, se déterminent d'une manière identique.

652. En conservant leurs significations aux lettres P, p, u, ℮ du n° **558**, mais en substituant un plan à la droite qu'y représentait la lettre U, le lieu des points M de l'espace, assujettis à la condition

$$p.\overline{PM}^2 \pm u.\overline{UM} = ℮,$$

est en général une sphère ayant son centre sur la droite issue de P, perpendiculairement au plan U.

653. On étendra presque aussi facilement à l'espace le théorème général du n° **562**, quand nous aurons indiqué la même extension pour ses préliminaires. Nous conserverons la plupart des notations des n°s **559** et suivants, dont nos renvois viseront les formules.

I. *La proposition du n° **559** subsiste pour les points* (6) *transportés arbitrairement dans l'espace, moyennant qu'un plan soit substitué à la droite représentée par* 𝓜.

1° En considérant trois droites 𝓜′, 𝓜″, 𝓜‴, concourantes mais non situées dans un même plan, on prouvera de la même manière, que la projection G′ de G faite sur la première, parallèlement au plan 𝓜″𝓜‴ des deux autres, est le centre de gravité de P′$_1$, ..., P′$_k$ projections des points (6) chargées des mêmes masses (7) ; et de même, en projetant sur 𝓜″ parallèlement au plan 𝓜‴𝓜′, puis sur 𝓜‴ parallèlement au plan 𝓜′𝓜″. Le point G se trouve donc à l'intersection des plans menés parallèlement à 𝓜″𝓜‴, 𝓜‴𝓜′, 𝓜′𝓜″, par G′, G″, G‴ respectivement, et cela indépendamment de l'ordre dans lequel on aura pu considérer les points (6) pour le construire.

Cela posé, le point G est, par définition, le *centre de gravité* des points (6) chargés des masses (7).

2° Les droites 𝓜′, 𝓜″, 𝓜‴ étant arbitraires, on obtiendra la relation (9) en prenant 𝓜″, 𝓜‴ dans le plan 𝓜, en donnant à 𝓜′ la direction dans laquelle il faut mesurer les distances algébriques, et en écrivant pour elle la relation (4) du n° **137** entre les projections P′$_1$, ..., P′$_k$ des points (6), G′ de leur centre de gravité et M tracé du plan 𝓜 sur la droite 𝓜′.

3° On constatera par les mêmes moyens, que, *sur tout plan et parallèlement à toute droite, la projection du centre de gravité* G *est celui des projections des points* (6), *chargées des mêmes masses* (7). (*Cf.* 1°).

4° L'observation finale du n° **559**, III demeure applicable, et permet d'assigner des droites et des plans, très nombreux quelquefois, qui concourent au centre de gravité. Par exemple, *les droites joignant dans un tétraèdre, chaque sommet au concours des médianes de la face opposée, le milieu de chaque arête à celui de son opposée, se rencontrent toutes en un même point.*

II. *L'identité* (10) *et sa conséquence subsistent dans l'espace.* Mêmes démonstrations fondées sur les conclusions de l'alinéa I.

III. Le cas où la restriction (8) est levée, ouvre une discussion toute semblable à celle du n° **561**; nous devons la laisser aux soins du lecteur, qui n'aura pas de peine à en apercevoir les incidents.

654. En prenant les points (6) arbitrairement dans l'espace, substituant des plans aux droites représentées par des lettres U, et sauf certains cas d'impossibilité, *le lieu des points* M *de l'espace qui remplissent la condition* (16), *est une sphère quand l'inégalité* (8) *a lieu, un plan dans le cas contraire.* On raisonnera de la même manière, en s'appuyant sur les considérations ci-dessus (**653**).

Si l'on imposait aux points M *deux* conditions (distinctes) du genre de (16), leur lieu deviendrait évidemment l'intersection de ceux correspondant à chacune d'elles considérée isolément, c'est-à-dire un cercle (**661**, *inf.*), (**634**) ou une droite (sauf impossibilité).

655. *Le lieu des points* M *de l'espace, d'où l'on voit un même segment* AB, *tantôt sous un angle constant donné, tantôt sous son supplément* (**563**), *est le tore* (**626**, V) *qui a pour axe la droite* AB *et pour méridienne le cercle auquel ce lieu se réduit quand on assujettit les points* M *à être situés dans quelque plan passant par la droite* AB (**564**).

C'est ce que rend évident la section du lieu par les plans de ce genre. Quand l'angle donné n'est pas droit, le cercle méridienne coupe l'axe obliquement, et le tore a des nœuds en A et en B (**627**). Quand il est droit, la surface dégénère en une sphère (double) de diamètre AB (**637**).

Figures inverses d'un plan, d'une sphère, d'une circonférence.

656. L'inversion des figures dans l'espace se définit absolument comme dans un plan (**571** *et suiv.*), et jouit à fort peu près des mêmes propriétés. Ce que nous avons dit au lieu cité n'exige effectivement que les modifications suivantes.

I. *Quand il y a des points doubles (inversion positive), leur lieu est une sphère décrite de l'origine comme centre, avec un rayon égal encore à la racine carrée de la puissance de l'inversion* (*Ibid.* IV).

II. *En des points correspondants* M, M' *de deux lignes ou de deux surfaces inverses, les tangentes dans le premier cas, les plans tangents dans le second, sont symétriques par rapport au plan perpendiculaire au segment* MM' *en son milieu.*

Pour deux lignes, la démonstration se fait exactement comme celle du n° 572 ; après quoi, elle s'étend immédiatement aux plans tangents à deux surfaces.

III. *En deux points correspondants* M, M', *deux lignes dans une figure, ou une ligne et une surface, ou deux surfaces, se coupent sous des angles toujours égaux à ceux formés par les objets correspondants dans une figure inverse ; ou bien elles sont tangentes dans chaque figure, en même temps que les objets correspondants dans l'autre.*

Dans chaque cas effectivement, deux angles correspondants ont leurs côtés où faces respectivement symétriques par rapport au plan élevé perpendiculairement sur le segment MM', en son point milieu (II), (418, III).

657. *Quand un plan passe par l'origine, il est évident que son inverse est un plan se confondant avec lui. Autrement, son inverse est une sphère ayant pour diamètre le segment compris entre l'origine* I *et l'inverse* P' *du pied* P *de la distance de cette origine au plan considéré.*

Si effectivement, M est un point quelconque du plan et M' son inverse, on prouvera comme au n° 574, que l'angle IM'P' est toujours droit (637).

658. *Quand une sphère* O *passe par l'origine, son inverse est le plan perpendiculaire élevé sur le diamètre* IO *issu de l'origine, par le point* P *inverse de l'autre extrémité* P' *du même diamètre.*

Autrement, l'inverse est une nouvelle sphère se confondant avec l'homothétique de la proposée relativement à l'origine I et au rapport J : Π où J, Π *représentent la puissance de l'inversion et celle de son centre* I *par rapport à cette proposée.*

Cette proposition s'appuie sur celle du n° 649, et se démontre par les mêmes moyens que celle du n° 575 ; on en tire une conclusion toute semblable, relativement à la nature sphérique des surfaces doubles de l'inversion (*Ibid.*, III).

659. *Une circonférence quelconque ne passant pas par l'origine a pour figure inverse une autre circonférence.*

Soient effectivement ☉ cette circonférence, ℘ son plan, ♊ la sphère passant par elle et l'origine (639), puis ☉', ℘', ♊' les inverses de ces trois figures. Les surfaces ℘' et ♊' étant une sphère (657) et un plan (658), la ligne ☉', qui est évidemment leur intersection, est bien une circonférence (634).

660. Ces diverses propositions sont extrêmement utiles dans certaines théories impliquant la considération fréquente de sphères et de cercles dans l'espace. En voici des applications fort intéressantes.

I. En prenant pour origine un point quelconque I (*fig.* 178)

INVERSION D'UN PLAN, D'UNE SPHÈRE, D'UN CERCLE. 359

d'une sphère de centre O, de rayon r, et pour puissance la quantité $2r^2$, il résulte du n° **658**, que la sphère a pour inverse son plan diamétral O𝔔 perpendiculaire à OI, et tout point M marqué sur elle, toute ligne tracée sur elle, seront *représentés* sur ce *tableau* plan, par la trace M' de la droite IM, par celle du cône ayant le *point de vue* I pour sommet, la ligne considérée pour directrice. C'est en cela que consiste la *projection stéréographique* servant à représenter sur un plan, non exactement, on en démontre ailleurs l'impossibilité, mais avec une fidélité suffisante, les points, les lignes, etc., de la sphère constituée par la surface de la terre, ou idéalement par le champ des corps célestes. La propriété fondamentale de ce mode de représentation se résume dans l'énoncé suivant

L'angle de deux lignes sur la sphère est toujours égal à celui de leurs représentantes (**656**, III), *et tout cercle* 𝒞 *de la sphère (ne passant pas par* I) *est représenté par un cercle* 𝒞' *dont le centre* ω *est la trace de la droite* IS *joignant le point de vue* I *au sommet* S *du cône circonscrit à la sphère suivant le cercle* 𝒞 (**644**).

1° Le premier point est évident, puisque 𝒞' est la figure inverse d'une circonférence 𝒞 (**659**).

2° Soient υ la trace de la demi-droite IS sur la sphère, et υM l'arc de cercle tracé aussi sur elle par l'intérieur (plan) de l'angle saillant SIM (**634**). Nous savons que le segment ωM' et le cercle 𝒞' se coupent sous le même angle que cet arc υM et le cercle 𝒞, représentés évidemment par eux. Or ce dernier angle est droit, car la tangente en M à l'arc est la trace de son plan sur le plan tangent en M à la sphère, c'est-à-dire la génératrice MS du cône circonscrit suivant 𝒞 à la sphère, et cette génératrice, puisque le cône est de révolution, est une normale à son parallèle 𝒞 (**626**, III). Dans toutes ses positions, qui sont en nombre illimité, le segment ωM' est, par suite, normal au cercle 𝒞'; son extrémité fixe ω coïncide donc avec le centre de ce cercle, car autrement, une seule normale pourrait passer par elle (**533**).

II. *Quand un cône de sommet* I *a pour directrice un cercle* 𝒞 *d'une sphère* O, *il recoupe celle-ci suivant un autre cercle.*

Car la seconde trace M' d'une génératrice du cône, passant par un point M du cercle 𝒞, est le correspondant de M dans une inversion dont l'origine est I, dont la puissance est celle de ce point I par rapport à la sphère (**646**), (**659**).

III. Si l'on substitue au cône ci-dessus (II), un cylindre quelconque ayant toujours pour directrice un cercle 𝒞 de la sphère, *ce cylindre recoupe encore cette surface suivant un autre cercle.*

Comme le plan diamétral de la sphère, qui est perpendiculaire sur les génératrices du cylindre, est un plan de symétrie commun aux deux surfaces (**476**, II), (**632**, II), le second cercle est évidemment le symétrique du premier par rapport à ce plan (**551**).

IV. Quand un cône ou un cylindre sont *circulaires*, c'est-à-dire admettent un cercle pour directrice, ils sont encore coupés suivant un cercle, par tout plan parallèle à celui de cette directrice (**488**, I), (**477**, I), (**551**); mais, *s'ils ne sont pas de révolution, il existe en outre une autre direction de plans cycliques, c'est-à-dire les coupant suivant des cercles.*

Car, si on fait passer une sphère par un des cercles du premier groupe, elle recoupe suivant un autre cercle, le cône ou le cylindre proposés (II), (III).

Système de deux sphères.

661. L'ensemble de deux sphères admet pour axe de révolution et pour plans de symétrie, toute droite et tout plan passant par leur centre commun quand elles sont concentriques, mais la droite de leur centre seulement et les plans passant par elle, quand elles ne le sont pas (**632**, V, II).

Dans le premier cas, elles n'ont aucun point commun, ou se confondent, selon que leurs rayons sont inégaux, ou non.

Dans le second, et si $R \geq r$ désignent leurs rayons, leurs points communs sont ceux de l'intersection de l'une quelconque d'entre elles par le plan perpendiculaire à la droite des centres, lieu des points dont les carrés des distances à ces centres ont une différence égale à $R^2 - r^2$ (**576**), (**251**), (**634**).

Ce plan est le *plan radical* des deux sphères.

Cette intersection se discute exactement comme pour deux cercles dans un même plan, et on est conduit aux mêmes résultats (**578**). *Quand elle existe et ne se réduit pas à un simple point de la droite des centres, elle est donc un cercle ayant cette droite pour axe* (**634**).

662. *Le plan radical de deux sphères est le lieu des points d'égales puissances par rapport à l'une et à l'autre* (**579**), ou bien d'où les longueurs des tangentes menées à ces surfaces sont égales (**644**).

663. *Deux sphères appartiennent de deux manières à des figures homothétiques entre elles, les unes directement, les autres inversement, mais où les centres sont toujours des points homologues* (**580**).

Quand leurs rayons R, r sont inégaux, les centres de ces deux homothéties divisent le segment des centres dans le rapport R : r, extérieurement et intérieurement. Quand ils sont égaux, le centre de l'homothétie directe disparaît, les sphères sont superposables par une translation égale et parallèle au segment limité par les centres ; le centre de l'homothétie inverse est alors le milieu de ce segment.

664. *En général, un système de deux sphères a deux cônes circonscrits communs, qui sont de révolution par rapport à la droite des centres, dont les sommets sont les centres d'homothétie* (**663**), *chacun d'eux disparaissant naturellement quand le centre correspondant est intérieur à l'une des sphères, à l'autre aussi, par suite. Si les rayons des sphères sont égaux, l'un de ces cônes est remplacé par un cylindre de révolution autour de la droite des centres.*

Les points de contact M, M' de tout plan tangent commun sont homologues dans quelqu'une des deux homothéties existant entre les sphères, parce que leurs rayons allant à ces points sont perpendiculaires à ce plan, par suite parallèles entre eux, c'est-à-dire homologues. On en conclut que la tangente commune MM' passe par le centre de cette homothétie (**403**), que tout cône circonscrit commun a pour sommet un centre d'homothétie, et que tout cône de pareil sommet, qui est circonscrit à une sphère, l'est aussi à l'autre (**581**).

665. *Quand un centre d'homothétie n'est pas situé sur les deux sphères, il est aussi l'origine d'une inversion existant entre elles.*

Réciproquement, si, par une droite quelconque du plan radical, on mène un plan tangent $\mathfrak{C}_1$, '$\mathfrak{C}_1$ à une sphère et deux '$\mathfrak{C}_1$, '$\mathfrak{C}_2$ à l'autre (**642**), *les points de contact de $\mathfrak{C}$ et '$\mathfrak{C}_1$ sont antihomologues relativement à un centre d'homothétie, et ceux de $\mathfrak{C}$, '$\mathfrak{C}_2$ le sont par rapport à l'autre centre* (**582, 583**).

Deux sphères sont homologiques par rapport à chacun de leurs centres d'homothétie, leur plan radical étant plan d'homologie dans les deux cas (**585**). (Ceci veut dire qu'on peut établir entre les points des deux sphères une correspondance telle, que des points correspondants sont toujours en ligne droite avec un centre d'homothétie, et que les droites joignant deux points d'une sphère et leurs correspondants sur l'autre, se coupent toujours sur le plan radical.)

Système de trois sphères.

666. *S'ils ne sont pas parallèles, les plans radicaux de trois sphères associées successivement deux à deux* (**661**), *concourent en une droite perpendiculaire sur le plan de leurs centres, dont les traces possibles sur l'une sont les points communs à toutes trois.* C'est l'*axe radical* des trois sphères, ayant évidemment pour pied sur le plan des centres, le centre radical de leurs traces sur ce plan (**586**).

667. *En général, trois sphères possèdent quatre paires de plans tangents communs.*

Si l'on nomme, en effet, C_1, C_2, les centres des homothéties directe et inverse de la première sphère et de la seconde (**663**), puis Γ_1, Γ_2, ceux de la première et de la troisième, un raisonnement analogue à celui du n° **664** montrera que ces quatre paires sont issues des droites $C_1\Gamma_1$, $C_2\Gamma_2$, $C_1\Gamma_2$, $C_2\Gamma_1$ (*Cf.* **581**).

De là, on pourra conclure en passant, que *les six centres d'homothétie des trois sphères associées successivement deux à deux (centres appartenant aussi aux cercles tracés par ces sphères sur le plan de leurs centres) sont trois à trois sur ces quatre droites.*

668. *Les 6 plans radicaux des combinaisons deux à deux de quatre sphères, les 4 axes radicaux de leurs combinaisons trois à trois, concourent en un même point dit leur centre radical, ou bien sont parallèles à une même droite* (*Cf.* **586**).

CHAPITRE XXV.

FIGURES TRACÉES SUR UNE MÊME SPHÈRE.

Grands cercles, triangles sphériques. — Plus courte distance de deux points sur une sphère.

669. A tout point M d'une sphère donnée, correspond une seule demi-droite allant à lui, du centre O de la surface ; et, à toute demi-droite issue du centre, correspond sur la sphère, sa trace unique, inversement. Il en résulte que chacun de ces objets trouve dans l'autre une *représentation univoque* (**395**), représentation *radiante*, dite *au centre*, pour le point par la demi-droite en question, dite *sphérique*, pour celle-ci, par sa trace. De là dérive immédiatement la notion de la représentation au centre, de toute figure sphérique, et celle connexe de la représentation sphérique d'un lieu quelconque de demi-droites rayonnant d'un même point. Par exemple, une ligne sphérique sera représentée par une nappe conique ayant son sommet au centre de la sphère (**490**), et réciproquement (*Cf.* **536**).

Par son premier côté, cette conception domine la théorie des figures tracées sur une même sphère, ou *Géométrie sphérique ;* par l'autre, elle est extrêmement utile à celle des figures radiantes, à l'Astronomie en particulier, où la considération de figures de ce genre s'impose presque perpétuellement. Le

GRANDS CERCLES. 363

présent chapitre ne contient guère que ses développements tout à fait élémentaires.

670. Les figures sphériques les plus simples sont les grands cercles (**632**, III), leurs arcs, et les chemins fermés (**459**), dits *polygones sphériques*, qui sont décomposables en de tels arcs. Voici les premières observations à faire à ce sujet.

I. *Les grands cercles d'une même sphère sont représentés au centre par des plans (issus de ce point), et sont égaux entre eux* (**498**, IV).

II. *Par deux points (distincts) de la sphère* A, B (*fig.* 179), *on peut faire passer un seul grand cercle, s'ils ne sont pas diamétralement opposés, mais une infinité, s'ils le sont comme* A, A'.

Les grands cercles passant par A et B sont les sections de la sphère par les plans contenant à la fois ces points et le centre O de la surface. Or, dans le premier cas, ces trois points ne sont pas en ligne droite et déterminent un plan unique ; mais ils sont tels dans le second, et les plans menés par une droite comme AOA', traceront tous sur la sphère, des grands cercles AHA', AKA', ..., passant par A et A'.

III. Les grands cercles étant tous égaux entre eux (I), leurs arcs, indistinctement, peuvent être comparés les uns aux autres comme ceux d'un même cercle, et, ainsi qu'au n° **547**, on peut prendre pour unité, celui qu'intercepte sur l'un d'eux un angle au centre égal à l'unité angulaire.

Sous le bénéfice de cette convention, un arc de grand cercle AB (*fig.* 179) *a pour représentation un angle rectiligne au centre de la sphère,* AOB, *dont la mesure est la même.* Car cet angle est au centre aussi, dans le grand cercle AHA' dont l'arc en question fait partie, et, à des points intérieurs à l'arc, correspondent des rayons intérieurs à l'angle (**536**).

En particulier, des angles au centre, soit saillants, neutres ou rentrants, soit aigus, droits ou obtus, correspondront à des arcs de grands cercles, inférieurs, égaux ou supérieurs, soit à la demi-circonférence, soit au quadrant, arcs que nous avons précisément distingués par les mêmes noms (**540**).

IV. Deux points de la sphère, quand ils ne sont pas diamétralement opposés, découpent le grand cercle unique passant par eux (II) en deux arcs replémentaires dont ils sont simultanément les extrémités. Mais on considère presque exclusivement celui des deux qui est saillant, et qu'on dit *joindre* sur la sphère, les points considérés.

Dans le cas contraire, les points en question peuvent être joints par une infinité d'arcs de grands cercles, alors tous neutres, c'est-à-dire d'une demi-circonférence.

V. *Deux grands cercles (distincts)* [H], [K] (*fig.* 179), *se coupent en deux points* A, A' *qui sont diamétralement opposés, et en lesquels leurs angles* (**456**) *sont égaux au rectiligne du dièdre correspondant de leurs plans, ceci entraînant l'égalité mutuelle de ces angles* (*Cf.* **679**, IV, *inf.*).

Les points communs aux cercles considérés appartiennent au plan de chacun d'eux, à l'intersection de ces plans par suite, à la sphère en outre, et sont ainsi les traces A, A' laissées sur la surface par cette intersection. Comme il s'agit de grands cercles, leurs plans passent tous deux par le centre, et leur intersection AA' aussi.

Maintenant, les demi-tangentes AT, AU menées en A aux demi-cercles AHA', AKA' (**456**), sont situées dans les demi-plans $\overline{AA'}H$, $\overline{AA'}K$ qui les contiennent, toutes deux, en outre, sont perpendiculaires au diamètre AOA' (**510**). Leur angle TAU est donc bien le rectiligne du dièdre $H\overline{AA'}K$ (**194**).

VI. Il résulte de ceci, qu'un *angle sphérique* HAK, figure formée par deux arcs de grands cercles issus d'un même point A (tous deux saillants, à part cela indéfinis, c'est-à-dire abstraction faite de la seconde intersection A' de leurs cercles), est représenté au centre par un dièdre de même mesure, savoir celui dont les faces contiennent ses *côtés* AH, AK, dont l'arête va du centre O à son *sommet* A.

671. On obtient la définition des *lignes brisées, polygones sphériques*, de leurs *côtés, sommets, angles*, ... , en substituant simplement des arcs de grands cercles sur une même sphère, leurs points de soudure, leurs angles (**670**, VI), aux côtés, sommets, angles, ... , des lignes brisées, des polygones proprement dits, situés tout entiers sur un même plan (**205** *et suiv.*), (**291** *et suiv.*). Presque toujours, il faut y ajouter la restriction que *tous les côtés sont des arcs saillants* (**670**, IV).

Un polygone sphérique a des côtés et des sommets en un même nombre aidant à sa spécification, et, d'après tout ce que nous venons de voir, il a pour représentation évidente, un angle solide au centre de la sphère, dont les faces sont saillantes, passant, elles et les arêtes, par ses côtés et sommets, dont les faces et dièdres ont mêmes mesures que les côtés et angles du polygone. En outre, l'angle solide est toujours déchevêtré en même temps que le polygone, cas où nous nous plaçons exclusivement.

672. Deux demi-grands cercles distincts AHA', AKA' (*fig.* 179) se soudant en deux points A, A' diamétralement opposés, forment un polygone sphérique déchevêtré, ayant deux côtés seulement et deux angles en A, A' égaux aussi (**670**, V), auquel correspondent les faces d'un simple dièdre au centre, devant ici être considéré comme radiant (**337**, IV).

673. Après ceux-ci mentionnés pour mémoire, viennent les *triangles* (sphériques) dont l'importance relative est considérable. Sous la restriction ci-dessus (**671**), et en prenant pour ses angles les angles saillants que comprennent ses côtés eux-mêmes, un triangle sphérique (déchevêtré), ses divers éléments trouvent des représentations parfaites dans un trièdre au centre qui est toujours convexe (**337**). De là dérivent des propositions comme les suivantes, dont le lecteur apercevra immédiatement l'exactitude.

I. *La somme des angles d'un triangle sphérique est inférieure à 3 neutres (6 droits), supérieure à 1 neutre (2 droits), et chacun d'eux augmenté de 2 droits surpasse la somme des deux autres* (**340**).

L'excès de la somme en question sur l'angle neutre est à considérer quelquefois, et se nomme l'*excès sphérique* du triangle (**700**, *inf.*).

II. *La somme des côtés est inférieure à une circonférence (de grand cercle); en outre, chacun d'eux est compris entre la somme et la différence des deux autres* (**342**).

III. *Sur une même sphère, deux triangles sphériques sont isomères, quand ils ont égaux chacun à chacun, trois éléments, soit consécutifs, soit d'une même nature* (**354** à **358**).

IV. *Dans un même triangle sphérique, l'égalité de deux angles assure celle des côtés opposés, et réciproquement. Le triangle est isocèle* (**359**).

V. *En coupant la sphère par le trièdre au centre, qui est supplémentaire à celui d'un triangle sphérique* ABC, *on en obtient un autre* $\mathcal{A}\mathcal{B}\mathcal{C}$, *dont les côtés et angles sont respectivement les suppléments des angles et côtés du proposé* (**351**). La relation de deux triangles de ce genre est réciproque, et on nomme chacun d'eux le triangle *polaire* de l'autre (**680** *in fine, inf.*)

Etc.

674. *L'arc de grand cercle qui joint deux points* A, B *d'une sphère, non diamétralement opposés* (**670**, IV), *est de moindre longueur parmi tous les chemins pouvant être tracés de l'un à l'autre sur la surface* (*Cf.* **459**).

I. L'arc en question AB (*fig.* 180) étant, par hypothèse, inférieur à une circonférence, il existe quelque diamètre PQ de son cercle, de la sphère par suite, qui le laisse tout entier dans l'un des demi-plans séparés par lui sur le plan de ce grand cercle. En coupant donc la sphère par des plans issus perpendiculairement à ce diamètre, de A, K, L, ..., N, B, sommets d'une ligne brisée ℓ proprement inscrite dans l'arc AB (**457**), chacune des cordes AK, KL, ..., NB, sera la moindre distance de points empruntés respectivement aux cercles ainsi obtenus qui passent par ses extrémités (**624**).

On constatera facilement que A, B sont de part et d'autre

de chacun de ces plans sécants ; il en résulte que ceux-ci rencontrent tout chemin tracé de A à B, sur la sphère en particulier, fait dont nous omettrons cependant la démonstration pour abréger. Si donc A, K', L', ..., N', B sont les traces de ces plans, celles tout aussi bien des cercles mentionnés ci-dessus, sur un chemin donné conduisant de A à B sur la sphère, les cordes AK', K'L', ..., N'B, sont au moins égales à AK, KL, ..., NB, et toute ligne l' inscrite dans ce chemin, dont les sommets comprendront ces traces, sera de longueur au moins égale à la ligne brisée l.

Or, on peut évidemment supposer que la ligne l' est inscrite proprement aussi dans le chemin considéré, que, par suite, sa longueur a pour limite $\mathcal{L}'$ longueur de ce chemin, quand l varie de manière à tendre vers AB longueur de l'arc. A cause de la relation contenant $l \leq l'$, on aura donc aussi

$$AB \leq \mathcal{L}'.$$

II. Un chemin autre que l'arc AB, tracé sur la sphère de A à B, contient certainement quelque point I' étranger à cet arc, formant par suite avec A, B, le sommet d'un triangle sphérique déchevêtré AI'B où l'on a

$$AB < AI' + I'B \qquad (673, II).$$

Si maintenant on nomme $\mathcal{L}'$, $\mathcal{L}'_1$, $\mathcal{L}'_2$ la longueur de ce chemin et celles des deux parties en lesquelles le point I' le décompose, on aura

$$AI' \leq \mathcal{L}'_1, \quad I'B \leq \mathcal{L}'_2 \qquad (I);$$

d'où, en ajoutant membre à membre,

$$AI' + I'B \leq \mathcal{L}'_1 + \mathcal{L}'_2 \leq \mathcal{L}',$$

puis enfin, en ayant égard à l'inégalité précédente

$$AB < \mathcal{L}'.$$

Si l'on imagine un fil d'une flexibilité parfaite, pouvant se mouvoir sans frottement sur une surface fixe, sous la seule condition d'y rester exactement appliqué, et si, sous l'action d'une simple tension, il vient à prendre une position d'équilibre stable, on voit en Mécanique, que sa forme est alors un arc de moindre longueur entre deux quelconques de ses points. Sur une sphère, par ce qui précède, *un pareil fil tracera toujours un arc de grand cercle.*

675. Quand les points A, B sont, au contraire, les extrémités d'un même diamètre, une infinité de demi-grands cercles peuvent être tracés de l'un à l'autre sur la sphère, et *chacun de ces hémicycles est encore inférieur à tout chemin sphérique ayant les mêmes extrémités, mais une forme différente.*

Car si C, D, E, sont trois autres points d'un tel chemin, savoir C entre A et B, puis D entre A, C, et E entre C, B, le point D par exemple étant étranger au demi-grand cercle ACB, on aura par ce qui précède AC $<$ ADC, CB $\leq$ CEB, d'où (AC + CB) demi-grand cercle $<$ (ADC + CEB) totalité de l'autre chemin considéré.

Ici donc, un chemin présentant une longueur non supérieure à celles de tous les autres, n'est plus *unique*.

676. Toutes les propositions précédentes sont fondamentales dans la Géométrie sphérique, et conduisent à d'autres formant un corps assez étendu. Ces développements ont pu être indispensables à l'Astronomie, aux époques où l'on devait suppléer par des constructions géométriques, aux ressources du calcul moderne qui n'existaient pas encore ; quelques-uns procurent des solutions à certains problèmes de Géométrie descriptive, et dans leur ensemble, ils offrent un intérêt théorique incontestable. Mais ici, nous ne croyons pas utile d'aller au delà de quelques généralités terminant ce paragraphe, et de ce que le suivant y ajoutera.

I. En thèse générale, on remarquera soigneusement l'analogie assez grande existant entre les grands cercles, leurs arcs saillants, les polygones, sur une sphère, et les droites, segments rectilignes, polygones, sur un plan. Elle est connexe à celle qui rapproche de ces dernières figures, les assemblages de demi-droites, plans, ... rayonnant d'un même point (Chap. X), et naturellement, elle se soutient pour des figures plus compliquées.

Pour la rendre bien apparente, on a, autant que possible, conservé dans la Géométrie sphérique, les mots déjà employés dans les questions analogues de celle du plan. Par exemple, deux grands cercles se coupant à angle droit (ainsi que leurs plans) sont dits *perpendiculaires* ; l'arc de grand cercle tracé entre deux points est leur *distance* (sphérique) **(674)** ; le plus petit de ceux abaissés d'un point donné sur un grand cercle, est sa *distance* à ce grand cercle (*Cf.* **262**), ... ; en un point M d'une ligne sphérique, sa *tangente sphérique* est le grand cercle tangent, tracé sur la sphère, du plan tangent mené à la ligne de manière à passer par le centre ; etc.

D'après cette dernière observation, *l'angle de pareilles tangentes menées à deux lignes sphériques en un point d'intersection, est représenté par le dièdre sous lequel se coupent les cônes au centre correspondants* **(493)**, **(670, VI)**.

II. Quand, sur une même sphère, deux figures non planes sont *égales*, leurs représentations au centre le sont aussi, et réciproquement. En outre, chacune d'elles peut être superposée à l'autre par un simple glissement sur la sphère.

1° Soient A_1, B_1, C_1, D_1 quatre points d'une figure, non situés dans un même plan, et A_2, B_2, C_2, D_2 leurs homologues en même relation dans l'autre. Du déchevêtrement des deux tétraèdres $A_1B_1C_1D_1$, $A_2B_2C_2D_2$, de l'égalité de leurs arêtes homologues, et de $OA_1 = OA_2$, ..., $OD_1 = OD_2$ entraînées par la situation simultanée des figures sur une sphère de centre O, on concluera, comme au n° 373, III, l'égalité des figures de points $OA_1B_1C_1D_1$, $OA_2B_2C_2D_2$. Si donc on déplace la première figure donnée, de manière à appliquer trois de ses points non en ligne droite, A_1, B_1, C_1 par exemple, sur leurs homologues dans l'autre, non seulement elle se superposera à celle-ci, mais encore le centre O, lié à elle, se réappliquera sur lui-même, et en même temps sur elle-même par suite, la sphère supposée liée aussi à la première figure (**639**). D'où l'égalité des représentations au centre des deux figures. Les réciproques sont à peu près évidentes.

2° Le déplacement considéré ci-dessus (1°) peut être remplacé par une simple rotation autour d'un axe issu du centre O, parce que ce point supposé lié à la figure mobile se réapplique sur sa position initiale (Addition II, *inf.*). Or, toute rotation de ce genre laisse appliquée sur la sphère, une figure quelconque existant sur elle (**632**, I).

Ce théorème montre une analogie de plus entre les figures d'une même sphère et celles d'un même plan. Pour l'étendre à deux figures égales qui seraient planes en même temps que sphériques, il faut leur imposer la condition supplémentaire, de fournir deux figures homotaxiques par l'adjonction du centre O à chacune d'elles.

III. *Sous la même restriction, la première partie du théorème précédent subsiste en cas d'égalité inverse entre les figures considérées.*

A cause de la symétrie de la sphère par rapport à son centre O (**632**, II), et de celle du même genre entre les figures formées par les demi-droites OA_1, OB_1, ... menées du centre aux points A_1, B_1, ... de la première figure, et par les demi-droites OA'_1, OB'_1, ... allant aux points diamétralement opposés A'_1, B'_1, ..., il y a égalité inverse, tant entre les figures $A_1B_1...$, $A'_1B'_1...$, qu'entre leurs représentations au centre. Il y a donc égalité directe entre la seconde figure $A_2B_2...$ et $A'_1B'_1...$, par suite entre leurs représentations au centre (II); d'où égalité inverse entre les mêmes représentations pour $A_2B_2...$ et $A_1B_1...$. Raisonnement tout semblable pour la réciproque.

Petits cercles.

677. On nomme *pôles* d'un cercle quelconque considéré sur une sphère, *c* (*fig.* 181), les deux P, P' de la surface regardée comme étant de révolution autour du diamètre conjugué au plan de ce cercle (**632,** V), (**627**).

D'un même pôle quelconque P à tous les points M du cercle, les distances rectilignes PM sont égales entre elles, ainsi que les distances sphériques PμM (**676,** I).

Réciproquement, le lieu des points M de la sphère, dont les distances à un point fixe P de la surface, soit rectilignes comme PM, soit sphériques comme PμM, sont égales entre elles, est un cercle ayant P pour un de ses pôles.

I. Les segments rectilignes PM sont égaux entre eux, parce que chaque pôle du cercle considéré appartient à son axe (**618,** III). Les arcs PμM sont égaux les uns aux autres, parce qu'ils sont saillants et sous-tendus dans des cercles égaux comme grands cercles (**670,** I) par les cordes PM toutes égales entre elles (**541**). Tout ceci est encore rendu évident par la considération du cercle *c* comme un parallèle de la surface de révolution autour de l'axe PP', que l'on peut voir dans la sphère.

II. Si les distances rectilignes PM sont toutes égales à une même longueur ρ, les points M appartiennent non seulement à la sphère considérée, mais à une autre encore ayant P pour centre et ρ pour rayon. Leur lieu est donc l'intersection de ces deux sphères, qui est bien un cercle d'axe OP (**661**).

Si ce sont les distances sphériques PμM que l'on suppose égales entre elles, les distances rectilignes PM le sont aussi comme cordes d'arcs égaux dans des grands cercles tous égaux entre eux (**541**), et l'on est ramené à ce qui vient d'être dit.

678. Le théorème précédent assure la possibilité de décrire tout cercle sur une sphère matérielle, exactement comme on le ferait sur son plan, c'est-à-dire au moyen d'un compas d'ouverture convenable, dont la pointe sèche est fixée en l'un des pôles. Il faut seulement que les branches soient arquées, pour que l'impénétrabilité de la matière dans laquelle la sphère a été taillée, ne s'oppose jamais à l'application simultanée des pointes sur deux points quelconques de la surface ; un tel compas est dit *sphérique*.

On pourrait tout aussi bien en théorie, employer un morceau de fil d'une longueur convenable, que l'on traînerait tendu sur la sphère, un de ses bouts fixé en un pôle, l'autre libre et porteur d'une pointe traçante (**674**). Mais pratiquement, ce procédé est bien inférieur à l'autre, et il serait à rejeter, si l'intérêt des tracés sur la sphère n'était pas devenu purement spéculatif. Sur toute cette matière, quelques observations sont à retenir.

I. La valeur commune des segments PM (*fig.* 181) est la *distance polaire* du cercle c, celle des arcs PµM est son *rayon sphérique*, tous deux *relatifs* à son pôle P.

Le triangle PMP' étant rectangle en M, parce que M est sur un grand cercle de diamètre PP' (**506**), les deux distances polaires PM, P'M du cercle considéré sont liées par la relation

(1) $$\overline{PM}^2 + \overline{P'M}^2 = \overline{PP'}^2 = 4r^2,$$

où r représente le rayon de la sphère.

Les rayons sphériques PµM, P'µ'M des mêmes cercles, sont évidemment supplémentaires.

II. Quand c est un petit cercle, son centre ω est distinct de celui de la sphère, l'un de ses pôles, ici P, est situé sur la demi-droite Oω, l'autre P' est sur son opposée, et l'inégalité ωP < ωP' entraîne PM < P'M (**262**), PµM < P'µ'M (**541**). Le premier P correspondant à la moindre distance polaire, au moindre rayon sphérique est le pôle *principal* du petit cercle, son *centre sphérique* encore.

III. Pour un grand cercle ℭ, dont le plan est perpendiculaire au segment PP' et passe par son milieu O, les distances polaires PN, P'N sont égales, et la relation (1) devient $2\overline{PN}^2 = 4r^2$, d'où $PN = r\sqrt{2}$, côté du carré inscrit dans un grand cercle (**610**); les deux rayons sphériques sont égaux entre eux et à un quadrant (de grand cercle). La distinction entre les pôles n'est plus possible sans l'intervention d'autres données, par exemple d'un parcours de sens déterminé assigné au grand cercle.

679. Les considérations précédentes peuvent faire déjà pressentir que les petits cercles d'une sphère fournissent aux cercles d'un plan, des pendants analogues à ceux que ses droites trouvent dans les grands cercles (**676**, I).

La solution de quelques menues questions de Géométrie sphérique corroborera cette présomption.

I. *Le lieu des points m de la sphère, dont chacun est équidistant (même sphériquement) de deux points fixes* A, B *de la surface, est le grand cercle élevé perpendiculairement à la distance sphérique* AB, *en son point milieu* (*Cf.* **254**). Car les cordes des distances sphériques A*m*, B*m* étant égales aussi (**541**), le point *m* a pour lieu l'intersection de la sphère par le plan diamétral conjugué à la corde AB (**253**), (**633**), plan par rapport auquel les points A, B sont symétriques, auquel en conséquence, le plan du grand cercle passant par ces points est perpendiculaire (**670**, V).

II. Par suite, *toute corde sphérique d'un petit cercle est* perpendiculaire à l'arc de grand cercle qui joint son milieu à un pôle du petit cercle (**677**), (*Cf.* **501**).

III. *En tout point* M *d'un petit cercle* c (*fig.* 181), *sa tangente sphérique* (**676**, I) *est perpendiculaire au rayon sphérique* P₁M *allant au point de contact* (*Cf.* **510**). Car, en considérant la sphère comme de révolution autour de la droite des pôles PP′, la méridienne PM coupe à angle droit le parallèle c (**625**, IV), et la tangente rectiligne de c en M appartient aussi au grand cercle qui le touche au même point. (Un grand cercle se confondrait avec sa tangente sphérique, comme une droite avec sa tangente.)

IV. *Deux cercles dont les pôles* P, Q *sont distincts et non diamétralement opposés, ne peuvent se couper en plus de deux points, et quand ces intersections existent, elles sont symétriques par rapport au grand cercle* PQ, *les proposés s'y coupent sous des angles égaux* (*Cf.* **578**).

Ces cercles sont dans des plans distincts non parallèles ; leurs points communs ne peuvent donc être que les traces de l'intersection de ces plans sur la sphère, et leur nombre maximum ne peut surpasser 2 (**633**).

Comme le plan mené par les pôles P, Q et le centre de la sphère est un plan de symétrie commun aux deux cercles, ces points communs M, N sont symétriques aussi par rapport à lui, d'où l'égalité des angles des cercles en M, N, d'où la propriété pour le grand cercle PQ d'être perpendiculaire sur l'arc de grand cercle MN, et de passer par son milieu (I).

Les cercles considérés se coupent en deux points, se touchent sur le grand cercle PQ, ou ne se rencontrent pas, selon que l'intersection de leurs plans atteint la sphère en 2 points, ou 1, ou aucun, le premier cas se présentant toujours pour deux grands cercles.

Une discussion basée sur la considération de leurs rayons sphériques principaux et de la distance sphérique de leurs pôles, conduit à des conclusions imitant les résultats de la discussion du n° **578**.

Etc.

680. Comme les intersections de droites et de cercles sur un même plan (Chap. XX), celles de grands et petits cercles fournissent à la Géométrie sphérique ses principales ressources. Elles procurent notamment la solution graphique de beaucoup de problèmes sur les triangles sphériques, sur les trièdres en même temps par voie indirecte. Nous terminons ce chapitre par des détails qui seraient indispensables aux tracés de ce genre.

I. *Trouver le rayon d'une sphère matériellement donnée* (par des constructions exécutées exclusivement sur sa surface, et sur une épure plane accessoirement).

Deux points A, B ayant été marqués sur la sphère, on déterminera quelque point M_1 équidistant de tous deux, par l'intersection de deux petits cercles décrits de A, B comme pôles, avec une même distance polaire quelconque (sauf la condition de fournir des cercles qui se coupent), puis deux autres points de ce genre M_2, M_3 en prenant d'autres ouvertures de compas. On construira sur l'épuré le triangle $M'_1M'_2M'_3$ ayant pour côtés les distances rectilignes M_2M_3, M_3M_1, M_1M_2 relevées sur la sphère au moyen du compas sphérique (**678**), et le rayon du cercle circonscrit à ce triangle (**507**) sera celui de la sphère. Car les points M_1, M_2, M_3 équidistants chacun de A, B sont sur le plan élevé perpendiculairement au segment AB par son milieu (**253**), passant en conséquence par le centre de la sphère (**633**), la coupant dès lors suivant un grand cercle circonscrit au triangle $M_1M_2M_3$ égal à $M'_1M'_2M'_3$ (**234**).

(La Terre étant un corps très sensiblement sphérique, cette construction fait concevoir, en gros, la possibilité de mesurer son rayon sans quitter sa surface qui nous est seule accessible. Mais elle ne serait pas praticable, et il faut employer d'autres moyens.)

II. *Décrire un grand cercle dont un pôle est donné.* Sa distance polaire (**678**, I) est fournie par le côté du carré inscrit dans un grand cercle à tracer sur un plan au moyen du rayon de la sphère déterminé ci-dessus (I), (**678**, III), (**610**).

III. *Tracer un grand cercle passant par deux points donnés* A, B (**670**, II). De A, B pris successivement pour pôles, on décrit deux grands cercles (II) dont les intersections P, P' sont les pôles de celui que l'on demande. Car les segments AP, BP, par exemple, étant égaux à la distance polaire des grands cercles, le cercle décrit de P comme pôle avec cette distance polaire est un grand cercle, et il passe évidemment par A et B.

[Si A et B étaient diamétralement opposés, les deux grands cercles auxiliaires se confondraient en un seul $\mathcal{C}$, et celui que l'on demande serait indéterminé, ayant pour pôle un point quelconque de $\mathcal{C}$ (**670**, II)].

IV. *En un point donné A d'un grand cercle, lui en élever un autre qui lui soit perpendiculaire.* Les points P, P' où le grand cercle de pôle A (II) coupe le proposé sont diamétralement opposés dans celui-ci, dans la sphère aussi par suite, puisque les segments AP, AP' sont égaux au côté du carré inscrit. Sur la sphère considérée comme de révolution autour de PP', le grand cercle proposé est donc une méridienne, et celui décrit de P, par exemple, pour pôle, est évidemment l'équateur. C'est celui que l'on demandait, car il coupe orthogonalement toutes les méridiennes (**625**, IV) en passant évidemment par A.

V. *Décrire un cercle passant par trois points donnés* A, B, C. Comme ci-dessus (I), on déterminera sur la sphère deux points M_1, M_2 équidistants chacun de A, B, puis (III) le grand cercle tracé

REPRÉSENTATION D'UN CÔNE DE RÉVOLUTION, ETC. 373

par M_1, M_2, lieu sphérique des points équidistants des mêmes points A, B, passant ainsi par les pôles du cercle inconnu. Une construction semblable exécutée en partant des points A, C donnera un second grand cercle dont les intersections avec le précédent seront les pôles P, P' du cercle cherché.

Il ne reste plus ensuite qu'à tracer ce dernier, en prenant, par exemple, P pour pôle et PA pour distance polaire.

Etc.

La construction de l'alinéa III donne tout d'abord les pôles du grand cercle AB, traces sur la sphère de la perpendiculaire élevée au plan de l'angle AOB par son sommet. En l'appliquant donc successivement aux trois côtés d'un triangle sphérique ABC, et choisissant convenablement trois des six pôles qu'elle fournit, on aura les représentations sphériques des arêtes du trièdre supplémentaire au trièdre OABC, c'est-à-dire les sommets du triangle polaire du proposé (673, V), d'où ce nom pour lui.

681. *Un petit cercle a une nappe d'un cône de révolution autour de son axe, pour représentation au centre* (669). Car la situation du centre O de la sphère sur l'axe de ce cercle (634), impose une telle nature au cône ayant O pour sommet et ce cercle pour directrice (626, III).

Inversement, *un cône de révolution au centre a deux petits cercles égaux de même axe que lui, pour représentation sphérique*. Car la sphère et le cône étant deux surfaces de révolution autour de l'axe de ce dernier, leur intersection se décompose en cercles pourvus du même axe (625, VI); ces cercles sont au nombre de deux parce que la droite et le grand cercle, méridiennes des surfaces, ne se coupent qu'en deux points, et ils sont égaux à cause de leur symétrie par rapport au centre de la sphère, ayant pour cause celle simultanée de cette surface et du cône.

Ces observations marquent bien nettement la dissemblance des rôles joués sur la sphère par les grands cercles et les autres (676, I), (679).

Elles aident encore à la résolution de certains problèmes sur les cônes de révolution de même sommet, et sont effectivement utilisées en Géométrie descriptive. S'il s'agit, par exemple, de trouver les génératrices d'intersection de deux cônes de ce genre, on déterminera un point sur chacune, en cherchant les traces de l'un de ces cônes et d'une nappe de l'autre sur quelque sphère auxiliaire ayant leur sommet commun pour centre, puis les points d'intersection du dernier des petits cercles ainsi obtenus et de la paire des deux autres.

CHAPITRE XXVI.

MESURE DES CORPS RONDS.

Aires cylindriques et coniques.

682. L'usage a donné le nom générique de *corps ronds*, à certaines plaques empruntées aux cylindres et cônes de révolution ou à une sphère, à des volumes limités par des plaques de ce genre ou planes, dont la Géométrie élémentaire permet de trouver les mesures, et que nous allons passer en revue.

Le désir d'abréger nous fera glisser sur bien des détails topographiques concernant ces figures (déchevêtrement de leurs contours ou périphéries, etc.), mais le lecteur suppléera sans difficulté à ces omissions.

683. Une *bande* ou *gouttière cylindrique* est une région continue et indéfinie d'un cylindre (**475**), dont le bord est formé par deux génératrices $\mathcal{A}\mathcal{A}$, $\mathcal{B}\mathcal{B}$ (*fig.* 182) ; sa *largeur* ou *collier* est la longueur AB de l'arc de la section droite du cylindre qui est compris entre les traces A, B du bord.

L'aire de la plaque $A_1A_2B_2B_1A_1$ *que découpent sur une bande cylindrique deux lignes superposables par une translation parallèle aux génératrices du cylindre, est donnée par la formule*

$$A_1A_2B_2B_1A_1 = sl \qquad (Cf.\ 314),$$

s, l *désignant sa largeur et son côté, longueur constante du segment découpé sur une génératrice quelconque par les lignes en question.*

Dans l'arc de section droite AB, inscrivons une ligne brisée variable ayant sa longueur s pour limite (**458**), et, par ses sommets ..., m, n, ..., menons des génératrices sur lesquelles les lignes A_1B_1, A_2B_2 découperont des segments tous égaux à l. A cause de leur égalité et de leur parallélisme, deux de ces segments consécutifs m_1m_2, n_1n_2 sont les bases d'un parallélogramme $m_1m_2n_2n_1m_1$ ayant pour hauteur la corde mn de l'arc correspondant de la section droite ; et la somme des aires de tous les parallélogrammes de ce genre a pour limite celle de la plaque, parce qu'elles peuvent visiblement être décomposées en triangles infiniment petits dont l'ensemble est inscrit dans la plaque conformément aux prescriptions du n° **470**. La somme

$\Sigma(l.mn)$ de ces aires (314) étant égale à $l\Sigma(mn)$, sa limite est bien $l.\lim \Sigma(mn) = sl$.

Ce théorème s'applique immédiatement au cas où les arcs A_1B_1, A_2B_2 sont tracés par deux plans parallèles.

684. Soient M (*fig.* 182) un point quelconque d'un cylindre, m le pied, sur une section droite fixe, de la génératrice passant par ce point, et A un point fixe marqué arbitrairement sur la section droite. La position du point M sera exactement déterminée dès que seront données : la longueur de l'arc Am avec mention de l'identité ou de l'opposition de sa direction curviligne (455, III) à une direction *élue* sur la section droite, la longueur du segment mM avec indication semblable de sa direction, c'est-à-dire de sa situation dans un demi-espace *élu*, de plancher A...mn...BX, ou dans son opposé.

Soient, d'autre part, M' (*fig.* 183) un point quelconque d'un plan fixe $\mathcal{P}$, puis m' le pied de la perpendiculaire abaissée de M' sur une droite fixe de ce plan, et A' un point fixe pris arbitrairement sur cette droite. La position de M' sera pareillement déterminée par les longueurs des segments A'm', m'M' et leurs directions, c'est-à-dire l'indication pour chacune, de son identité ou de son opposition à une direction *élue*, soit sur la droite fixe, soit sur une perpendiculaire.

Cela posé, *si l'on prend toujours* A'm' = Am, m'M' = mM, *en établissant entre les directions des premiers membres et celles élues sur le plan, les relations existant entre celles des seconds et celles élues sur le cylindre*, M' sera sur le plan une représentation spéciale de M sur le cylindre, et le même procédé fournira une représentation de ce genre pour toute figure tracée sur la surface cylindrique.

On démontre ailleurs, que *sur le cylindre, des lignes tangentes ou sécantes, des arcs, des aires,..... sont représentés sur le plan par des lignes tangentes aussi ou se coupant sur les mêmes angles, par des arcs, des aires équivalents en longueur et en mesure* [le lecteur peut reconnaître l'exactitude de ce qui concerne la plaque cylindrique $A_1A_2B_2B_1A_1$ et sa représentation $A'_1A'_2B'_2B'_1A'_1$ de nature cylindrique aussi (477), mesurable, par conséquent (683)]. De là vient le nom de *développement*, porté par cette représentation plane des points d'un cylindre ; l'intuition dit effectivement, qu'elle est identique à celle que l'on obtiendrait en étalant *physiquement* sur un plan rigide, la surface cylindrique supposée inextensible, mais parfaitement flexible, après l'avoir ouverte au besoin par une fente suivant une génératrice. Cette propriété des surfaces cylindriques d'être applicables ainsi sur un plan, *développables* comme on le dit encore, celle inverse surtout qui appartient évidemment à un plan, de pouvoir prendre toute forme cylindrique sans déchirure ni duplicature, est utilisée continuellement par les verriers, par les chaudronniers, ferblantiers, cartonniers, … et dans bien d'autres circonstances encore, par exemple, dans l'impression par presses rotatives.

685. On pourrait nommer *angle* ou *gouttière conique*, une région continue et indéfinie $\mathcal{A}S\mathcal{B}$ (*fig.* 184), découpée sur une nappe conique par deux demi-génératrices $S\mathcal{A}$, $S\mathcal{B}$ qui sont ses *côtés*. Ici, le rôle des plans perpendiculaires aux arêtes d'un cylindre et celui des sections droites, sont joués par des sphères ayant le sommet S pour centre, et par les courbes sphériques AB, A_1B_1, …, toutes homothétiques évidemment par rapport au sommet (**663**), (**487**, III), qu'elles tracent sur la surface conique, et que nous nommerons ses *colliers*. En tout point m d'un collier, le plan tangent à la sphère correspondante étant perpendiculaire sur son rayon Sm (**641**), la tangente au collier qui est située dans ce plan est perpendiculaire aussi à la même droite. En d'autres termes, *chaque collier coupe à angle droit toutes les génératrices de la surface* (**456**), en est une *trajectoire orthogonale* comme on le dit encore dans tous les cas analogues [sections droites d'un cylindre relativement aux génératrices (**477**, I), etc.].

L'aire d'une plaque $A_1A_2B_2B_1A_1$, découpée sur une gouttière conique par deux colliers, est donnée par la formule

$$(1) \qquad A_1A_2B_2B_1A_1 = \frac{(s_1 + s_2)}{2} l \qquad (Cf. \mathbf{313}),$$

où l'on a représenté par s_1, s_2 les longueurs des arcs A_1B_1, A_2B_2 *interceptés par les côtés de la gouttière sur les colliers, et par l* celle uniforme des segments A_1A_2, …, B_1B_2 *découpés par ceux-ci sur les génératrices* (longueur dite parfois le *côté* ou *apothème* de la plaque).

Les génératrices deux à deux infiniment voisines …, Sm, Sn, … qui aboutissent aux sommets d'une ligne brisée variable …mn… inscrite dans quelque collier de la gouttière de manière à avoir sa longueur pour limite (**458**), traceront visiblement sur les deux colliers de la plaque les sommets de quadrilatères …, $m_1n_1m_2n_2$, … qui sont tous des trapèzes, parce que des droites telles que m_1n_1, m_2n_2 sont toujours parallèles, et dont la somme des aires a pour limite l'aire de la plaque (*Cf.* **683**). Comme, en outre, deux triangles tels que m_1Sn_1, m_2Sn_2 sont toujours isoscèles et homothétiques par rapport à leur sommet commun S, une même droite $S\omega_1\omega_2$ coupera leurs bases m_1n_1, m_2n_2 perpendiculairement et en leurs milieux ω_1, ω_2. Il en résulte que la somme de ces aires de trapèzes a pour mesure

$$(2) \qquad \Sigma\left[\frac{(m_1n_1 + m_2n_2)}{2} \cdot \omega_1\omega_2\right] \qquad (\mathbf{313}).$$

AIRES CONIQUES.   377

Les cordes m_1n_1, m_2n_2 étant infiniment petites, le raisonnement du n° **542**, II conduira à lim $S\varpi_1 = l_1$, lim $S\varpi_2 = l_2$, puis à lim $\varpi_1\varpi_2 = $ lim $(S\varpi_1 - S\varpi_2) = $ lim $S\varpi_1 - $ lim $S\varpi_2 = l_1 - l_2 = l$, en représentant par l_1 et l_2 les longueurs communes des segments $SA_1, \ldots, SB_1$ et $SA_2, \ldots, SB_2$. On a, en outre, lim $\Sigma(m_1n_1) = s_1$, lim $\Sigma(m_2n_2) = s_2$, parce que les lignes brisées à côtés infiniment petits $\ldots m_1n_1\ldots, \ldots m_2n_2\ldots$ sont inscrites convenablement dans les arcs A_1B_1, A_2B_2. En vertu du lemme I du numéro cité, la somme (2) dans les termes de laquelle les derniers facteurs $\varpi_1\varpi_2$ tendent tous vers l, a pour limite le produit de l par la limite $(s_1 + s_2):2$ de la somme des premiers facteurs, c'est-à-dire le second membre de la formule (1).

Soient α, β les milieux des segments A_1A_2, B_1B_2 et $\sigma = \alpha\beta$ la longueur du collier *moyen* de la plaque passant par ces points. En ayant égard à l'homothétie des colliers par rapport au sommet du cône et aux propriétés des rapports égaux (**303**, V), on obtient

$$\frac{\sigma}{S\alpha} = \frac{s_1}{SA_1} = \frac{s_2}{SA_2} = \frac{s_1 + s_2}{SA_1 + SA_2} \quad (\mathbf{473}, \text{VII}),$$

d'où $2\sigma = s_1 + s_2$, puisque $2\,S\alpha = SA_1 + SA_2$. Pour le second membre de la formule (1), il vient donc cette autre forme σl, *produit du collier moyen de la plaque par son côté*.

686. Si l'on fait tendre vers zéro SA_2 le plus petit des rayons des colliers de la plaque, la longueur s_2 de ce collier, qui varie proportionnellement à ce segment (*Ibid.*), tend aussi vers zéro, l vers $l_1 = SA_1$, le second membre de la formule (1) vers $s_1l_1:2$. La mesure de l'aire considérée tend donc vers cette dernière limite, *mesure de la plaque conique A_1SB_1 limitée par deux demi-génératrices et un seul collier* [1].

687. Comme un cylindre (**684**), un cône peut être *développé* sur un plan, et son développement, qui jouit des mêmes propriétés, dont la possibilité a aussi une foule d'applications pratiques, se construit d'une manière presque semblable.

A une demi-génératrice fixe $S\mathcal{A}$ et à un arc de collier AX, fixe aussi, indéfini et pourvu d'un sens *élu* déterminé (**455**, III), ayant pour *origine* un point A de la génératrice, on fait correspondre sur le plan une demi-droite $S'\mathcal{A}'$ (*fig.* 185), et un arc de

---

[1] Ce détour peut sembler étrange ; il est cependant nécessaire à la correction du raisonnement, parce que la plaque contient ici un point singulier, le sommet du cône (**490**), et que l'exactitude des théories générales prend un caractère absolument aléatoire, dès que de pareils points interviennent. Nous ne répéterons pas cette observation dans les cas analogues.

cercle, indéfini aussi, avec un sens élu, ayant pour centre S' et pour origine un point A' de S'𝒜', tel que S'A' = SA.

Par chaque point M du cône, on conduira la demi-génératrice coupant en m le collier fixe; sur l'arc circulaire, on déterminera le correspondant m' de m par la double condition que A'm' soit égal à Am et que, simultanément, les sens de ces deux arcs soient les sens élus ou leurs opposés. On trouvera enfin la représentation M' du point M en prenant $m'M' = m$M, et cela dans la direction m'S' ou son opposée, selon que celle de mM est identique ou opposée à celle de mS.

688. Quand il s'agit d'un cylindre, d'un cône de révolution (**626**, II, III), les colliers de tous deux se réduisent évidemment à des parallèles (*Ibid.*), (**681**), et comme nous savons mesurer les arcs de cercle, l'achèvement des calculs nous est possible pour les plaques considérées ci-dessus.

Sur toute surface de révolution (**625** *et suiv.*), deux demi-plans méridiens quelconques interceptent sur deux parallèles quelconques des arcs A_1B_1, A_2B_2 (*fig.* 186) dont les angles aux centres $A_1o_1B_1$, $A_2o_2B_2$ sont égaux à leur dièdre, et, sur les méridiennes tracées par ces demi-plans, les plans des parallèles interceptent deux arcs A_1A_2, B_1B_2 égaux et coupant orthogonalement les arcs des parallèles (*Ibid.*, IV, V). Ces quatre arcs constituent le bord $A_1A_2B_2B_1A_1$ d'une plaque de nature fort remarquable, que nous nommerons un *bardeau*, ayant pour *hauteur* la distance o_1o_2 des plans des parallèles, pour *dièdre à l'axe* celui des demi-plans méridiens. Un raisonnement tout semblable à celui du n° **536** montrera que *quand deux bardeaux sont compris entre les plans de deux mêmes parallèles, le rapport de leurs aires est égal à celui de leurs angles à l'axe*.

Une *zone* est un bardeau dont l'angle à l'axe est replet (4 dr.), se présentant encore, quand on fait abstraction des deux arcs de méridiennes superposés sur son bord, comme une plaque limitée par *deux* contours, savoir les circonférences entières des deux parallèles considérés. Il suffit de mesurer les zones, puisque, d'après la remarque faite tout à l'heure, *le rapport du dièdre à l'axe d'un bardeau au dièdre replet, fournit précisément celui de son aire à celle de la zone limitée par les mêmes parallèles*.

689. *Si* $M_1N_1M_2N_2$ (*fig.* 187) *est une zone cylindrique de rayon* $o_1M_1 = o_2M_2 = r$ (**626**, II) *et de hauteur* $M_1M_2 = N_1N_2 = l$ (**688**), *son aire a pour mesure* $2\pi rl$.

Car en dédoublant en deux segments confondus A_1A_2, B_1B_2, celui que les parallèles M_1N_1, M_2N_2 découpent sur une génératrice quelconque, et en adjoignant ces segments aux circonférences des parallèles, on forme le contour $A_1A_2M_2N_2B_2B_1N_1M_1A_1$

AIRE D'UNE ZONE CYLINDRIQUE OU CONIQUE. 379

d'une plaque de gouttière cylindrique ayant pour largeur la longueur $2\pi r$ d'une circonférence telle que $A_1 M_1 N_1 B_1$ (539) et pour côté la hauteur $A_1 A_2 = l$ (683).

Une pareille zone se nomme habituellement la *surface latérale* du *tronc cylindrique à bases parallèles* $M_1 N_1 M_2 N_2$ (691, *inf.*).

690. Soient $M_1 N_1 M_2 N_2$ (*fig.* 188) une zone conique, et $o_1 M_1 = r_1$, $o_2 M_2 = r_2$, $\omega \mu = \rho$ les rayons des parallèles qui la limitent et de son parallèle moyen, puis $M_1 M_1 = l$ son côté ; son aire a pour mesure

$$\pi(r_1 + r_2)l = 2\pi \rho l.$$

Car en la fendant par un segment de génératrice, dédoublé en $A_1 A_2$, $B_1 B_2$, on y voit une des plaques coniques que nous avons mesurées au n° 685. Le côté de cette plaque est l, les longueurs de ses colliers extrêmes et moyen sont $2\pi r_1$, $2\pi r_2$, $2\pi\rho$, d'où, pour la mesure de son aire, l'expression $(2\pi r_1 + 2\pi r_2)l : 2$ ou $2\pi\rho l$, identiques aux précédentes.

Si le plan du parallèle $M_2 N_2$ passait par le sommet, la plaque serait limitée par le sommet du cône et un seul collier. Comme alors $r_2 = 0$, on aurait simplement $\pi r_1 l_1$ pour mesure de son aire.

Ces deux zones portent habituellement les noms de *surfaces latérales du tronc conique* $M_1 N_1 M_2 N_2$ *à deux bases parallèles*, ou $SM_1 N_1$ *à une seule base* dit encore, mais improprement, *un cône* (692, *inf.*).

Volume d'un tronc cylindrique ou conique.

691. En substituant des bandes cylindriques (683) à des bandes planes, puis en procédant comme aux n°s 320 et suiv., on obtient la définition d'un *paravent cylindrique*, d'une *moulure cylindrique*. On arrive à celle d'une moulure cylindrique *déchevêtrée*, de son *intérieur* ou *extérieur*, de son *amplitude*, par des considérations toutes semblables aux moyens qui nous ont conduit aux notions analogues pour une plaque plane limitée par un contour composé d'arcs courbes (460).

Un *tronc cylindrique à bases parallèles* $A_1 B_1 C_1 A_2 B_2 C_2$ (*fig.* 189) est un volume dont tous les points sont intérieurs à la fois à une moulure cylindrique déchevêtrée et à un mur non parallèle à ses génératrices ; sa périphérie se compose ainsi de ses *bases* $A_1 B_1 C_1$, $A_2 B_2 C_2$, plaques planes égales résultant de la section de la moulure par les faces du mur, et des plaques cylindriques $B_1 B_2 C_1 C_2$, $C_1 C_2 A_1 A_2$, $A_1 A_2 B_1 B_2$ découpées par les mêmes faces dans les bandes cylindriques dont la moulure est formée, plaques formant par leur ensemble la *surface latérale* du tronc. Sa *hauteur* est la distance de ses bases. Ses *arêtes latérales* sont les segments égaux découpés par les bases sur les génératrices des bandes cylindriques. Sa *section droite* A'B'C' s'obtient en coupant la moulure par un plan perpendiculaire à ses génératrices.

Le volume de ce tronc a pour mesuré, soit le produit de l'aire S' *de sa section droite par la longueur* l *de ses arêtes latérales, soit celui de l'aire commune* S *de ses bases par sa hauteur* h.

Un polygone à côtés infiniment petits ..., $m'n'$, ..., inscrit dans la section droite et dont l'aire s' a pour limite celle S' de cette section (*Ibid.*), est la section droite d'une moulure polyédrique découpant sur les plans des bases, des polygones égaux ...m_1n_1..., ...m_2n_2..., inscrits dans celles-ci et dont les aires, de valeur commune s, ont pour limite S valeur commune des aires des deux bases.

La moulure polyédrique et les deux polygones composent la périphérie d'un prisme variable de hauteur h, d'arête latérale l, dont le volume ayant pour mesure, soit $s'l$, soit sh (**390**), a visiblement pour limite celui du tronc considéré $A_1B_1C_1A_2B_2C_2$ (**472**). Ce dernier volume a donc bien pour mesure

$$\lim s'l = \lim sh = S'l = Sh.$$

Il est presque évident que *l'expression* S'l *fournit tout aussi bien la mesure du volume limité par une moulure cylindrique et deux surfaces quelconques, superposables par quelque translation parallèle aux génératrices* (*Cf.* **683**).

692. Les explications fournies tout à l'heure sur les moulures cylindriques (**691**), feront concevoir bien facilement au lecteur comment se forment un *éventail*, un *coin coniques*, par l'assemblage d'angles coniques (**685**) rayonnant d'un même sommet, ce que c'est que l'*intérieur* ou l'*extérieur* d'un coin conique déchevêtré, son *amplitude*, etc. (*V.* **698**, I, *inf.*).

Le volume $A_1B_1C_1A_2B_2C_2$ (*fig.* 190) que limitent un coin conique de sommet S et les plaques $A_1B_1C_1$, $A_2B_2C_2$ découpées par lui sur les faces d'un mur ne contenant pas ce sommet, est un *tronc conique à bases parallèles*.

Ces dernières $A_1B_1C_1$, $A_2B_2C_2$ sont les sections homothétiques par rapport au sommet S, faites dans le coin par les faces du mur (**404**), (**487**, III). La *hauteur* du tronc est la distance P_1P_2 de ces faces découpant sur le coin la *surface latérale* du volume.

En représentant par S_1, S_2 *les aires des deux bases du tronc et par* h *sa hauteur, son volume a pour mesure*

$$\left(S_1 + \sqrt{S_1 S_2} + S_2\right)\frac{h}{3}.$$

Comme au n° **691** à fort peu près, des demi-génératrices convenables ..., Sm_1m_2, Sn_1n_2, ... traceront sur les bases du

VOLUME D'UN TRONC CYLINDRIQUE OU CONIQUE.

tronc, des polygones variables $\ldots m_1 n_1 \ldots$, $\ldots m_2 n_2 \ldots$ inscrits dans les bases, dont les aires s_1, s_2 auront pour limites S_1, S_2 aires de celles-ci. Et ces polygones, avec les faces de l'angle solide ayant les génératrices considérées pour arêtes, limiteront un tronc de pyramide variable de hauteur h, dont le volume $(s_1 + \sqrt{s_1 s_2} + s_2) h : 3$ (**411**) aura pour limite celui que l'on cherche. La mesure de volume du tronc conique est donc

$$\lim (s_1 + \sqrt{s_1 s_2} + s_2) \frac{h}{3} = (S_1 + \sqrt{S_1 S_2} + S_2) \frac{h}{3}.$$

La base S_2 étant nulle quand son plan passe par le sommet du cône, le volume du tronc $SA_1B_1C_1$, dit improprement un *cône*, a pour mesure $S_1 h : 3$, *tiers du produit de sa base par sa hauteur*.

693. D'après tout ceci, le tronc cylindrique ayant pour surface latérale la zone considérée au n° **689** (*fig.* 187) a évidemment pour mesure $\pi r^2 . h$ produit de l'aire du cercle lui servant à la fois de base et de section droite (**543**) par sa hauteur (ou côté) h.

Quant aux troncs coniques ayant pour surfaces latérales les zones mesurées au n° **690**, leurs volumes ont pour expressions évidentes

$$(\pi r_1^2 + \sqrt{\pi r_1 . \pi r_2} + \pi r_2^2) \frac{h}{3} = \pi (r_1^2 + \sqrt{r_1 r_2} + r_2^2) \frac{h}{3},$$

$$\pi r_1^2 \frac{h}{3},$$

h désignant la hauteur de l'un, puis de l'autre. Les aires de leurs bases ont effectivement pour mesures πr_1^2, πr_2^2, comme cercles de rayons r_1, r_2.

Aires sphériques limitées par des arcs de cercles.

694. Nous n'utiliserons le lemme suivant, qu'au n° **703** (*inf.*); nous le plaçons ici cependant, parce que, sauf quelques longueurs, il fournirait aux propositions de ce paragraphe un appui bien plus naturel que l'artifice classique (**696**, I, *inf.*).

Quand un triangle variable BAC *inscrit dans une sphère a un côté infiniment petit a avec un angle opposé* A *dont le sinus (à lui-même ou à son supplément) est minimable* (**438**), *ses autres côtés et les angles aigus formés par son plan avec les plans tangents à la sphère en ses sommets sont tous infiniment petits. En outre, la distance d du même plan* BAC *au centre* O *de la sphère a pour limite son rayon* r.

Tout autre côté b du triangle et même le rayon l de son cercle circonscrit sont infiniment petits, parce que les relations (2) du n° **570** donnent

$$b = \frac{a\{\sin B\}}{\{\sin A\}}, \quad l = \frac{a}{2\{\sin A\}},$$

fractions ayant des numérateurs infiniment petits avec un dénominateur minimable par hypothèse (**440**, I).

En appelant ensuite ω le centre du cercle circonscrit, le triangle OωA, rectangle en ω, donne $\sin \omega$OA $= l : r$, moyennant quoi, ce sinus et son angle ωOA avec lui (**443** *bis*, I) sont infiniment petits comme l. Or, cet angle est égal à celui du plan BAC avec le plan tangent en A, parce que tous deux sont aigus et que les côtés Oω, OA du premier sont respectivement perpendiculaires aux faces du second (**634**), (**641**), (**198**).

La relation $\overline{O\omega}^2 = r^2 - l^2$ (**635**, IV) donne enfin $\lim O\omega = r$, à cause de $\lim l = 0$.

A ce propos, la remarque suivante est assez intéressante pour ne pas être omise. Quand, en outre, les sommets du triangle BAC sont infiniment voisins d'un même point fixe M, on prouve facilement que *son plan a pour position-limite le plan tangent en* M *à la sphère*. Cette propriété du plan tangent, tout à fait analogue à celle de la tangente (**450**), subsiste pour toutes les surfaces, sous la même condition imposée au triangle BAC; nous y avons fait allusion au n° **461**.

695. Des triangles infiniment petits du genre de BAC (**694**) peuvent donc être employés à la formation des plaques brisées variables, à considérer dans l'évaluation de l'aire d'une plaque sphérique (**470**), d'un volume dont la périphérie contient de semblables plaques (**472**).

On reconnaîtra sans peine que, pour en obtenir de tels, il suffira, en particulier, de considérer la sphère comme de révolution (**632**, V) autour de quelque axe PP′ (*fig.* 191) dont les traces P, P′ sont extérieures à la plaque proposée; puis, par des méridiennes ..., PmnP′, PpqP′, ..., par des parallèles ..., mp, nq, ..., tous infiniment voisins deux à deux, de tracer sur la plaque des bardeaux contigus ..., $mpnq$, ... (**688**), n'ayant leurs sommets qu'à son intérieur et sur son bord, puis enfin, de prendre les triangles ..., mnq, mpq, ... Car tous les côtés de ces triangles sont infiniment petits visiblement, et on peut prouver que leurs angles en ..., n, p, ... ont l'angle droit pour limite commune, en s'appuyant sur ce que les méridiennes et parallèles d'une surface de révolution se coupent toujours orthogonalement (**625**, IV). (Au besoin, on subdiviserait la

AIRE D'UNE CALOTTE SPHÉRIQUE.

plaque, si, à cause de sa forme et de son étendue, aucune paire de points P, P' n'existait dans son intérieur.)

696. Comme au n° **540** pour une circonférence, on reconnaîtra sans peine, qu'un plan sécant détermine sur la surface d'une sphère, deux plaques ayant pour bord commun la section plane ainsi obtenue ABC (*fig.* 192), et se trouvant respectivement dans le demi-espace ABCO de plancher ABC qui contient le centre O, et dans son opposé. Ces plaques sont des *calottes* sphériques ayant pour *pôles* ceux P, P' de leur bord circulaire commun, pour *hauteurs* [ou *flèches* (*Cf.* **546**, 3°)] les distances ωP, ωP' du plan du même bord à leurs pôles.

Ces plaques ne sont ainsi que des zones spéciales de la sphère considérée comme surface de révolution autour de la droite PP' de leurs pôles (**638**).

Parmi les calottes, on remarquera les hémisphères déterminés par des plans diamétraux (**635**, V); leurs bords sont des grands cercles, et tous, évidemment, sont égaux entre eux.

En appelant r, h *le rayon de la sphère et la hauteur* ωP *de la calotte* PAB, *la mesure de l'aire de cette plaque est fournie par la formule*

$$\text{cal PAB} = 2\pi r h,$$

produit de la circonférence d'un grand cercle par la hauteur de la calotte (**539**).

I. Le raisonnement classique est basé sur le fait suivant qui est assez intuitif; on en omet toutefois la démonstration qui serait effectivement plus pénible que la méthode directe dont les éléments ont été indiqués au n° **695**.

L'aire de la calotte en question est la limite de la somme de celles des zones coniques (ou cylindriques) (**689** *et suiv.*) *ayant pour axe commun celui de la calotte considérée et pour côtés ceux* ..., mn, ... *d'une ligne brisée variable* ...mn... *inscrite dans l'arc de méridienne* PA, *de manière à avoir sa longueur pour limite.*

Nous partirons aussi de ce lemme, pour ne pas nous attarder outre mesure sur un détail de ce genre.

II. *Si l'on représente par* μ, ν, ω *les centres des parallèles extrêmes et moyen de la zone conique (ou cylindrique) de côté* mn, *qui sont les projections sur l'axe, des extrémités* m, n *et du milieu* p *de ce côté, on a, pour l'aire* $[mn]$ *de cette zone,*

(1) $\qquad [mn] = 2\pi . \text{O}p . \mu\nu.$

Au n° **690**, nous avons trouvé effectivement $[mn] = 2\pi . \omega p . mn$, ce qui peut être écrit

$$[mn] = 2\pi . \frac{\omega p}{\cos \omega p \text{O}} . mn . \cos \text{O}Ip,$$

I étant l'intersection de droites PP', mn ; car les angles de ces cosinus sont égaux comme compléments du même angle IOP dans les triangles O$ϖ p$, OpI rectangles en $ϖ$, p. Or le premier de ces triangles donne $ϖ p : \cos ϖ pO = Op$ (243), et on a encore $mn.\cos OIp = \mu v$, parce que μv est la projection orthogonale de mn sur l'axe PP' faisant l'angle aigu OIp avec ce segment (244). [La zone [mn] est cylindrique quand mn est parallèle à PP', mais l'égalité (1) est évidente à cause de $ϖ p = Op$, $mn = \mu v$.]

III. En posant indéfiniment $\mu v = u$, $Op = v$, la somme des aires des zones coniques mentionnées dans l'alinéa I, est donc

$$2\pi(u_1 v_1 + u_2 v_2 + \ldots + u_n v_n),$$

et, d'une part, on a évidemment sans cesse $u_1 + \ldots + u_n = ϖ P = h$, d'où $\lim(u_1 + \ldots + u_n) = h$, d'autre part, on a $\lim v_1 = \lim v_2 = \ldots = \lim v_n = r$ comme au n° 542, II. On a donc bien

$$\text{cal PAB} = \lim[2\pi(u_1 v_1 + \ldots + u_n v_n)] = 2\pi r h \qquad (Ibid., \text{I}).$$

697. Une zone sphérique quelconque A'B'A"B" (*fig.* 193) est évidemment la différence de deux calottes de même axe et pôle, A'PB', A"PB", dont les hauteurs $h' = ϖ'P$, $h'' = ϖ''P$ ont pour différence la hauteur h de la zone, distance des plans de ses parallèles extrêmes. Pour l'aire [h] de cette zone, on a donc **(696)**

$$[h] = 2\pi r h'' - 2\pi r h' = 2\pi r(h'' - h') = 2\pi r h,$$

produit encore de la circonférence d'un grand cercle par la hauteur de la zone.

La totalité de la surface de la sphère pouvant être considérée comme une calotte (ou zone) de hauteur $h = 2r$, on a pour la mesure de son aire

$$2\pi r . 2r = 4\pi r^2,$$

soit *le quadruple de celle d'un grand cercle* (**543**, 2°).

698. La suite exige quelques préliminaires.

I. Pour un coin conique déchevêtré (**692**), le sens des mots *intérieur, extérieur* (de significations relatives), *amplitude*, ... se définit comme pour une aire plane (**460**), à cela près que les points sont à remplacer par des demi-droites issues du sommet, le contour courbe fixe par la surface du coin, le contour polygonal variable par un angle polyèdre de même sommet à faces infiniment petites, inscrit aussi dans le coin, ... (**336** *et suiv.*).

II. *L'intérieur* (I) *d'un coin conique au centre d'une sphère, a pour représentation sphérique* (**669**) *celui de la plaque ayant pour contour la représentation de la surface du coin* (**468**, III).

1° Les faces d'un trièdre OABC (*fig.* 194) étant essentiellement saillantes, on peut évidemment, dans le plan AOB, mener une droite α'Oβ faisant, par ses deux moitiés Oα', Oβ, des angles aigus α'OA, βOB avec les arêtes OA, OB de cette face, et dans le plan AOC, une autre droite α"Oγ jouissant de la même propriété relativement à cette autre face. Il en résulte évidemment que ce trièdre est tout entier dans un demi-espace ayant pour plancher le plan $\mathcal{PP}$ des droites α'Oβ, α"Oγ, que, par suite, sa représentation sur une sphère de centre O est un triangle sphérique ABC, intérieur à l'hémisphère contenu dans le même demi-espace.

Soient maintenant, m la représentation sphérique d'une demi-droite Om intérieure au trièdre, et Ob, Oc les traces sur sa surface, du plan passant par Om et par OP demi-perpendiculaire au plan $\mathcal{PP}$ dans le demi-espace considéré. La demi-droite Om étant intérieure au trièdre, à son angle BOAC en particulier, l'est à l'angle bOc. Il en résulte que m est intérieur à l'arc bc intercepté par cet angle au centre sur le grand cercle Pm, et que sa projection m' sur le plan $\mathcal{PP}$ est intérieure au segment $b'c'$, projection de l'arc bc sur le même plan (536, I), intérieure en conséquence, à l'aire plane A'B'C', projection de celle du triangle sphérique ABC. Le point m est donc intérieur aussi à ce triangle (468, III).

2° Du cas d'un simple trièdre, le fait en question s'étend immédiatement à tout angle solide déchevêtré, puisqu'il est toujours décomposable en trièdres contigus extérieurement (337, III), puis à un coin conique quelconque considéré comme position-limite d'un angle solide inscrit à faces infiniment petites.

On peut dire que cette plaque est *interceptée* sur la sphère par le coin conique (*Cf.* 535).

III. *Le rapport des aires des plaques interceptées par deux coins coniques au centre d'une sphère, est égal à celui des amplitudes de ces coins* (*Cf.* **536**).

Ayant lieu pour les aires des triangles sphériques représentés au centre par deux trièdres égaux, puisque la superposition des trièdres opère celle des triangles correspondants (676, II) et des aires de ceux-ci (II), le fait en question s'étend, par la méthode des limites, au cas où les coins sont des angles solides quelconques [décomposables avec une approximation indéfinie, en trièdres égaux dont le rapport des nombres a pour limite celui des amplitudes (*Cf.* **298**, *et suiv.*)], puis à celui où les coins ont des faces courbes (*Cf.* 460).

699. Un *fuseau sphérique* est la plaque AHA'KA (*fig.* 179) interceptée par un dièdre au centre HAA'K ; son contour se compose de deux demi-grands cercles AHA', AKA' et son *angle* est celui TAU sous lequel ceux-ci se coupent, rectiligne du dièdre considéré A (**672**).

En supposant A *exprimé en degrés, et nommant toujours* r *le* rayon de la sphère, la mesure $\mathcal{G}$ de l'aire du fuseau est fournie par la formule

$$\mathcal{G} = \frac{A}{360} 4\pi r^2.$$

Car le fuseau et la sphère entière regardée comme de révolution autour de l'arête AA' du dièdre considéré, ne sont que deux bardeaux (**688**) compris entre les mêmes plans parallèles (tangents en A, A'). Le rapport de leurs aires est donc celui de leurs dièdres à l'axe, A : 360, et l'aire de la sphère a pour mesure $4\pi r^2$ (**697**).

700. L'aire $\mathcal{G}$ d'un triangle sphérique dont l'excès sphérique (**673**, I) exprimé en degrés est $\mathcal{E}$, a pour expression

(2) $$\mathcal{G} = \frac{\mathcal{E}}{180}\pi r^2.$$

Les aires de deux triangles sphériques ABC, A'B'C' étant entre elles comme les amplitudes des trièdres les représentant au centre (**698**, III), et le rapport de celles-ci étant

$$\frac{A+B+C-180}{A'+B'+C'-180} \quad (363),$$

puisque les angles des trièdres sont ceux mêmes des triangles correspondants, on a entre leurs aires $\mathcal{G}$, $\mathcal{G}'$ et leurs excès sphériques $\mathcal{E}$, $\mathcal{E}'$ la proportion

$$\frac{\mathcal{G}}{\mathcal{G}'} = \frac{\mathcal{E}}{\mathcal{E}'}.$$

Si maintenant, on prend pour A'B'C' le triangle trirectangle, dont l'excès sphérique est un droit, dont l'aire est le 8ᵉ de celle de la sphère parce que la somme de deux triangles trirectangles est évidemment un fuseau de 1 droit, quart de la sphère (**699**), cette proportion devient

$$\mathcal{G} : \frac{4\pi r^2}{8} = \mathcal{E} : 90,$$

équivalent de la formule (2).

701. Pour obtenir la mesure $\mathcal{G}$ de l'aire d'un polygone sphérique de n angles A, ..., K exprimés en degrés, il suffit, dans la formule (2), de remplacer $\mathcal{E}$ par $A + \ldots + K - (n-2)180$. Car en le supposant convexe, pour fixer les idées, il se décompose en $n-2$ triangles sphériques dont cette expression est précisément la somme des excès.

Plus généralement, *la combinaison des résultats obtenus dans ce paragraphe permet d'évaluer l'aire de toute plaque sphérique limitée par des arcs de cercles quelconques.*

En considérant d'abord un *segment de calotte*, plaque AmBnA (*fig.* 195) découpée dans une calotte PAmB de pôle P par un arc de grand cercle AnB, on obtiendra son aire en combinant, par soustraction ici, par addition dans d'autres cas, l'aire du triangle sphérique isoscèle APBmA (**700**) avec celle du *secteur de calotte* PAmBP découpé dans la même plaque par les arcs PA, PB rayons sphériques du petit cercle AmB. Ce secteur n'est autre, en effet, qu'un bardeau découpé dans la calotte par deux méridiennes (**688**), (**696**). A partir de là, on procédera exactement comme nous l'avons fait sur le plan au n° **545**.

Par l'inscription d'une ligne brisée sphérique à côtés infiniment petits (**671**) dans un arc de courbe sphérique quelconque, dans le bord d'une plaque sphérique, *la mesure de ces figures prendrait avec les arcs de grand cercle, les triangles sphériques, les mêmes attaches que la mesure des lignes courbes, des aires à contours curvilignes, dans un même plan, avec les segments et triangles rectilignes.* La première cause de ceci et des autres particularités caractéristiques de la Géométrie sphérique réside dans l'individualité constante d'un grand cercle d'une sphère, dans la possibilité pour lui et pour elle de glisser indéfiniment sur eux-mêmes, et l'un sur l'autre, comme pour la droite et le plan.

702. *L'amplitude d'un coin conique (déchevêtré) a pour mesure l'aire de la plaque interceptée par lui sur une sphère ayant son sommet pour centre.* Cette proposition, à rapprocher de celle du n° **547**, résulte d'une convention toute semblable, combinée avec la proportionnalité formulée au n° **698**, III.

Volumes du secteur et du segment sphériques.

703. Un *secteur sphérique*, OABCP (*fig.* 196) par exemple, est limité par une plaque sphérique quelconque ABCP, dite sa *base*, et par le coin conique au centre OABC, qui intercepte cette plaque (**698**, II, 2°).

Le volume d'un secteur sphérique a pour mesure le produit de l'aire $\mathfrak{B}$ de sa base, par le tiers du rayon r de la sphère.

Nous inscrirons proprement dans la base sphérique du secteur, une plaque brisée ayant pour faces des triangles infiniment petits du genre de ceux mentionnés au n° **695**, dont nous appellerons $u_1, u_2, \ldots, u_n$ les aires, et $v_1, v_2, \ldots, v_n$ les distances des plans au centre de la sphère ; puis nous considérerons les tétraèdres ayant le centre de la sphère pour sommet commun et ces divers triangles pour faces opposées. Cela posé, la somme (géométrique) de ces tétraèdres dont la mesure est

$$\frac{1}{3}u_1v_1 + \frac{1}{3}u_2v_2 + \ldots + \frac{1}{3}u_nv_n = \frac{1}{3}(u_1v_1 + \ldots + u_nv_n) \quad (388),$$

est visiblement inscrite dans le secteur, de manière à avoir son volume pour limite (472). Or on a

$$\lim (u_1 + u_2 + \ldots + u_n) = \mathcal{B} \quad (470),$$
$$\lim v_1 = \lim v_2 = \ldots = \lim v_n = r \quad (694),$$

On a donc $\lim (u_1v_1 + \ldots + u_nv_n) = \mathcal{B}r$ (542, I), ce qui donne bien $\mathcal{B}r : 3$ pour volume du secteur.

704. *Le volume d'une sphère de rayon r a pour mesure*

$$4\pi r^2 \frac{r}{3} = \frac{4}{3}\pi r^3.$$

Car on peut le considérer comme celui d'un secteur ayant pour base la surface entière de la sphère dont l'aire est $4\pi r^2$ (703), (697).

705. Un *segment sphérique* est limité par une zone sphérique (688) et les aires des parallèles constituant le bord de la zone, dites les *bases* du segment. La périphérie d'un segment *à une base* ABCωP (*fig.* 196) se compose seulement d'une calotte ABCP et de l'aire circulaire de son bord ABCω. Dans les deux cas, la *hauteur* du segment est celle de la zone (ou de la calotte).

Le volume d'un segment sphérique a pour mesure le produit de la demi-somme de ses bases par sa hauteur, augmenté de la mesure d'une sphère ayant cette hauteur pour diamètre.

I. Selon que la hauteur ωP (*fig.* 196) d'un segment à une seule base ABCωP est supérieure comme ici, ou inférieure au rayon r de la sphère, son volume est évidemment la somme ou la différence de ceux du secteur OABCP et du tronc conique de révolution OABCω, dont la base est celle ABCω du segment, dont la hauteur est Oω distance du plan de cette base au centre. Le secteur ayant pour base la calotte ABCP de hauteur $r \pm$ Oω, d'aire $2\pi r (r \pm $ Oω$)$ (696), son volume a pour mesure

$$2\pi r(r \pm O\omega)\frac{r}{3} = \frac{\pi}{3}(r \pm O\omega).2r^2 \quad (703);$$

comme le carré de ωA, rayon du cercle ABCω, est égal à $r^2 - \overline{O\omega}^2$ (635, IV), l'aire de ce cercle est mesurée par $\pi(r^2 - \overline{O\omega}^2)$ (543), et le volume du tronc conique par

$$\pi(r^2 - \overline{O\omega}^2)\frac{O\omega}{3} = \frac{\pi}{3}(r^2.O\omega - \overline{O\omega}^3) \quad (693).$$

VOLUME D'UN SEGMENT SPHÉRIQUE.

Le volume du segment provisoirement considéré a donc pour expression

(1) $\qquad \dfrac{\pi}{3}[(r \pm O\varpi).2r^2 \pm (r^2.O\varpi - \overline{O\varpi}^3)].$

II. Dans un segment quelconque, soient maintenant A'B', A"B" (fig. 193) ses bases la moins et la plus éloignées de l'un P de leurs pôles communs, puis $d' = O\varpi'$, $d'' = O\varpi''$ les distances de leurs plans au centre; et, pour fixer les idées, supposons les directions $O\varpi'$, $O\varpi''$ toutes deux opposées à OP. Comme ce volume est la différence A"B"P — A'B'P de ces segments à une seule base chacun, on obtiendra sa mesure en faisant successivement $O\varpi = d''$, $O\varpi = d'$ dans l'expression (1) écrite avec les signes supérieurs, puis la différence de ces deux valeurs, pour laquelle il vient immédiatement

(2) $\qquad \dfrac{\pi}{3}[(d'' - d').2r^2 + r^2(d'' - d') - (d''^3 - d'^3)].$

En remplaçant $d''^3 - d'^3$ par $(d''^2 + d''d' + d'^2)(d'' - d')$, représentant par h la différence $d'' - d' = \varpi'\varpi''$ hauteur du segment, et mettant cette quantité en facteur, l'expression (2) devient

(3) $\qquad \dfrac{\pi h}{3}[3r^2 - d''^2 - d''d' - d'^2].$

Mais, à cause de $(d'' - d')^2 = d''^2 + d'^2 - 2d''d'$, on a $d''d' = (d''^2 + d'^2 - h^2) : 2$, ce qui change (3) en

$$\dfrac{\pi h}{3}\left[3r^2 - d''^2 - d'^2 - \dfrac{d''^2 + d'^2 - h^2}{2}\right]$$

$$= \dfrac{\pi h}{6}[6r^2 - 3d''^2 - 3d'^2 + h^2]$$

$$= \dfrac{\pi h}{6}[3(r^2 - d'^2) + 3(r^2 - d''^2) + h^2]$$

$$= \left(\dfrac{\pi\rho'^2 + \pi\rho''^2}{2}\right)h + \dfrac{\pi h^3}{6},$$

si, pour abréger, on représente par ρ'^2, ρ''^2 les carrés des rayons des deux bases $r^2 - d'^2$, $r^2 - d''^2$. Or $\pi\rho'^2$, $\pi\rho''^2$ et $\pi h^3 : 6$ sont bien les mesures des aires des bases et du volume d'une sphère de rayon $h : 2$ (**704**).

706. On apercevra bien facilement, que la combinaison des formules trouvées dans ce chapitre suffit pour obtenir *la mesure de tout toit* (**471**) *formé par des plaques de cylindres et cônes de* *révolution, de sphères, dont les bords et lignes de raccord sont décomposables en segments rectilignes et arcs de cercles, celle de tout volume ayant pour périphérie un semblable toit.* Mais les calculs de ce genre n'offrent ni intérêt, ni difficulté sérieuse, et il serait ici tout à fait oiseux d'en traiter des exemples. Parmi les volumes, nous nous contenterons de nommer : le *voussoir sphérique* taillé par deux sphères concentriques et un coin conique au centre, l'*anneau sphérique* limité par une zone sphérique et une zone conique (ou cylindrique) ayant les mêmes parallèles extrêmes.

ADDITION I.

RELATIONS ENTRE LES PAIRES DE SEGMENTS DÉTERMINÉES SUR LES CÔTÉS D'UN TRIANGLE OU D'UN QUADRILATÈRE GAUCHE, PAR CERTAINES DROITES OU PLANS SÉCANTS.

707. Sous ce titre, nous groupons des théorèmes aussi remarquables par leur fréquente utilité, que par leur généralité et leur beauté, car ils rendent presque intuitives bien des démonstrations qui seraient fort pénibles autrement.

Pour que trois points α, β, γ (fig. 197) situés sur les droites des côtés d'un triangle (déchevêtré) ABC ailleurs qu'aux sommets, soient en ligne droite, il est nécessaire et suffisant que le nombre de ceux placés sur les prolongements des côtés soit 1 ou 3, et que l'on ait la relation

$$(1) \qquad \frac{\alpha B}{\alpha C} \cdot \frac{\beta C}{\beta A} \cdot \frac{\gamma A}{\gamma B} = 1.$$

I. Si une même droite contient ces trois points, elle ne peut passer par aucun sommet, et le nombre des côtés qu'elle rencontre en leurs prolongements est 1 ou 3, selon qu'elle laisse d'un même côté d'elle deux sommets, le troisième étant de l'autre côté, ou bien les trois sommets à la fois (**25**).

En appelant maintenant A_1A, B_1B, C_1C les distances des sommets à la droite $\alpha\beta\gamma$, mesurées parallèlement à une même direction quelconque, on aura

$$\frac{\alpha B}{\alpha C} = \frac{B_1B}{C_1C}, \quad \frac{\beta C}{\beta A} = \frac{C_1C}{A_1A}, \quad \frac{\gamma A}{\gamma B} = \frac{A_1A}{B_1B} \qquad (258),$$

et la multiplication membre à membre de ces trois proportions conduit immédiatement à l'égalité (1).

II. Si la condition topographique est satisfaite ainsi que la relation (1), la droite $\beta\gamma$ ne peut être parallèle à BC; car si elle était telle, les points β, γ seraient tous deux à la fois, soit intérieurs à AC, AB à la fois, soit extérieurs, et l'on aurait $\beta C : \beta A = \gamma B : \gamma A$ (**146**), c'est-à-dire

$$(2) \qquad \frac{\beta C}{\beta A} \cdot \frac{\gamma A}{\gamma B} = 1.$$

Le point α serait donc extérieur à BC à cause de la condition topographique, et la division membre à membre de (1) par (2) donnerait $\alpha B : \alpha C = 1$, ce qui est alors impossible (**133**). Cette droite $\beta\gamma$ rencontre donc la droite BC en un point α' qui est intérieur ou extérieur au côté BC, selon que les relations de β, γ avec AC, AB sont différentes ou identiques (I), c'est-à-dire en même temps que α en vertu de la condition topographique supposée. On a, en outre,

$$\frac{\alpha'B}{\alpha'C} \cdot \frac{\beta C}{\beta A} \cdot \frac{\gamma A}{\gamma \beta} = 1 \qquad (I),$$

donnant

$$\frac{\alpha'B}{\alpha'C} = \frac{\alpha B}{\alpha C},$$

par division membre à membre avec (1); α' se confond donc avec α (**133**).

708. *Trois points α, β, γ (fig. 198) étant encore marqués dans les mêmes conditions sur les droites des côtés d'un triangle ABC, pour que les droites Aα, Bβ, Cγ soient concourantes ou parallèles, il faut et il suffit que l'on ait la même relation (1), mais que 0 ou 2 soit le nombre de ces points placés sur les prolongements des côtés.*

I. Si Aα, Bβ, Cγ concourent en un point ω, celui-ci ne peut être sur la droite d'un côté, et on aperçoit immédiatement que les trois points α, β, γ sont sur les côtés eux-mêmes quand ω est intérieur au triangle, qu'un seul est dans ce cas, quand ω est extérieur au triangle, à l'intérieur, soit d'un angle, soit de son opposé au sommet (**159**, III, IV).

Nommons maintenant a, b, c les côtés du triangle respectivement opposés à ses angles A, B, C, ensuite (ij) généralement, la trace sur le côté i, de la droite menée par ω parallèlement au côté j et en même temps le segment allant de ω à ce point (ij).

Comme on a les trois proportions

$$\alpha B : \alpha C = (ca):(ba), \quad \beta C : \beta A = (ab):(cb),$$
$$\gamma A : \gamma B = (bc):(ac) \quad (\mathbf{260},\ I),$$

il vient en les multipliant membre à membre,

$$\frac{\alpha B}{\alpha C} \cdot \frac{\beta C}{\beta A} \cdot \frac{\gamma A}{\gamma B} = \frac{(ca)}{(ba)} \cdot \frac{(ab)}{(cb)} \cdot \frac{(bc)}{(ac)} = \frac{(ab)}{(ac)} \cdot \frac{(bc)}{(ba)} \cdot \frac{(ca)}{(cb)}.$$

Mais on a $(ab):(ac) = AC:AB = b:c$, parce qu'il s'agit des distances des points ω, A à la même droite BC, mesurées parallèlement à deux mêmes directions (**256**), et de même $(bc):(ba) = c:a$, $(ca):(cb) = a:b$. Il vient donc bien

$$\frac{\alpha B}{\alpha C} \cdot \frac{\beta C}{\beta A} \cdot \frac{\gamma A}{\gamma B} = \frac{b}{c} \cdot \frac{c}{a} \cdot \frac{a}{b} = 1.$$

II. Quand Aα, Bβ, Cγ sont parallèles, les mêmes conclusions deviennent à peu près évidentes.

III. On établira les réciproques en raisonnant exactement comme ci-dessus (**707**, II).

709. Pris respectivement sur les quatre droites AB, BC, CD, DA des côtés d'un quadrilatère gauche, quatre points (cd), (da), (ab), (bc) ne peuvent offrir l'une des trois dispositions suivantes, sans présenter les deux autres en même temps : 1° situés dans un même plan ; 2° déterminant avec les côtés opposés quatre plans concourant en un même point ou bien parallèles à une même droite ; 3° déterminant par couples pris sur les paires de côtés opposés, deux droites $(cd)(ab)$ et $(da)(bc)$ qui se rencontrent ou sont parallèles.

Car si, par exemple, ces quatre points sont dans un même plan $\mathcal{P}$, les deux droites précitées s'y trouvant forcément aussi sont concourantes ou parallèles, et les quatre plans AB(ab), BC(bc), CD(cd), DA(da) dont, évidemment, le premier et le troisième contiennent $(cd)(ab)$, dont le second et le quatrième contiennent $(da)(bc)$, passent par leur intersection dans le premier cas, sont parallèles à toutes deux dans le second. Cela posé :

Pour que ces points jouissent de la triple propriété précitée, il faut et il suffit que le nombre de ceux placés sur des prolongements de côtés (sur des côtés, tout aussi bien) soit 0, ou 2, ou 4, et que l'on ait la relation

(3) $$\frac{(ab)C}{(ab)D} \cdot \frac{(bc)D}{(bc)A} \cdot \frac{(cd)A}{(cd)B} \cdot \frac{(da)B}{(da)C} = 1.$$

Quand un même plan contient les quatre points, il rencontre évidemment : 1°, 0 côté (lui-même), si tous les sommets sont d'un même côté de lui ; 2°, 2 côtés consécutifs, s'il laisse de part et d'autre de lui, un seul sommet d'une part, les trois autres d'autre part ; 3°, 2 côtés opposés, si, de part et d'autre de lui, se trouvent une paire de sommets non opposés et l'autre paire ; 4° les quatre côtés, s'il en est ainsi pour les deux paires de sommets opposés.

La relation (3) s'établit ensuite comme (1) au n° 707 exactement, en considérant A_1A, B_1B, C_1C, D_1D, distances des sommets au plan $\mathcal{P}$, mesurées dans quelque même direction, et la réciproque se démontre à peu près comme celle du lieu cité.

710. Si, aux rapports de segments figurant comme facteurs dans les trois relations considérées ci-dessus, on attribue les signes réglés par les conventions du n° **135**, III, les conditions topographiques et numériques des trois théorèmes précédents se fusionneront dans ces énoncés autrement concis.

Pour que les points α, β, γ, *sur les côtés d'un triangle, soient en ligne droite ou bien donnent des droites* $A\alpha$, $B\beta$, $C\gamma$, *soit concourantes, soit parallèles, il faut et il suffit que l'on ait*

(4) $$\frac{\alpha B}{\alpha C} \cdot \frac{\beta C}{\beta A} \cdot \frac{\gamma A}{\gamma B} = \pm 1.$$

La condition nécessaire et suffisante à l'existence des trois dispositions simultanées du n° 709, est que le premier membre de la relation (3) soit égal à $+1$.

Les conditions pour que : 1° dans le triangle ABC, la sécante $\beta\gamma$ soit parallèle à BC (**707**) ; 2° les droites Bβ, Cγ se coupent sur une parallèle menée par A à BC (**708**) ; 3° dans le quadrilatère ABCD, le plan $(bc)(cd)(da)$ soit parallèle à CD (**709**), se déduisent des deux relations (4) et de (3) par la simple substitution de $+1$ aux rapports constituant les premiers facteurs de leurs premiers membres ; un peu d'attention le montrera.

On remarquera une connexité presque évidente entre les parties réciproques des propositions (**708**), (**709**), et le concours constant au centre de gravité de 3 ou de 4 points chargés de masses de signes quelconques, des 3 droites joignant, soit chacun au centre de gravité des deux autres (**559**, III), soit celui de chaque paire de points à celui de l'autre paire (**653**, I, 4°).

711. Le lecteur trouvera partout des applications fort intéressantes des mêmes théorèmes, et nous ne les reproduirons pas. Mais nous donnerons la suivante, parce qu'elle constitue une proposition capitale de la Géométrie supérieure.

Les systèmes de quatre points (A, B), (P, Q) *(fig. 199) et* (A', B'), (P', Q'), *tracés simultanément sur deux sécantes quelconques par un faisceau* ($\mathcal{A}$, $\mathcal{B}$, $\mathcal{P}$, $\mathcal{Q}$) *de quatre droites (distinctes) concourantes ou parallèles, ont toujours leurs rapports anharmoniques égaux* (**531**).

Le fait étant évident quand sont parallèles, soit les quatre droites du faisceau (**146**), soit les deux sécantes (**260**, I), nous considérerons seulement le cas où les premières concourent en un point O, les dernières en un autre I que nous pourrons supposer étranger aux sécantes, sauf à déplacer l'une d'elles par translation.

Les triangles IAA', IBB', coupés successivement par la même transversale OP'P, donnent (710)

$$\frac{OA}{OA'} \cdot \frac{P'A'}{P'I} \cdot \frac{PI}{PA} = +1,$$

$$\frac{OB}{OB'} \cdot \frac{P'B'}{P'I} \cdot \frac{PI}{PB} = +1,$$

puis, en divisant membre à membre la seconde par la première et simplifiant,

(5) $\qquad \left(\dfrac{OB}{OB'} : \dfrac{OA}{OA'}\right) \cdot \left(\dfrac{PA}{PB} : \dfrac{P'A'}{P'B'}\right) = +1.$

Et les mêmes triangles coupés par la transversale OQ'Q, substituée à OP'P, donneront de même, par la simple substitution de la lettre Q à la lettre P dans l'égalité précédente,

(6) $\qquad \left(\dfrac{OB}{OB'} : \dfrac{OA}{OA'}\right) \cdot \left(\dfrac{QA}{QB} : \dfrac{Q'A'}{Q'B'}\right) = +1.$

En divisant membre à membre (5) par (6) et simplifiant, il vient enfin

$$\left(\frac{PA}{PB} : \frac{QA}{QB}\right) : \left(\frac{P'A'}{P'B'} : \frac{Q'A'}{Q'B'}\right) = +1,$$

c'est-à-dire précisément la relation

(7) $\qquad \dfrac{PA}{PB} : \dfrac{QA}{QB} = \dfrac{P'A'}{P'B'} : \dfrac{Q'A'}{Q'B'}$

que nous voulions établir.

En conséquence, on nomme aussi *rapport anharmonique du faisceau* (𝒜, ℬ, 𝒫, 𝒬), celui, constant ainsi, des tracés de ses quatre rayons sur une sécante quelconque.

Si la seconde sécante devient parallèle à un rayon 𝒬 du faisceau, l'égalité fondamentale (7) subsiste en y substituant au rapport Q'A' : Q'B' sa limite +1. Le simple rapport P'A' : P'B' est alors égal au rapport anharmonique du faisceau, et représente celui qui concerne cette position de la sécante.

ADDITION II.

NATURE D'UN DÉPLACEMENT QUELCONQUE D'UNE FIGURE SOLIDE.

712. *Tout déplacement d'une figure solide 𝔉 équivaut, soit à une rotation et une translation consécutives dont l'axe et la direction sont parallèles, dont l'ordre de succession est indifférent, soit à une rotation seulement, soit à une simple translation.*

I. *Dans la position initiale de la figure, chaque point* M *(fig.* 200), *quand il ne restera pas en place, est un sommet d'une ligne brisée indéfinie* (**426**), *dont le déplacement considéré opère une réapplication graduelle* (**429,** VI), *qui, par suite, est régulière* (**433**).

Si successivement, N, O, P, … sont les points de la position initiale qui coïncident avec les positions finales de M, N, O, …; puis L, K, … ceux qui ont M, L, … pour positions finales, les sommets de la ligne brisée

(1) 　　　　　　…KLMNO…

dans la position initiale, sont transportés en

…, L, M, N, O, P, …

dans la position finale; cette ligne ne subit donc qu'une réapplication graduelle; d'ailleurs, son côté MN n'est pas nul, puisque N, position finale de M, est supposé ne pas se confondre avec lui.

II. Si la ligne (1) est de première espèce (**426,** I), trois sommets consécutifs, K, L, M par exemple, ne sont pas en ligne droite; pour opérer le déplacement de $\mathcal{F}$, il suffira donc (**34**) d'amener son triangle KLM sur LMN, d'exécuter ainsi, sur la ligne (1), la réapplication graduelle dont nous venons de parler (I). Or (**429,** VI), ce dernier déplacement se résout en une rotation et une translation, l'une autour de l'âme de la ligne, l'autre parallèle à cette droite, dont les amplitudes ne sont nulles, ni l'une, ni l'autre.

L'âme prend alors le nom *d'axe de rotation et de glissement;* on remarquera qu'ici tous les points de la ligne se déplacent.

III. Quand la ligne (1) est de deuxième espèce (**426,** II), deux cas sont à distinguer.

Si elle n'est pas un bilatère, sa réapplication graduelle considérée réalise toujours le déplacement de la figure, mais ici, elle se résout en une simple rotation autour de l'âme dont tous les points restent fixes dans l'espace.

Si elle se réduit à un bilatère MN (*fig.* 201), soient Ω son centre, milieu du segment MN, puis m quelque point pris dans la position initiale de $\mathcal{F}$ en dehors de la droite MN, puis n la position finale de m, et ω le milieu du segment mn. On a Nn = Mm, Mn = Nm, parce que les premiers segments sont les positions finales des derniers, et les triangles MmN, NnM sont égaux comme ayant leurs trois côtés égaux, ainsi que mMn, nNm. Les médianes $m\Omega$, $n\Omega$ des deux premiers sont donc égales, et celles aussi des derniers, Mω, Nω. Il en résulte que la droite $\Omega\omega$ joignant les milieux des segments MN, mn, est perpendiculaire à tous deux, que, par suite, une simple rotation de 180° autour de cette droite amènera le triangle MmN sur son égal NnM, réalisera, en même temps, puisque ce triangle est déchevêtré, le déplacement considéré pour la figure $\mathcal{F}$. Dans ce cas, toutes les lignes brisées régulières fournies par les divers points de la figure (I) sont, comme MN, des bilatères ayant pour âme commune la droite $\Omega\omega$, axe d'une symétrie évidente entre les positions initiale et finale de $\mathcal{F}$.

Dans les deux cas, tous les points de la figure se déplacent, sauf ceux de l'axe de rotation.

IV. Quand la ligne (1) est de troisième espèce (**426**, III), soient m, n les positions initiale et finale de quelque point de la figure, étranger à la droite $\mathcal{A}$ qui contient tous les sommets et côtés de cette ligne. Ces positions rendent égaux des triangles déchevêtrés tels que LMm, MNn, et on réalisera le déplacement de la figure par l'adduction du premier sur le second.

Cela posé, si la droite mn n'est pas parallèle à $\mathcal{A}$, on retombe sur le cas (II), car ce mouvement du triangle LMm équivaut à une rotation autour de $\mathcal{A}$, d'amplitude égale au dièdre $m\mathcal{A}n$, suivie ou précédée d'une translation égale et directement parallèle à MN par exemple.

S'il y a parallélisme, cette simple translation opérera l'adduction dont il s'agit, et tous les points de la figure se déplacent.

713. Pour un déplacement de la figure, qui laisse un de ses plans sans cesse appliqué sur lui-même (**119**), la ligne brisée régulière (1) est forcément plane, mais non un zigzag dont la réapplication graduelle ne peut s'opérer par simple glissement sur son plan (**430**). Elle est donc de deuxième ou de troisième espèce, et *le déplacement équivaut toujours évidemment : dans le premier cas, à une rotation dont l'axe est perpendiculaire au plan* (**712**, III), *dans le second cas, à une translation parallèle au même plan* (*Ibid.* IV).

714. Nous terminons par une proposition qui se rattache aux précédentes.

Quand une figure formée par des points en nombre limité est égale à elle-même d'une seconde manière, il existe un axe autour duquel, toute rotation d'amplitude égale à un multiple entier quelconque d'une certaine partie aliquote de l'angle replet la réapplique sur elle-même.

Nommons M, N deux points distincts de la figure, qui sont homologues dans le second mode d'égalité, considérons le déplacement qui réapplique la figure sur elle-même en amenant M sur N, et construisons comme précédemment (**712**, I) la ligne brisée régulière ...MNOPQ... que ce déplacement reporte sur elle-même en ...NOPQR... Tous ces points ..., M, N, O, P, Q, R, ... appartiennent à la figure, car il en est ainsi pour M, et ..., N, O, P, Q, R, ... sont respectivement les homologues de

..., M, N, O, P, Q, ...; mais comme l'hypothèse de l'énoncé rend essentiellement limité le nombre de ceux qui sont distincts, il faut que la ligne ne soit ni de première espèce, ni de troisième, mais de seconde (*Ibid.*, III), et qu'elle se ferme en un certain polygone régulier ℜ (**606**). Il est évident maintenant, qu'en appelant 𝒜 l'âme de ce polygone, ω l'angle au centre du polygone régulier déchevêtré de mêmes sommets (**607**, V), et k un entier quelconque, toute rotation d'amplitude $k\omega$ autour de 𝒜 réappliquera la figure sur elle-même.

Beaucoup de cristaux naturels et de corps taillés par la main humaine possèdent une ou même plusieurs droites telles que 𝒜, cites alors *axes de figure*, mais auxquelles nous préférerions laisser le nom d'*âmes*. Quand M, N sont les seuls points distincts de la figure, le polygone ℜ est un bilatère, et des axes de figure sont fournis en nombre illimité par les perpendiculaires élevées sur le segment MN en son milieu.

ADDITION III.

THÉORÈME DE M. MANNHEIM SUR LE QUADRILATÈRE INSCRIPTIBLE.

715. Quoique classiques, deux théorèmes sur le quadrilatère inscriptible (**524**) offraient selon nous bien peu d'intérêt; mais M. le colonel Mannheim leur en a donné beaucoup, en les renfermant dans un seul d'une élégance extrême, que nous présenterons comme il suit.

En nommant AC, BD (*fig. 202*) *les diagonales d'un quadrilatère inscriptible déchevêtré*, puis 𝒜, ℬ, ℭ, 𝒟 *les produits* BC.CD.DB, ... *des côtés et de la diagonale non issus des sommets* A, B, C, D *respectivement, et* M *un point quelconque du plan, on a la relation*

(1) $\quad \mathcal{A}.\overline{AM}^2 + \mathcal{C}.\overline{CM}^2 = \mathcal{B}.\overline{BM}^2 + \mathcal{D}.\overline{DM}^2.$

I. Dans un quadrilatère plan quelconque, mais déchevêtré, l'intersection Ω des diagonales divise intérieurement chacune d'elles AC dans le rapport des aires $\overline{BDA}$, $\overline{BDC}$ des triangles en lesquels elle partage l'aire $\overline{ABCD}$ du quadrilatère; ces triangles ayant effectivement même base BD, leurs aires sont entre elles comme leurs hauteurs issues de A, C, et celles-ci, comme ΩA, ΩC évidemment. Il en résulte (**553**, I)

$\overline{BDC}.\overline{AM}^2 + \overline{BDA}.\overline{CM}^2 = \overline{ABCD}.\overline{\Omega M}^2 + \overline{BDC}.\overline{A\Omega}^2 + \overline{BDA}.\overline{C\Omega}^2$

$= \overline{ABCD}\left[\overline{\Omega M}^2 + \frac{\overline{BDC}}{\overline{ABCD}}\overline{A\Omega}^2 + \frac{\overline{BDA}}{\overline{ABCD}}\overline{C\Omega}^2\right]$

$= \overline{ABCD}\left[\overline{\Omega M}^2 + \frac{\Omega C}{AC}\overline{A\Omega}^2 + \frac{\Omega A}{AC}\overline{C\Omega}^2\right]$

$= \overline{ABCD}\left[\overline{\Omega M}^2 + \frac{A\Omega + C\Omega}{AC}\Omega A.\Omega C\right]$

$= \overline{ABCD}(\overline{\Omega M}^2 + \Omega A.\Omega C).$

On a effectivement $\overline{BDC} + \overline{BDA} = \overline{ABCD}$, $\overline{BDC}:\overline{BDA} = \Omega C : \Omega A$, $A\Omega + C\Omega = AC$.

Finalement, il reste

$$\overline{BDC}.\overline{AM}^2 + \overline{BDA}.\overline{CM}^2 = \overline{ABCD}(\overline{\Omega M}^2 + \Omega A.\Omega C),$$

et, en considérant l'autre diagonale, on trouvera de même

$$\overline{ACD}.\overline{BM}^2 + \overline{ACB}.\overline{DM}^2 = \overline{ABCD}(\overline{\Omega M}^2 + \Omega B.\Omega D).$$

II. Si, maintenant, on suppose le quadrilatère inscriptible, les derniers membres de ces relations sont d'abord égaux à cause de $\Omega A.\Omega C = \Omega B.\Omega D$ (**523**), et il vient en conséquence

(2) $\quad \overline{BCD}.\overline{AM}^2 + \overline{BDA}.\overline{CM}^2 = \overline{ACD}.\overline{BM}^2 + \overline{ACB}.\overline{DM}^2.$

Ensuite, tous les triangles considérés sont inscrits dans un même cercle dont la considération (**570**), si l'on nomme R son rayon, conduit à

$\overline{BCD} = \mathcal{A}:4R, \quad \overline{BDA} = \mathcal{C}:4R, \quad \overline{ACD} = \mathcal{B}:4R, \quad \overline{ACB} = \mathcal{D}:4R,$

et, pour arriver à la relation (1), il ne suffit plus que de faire ces substitutions dans (2).

716. Les théorèmes classiques auxquels nous avons fait allusion, ne sont plus que les cas particuliers suivants de celui de M. Mannheim.

I. Si l'on place le point indéterminé M en un sommet, A par exemple, la relation (1) perd son premier terme à cause de $AM = 0$, et CM, BM, DM deviennent CA, BA, DA. En écrivant ensuite, au lieu de $\mathcal{C}, \mathcal{B}, \mathcal{D}$, les produits que ces lettres représentent, et divisant tout par AB.AC.AD, il reste

$$AC.BD = AB.CD + AD.BC,$$

égalité du produit des diagonales à la somme de ceux ayant pour facteurs les côtés opposés de l'une et l'autre paire.

TH. CLASSIQUES SUR LE QUADRILATÈRE INSCRIPTIBLE. 399

II. Si l'on prend pour M le centre O du cercle circonscrit, les coefficients de $\mathcal{A}, \mathcal{B}, \mathcal{C}, \mathcal{D}$ deviennent tous égaux à R^2, et, en divisant par ce facteur commun, il ne reste plus que

$$\mathcal{A} + \mathcal{C} = \mathcal{B} + \mathcal{D},$$

c'est-à-dire

$$BD.CB.CD + BD.AB.AD = AC.BA.BC + AC.DA.DC,$$

ou bien encore

$$\frac{AC}{BD} = \frac{AB.AD + CB.CD}{BA.BC + DA.DC},$$

égalité du rapport des diagonales à celui des sommes des produits des paires de côtés issus de leurs sommets.

ADDITION IV.

PREMIÈRES NOTIONS SUR LES CONIQUES.

Définition et propriétés communes.

717. Les lignes que nous allons étudier sommairement sont planes, et sauf aux n°⁵ **748** et suiv. (*inf.*), *nous ne considérerons avec chacune, que des figures tracées dans son plan.* Pour définition, nous prendrons leur propriété générale d'être *le lieu des points* M (*fig.* 203) *dont les distances* FM, QM *à un point fixe* F *et à une droite fixe* $\mathcal{D}$ *ne contenant pas* F, *conservent un rapport constant* $e\ (\neq 0)$, donnant sans cesse ainsi

(1) $$\frac{FM}{QM} = e.$$

Le point F, la droite $\mathcal{D}$, le nombre e sont le *foyer* de la ligne (**750**, *inf.*), sa *directrice*, son *excentricité* (**728**, **737**, *inf.*); la distance FM d'un point quelconque de la ligne au foyer, est le *rayon vecteur* de M. Nous nommerons encore *module* de la ligne, la distance $m = F\mathcal{D}$ du foyer à la directrice, que nous supposons expressément n'être pas nulle.

Avec les cercles (et des paires de droites exceptionnellement), ces lignes composent la classe extrêmement importante des *sections coniques*, des *coniques* plus brièvement, savoir des seules sections planes possibles d'un cône (ou cylindre) circulaire (660, IV), (748, *inf.*); nous leur conserverons ici ce nom, bien qu'il embrasse le cercle, à exclure momentanément, parce qu'il est dépourvu de directrice.

718. Nous commençons par un lemme indispensable.

Le lieu Λ des points dont le rapport des distances à deux points fixes R, S *offre une valeur constante* $r:s$, *sépare sur le plan deux régions continues* [R], [S] *qui contiennent ces points* R, S *respectivement, et dans la première desquelles, ou dans la seconde, se trouve un point quelconque* m, *selon qu'il donne*

(2) $$\frac{Rm}{Sm} \genfrac{}{}{0pt}{}{<}{>} \frac{r}{s}.$$

I. En supposant $r < s$, le lieu Λ est le cercle qui a pour diamètre la distance M_1M_2 (*fig.* 145) des points divisant RS dans le rapport $r:s$ (**555**), et les régions [R], [S] sont constituées par son intérieur et son extérieur respectivement (**500**). Comme son centre O divise extérieurement RS dans le rapport $r^2:s^2$, on a, pour un point m donnant lieu à la première inégalité (2),

$$s^2.\overline{Rm}^2 < r^2.\overline{Sm}^2,$$

$$r^2.\overline{Sm}^2 - s^2.\overline{Rm}^2 = r^2.\overline{SO}^2 - s^2.\overline{RO}^2 - (s^2 - r^2)\overline{Om}^2 \quad (\mathbf{553, II}),$$

d'où

$$\overline{Om}^2 = \frac{r^2.\overline{SO}^2 - s^2.\overline{RO}^2}{s^2 - r^2} - \frac{r^2.\overline{Sm}^2 - S^2.\overline{Rm}^2}{s^2 - r^2} < \frac{r^2.\overline{SO}^2 - s^2.\overline{RO}^2}{s^2 - r^2}.$$

Le point m est donc dans l'intérieur [R] de ce cercle, puisque le dernier membre de la relation précédente est précisément le carré de son rayon (**555**). Raisonnement tout semblable, s'il s'agit de la seconde inégalité (2).

II. Quand $r = s$, le lieu Λ est la perpendiculaire au segment RS en son milieu, et les régions [R], [S] sont les demi-plans ΛR, ΛS; car en appelant ω le pied de la perpendiculaire abaissée de m sur RS, on a $\overline{Rm}^2 - \overline{Sm}^2 = \overline{R\omega}^2 - \overline{S\omega}^2$ (**254**), et le fait en question s'aperçoit plus facilement encore.

719. *Une conique est rencontrée par une droite quelconque en des points (distincts) dont le nombre est égal ou inférieur à* 2; *elle est donc une ligne courbe.*

I. Si la sécante $\mathcal{G}$ (*fig.* 203) coupe la directrice en quelque point J, et si Q_1M_1 est la distance à la directrice, de quelqu'un de ses points appartenant aussi à la ligne, le triangle rectangle JQ_1M_1 donnera $Q_1M_1 = JM_1.\sin J$, et la relation de définition (1) conduira à $FM_1 = e\sin J.JM_1$, d'où la situation de M_1 sur le lieu Λ des points dont le rapport des distances aux points F, J

INTERSECTIONS D'UNE CONIQUE ET D'UNE DROITE.

est $e\sin J$ (555), et la possibilité de le trouver, en coupant la sécante par la ligne Λ. Ce lieu étant une circonférence, ou bien une droite évidemment non identique à la sécante, le nombre des points où il rencontre cette dernière ne peut être que 2, 1, 0, au gré de circonstances restant à discuter.

II. Si, parallèle à la directrice (*fig.* 204), la sécante en est séparée par une distance l, la même relation (1) donnera $FM_1 = e \cdot Q_1M_1 = el$; on obtiendra les intersections cherchées, en coupant la sécante par une circonférence de centre F, de rayon el, qui représente ici le lieu Λ, et la même conclusion s'imposera.

III. On remarquera qu'*une droite coupe toujours la conique, quand elle contient quelque point i dont les distances* Fi, qi *au foyer et à la directrice donnent* $Fi : qi < e$.

Si la sécante rencontre la directrice en J (*fig.* 203), (I), on a aussi bien $Fi : Ji < e\sin J$, et quand $e\sin J$ est ≤ 1, Λ est un cercle auquel un certain point de la sécante est toujours intérieur, savoir i dans le premier cas, J dans le second (718), (500). Quand $e\sin J = 1$, Λ est une perpendiculaire sur FJ, et la sécante ne peut l'être puisque alors on aurait $Fi : Ji > 1$, inégalité contraire aux hypothèses $Fi : Ji < e\sin J$, $e\sin J = 1$.

Si la sécante est parallèle à la directrice (II), son point i (*fig.* 204) est toujours intérieur au cercle Λ, de centre F, de rayon el, puisqu'on a par hypothèse $Fi < el$.

Cette remarque conduit à une distinction fort importante entre les points étrangers à la conique, dont le rapport des distances au foyer et à la directrice est inférieur à l'excentricité, ou la surpasse : les premiers sont dits *intérieurs* à la courbe, les autres lui sont *extérieurs* (*Cf.* 500).

D'après cela, *le foyer est intérieur, et tous les points de la directrice sont extérieurs*.

IV. Une particularité intéressante encore, est celle où le lieu Λ est un cercle tangent à la sécante, où, par suite, les traces de celle-ci sur la conique consistent en un point unique M doublé par lui-même.

Tous les points d'une pareille sécante, sauf M, *sont extérieurs à la conique*, car autrement le fait en question ne se produirait pas (III).

Quand il en est ainsi dans le cas I, et comme F est le conjugué harmonique de J par rapport aux traces du cercle Λ sur son diamètre FJ (529), la droite FM est la polaire de J dans ce cercle (515), (531), *perpendiculaire par suite à* FJ. Les choses se passent de la même manière dans le cas II, où M est visiblement un sommet de l'axe focal (720, II, *inf.*), (*Cf.* 721, *inf.*).

720. Deux observations s'ajouteront utilement à ce théorème.

I. Dans l'immense majorité des cas, une courbe ne peut être

tracée au moyen d'un instrument facile à manier, comme la règle pour les droites, le compas pour les cercles. On est alors réduit à la *construire par points*, c'est-à-dire à en chercher individuellement des points assez nombreux et rapprochés, pour qu'en les réunissant par un trait continu et régulier, on obtienne l'arc dont on a besoin, sans laisser place à une erreur nuisible. Quand il s'agit d'une courbe plane, le procédé courant consiste à la couper par des lignes *auxiliaires* tracées dans son plan, dont les intersections avec elle soient faciles à déterminer, des droites presque toujours, des cercles très fréquemment encore.

Pour une conique, les considérations précédentes (**719**) montrent qu'on peut employer des droites comme lignes auxiliaires, et qu'il est commode de les prendre parallèles entre elles (par exemple perpendiculaires à la directrice), afin de rendre constant le rapport e sin J. Le mode le plus avantageux consiste à les choisir parallèles à la directrice; pour donner le même centre F à tous les cercles de rayons el, par lesquels il faut les recouper. *La directrice ne rencontre jamais la courbe ;* pour elle, on a effectivement $l = 0$, et le cercle de rayon el dégénère en un simple point F qui lui est étranger.

II. *La perpendiculaire* F∂ *abaissée du foyer sur la directrice est un axe de symétrie de la courbe, qui la coupe en 2 points ou 1 seulement, suivant que e est $\neq 1$ ou $= 1$.*

Le premier fait résulte en particulier de la symétrie constante par rapport à cette perpendiculaire, des deux points M_1, M_2 (*fig.* 204) fournis sur chaque sécante parallèle à la directrice, par le dernier des procédés mentionnés ci-dessus (**501**).

Cet axe passant ainsi par le foyer, est dit *focal*, pour le distinguer d'un autre existant encore dans la plupart des cas (**728, 737,** *inf*.).

La courbe possède évidemment sur son axe focal, les deux points ou le seul, divisant son module F∂ dans le rapport e (**133**). Chacun est un *sommet*, cette dénomination s'appliquant à tout point ordinaire d'une courbe ou d'une surface, qui se trouve sur un axe de symétrie (**474,** IV). L'un d'eux A intérieur au module F∂, existe toujours, et nous le dirons *connexe* au foyer F, à la directrice $\mathcal{D}$. L'autre, extérieur, disparaît quand $e = 1$ (**744,** II, *inf*.).

721. *Une conique n'a aucun point singulier* (nous ne pouvons le constater ici), *et sa tangente en M, qui est parallèle à la directrice s'il s'agit d'un sommet de l'axe focal* (**474,** IV), (**720,** II), *la coupe dans tout autre cas, au point T tracé sur elle par la perpendiculaire élevée en F sur le rayon vecteur FM.*

La droite $m'm''$ (*fig.* 205) qui joint deux points m', m'' infiniment voisins d'un point fixe M de la courbe, étranger à l'axe focal, finit par couper sans cesse la directrice en quelque point t; car si elle revenait toujours à une position parallèle, m', m'' reviendraient à une symétrie réciproque relativement à l'axe (720, II), à se trouver de part et d'autre de lui en particulier, ce qui est impossible. En outre, ces points m', m'' infiniment voisins de M qui ne peut appartenir à la directrice (*Ibid.* I), finissent par rester tous deux du côté de cette droite où M se trouve, ce qui place le point t toujours à l'extérieur du segment $m'm''$.

Si maintenant, q', q'' sont les pieds des distances des mêmes points à la directrice, les égalités $Fm' = e.q'm'$, $Fm'' = e.q''m''$, l'équiangularité évidente des triangles $m'tq'$, $m''tq''$ conduisent aux proportions $Fm' : Fm'' = q'm' : q''m''$, $q'm' : q''m'' = tm' : tm''$, et celles-ci à $Fm' : Fm'' = tm' : tm''$, montrant (**557**) que la droite Ft est sans cesse la bissectrice extérieure de l'angle $m'Fm''$. Comme la trace m de la bissectrice intérieure du même angle sur la sécante mobile, est intérieure au segment $m'm''$, elle a aussi la position-limite M commune à ses extrémités, et, comme l'angle mFt est toujours droit (**264**), la position-limite de la droite Ft est la perpendiculaire élevée en F sur FM, celle de sa trace t sur la directrice est la trace T de cette perpendiculaire. La sécante mobile, guidée par les points m, t ayant M, T pour positions-limites, possède donc au même titre la droite MT joignant ces dernières (**446**, II).

Cette propriété des tangentes les confond avec les droites qui rencontrent la courbe en deux points confondus (**719**, IV), montrant ainsi, que, sur chacune, tous les points sont extérieurs à la conique, à l'exception de celui de contact.

722. *Le nombre des tangentes à la courbe, qui passent par tout point donné* I, *peut être égal à* 2, *jamais supérieur.*

I. En supposant I étranger à la directrice, soient M_1, T_1 (*fig.* 206) le point de contact, la trace sur la directrice, de quelque tangente issue de I et la coupant, puis H, Q_1 les pieds des distances de I, M_1 à la directrice, FM_1 le rayon vecteur de M_1, perpendiculaire à FT_1 (**721**), et K_1 le pied de la distance de I à FT_1. Les points I, M_1 étant en ligne droite avec T_1, on a

$$\frac{IK_1}{IH} = \frac{M_1F}{M_1Q_1} = e \qquad (260),$$

d'où $IK_1 = e.IH$. Toute trace T_1 sera donc celle aussi sur la directrice, d'une tangente menée de F à la circonférence Θ décrite de I comme centre avec $e.IH$ pour rayon ; la tangente correspondante est IT_1, ayant pour point de contact son intersection M_1 par la perpendiculaire élevée en F sur FT_1.

L'existence de cette tangente exige d'abord que *le point donné* I *soit extérieur à la courbe* (**719**, III), afin que, l'inégalité FI $>$ $e.$HI rayon du cercle auxiliaire Θ, rende F extérieur à celui-ci

(513). Il suffit ensuite que la perpendiculaire FM_1 ne soit pas parallèle à la tangente présumée IT_1 (**726, 735, 744**, *inf.*).

Quand FK_1, tangente au cercle auxiliaire, est parallèle à la directrice, il en est de même pour IM_1, tangente correspondante à la conique, et M_1 est un sommet de l'axe focal. Sauf cette particularité, rien n'est changé aux choses.

II. Quand I appartient à la directrice, les points de contact des tangentes issues de lui s'obtiennent évidemment en coupant la conique par la perpendiculaire élevée en F sur FI, et, comme ci-dessus (I) le problème ne peut avoir plus de deux solutions (**719**); ces deux solutions existent même toujours, parce que F est un point intérieur (*Ibid.* III).

723. *Parallèlement à toute droite donnée* $\mathfrak{J}$, *on ne peut mener à la courbe plus de deux tangentes.*

I. Si la droite $\mathfrak{J}$ n'est pas parallèle à la directrice, soient encore M_1T_1 (*fig.* 207) une tangente répondant à la question, FM_1 et Q_1M_1 le rayon vecteur du point de contact M_1 et sa distance à la directrice, le premier perpendiculaire sur FT_1, puis I′ un point autre que F, pris arbitrairement sur la parallèle menée par F à $\mathfrak{J}$ ainsi qu'à la tangente, K'_1 le pied de la distance de I′ à FT_1, et H′ celui de la distance du même point à une parallèle à la directrice, menée par F.

L'homothétie évidente des figures $FI'K'_1H'$, $T_1M_1FQ_1$ (**396**) donne immédiatement $I'K'_1 : I'H' = M_1F : M_1Q_1 = e$, d'où $I'K'_1 = e \cdot I'H'$, et la trace T_1 est celle aussi de quelque tangente menée de F à une circonférence Θ' de centre I′, de rayon $I'K'_1 = e \cdot H'I'$. La tangente correspondante est la parallèle menée par T_1 à $\mathfrak{J}$, coupée en son point de contact M_1 (s'il y a lieu) par la perpendiculaire élevée en F sur FT_1 (**726, 735, 744**, *inf.*).

II. Si la droite $\mathfrak{J}$ est parallèle à la directrice, les deux sommets ou le seul que la courbe possède sur son axe focal (**720,** II) sont les points de contact des tangentes cherchées. Il n'en existe aucun autre, puisqu'en tout point étranger à l'axe la tangente rencontre la directrice (**721**), et, comme ci-dessus (I), le nombre des solutions est ≤ 2.

724. Une ligne, une surface, est dite *algébrique*, quand il est possible de la considérer comme lieu d'un point dont les positions donnent satisfaction à des *relations purement algébriques entre leurs distances variables à des droites, plans (points),* tous fixes (et des quantités constantes de natures quelconques). Elle est *transcendante*, quand c'est impossible.

Les figures algébriques composent une famille immense dont l'importance est capitale ; parmi elles se trouvent toutes celles que nous avons étudiées jusqu'ici : la droite et le plan (**257** *et suiv.*), le cercle (**497**), (**505**), la sphère (**632**), (**636**), les cylindres et cônes circulaires (**660,** IV), évidemment encore (**748** II, *inf.*).

Pour chacune, on démontre l'existence de deux entiers caractéristiques

ORDRE, CLASSE DES CONIQUES. — SIMILITUDE. 405

dits ; I, son *ordre*, II, sa *classe*, qu'atteignent très fréquemment sans pouvoir s'élever au-dessus :

I. Le nombre des points où elle est rencontrée : 1°, s'il s'agit d'une ligne, par un plan n'en contenant pas toute une région (par une droite n'en faisant pas partie, quand elle est plane); 2°, s'il s'agit d'une surface, par une droite n'y ayant pas tous ses points ;

II. Le nombre des plans tangents pouvant lui être menés par une droite n'y ayant pas tous ses points, ou parallèlement à un plan quelconque (par un point étranger ou parallèlement à une droite, s'il s'agit d'une ligne plane).

Par exemple, l'ordre est $=1$ pour les droites (**18,** IV) et les plans (**21,** VIII); $=2$ pour les cercles (**499**), les sphères (**633**), les cylindres et cônes circulaires, évidemment aussi. La classe est $=1$ (à la rigueur) pour les droites, plans et pour un point unique envisagé comme un lieu ; $=2$ pour une paire de points distincts et pour les figures courbes d'ordre 2 mentionnées à l'instant. (**513**), (**517**), (**642**), (**643**), (**483**), (**494**).

Les *coniques*, *lieux évidemment algébriques*, *sont donc*, *comme le cercle*, *d'ordre* 2 (**719**), *et de classe* 2 (**722**), (**723**).

725. *Deux coniques sont semblables ou non, selon que leurs excentricités sont égales ou inégales.*

La similitude ne peut exister quand les excentricités sont inégales, car toute figure semblable à l'une d'elles est évidemment une conique aussi, de même excentricité. Mais elle est assurée par l'égalité de ces nombres, en vertu du théorème général du n° **408** et du fait évident que les courbes sont superposables quand, en outre, leurs modules sont égaux ; leur rapport de similitude est celui des modules, évidemment. (Le lecteur constatera bien facilement qu'en plaçant les coniques de manière que leurs foyers et axes focaux coïncident, on les rend homothétiques par rapport au foyer commun, cela directement ou inversement, selon que le point est extérieur ou intérieur à la bande limitée par leurs directrices.)

Dans leurs *formes*, les coniques ne dépendent donc que des valeurs de leurs excentricités, et on a été conduit à en faire trois genres très naturels, que nous allons étudier séparément : l'*ellipse*, où $e < 1$; l'*hyperbole*, où $e > 1$; et la *parabole*, où $e = 1$.

Ellipse $(e < 1)$.

726. Quand il s'agit d'une ellipse (**725**), plusieurs particularités s'aperçoivent immédiatement

I. *Le lieu* Λ *du n°* **719** *est toujours un cercle auquel le foyer* F *est intérieur, le point* J *extérieur.*

Si la sécante $\mathcal{G}$ rencontre la directrice, le rapport $e \sin J$ à considérer, est effectivement < 1, à cause de $e < 1$, $\sin J < 1$ (**240**), (**718**). Si elle lui est parallèle, le fait est évident.

II. *À toute corde et à l'ellipse simultanément, un point pris sur la droite de la première est intérieur ou extérieur.*

Car le rapport $e \sin J$ étant toujours <1 (I), le point considéré est intérieur au cercle Λ dans le premier cas, extérieur dans le second (**522**), (**718**), (**719**, III).

III. *Outre son sommet permanent* A *connexe au foyer* (**720**, II), *l'ellipse en possède sur son axe focal un second* A′ (*fig.* 208), *limitant avec le premier, un segment auquel* F *est intérieur,* ∂ *extérieur, et tous les points de la courbe sont situés dans la bande limitée par les tangentes en* A *et* A′.

Car e étant <1, le module F∂ peut être divisé dans ce rapport, non seulement en A intérieurement, mais extérieurement en A′, et comme FA′ $= e.\partial$A′ est $<\partial$A′, les directions FA′, F∂ sont opposées, alors que FA, F∂ sont identiques ; FA, FA′ sont donc opposées, et F est intérieur au segment AA′, ∂ évidemment extérieur.

Pour qu'une sécante parallèle à la directrice rencontre la courbe en M, N, il faut (II) et il suffit (**719**, III) que son pied P sur l'axe focal, milieu de MN (**720**, II), soit intérieur à la courbe puisqu'il l'est à cette corde, c'est-à-dire que FP : ∂P $< e$, ou bien (**718**), et toujours à cause de $e < 1$, que P appartenant à la sécante F∂ soit intérieur au lieu des points dont le rapport des distances à F, ∂ est $= e$ (**719**), et par suite au segment AA′ diamètre de ce cercle (**555**).

La corde AA′ *est ainsi la plus grande de toutes,* puisque, sur elle, la projection orthogonale d'une autre quelconque n'en couvre jamais qu'une partie (*Cf.* **728**, III, *inf.*).

IV. *Les deux tangentes à l'ellipse issues d'un point extérieur* I (**722**) *existent toujours, ainsi que leurs points de contact* M_1, M_2, *et tous les points de la courbe sont à l'intérieur de l'angle saillant* $M_1 I M_2$.

1° La longueur $e.$IH (*fig.* 206) est $<$ IF parce que I est extérieur à la conique, et $<$ IH parce que e est < 1 pour une ellipse ; comme elle est le rayon IK_1 du cercle auxiliaire Θ du numéro cité, ce cercle laisse le foyer à son extérieur et ne rencontre pas la directrice. Il en résulte que les tangentes issues de F à ce même cercle existent distinctes, que le point de contact K_1 d'une quelconque est étranger à la directrice, que, par suite, le rayon IK_1 ne peut se confondre avec la droite menée de I, soit à la trace T_1 de la tangente présumée sur la directrice, soit parallèlement à cette tangente si celle-ci ne rencontre pas la directrice, qu'en conséquence, cette droite menée ainsi par I est bien une tangente à l'ellipse, puisqu'elle est rencontrée en quelque point M_1 par la perpendiculaire en F sur FK_1 (**721**).

2° Soient $M_1 M_2$ (*fig.* 208) le segment limité par les points de contact des tangentes considérées, et i un point à lui intérieur, quelconque ; comme i est intérieur à l'ellipse aussi (I), la demi-droite

Ii, intérieure à l'angle saillant M_1IM_2, rencontre la courbe en quelque point m. Mais aucun point n de celle-ci ne peut être extérieur à cet angle, car mn serait une corde de l'ellipse que l'un des côtés de l'angle rencontrerait certainement en quelque point i intérieur à ce segment, à la courbe par suite, et ceci est impossible puisque i est situé sur une tangente (**721**).

V. *Les deux tangentes à l'ellipse parallèles à toute droite* $\mathfrak{I}$ (**723**) *existent toujours, ainsi que leurs points de contact* M_1, M_2, *et tous les points de la courbe sont à l'intérieur de la bande* $M_1\mathfrak{I}M_2$ *dont les côtés sont issus de ces points parallèlement à* $\mathfrak{I}$.

Raisonnement identique fondé sur ce que le cercle Θ' du numéro cité ne peut avoir le foyer F à son intérieur, ni rencontrer la droite FH′ parallèle à la directrice.

VI. De chacun des alinéas IV, V, il résulte immédiatement que *l'ellipse est une courbe limitée*. Par exemple, elle n'a aucun point extérieur à tout parallélogramme circonscrit, et elle en possède toujours (deux) sur toute parallèle à un côté, menée par un point intérieur, … On pourrait en conclure encore la continuité de la courbe, mais cette propriété est une conséquence bien plus visible de la relation (1) ci-après.

727. *En appelant* MP (*fig.* 209) *la distance d'un point quelconque* M *de l'ellipse à son axe focal, et* PA, PA′ *celles aux sommets* A, A′ *situés sur cet axe, de son pied* P *toujours intérieur au segment* AA′ (**726**, III), *on a sans cesse*

(1) $$\overline{MP}^2 = (1-e^2)PA \cdot PA'.$$

Réciproquement, si P *est intérieur à* AA′, *et si cette relation a lieu, le point* M *appartient à l'ellipse*.

La substitution de $\overline{FP}^2 + \overline{MP}^2$ à $\overline{FM}^2$, dans la relation fondamentale (1) du n° **717**, élevée au carré, conduit immédiatement à

$$\overline{MP}^2 = e^2 \cdot \overline{QM}^2 - \overline{FP}^2 = e^2 \cdot \overline{\partial P}^2 - \overline{FP}^2 = (e \cdot \partial P + FP)(e \cdot \partial P - FP).$$

Or, d'après le n° **137**, le premier facteur est égal au produit obtenu en multipliant par $1+e$ la distance de P au point divisant intérieurement le segment ∂F dans le rapport $1 : e$, c'est-à-dire à $(1+e)$ PA, et le second, pour lequel la division du même segment dans le même rapport doit être faite extérieurement, est égal à $(1-e)$ PA′. L'égalité précédente devient donc

$$\overline{MP}^2 = (1+e)PA \cdot (1-e)PA' = (1-e^2)PA \cdot PA',$$

c'est-à-dire la relation (1).

Pour établir la réciproque, il n'y a, évidemment, qu'à revenir à la relation fondamentale $FM = e \cdot QM$ par des transformations inverses.

728. Cette nouvelle propriété de l'ellipse a des conséquences importantes.

I. *La courbe admet pour second axe de symétrie, la perpendiculaire élevée sur l'axe focal en O, milieu du segment AA' limité par les sommets de l'axe focal, et pour centre de symétrie, ce même point O par suite* **(425)**.

Car, si M', M'P' désignent le symétrique d'un point quelconque M de l'ellipse par rapport à ce second axe et sa distance au premier, on a M'P' = MP, OP' = OP, d'où P'A = PA', P'A' = PA, puis $\overline{M'P'}^2 = (1-e^2)$ P'A'.P'A, et ce point M' appartient aussi à la courbe **(727)**.

II. *Les symétriques* F', $\mathfrak{D}'$ *par rapport à ce second axe, au centre O tout aussi bien, du foyer* F *et de la directrice* $\mathfrak{D}$, *placés comme ceux-ci, l'un sur l'axe focal, l'autre perpendiculairement, sont un second assemblage d'un foyer et d'une directrice connexes, relativement auxquels la courbe a la même excentricité* e *et le même module* m.

On a évidemment F'$\mathfrak{D}'$ = F$\mathfrak{D}$ = m.

Si ensuite, F'M, $\mathfrak{D}'$M sont les distances de F', $\mathfrak{D}'$ à un point quelconque M de la courbe, et si M', FM', $\mathfrak{D}$M' sont le symétrique de M par rapport au second axe, ses distances à F, $\mathfrak{D}$, on a F'M = FM', $\mathfrak{D}'$M = $\mathfrak{D}$M', d'où F'M : $\mathfrak{D}'$M = FM' : $\mathfrak{D}$M' = e, puisque M' appartient aussi à l'ellipse (I).

III. *Le second axe coupe l'ellipse en deux nouveaux sommets* B, B' **(720, II)** *dont les distances* OB = OB' *au premier surpassent celles de tous les autres points*.

On a effectivement PA = OA ∓ OP, PA' = OA' ± OP = OA ± OP, et la relation (1) devient

$$(2) \qquad \overline{MP}^2 = (1-e^2)(\overline{OA}^2 - \overline{OP}^2),$$

montrant que la plus grande valeur possible de MP est OB = OB' = $\sqrt{1-e^2}$ OA, atteinte quand P se place en O.

Comme à cause de $1-e^2 < 1$, OA est > OB, et la même inégalité existe entre les doubles de ces longueurs, AA', BB', segments qu'en conséquence on nomme le *grand axe* et le *petit axe* de l'ellipse, et que l'on représente habituellement par les notations $2a$, $2b$.

IV. *Entre le module* m = F$\mathfrak{D}$ *de l'ellipse, son excentricité* e, *ses demi-axes* a = OA = OA', b = OB = OB', *et la distance commune* c = OF = OF' *de ses foyers au centre O, on a les relations*

$$(3) \qquad a = \frac{c}{1-e^2} m, \qquad c = \frac{e^2}{1-e^2} m = ea,$$

$$(4) \qquad b = \sqrt{1-e^2}\, a = \sqrt{a^2 - c^2} = \frac{c}{\sqrt{1-e^2}} m.$$

Pour obtenir les deux premières formules, il faut faire la demi-somme, ensuite la demi-différence, des distances à F, $em:(1+e)$, $em:(1-e)$, des points A, A′ divisant F𝜕 = m dans le rapport e, intérieurement et extérieurement.

La longueur c étant celle dont chaque foyer est éloigné du centre, le nombre $e = c:a$ (3) se présente comme le rapport de cet écartement à la plus grande distance du centre aux points de l'ellipse, d'où son nom d'excentricité.

En vertu de l'égalité (4), a, b, c sont l'hypoténuse et les côtés d'un même triangle rectangle, d'où la construction immédiate de l'un de ces segments, dès que les deux autres sont connus.

V. *Le pied* R *de la distance d'un point quelconque* M *de l'ellipse à son axe non focal, est intérieur au segment* BB′ (**726**, V) *et l'on a la relation*

(5) $\qquad \overline{MR}^2 = \left(\dfrac{a^2}{b^2}\right) RB \cdot RB'$ \qquad (*Cf.* **727**).

En posant, pour abréger, $OP = MR = x$, $MP = OR = y$, l'équation (2) s'écrit

$$y^2 = \dfrac{b^2}{a^2}(a^2 - x^2),$$

ou bien

$$b^2 x^2 + a^2 y^2 = a^2 b^2,$$

car $OA = a$, et la formule (4) donne $1 - e^2 = b^2 : a^2$. Or, de cette dernière, on tire immédiatement

$$\dfrac{x^2}{b^2 - y^2} = \dfrac{x^2}{(b+y)(b-y)} = \dfrac{a^2}{b^2}$$

c'est-à-dire l'égalité constante (5), à cause de

$MR = x$, $RB = OB \mp OR = b \mp y$, $RB' = OB' \pm OR = b \pm y$.

729. *La somme* $FM + F'M$ (*fig.* 209) *des rayons vecteurs allant des deux foyers à un même point quelconque* M *de l'ellipse, conserve une valeur constante égale au grand axe* $2a$.

Les directions A𝜕, AA′ sont opposées, parce que A intérieurement, A′ extérieurement, divisent le module F𝜕 dans le même rapport $e < 1$; pour une cause identique (**728**, II), A′𝜕′ est opposée à A′A, identique par suite à AA′ qui l'est ainsi à A𝜕′; A, puis A′ semblablement, sont donc intérieurs à 𝜕𝜕′, d'où, pour la bande limitée par les tangentes en A, A′, la propriété d'être intérieure à celle 𝒟𝒟′ comprise entre les directrices. Le point M, toujours intérieur à la première (**726**, III), l'est donc à la seconde, et l'on a $QM + Q'M = QQ'$. Maintenant, les égalités $FM = e \cdot QM$, $F'M = e \cdot Q'M$ donnent immédiatement

$$FM + F'M = e(QM + Q'M) = e \cdot QQ' = e \cdot 𝜕𝜕' = \text{const.},$$

et cette constante est $=2a$, comme il est facile de s'en assurer par le calcul de OO', ou bien parce qu'en plaçant M en A, on a $FM + F'M = FA + F'A = FA + FA' = AA'$.

Il est à peu près évident, qu'*un point quelconque I est intérieur ou extérieur à l'ellipse, selon que* $FI + F'I$, *somme de ses distances aux foyers, est* $<2a$ *ou* $>2a$.

730. *La tangente en* M *(fig. 209) est la bissectrice des angles* FMF'_1, $F'MF_1$ *formés par chaque rayon vecteur et le prolongement de l'autre.*

Si M n'est pas un sommet de l'axe focal, soient T, T' les traces de la tangente sur les directrices. Les triangles MQT, MQ'T' évidemment équiangles donnent $TM : T'M = QM : Q'M = e . QM : e . Q'M = FM : F'M$, et cette proportionalité de TM, FM à T'M, F'M rend équiangles les triangles MFT, MF'T' rectangles en F, F' (**721**). On a donc angle $TMF =$ angle $T'MF' =$ angle TMF'_1, les directions MT, MT' étant d'ailleurs opposées puisque M est intérieur à la bande OO' (**729**).

731. Ces dernières propriétés de l'ellipse conduisent, pour quelques problèmes, à de nouvelles solutions que nous indiquerons sommairement.

I. *Construire une ellipse par points* (**720**, I), *connaissant en positions et en grandeurs, ses deux axes* $AA' = 2a$, $BB' = 2b(<2a)$.

Le centre O est l'intersection des perpendiculaires AA', BB'.

Comme entre $OA = a$, $OB = b$, $OF = OF' = c$, la relation (4) donne $c^2 = a^2 - b^2$, c est le second côté de l'angle droit dans un triangle rectangle dont l'autre est b, avec a pour hypoténuse. On trouvera donc F, F', en coupant la droite AA' du grand axe par une circonférence ayant a pour rayon, et l'un des points B, B' pour centre.

On obtiendra autant de points de l'ellipse qu'on le voudra, en coupant l'un par l'autre, deux cercles décrits de F, F' comme centre, dont les rayons sont, l'un arbitraire, l'autre égal à l'excès de $2a$ sur celui-ci (**729**).

Théoriquement, on décrira l'ellipse *d'un mouvement continu*, par la pointe d'un instrument traceur, bridée et dirigée dans son mouvement par un fil flexible de longueur $2a$, dont les extrémités sont fixées aux foyers ; mais ce procédé n'a quelque valeur pratique que quand les données sont très grandes par rapport aux dimensions des instruments, quand il s'agit par exemple, d'un tracé sur le terrain.

La seconde des formules (3) donne $e = c : a = \sqrt{a^2 - b^2} : a$. Pour la distance $d = OO = OO'$ des directrices au centre, on a $d = c + m$; d'où, par la même formule, $d = m : (1 - e^2)$, puis, par la première, $d = a : e$, et, par la seconde encore, $cd = a^2$. On obtient donc d par une troisième proportionnelle à c, a.

SOLUTIONS SPÉCIALES DE PROBLÈMES SUR L'ELLIPSE. 411

II. Dans ce qui va suivre, le premier rôle est joué par le cercle décrit d'un foyer comme centre avec $2a$ pour rayon, et nommé le cercle *directeur* de ce foyer. L'autre foyer lui est toujours intérieur, à cause de $2c < 2a$.

Le cercle [M] (fig. 210) *ayant pour centre tout point* M *de l'ellipse et passant par un foyer* F, *est tangent intérieurement au cercle directeur* [F'] *de l'autre foyer, en un point* F *qui est le symétrique de* F *par rapport à la tangente en* M.

D'après l'égalité $FM + F'M = 2a$ ou $F'M = 2a - FM$ (729), la distance $F'M$ des centres des deux cercles est égale à la différence de leurs rayons, et ils ont un contact intérieur F rendant le segment MF égal à MF, opposé à MF' (578, III).

Le triangle FMF ainsi isocèle, a pour axe de symétrie la bissectrice $M\varphi$ de son angle en M (238); or celle-ci est précisément la tangente à l'ellipse au même point (730).

Le segment MF est la plus petite des normales menées de M au cercle directeur, parce qu'il n'en contient pas le centre F' (534); *l'ellipse peut donc être considérée encore, comme le lieu des points* M *équidistants d'un cercle* [F'] *et d'un point* F *qui lui est intérieur.*

III. *Construire les intersections de l'ellipse et d'une droite donnée* $\mathcal{G}$.

Ces intersections étant les centres de cercles passant par F et tangents au cercle directeur [F'] (II), on les obtiendra en cherchant les centres de pareils cercles, qui sont situés sur la sécante donnée; c'est-à-dire évidemment, ceux de cercles passant par F, par son symétrique Φ relativement à la sécante, et tangents au cercle [F'] (501).

A cet effet, on considérera un cercle [Γ] issu arbitrairement de F, Φ, et on prendra l'intersection J de $F\Phi$ corde commune à [Γ] et à [M] l'un des cercles inconnus, par l'axe radical de [Γ] et de [F'] (579). Ce point J, centre radical des cercles [Γ], [M], [F'] (586), appartient à la tangente commune aux deux derniers en leur point de contact. On trouvera donc ce point de contact, en menant de J quelque tangente $J\mu$ à [F'] (513 *et suiv.*); M, centre de [M], sera la trace de $F'\mu$ sur la sécante $\mathcal{G}$. Il y a naturellement deux solutions, comme nous l'avons déjà vu au n° 719 (précisément, 2, une seule double, ou aucune, selon que Φ est intérieur, afférent ou extérieur au cercle directeur [F']).

IV. *Construire la tangente en un point donné* M (fig. 210). On prendra la bissectrice extérieure MT de l'angle FMF' (730).

V. *D'un point étranger* I, *mener une tangente.*

Soient IMT une tangente de cette sorte, et F le symétrique de F par rapport à elle, situé sur le cercle directeur [F'] (II). Comme on a $IF = IF$ évidemment, on obtiendra ce point F en coupant le cercle directeur par un autre ayant I pour centre et IF pour rayon. La tangente sera la perpendiculaire IT abaissée.

de I sur FF, et son point de contact M, la trace de F′F sur cette perpendiculaire.

VI. *Mener à l'ellipse une tangente de direction donnée* $\mathfrak{J}$: On obtiendra évidemment le symétrique F' de F par rapport à la tangente inconnue, en coupant le cercle directeur [F′] par une perpendiculaire abaissée de F sur une droite quelconque de direction $\mathfrak{J}$; on achèvera ensuite comme ci-dessus (V).

732. Une correspondance univoque (**395**), très simple et des plus intéressantes, conduit par voie indirecte, à de nouvelles solutions pour plusieurs problèmes sur l'ellipse.

I. Étant donnés deux nombres constants λ_1, λ_2 (tous deux non nuls), puis, dans un même plan, une droite $\mathfrak{H}$ dite *axe* (fig. 211), et une direction $\mathfrak{D}$, toutes deux fixes et non parallèles, la correspondance en question s'établit entre les points de deux figures $\mathcal{F}_1$, $\mathcal{F}_2$ situées dans ce plan, consistant en ceci: *le segment $M_1 M_2$ compris entre deux points homologues demeure parallèle à* $\mathfrak{D}$, *et l'axe* $\mathfrak{H}$ *le divise en* M_0 *dans le rapport* $\lambda_1 : \lambda_2$, *soit extérieurement toujours, correspondance positive, soit intérieurement, correspondance négative.*

Quand la correspondance est positive, avec $\lambda_1 = \lambda_2$, les points d'une figure se confondent tous avec leurs homologues; sinon, *les points de l'axe sont évidemment les seuls doubles* (**402**).

II. *A toute droite* $\mathfrak{M}_1$ *dans une figure, correspond dans l'autre une droite* $\mathfrak{M}_2$ *aussi, et, entre* $\mathfrak{M}_1$, $\mathfrak{M}_2$ *et l'axe* $\mathfrak{H}$, *il y a toujours à la fois, soit parallélisme, soit concours en un même point.*

Si l'on nomme effectivement M_1 un point quelconque de $\mathfrak{M}_1$, M_2 son homologue, M_0 la trace de la droite $M_1 M_2$ sur l'axe, et, si pour fixer les idées, on suppose la correspondance positive, avec $\lambda_1 > \lambda_2$, la proportion $M_0 M_1 : M_0 M_2 = \lambda_1 : \lambda_2$ donne, pour le segment $M_1 M_2 = M_0 M_1 - M_0 M_2$, l'autre proportion $M_1 M_2 : M_0 M_2 = (\lambda_1 - \lambda_2) : \lambda_2$ montrant la constance du rapport des distances du point mobile M_2 aux droites fixes $\mathfrak{M}_1$, $\mathfrak{H}$, mesurées parallèlement à $\mathfrak{D}$, dans des conditions topographiques rendant applicables les théorèmes des n^{os} **259** et suivants.

On voit immédiatement, que *les seules droites doubles sont l'axe* $\mathfrak{H}$, *lieu des points doubles, et les parallèles à la direction* $\mathfrak{D}$.

Tout ceci montrerait facilement, que *notre correspondance est la variété de l'homologie dans un même plan* (**585**), *où les droites doubles* (*sauf l'axe*) *sont toutes parallèles*; on peut nommer *rapport d'homologie de* $\mathcal{F}_1$ *à* $\mathcal{F}_2$, le nombre $\lambda_1 : \lambda_2$, et dire *double* la direction $\mathfrak{D}$. Cette variété devient la symétrie des figures par rapport à l'axe $\mathfrak{H}$, quand elle est négative, que l'on a $\lambda_1 : \lambda_2 = 1$, et que la direction double $\mathfrak{D}$ est perpendiculaire à l'axe (**413**).

III. De là, et dès que l'on possède l'axe $\mathfrak{H}$ et une seule paire A_1, A_2 de points homologues (non doubles), des tracés très simples pour les homologues $\mathcal{M}_2$, M_2 de toute droite $\mathcal{M}_1$, de tout point M_1, donnés dans une figure.

1° Quand $\mathcal{M}_1$ passe par A_1, parallèle à l'axe ou le rencontrant, en μ, on obtient $\mathcal{M}_2$ en menant par A_2 une droite parallèle à l'axe ou passant par μ (II).

2° Quand M_1 n'est pas sur la droite A_1A_2, on trouve M_2 en coupant l'homologue de A_1M_1 (1°) par une droite issue de M_1, parallèlement à la direction double $\mathcal{D}$, savoir celle de A_1A_2 évidemment.

3° Quand $\mathcal{M}_1$ ne contient pas A_1, on cherche l'homologue B_2 de l'un quelconque de ses points B_1 pris en dehors de A_1A_2 (2°), et, avec cette paire B_1B_2, on opère comme ci-dessus (1°) avec A_1, A_2.

4° Quand M_1 est sur A_1A_2, on coupe cette droite par l'homologue $\mathcal{M}_2$ d'une droite quelconque $\mathcal{M}_1$ menée par M_1 (3°).

IV. *Le rapport des longueurs de deux segments homologues* M_1N_1, M_2N_2 *est* $= 1$ *s'ils sont parallèles à l'axe, mais* $= \lambda_1 : \lambda_2$ *s'ils sont sur une même parallèle à la direction double.*

Dans le premier cas, ce sont des parallèles comprises entre les parallèles M_1M_2, N_1N_2. Dans le second, en nommant T la trace sur l'axe, de la droite $M_1N_1M_2N_2$, et en supposant $TM_1 < TN_1$, par exemple, les proportions $TM_1 : TM_2 = \lambda_1 : \lambda_2 = TN_1 : TN_2$ donnent aussi $(TN_1 - TM_1) : (TN_2 - TM_2) = \lambda_1 : \lambda_2$, c'est-à-dire $M_1N_1 : M_2N_2 = \lambda_1 : \lambda_2$.

V. *Quand, dans une figure, deux segments* M_1N_1, P_1Q_1 *sont parallèles, leurs homologues* M_2N_2, P_2Q_2 *le sont aussi entre eux de la même manière, et, relativement aux longueurs, dans le même rapport numérique.*

Si les droites M_2N_2, P_2Q_2 se rencontraient en quelque point R_2, leurs homologues M_1N_1, P_1Q_1 se couperaient en l'homologue R_1 de R_2, au lieu d'être parallèles.

Soient M_0, N_0, P_0, Q_0, les traces sur l'axe, des droites doubles M_1M_2... Entre les segments M_1N_1, P_1Q_1, la relation des directions et le rapport des longueurs sont les mêmes qu'entre leurs projections M_0N_0, P_0Q_0 (**145**) faites sur $\mathcal{H}$ parallèlement à $\mathcal{D}$, et semblablement pour celles-ci comparées à M_2N_2, P_2Q_2, ce qui achève évidemment notre démonstration.

VI. *Entre* $\mathcal{F}_1$, $\mathcal{F}_2$, *il y a homotaxie ou antitaxie* (**218**), *selon que leur homologie est positive ou négative.*

Evident pour deux angles ayant un côté commun sur l'axe d'homologie, le fait en question s'étend immédiatement et successivement : à deux triangles ayant un côté commun sur l'axe (**217**), à deux angles dont les côtés homologues se coupent sur l'axe, à deux triangles quelconques, puis à deux figures de toute autre nature.

VII. *Deux aires planes polygonales homologues sont entre elles dans le rapport d'homologie* $\lambda_1 : \lambda_2$.

414   PREMIÈRES NOTIONS SUR LES CONIQUES.

S'il s'agit de deux triangles $A_1B_1C_1$, $A_2B_2C_2$ ayant leurs côtés A_1B_1, A_2B_2 parallèles à l'axe et leurs autres A_1C_1, A_2C_2 sur une parallèle à la direction double, leurs angles en A_1, A_2 sont égaux à des angles jumeaux (**182**), et l'on a (**304**)

$$\overline{A_1B_1C_1} : \overline{A_2B_2C_2} = (A_1B_1 . A_1C_1) : (A_2B_2 . AC_2) = \lambda_1 : \lambda_2,$$

à cause de $A_1B_1 = A_2B_2$, $A_1C_1 : A_2C_2 = \lambda_1 : \lambda_2$ (IV).

Pour deux aires homologues quelconques, on raisonnera comme au n° **399**, après avoir remarqué qu'elles sont divisibles, additivement ou soustractivement, en triangles de ce genre, semblablement placés dans l'une et dans l'autre (VI).

VIII. *En des points homologues* M_1, M_2 *de deux courbes, les tangentes sont homologues aussi.*

Soient m_1 un point infiniment voisin de M_1 sur la première, m_2 son homologue, et μ_1, μ_2 les traces sur M_1M_2, des parallèles à l'axe, menées par m_1, m_2. Les segments $\mu_1 m_1$, $\mu_1 M_1$ étant évidemment infiniment petits comme $M_1 m_1$, leurs homologues $\mu_2 m_2 = \mu_1 m_1$, $\mu_2 M_2 = (\lambda_2 : \lambda_1) \mu_1 M_1$ (IV) le sont aussi, puis, par suite, $M_2 m_2$ troisième côté du triangle $M_2 \mu_2 m_2$ dont l'angle en μ_2 est constant (**224**).

Cela posé, on raisonnera comme au n° **473**, III, à fort peu près.

IX. *La proposition* VII *subsiste pour deux aires homologues limitées par des contours courbes quelconques.* Raisonnement du n° **473**, VII.

733. Nous appliquerons ces considérations à la transformation d'une ellipse $\mathcal{C}_1$, en choisissant l'axe d'homologie et la direction double respectivement parallèles à ses axes $A_1A'_1 = 2a_1$, $B_1B'_1 = 2b_1$ (*fig.* 212), en prenant même le premier identique à $A_1A'_1$ pour simplifier un peu la figure.

I. *L'homologue de la courbe est en général une autre ellipse* $\mathcal{C}_2$, *dont un axe* $A_2A'_2$ *est identique à* $A_1A'_1 = 2a_1$, *dont l'autre* $B_2B'_2$ *est sur la droite* $B_1B'_1$, *avec une longueur* $2b_2 = 2b_1 (\lambda_2 : \lambda_1)$; *mais elle est un cercle de rayon* a_1, *si l'on a pris* $\lambda_1 : \lambda_2 = b_1 : a_1$.

En appelant M_1 un point quelconque de l'ellipse, P_1 le pied de sa distance à l'axe $A_1A'_1$ et M_2, P_2 les points homologues, on a

(6) $\overline{M_1P_1}^2 : (P_1A_1 . P_1A'_1) = b_1^2 : a_1^2$ (**727**), (**728**, V),

avec

$$M_1P_1 = (\lambda_1 : \lambda_2) M_2P_2,$$

parce que ces segments homologues sont sur une même droite doublé (**732**, IV), et

$$P_1A_1 = P_2A_2, \quad P_1A'_1 = P_2A'_2, \quad A_1A'_1 = A_2A'_2 = 2a_1,$$

parce que ceux-ci sont parallèles à l'axe d'homologie, et ces substitutions faites dans (6) conduisent immédiatement à

$$\overline{M_2P_2}^2 : (P_2A_2 \cdot P_2A'_2) = (b_1^2 : a_1^2) : (\lambda_1 : \lambda_2)^2,$$

relation caractérisant bien l'ellipse $\mathcal{E}_2$ mentionnée dans l'énoncé (**727**), (**728**, V).

Le choix de $b_1 : a_1$ pour rapport d'homologie, conduit à un cercle, parce qu'il réduit à 1 le second membre de cette relation (**505**).

II. *Construire par points l'ellipse $\mathcal{E}_1$.* Comme son homologue $\mathcal{E}_2$ est le cercle décrit sur $A_2A'_2 = 2a_1$ comme diamètre, quand on prend $\lambda_1 : \lambda_2 = b_1 : a_1$, il suffit de tracer ce cercle et de chercher les homologues M_1 de tous ses points M_2 (**732**, III), (*Cf.* VI, *inf.*).

III. *Trouver les intersections de l'ellipse par une droite donnée $\mathcal{D}_1$.* On cherche l'homologue $\mathcal{D}_2$ de cette sécante, ses intersections M_2, N_2 avec le cercle, puis les homologues M_1, N_1 de celles-ci (**732**, III).

IV. *Mener des tangentes à l'ellipse par un de ses points, par un point extérieur, parallèlement à une droite donnée.* L'observation VIII du numéro cité assure l'efficacité des mêmes moyens.

V. *L'aire $[\mathcal{E}_1]$ de l'ellipse $\mathcal{E}_1$ a pour mesure $\pi a_1 b_1$.* Car en nommant $[\mathcal{E}_2]$ celle du cercle, on a $[\mathcal{E}_1] : [\mathcal{E}_2] = \lambda_1 : \lambda_2$ (*Ibid.* IX), avec $[\mathcal{E}_2] = \pi a_1^2$ (**543**, 2°), et $\lambda_1 : \lambda_2 = b_1 : a_1$.

VI. *Soient $\mathcal{E}_2$, $\mathcal{E}_3$ (fig. 213) les cercles ayant pour diamètres les axes $A_1A'_1$, $B_1B'_1$ de l'ellipse, et M_2, M_3 les points où ils sont coupés par deux demi-droites mobiles identiques ou opposées, issues de leur centre commun O ; l'intersection M_1 des droites menées par M_2, M_3, parallèlement à $B_1B'_1$, $A_1A'_1$ décrit l'ellipse.* Car si M_0 désigne le pied sur $A_1A'_1$, de sa perpendiculaire M_1M_2, la relation évidente $M_0M_1 : M_0M_2 = OM_3 : OM_2 = b_1 : a_1$ montre que M_1, M_2 sont homologues dans une homologie d'axe $A_1A'_1$, de direction double $B_1B'_1$, de rapport $b_1 : a_1$ (**732**), (I).

VII. Par les mêmes moyens et avec un peu d'attention, le lecteur étendrait à l'ellipse beaucoup de propriétés du cercle : diamètres conjugués, pôle et polaire, etc.

734. La relation (1) et les considérations précédentes dont elle est la source, rapprochent extraordinairement le cercle, de l'ellipse et des autres coniques par celle-ci. Dépourvu de directrice, il jouit néanmoins des propriétés de l'ellipse, où l'immixtion de ces droites n'est pas directe, se comportant comme une courbe de ce genre dont l'excentricité e serait nulle, ayant ainsi deux foyers confondus en son centre (**729**), (**730**), une infinité d'axes et de sommets, etc. (*Cf.* **752**, VII, *inf.*).

Hyperbole ($e > 1$).

735. La forme de l'hyperbole (**725**) diffère beaucoup de celle de l'ellipse, mais cela tient à des circonstances purement topographiques, et ses propriétés conservent le même fond. Nous n'aurons donc qu'à dire sommairement comment il faut, pour elle, modifier la théorie de l'ellipse.

I. A cause de $e > 1$, on a $1 : e < 1$, et il existe un angle aigu ε ayant $1 : e$ pour sinus (**589**), deux directions différentes faisant cet angle ε avec la directrice. Nous désignerons par $'\alpha$, $''\alpha$ (*fig.* 214) les traces sur la directrice $\mathcal{D}$, des perpendiculaires abaissées du foyer F sur ces deux directions; et nous appellerons *asymptotes* de l'hyperbole les parallèles menées par $'\alpha$, $''\alpha$ à ces mêmes directions respectivement, perpendiculairement par suite aux droites F $'\alpha$, F $''\alpha$. Il est évident que les asymptotes sont symétriques par rapport à l'axe focal F∂ comme les points $'\alpha$, $''\alpha$, qu'elles se coupent en un point O situé sur cet axe, donnant FO $>$ F∂ avec identité des directions de ces deux segments.

Les demi-asymptotes O $'\alpha$, O $''\alpha$ sont *connexes* au foyer F, et leurs opposées sont *non connexes*.

Un point, une droite issue de O, sont *intérieurs ou extérieurs à l'angle des asymptotes* quand ils sont placés ainsi relativement à l'angle $'\alpha$O$''\alpha$, à son opposé au sommet tout aussi bien.

II. 1° *Quand une sécante* $\mathcal{G}'$ *est extérieure à l'angle des asymptotes* [c'est-à-dire quand il en est ainsi pour sa parallèle issue de O (I)], *le lieu* Λ *du n°* **719** *est une circonférence à laquelle* F *est intérieur*, et, si $\mathcal{G}'$ coupe la courbe en M$'_1$, M$'_2$, chacun de ses points est intérieur ou extérieur à celle-ci en même temps qu'au segment M$'_1$M$'_2$. Dans ce cas, on a effectivement J$' < \varepsilon$, d'où $e \sin J' < e \sin \varepsilon < e(1 : e) < 1$, et les mêmes conclusions qu'au n° **726**, I, II.

2° *Quand une sécante* $\mathcal{G}''$ *est intérieure au même angle*, Λ *est encore un cercle, mais auquel* F *est extérieur*, J$''$ *intérieur*, et, sur la sécante, la courbe découpe toujours un segment non nul M$''_1$M$''_2$ dont les points extérieurs ou intérieurs sont, au contraire, intérieurs ou extérieurs à l'hyperbole. Tout ceci résulte de la combinaison des constatations faites au n° **718**, avec l'inégalité $e \sin J'' > e \sin \varepsilon > 1$ qui a lieu actuellement.

3° *Quand une sécante* $\mathcal{G}$ *est parallèle à une asymptote* O $'\alpha$, Λ *est la droite perpendiculaire à* FJ *en son milieu*, et la sécante rencontre la courbe en un point unique M, ou ne l'atteint pas, selon que le point J n'est pas en $'\alpha$ ou s'y trouve. Dans le premier cas, la demi-droite JM est dans le demi-plan $\mathcal{D}$F ou dans son opposé, selon que la direction $'\alpha$J est identique ou opposée à $'\alpha$ $''\alpha$, et les points de $\mathcal{G}$ sont extérieurs ou intérieurs à l'hyperbole, selon qu'ils appartiennent à sa demi-droite MJ ou à son opposée.

DISCUSSION DE L'HYPERBOLE.

Ici on a $J = \varepsilon$; d'où $e \sin J = e \sin \varepsilon = e (1 : e) = 1$, ce qui réduit le lieu Λ à la droite en question. Quand J est en $'\alpha$, la sécante coïncide avec l'asymptote $O'\alpha$ perpendiculaire comme elle à la droite Λ; par suite, elle n'est pas coupée par cette dernière. Autrement, les droites ϑ, Λ ne peuvent être parallèles, et le point M existe. Le surplus résulte facilement de la fin du n° 718.

III. *Sur son axe focal, l'hyperbole a un second sommet* A′, *limitant avec le sommet permanent* A *un segment* AA′ *auquel* F *est extérieur*, ∂ *intérieur, dont le milieu est précisément le point de concours* O *des asymptotes; et les points de la courbe sont extérieurs à la bande limitée par ses tangentes* $\overline{A}$, $\overline{A'}$ *en* A, A′, *dans les demi-plans opposés à* $\overline{AA'}$, $\overline{A'}A$ *respectivement*.

La première partie et la dernière s'établissent comme au n° 726, III. Il en résulte que l'hyperbole est une figure discontinue (290), ayant ainsi deux *branches* séparées par la bande $\overline{AA'}$: l'une *connexe* au foyer F est dans le demi-plan $\overline{AF}$, l'autre *non connexe* dans le demi-plan opposé à $\overline{A'F}$. En outre, on verra facilement que, sur la droite qui joint deux points quelconques M_1, M_2 de la courbe, les points intérieurs au segment M_1, M_2, et les points extérieurs, possèdent, relativement à l'hyperbole, des qualifications telles ou contraires, selon que M_1, M_2 appartiennent ou non à une même branche (II).

Finalement, si o est le milieu de AA′, on a $Fo = (FA + FA') : 2$, avec $FA = em : (e + 1)$; $FA' = em : (e - 1)$ (*Cf.* 727), d'où $Fo = e^2 m : (e^2 - 1)$. D'autre part, le triangle $F'\alpha O$, rectangle en $'\alpha$, et sa hauteur $'\alpha \partial$ donnent $F\partial \cdot FO = \overline{F'\alpha}^2$ (228) $= (F\partial : \cos \varepsilon)^2$, c'est-à-dire, et à cause de $\cos^2 \varepsilon = 1 - \sin^2 \varepsilon = (e^2 - 1) : e^2$ (241, I), $m \cdot FO = e^2 m^2 : (e^2 - 1)$; d'où $Fo = FO$, puis la coïncidence de o, O, les directions des segments Fo, FO étant évidemment identiques.

IV. Pour un point extérieur I, les tangentes présumées IT_1, IT_2 du n° 722 existent toujours, mais il peut en être autrement pour leurs points de contact M_1, M_2.

Quand I *est en* O, *sur les deux asymptotes à la fois, ces droites sont précisément les tangentes présumées, illusoires toutefois, parce que, sur chacune, le point de contact devrait être la trace d'une droite parallèle.*

Quand il se trouve sur une seule, cette asymptote est encore une tangente illusoire, mais l'autre tangente présumée est effective, ayant son point de contact sur la branche connexe au foyer ou sur l'autre, selon que la demi-asymptote OI *est connexe ou non au même foyer.*

Quand I *n'est sur aucune asymptote, les deux tangentes présumées sont effectives, et leurs contacts* M_1, M_2 *sont sur une même branche ou sur l'une et l'autre, selon que* I *est intérieur ou extérieur à l'angle des asymptotes* (I).

A cause de $e > 1$, et sauf le cas où I est sur la directrice, le cercle Θ coupe toujours celle-ci en deux points distincts θ_1, θ_2, traces aussi des parallèles menées par I aux deux asymptotes, et les diverses particularités énumérées dépendent des positions possibles pour ces points θ_1, θ_2, relativement à $'\alpha$, $^e\alpha$; mais nous devons supprimer tous autres détails.

V. *Quand une direction* $\mathfrak{I}$ *est extérieure à l'angle des asymptotes* (I), *les tangentes parallèles existent, avec des points de contact toujours placés sur des branches différentes. Quand elle est celle d'une asymptote, ces tangentes parallèles se confondent avec cette asymptote, en étant illusoires. Ces mêmes tangentes disparaissent toutes deux, quand* $\mathfrak{I}$ *est intérieure à l'angle des asymptotes.*

Le cercle Θ' du n° **723** coupe toujours la droite FH' aux traces θ'_1, θ'_2 des parallèles aux asymptotes, issues de I', et tout dépend des positions de ces points relativement au foyer F sur la droite FH'.

VI. *Chaque branche de l'hyperbole est une figure continue.* On le déduirait de quelques-unes des constatations précédentes, mais c'est une conséquence presque évidente de ce qui suit.

736. *Pour l'hyperbole, le théorème du n°* **727** *subsiste, à cela près que le pied* P *(fig. 215) est extérieur au segment* AA' *des sommets de l'axe focal, sur la demi-droite opposée à* AA' *pour la branche connexe au foyer* F, *sur celle opposée à* A'A *pour l'autre branche, et que la relation* (1) *est remplacée par*

(1) $\qquad \overline{MP}^2 = (e^2-1) \, PA \cdot PA'.$

La démonstration se fait par les mêmes moyens. On en conclut que *chaque branche de l'hyperbole est illimitée*, car rien ne limite l'éloignement du point P dans les deux directions de l'axe focal, ni, par suite, la distance MP du point M à cet axe.

737. Nous ne ferons guère qu'énoncer les suites de cette proposition pour l'hyperbole, tant elles ressemblent à ce qui concerne l'ellipse (**728** *et suiv.*).

I. *L'hyperbole, la paire de ses asymptotes évidemment aussi, possèdent pour second axe de symétrie et pour centre par suite, une perpendiculaire à l'axe focal et son pied se confondant avec* O, *milieu de* AA', *point de concours des asymptotes* (**735**, I, III). Comme au n° **728**, I.

II. *Les symétriques de* F, $\mathfrak{D}$ *par rapport à ce second axe ou au centre* O *également, forment un nouvel assemblage* F', $\mathfrak{D}'$, *d'un foyer et d'une directrice connexes, relativement auxquels l'excentricité et le module de l'hyperbole sont encore* e, m (*Ibid.* II).

III. *Le second axe* BOB' *ne rencontre pas l'hyperbole*, parce que son pied O sur le premier est intérieur à la bande $\overline{AA'}$ (**735**, III), et on le dit *non transverse* par opposition au premier AOA' qui est *transverse*. Néanmoins, on marque sur lui les points B, B' qu'y tracerait le lieu du point M assujetti à remplir la condition (1), si elle comportait les positions de P à l'intérieur du segment AA', et, en même temps que la longueur réelle AA' de l'axe transverse, on considère le segment BB' comme longueur fictive de l'axe non transverse.

IV. *Entre* m *module de l'hyperbole,* e *son excentricité,* $a = $ OA $=$ OA', $b = $ OB $=$ OB' *demi-longueurs de ses axes,* c *distance commune de ses foyers au centre* O, ω *angle aigu de chaque asymptote avec l'axe transverse, on a les relations*

(2) $$a = \frac{e}{e^2 - 1} m, \quad c = \frac{e^2}{e^2 - 1} m = ea,$$

(3) $$b = \sqrt{e^2 - 1}\, a = \sqrt{c^2 - a^2} = \frac{e}{\sqrt{e^2 - 1}} m \quad (Cf. \mathbf{728}, IV);$$

(4) $$\tang \omega = \sqrt{e^2 - 1} = \frac{b}{a} \qquad (3).$$

Ces expressions de a, c, s'obtiennent en prenant la demi-différence et la demi-somme des segments FA', FA calculés comme au n° **735**, III; celle de b est la valeur du segment MP de la relation (1) quand on y place P en O, d'où PA $=$ PA' $= a$.

La seconde des formules (2) justifie encore le nom d'excentricité donné au nombre $e = c : a$. D'après (3), a, b, c, sont encore les côtés d'un triangle rectangle, mais dont l'hypoténuse est ici c, non a comme dans l'ellipse.

Le triangle O∂'α, rectangle en ∂, donne tang ω $=$ tang ∂O'α $= \cot ∂'αO = \cot ε$, et, de $\sin ε = 1 : e$ (**735**, I), la formule (8) du n° **241** conduit immédiatement à $\cot ε = \sqrt{e^2 - 1}$.

V. *En appelant* x, y *les distances d'un point quelconque* M *de l'hyperbole, à ses axes transverse et non transverse, on a*

(5) $$b^2 x^2 - a^2 y^2 = a^2 b^2.$$

Comme au n° **728**, V.

738. *Sur chacune des branches de l'hyperbole, la différence* F'M $-$ FM *des rayons vecteurs allant à* M, *des foyers* F', *non connexe,* F *connexe, conserve une valeur constante qui est égale à l'axe transverse* $2a$.

Comme au n° **729**; mais ici on a la différence des rayons au lieu de leur somme, parce que M, extérieur à la bande $\overline{AA'}$ des tangentes aux sommets **735**, III, l'est, à plus forte raison, à celle ⅅⅅ' des directrices, qui est intérieure à celle-ci.

739. *La tangente en* M *est la bissectrice de l'angle même* FMF' *des rayons vecteurs.* Comme au n° **730**, à cela près que les directions MT, MT' sont identiques, à cause de la situation constante de M à l'extérieur de la bande limitée par les directrices.

740. Les solutions des problèmes traités au n° **731** sur l'ellipse subsistent presque textuellement pour l'hyperbole.

I. De la relation (3) on conclut $c^2 = a^2 + b^2$, d'où la construction des foyers quand les axes $2a$, $2b$ (ici quelconques) sont donnés en positions et en grandeurs.

Pour le tracé par points de la branche connexe à F, on donne aux rayons des cercles variables, de centres F et F', une longueur arbitraire r et $r + 2a$ (**738**). Une règle de longueur fixe quelconque l, pivotant autour de F' auquel serait fixée une de ses extrémités, pendant qu'un fil de longueur $l - 2a$, attaché par ses deux bouts à l'autre extrémité de la règle et à F, guiderait le mouvement d'une pointe traçante appliquant sans cesse sur la règle une partie variable du fil maintenu en tension, fournirait pour la branche en question une description par un mouvement continu, mais extrêmement défectueux en pratique. Et de même, pour l'autre branche.

On trouvera ici

$$e = c : a = \sqrt{a^2 + b^2} : c, \quad d = c - m = a : e = a^2 : c \quad (\mathbf{737, IV}).$$

II. Dans l'hyperbole, le cercle *directeur* d'un foyer F' a ce point pour centre, et l'axe transverse $2a$ pour rayon; il jouit des mêmes propriétés que dans l'ellipse (**734**, II); seulement, l'autre foyer F lui est extérieur, à cause de $2c > 2a$, son contact avec tout cercle [M] issu de F, avec un point M de la courbe pour centre, est extérieur, et ce point de contact $\bar{F}$, symétrique de F par rapport à la tangente en M, rendant le segment $M\bar{F}$ égal à ME, lui donne la direction même de MF'. *L'hyperbole est encore le lieu des points équidistants d'un cercle* [F'] *et d'un point* F *qui lui est ici extérieur*.

741. Le lecteur recommencera sans peine pour l'hyperbole, les raisonnements et constructions des alinéas III et suivants du numéro cité. *Le théorème du n° 733, I s'étend de lui-même à l'hyperbole;* mais ce genre d'homologie ne peut la rattacher à un cercle, et il perd ainsi l'intérêt pratique qu'il offre pour l'ellipse.

742. *Mesurées parallèlement à des directions fixes quelconques, les distances d'un point de l'hyperbole à ses deux asymptotes donnent un produit constant.*

Soient M un point de l'hyperbole, PM la demi-perpendiculaire à l'axe transverse, qui passe par M, et μ sa trace sur l'asymptote qu'elle rencontre (ici $O'\alpha$), et M_1, μ_1 les symétriques de M, μ par rapport à l'axe transverse. Pour $x = OP$, $y = PM$, l'équation (5) conduit à

$$(6) \qquad \overline{PM}^2 = \frac{b^2}{a^2}(\overline{OP}^2 - a^2),$$

la considération du triangle OPµ rectangle en P, à

$$\overline{P\mu}^2 = \tan g^2 \omega . \overline{OP}^2 = \frac{b^2}{a^2} \overline{OP}^2 \qquad (243), (4);$$

et la soustraction membre à membre, à

$$\overline{P\mu}^2 - \overline{PM}^2 = (P\mu - PM)(P\mu + PM) = \mu M . \mu_1 M = b^2.$$

Or μM, $\mu_1 M$ sont les distances de M aux deux asymptotes, mesurées perpendiculairement à l'axe transverse, et cette constance de leur produit subsiste évidemment pour toutes autres directions données (**256**).

743. Deux conséquences de ce théorème méritent d'être notées.

I. Quand P s'éloigne indéfiniment, il en est de même pour M pris dans le même demi-plan $\overline{OF}'\alpha$, PM et $\mu_1 M > 2$PM sont des quantités infinies comme PA, PA' à cause de (1), et la relation $\mu M . \mu_1 M = b^2$ (**742**), d'où $\mu M = b^2 : \mu_1 M$, montre que la distance μM est infiniment petite, c'est-à-dire que M *se rapproche indéfiniment de la droite* $O'\alpha$, *sans jamais l'atteindre* (**441**). De cette propriété, est venu en grec le nom *d'asymptote* donné à une pareille droite.

II. *Le point de contact* M *d'une tangente se confond avec le milieu du segment* $'a''a$ *que les asymptotes découpent sur elle.* Car si M différait de ce milieu, il différerait aussi de son symétrique m par rapport à ce point, et l'égalité $'am.''am = 'aM.''aM$ placerait alors sur la courbe, le second point m distinct de M (**742**).

Pour construire la tangente en M, il suffit donc de faire passer par ce point une droite sur laquelle les asymptotes découpent un segment $'a''a$ dont il soit le milieu; à cet effet, on cherchera sur l'asymptote $O'\alpha$ par exemple, la trace a' d'une parallèle menée par M à l'autre, on prendra $a'a = aO$ dans la direction opposée, puis la droite M$'a$.

Parabole ($e = 1$).

744. Les propriétés de la parabole (**725**) la rapprochent tantôt de l'ellipse, tantôt de l'hyperbole, mais surtout de la première, et font de son genre une sorte d'intermédiaire entre ces deux autres.

I. 1° *Quand une sécante* $\mathcal{G}'$ (*fig.* 216) *n'est pas perpendiculaire à la directrice, les choses se passent comme pour l'ellipse* (**726**, I, II), car on a $e \sin J' = 1 . \sin J' < 1$ (**718**, I)

2° *Pour toute autre sécante* $\mathcal{G}$, *le lieu* Λ *est la perpendiculaire* élevée sur le segment FJ en son milieu φ, et il coupe toujours $\mathfrak{I}$ en un point unique M ; les points de la demi-droite opposée à MJ sont intérieurs à la courbe, ceux de MJ lui sont extérieurs (*Ibid.*, II). On a effectivement $\sin J = 1$, d'où $e \sin J = 1.1 = 1$.

On retrouve les particularités se présentant dans l'hyperbole pour une sécante de *direction asymptotique* (**735**, II, 3°), à cela près qu'ici ces deux directions se confondent en une seule perpendiculaire à la directrice, et que les points $'α, ''α$ n'existent plus, ni par suite les asymptotes *elles-mêmes*.

II. *La courbe possède sur son axe focal un sommet unique* A *milieu du module* F∂, *et tous ses points sont dans le demi-plan* AF *ayant pour arête la tangente* $\overline{A}$ *au sommet.* Comme aux n°⁵ **726**, III et **735**, III.

III. Pour la construction des tangentes issues d'un point extérieur I, le cercle auxiliaire Θ du n° **722** est toujours tangent à la directrice à cause de $e = 1$, d'où $IK_1 = e.IH = IH$; mais, à cause de la disparition des points $'α, ''α$, *toutes les particularités trouvées pour l'ellipse* (**726**, IV) *se représentent*.

IV. *Parallèlement à une direction donnée* $\mathfrak{I}$, *on peut mener à la parabole une tangente unique, ou aucune, selon qu'elle n'est pas, ou qu'elle est perpendiculaire à la directrice.*

Dans le premier cas, et toujours à cause de $e = 1$, le cercle auxiliaire Θ' du n° **723** touche la parallèle menée par F à la directrice, en un point H' distinct de F. Des deux tangentes issues de F à ce cercle, l'une FH' n'en donne point pour la parabole parce qu'elle est parallèle à la directrice, mais l'autre la coupe et fournit une tangente à la courbe.

Dans le second cas, le contact H' est en F, et les tangentes au cercle Θ issues de F se confondent en une seule qui est parallèle à la directrice, n'en donnant aucune pour la parabole.

745. *En conservant les notations du n°* **727**, *on a*

$$\overline{MP}^2 = 2m.PA.$$

L'égalité $e = 1$ conduit en effet à $e.\partial P + FP = (e+1)PA = 2PA$, $e.\partial P - FP = \partial P - FP = F\partial = m$. Cette longueur F$\partial$, que nous avons appelée le module d'une conique quelconque (**717**), prend le nom de *paramètre* pour une parabole, et se représente habituellement par la lettre p.

746. La parabole n'a pas un deuxième foyer F' accompagné d'une directrice connexe, car autrement, on lui trouverait deux points au lieu d'un seul, sur quelque parallèle à son axe, facile à assigner. Il en résulte qu'elle n'a non plus, ni second axe, ni centre, et ces circonstances modifient très sensiblement pour elle, ce que nous avons déduit du contraire pour les autres coniques (**728** *et suiv.*), (**737** *et suiv.*); des analogies bien marquées subsistent cependant.

I. Aucune construction par points n'est plus simple que celle fournie par les sécantes auxiliaires parallèles à la directrice (**720, I**).

II. *La tangente en M est la bissectrice de l'angle FMQ compris entre le rayon vecteur MF et la perpendiculaire MQ abaissée de M sur la directrice* (*Cf.* **739**). Car T étant la trace de la tangente sur la directrice, le triangle MFT, rectangle en F (**721**) comme MQT en Q, lui est égal à cause de l'hypoténuse commune MF et de FM : QM $= e = 1$; d'où l'égalité des angles TMF, TMQ.

III. *Le cercle* [M] *décrit de M comme centre avec MF pour rayon, touche la directrice au point F symétrique de F par rapport à la tangente en* M (*Cf.* **731, II, 740, II**).

A cause de FM : QM $= e = 1$, la distance de la directrice au centre du cercle [M] est égale à son rayon (**512**). Le pied Q de la distance QM se confond avec F, parce que la tangente en M est la bissectrice de l'angle au sommet du triangle isoscèle FMQ (II).

IV. *Dans une parabole, la directrice joue ainsi le même rôle que le cercle directeur du foyer non connexe, dans une conique à centre, les rayons FF' de ce cercle dans une ellipse ou dans une hyperbole étant remplacés par les demi-droites FM ou par leurs opposées.*

Cette remarque indique d'elle-même les modifications à faire aux constructions du n° **731**, III-VI par exemple, quand il s'agit d'une parabole au lieu d'une ellipse.

L'observation du n° **741** est applicable à la parabole.

747. *Toutes les paraboles sont des courbes semblables,* car leurs excentricités ont toutes la même valeur 1 (**725**).

Sections planes d'un cylindre, d'un cône circulaires.

748. *Toute section plane d'un cylindre, d'un cône circulaires* (**660, IV**), *est un cercle encore, ou habituellement une courbe de l'un des trois genres que nous venons d'étudier.*

I. Le cercle et la surface qui le contient, admettent évidemment pour plan de symétrie commun, celui que l'on peut mener perpendiculairement au plan du cercle, par la droite allant de son centre et, suivant les circonstances, soit parallèlement aux génératrices du cylindre, soit au sommet du cône. Cela posé, nous restreindrons notre démonstration au cas où *le plan sécant est perpendiculaire aussi à ce plan de symétrie;* nous prendrons ce plan pour celui de la figure, en y représentant le cercle par son diamètre aa' (*fig.* 217) situé dans le plan de symétrie, contenant les projections orthogonales de tous ses points, la surface par la région [P] du même plan, où tombent les projections de tous ses points M, région délimitée par les génératrices $\mathcal{A}_e\mathcal{A}_i$, $\mathcal{A}'_e\mathcal{A}'_i$ contenant a, a', le plan sécant par sa trace sur le même plan, contenant aussi les projections de tous ses points.

II. *Pour un point quelconque M de la surface, et en appelant Pd, Pd' les distances de sa projection P aux droites $\mathcal{A}_e\mathcal{A}_i$, $\mathcal{A}'_e\mathcal{A}'_i$, mesurées parallèlement à deux droites fixes arbitraires, et $\ominus$ quelque quantité constante; on a sans cesse*

(1) $$\overline{MP}^2 = \ominus . Pd . Pd'.$$

Le plan mené par MP parallèlement à celui du cercle $[aa']$, coupe la surface suivant un autre cercle (**477**, I), (**488**, I), (**551**) qui a pour projection un segment aPa' contenant P et parallèle à aa', d'où

(2) $$\overline{MP}^2 = Pa . Pa' \qquad (505).$$

Mais, en appelant δ, δ' deux constantes dépendant des directions invariables des distances Pd, Pd', Pa, Pa', on a

$$Pa = \delta . Pd, \quad Pa' = \delta' . Pd' \qquad (256),$$

et, en posant $\delta\delta' = \ominus$, la relation (2) conduit immédiatement à (1).

III. *Quand il s'agit d'un cylindre*, les droites $\mathcal{A}_e\mathcal{A}_i$, $\mathcal{A}'_e\mathcal{A}'_i$ (fig. 218) sont parallèles, et la région [P] est l'intérieur de la bande comprise entre elles, parce que les projections des génératrices sont leurs parallèles menées par les points intérieurs au segment aa'. Les projections P des points M de la section faite par un plan de trace gg', sont donc les points intérieurs aussi au segment $A_eA'_e$ découpé sur cette droite par la bande. Si maintenant on prend les directions des distances Pd, Pd' parallèles à PA_e, PA'_e, la relation (1) devient

(3) $$\overline{MP}^2 = \ominus . PA_e . PA'_e,$$

montrant que *la section est une ellipse d'axe $A_eA'_e$* (**727**), ou bien *un cercle de tel diamètre* (**505**).

Cette dernière particularité exige que l'on ait $\ominus = \delta\delta' = 1$, c'est-à-dire $PA_e . PA'_e = \overline{MP}^2 = Pa . Pa'$ (2), ceci entraînant, soit l'identité de PA_e, Pa, de PA'_e, Pa' c'est-à-dire le parallélisme de $A_eA'_e$ à aa'; soit l'inscriptibilité du quadrilatère $A_eA'_ea'a$, c'est-à-dire l'antiparallélisme par rapport aux côtés de la bande, de gg' à aa' (**567**), à sa parallèle aa' par suite. Dans le premier cas, le plan de la section est parallèle à celui du cercle $[aa']$, et donne naturellement un cercle homothétique. Dans le second, comme en $a_ia'_i$, on a une autre direction de plans cycliques, dite *antiparallèle* à la première. Le quadrilatère $a_1a'_1a'a$ étant inscriptible aussi, la sphère déterminée par le cercle $[aa']$ et le point a_1 (**639**), ayant dès lors son centre dans le plan de la figure, passe encore par a'_1, trace sur le plan sécant le cercle $[a_1a'_1]$, de diamètre $a_1a'_1 = aa'$, recoupe ainsi le cylindre suivant la section considérée (**660, IV**).

IV. *Quand il s'agit d'un cône*, les droites $\mathcal{A}_0\mathcal{A}_1$, $\mathcal{A}'_0\mathcal{A}'_1$ (*fig.* 219) se coupent au sommet S du cône, et, pour des raisons analogues à celles ci-dessus (III), la région [P] se compose de l'ensemble des angles opposés au sommet $\mathcal{A}_0S\mathcal{A}'$, $\mathcal{A}_1S\mathcal{A}'_1$, sous l'un desquels on voit, de S, le segment aa'. Ici, il y a trois cas à distinguer.

1° *La droite gg' rencontre les deux demi-droites* $S\mathcal{A}_0$, $S\mathcal{A}'$ *elles-mêmes, ou leurs opposées* $S\mathcal{A}_1$, $S\mathcal{A}'_1$. Les projections P des points de la section tombent à l'intérieur d'un segment $A_eA'_e$, et on trouvera comme tout à l'heure (III), que *cette courbe est, soit une ellipse d'axe $A_eA'_e$, soit un cercle*, si son plan est parallèle à celui du cercle $[aa']$, ou bien antiparallèle, c'est-à-dire si $A_eA'_e$ l'est à aa' relativement à la paire des droites $\mathcal{A}_0\mathcal{A}_1$, $\mathcal{A}'_0\mathcal{A}'_1$. Cette seconde section circulaire, $a_1a'_1$ par exemple, peut être encore obtenue en recoupant le cône par une certaine sphère issue du cercle $[aa']$.

2° *La droite gg' rencontre en A_h une des demi-droites ci-dessus* (1°), *en A'_h l'opposée de l'autre.* La projection de la section se compose des régions de cette droite qui sont extérieures au segment $A_hA'_h$, et on retrouvera la relation (3) de la même manière; *la courbe est donc une hyperbole ayant ce segment pour axe transverse* (**736**).

3° *Elle rencontre en A_p la première des droites* $\mathcal{A}_0\mathcal{A}_1$, $\mathcal{A}'_0\mathcal{A}'_1$, *étant parallèle à l'autre.* La section se projette suivant une certaine demi-droite $A_pA'_p$, et en donnant aux distances Pd, $P'd'$ (II) la direction A'_pA_p et une autre quelconque, la relation générale (1) deviendra

$$\overline{MP}^2 = \mathcal{C} \cdot PA_p \cdot Pd' = \mathcal{C}' \cdot PA_p,$$

à cause de l'invariabilité de la longueur Pd' (**138, IV**). *La courbe est une parabole ayant A_p pour sommet, $A_pA'_p$ pour axe* (**745**).

4° La considération du plan [S] mené par le sommet du cône, parallèlement au plan sécant, procure immédiatement une manière très importante de spécifier les circonstances ci-dessus: on se trouve dans les cas 1°, 2°, 3°, selon que ce plan coupe le cône au seul point S, suivant deux droites distinctes, ou qu'il lui est tangent par la confusion de ces droites.

Dans la relation (1) se présentent pour une section elliptique ou hyperbolique, la valeur de la constante $\mathcal{C}$ reste évidemment invariable quand le plan sécant se déplace parallèlement à lui-même; et, si le plan parallèle [S] coupe le cône suivant deux génératrices distinctes, elle est évidemment égale au carré de la tangente des angles égaux formés, soit par ces génératrices, soit par les asymptotes de l'hyperbole (**737**, IV), avec la trace gg' bissectrice de l'angle des unes comme des autres. *Ce déplacement du plan sécant laisse donc les asymptotes de la section, parallèles aux génératrices considérées, se coupant en particulier sous un angle constant.*

V. La conclusion de l'alinéa III est susceptible d'une autre forme à noter.

Sur tout plan non parallèle à celui d'un cercle, la projection de celui-ci est une ellipse (ou un cercle encore), quand la direction des projetantes est orthogonale à l'intersection de ces plans, en particulier perpendiculaire à l'un d'eux.

Pour des projections orthogonales, cette condition est toujours remplie, et on aperçoit immédiatement, que *les axes de l'ellipse sont le diamètre du cercle et son produit par le cosinus de l'angle de son plan avec celui de projection.*

749. Quand la surface est de révolution (cas où la confusion des deux directions de plans cycliques est évidente), la démonstration précédente n'impose évidemment aucune condition à l'orientation du plan sécant ; en outre, le lecteur l'appliquera bien facilement *à un cylindre, ou cône, passant par une conique quelconque avec laquelle il a un plan de symétrie commun, et coupé par un plan symétrique aussi par rapport à celui-ci.*

Enfin, les propriétés des diamètres conjugués obliques des coniques, que nous avons dû omettre, *permettraient une démonstration toute semblable, quelles que fussent les rapports mutuels de la surface, de la conique lui servant de directrice, et du plan sécant.*

Ce théorème met à nu d'une autre manière, les liens étroits unissant entre eux le cercle et les autres coniques des trois genres, rapprochant même toutes ces courbes, des paires de droites et d'un simple point. A ce dernier propos, on remarquera qu'en supposant nul le module m, la définition générale du n° **717** donne le simple foyer F, deux droites s'y croisant, ou se confondant sur la directrice $\mathcal{D}$, selon que l'excentricité e est $<1, >1$ ou $=1$, qu'en supposant nulle l'excentricité e, le lieu se réduit au foyer F.

Il rend intuitive la conception d'un cercle, d'une parabole, d'une paire de droites concourantes, ... comme positions-limites d'une autre conique variable dont l'excentricité tend vers 0, vers 1, ou d'une hyperbole dont l'axe transverse tend vers 0, ...

750. Le rôle des coniques est considérable dans la nature. Leurs variétés, surtout l'ellipse et la parabole, se rencontrent fatalement dans l'étude des mouvements excités par la gravitation universelle, comme ceux des astres (lois de Képler), de nos projectiles (Balistique). Autour de leurs positions d'équilibre, les mouvements simples des molécules d'un corps élastique en vibration (milieux propageant des ondes lumineuses, sonores, etc.) ont pour trajectoires, des ellipses pouvant s'arrondir en cercles, s'aplatir infiniment en segments rectilignes.

Dans les arts, ce rôle est au moins aussi grand. Combiné avec la fréquence du cercle dans la nature et sa quasi-ubiquité dans les objets façonnés par la main des hommes, avec les lois de la perspective et celles de la formation des ombres, le théorème du n° **748** explique pourquoi nous ne pouvons, en quelque sorte, ouvrir les yeux sans percevoir des formes elliptiques, pourquoi les tracés industriels, même artistiques, en sont chargés, pourquoi les ombres des corps ronds sur des plans nous montrent tant d'arcs de coniques de toutes sortes. Un miroir *parabolique,* c'est-à-dire dont la surface active est engendrée par une parabole tournant autour de son axe, fait converger au foyer de ses méridiennes, les radiations lumineuses et autres qui sont parallèles à son axe (**746**, II); inversement, il transforme un faisceau lumineux divergent du foyer, en un autre dont les rayons sont parallèles, qui est capable ainsi de franchir sans grand affaiblissement, d'énormes épaisseurs atmosphériques. S'il avait pour méridienne et axe, une ellipse et son axe focal, la réflexion ferait converger en un foyer, un faisceau divergent de l'autre (**730**), d'où le nom donné à ces points. La forme de l'ellipse est employée dans la composition ornementale (oves, ...); etc.

ADDITION V.

NOTIONS SUR L'HÉLICE.

751. Soient $\mathcal{A}$, O_0 (*fig.* 220) une droite et l'un de ses points, tous deux fixes, $O_0 M_0$ un segment fixe encore, de longueur r donnée non nulle, issu de O_0 perpendiculairement à $\mathcal{A}$, puis v et α un segment et un dièdre (saillant ou composé) tous deux non nuls et donnés, l'un sur la même droite, l'autre autour d'elle comme arête, dans des sens (rectiligne et giratoire) déterminés. Sur $\mathcal{A}$ à partir de O_0, autour de $\mathcal{A}$ à partir du demi-plan fixe $\mathcal{A} M_0$, portons un segment n, un dièdre a (saillant ou composé), tous deux indéterminés sauf la condition de rester *proportionnels* à v, α *en grandeurs et en directions*, ceci voulant dire que, simultanément, ils sont toujours dirigés dans leurs sens ou dans les opposés, et qu'entre leurs amplitudes on a la proportion

(1) $$\frac{n}{v} = \frac{a}{\alpha};$$

coupons ensuite l'un par l'autre, le plan perpendiculaire à $\mathcal{A}$ en O seconde extrémité du segment n, et la seconde face du dièdre a ; sur la demi-droite ainsi obtenue, et à partir de son origine O, portons enfin une longueur OM toujours $= r$. Le point M, extrémité de ce segment, a pour lieu une ligne nommée *hélice* et contenant M_0, dont la droite fixe $\mathcal{A}$ et la constante r sont *l'âme* et le *rayon*.

Provisoirement, nous appellerons *niveau*, *azimuth*, d'un point quelconque M de la ligne, les grandeurs $n = O_0O$, $a = \widehat{M_0 \mathcal{A} M}$ dirigées toutes deux, qui le déterminent sous la proportion (1) et la condition topographique annexe ; nous nommerons encore *origine* de l'hélice, son premier point donné M_0 dont le niveau et l'azimuth sont tous deux $= 0$.

752. Plusieurs conséquences se rattachent directement à cette définition.

I. *L'écart en hauteur* $[M'M'']_n$ de deux points quelconques M', M'' de l'hélice, conçus dans cet ordre, est le segment O'O'' de l'âme, allant de O' à O'', pieds des plans perpendiculaires abaissés de ces points, et ayant avec leurs niveaux n', n'' les relations suivantes : n', n'' étant d'un même sens et inégaux, si $n' < n''$, l'écart est de longueur $n'' - n'$ et du sens de tous deux, si n' est $> n''$, il est de longueur $n' - n''$ mais de sens opposé, si $n' = n''$, il est nul ; n', n'' étant de sens contraire, l'écart est $n' + n''$, avec le sens de n''.

L'écart angulaire $[M'M'']_a$ des mêmes points, est celui des dièdres (saillants et composés) allant du premier des demi-plans $\mathcal{A}M'$, $\mathcal{A}M''$ au second, dont l'amplitude et la direction se rattachent aux azimuths a', a'' de M', M'' comme leur écart en hauteur à leurs niveaux n', n'', tout à l'heure.

Cela posé, *ces deux écarts sont toujours proportionnels aux constantes* α, ν, *en directions comme en grandeurs*.

Pour fixer les idées, supposons $n' < n''$ et de même sens que ν ; la condition topographique assigne à a', a'' des directions identiques encore à celle de α, et la condition numérique (1) donnant

$$\frac{n'}{\nu} = \frac{a'}{\alpha}, \quad \frac{n''}{\nu} = \frac{a''}{\alpha},$$

d'où $n' : n'' = a' : a''$, montre que l'on a aussi $a' < a''$. En vertu de leur définition, ces écarts ont donc les sens de n'', a'' c'est-à-dire ceux de α, ν, et, entre leurs amplitudes $n'' - n'$, $a'' - a'$ on a bien la proportion $(n'' - n') : \nu = (a'' - a') : \alpha$, conséquence immédiate des deux dernières. Raisonnement analogue dans tous les autres cas.

II. Une observation capitale résultant de la précédente, est que *l'hélice admet pour origine aussi bien que* M_0, *tout autre point fixe*

$M^{(0)}$ pris sur elle, l'âme $\mathcal{A}$ et les constantes v, α restant les mêmes. Il est évident, en effet, qu'on retrouvera un point quelconque M de la ligne, en le construisant sur ces nouvelles données, avec un autre niveau, un autre azimuth, égaux respectivement en grandeurs et directions aux deux écarts de $M^{(0)}$ à M.

III. *L'hélice est située tout entière sur le cylindre de révolution de même rayon r, qui a son âme $\mathcal{A}$ pour axe* (**626**, II), car cette surface est le lieu évident des points dont la distance à la droite $\mathcal{A}$ est $=r$. Il importe de concevoir toujours l'hélice sur *son cylindre*, surface la plus simple qui puisse la contenir.

IV. Sur les parallèles du cylindre de l'hélice, l'écart angulaire de deux points M', M" (I) intercepte des arcs dirigés (saillants ou composés) (**535**) qui, tous évidemment, sont superposables par des translations parallèles à l'âme, et dont l'un deux quelconque $m'm''$, que nous noterons $[M'M'']_c$ est *l'écart circulaire* de ces deux points. Si maintenant on représente par ω l'écart en hauteur $(\mathcal{R}:\alpha)v$ (I) de deux points de l'hélice dont l'écart angulaire est d'amplitude égale à l'angle replet $\mathcal{R}$, leur écart circulaire sera la circonférence d'un parallèle, convenablement dirigée, dont la longueur est $2\pi r$ (**539**), et *on aura toujours, en directions comme en grandeurs, les proportions*.

$$(2) \qquad \frac{[M'M'']_n}{\omega} = \frac{[M'M'']_a}{\mathcal{R}} = \frac{[M'M'']_c}{2\pi r}.$$

Les deux premiers rapports sont égaux pour avoir leurs dénominateurs proportionnels à α, v comme leurs numérateurs (I); les deux derniers le sont, parce que, sur un même parallèle, deux arcs dirigés sont dans le même rapport numérique et topographique, que les dièdres à l'âme qui les interceptent (**194**), (**536**). La constante ω, qui est très importante à considérer (VI, *inf.*), se nomme le *pas* de l'hélice.

L'égalité des deux membres extrêmes donne $[M'M'']_n : [M'M'']_c = \omega : 2\pi r$, et la valeur de la première fraction est évidemment le rapport en longueurs des chemins $O'O''$, $m'm''$ parcourus simultanément sur l'âme et sur le plan d'un parallèle fixé du cylindre, par les projections orthogonales O, m d'un point mobile M de l'hélice, dont la première O décrit le segment $O'O''$ dans un sens constant (*Cf.* **763**, *inf.*). *Ce rapport conserve donc la valeur invariable* $\mathrm{p} = \omega : 2\pi r$. Le nombre p est la *pente* de l'hélice, et joue un grand rôle dans les applications mécaniques.

V. *Chaque parallèle du cylindre coupe l'hélice en un point unique.*

Si O est le pied du plan de ce parallèle sur l'âme $\mathcal{A}$ qui lui est perpendiculaire, le point de l'hélice, dont le niveau n est le segment dirigé $O_0 O$, dont l'azimuth a la valeur $(n:v)\alpha$ déterminée par la proportion (1) (avec une direction convenable), appartient à ce parallèle ; mais aucun autre n'est dans ce cas, parce que son niveau diffère évidemment de O_0O.

VI. *Chaque génératrice du cylindre coupe l'hélice en une infinité de points distincts, dont deux voisins sont séparés par une distance toujours égale au pas ω* (IV).

La génératrice passant par M_0 (*fig.* 221) contient évidemment les points de l'hélice dont les azimuths sont 0, puis $\mathcal{R}$, $2\mathcal{R}$, $3\mathcal{R}$, ..., $k\mathcal{R}$, ... dans le sens de α, puis les mêmes angles dans le sens contraire, avec des niveaux correspondants déterminés respectivement par la proportion (1), savoir 0, puis $(\mathcal{R}:\alpha)\nu$, $(2\mathcal{R}:\alpha)\nu$, ... dans le sens de ν, puis les mêmes segments dans le sens contraire ; mais aucun autre point ne peut s'y trouver, parce que son azimuth non égal à un multiple entier de l'angle replet $\mathcal{R}$, le place sur un demi-plan d'arête $\mathcal{A}$ auquel cette génératrice n'est que parallèle ; et la distance de chacun de ces points aux deux les plus voisins, a bien la valeur $(\mathcal{R}:\alpha)\nu = \omega$.

Pour toute autre génératrice, soient G un quelconque de ses points, a un dièdre dirigé allant du demi-plan $\mathcal{A}M_0$ à $\mathcal{A}G$; sur elle, l'hélice possède le point M de niveau $(a:\alpha)\nu$ convenablement dirigé, d'azimuth a ; les choses s'y passent ensuite comme à l'instant, puisque M peut être pris tout aussi bien pour origine de l'hélice (II).

VII. *L'hélice admet pour axes de symétrie* (421), *les perpendiculaires menées de ses divers points à son âme, c'est-à-dire évidemment, les normales à son cylindre, dont les pieds sont sur elle* (629).

En d'autres termes, *tous ses points sont des sommets*, comme ceux d'un cercle ou d'une droite (720, II).

Considérons d'abord la droite M_0O_0 (*fig.* 222), qui est une de ces perpendiculaires, et un point quelconque M_1 de l'hélice, avec son symétrique M_2 par rapport à cette droite. Dans cette symétrie, la droite $\mathcal{A}$, perpendiculaire à l'axe O_0M_0, est double, ainsi que le plan $\mathcal{A}M_0$ passant par elle et l'axe (414). En conséquence, les distances des points homologues M_1, M_2 à $\mathcal{A}$ sont égales entre elles et à r, leurs pieds $O_1 O_2$ sont homologues, les demi-plans $\mathcal{A}M_1$, $\mathcal{A}M_2$ le sont également, d'où l'égalité, mais avec opposition, du segment O_0O_1 à O_0O_2, du dièdre $M_0\mathcal{A}M_1$, azimuth de M_1, à $M_0\mathcal{A}M_2$ l'un des dièdres ayant $\mathcal{A}M_0$, $\mathcal{A}M_2$ pour faces. Les grandeurs O_2M_2, O_0O_2, $M_0\mathcal{A}M_2$ satisfont donc comme O_1M_1, O_0O_1, $M_0\mathcal{A}M_1$, aux conditions numériques et topographiques de la définition de l'hélice, et le point M_2, qu'elles déterminent évidemment, est situé sur la ligne, comme M_1 dont il est le symétrique.

Toute autre perpendiculaire de ce genre, MO, jouit de la même propriété, parce qu'il est permis de prendre M pour origine de l'hélice (II).

VIII. *L'hélice est une ligne illimitée continue, gauche et courbe.*

1° Elle est illimitée, parce qu'elle a toujours un point sur un plan perpendiculaire à son âme, quelque éloigné qu'il soit (V).

2° Soient M, M' (*fig.* 223) deux points de l'hélice dont l'écart en hauteur h est inférieur à $\varpi : 4$, dont l'écart angulaire que nous représenterons par 2ω, est, par suite, inférieur à $\mathcal{R} : 4$ (IV), c'est-à-dire aigu, puis O la projection de M sur l'âme, m' le pied sur le parallèle du cylindre passant par M, de la génératrice menée par M', et μ le milieu du segment Mm'.

Comme au n° 498, III, le triangle isocèle MOm' donne Mm' $= 2r \sin \omega$.

Le triangle Mm'M' rectangle en m' donne ensuite

$$\overline{MM'}^2 = \overline{Mm'}^2 + \overline{m'M'}^2 = 4r^2 \sin^2 \omega + h^2.$$

Or, on peut attribuer à h une valeur η assez petite pour que le second membre soit inférieur au carré δ^2 d'une quantité δ de petitesse arbitraire, pour avoir en conséquence MM' $< \delta$. Effectivement, quand h tend vers zéro, il en est de même pour ω, à cause de la proportion $2\omega : \mathcal{R} = h : \varpi$ (IV), pour $\sin \omega$ par suite (443 *bis*). Deux points quelconques M$^{(0)}$, M$^{(i)}$ étant donc pris sur l'hélice, il suffira de prendre leurs projections O$^{(0)}$, O$^{(i)}$ sur l'âme, de diviser le segment O$^{(0)}$O$^{(i)}$ en parties $< \eta$, par les points consécutifs O$^{(0)}$, O$^{(1)}$, ..., O$^{(i-1)}$, O$^{(i)}$, de prendre les points correspondants sur l'hélice, pour réunir sur elle M$^{(0)}$, M$^{(i)}$, par une ligne brisée M$^{(0)}$M$^{(1)}$...M$^{(i-1)}$M$^{(i)}$ dont tous les côtés sont $< \delta$.

3° Si quelque région de l'hélice était plane, il est évident que tout axe de symétrie passant par un point de cette région (VII) serait situé dans son plan, ou perpendiculaire sur lui. Or il est visible au contraire, que trois axes seulement, issus de points distincts dont deux quelconques ont un écart angulaire inférieur à l'angle neutre, ne sont jamais disposés ainsi. A plus forte raison, aucune région ne peut être rectiligne.

4° *L'hélice est une courbe transcendante* (724). Car tout plan passant par son âme, trace sur son cylindre deux génératrices dont chacune la coupe en des points distincts en nombre illimité (VI). Or ceci ne peut avoir lieu pour une ligne algébrique.

IX. *Soient $\mathcal{H}$, $\hbar$ deux exemplaires de l'hélice dédoublée par la pensée, le premier fixe, l'autre mobile et d'abord confondu avec l'autre, puis τ une translation parallèle à l'âme, ρ une rotation autour de cette droite, prises, en grandeurs et directions, proportionnelles à ν, α, à ϖ, $\mathcal{R}$ tout aussi bien* (IV).

Ces deux déplacements subis dans un ordre de succession quelconque, réappliquent toujours $\hbar$ sur $\mathcal{H}$, et on peut les choisir dans ces conditions relatives, de manière à amener un point quelconque m de l'hélice mobile, sur un point quelconque $\mathfrak{M}$ de l'hélice fixe (*Cf.* 761, *inf.*).

Il est évident que tout point m de la première vient au point

𝔐 de la seconde, avec lequel ses écarts sont τ, ρ respectivement, qu'inversement, si m, 𝔐 sont donnés, on amènera le premier sur le second en prenant pour τ, ρ les écarts de m à 𝔐.

X. *L'hélice se réapplique encore sur elle-même, soit par une translation parallèle à l'âme, d'amplitude égale à un multiple entier kϖ de son pas, soit par une rotation autour de l'âme, d'amplitude égale à un multiple entier k𝔑 de l'angle replet, toutes deux de sens quelconques, mais par aucun déplacement simple de l'un ou l'autre genre, dont l'amplitude n'aurait pas une relation de cette sorte avec ϖ ou 𝔑.*

Une telle translation laisse effectivement toute génératrice du cylindre appliquée sur elle-même, transporte chacun des points de l'hélice lui appartenant, en celui qui en est éloigné de k rangs dans le sens du mouvement (VI). Si son amplitude n'est pas de cette forme, la réapplication ne se produit pas, parce que ϖ est le moindre espacement des points en question. *Le pas d'une hélice est ainsi la moindre amplitude des translations parallèles à l'âme, qui puissent réappliquer la courbe sur elle-même.*

Une rotation réapplique toute figure sur elle-même, quand son amplitude est de la forme k𝔑 (**199**), mais non l'hélice si elle a une autre valeur, parce qu'un plan perpendiculaire à l'âme coupe la courbe en un seul point (V).

753. *Tous les points de l'hélice sont ordinaires* (**449**), et en chacun d'eux M, sa tangente se construit comme nous allons l'expliquer.

I. En nommant O (*fig.* 223) la projection de ce point sur l'âme, MG une même demi-génératrice du cylindre, issue de M, et M' un autre point quelconque de l'hélice, dont l'écart en hauteur avec M, $[MM']_n = OO'$, est directement parallèle à MG, avec une amplitude $< \varpi:2$, l'écart angulaire $[MM']_a$ des mêmes points conserve un même sens avec une amplitude $< 𝔑:2$ l'angle neutre (**752**, IV), et ces points M' sont placés ainsi dans un même demi-espace de plancher OMG ; tous les trièdres MOGM' sont donc homotaxiques les uns aux autres (**348**). En outre, *ils le sont encore à tous ceux analogues ayant pour sommets les divers points de l'hélice*, à cause de la possibilité de sa réapplication indéfinie sur elle-même (**752**, IX), et de sa symétrie par rapport à toutes les droites telles que MO (*Ibid.* VII).

Cela étant, nous nommerons *allure* de l'hélice, un de ces trièdres, θ, choisi à volonté.

II. *La tangente à l'hélice est située dans le plan tangent en M à son cylindre, faisant avec la génératrice, avec l'âme par suite, l'angle aigu invariable ι dont la cotangente est* ρ (**589** bis) ; *en outre, les demi-droites* MO, MG *demi-génératrice quelconque issue de M, et* MT *demi-tangente faisant cet angle avec MG, forment un trièdre* MOGT *qui est homotaxique à l'allure* θ (I).

1° L'exactitude de la première affirmation est évidente, puisque l'hélice est une ligne tracée par M sur son cylindre (**461**).

2° *Quand un angle aigu variable b, a pour limite un angle B aigu aussi, ses rapports trigonométriques tendent vers ceux de B, respectivement; et réciproquement.*

On s'en assurera en construisant un triangle fixe ABC rectangle en A, dont l'angle aigu B est égal à la limite considérée, en coupant son côté AC en c par une demi-droite variable Bc faisant l'angle b avec BA, puis en appliquant à toute la figure les considérations générales du n° **446**, I.

3° *Sur un cercle fixe, le rapport variable d'un arc infiniment petit [ab] à sa corde ab, a pour limite 1.*

Dans un état de l'arc (*fig.* 224) où il est devenu inférieur à la demi-circonférence, soient o son centre, i son milieu, ab sa corde, mn un côté d'une ligne brisée variable ayant sa longueur pour limite, V l'angle aigu qu'il forme avec ab, $m'n'$ sa projection sur la corde, et u le milieu de l'arc [mn], tracé sur lui par la bissectrice de l'angle mon (**536**) perpendiculaire à mn. L'angle iou est aigu comme V, parce que u appartient à l'arc [mn] intérieur à [ab], et qu'ainsi ce point est intérieur à l'une des moitiés, [ia] ou [ib], de l'arc [ab] inférieur à une demi-circonférence; pour la même raison, il est inférieur à ioa; en outre, il est égal à V comme étant aigu aussi, avec des côtés perpendiculaires aux siens (**190**); il en résulte $\cos V = \cos iou > \cos ioa$ (**241**, VI).

Cela posé, on a $mn = m'n' : \cos V < m'n' : \cos ioa$, par ce qui précède; pour la longueur de la ligne brisée, on a donc $\Sigma mn < (\Sigma m'n') : \cos ioa < ab : \cos ioa$, puis en passant à la limite $[ab] \leq ab : \cos ioa$. À cause de $[ab] > ab$ (**459**), on a en résumé

$$1 < [ab] : ab \leq 1 : \cos ioa,$$

et par suite $\lim \{[ab] : ab\} = 1$, puisque l'angle au centre ioa étant infiniment petit comme l'arc [ab] dont il intercepte la moitié, son cosinus a 1 pour limite.

4° Soient maintenant M' (*fig.* 223) un point mobile de l'hélice, dont l'écart en hauteur avec M est infiniment petit en demeurant directement parallèle à MG, et m' sa projection sur le parallèle de M. Dans le triangle Mm'M' rectangle en m', on a

$$\cot GMM' = \tan m'MM' = \frac{m'M'}{Mm'} = \frac{m'M'}{\text{arc } Mm'} \cdot \frac{\text{arc } Mm'}{Mm'}$$

$$= p \frac{\text{arc } Mm'}{Mm'} \quad (\mathbf{240}), (\mathbf{752}, \text{IV}),$$

puis, en passant à la limite et en appelant MT la demi-tangente qui est la position-limite de MM' (**456**),

(3) $\qquad \cot i = \cot GMT = p \qquad$ (2°),

à cause de $\lim \{[Mm'] : Mm'\} = 1$ (3°).

434   NOTIONS SUR L'HÉLICE.

5° La demi-tangente MT ne peut se trouver dans le plan méridien OMG du cylindre, puisqu'elle est dans le plan tangent perpendiculaire à celui-ci (**628**), et fait avec leur intersection MG, l'angle aigu de cotangente p. Le trièdre $\overline{\text{MOGT}}$ est donc déchevêtré, et il est homotaxique à θ, comme position-limite de $\overline{\text{MOGM}}'$ qui ne cesse de l'être (I).

L'invariabilité du trièdre $\overline{\text{MOGT}}$ aurait pu être prévue d'après les conditions dans lesquelles l'hélice se réapplique indéfiniment sur elle-même et ses diverses symétries (**752**, IX, VII).

6° Au lieu de l'angle i donné par la formule (3), on considère plus volontiers dans les applications mécaniques, son complément $\mathfrak{I} = 90° - i$, angle de la tangente à l'hélice avec tout plan perpendiculaire à son âme (**331**, I). Cet angle $\mathfrak{I}$, ayant ainsi $p = \varpi : 2\pi r$ pour tangente, est *l'inclinaison* de l'hélice; à l'autre i, on pourrait donner le nom de *coïnclinaison*.

754. Les problèmes suivants se posent dans certaines questions de Mécanique.

I. *Mener à l'hélice une tangente parallèle à une droite donnée* ⊕ *(fig. 225) faisant avec l'âme un angle aigu égal à sa coïnclinaison* i.

Parallèlement à ⊕, on peut mener au cylindre de l'hélice deux plans tangents distincts (**483**, V), (**517**), et leurs génératrices de contact, qui sont parallèles, coupent la courbe en deux séries illimitées de points distincts, ..., M', ... et ..., M", ... (**752**, VI). Soient ensuite M', M" deux de ces points pris à volonté dans des séries différentes, puis O', O" leurs projections sur l'âme, puis M'G', M"G" deux demi-génératrices issues d'eux en parallélisme quelconque, et M'T', M"T" des demi-droites menées de M', M" parallèlement à ⊕, de manière à faire l'angle aigu i avec M'G', M"G". Les trièdres $\overline{\text{M'O'G'T'}}$, $\overline{\text{M"O"G"T"}}$ ayant leurs arêtes parallèles, 1 ou 3 fois inversement, sont inversement égaux (**358**), et un seul d'entre eux peut être homotaxique à l'allure de la courbe (**753**, II). Si c'est le premier, M'T' et les tangentes en tous les points de la série contenant M' sont celles que l'on demandait, les seules visiblement.

Le problème serait impossible, si l'angle aigu de $\mathcal{A}$, ⊕ n'était pas égal à i.

II. *Mener à l'hélice une tangente parallèle à un plan donné* ℘.

Les droites issues d'un même point S de l'espace, parallèlement aux tangentes à l'hélice, font l'angle aigu i avec la parallèle à $\mathcal{A}$, issue de S, ayant ainsi pour lieu le cône de révolution de sommet S, qui a cette parallèle pour axe, avec i pour angle au sommet (**626**, III). On coupera ce cône par le plan issu de son sommet parallèlement à ℘, et chaque droite ⊕ se trouvant dans cette intersection fournira comme ci-dessus (I) une génératrice du cylindre de l'hélice, traçant sur elle les points de contact d'une infinité de tangentes parallèles à ⊕, à ℘ par suite.

On verra facilement que le nombre des droites Φ est 2, 1, 0, selon que l'angle de $\mathcal{P}$ avec $\mathcal{A}$ (**331**, I) est $<$, $=$ ou $> i$, et qu'il n'y a pas d'autres solutions. Quand le plan $\mathcal{P}$ est parallèle à l'âme, les deux séries de tangentes existent toujours, et la bande limitée par les génératrices qui contiennent leurs points de contacts, a l'âme pour bissectrice.

755. *Le plan osculateur à l'hélice en* M, *est déterminé par la tangente* MT (**452**) *et le rayon* MO.

La courbe étant symétrique par rapport à MO (**752**, VII), l'homologue du plan osculateur dans cette symétrie serait un deuxième plan de ce genre, distinct du premier, si celui-ci ne passait pas par cet axe ; or le plan osculateur est essentiellement unique.

Les rayons MO *de l'hélice sont donc ses normales principales* (**453**).

L'angle du plan osculateur et de l'âme est égal à la coinclinaison i. Les arêtes MG, MT du trièdre $\overline{\text{M}}$OGT (*fig.* 223) étant perpendiculaires à MO, leur plan l'est aussi au plan osculateur OMT passant par MO, sur lequel MT est ainsi la projection de MG ; GMT $= i$ est donc l'angle en question, dont l'invariabilité était évidente *a priori* (*Cf.* **753**, II, 5°).

Si m', m'' sont les traces de la génératrice d'un autre point M', sur le parallèle de M et sur le plan osculateur en M, on pourra constater l'identité constante des sens des segments m'M, $m'm''$, puis l'inégalité $m'\text{M} > m'm''$, en considérant que l'arc circulaire [Mm'] surpasse toujours sa corde Mm' (**459**) et, à plus forte raison, la distance de m' à OM. *Le plan osculateur divise donc l'hélice en deux régions illimitées, situées de part et d'autre de lui ; en particulier, il traverse la courbe en son point de contact.*

756. L'hélice n'ayant aucune tangente parallèle à un plan dont l'angle avec l'âme est $> i$ (**754**, II), un quelconque MN de ses arcs est réduit (**455**), et ses points sont entre eux dans les mêmes relations topographiques, que ceux de l'âme, où ils se projettent orthogonalement sur le segment PQ limité par les projections de ses extrémités.

En représentant toujours par $[\text{MN}]_n$, $[\text{MN}]_c$ *les écarts en hauteur et circulaire des points* M, N (**752**, IV), *la longueur de cet arc est fournie par l'une ou l'autre des formules*

$$(4) \quad \text{MN} = \frac{[\text{MN}]_n}{\cos i} = [\text{MN}]_n \frac{\sqrt{1+\rho^2}}{\rho} = [\text{MN}]_c \sqrt{1+\rho^2}.$$

En appelant indéfiniment mn, i et pq, les côtés infiniment petits d'une ligne brisée dont la longueur tend vers celle de l'arc (458), leurs angles aigus avec l'âme et leurs projections sur cette droite, on a

$$MN = \lim \Sigma mn = \lim \Sigma \left[pq \cdot \frac{1}{\cos i} \right] \qquad (244),$$

et, en raisonnant comme au n° 753, II, 4°, on trouvera d'abord $\lim \cot i = p$, d'où $\lim i = i$, puis $\lim \cos i = \cos i$ (*Ibid.* 2°), et $\lim (1 : \cos i) = 1 : \cos i$ (440, IV). On a, d'autre part, $\Sigma pq = PQ = [MN]_n$, égalité entraînant la première des relations (4) par sa combinaison avec un lemme antérieur (542, I). De là, on passe à la seconde immédiatement (241, II, 4°), puis à la troisième par l'intervention des proportions fondamentales (2).

Quand les points M, N sont de moindre distance mutuelle sur une génératrice du cylindre, c'est-à-dire quand leurs écarts en hauteur, angulaire et circulaire, sont ϖ, $\mathcal{R}$, $2\pi r$ (752, VI, IV), l'arc MN se nomme une *spire* de l'hélice. Toutes les spires sont des figures égales (*Ibid.* X), et les formules (4) donnent immédiatement leur longueur commune.

757. *Sur le développement de son cylindre* (684), *l'hélice est représentée par une droite faisant les angles aigus* i, $\mathfrak{I}$ *avec les représentations des génératrices et des sections droites.*

Soient M_0 (*fig.* 226) quelque point de l'hélice pris pour origine, M_0C le parallèle du cylindre passant par M_0, puis M_1, M deux autres points quelconques de la courbe, le premier fixe, l'autre indéterminé, m_1M_1, mM leurs niveaux, M_0m_1, M_0m, les arcs interceptés par leurs azimuths sur le cercle M_0C; soient encore, dans le développement du cylindre, M'_0, M'_0C', M'_1, M' les représentations de M_0, M_0C, M_1, M, puis $m'_1M'_1$, $m'M'$ les distances de M'_1, M' à la droite M'_0C', et $M'_0m'_1$, M'_0m', les segments allant sur M'_0C', de M'_0 à m'_1, m' pieds de ces distances.

D'après la nature de l'hélice, on a, en directions comme en grandeurs, la proportion

$$\frac{mM}{M_0m} = \frac{m_1M_1}{M_0m_1}, \qquad (752, \text{IV}),$$

et, d'après la définition du développement d'un cylindre, on a, en grandeurs, les égalités $m'M' = mM$, $M'_0m' = M_0m$, $m'_1M'_1 = m_1M_1$, $M'_0m'_1 = M_0m_1$, avec identité ou opposition entre les directions de $m'M'$, $m'_1M'_1$ en même temps qu'entre celles de mM, m_1M_1, et entre celles de M'_0m', $M'_0m'_1$, en même temps qu'entre celles de M_0m, M_0m_1. On a donc aussi, en directions comme en grandeurs, la proportion

$$\frac{m'M'}{M'_0m'} = \frac{m'_1M'_1}{M'_0m'_1},$$

en vertu de laquelle (258), le lieu du point M' est la droite $M'_0 M'_1$, faisant bien l'angle $\mathcal{J}$ avec la droite $M'_0 m'_1 C'$, puisqu'on a la proportion $m'_1 M'_1 : M'_0 m'_1 = m_1 M_1 : M_0 m_1 = p = \text{tang } \mathcal{J}$.

Il est évident, inversement, que *toute droite dans le développement, représente quelque hélice du cylindre*.

758. *Deux hélices de pentes et rayons égaux, sont égales directement ou inversement, selon que leurs allures sont homotaxiques ou antitaxiques.*

I. Le cas où il y a homotaxie entre les allures est presque évident, quand les hélices sont tracées sur un même cylindre, à partir d'une même origine ; car en appelant v_1, α_1 pour l'une, v_2, α_2 pour l'autre, les valeurs des constantes v, α, la proportion $v_1 : v_2 = \alpha_1 : \alpha_2$ entraînée, en grandeurs, par l'égalité des pentes combinée avec les relations (2), en directions, par cette homotaxie, placera toujours sur une courbe chaque point de l'autre. Les choses ne sont guère moins visibles quand il est autrement, car les cylindres des hélices sont égaux, et on peut, à la fois, superposer l'un deux et un point donné de son hélice, à l'autre et à un point donné sur la seconde courbe.

II. Si maintenant, les allures sont antitaxiques, elles sont homotaxiques pour la première hélice et la symétrique de la seconde par rapport à un méridien de son cylindre (418, I) ; la troisième hélice étant ainsi égale, à la seconde inversement (473), à la première directement (égalité évidente des pentes et des rayons) (I), la première et la seconde le sont inversement (373, II).

759. *Deux hélices de pentes égales, sont semblables directement ou inversement, selon que leurs allures sont homotaxiques ou antitaxiques.* Conséquence immédiate de ce qui précède et du théorème général du n° 408.

Dans la pratique, où parfois il faut pouvoir préciser telle ou telle des deux allures possibles pour les hélices, on réussit facilement à les distinguer, en les rapportant au corps humain. En considérant par exemple, un homme assis sur un terrain horizontal, le tronc dressé verticalement, les deux jambes allongées en écartement sur le sol, puis un trièdre dont les arêtes suivent la jambe gauche, le tronc, la jambe droite, *et sont numérotées dans cet ordre*, une allure donnée, ayant les arêtes numérotées comme au n° 753, I, est dite *dextrorsum* quand elle est homotaxique au trièdre humain, *sinistrorsum* quand elle lui est antitaxique. Toutes les hélices représentées par nos figures sont dextrorsum.

760. Plusieurs menues observations ne sont pas dénuées d'intérêt.

I. En nommant t la valeur commune variable des rapports (1), celles de n, a qui les rendent égaux, c'est-à-dire qui fournissent tous les points de l'hélice, seront données, tout aussi bien, par l'attribution de toutes les valeurs possibles à l'indéterminée t dans les deux formules

$$n = vt, \qquad a = \alpha t.$$

Ici, et contrairement à notre restriction du début, on peut supposer, soit $\alpha = 0$, soit $v = 0$, ce qui conduit, non plus à une véritable hélice, mais soit à une droite parallèle à $\mathcal{A}$, soit à un cercle d'axe $\mathcal{A}$, passant toutes deux encore par M_0 sur le même cylindre. Ceci rapproche l'hélice de la droite et du cercle, en montrant qu'*elle appartient à une famille de figures qui comprend ces lignes élémentaires*. Avec un peu d'attention, on lui trouvera effectivement beaucoup de propriétés appartenant à ces dernières.

II. *Sur un cylindre de révolution, on peut tracer une infinité d'hélices des deux allures, passant par deux points donnés* M, N.

Il suffit effectivement de prendre : pour origine, M par exemple, pour la constante v, le segment de l'axe $\mathcal{A}$ du cylindre, allant de P à Q, projections de M, N, pour α l'un quelconque des dièdres (saillants ou composés), dirigés aussi, qui vont du demi-plan $\mathcal{A}$M à $\mathcal{A}$N.

Quand P, Q ne se confondent pas, on a de véritables hélices, parmi lesquelles une droite toutefois, si $\mathcal{A}$M, $\mathcal{A}$N coïncident ; à des dièdres de directions opposées, correspondent des hélices d'allures différentes. Quand ces points se confondent, on ne trouve qu'un parallèle du cylindre, se répétant indéfiniment (I).

III. *Sur un cylindre de révolution, le plus court chemin entre deux points* M, N, *est l'arc qu'ils limitent sur une des hélices passant par eux* (II).

Car, sur le développement plan du cylindre, ce plus court chemin doit donner celui de M' à N', représentations de M, N (**684**), c'est-à-dire un segment rectiligne (**459**), et à toute droite du développement, correspond une hélice sur le cylindre (**757**).

On obtient évidemment l'hélice du plus court chemin, en prenant pour la constante α le dièdre saillant (ou l'un des neutres) compris entre les demi-plans $\mathcal{A}$M, $\mathcal{A}$N (II).

IV. *A toute ligne brisée régulière de première espèce* (**426**), *on peut circonscrire une infinité d'hélices*. Car une telle ligne est évidemment inscrite dans le cylindre de révolution, de même rayon, qui a son âme pour axe (**429**), puis dans toute hélice tracée sur ce cylindre par les deux extrémités d'un côté quelconque (II).

Le lecteur verra sans peine comment les choses se passent pour une ligne de troisième espèce, et il rapprochera utilement tout ceci, de ce que nous avons vu aux n[os] **602** et suivants. Il n'est pas possible d'*inscrire* une hélice à une ligne de première espèce, parce que deux tangentes à une telle courbe ne se rencontrent jamais, comme on s'en assurera avec un peu d'attention.

761. Les réapplications de l'hélice mobile h du n° **752**, IX sur l'hélice fixe $\mathcal{H}$, sont encore réalisables par des déplacements attribuant à tous ses points, la courbe fixe pour trajectoirec ommune. Plus brièvement, une hélice est susceptible de glisser indéfiniment sur elle-même, partageant ainsi avec ses dégénérescences rectilignes et circulaires (I) leur propriété capitale (**17**, III), (**498**, I).

762. *Quand une figure solide se meut de manière qu'une hélice solidaire (non dégénérée en une droite) glisse ainsi sur elle-même, tous ses points décrivent des hélices de même âme, de même pas, et chacune de ces dernières, solidarisée avec la figure, glisse encore simplement sur elle-même.*

La démonstration est si facile, que nous pouvons en laisser le soin au lecteur; il remarquera que, parmi toutes ces hélices, une seule est dégénérée, savoir leur âme commune, glissant sur elle-même comme toutes les autres.

On nomme *hélicoïdal* un mouvement de ce genre, dont la considération est d'une grande importance en Cinématique.

En particulier, *tout déplacement d'une figure peut être réalisé d'une infinité de manières, par un mouvement hélicoïdal.*

En construisant en effet dans la figure, une ligne brisée régulière dont le déplacement considéré opère une réapplication graduelle (**712**, I), on guidera un pareil mouvement par une quelconque des hélices circonscrites à cette ligne (**760**, IV).

763. Les propriétés de l'hélice trouvent des applications de la dernière utilité dans l'art des constructions mécaniques et autres, où elles dominent la taille des *vis* et de leurs *écrous*, le tracé des propulseurs préférés des bateaux à vapeur, des turbines hydrauliques, des ailes des moulins à vent, etc., etc. Elles ont encore fourni le principe de la *vis d'Archimède*, machine à élever l'eau, à déplacer les matières divisées, ..., dont l'invention est attribuée au grand géomètre de l'antiquité.

Le rapprochement des théorèmes des n°° **752**, IX et **761** montrera facilement, qu'*on peut remplacer toute translation d'une hélice, parallèle à son âme, par la combinaison d'un glissement sur elle-même et d'une rotation autour de la même droite; toute rotation de ce genre, par un pareil glissement accompagné d'une translation parallèle à l'âme.*

Si donc on a, par exemple, une vis et son écrou, assemblés en toute liberté de glisser l'un sur l'autre (système ayant pour schéma celui de deux hélices identiques maintenues en application mutuelle, libres autrement), et si on fait tourner une de ces pièces dans l'espace, autour de l'âme commune, l'autre pièce, avec un glissement relatif sur la première, subira une translation dans l'espace, moyennant que de tels déplacements lui soient seuls permis. D'où, avec ses conséquences cinématiques et mécaniques, *la transformation d'un mouvement circulaire en un mouvement rectiligne*, et *la transformation inverse* tout aussi bien, par l'imposition d'une translation à une pièce, avec liberté exclusive de tourner laissée à l'autre.

(D'où cette illusion d'optique si connue : quand une vis *bien régulière* et *de très faible pente*, tourne autour de son âme, elle paraît animée d'une simple translation parallèle à cette droite. Effectivement, son déplacement est décomposable en un glissement sur elle-même, qui échapperait à l'œil à cause de l'uniformité du filet, et une translation à laquelle il croit, de préférence au déplacement réel, parce que son amplitude est minime par rapport à celle de ce dernier. Pour une cause analogue, une vis de pente considérable semble tourner, quand elle se transporte parallèlement à son âme.)

Des mêmes principes, dérivent les propriétés si précieuses des vis *dormantes*, relativement à leur pose, au forage de leurs trous par elles-mêmes dans les matériaux sans dureté, à leur serrage d'un règlement si précis, si facile en outre ainsi que leur démontage, ..., propriétés auxquelles s'ajoute la fixité procurée ensuite par l'intensité du frottement naturel. La réunion de ces remarquables qualités les fait employer par milliards, à l'assemblage des pièces dans les constructions les plus variées. (Les vis dormantes et la plupart des autres sont dextrorsum (759), allure facilitant beaucoup leur maniement par la main et le bras droits ; mais l'allure sinistrorsum peut être imposée par certaines nécessités.)

La forme de l'hélice, des formes très voisines tout au moins, sont fréquemment perceptibles chez les êtres organisés : conformation du test des escargots et d'autres mollusques univalves fort nombreux ; incurvation des tiges des plantes volubiles sur des supports cylindriques (dextrorsum pour le haricot, le liseron, ..., sinistrorsum pour le houblon) ; alignement, sur un membre quelconque d'un végétal, des insertions des membres de la génération suivante ; structure des trachées, chez les végétaux et les insectes ; etc., etc.

Enfin, des décorations où l'hélice joue des rôles variés, ne sont pas rares sur les colonnes des monuments, des meubles, et sur quantités d'autres objets cylindriques.

APPENDICE

CENT SPÉCIMENS D'EXERCICES SUR LES CINQ PREMIERS CHAPITRES.

(N. B. La *discussion* d'une question consiste à distinguer les cas divers qu'elle peut présenter, et à les étudier séparément. *Les élèves accéléreront infiniment leurs progrès en faisant,* AVEC LE PLUS GRAND SOIN, *la discussion de toutes celles qui s'y prêtent.*)

1. Conditions pour que 3, 4, ..., points donnés se trouvent sur plusieurs plans distincts, pour que 3, 4, ... plans donnés aient plus d'un point commun.
2. Comment sont disposés les plans menés d'un même point à plusieurs droites concourantes? à plusieurs droites parallèles?
3. Disposition des intersections deux à deux, de plusieurs plans : 1° concourant en un même point ; 2° parallèles à une même droite.
4. Lieu des droites passant par un point donné, et s'appuyant sur une droite donnée.
5. Lieu des droites rencontrant à la fois deux droites concourantes ou parallèles.
6. Quand deux droites ne sont pas dans un même plan, on ne peut trouver deux droites les rencontrant, qui se rencontrent elles-mêmes ou soient parallèles.
7. Par deux droites données, mener deux plans dont l'intersection soit sur un troisième donné.
8. Par un point donné, mener une droite s'appuyant à la fois sur deux droites données.
9. Parallèlement à une droite donnée, en mener une autre qui s'appuie sur deux droites données.
10. Par deux droites données, mener respectivement deux plans dont l'intersection passe par un point donné, ou bien soit parallèle à une droite donnée.
11. Mener une droite qui en rencontre quatre autres dont deux sont parallèles.
12. Lieu de l'intersection de deux plans menés de deux droites fixes situées dans un même plan, à tous les points d'une droite fixe.
13. Par deux droites fixes A, B et un point mobile sur une troisième C, on fait passer deux plans mobiles ; si l'intersection de ces derniers engendre un plan, A, B sont concourantes ou parallèles.
14. Sur un même plan, concourent ou sont parallèles, les traces de plans menés d'un même point à plusieurs droites, soit concourantes, soit parallèles.

15. Lieu des traces sur un plan fixe, de droites s'appuyant sur une droite fixe, en passant par un point fixe, ou en restant parallèles à une droite fixe. (Le second lieu est la *projection* de la première droite fixe, faite sur *le plan fixe, parallèlement* à la seconde droite fixe.)

16. Disposition de trois plans n'ayant aucun point commun à eux tous ? de leurs intersections deux à deux ?

17. Sur un plan et par un de ses points, donnés tous deux, tracer une droite qui soit parallèle à un autre plan donné, ou qui rencontre une droite donnée.

18. D'un point donné, mener une droite qui rencontre une droite donnée et soit parallèle à un plan donné.

19. D'un point donné, mener une droite qui soit parallèle à la fois à deux plans donnés.

20. Mener un plan qui en coupe deux autres suivant des droites parallèles : 1° par une droite donnée ; 2° par un point donné et parallèlement à une droite donnée.

21. Par une droite donnée, mener un plan qui en coupe un autre suivant une droite parallèle à un second plan donné.

22. Quand deux plans sont respectivement parallèles à deux autres, ils donnent deux à deux quatre intersections qui sont toutes parallèles entre elles.

23. Deux droites étant données, on projette parallèlement à l'une d'elles et sur un même plan, les droites qui les rencontrent toutes deux ; quelle est la disposition de ces projections ?

24. Comment sont disposés deux plans dont l'un contient deux droites respectivement parallèles à deux droites de l'autre ?

25. Lieu de l'intersection de deux plans mobiles menés de tous les points d'une droite fixe, parallèlement à deux plans fixes respectivement.

26. Si par diverses droites parallèles entre elles, on fait passer des plans parallèles à une même autre, non parallèle aux premières, les traces de ces plans sur un même autre sont parallèles les unes aux autres.

27. Deux plans étant donnés, mener par un point donné une droite n'en rencontrant aucun.

28. Deux droites étant données, mener par un point donné un plan n'en rencontrant aucune.

29. Quand deux droites sont parallèles, leurs projections sur un même plan, faites parallèlement à une même droite sont parallèles.

30. Pour que la réciproque soit vraie, à quelle condition faut-il assujettir encore les droites données ?

31. Quand une droite D située dans un plan P est parallèle à un plan Q coupant celui-ci, sa projection sur Q est parallèle à la trace de P ; et réciproquement, si la projection n'a pas été faite parallèlement à quelque droite de P.

32. Un plan perpendiculaire à une droite et une droite non orthogonale à celle-ci se rencontrent.

33. Quand une figure solide formée par deux droites parallèles tourne autour de l'une prise pour axe, deux positions quelconques de l'autre sont parallèles entre elles.

34. Quand il s'agit d'un plan tournant autour d'un axe qui lui est parallèle, toutes les intersections de deux quelconques de ses positions sont parallèles entre elles.

EXERCICES SUR LES CINQ PREMIERS CHAPITRES. 443

35. Surface engendrée par une droite tournant autour d'un axe qui lui est orthogonal.

36. Lieu des pieds des perpendiculaires abaissées sur un plan fixe, de tous les points d'une droite fixe (ce lieu est la *projection orthogonale* de la droite sur le plan).

37. Mener une droite qui rencontre deux droites données, et soit perpendiculaire à un plan donné.

38. Surface engendrée par les perpendiculaires abaissées d'un point fixe, sur tous les plans qui passent par une droite fixe.

39. Lieu des pieds des perpendiculaires abaissées d'un point fixe sur tous les plans parallèles à une droite fixe.

40. Les traces de deux plans mutuellement perpendiculaires, sur une troisième perpendiculaire à l'un d'eux, sont des droites perpendiculaires.

41. Si deux droites perpendiculaires sont situées respectivement dans deux plans perpendiculaires, leur plan est perpendiculaire à l'un de ces derniers, et l'une d'elles est perpendiculaire à l'intersection des mêmes plans.

42. Condition pour que les perpendiculaires abaissées de tous les points d'une droite donnée, sur une autre, soient dans un même plan.

43. Quand une droite A est orthogonale à deux autres B, C non parallèles entre elles, tout plan parallèle à A, B simultanément, ou à A, C, est perpendiculaire à tout plan parallèle à B, C.

44. Quand trois plans sont perpendiculaires deux à deux, leurs trois intersections jouissent de la même propriété mutuelle.

45. Deux assemblages composés chacun de trois plans de ce genre sont toujours superposables ; de combien de manières ?

46. Quand trois droites sont deux à deux orthogonales, un plan parallèle à deux d'entre elles est perpendiculaire à tout autre parallèle à la troisième.

47. Surface engendrée par une droite qui se meut en restant à la fois parallèle à un plan fixe et perpendiculaire à une droite fixe.

48. Par un point donné, mener un plan qui soit perpendiculaire à deux plans donnés.

49. Par un point donné, mener un plan qui soit parallèle à une droite donnée et perpendiculaire sur un plan donné.

50. Mener une droite orthogonale à deux droites données : 1° par un point donné ; 2° s'appuyant sur deux droites données.

51. L'intersection de deux plans et la droite qui joint les pieds des perpendiculaires abaissées d'un même point sur eux sont orthogonales.

52. Par un point donné et parallèlement à un plan donné, mener une droite orthogonale à une droite donnée.

53. Soient D′, D″ les projections orthogonales d'une droite D sur deux plans perpendiculaires se coupant suivant la droite T ; si D est parallèle à T, ses projections D′, D″ le sont aussi ; et réciproquement.

54. Soient E′, E″ les projections orthogonales d'une seconde droite E sur les mêmes plans ; si D′, D″ sont respectivement parallèles à E′, E″, les droites D, E le sont l'une à l'autre, sauf dans un cas d'incertitude que l'on indiquera.

55. Énoncer et démontrer les deux propositions précédentes pour des projections faites sur des plans quelconques, parallèlement à des droites quelconques.

56. Si une droite et un plan sont perpendiculaires, sur un même plan quelconque la projection orthogonale de l'une et la trace de l'autre sont perpendiculaires aussi.

57. Soient D′, D″ les projections orthogonales d'une droite D sur deux plans non parallèles, et P′, P″ les traces d'un plan P sur ces derniers ; si D′, D″ sont respectivement perpendiculaires à P′, P″, la droite D et le plan P sont mutuellement perpendiculaires, sauf dans un cas d'incertitude à indiquer.

58. Si les droites $A'p'$, $A''p''$ sont perpendiculaires à un même plan P, et si $A'q'$, $A''q''$ le sont à un autre plan Q non parallèle au premier, les plans $p'A'q'$, $p''A''q''$ sont parallèles.

59. Si les projections orthogonales sur un même plan, de deux droites mutuellement orthogonales, sont perpendiculaires l'une à l'autre, l'une de ces droites est parallèle au plan de projection.

60. Des plans tous perpendiculaires à un même autre sont parallèles à une même droite.

61. Sur deux plans se coupant suivant une droite T, on projette orthogonalement en a', a'' un même point A, puis on rabat un de ces plans sur l'autre par une rotation convenable autour de T ; après ce rabattement, la position de $a'a''$ est perpendiculaire sur T.

62. Réciproquement, a' et a'' étaient les projections orthogonales d'un même point de l'espace, si, après le rabattement, la position de $a'a''$ est perpendiculaire sur T.

63. Dans la projection orthogonale de deux droites sur un plan perpendiculaire à l'une d'elle, assigner celle de leur perpendiculaire commune.

64. D'un point a on abaisse une perpendiculaire sur une droite B située dans un plan P ; en b, pied de cette perpendiculaire ; et dans le plan P, on élève une perpendiculaire C à B, puis, de a, on abaisse sur C une perpendiculaire D ; prouver que cette droite D est perpendiculaire sur le plan P.

65. Dans un plan donné et par un point donné, mener une droite sur laquelle se confondent les pieds des perpendiculaires abaissées de deux points donnés dans l'espace.

66. Par un point donné, mener une droite sur laquelle se confondent les pieds des perpendiculaires abaissées de trois autres points donnés.

67. Sur la droite d'un segment AB, un point mobile M part de son milieu O et s'en éloigne indéfiniment en marchant sans cesse dans la direction OB ; comment varie le rapport AM : BM ?

68. Soient a, b, c et a', b', c', deux systèmes de trois points ; si les segments ab, bc sont égaux et directement parallèles à $a'b'$, $b'c'$ respectivement, le segment ac est tel par rapport à $a'c'$; et de même en cas de parallélismes inverses.

69. Généraliser la proposition précédente, pour des systèmes de points en nombres égaux quelconques.

70. Un point O et deux segments dirigés m, n étant donnés, on porte à partir de O, en OM′, un segment égal et (directement) parallèle à m, puis à partir de M′, en M′N″, un autre égal et parallèle à n ; ensuite on porte à partir de O, en ON′, un segment égal et parallèle à n, puis à partir de N′, en N′M″, un autre égal et parallèle à m ; prouver que les points N″ et M″ se confondent.

71. Etendre cette proposition à des segments m, n, p,... en nombre quelconque.

72. Lieu du point m divisant dans un même rapport $a:b$, et toujours d'une même manière, le segment On allant d'un point fixe O à un point quelconque n d'une droite fixe D.

73. Même question, en remplaçant la droite D par un plan P.

74. Lieu des points m tels, qu'en nommant p, q les tracés de la droite Om sur deux plans fixes P, Q, m divise dans des rapports donnés $a:b$, $c:d$, et de manières données aussi, les segments Op, Oq respectivement.

75. Si sur deux droites D, D' les points a, b, c,... et a', b', c',... découpent des segments proportionnels, c'est-à-dire si l'on a indéfiniment $ab:a'b' = ac:a'c' = bc:b'c' = ...$, les droites aa', bb' cc',... sont parallèles à un même plan.

76. Si, en outre, D et D' sont parallèles, aa', bb', cc',... sont concourantes ou parallèles.

77. Si D et D' sont dans un même plan, et si aa', bb' sont parallèles, cc', dd', ... sont toutes parallèles à celles-ci.

78. Si deux droites parallèles D et D' sont coupées en a, b, c,... et en a', b', c',... par des plans issus d'une même droite I, les segments ab, ac, bc,... sont proportionnels à $a'b'$, $a'c'$, $b'c'$,...

79. Lieu du point p divisant d'une manière et dans un rapport $\mu:\nu$ tous deux donnés, un segment variable mn dont les extrémités se meuvent indéfiniment sur deux droites fixes $\mathfrak{M}$, $\mathfrak{N}$.

80. Quatre points A, B, C, D étant donnés non dans un même plan, on demande une direction de plans projetants telle, qu'en nommant A', B', C', D' leurs projections sur quelque droite, B', C' divisent en trois parties égales le segment A', D'.

81. Si a, b, c, d désignent quatre points quelconques, les milieux des segments ab, bc, cd, da sont dans un même plan.

82. Les perpendiculaires à une même droite qui en rencontrent une seconde, divisent celle-ci en segments proportionnels à ceux que leurs pieds découpent sur la première.

83. Quand trois droites A, B, C sont parallèles à un même plan sans l'être mutuellement, trois autres M, N, P les rencontrant toutes sont parallèles aussi à quelque même plan. (On s'aidera par la considération des projections de toutes ces droites, faites sur un plan quelconque parallèlement à l'une des trois premières.)

84. Etant donnés une droite D, un plan P, tous deux fixes et non parallèles, puis un rapport invariable $a:a'$, soit mm' un segment variable dont la droite demeure parallèle à P et rencontre D en un point d le divisant sans cesse dans le rapport $a:a'$, d'une manière donnée. Quel est le lieu de m', quand m décrit une droite?

85. Lieu du même point m', quand m se meut indéfiniment sur un plan.

86. Dans un plan, les droites $[m']$, $[m'']$ issues d'un même point mobile m parallèlement à deux droites données P', P'', en divisent deux autres D', D'' en segments proportionnels; quel est le lieu du point m?

87. Que devient ce lieu quand on remplace les droites P', P'' par des plans, et qu'on place les droites D', D'' arbitrairement dans l'espace?

88. Une figure solide étant composée de deux droites A, B, si A' est la position de A après un demi-tour de la figure exécuté autour de B, les trois droites A, B, A' sont perpendiculaires à une même autre.

89. En tournant autour d'une droite fixe à laquelle il est invariablement attaché, un plan mobile coupe sous un angle constant tout plan perpendiculaire à l'axe.

90. Sur des plans parallèles au sien, un angle se projette suivant d'autres tous égaux entre eux.

91. Etendre à des dièdres, à des plans, les théorèmes des n°s **182, 184, 185, 190** sur des angles rectilignes et des droites.

92. Deux demi-plans opposés divisent dans le même rapport deux dièdres opposés par leur arête commune.

93. Si les segments Oa, Ob, Oc, Od,... sont égaux et parallèles à $O'a'$, $O'b'$, $O'c'$, $O'd'$, ..., tous directement, ou tous inversement, sont égaux respectivement : 1° les segments ab, bc, ac,... à $a'b'$, $b'c'$, $a'c'$,...; 2° les angles rectilignes bac,.., à $b'a'c'$,...; 3° les dièdres $abcd$,... à $a'b'c'd'$,...

94. Soient A un axe de rotation, P un plan solidarisé avec lui, et P' sa position après un demi-tour exécuté autour de A ; si P est parallèle à l'axe, il l'est aussi à P'; s'il le rencontre, il coupe P' suivant une droite perpendiculaire à cet axe.

95. Un angle rectiligne et sa position après un demi-tour exécuté autour d'un axe parallèle ou perpendiculaire à sa *bissectrice* (demi-droite divisant cet angle en deux parties égales), ont leurs côtés parallèles.

96. Trouver la proposition correspondante pour un angle dièdre.

97. Si les segments ac, bd sont perpendiculaires et ont même point milieu, on a $ab = bc = cd = da$, les droites ab, ad sont inversement parallèles à cd, cb, la droite ac est la bissectrice des angles bad, bcd, et bd est celle de abc, adc. Si enfin $ac = bd$, ces quatre angles sont droits.

98. La bissectrice de l'angle plan d'un dièdre est celle aussi de tout angle rectiligne résultant de la section du dièdre par un plan qui la contient.

99. Quatre points distincts a, b, c, d sont dans un même plan, si les angles abc, bcd, cda, dab sont tous droits.

100. Quatre droites A, B, C, D étant parallèles, si les plans AB, AC sont respectivement parallèles à DC, DB, les demi-plans divisant en deux parties égales les dièdres BAC, BDC sont parallèles entre eux et perpendiculaires à ceux qui jouissent des mêmes propriétés pour les dièdres ABD, ACD.

TABLE DES MATIÈRES

	Pages.
PRÉFACE	v

CHAPITRE PREMIER. — *Premières notions* 1
  Objet et nature de la Géométrie. — Abstractions fondamentales. — Premières propriétés de la droite et du plan. — Notion de direction et premiers faits s'y rattachant. — Premières applications.

CHAP. II. — *Parallélisme des droites et des plans. — Cas d'intersection* 17
  Mouvement de translation. — Parallélisme en général. — Droites parallèles. — Droite et plan parallèles. — Plans parallèles. — Applications. — Cas d'intersection des droites et des plans. — Parallélisme des demi-droites, demi-plans, demi-espaces.

CHAP. III. — *Perpendicularité des droites et des plans* 29
  Mouvement de rotation. — Perpendicularité en général. — Plans perpendiculaires à des droites. — Droites perpendiculaires — Plans perpendiculaires. — Nature du mouvement d'une figure dont un plan glisse sur un plan fixe.

CHAP. IV. — *Comparaison des segments rectilignes* 41
  Définitions et premières propositions. — Segments découpés sur deux droites par des droites parallèles ou des plans parallèles. — Applications.

CHAP. V. — *Comparaison des angles* 61
  Angles rectilignes en général. — Angles à côtés parallèles. — Angle droit. — Angles dièdres. — Applications.

CHAP. VI. — *Propriétés fondamentales des triangles* 82
  Polygones en général. — Relations entre les angles d'un même triangle. — Premières relations entre les triangles équiangles. — Premiers cas d'égalité des triangles. — Applications. — Triangles et autres figures polygonales homotaxiques ou antitaxiques dans un même plan. — Relation entre les côtés d'un triangle et la projection de l'un d'eux sur un autre. — Triangles rectangles. — Triangles à côtés proportionnels. — Applications. — Triangle isocèle. — Rapports trigonométriques d'un angle saillant.

TABLE DES MATIÈRES.

Chap. VII. — *Définition de diverses distances.* — *Premiers lieux rectilignes ou plans se rattachant à leur considération* 110
Distance de deux points. — Distance d'un point à une droite. — Distance d'un point à un plan. — Distance de deux droites ou de deux plans parallèles, de deux droites non parallèles. — Projection orthogonale d'une ligne brisée sur une droite.

Chap. VIII. — *Aires planes polygonales* 128
Faits topographiques et axiomes. — Comparaison des aires de deux triangles. — Mesure des aires polygonales courantes.

Chap. IX. — *Surfaces prismatiques.* — *Projections sur un plan.* . . . 144
Surfaces brisées, en général. — Surfaces prismatiques. — Aires découpées sur deux plans par des surfaces prismatiques parallèles.

Chap. X. — *Angles solides, trièdres principalement* 152
Surfaces pyramidales. — Angles solides en général. — Inégalités entre les angles d'un même trièdre et entre ses faces. — Trièdres homotaxiques ou antitaxiques. — Trièdres supplémentaires. — Trièdres rectangles. — Principaux cas d'égalité ou d'isomérie de deux trièdres. — Mesure de l'amplitude d'un angle solide (déchevêtré).

Chap. XI. — *Figures polyédriques en général.* — *Volumes polyédriques.* 175
Généralités sur les polyèdres. — Comparaison des volumes de deux tétraèdres. — Mesure des volumes polyédriques courants.

Chap. XII. — *Figures homothétiques, figures semblables* . . . 195
Figures homothétiques. — Figures semblables. — Centre d'homothétie. — Volume du tronc de pyramide.

Chap. XII bis. — *Figures symétriques* 207
Symétrie de deux figures par rapport à une droite. — Symétrie de deux figures par rapport à un plan. — Symétrie absolue d'une figure. — Lignes brisées régulières.

Chap. XIII. — *Généralités sur les figures courbes* 224
Notions préliminaires sur les variantes. — Variantes géométriques. — Lignes courbes en général. — Aire plane limitée par un contour curviligne. — Surfaces courbes en général. — Similitude et symétrie des figures courbes.

Chap. XIV. — *Surfaces cylindriques en général.* 245
Définitions et premières propriétés. — Plan tangent.

Chap. XV. — *Surfaces coniques en général* 250
Définitions et premières propriétés. — Plan tangent.

Chap. XVI. — *Principes de la théorie du cercle.* 255
Définitions et premières propriétés. — Sécantes rectilignes, diamètres. — Tangente. — Puissance d'un point par rapport

TABLE DES MATIÈRES. 449

à un cercle. — Propriété harmonique de la polaire d'un point. — Normale (principale).

CHAP. XVII. — *Mesure des arcs de cercles et des aires planes qu'ils limitent. — Comparaison des angles par des arcs de cercles* 277

Longueur d'un arc de cercle. — Mesure d'une aire plane dont le contour est composé de segments rectilignes et d'arcs de cercles. — Applications du cercle à la mesure pratique des angles et à leur comparaison théorique.

CHAP. XVIII. — *Principaux lieux circulaires* 289

Homologues des points d'un cercle dans une figure semblable. — Points d'une même puissance donnée par rapport à un cercle. — Points dont les distances à des points ou droites fixes ont entre elles certaines relations simples. — Segment capable d'un angle donné. — Lignes inverses d'une droite, d'un cercle.

CHAP. XIX. — *Système de deux cercles (dans un même plan)*. . . 306

Points communs. — Homothétie. — Tangentes communes. — Inversion et homologie.

CHAP. XX. — *Constructions simples s'exécutant par des intersections de droites et de cercles* 313

Constructions exigeant l'emploi du cercle. — Constructions n'exigeant pas le cercle, mais facilitées par son emploi, ou rendues plus précises. — Usages du rapporteur.

CHAP. XXI. — *Construction des polygones réguliers élémentaires* . 320

Généralités sur les polygones réguliers. — Inscription des polygones réguliers les plus simples. — Calcul du nombre π par la duplication indéfinie du nombre des côtés d'un polygone régulier.

CHAP. XXII. — *Surfaces de révolution en général* 337

Le cercle considéré dans l'espace. — Propriétés élémentaires des surfaces de révolution.

CHAP. XXIII. — *Principes de la théorie de la sphère* 346

Sécantes rectilignes, plans diamétraux. — Sections planes, diamètres. — Tangentes et plans tangents. — Cône et cylindre circonscrits. — Puissance d'un point par rapport à une sphère. — Normales et plans normaux.

CHAP. XXIV. — *Principaux lieux sphériques. — Systèmes de deux, de trois sphères* 355

Lieux divers. — Figures inverses d'un plan, d'une sphère, d'une circonférence. — Système de deux sphères. — Système de trois sphères.

CHAP. XXV. — *Figures tracées sur une même sphère* 362

Grands cercles, triangles sphériques. — Plus courte distance de deux points sur une sphère. — Petits cercles.

29

450   TABLE DES MATIÈRES.

CHAP. XXVI. — *Mesure des corps ronds* 374
   Aires cylindriques et coniques. — Volume d'un tronc cylindrique ou conique. — Aires sphériques limitées par des arcs de cercles. — Volumes du secteur et du segment sphériques.

ADDITION I. — *Relations entre les paires de segments déterminées sur les côtés d'un triangle ou d'un quadrilatère gauche, par certaines droites ou plans sécants.* 390

ADDITION II. — *Nature d'un déplacement quelconque d'une figure solide* 394

ADDITION III. — *Théorème de M. Mannheim sur le quadrilatère inscriptible* 397

ADDITION IV. — *Premières notions sur les coniques* 399
   Définition et propriétés communes. — Ellipse ($e < 1$). — Hyperbole ($e > 1$). — Parabole ($e = 1$). — Sections planes d'un cylindre, d'un cône circulaires.

ADDITION V. — *Notice sur l'hélice* 427

APPENDICE. — *Cent spécimens d'exercices sur les cinq premiers chapitres.* 441

NOUVEAUX
ÉLÉMENTS DE GÉOMÉTRIE

PAR

Ch. MÉRAY

CORRESPONDANT DE L'INSTITUT (ACADÉMIE DES SCIENCES)
PROFESSEUR A L'UNIVERSITÉ DE DIJON

NOUVELLE ÉDITION REFONDUE ET AUGMENTÉE

Honorée d'une triple souscription du Ministère de l'Instruction publique

(Directions de l'Enseignement supérieur,
de l'Enseignement secondaire, de l'Enseignement primaire).

FIGURES

DIJON

P. JOBARD, IMPRIMEUR-ÉDITEUR

Place Darcy, 9

—

1903

(Tous droits réservés.)

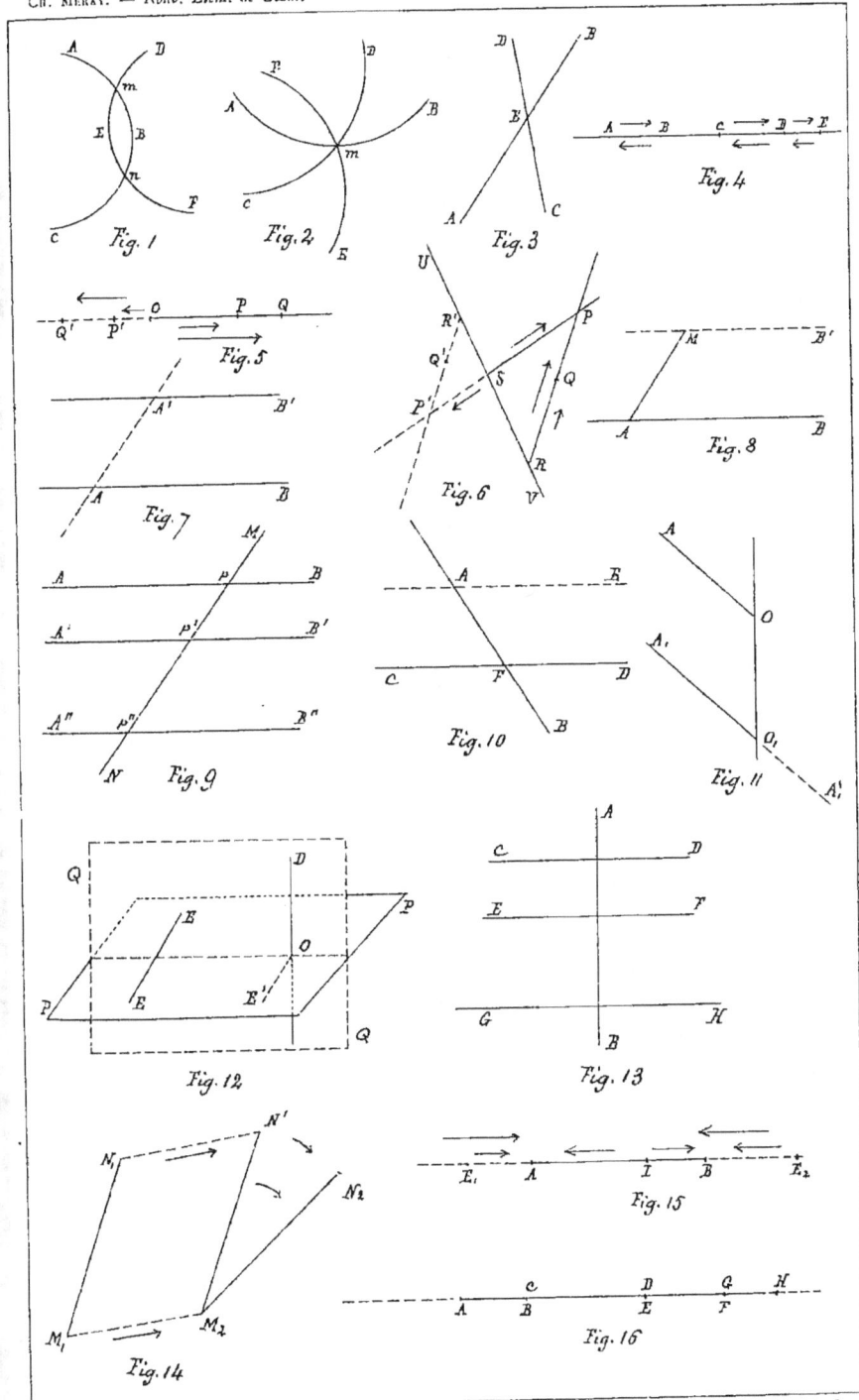

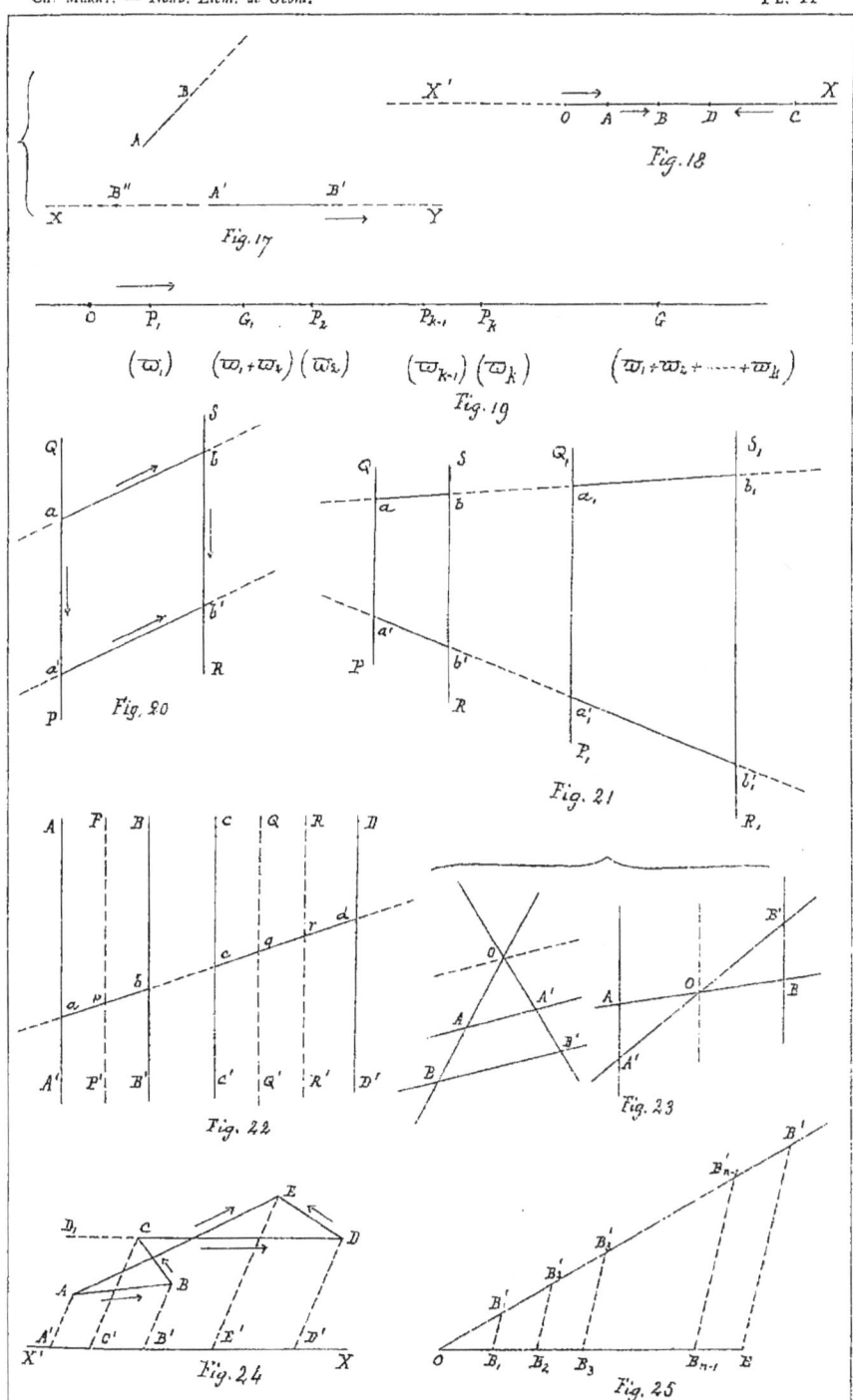

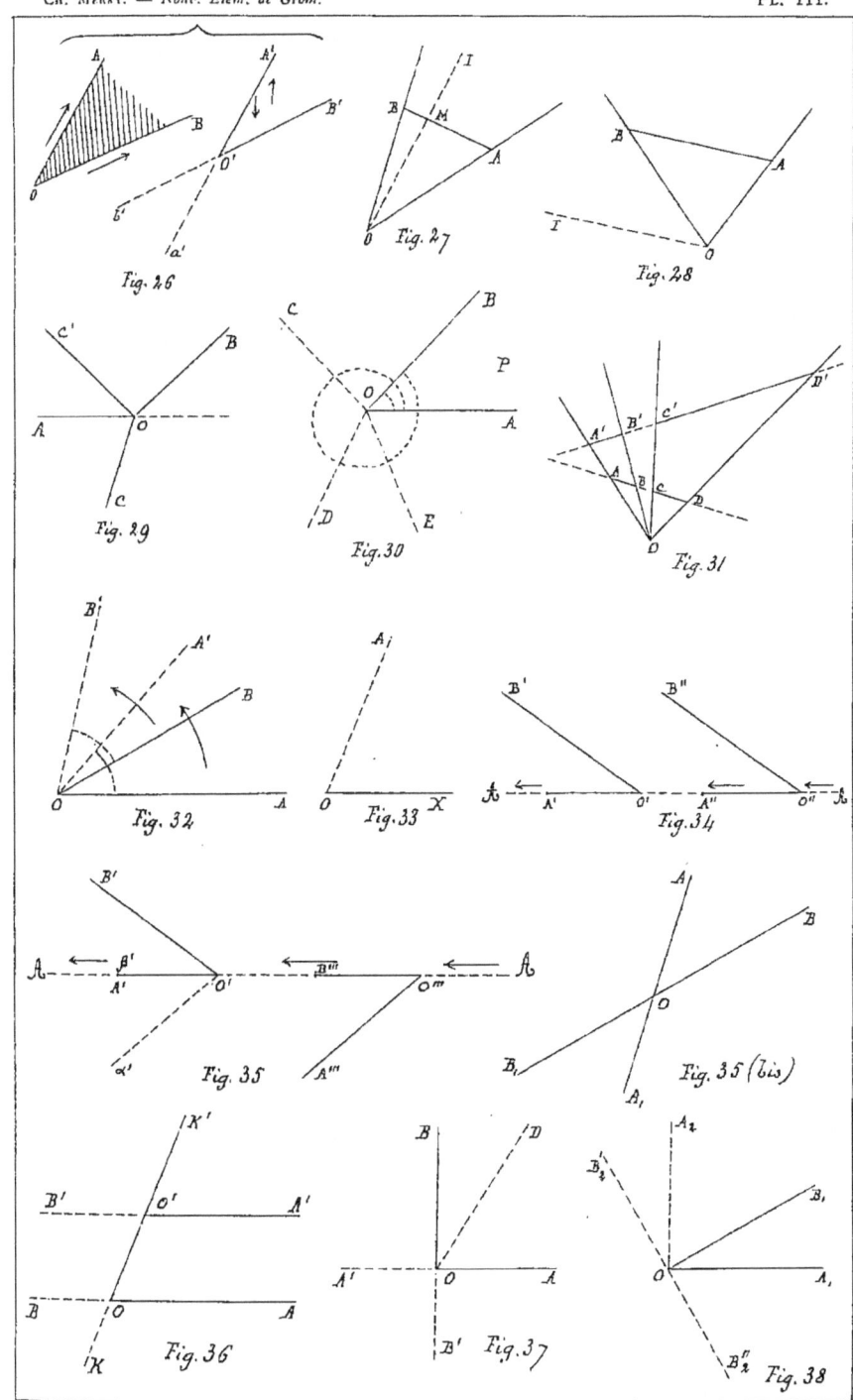

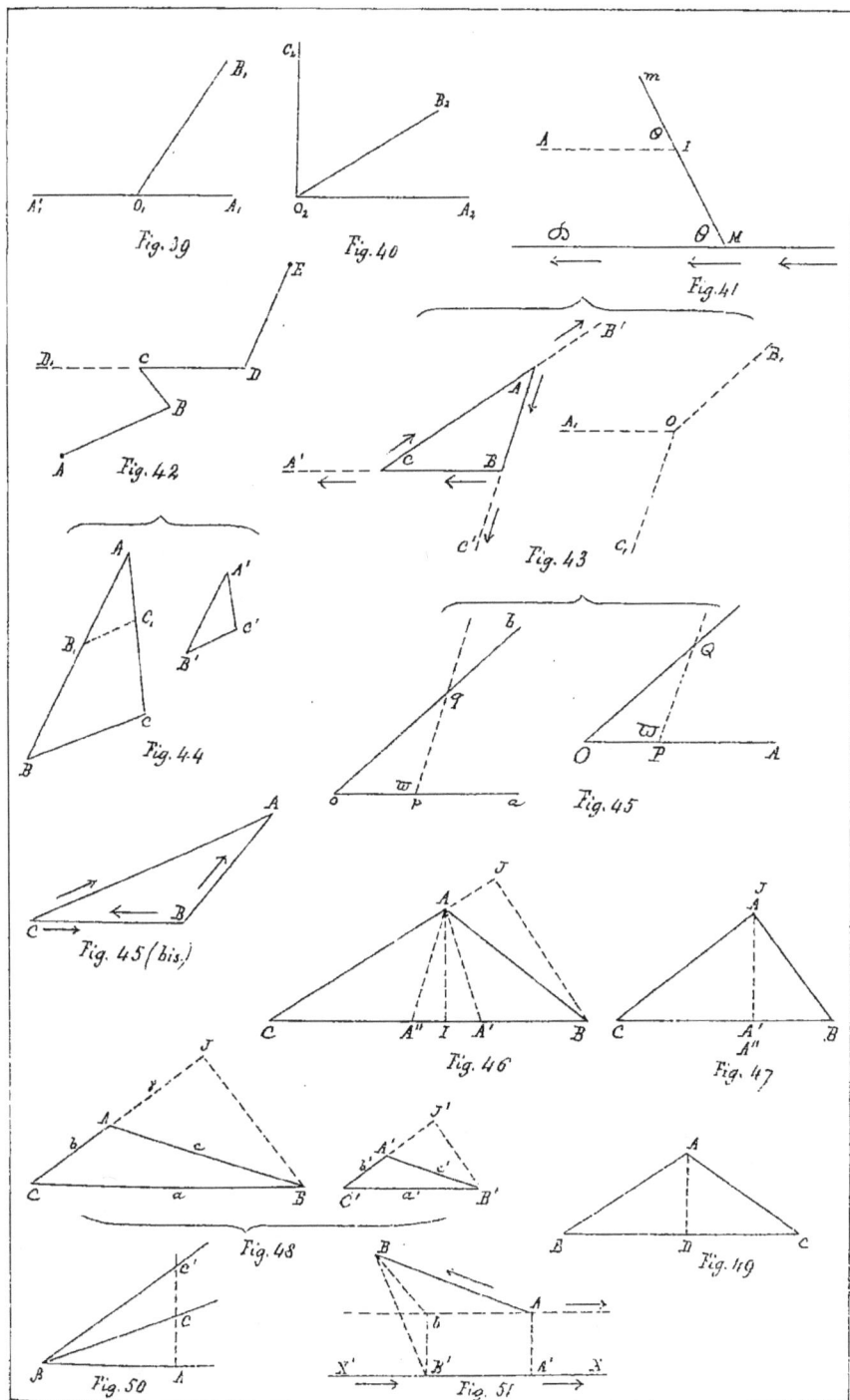

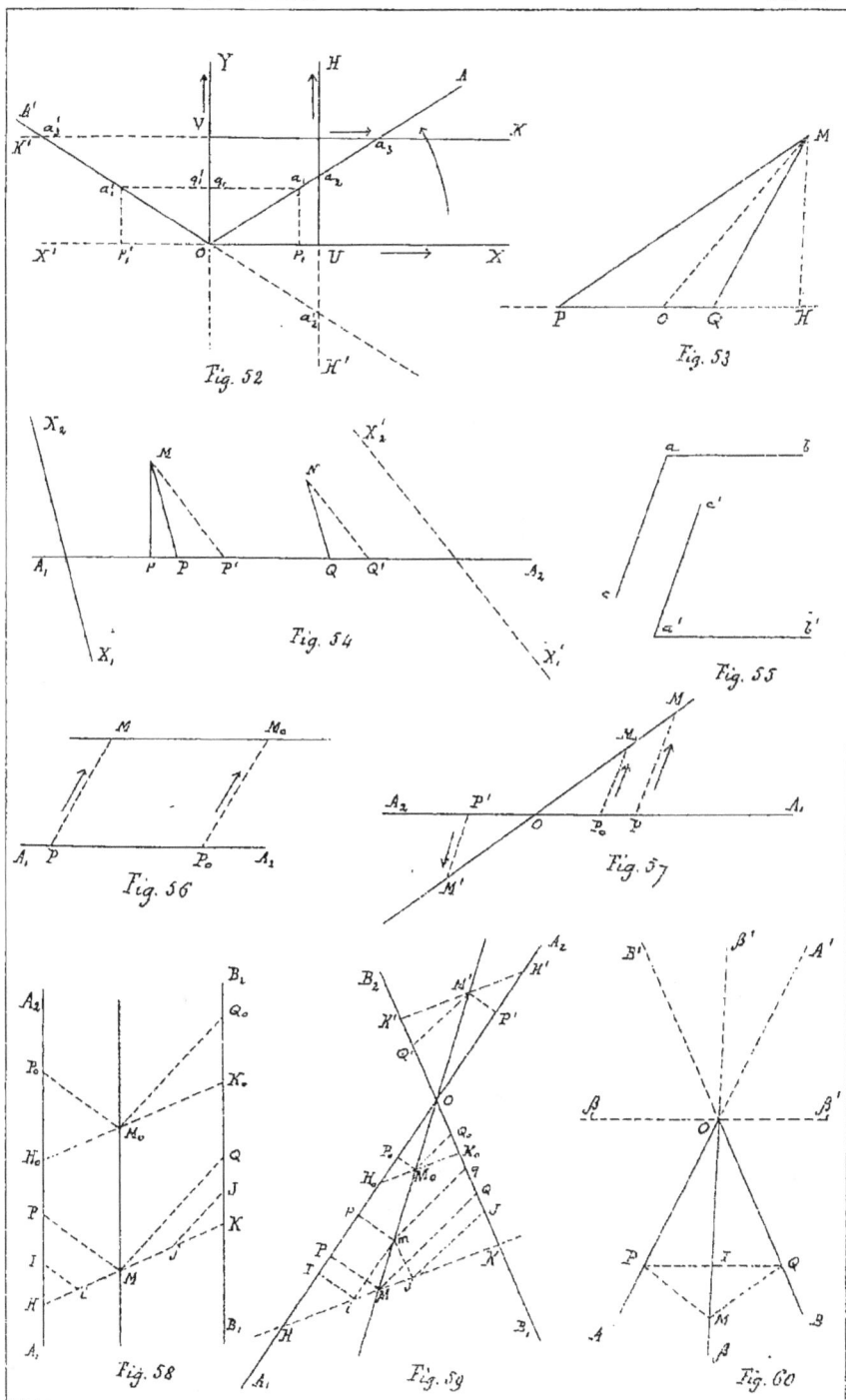

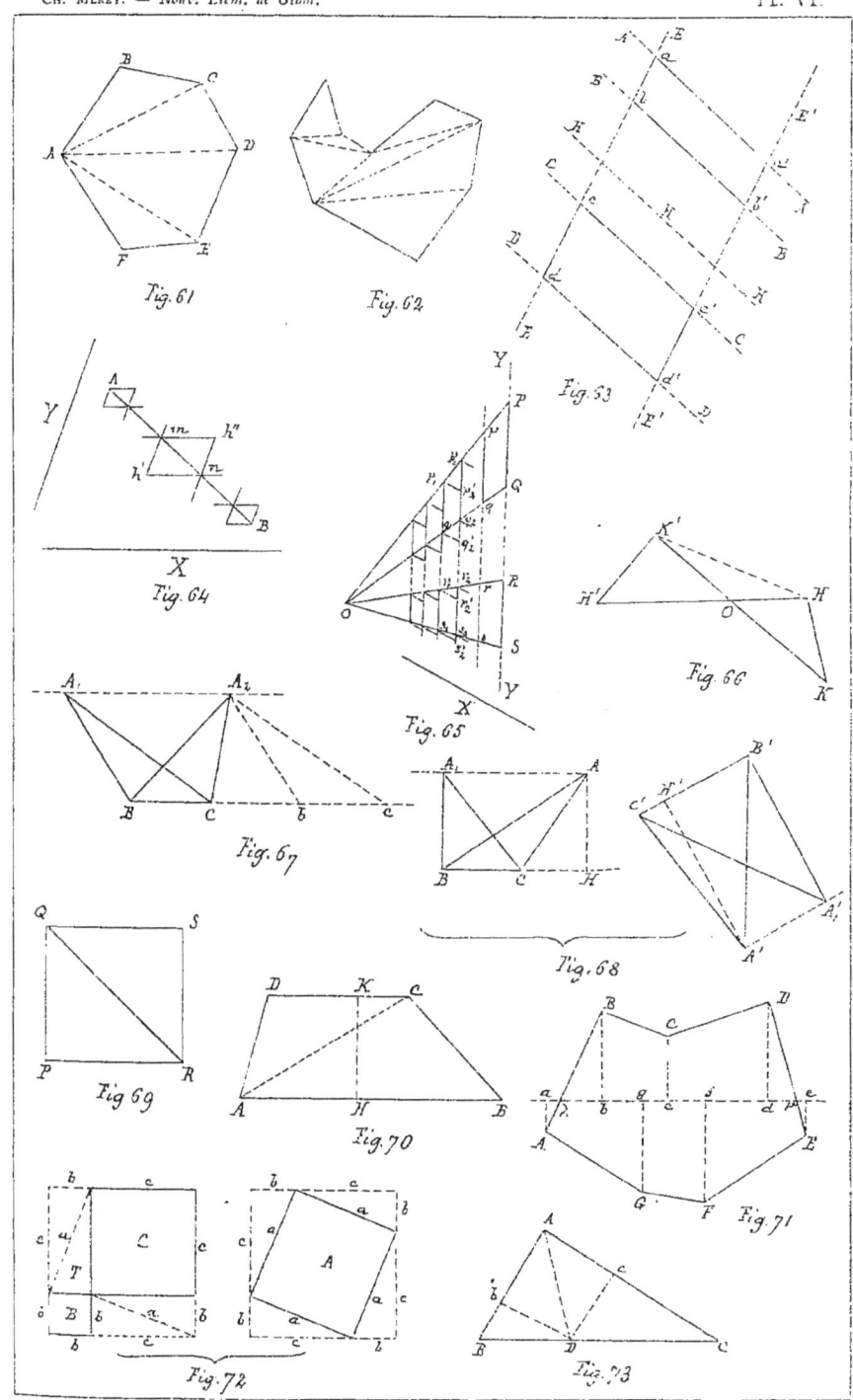

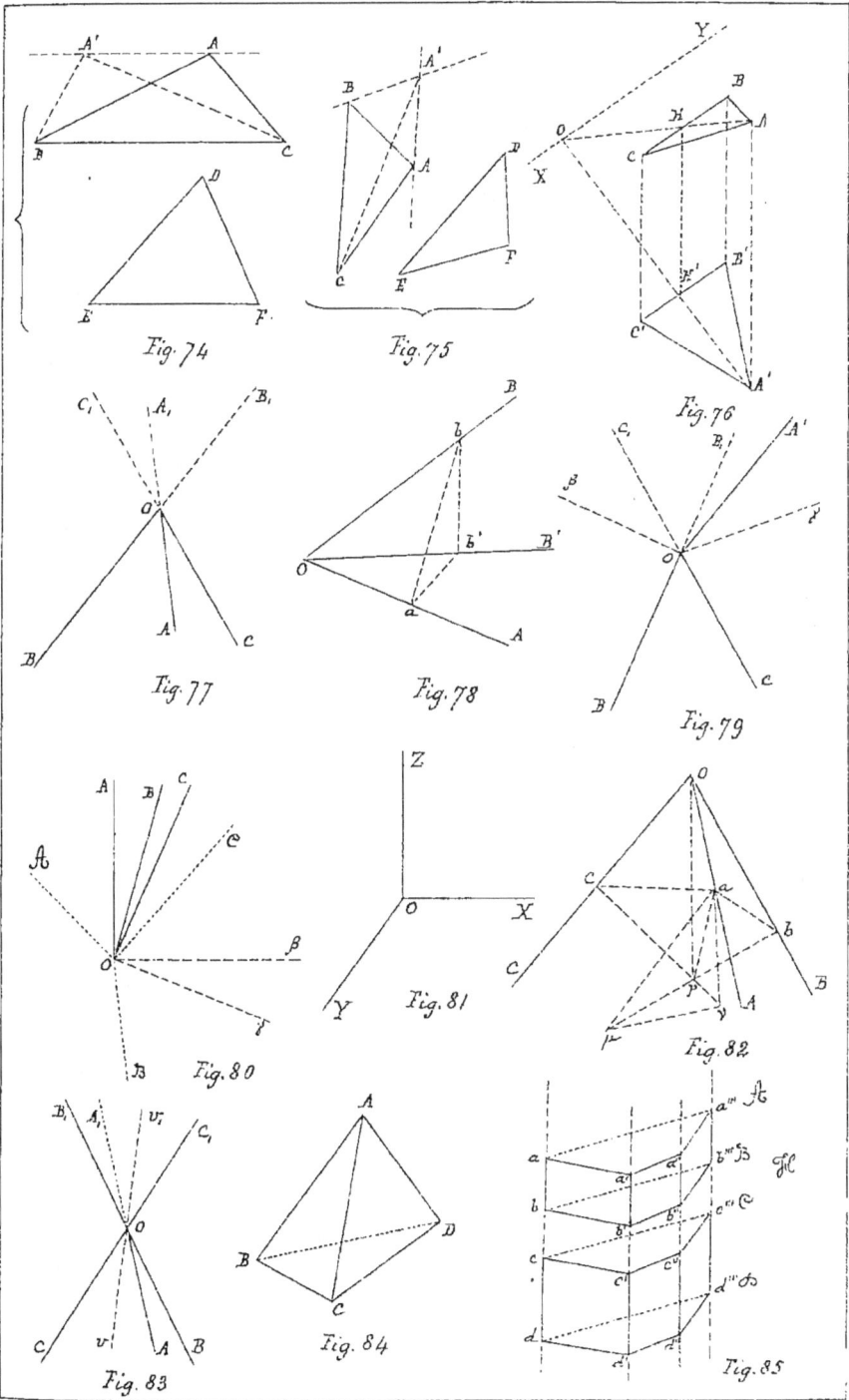

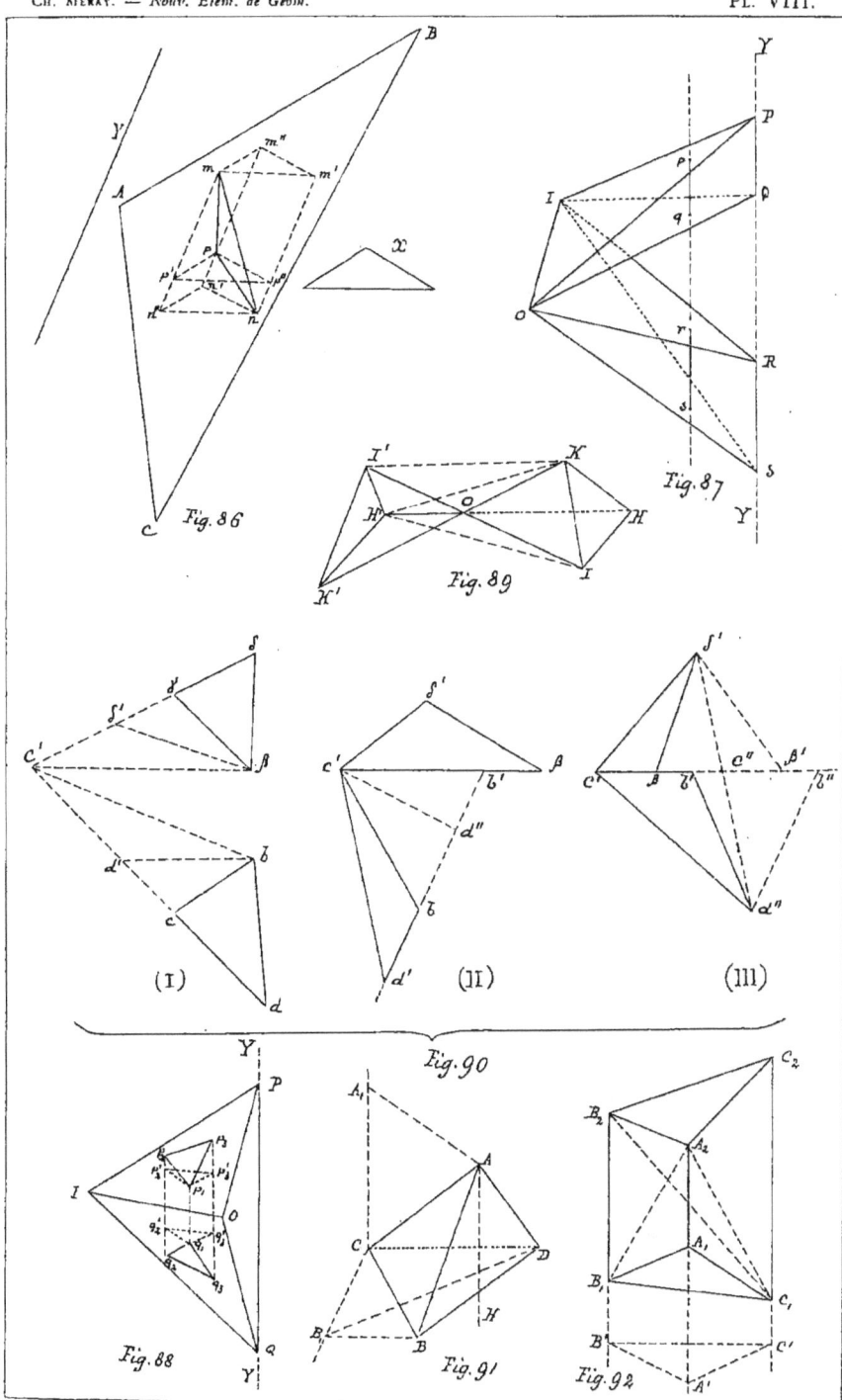

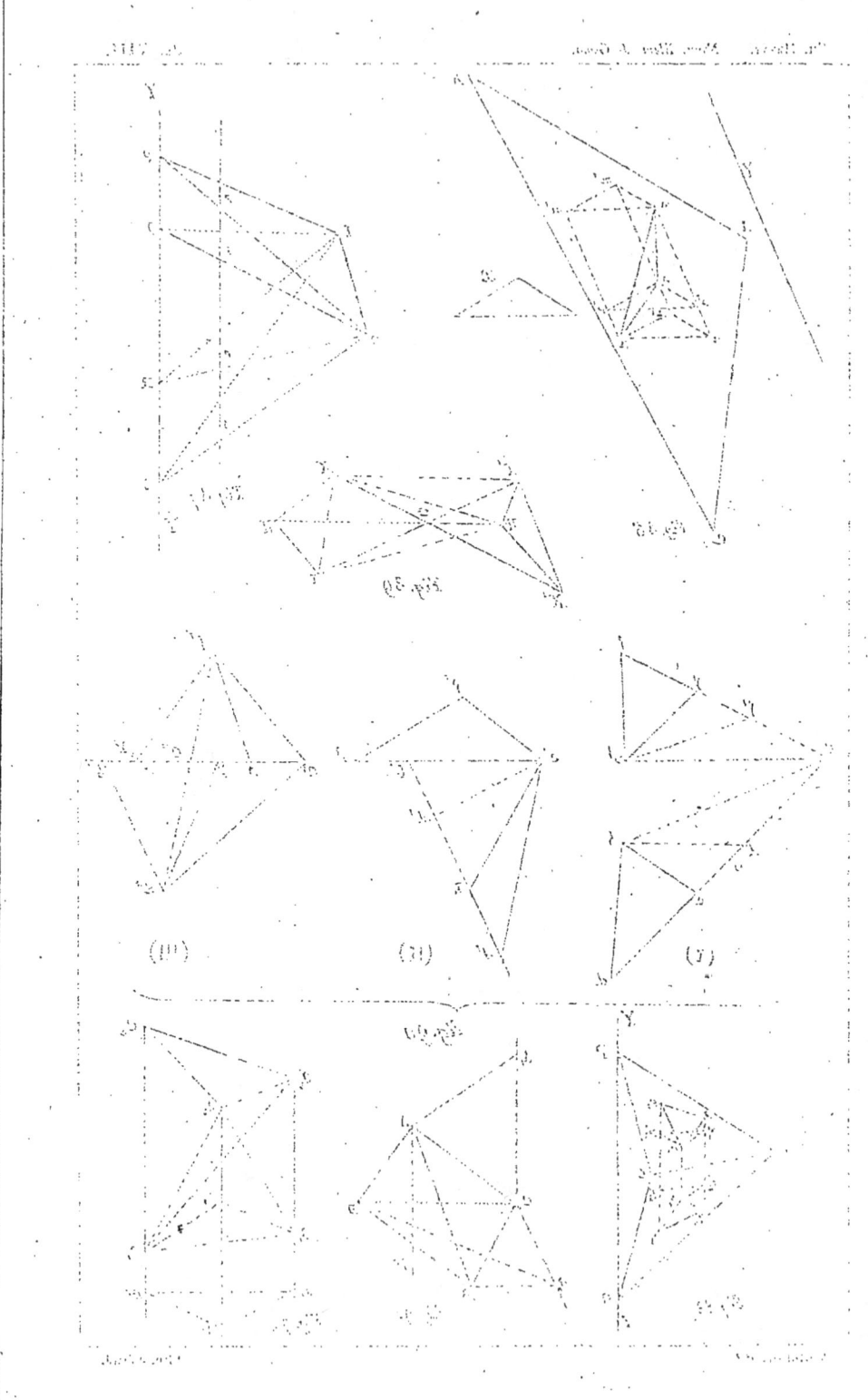

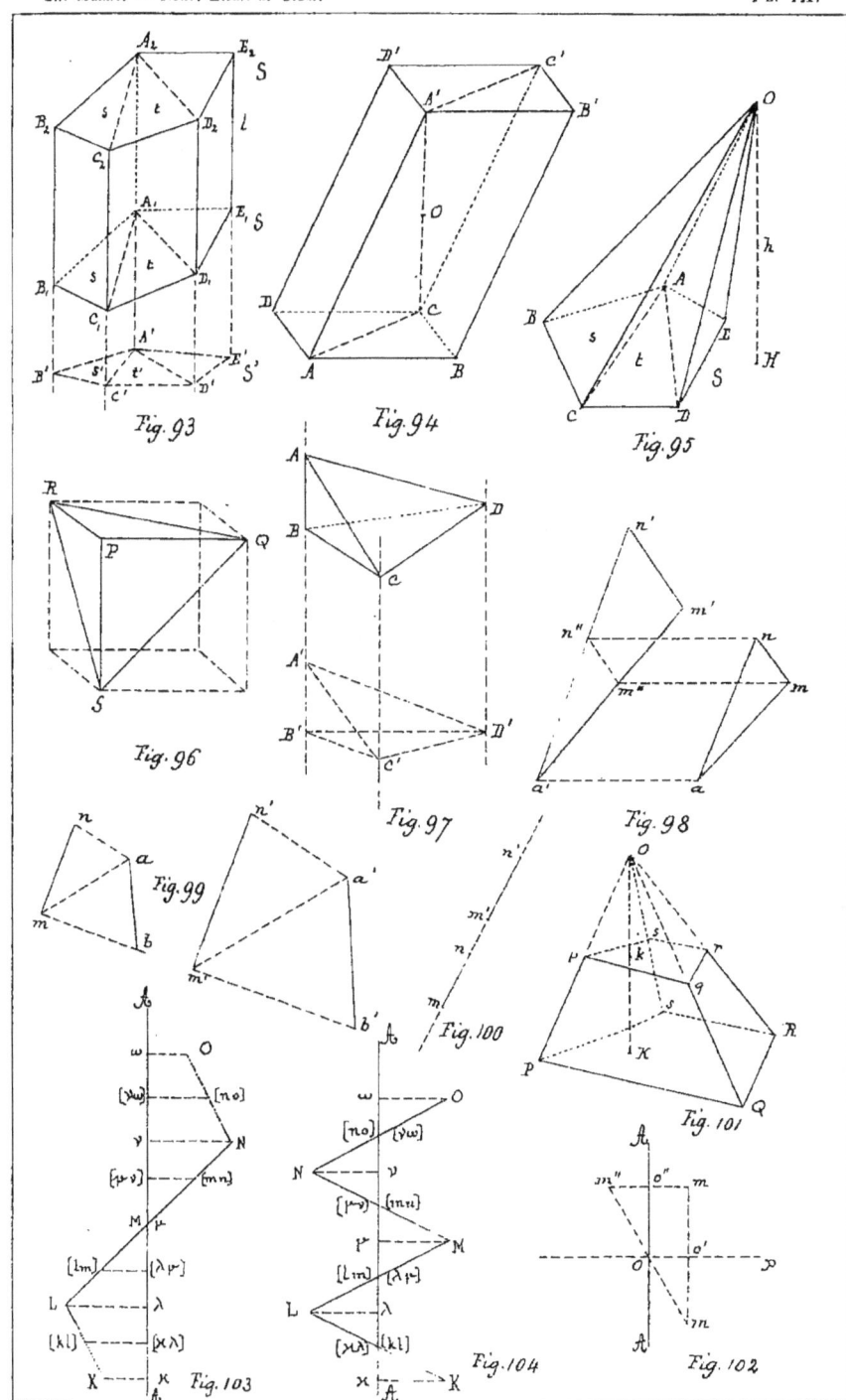

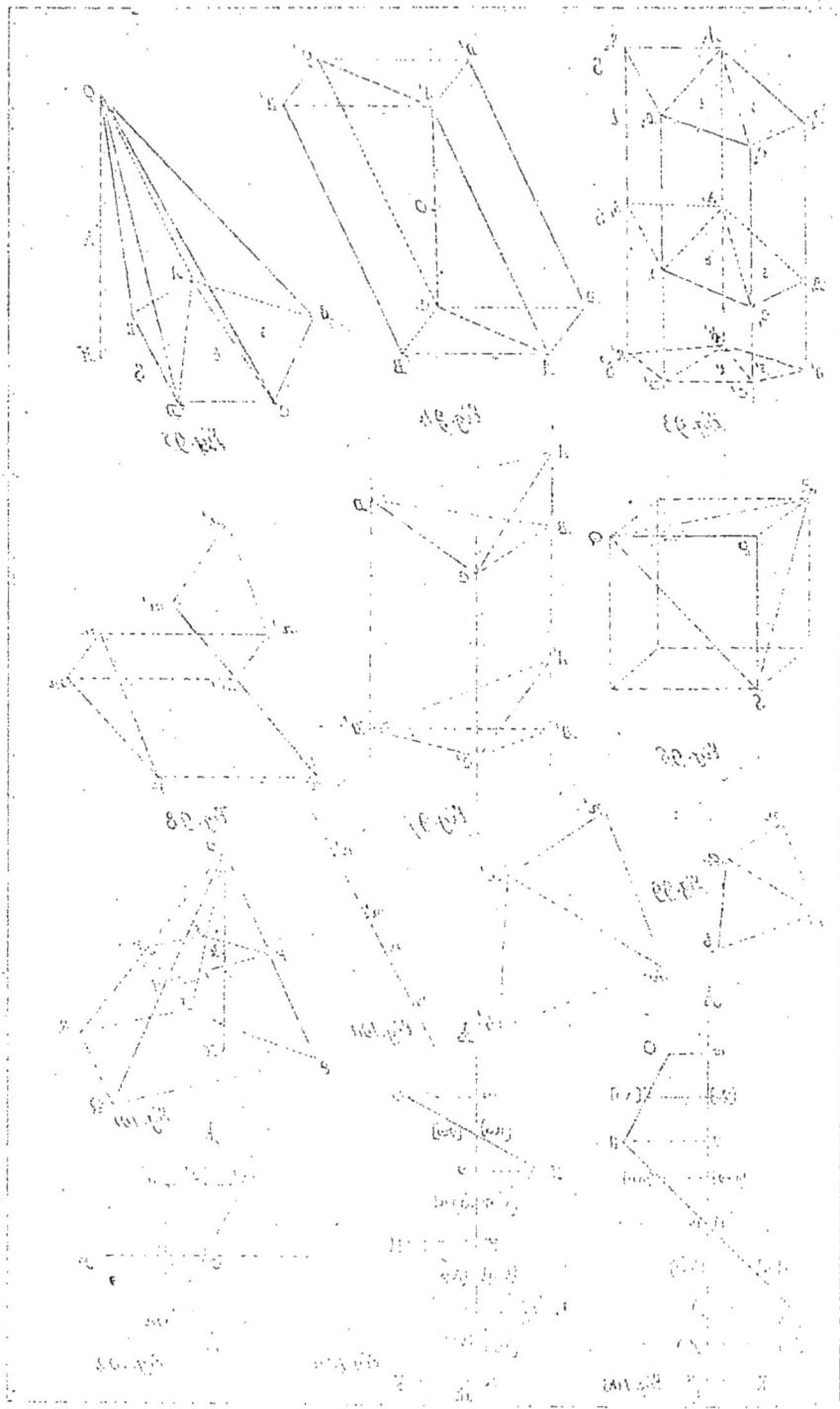

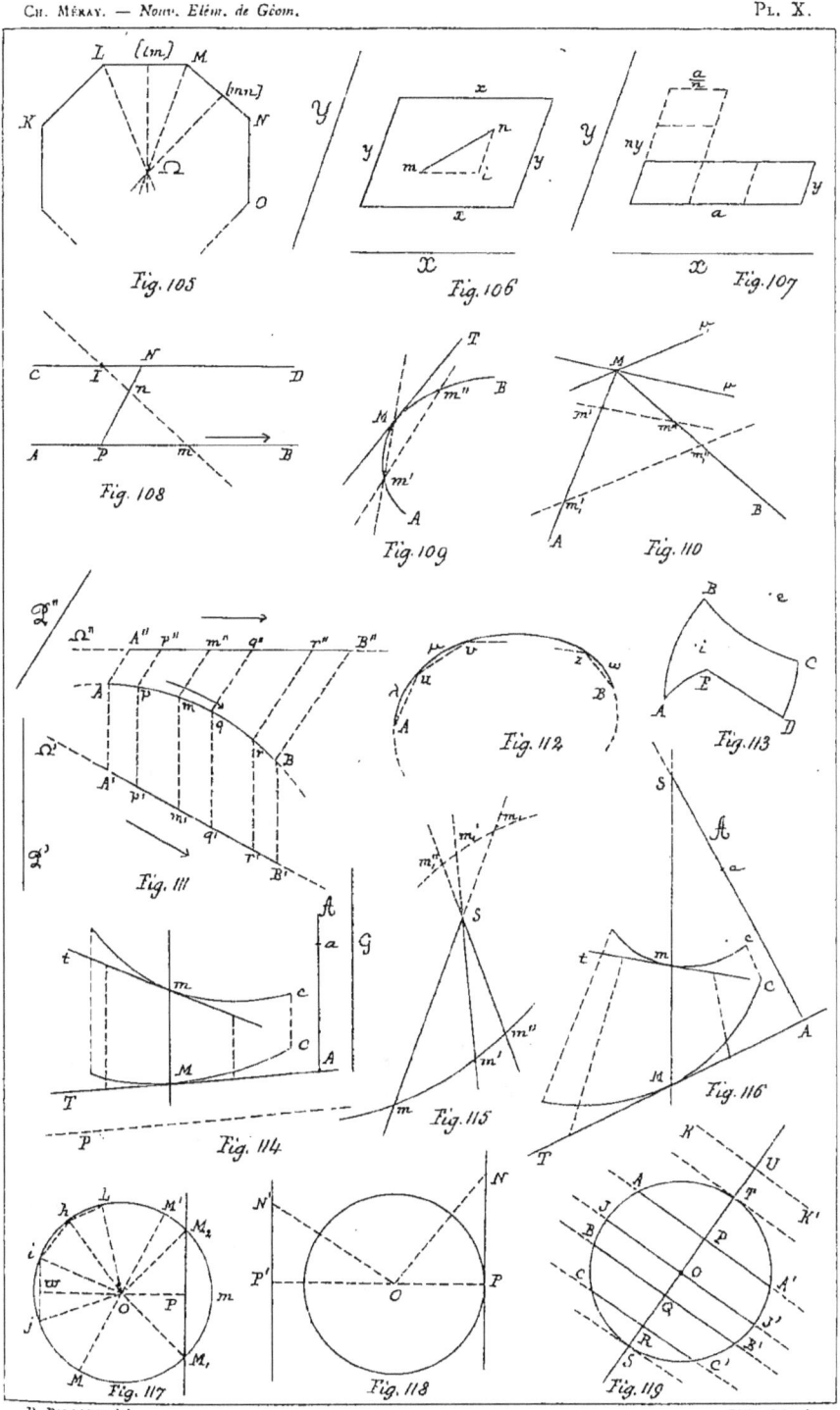

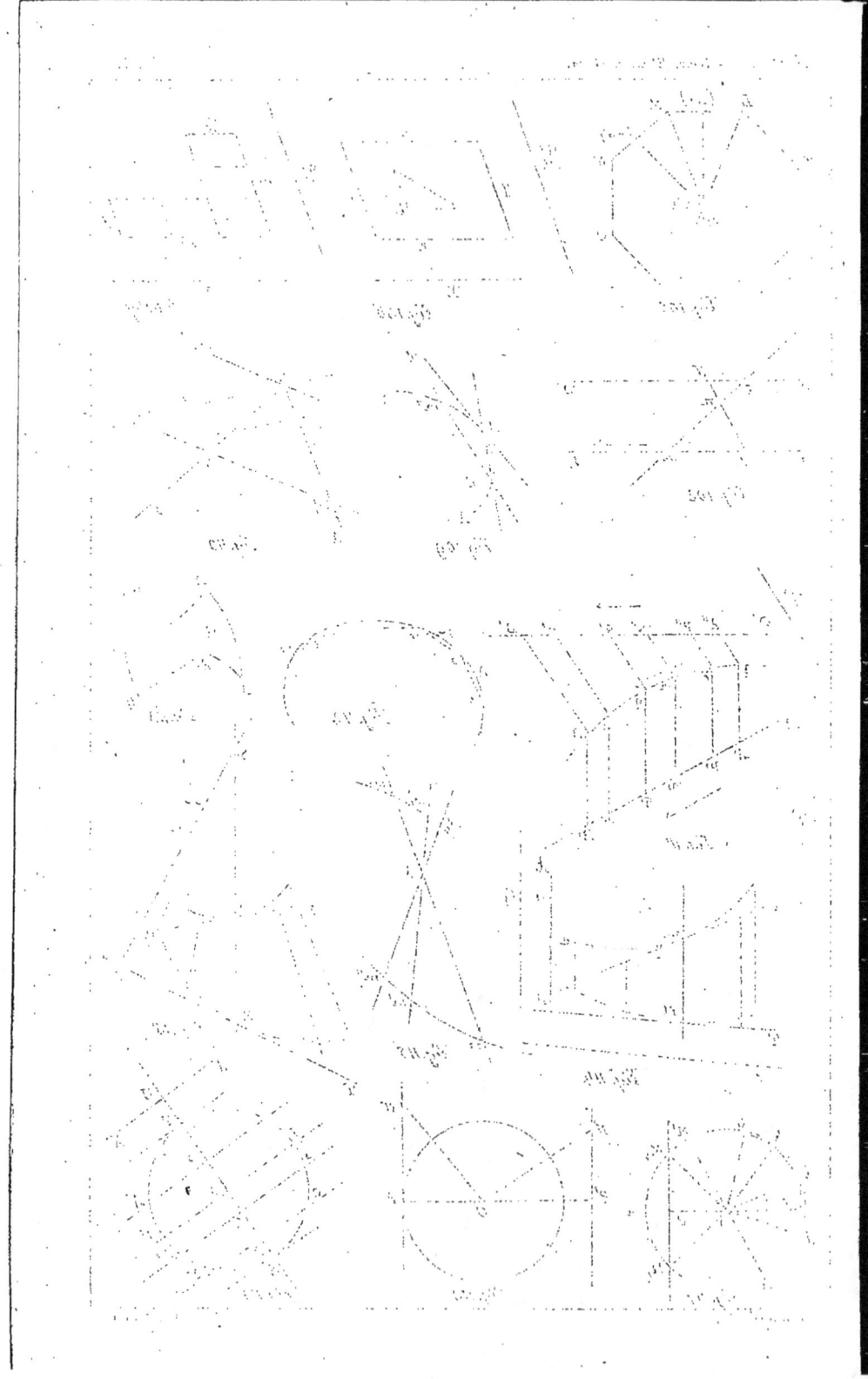

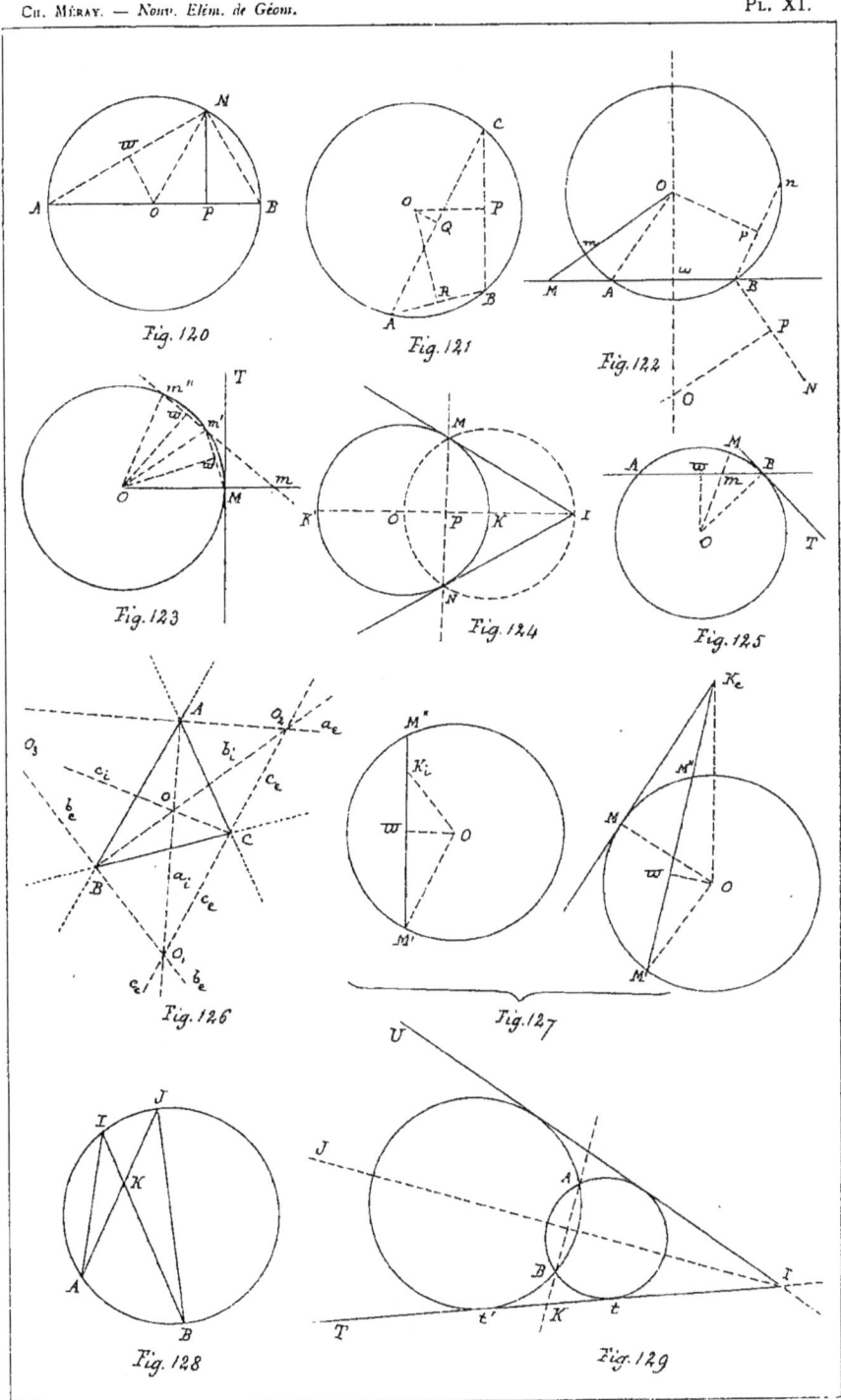

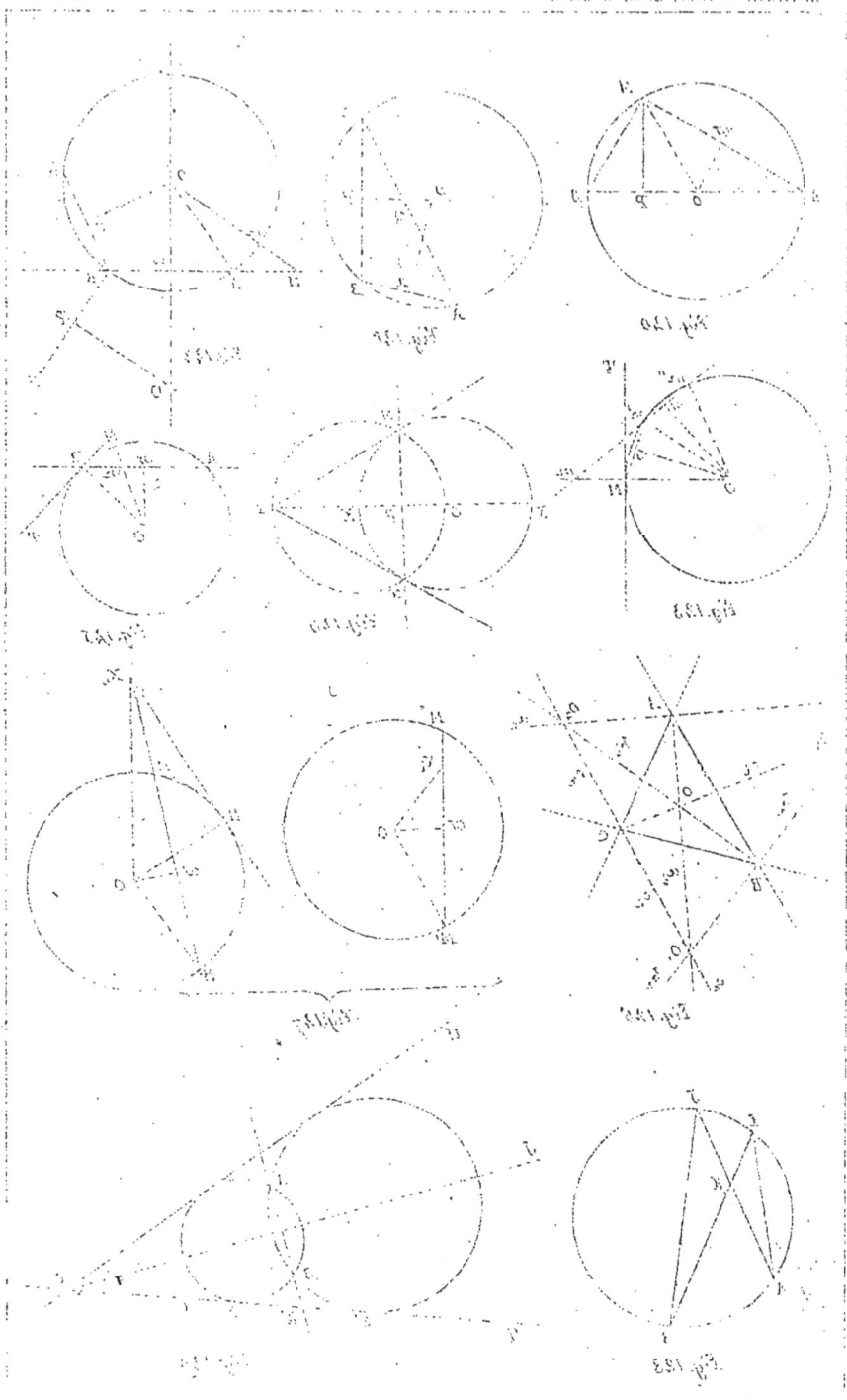

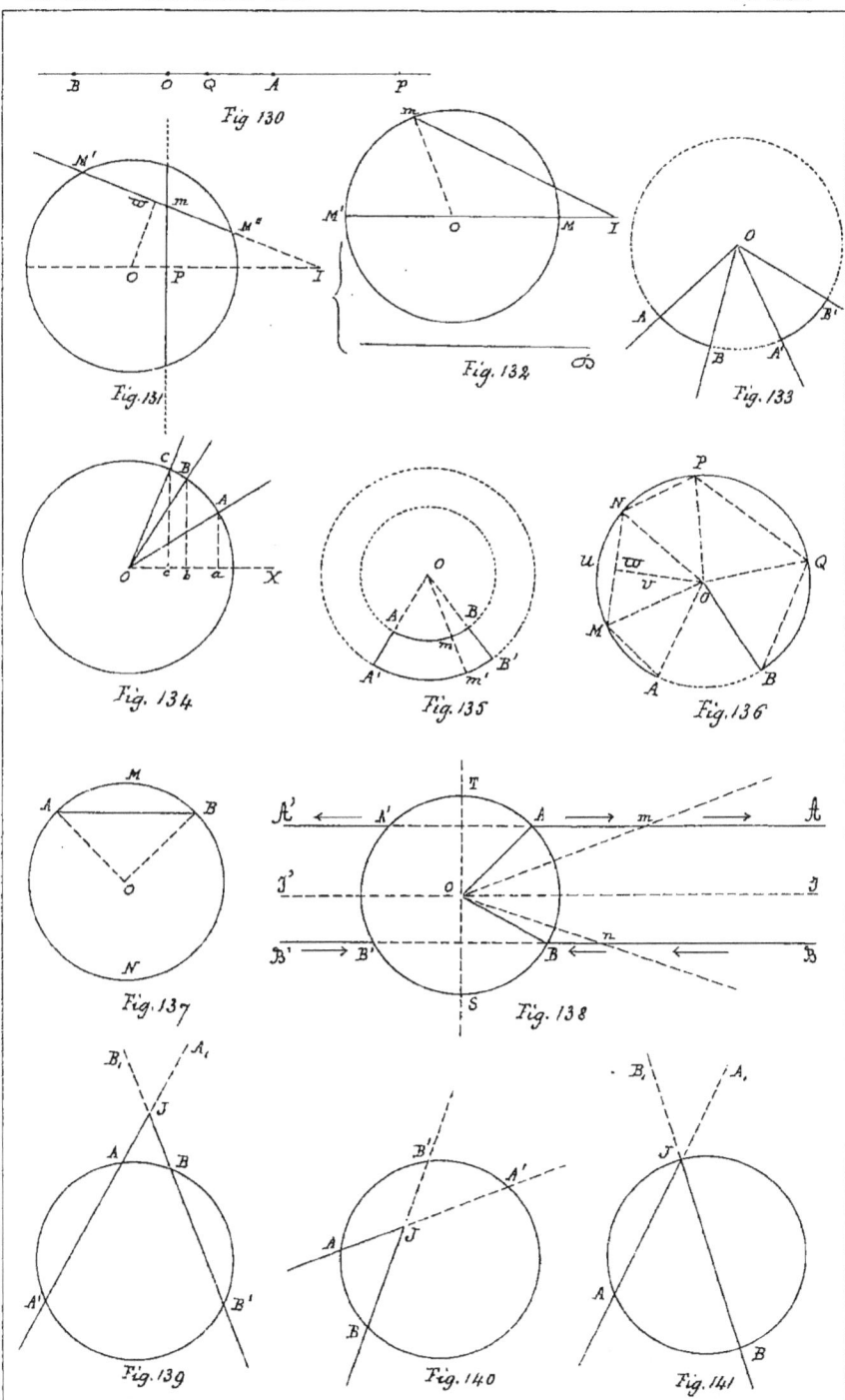

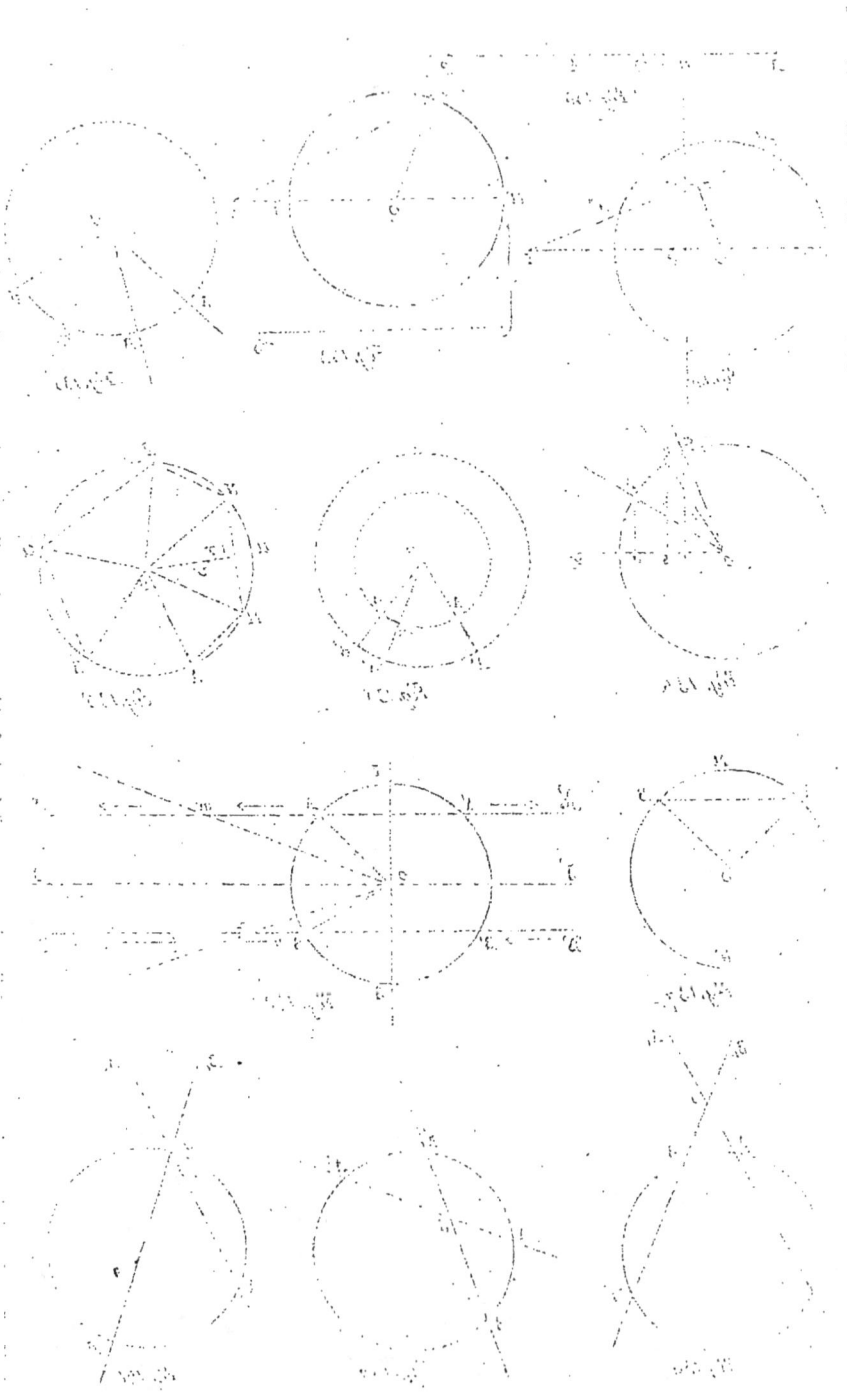

PL. XIII.

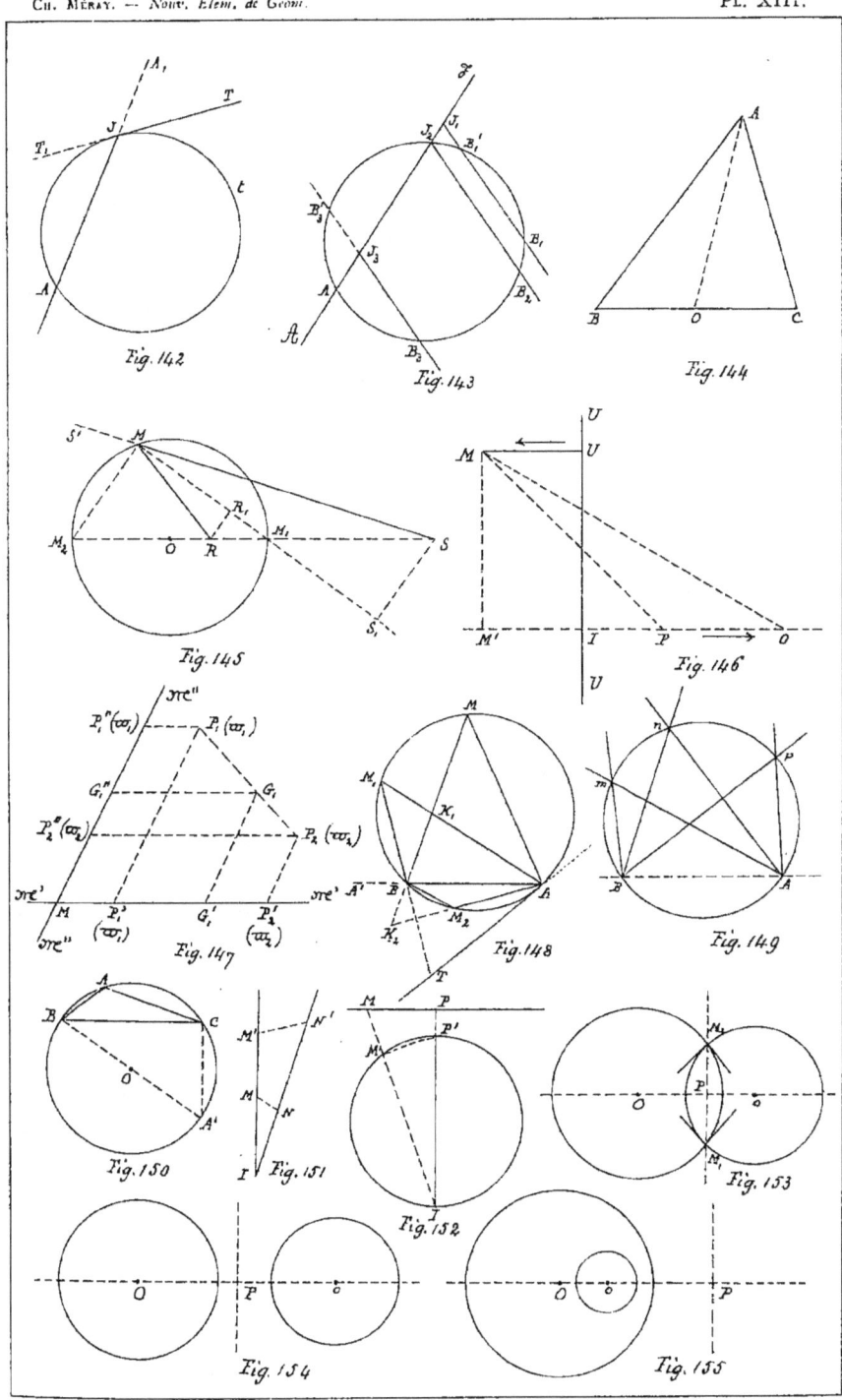

Fig. 142. Fig. 143. Fig. 144.
Fig. 145. Fig. 146.
Fig. 147. Fig. 148. Fig. 149.
Fig. 150. Fig. 151. Fig. 152. Fig. 153.
Fig. 154. Fig. 155.

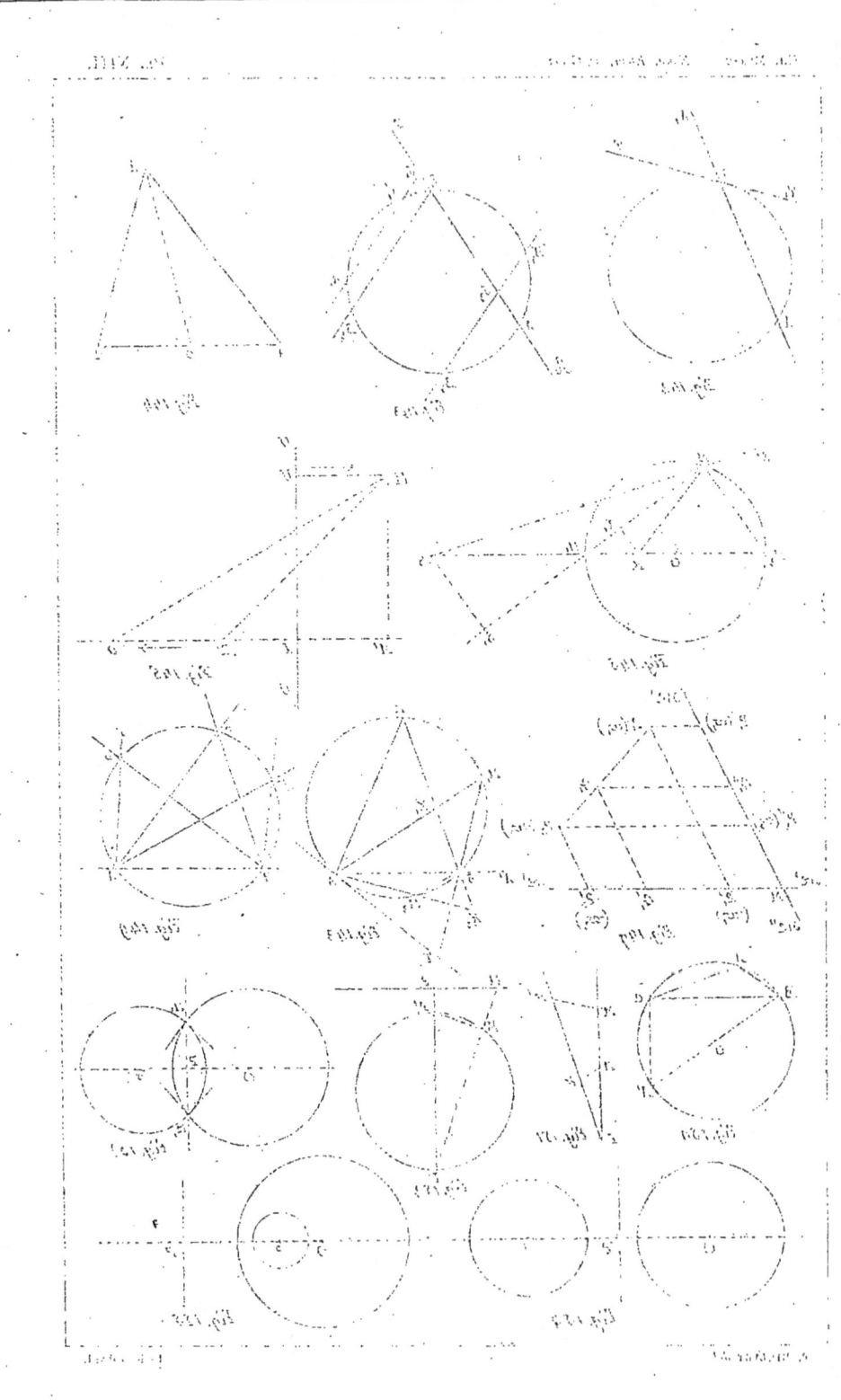

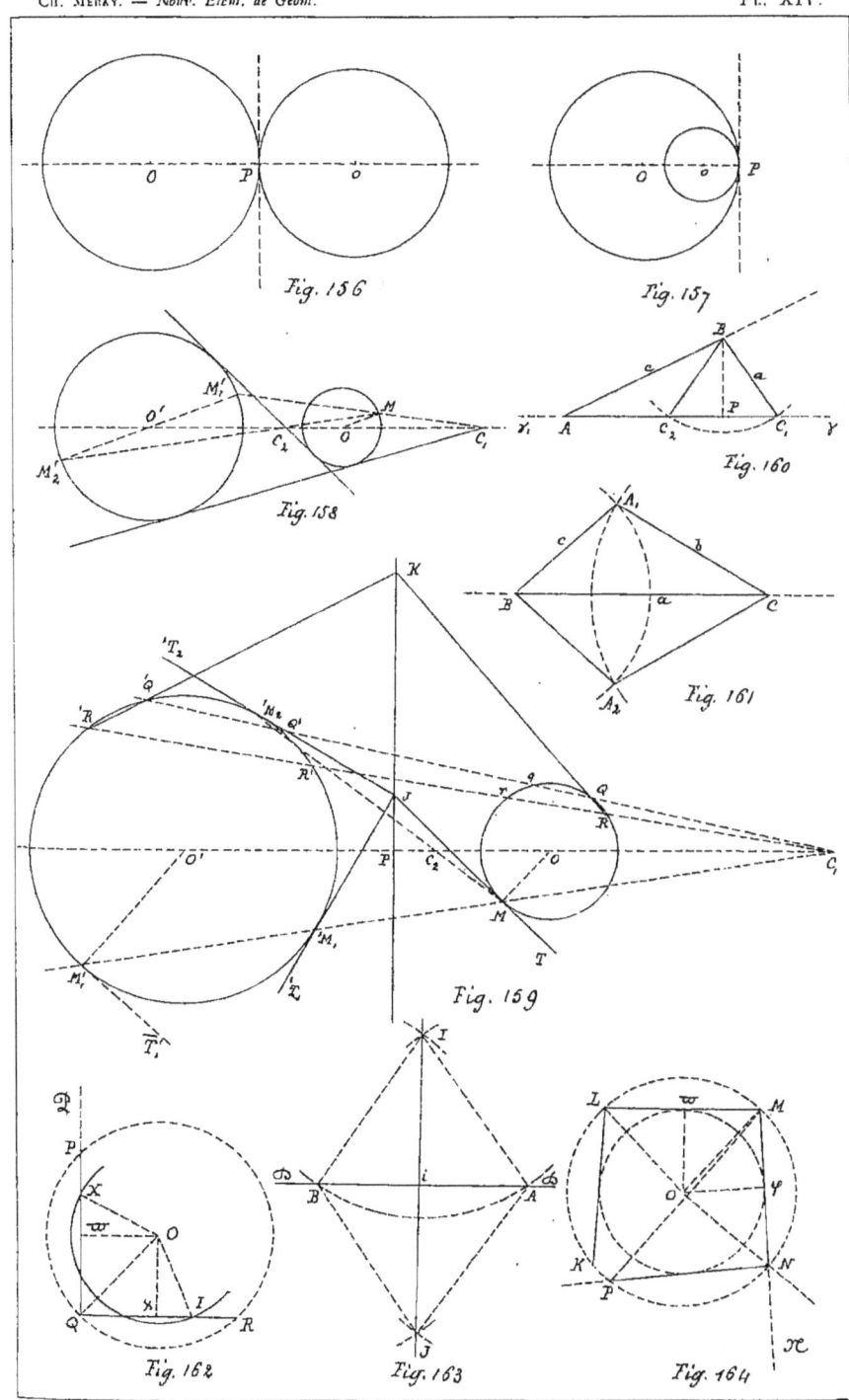

Fig. 156
Fig. 157
Fig. 158
Fig. 160
Fig. 161
Fig. 159
Fig. 162
Fig. 163
Fig. 164

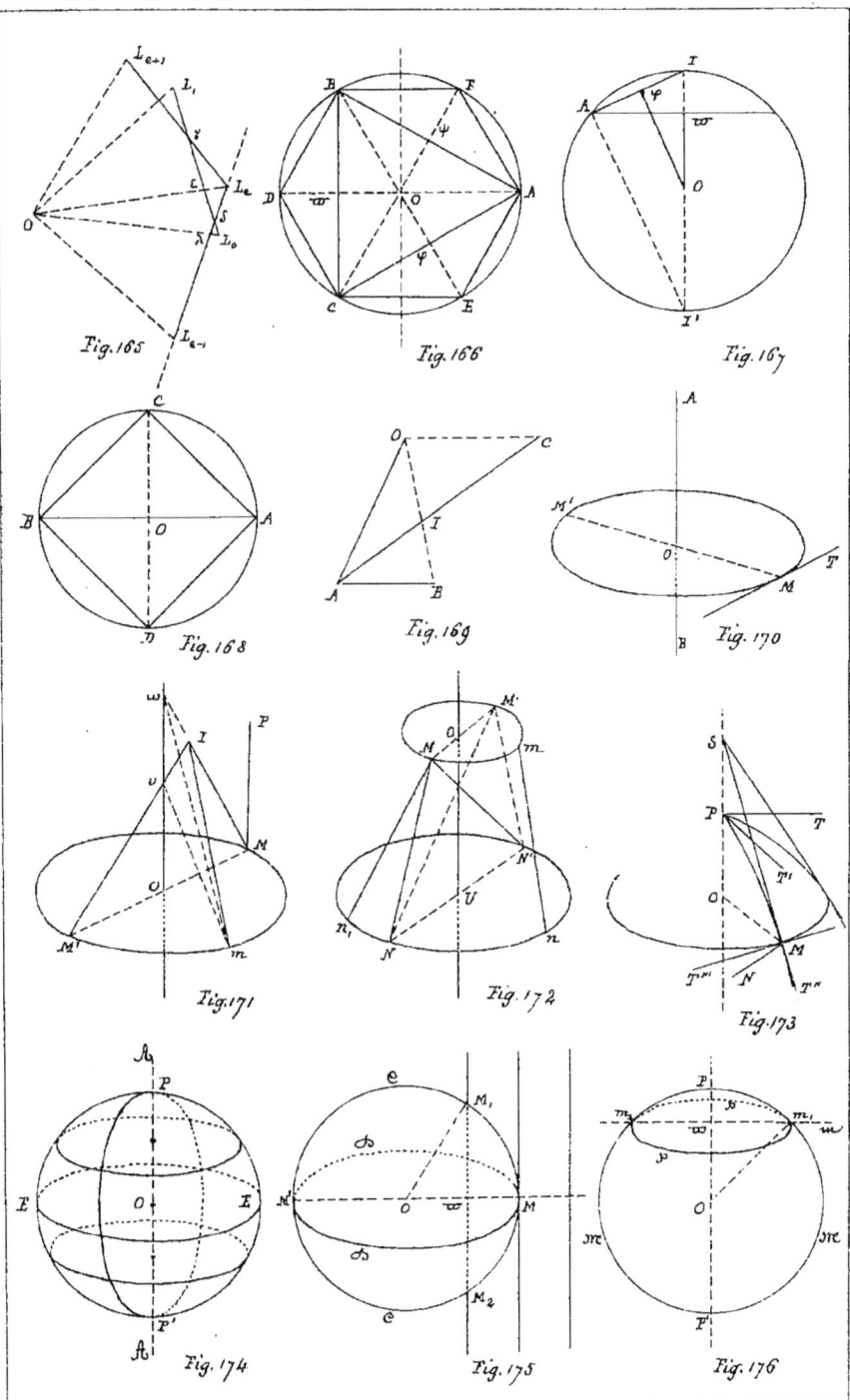

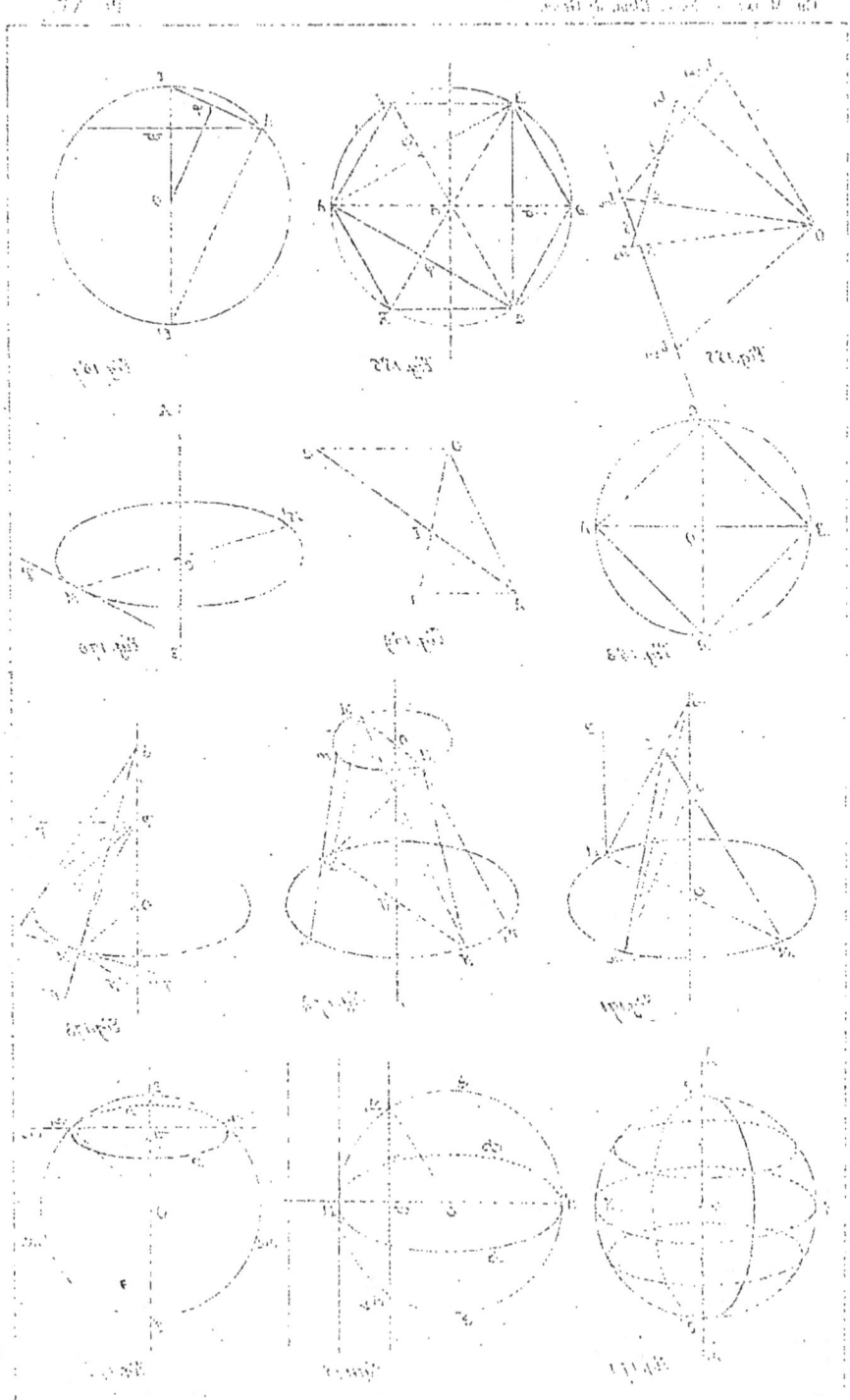

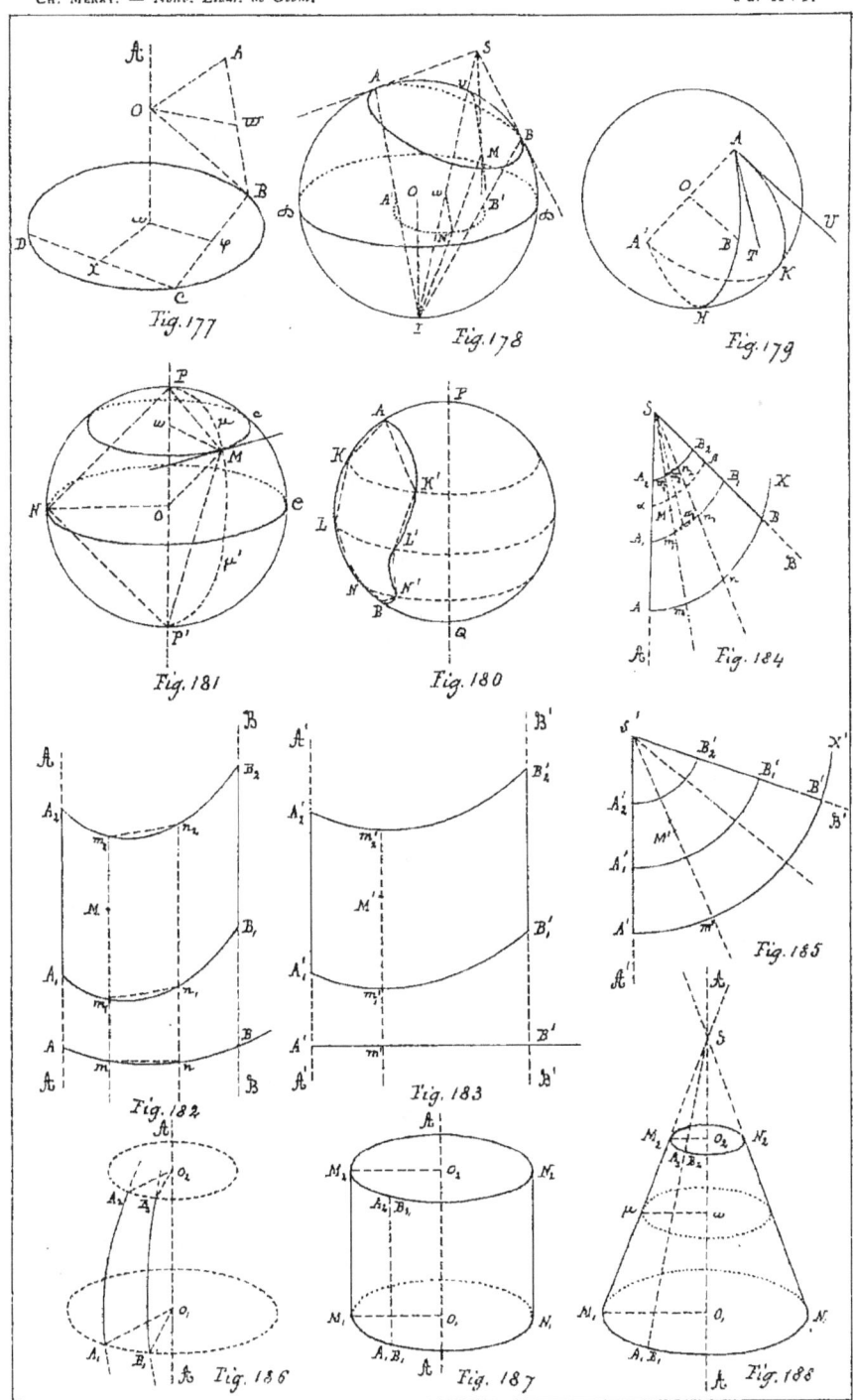

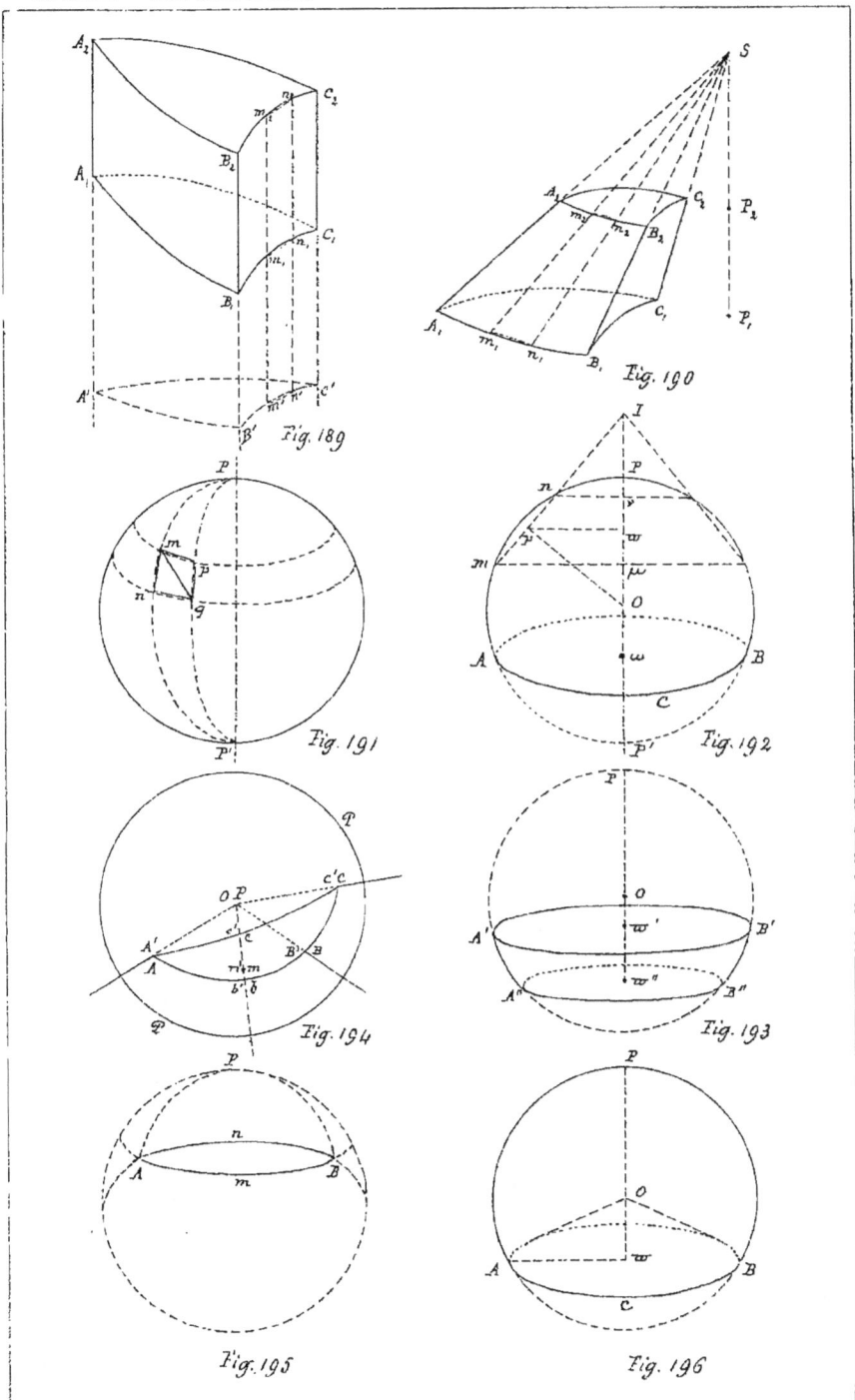

Fig. 189 Fig. 190 Fig. 191 Fig. 192 Fig. 193 Fig. 194 Fig. 195 Fig. 196

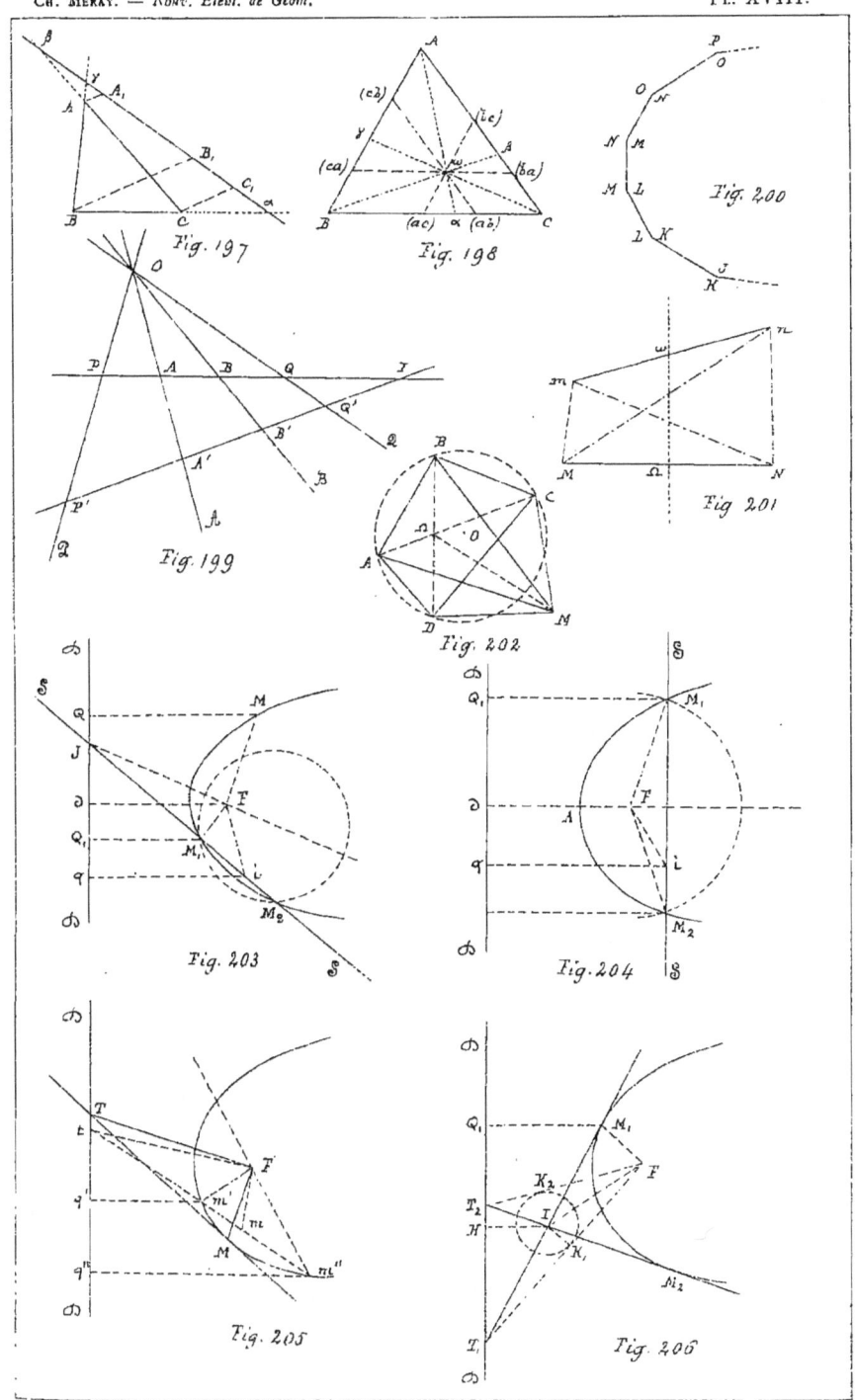

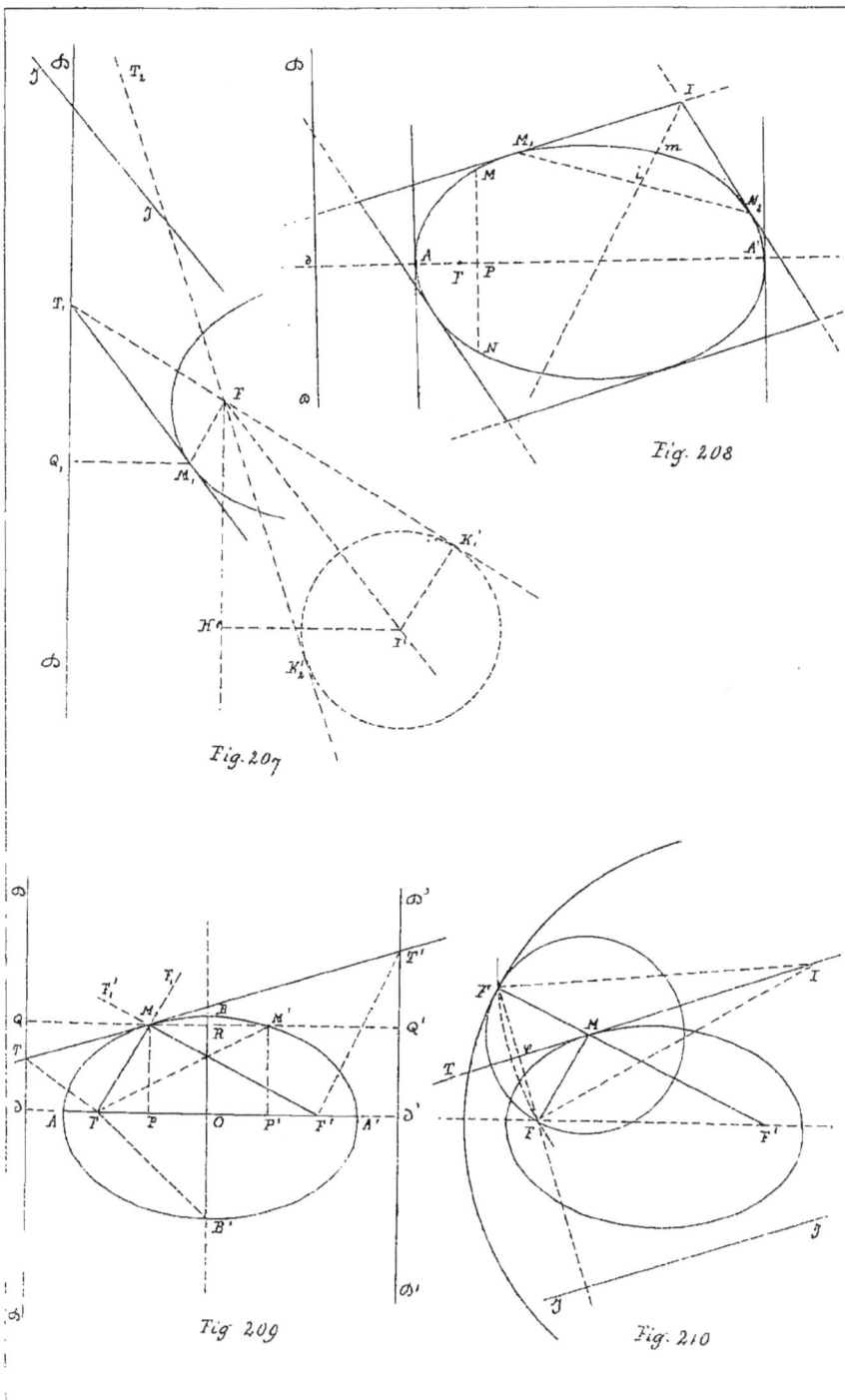

Fig. 208

Fig. 207

Fig. 209

Fig. 210

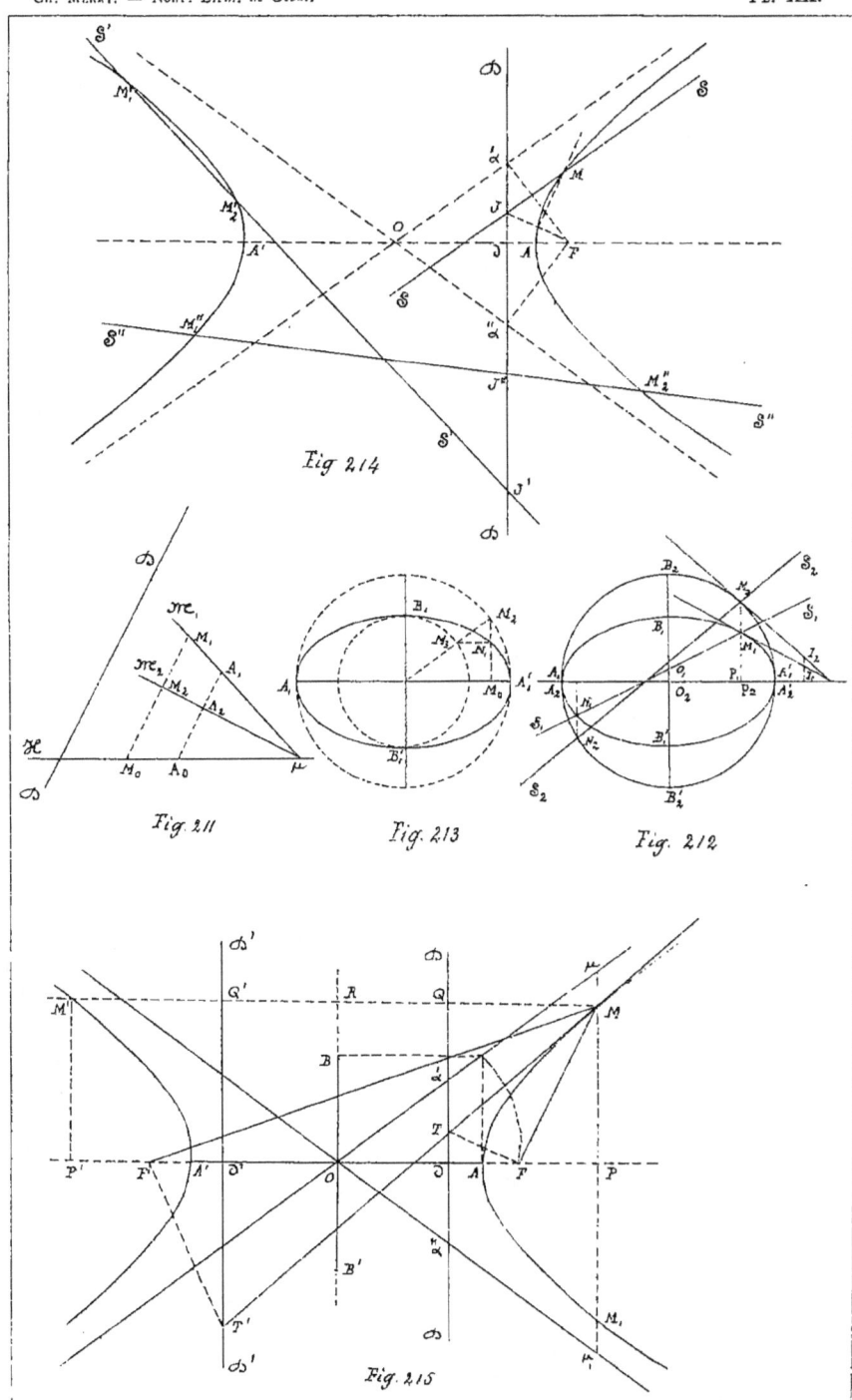

Fig. 214

Fig. 211

Fig. 213

Fig. 212

Fig. 215

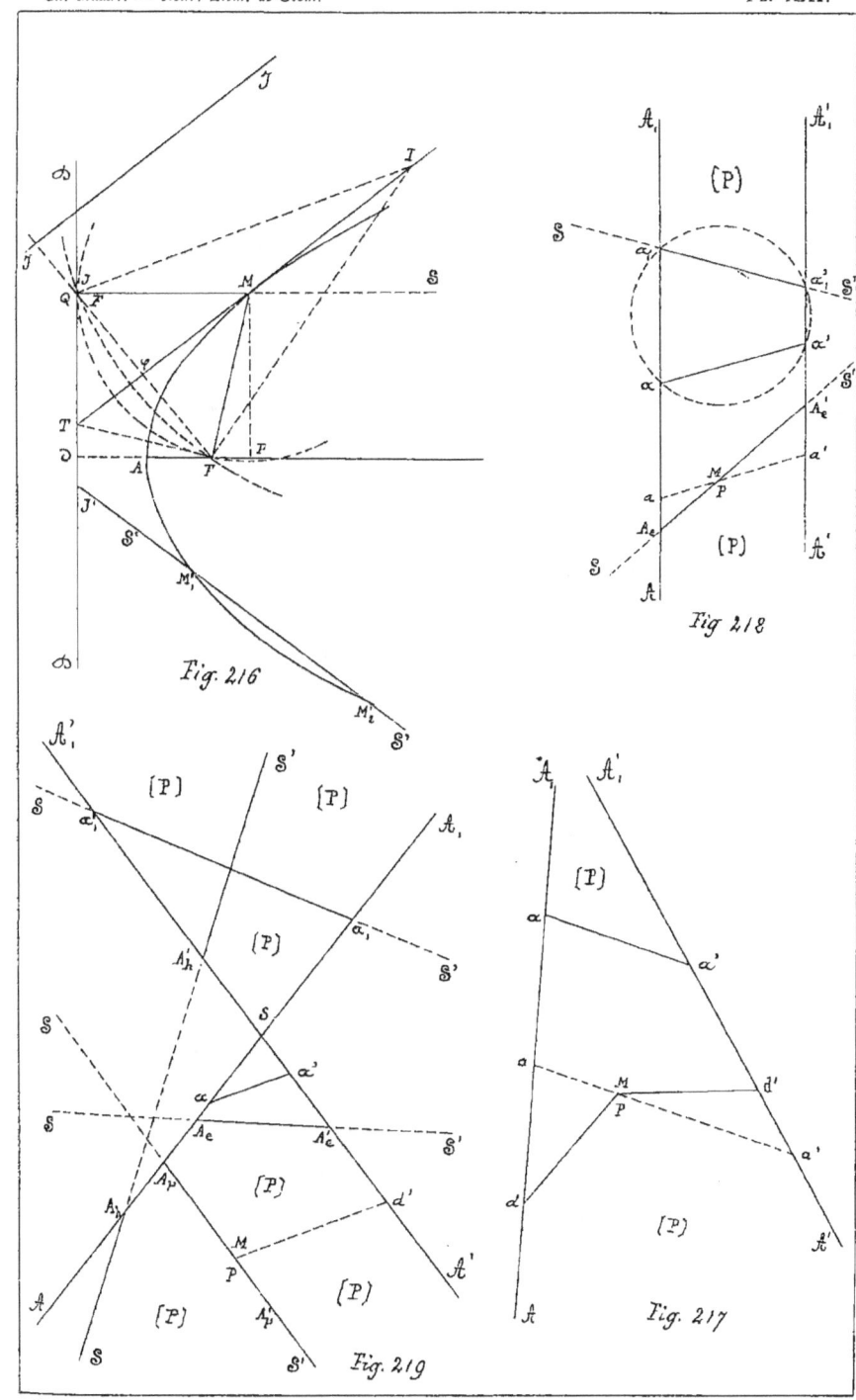

Fig. 216
Fig. 217
Fig. 218
Fig. 219

Ch. Méray. — Nouv. Elém. de Géom. Pl. XXII.

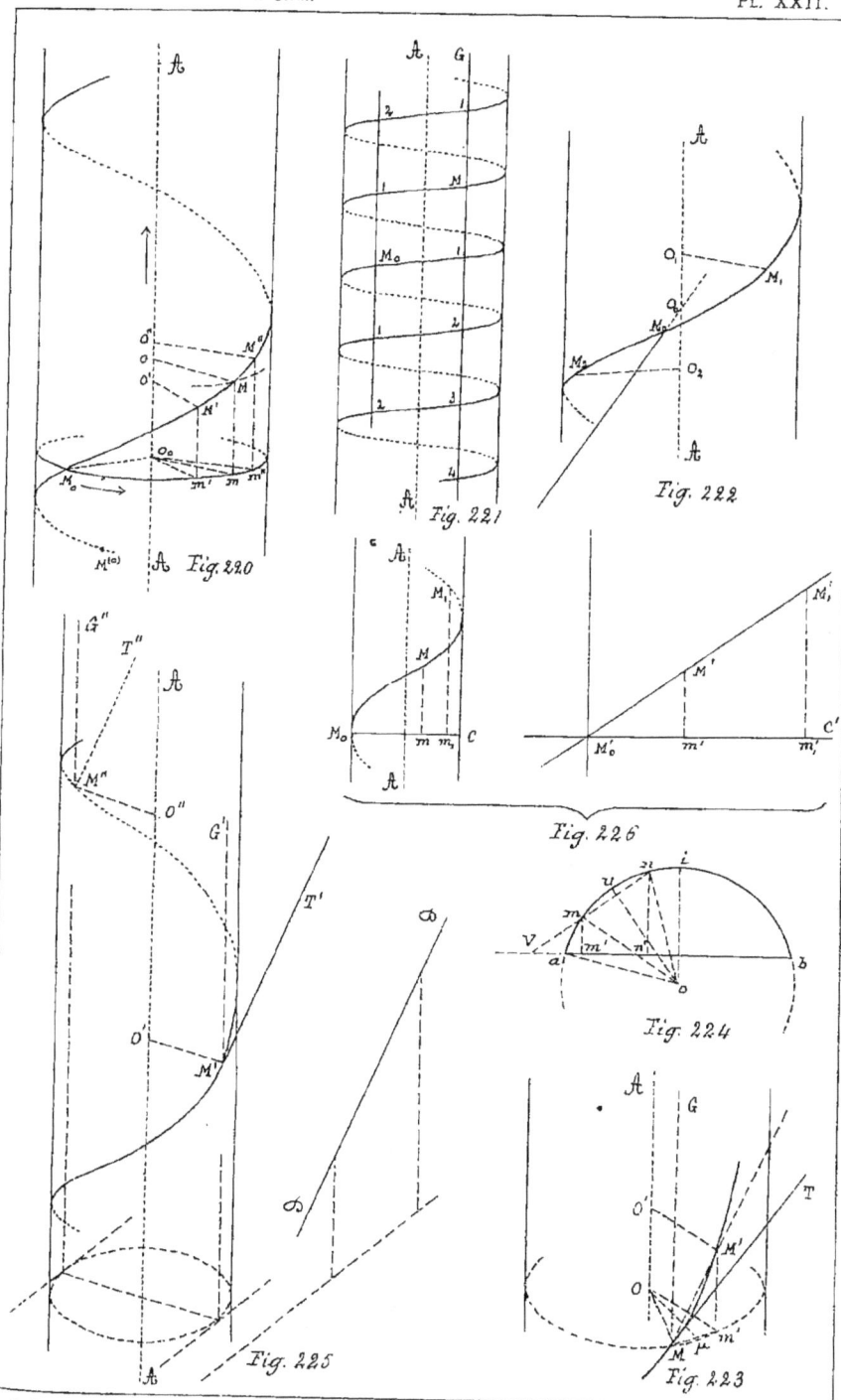

Fig. 220 Fig. 221 Fig. 222 Fig. 226 Fig. 224 Fig. 225 Fig. 223

P. Billiet del. Lith. Jobard.